Burkhard Hofmeister

Stadt und Kulturraum Angloamerika

Burkhard Hofmeister

Stadt und Kulturraum Angloamerika

Mit 102 Figuren, 36 Bildern, 21 Tabellen

Friedr. Vieweg + Sohn · Braunschweig

Verlagsredaktion: Albrecht A. Weis

ISBN 3 528 07200 8

ISBN 978-3-663-05250-0 ISBN 978-3-663-05249-4 (eBook)
DOI 10.1007/978-3-663-05249-4

1971

Softcover reprint of the hardcover 1st edition 1971
Library of Congress Catalog Card No. 70–157266

Umschlaggestaltung: Peter Morys, Wolfenbüttel
Buchbinder: W. Langelüddecke, Braunschweig

Vorwort

Dieses Buch ist meinem verehrten Lehrer Edwin FELS, der in mir das Interesse für die geographischen Probleme des Kontinents Nordamerika erweckte, aus Anlaß der Vollendung seines 80. Lebensjahres in Dankbarkeit gewidmet.

Mein Dank gilt weiterhin der Deutschen Forschungsgemeinschaft, die eine Untersuchung im Jahre 1966 unterstützte, deren Ergebnisse unter anderm in diesem Band ihren Niederschlag gefunden haben. Dem Verlag Friedrich Vieweg danke ich dafür, daß er die großzügige Ausstattung mit Bildern und Figuren ermöglichte, deren Reinzeichnung in den bewährten Händen von Herrn Gerhard KRÄMER lag. Herrn Dr. Wolf TIETZE danke ich für seine vielen Anregungen, die er aus seinen Erfahrungen von einem längeren USA-Aufenthalt während der Entstehung des Manuskripts beigesteuert hat. Im Verlag Friedr. Vieweg + Sohn bin ich besonders Herrn Albrecht A. WEIS für die laufende Betreuung dieses Buches verbunden. Meine Frau, Dipl.-Geogr. Ruth HOFMEISTER, half mir in dankenswerter Weise bei der langwierigen Arbeit des Korrekturenlesens.

Die kultur-genetische Arbeitsrichtung in der Stadtgeographie, deren bescheidene Anfänge auf Siegfried PASSARGES kleinen Sammelband „Stadtlandschaften der Erde“ vierzig Jahre zurückreichen, hat erst kürzlich eine kräftige Wiederbelebung erfahren. Nun ist gerade sie für den Geographen besonders fruchtbar, geht es doch dabei um die regionalen Eigenheiten einzelner Teilräume der Erde im Hinblick darauf, inwieweit die materielle und geistige Kultur und die Verhaltensweisen bestimmter Völker oder Volksgruppen zum Wohnen, Arbeiten, Einkaufen und Erholen das Erscheinungsbild und das Gefüge ihrer Städte gestaltet haben. Die Städte im einstigen Kolonialraum Angloamerika haben ungeachtet der Beziehungen ihrer Gründer und Einwohner zum Altkulturraum Europa ihre eigenen Wesenszüge. Aber der Kolonisationsprozeß selbst ist in verschiedenen überseeischen Gebieten mit unterschiedlichen Zielsetzungen und somit auch verschiedenartigen Resultaten erfolgt. Während Spanier und Portugiesen in Lateinamerika sofort als Städtegründer auftraten und es in ihrer Interessensphäre zur Zeit der Landung der Pilgerväter 1620 schon über zweihundert städtische Siedlungen gab, ging die Besiedlung in Angloamerika noch lange Zeit in erster Linie auf Agrarkolonisation aus. Doch gegen Ende des 19. Jahrhunderts nahmen Industriewirtschaft und Dienstleistungssektor einen rascheren Aufschwung als irgendwo anders auf der Welt, und die Vereinigten Staaten eilten den Industriestaaten voraus in der modernen Stadtentwicklung mit Citybildung im Zentrum und der Entstehung von Fabrikenvierteln, von Arbeiterwohnvierteln und weitläufigen Eigenheimsiedlungen der Schichten mittlerer und höherer Einkommensgruppen. In Europas Städten vollzog sich eine ähnliche Differenzierung der größeren Städte in sozialökonomische Viertel mit einer gewissen regelhaften Anordnung. In den Vereinigten Staaten aber und etwas später auch in Kanada brachte der ständige Zuzug von Einwanderern zusätzlich eine weitere Differenzierung der Wohngebiete nach Minoritätengruppen mit sich, und dieser Trend zu fremdvölkischen Eigenvierteln, den die deutsche Großstadt erst in jüngster Zeit mit dem Hereinströmen von Gastarbeitern in schwächerem Maße nachvollzieht, verleiht der angloamerikanischen Stadt etwas von der Wesensart orientalischer oder indischer Städte. Die Stadtentwicklung zeigt, betrachtet auf dem Hintergrund der Kulturräume, interessante Konvergenzen und Divergenzen.

Es war mir eine Freude und erschien mir als lohnende Aufgabe, an einer Reihe von Städtebüchern mitarbeiten zu dürfen, die erstmals eine Fülle von Erkenntnissen über die Eigenheiten der städtischen Siedlungen in den verschiedenen Kulturräumen auf der Erde verfügbar machen wird.

Berlin, im März 1971

BURKHARD HOFMEISTER

Inhaltsverzeichnis

1. Einleitung

1.1. Bedeutung des kultur-genetischen oder Regionaltyps in der Stadtgeographie

Im Laufe des letzten halben Jahrhunderts hat sich die Stadtgeographie zu einem der bedeutendsten Zweige des Gesamtfachs entwickelt. Die Stadt als die am kompliziertesten gebaute Kulturlandschaft bot in vorzüglichem Maße die Möglichkeit der Kombination von lage-genetischer, physiognomischer und funktionaler Betrachtungsweise. Zahlreiche Arbeiten wurden der Stadtstruktur und der genauen Erfassung und Abgrenzung verschiedener Stadtviertel gewidmet. Vor allem bei der Herausarbeitung der Merkmale des städtischen Hauptgeschäftszentrums, des Central Business District, und beim Ausbau des zentralörtlichen Modells von W. CHRISTALLER haben amerikanische Stadtgeographen internationale Anerkennung errungen.

Aber die vielen stadtgeographischen Arbeiten haben mit wenigen Ausnahmen zwei extreme Richtungen eingeschlagen. Die einen sind Stadtmonographien, der detaillierten Untersuchung der geographisch relevanten Faktoren *einer einzelnen Stadt* oder auch einer kleinen Gruppe ausgewählter Städte in spezifischer Lage gewidmet. Die anderen sind systematische Abhandlungen, die unter Abstraktion aller individuellen Züge bestimmter Städte jene Wesensmerkmale untersuchen, die einer *Vielzahl von Städten* in den verschiedensten Teilen der Welt gemeinsam sind.

Vernachlässigt wurde dagegen eine Forschungsrichtung, die zwischen diesen Extremen angesiedelt ist. Wir können sie als die *kultur-genetische* Betrachtungsweise bezeichnen, deren Ziel es ist, die Stadt auf dem Hintergrunde eines bestimmten Kulturkreises zu sehen, sie als Ausdruck der materiellen und immateriellen Kultur eines Volkes oder einer Völkergruppe und deren Verhaltensweisen zum Leben und Wirtschaften aufzufassen. Städte als *Elemente eines Kulturerdteils* fanden erstaunlich geringe Beachtung, und die vorliegende Arbeit möchte dazu beitragen, diese Lücke im Schrifttum für den angloamerikanischen Bereich zu schließen.

Einen Anfang hatte freilich 1930 S. PASSARGE mit der Herausgabe seines Sammelwerkes „Stadtlandschaften der Erde“ gemacht, zu dem B. DIETRICH einen Beitrag über die nordamerikanische Stadt beisteuerte. Seitdem ist wenig in dieser Hinsicht geschehen. Erst in neuerer Zeit wiesen SCHWARZ und NIEMEIER in Vorträgen auf deutschen Geographentagen auf die Notwendigkeit hin, die Städte auch nach ihren Gemeinsamkeiten und Unterschieden bezüglich des Kulturraumes, dem sie zuzuordnen sind, zu untersuchen. Damit kommt auch die größere oder geringere historische Tiefe von Städten zum Ausdruck, die uralte Stadttradition in den Altkulturräumen im Gegensatz zu dem viel jüngeren Städtewesen in den Kolonialräumen. In jedem Kulturraum finden sich Weiterbildungen, und es gibt altersbedingte Typenreihen, so daß sich über lange Zeiten hinweg eine Kontinuität bestimmter alter Elemente verfolgen läßt. Andrerseits treten Formabwandlungen auf. Ältere Ausstrahlungszentren heben sich von jüngeren Ausbreitungsgebieten mit meist „reguläreren Formen als im Altland“ (NIEMEIER) ab, wofür gerade Nordamerika ein ausgezeichnetes Beispiel liefert. Hier finden wir in den am frühesten kolonisierten Rändern von der spanischen und englischen Inbesitznahme her Ansätze zum Gitternetz, aber im Landesinnern wurde dann in amerikanischer Zeit nahezu ausschließlich der Schachbrettgrundriß ohne Rücksichtnahme auf die Topographie angewendet.

Heute findet die Frage der Gebundenheit der Stadt an ihre Umwelt größere Beachtung, der Gebundenheit der Stadtbewohner an Volkstum, Stammesart, an die Kultur eines größeren Gebietes, die über bloße funktionale Verflechtungen mit Umland, Hinterland und weiterem Einzugsbereich hinausreicht. In Europa spricht man davon, daß die Städte bis zu einem gewissen Grade „stammesrepräsentativ“ sind. Sie sind die Mobilitätszentren größerer Gebiete, von denen die Impulse wirtschaftlicher und kultureller Entwicklungen ausgehen, indem sie die Aktivitäten eines Raumes sammeln, in dieser Konzentration zu einer Steigerung bringen und sie durch Zusammenwirken auf ihre Umgebung ausstrahlen (SCHÖLLER).

In Amerika hat HOLZNER den Versuch eines weltweiten Überblicks über die wechselseitigen Einflüsse der Kultur auf die Stadt und der Stadt auf die Kultur unternommen. Er sieht die Aufgabe der kultur-genetischen Betrachtungsweise darin, die Ähnlichkeiten und Verschiedenheiten von Städten verschiedener Kulturräume systematisch zu untersuchen. Bei der Herausarbeitung derselben müssen die unterschiedlichsten Aspekte berücksichtigt werden, Aspekte der geschichtlichen Entwicklung, der Wirtschaftsstufe und Gesellschaftsstufe – in seinem Abriß über diese Stufen hat BOBEK auch auf die jeweilige Rolle der Städte hingewiesen –, der Demographie wie z. B. der jeweiligen Stellung der Bevölkerung eines Gebietes innerhalb des demographischen Zyklus, die mit dem jeweiligen Entwicklungsstande des Städtewesens eng verknüpft ist, rassisch-völkische Aspekte, wie etwa die Wohnweise von Minoritäten, eine Frage, die für so typische Einwanderungsländer wie USA und Kanada von eminenter Bedeutung ist, religiös-weltanschauliche Aspekte, die im Zusammenhange mit der Herkunft der Bevölkerung stehen, und nicht zuletzt die vielfältigen Aspekte der gesamten wirtschafts- und sozialgeographischen Struktur.

Es wird hier zunächst postuliert und im Laufe der Darstellung im einzelnen mit Beispielen zu belegen sein, daß die beiden großen staatlichen Gebilde auf dem Kontinent Nordamerika, USA und Kanada, einem solchen verhältnismäßig homogenen Kulturkreis oder Kulturerdteil angehören. Es geht hier um die Erfassung der Wesensmerkmale, die die Städte im US-amerikanisch-kanadischen Raume als geistig geprägte und materiell in Erscheinung tretende *Kulturelemente des angloamerikanischen Kulturerdteils* ausweisen.

Die Behandlung eines so großen Raumes, wie ihn ein Kulturerdteil darstellt, birgt notwendigerweise die Gefahr zum Pauschalurteil in sich, wie das auch bei völkerpsychologischen Studien der Fall ist, wo sich ganze Gruppen von der Gesamterscheinung eines Volkes durch andersartiges Verhalten abheben mögen. Dasselbe gilt für die Städte einzelner Landesteile. Denken wir nur an die Küstensäume Nordamerikas, das Tal des St.-Lorenz-Stroms mit seiner französischstämmigen Bevölkerung oder den Rio-Grande-Oberlauf mit seiner heute noch starken Spanisch sprechenden Minorität, ein Gebiet, das aus seiner kolonialspanischen Epoche noch bemerkenswerte eigene Züge in seinem Kulturlandschaftsbilde trägt. Solche regionalen Abweichungen von einem mehr oder weniger allgemein verbindlichen Schema für die Städte des Kulturerdteils haben sich selbst bei dem hohen Zivilisationsgrad der beiden angloamerikanischen Nationen erhalten, der so oft für eine weitgehende Nivellierung und Überspielung kleinräumlicher Unterschiede als Argument ins Treffen geführt wird. Sie werden gebührend berücksichtigt werden müssen.

Die Gesamtkonzeption der Untersuchung läuft auf eine Dreiteilung in *Wesenszüge, Wandlungen und regionale Differenzierung* der Städte Angloamerikas hinaus. Jedem dieser drei Themenkreise ist ein Hauptkapitel gewidmet. Nach einer kurzen Darlegung von Ausmaßen und Erscheinungsformen des angloamerikanischen Städtewesens unter Einführung und Erläuterung dort häufig gebrauchter und auch international benutzter stadtgeographischer Termini (Kapitel 2) werden im Kapitel 3 die besonderen, von den Städten anderer Kulturerdteile abweichenden Merkmale der amerikanischen Stadt aufgezeigt, die in erster Linie ihre Physiognomie und ihr Gefüge betreffen. Im dann folgenden Kapitel 4 kommen die zahlreichen baulich-funktionalen Wandlungen und planerischen Tendenzen seit den 50er Jahren zur Sprache, die diese Städte gegenwärtig stark verändern. Besonders die Großraumplanung für den gesamten Bereich einer Metropolitan Area ist hier eine recht junge Erscheinung, die aber vielerorts mit großer Tatkraft und finanzieller Unterstützung der Regierung erfolgt und einen bisher in diesem Maße nicht gekannten Eingriff in die Stadtentwicklung darstellt, so daß man mit einiger Berechtigung sagen kann, daß die amerikanische Stadt um 1950 in eine ganz *neue Entwicklungsphase* eingetreten ist. Kapitel 5 geht in Ergänzung dieser sich auf den gesamten Kulturerdteil beziehenden Darlegungen über Merkmale und Wandlungen auf regionale Besonderheiten ein, die das Augenmerk auf die Genese und funktionale Ausstattung der Städte lenken. Damit erhält das in den vorangegangenen Kapiteln entworfene Gesamtbild seine notwendige Korrektur in Richtung auf eine regionale Differenzierung.

1.2. Das vorhandene Material zum Thema Städtewesen im angloamerikanischen Kulturerdteil

Der Beitrag deutschsprachiger Geographen zu Angloamerikas Städten ist nicht groß gewesen. Einiges über Städte ist selbstverständlich in den Handbüchern zur Länderkunde Nordamerikas von RATZEL und DECKERT bis zu SCHMIEDER gesagt. RATZEL veröffentlichte darüber hinaus 1876 ein Werk über „Städte und Culturbilder aus Nordamerika". In der Sammlung Meereskunde erschienen Monographien von PENCK über New York und von RÜHL über San Francisco (1919 bzw. 1913). Eine kurze zusammenfassende Darstellung gab OBERHUMMER in dem Memorial Volume of the Transcontinental Excursion 1912, zu dem auch die Franzosen DEMANGEON und HERBETTE stadtgeographische Aufsätze beisteuerten.

Nachdem der mit seinem Berlin-Buch bekannt gewordene Architekturkritiker HEGEMANN 1925 eine Schrift über „Amerikanische Architektur und Stadtbaukunst" herausgebracht hatte, kamen von geographischer Seite drei noch als klassisch geltende Arbeiten heraus: „Die Großstädte Nordamerikas und die Ursachen ihrer Entstehung" von GLEY (1927), „Die Stadtbevölkerung der Vereinigten Staaten von Amerika nach Herkunft und Verteilung" von ROSSNAGEL (1929) und „Nordamerikanische Stadtlandschaften" von DIETRICH (1930) in PASSARGES erwähntem Sammelband.

Letzterer veröffentlichte gleichzeitig einen Aufsatz über New Orleans und Umgebung. In den 30er Jahren kamen einige wenige Monographien heraus, die unter Schmieder in Kiel entstandene umfangreiche Arbeit über Los Angeles (1935) von WAGNER, die Monographie von SCHOTT über Südontario (1936), eine Arbeit über San Francisco von PFEIFER (1936) und eine von SEEGER über Seattle (1936). 1928 hatte HANNEMANN eine Arbeit über die Seehäfen von Texas veröffentlicht. In dem 1943 von SCHMIEDER herausgegebenen Band „Nordamerika" der Reihe „Lebensraumfragen europäischer Völker" sind viele mit dem Siedlungswesen in Zusammenhang stehende Angaben enthalten.

Schon aus der Nachkriegszeit stammt eine Studie von GERLING über das amerikanische Hochhaus (1949), dessen Verbreitungsursachen noch immer diskutiert werden. BOESCH ging dem ersten Auftreten und der weiteren Verbreitung der Schachbrett-Textur in den amerikanischen Städten nach (1957), wie vor ihm in Amerika selbst schon STANISLAWSKI (1946); BARTZ schrieb eine Arbeit über die San Francisco-Oakland Metropolitan Area (1954), BLUME über die Stadt Valparaiso im Großraume Chicago (1957), AHNERT in Amerika einen Aufsatz über Washington, D. C. (1958), WILHELMY einen über die Goldrauschstädte der Mother Lode (1961), STRZYGOWSKI einen über Lincoln, Nebraska (1963). Als Dissertationen entstanden ein paar Monographien, so die von HEISING über die kalifornischen Missionen (1958), von ROSENBERG über Oklahoma (1955), von KNISPEL über den Hafen von New York (1959) und von BRILL über Baton Rouge, Louisiana (1963). In Aufsätzen zogen WEIGT (1954) und der Soziologe MACKENSEN (1963) die Bilanz der Verstädterung für jeweils ein Jahrzehnt, LENZ gab einen Überblick über die Großstädte im Mittleren Westen Kanadas (1963) und setzte sich mit der Herausbildung zentraler Orte in den kanadischen Prairieprovinzen in einer umfassenderen Studie über diese (1965) auseinander, während SCHROEDER zusammen mit weiteren Teilnehmern einer Studienreise erstmals ausführlicher über die Frage der Stadterneuerung in USA (1966) berichtete.

Von Autoren aus anderen Ländern seien hier einige hervorragende Arbeiten herausgegriffen. Zu ihnen gehören das regionale Kapitel der Stadtgeographie von BEAUJEU-GARNIER/CHABOT (1963), die aus der Feder des französischen Geographen GOTTMANN stammende Monographie über die Megalopolis, die Städteagglomaration im Nordosten der USA (1961), die umfangreiche Dissertation des Holländers WISSINK "American Cities in Perspective" (1962), das Buch des Schweden ALEXANDERSSON über die amerikanischen Städte als Industriestandorte (1956), die die von Sten de GEER mit seiner Untersuchung über den Manufacturing Belt (1927) begonnene Tradition fortführt, die Arbeiten von GEDDES (1915) und DICKINSON (1934, 1964), von C. McL. GREEN über die Stadtentwicklung im Zusammenhang mit der Durchdringung und Besiedlung des Kontinents (1957) und die Studie von L. J. A. KING über die Formen von Siedlungsnetzen in verschiedenen Landesteilen der USA (1961).

Nur eine erste grobe Orientierung über weiterführende Literatur vermag die folgende Auswahl von Arbeiten amerikanischer Autoren über ihre eigenen Städte zu geben. Einen allgemeinen Überblick über die Leistung der amerikanischen Stadtgeographie bietet der Beitrag von MAYER zu dem Buche "American Geography. Inventory and Prospect". Wir wollen uns hier auf die allerwichtigsten Werke und Institutionen beschränken, die als Quellen zur amerikanischen Stadtforschung herangezogen werden können, während zahlreiche Einzelarbeiten im Verlaufe der Darlegungen in den folgenden Kapiteln auftauchen werden.

Am Beginn der amerikanischen siedlungsgeographischen Forschung stehen die Arbeiten von TOWER (1905), AUROUSSEAU (1923) und M. JEFFERSON (1931 und später). Hier finden wir aber auch im Gegensatz zu den nichtamerikanischen Wissenschaftlern, die meist bestimmte Aspekte oder aber einzelne Städte bearbeitet haben, einige grundlegende *Standardwerke*.

An erster Stelle muß R. MURPHYS "The American City. An Urban Geography" (1966) genannt werden. Dieses Buch ist sehr umfassend und beruht auf jahrelangen stadtgeographischen Studien seines Verfassers. Dennoch ist ein Einwand am Platz. Seinem ganzen Aufbau nach ist das Buch eher eine systematische Stadtgeographie, deren Ausführungen in den einzelnen Sachkapiteln überwiegend mit Beispielen aus Nordamerika belegt werden. Insofern müßten Haupt- und Untertitel miteinander vertauscht werden. Man wird in diesem Buche vergebens nach den Zusammenhängen suchen, die hier in den folgenden Hauptkapiteln 3–5 herausgearbeitet werden.

Eine Zusammenstellung von 54 wichtigen Beiträgen amerikanischer Geographen zur Stadtgeographie, in denen Amerikas Städte im Vordergrund stehen, vereinigt das von MAYER und KOHN edierte Sammelwerk "Readings in Urban Geography" (1959). Es enthält unter anderem so grundlegende Arbeiten wie die von HARRIS über die funktionalen Typen der US-amerikanischen Städte und von MURPHY/VANCE über die Abgrenzung des Central Business District. Eine Neuauflage könnte bereits um manche jüngere Spezialuntersuchung bereichert werden, etwa um die Aufsätze von BURGHARDT über die "River Towns in Central USA" (1959), von NELSON über die "Walled Cities of the United States" (1961) oder von BRODEUR über "Evolution of the New England Town Common 1930–1966" (1967), mit deren Nennung lediglich angedeutet sei, mit welchen auch stark ins Historische gehenden Detailstudien sich neuerdings beachtlich viele amerikanische Geographen beschäftigen. Hier sei auch der eine anläßlich des Internationalen Geographenkongresses 1952 in den USA von MAYER und PHILBRICK herausgegebene wissenschaftliche Reiseführer, das "Industrial Cities Excursion Guidebook", genannt. STARKEYS Länderkunde "The Anglo-American Realm" (1968) ist besonders industrie- und stadtgeographisch ausgerichtet.

Natürlich wird man gerade von amerikanischen Autoren auch Standardwerke aus den benachbarten Wissensgebieten Architektur, Stadtgeschichte und Soziologie heranziehen. Als besonders ergiebige Quellen seien angeführt BURCHARD/BUSH-BROWN "The Architecture of America. A Social and Cultural History" (1961), HILBERSEIMER "The Nature of Cities" (1955), GLAAB/BROWN "A History of Urban America" (1967), REPS "The Making of Urban America. A History of City Planning in the United States" (1965), TUNNARD/REED "American Skyline. The Growth and Form of Our Cities and Towns" (1955), TUNNARD "The Modern American City" (1968), FITCH "Vier Jahrhunderte Bauen in USA" (1968), die bedeutenden, freilich nicht auf Amerikas Städte beschränkten Werke von MUMFORD „Vom Blockhaus zum Wolkenkratzer" (1925), "The Culture of Cities" (1938), "City Development" (1945) und "The City in History" (1961), BARTHOLOMEW "Land Use in American Cities" (1955), OWEN "The Metropolitan Transportation Problem" (1956) als wohl wichtigste amerikanische Gesamtdarstellung des Stadtverkehrs, BOLLENS/SCHMANDT "The Metropolis" (1965) als grundlegendes Werk über die politisch-administrativen Fragen der Stadt und Stadtregionen in Amerika und der von PASSONEAU/WURMAN herausgebrachte "Urban Atlas. 20 American Cities" (1967). Das Werk von REPS ist besonders nützlich wegen seiner Fülle älterer und jüngerer Stadtpläne und deren Diskussion. Über Kanadas Städte findet sich ein Beitrag von RASHLEIGH in dem Sammelband "Readings in Canadian Geography" (1968, hrg. von R. M. IRVING).

Von soziologischer Seite ist als moderne Quelle das Buch „American Cities. Their Social Characteristics" (1965) von HADDEN/BORGATTA zu nennen. In Amerika hat stärker als in Europa die soziologische Stadtforschung schon früh die Stadtgeographie befruchtet, insbesondere die zahlreichen Arbeiten aus der Chicagoer Soziologenschule von PARK, MCKENZIE, BURGESS, WIRTH, HOYT, BOGUE, DUNCAN und HAUSER. Auf einzelne dieser Autoren gehen auch die international beachteten Modellvorstellungen vom städtischen Gefüge zurück. Die Concentric Circle-Theorie von BURGESS, derzufolge sich sozialökonomische Stadtviertel unterschiedlicher Prägung konzentrisch um einen Kern herumlagern, und die Sector-Theorie von HOYT, derzufolge sie sich eher sektorenförmig an das zentrale Hauptgeschäftszentrum der Stadt anlehnen, wurden später von den Geographen HARRIS und ULLMAN durch die Multiple Nuclei-Theorie von dem mosaikartigen Zusammenwachsen der Stadt aus verschiedenen Siedlungskernen mit jeweils eigener Zonenbildung abgelöst. Dennoch werden sie weiter verwendet, und erst 1966 entwarf MIDDLETON in enger Anlehnung an HOYTS Sektorentheorie sein Modell von der Anordnung städtischer Wohngebiete (idealized residential pattern). BOYCE und HORWOOD entwickelten für den

Stadtkern ihr CBD-core-frame-Konzept (1959, 1963) und etwas später GRIFFIN und PRESTON für den CBD frame im Sinne von BOYCE ihr Modell von der Transition Zone (1966). Der Soziologe DOBRINER schließlich entwarf ein Modell der gesamten Metropolitan Area (1963). In Amerika erfreuen sich diese Modellvorstellungen großer Beliebtheit, und es wird an entsprechender Stelle zu zeigen sein, wie sich z. B. auf dem Hintergrunde des Modells von der Transition Zone unsere Vorstellung von der Entwicklung in diesem Bereich verdeutlicht.

Gemeinschaftsarbeit in Teams hat auch auf dem Gebiete der Stadtforschung viele wertvolle Ergebnisse erbracht. Dabei sind vor allem zu nennen die Arbeiten aus dem Joint Center of Urban Studies der Harvard University und des Massachusetts Institute of Technology, aus dem Bureau of Community Planning an der Universität von Illinois in Urbana, das auch die Bibliographie "Planning Digest" herausbringt, aus den Zentren für Städteforschung der Universitäten von Chicago, von Illinois, von Kalifornien und von Washington, aus den regional arbeitenden Gruppen wie der Upper Midwest Economic Study mit Sitz in Minneapolis, die unter BORCHERTS Leitung eine Reihe siedlungsgeographischer Arbeiten hervorbrachte, oder aus der bis zu seinem Tode unter COLBY arbeitenden Mississippi Valley Investigations an der Southern Illinois University in Carbondale, aus dem Rutgers Urban Studies Center und vielen anderen Institutionen. In Tulsa, Oklahoma, bildete sich vor einigen Jahren eine Arbeitsgruppe der "Professors of the City", die in engem Kontakt zwischen Universität und Praxis Stadtforschung betreibt und deren Hauptanliegen die wissenschaftliche Beratung von Gemeinden und Planungsstellen ist. Im Frühjahr 1968 wurde in Atlanta, Georgia, das American Institute of Urban and Regional Affairs unter Mitwirkung von fünf namhaften Geographen im Board of Governors gegründet. Das Urban Land Institute in Washington, D. C., gibt die Monatszeitschrift "Urban Land" heraus.

Eine weitere wichtige Quelle bildet das Tabellenmaterial des Zensusbüros, das unter Mitwirkung von Geographen an einer sinnvollen Aufbereitung der Erhebungen arbeitet. Es wies schon seit 1930 zusätzliche Daten für Metropolitan Areas aus und veröffentlicht jetzt für alle diese Großstadtgebiete Daten auf der Basis von Census Tracts, Gebieten, die mehrere Baublöcke umfassen und etwa den Statistischen Gebieten der deutschen amtlichen Statistik entsprechen. Eine andere Quelle ist das bei den Planungsstellen der Städte wie der Metropolitan Areas anfallende Material. Letztere bestehen vielfach erst kurze Zeit, haben aber oft in dieser schon umfangreiche Grundlagenforschung betrieben. Vorbildlich ist New York, für das nach einer ersten umfassenden Planungsstudie aus den 30er Jahren jetzt unter Leitung von VERNON eine zehnbändige Untersuchung über alle Aspekte des Großraumes mit Prognosen bis 1985 entstand. Wertvolles Material liefern auch das American Institute of Planners und die American Society of Planning Officials.

Wer sich über eine bestimmte Stadt informieren möchte, findet zahlreiche, meist allerdings mehr allgemeinverständlich geschriebene Monographien innerhalb der American Guide Series, der Cities of America Series und des Know Your America Program der American Geographical Society.

2. Die Rolle der Stadt in Angloamerika

2.1. City, Town, Village und die Konzepte „Urbanized Area“ und „Standard Metropolitan Statistical Area“

Wir müssen uns darüber im klaren sein, daß mit Begriffen wie City und Town zunächst einmal nichts anderes gemeint ist als eine Gemeinde innerhalb ihrer administrativen Grenzen mit einem ganz bestimmten Verwaltungsstatus. In den Vereinigten Staaten ist eine sogenannte Corporate oder Legal City eine Gemeinde, die nach Erreichen einer Mindesteinwohnerzahl, im Staate Pennsylvania etwa 10000 Menschen, im Staate Kansas dagegen bereits ab 1000 Menschen, auf Antrag und durch Beschluß der einzelstaatlichen Regierung eine City Charter verliehen bekommen hat. Eine solche Charter setzt die administrativen Grenzen der Stadt gesetzlich fest und weist ihr einen bestimmten Verwaltungsstatus zu. Es handelt sich entweder darum, daß eine solche Stadt von einem Bürgermeister (mayor) und einem Stadtrat (board of aldermen) oder aber von einem Stadtdirektor (city manager) mit einer Ratsversammlung (city council) verwaltet wird.

In weiten Teilen der Vereinigten Staaten und Kanadas stehen die städtischen Siedlungen auch in einem bestimmten Verhältnis zu der einstigen Landvermessung. Mit Ausnahme der 13 US-amerikanischen Gründerstaaten an der atlantischen Küste und eines großen Teiles des Staates Texas wurde das gesamte heutige Staatsgebiet der USA und entsprechend der größte Teil des Staatsgebietes Kanadas nach einem in den USA 1785 gesetzlich festgelegten quadratischen Vermessungssystem in quadratmeilengroßen sections vermessen. Dieses Gebiet wird meist mit einem zusammenfassenden Begriff als das Gebiet der *Public Land States* bezeichnet. So entstand eine verwaltungsmäßige Gliederung, die jeweils 36 sections von Quadratmeilengröße zu einer *township* zusammenfaßte, eine unterschiedliche Zahl von townships, in den Oststaaten meist wenige, in den Weststaaten dagegen sehr viel mehr, wurden zu einer *county* zusammengefaßt, die ihrerseits die administrative Untereinheit des Einzelstaates oder der kanadischen Provinz ist. Allerdings sind die einzelnen Staaten in eine sehr unterschiedliche Zahl von counties unterteilt.

Die Städte haben nun ein gewisses Verhältnis zu diesen counties. In der Mehrzahl der Fälle sind die mit einer City Charter ausgestatteten Städte Teile einer county, die demgemäß im Umland der Stadt, soweit dieses zu der betreffenden county gehört, die Verwaltung ausübt. Zuweilen sind das administrative Gebiet einer Stadtgemeinde und einer county kongruent, so z. B. in Denver, Colorado, wo die City of Denver und die County of Denver gemeinsam dasselbe Gebiet verwalten. In anderen Fällen existiert die Stadt völlig unabhängig neben einer county, wie etwa bei St. Louis, Missouri.

Derartige Unterschiede werden besonders in jüngster Zeit außerordentlich wichtig, wo es um die Zusammenarbeit der jeweils zuständigen Gebietskörperschaften im Rahmen der Planung für den gesamten Bereich einer Stadtregion geht.

Die eigentliche Stadt im geographischen Sinne, d.h. also das städtische Gebiet, das meist sehr weit über die administrativen Grenzen der städtischen Gemeinde hinausreicht, ist oftmals in verwaltungspolitischer Hinsicht in eine Vielzahl von Einheiten untergliedert, die es seitens der Planung nun zu einheitlichem Vorgehen zusammenzuführen gilt. So beklagte sich PROUDFOOT (1957) über die außerordentlich starke administrativ-politische Zersplitterung des Großraumes von Chicago. "The city of Chicago, which once provided the government for the real Chicago, is now only one of a number of political units. The real Chicago is burdened by gerrimandered representation and overlapping executive, legislative, and legal machinery. Not only does it come under the jurisdiction of two states und six counties, but it is further subdivided into 192 municipalities, 108 civil townships, 419 school districts, and 235 special tax districts. It is kept weak by the overrepresented rural and downstate interests that dominate the Illinois General Assembly, the Illinois Senate, and the Illinois Supreme Court. It contributes far more in taxes than it receives in revenues, and it is hamstrong by inaquetable budgetary control exercised by the State".

Wie wenig letztlich die Bezeichnung "City" über den tatsächlichen Charakter einer Gemeinde aussagt, zeigen drastisch die sogenannten *Dairy cities* auf der Südseite der Agglomeration von Los Angeles

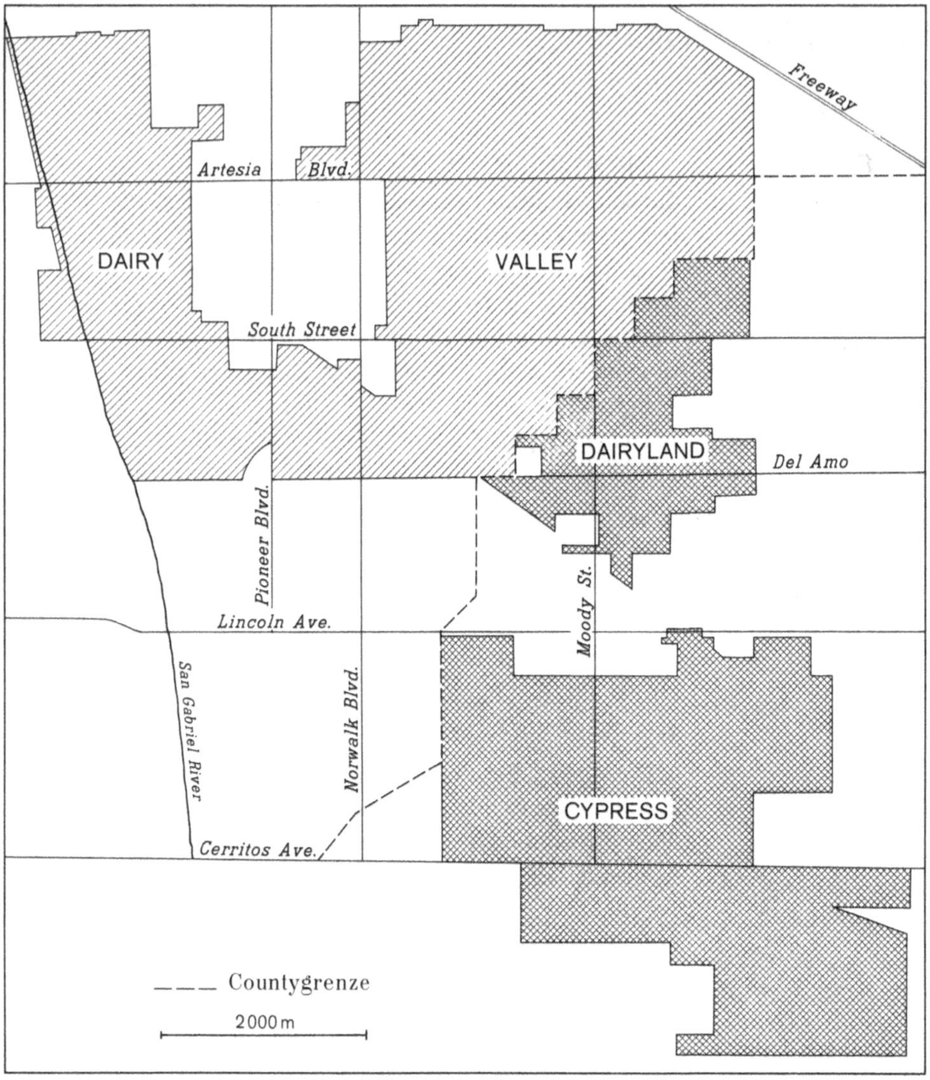

Fig. 1. *Die Dairy Cities in der Metropolitan Area von Los Angeles* (wiedergegeben aus The Professional Geographer of the Association of American Geographers Bd. XIV, 1966, und mit freundlicher Genehmigung von G. J. FIELDING).
Als die drei Gebiete ohne gemeindlichen Status Mitte der 50er Jahre zu "cities" wurden, waren sie reine Landwirtschaftsgebiete. Die Farmer belieferten den nahen Großstadtmarkt mit Frischmilch. Die Beantragung einer city charter war der einzige Ausweg vor drohender Eingemeindung seitens einer Nachbarstadt. Die dairy cities bieten ein Beispiel dafür, daß die Bezeichnung „city" nur administrativ, aber überhaupt nicht stadtgeographisch relevant ist. 1968 beschlossen die Farmer jedoch die Aufgabe der Milchwirtschaft und Umwandlung ihrer Betriebsflächen zu Bauland. Aus Gründen günstigeren Grundstücksverkaufs wurde sogar der Name Dairy Valley in Cerritos (span.= Hügelchen) umgewandelt. Damit bieten die dairy cities auch dafür ein Beispiel, wie sich politischer Einfluß auf die Landnutzung und deren rasche Veränderung auswirkt.

(Fig. 1). Hier existieren bis in die jüngste Vergangenheit drei Gebiete ohne gemeindlichen Status, die von den zugehörigen Counties versorgt wurden und intensive Milchwirtschaftsgebiete waren, die erheblich zur Frischmilchversorgung der Großstadt Los Angeles beitrugen. Die Farmer waren sich in der Mehrzahl darüber einig, daß sie auch weiterhin bei der Milchwirtschaft bleiben wollten, statt auf die teilweise durchaus recht verlockenden Angebote zum Landverkauf einzugehen. Auf lange Sicht jedoch hätten sie sich trotz vorhandener Flächennutzungspläne, die den agrarischen Charakter der betreffenden Gebiete festlegten, nicht der Eingemeindungspolitik seitens der benachbarten Stadtgemeinden entziehen können. Es gab nur den einen einzigen Ausweg, nämlich bei der Regierung des Staates Kalifornien um eine City Charter einzukommen und selbst den Status einer City einzunehmen. Dieses geschah denn auch Mitte der fünfziger Jahre. Damals waren die drei „Städte" praktisch reine Landwirtschaftsgemeinden. Inzwischen sind allerdings etliche Farmer anderer Meinung geworden, und eine teilweise Durchlöcherung der bis dahin strikt gewahrten Flächennutzungsordnung hat immerhin einzelne Flächen innerhalb der Grenzen dieser „Städte" nichtagrarischen Nutzformen zugeführt (CROUCH).

Im April 1968 schließlich wurde die Bauleitplanung geändert. Die Farmer gaben die Milchwirtschaft auf und beschlossen die Umwandlung der bisherigen agrarischen Nutzflächen in Bauland. Zum Zwecke der Werbung, d. h. der günstigeren Verkaufsmöglichkeiten dieses Baulandes, wurde sogar der Name "Dairy Valley" in "Cerritos" (span. = Hügelchen) umgewandelt[1]).

[1]) Freundliche Mitteilung von G. J. FIELDING.

Die *Town* ist ebenfalls eine eigenständige Gebietskörperschaft mit entsprechender, jedoch von der City abweichender rechtlicher Grundlage und kommt vor allem in den älteren Landesteilen, das heißt also außerhalb der Public Land States vor. Innerhalb der Public Land States gibt es freilich eine Ausnahme, und zwar gibt es eine Reihe von Städten mit dem administrativen Status der Town in dem Staate Wisconsin. Hier können also Cities und Towns nebeneinander existieren. Beides aber sind administrative Einheiten, die für den Geographen nur bedingt von Interesse sind.

Eine Zwischenstellung nehmen die um ein großes Industriewerk mit seinen Arbeiterwohnsiedlungen entstandenen und funktional völlig einseitig ausgebildeten Industriesiedlungen ein. Solche *Company Towns* gibt es vorzugsweise in den Gebirgsstaaten (ALLEN), jedoch einzelne auch in anderen Teilen des Landes, wie etwa das um die Cannon Mills entstandene Kannapolis, North Carolina, mit 34637 Einwohnern (1960).

Einen noch geringeren Status als Gebietskörperschaft hat die *Village*. Dieses Wort hat jedoch nichts mit dem deutschen Begriff des Dorfes zu tun. Wir dürfen es also auf keinen Fall mit diesem gleichsetzen. Die typische ländliche Siedlungsweise in den größten Teilen der Vereinigten Staaten und Kanadas ist seit Beginn der weißen Besiedlung der Einzelhof gewesen, mit einer Blockflur in Besitzeinheit, als Familienbetrieb konzipiert, von der genannten quadratischen Vermessung des Landes gefördert und auch seitens der Politik der Regierung mit der Heimstättengesetzgebung in den Vereinigten Staaten seit 1862 deutlich in den Vordergrund gestellt. Das Dorf im deutschen Sinne dagegen ist in Angloamerika die Ausnahme. Wir finden es nur in den frühesten Siedlungsgebieten der Engländer in den Neuenglandstaaten, im Siedlungsgebiet der sogenannten Pennsylvania Dutch, in dem von den Angehörigen der Church of Jesus Christ of Latter-day Saints (Mormonen) Mitte des vorigen Jahrhunderts besiedelten Tale des Großen Salzsees in Utah und im Gebiete der Pueblo-Indianer des Südwestens der Union. Nur in bestimmter Lage, oftmals an den Kreuzungspunkten der den section lines folgenden Landstraßen, ist es zu kleineren Anhäufungen von Farmhäusern und damit zur Bildung von *Weilern* (hamlets) gekommen, die aber in der Regel keinen Gemeindestatus besitzen und genauso wie die Einzelhöfe in der Umgebung von der jeweils zuständigen County verwaltungsmäßig betreut werden.

Die Village ist also nichts anderes als eine städtische Siedlung, nur von geringerem Status als Gebietskörperschaft gegenüber der City und der Town. So gibt es außerhalb der Stadtgrenze Chicagos, aber durchaus zur Stadtregion Chicagos gehörig, solche großen Gemeinden mit Village-Status wie Skokie mit 59364 Einwohnern oder Oak Park mit 61093 Einwohnern (1963). Die als Gartenstadt während des New Deal am Südrande von Milwaukee angelegte Greendale Village zählt heute 11600 Einwohner (1965; 1960: 6843 Einwohner).

Die für unsere europäischen Staaten so charakteristischen Bauerndörfer entfallen also weitgehend und somit auch die sich seit geraumer Zeit entwickelnden Übergangsformen im Zuge einer wirtschaftlich-sozialen Umstrukturierung durch eine Durchdringung des offenen Landes mit Elementen des sekundär- und teriärwirtschaftlichen Sektors. Es fehlen also jene bei uns zahlreichen Siedlungen, die sowohl von ihrer Wohnbevölkerung als auch von ihrer Ausstattung mit Arbeitsstätten her alle erdenklichen Zwischenstufen zwischen reiner Agrargemeinde über die gemischten Agrar-Gewerbe-Gemeinden zu der reinen Gewerbegemeinde bilden.

Dagegen haben sich neben den über weite Flächen recht gleichmäßig und dünn verbreiteten Einzelhöfen und den kleinen Konzentrationen der weilerartigen hamlets in größeren Abständen seit langem kleine *Landstädte* herausgebildet, die in erster Linie als lokale "Service Centers" die *Verteilerfunktionen* für einen größeren ländlichen Bereich zu übernehmen hatten. Jedoch blieben sie meist klein, da sie die Landbevölkerung nur mit *niederen Funktionen* bedient haben, während sich schon früh, zuerst in Chicago als dem wirtschaftlichen Zentrum des Mittelwestens, in großem Maßstab das *Versandgeschäft* entfaltete. Zum Teil weisen diese kleinen Landstädte allerdings Funktionen auf, die europäischen Städten dieser geringen Größenordnung unbekannt sind, eine eigene Radiostation und eine eigene Tageszeitung.

Andererseits gibt es Fälle von *Funktionsteilung*, wenn mehrere Kleinstädte sehr dicht benachbart liegen wie im südlichen Illinois. Hier sprechen BURTON, STAFFORD JR. und andere Autoren von der sogenannten *Dispersed City* (Fig. 2). Die These, die hier aufgestellt und für die Städtegruppe in den Counties Jackson, Perry, Franklin und Williamson mit den Städten Carbondale, Marion, Herrin und einigen weiteren Kleinstädten durch Erhebungen erwiesen wurde, geht dahin, daß die einzelne Klein-

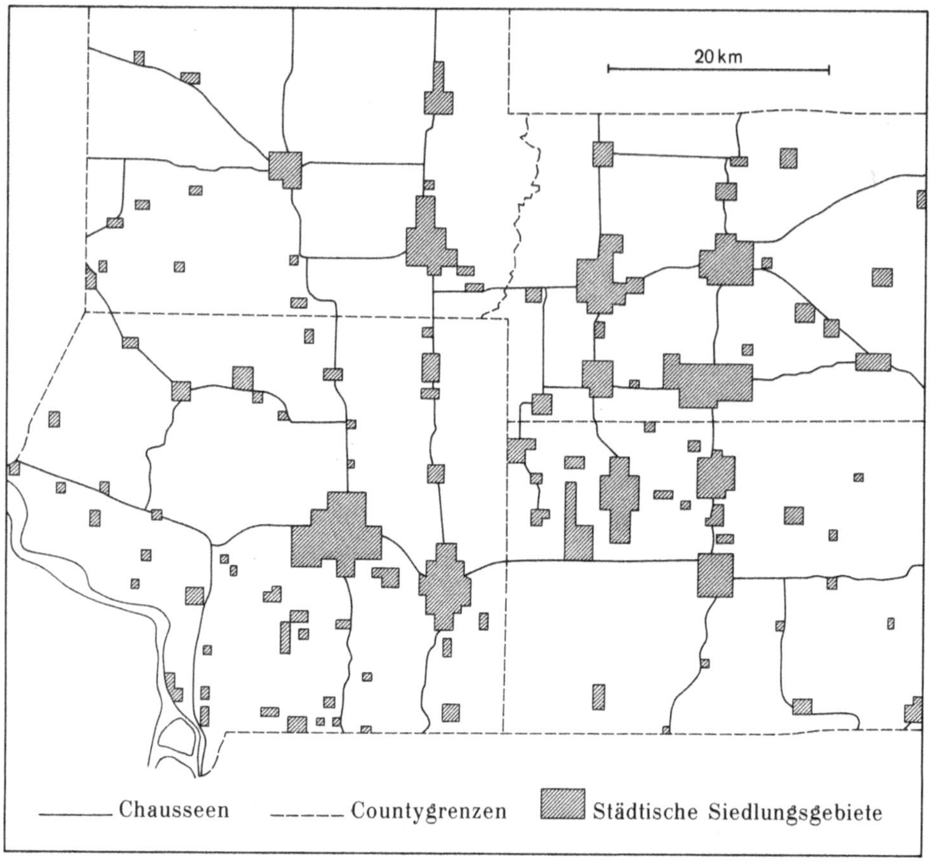

Fig. 2. *Die Dispersed City oder Gruppenkleinstadt von Süd-Illinois* (wiedergegeben aus The Professional Geographer of the Association of American Geographers Bd. XIV, 1962, und mit freundlicher Genehmigung von H. A. STAFFORD jr.).
Die dispersed city ist eine besondere Form flächenhaft gestreuter städtischer Nutzung. Zuweilen haben sich in Bewässerungs- oder wie hier in Bergbaudistrikten, ohne daß es zur Herausbildung eines übergeordneten zentralen Ortes gekommen wäre, mehrere benachbarte Kleinstädte entwickelt, die sich mit ihrer unterschiedlichen funktionellen Ausstattung in die Bedienung eines gemeinsamen Umlandes teilen. Nach und nach sind quadratmeilengroße sections oder Teile von sections in städtische Nutzung überführt worden, so daß sich aus der Darstellung der nicht agrarisch genutzten Flächen noch das Muster der einstigen quadratischen Landvermessung ablesen läßt.

stadt wegen der dichten Nachbarschaft zu den anderen Städten sich in die Funktionen zur Versorgung der eigenen und der Umlandsbevölkerung dieser Städte mit den übrigen teilt.

Sie alle zusammen bilden trotz gewisser räumlicher Entfernung eine *funktionale Einheit* und sind in diesem Zusammenwirken einer einzigen Großstadt vergleichbar. Voraussetzung für eine derartige Entwicklung ist einerseits das Fehlen eines übergeordneten zentralen Ortes, d. h. einer sich deutlich von diesen Kleinstädten heraushebenden Mittel- oder Großstadt, andererseits eine natur- und kulturgeographische Gesamtsituation, die die Entwicklung von Kleinstädten begünstigte, aber keine wirklich bedeutende Stadt in gewissem Umkreis entstehen ließ.

Diese Situation ist, wie schon BURTON vermutet, in einem wirtschaftlich sehr einseitig ausgebildeten Raume gegeben, also beispielsweise in einem *Kohlenbergbaugebiet* mit geringer eigener Industrieentwicklung oder in einem größeren *landwirtschaftlichen Bewässerungsbezirk*. Außer im südlichen Illinois scheint es Beispiele für die Ausbildung von Dispersed Cities oder *Gruppenkleinstädten* im unteren Rio-Grande-Tal und im Imperial Valley von Kalifornien zu geben. Es liegen hierüber jedoch keine genaueren Untersuchungen vor.

Auch ist der Begriff der Dispersed City durchaus nicht so eindeutig und wird nicht nur auf die oben geschilderten Fälle angewendet, sondern von einzelnen Autoren in abweichendem Sinne benutzt. PHILBRICK, der die Ausbreitung nichtagrarischer Nutzungsformen in Teilen Michigans untersuchte, spricht hier ebenfalls von einer Dispersed City, versteht darunter jedoch das sprunghafte, zellenartige Eindringen von gewerblicher Nutzung i. w. S. und von städtisch orientierter Wohnbevölkerung in ländliche Bezirke weit außerhalb der Städte und ohne deutliches Gefälle dieser Erscheinung von städtischen Zentren nach außen hin. Weitgehend unregelmäßig breiten sich diese neuen Siedlungszellen über das Netz der Sections und der den section lines folgenden Straßen aus. Man sollte für diese Art der Verstädterung ländlicher Bereiche jedoch einen anderen Terminus wählen und den Ausdruck Dispersed City der Gruppenkleinstadt im Sinne BURTONS vorbehalten.

Das Auffüllen weiter ländlicher Gebiete mit nichtagrarischen Nutzungsformen und das Einbeziehen von Siedlungen unterschiedlichen rechtlichen Status in die Großstadtbereiche hat in Angloamerika sehr früh begonnen und in den USA dazu geführt, daß der offizielle Zehnjahreszensus bereits 1930 erstmals sogenannte Metropolitan Areas auswies, d.h. nach bestimmten statistischen Merkmalen abgegrenzte Stadtregionen, die der geographischen Stadtlandschaft schon näher kommen als die Stadtgemeinde innerhalb ihrer administrativen Grenzen. Allerdings – und das sei hier bereits vorweggenommen – führen die Städte in Amerika noch bis in die allerjüngste Vergangenheit hinein in beachtlichem Umfang *Eingemeindungen* durch, die das Gebiet der Gemeinde immer wieder mit der Entwicklung der städtischen Überbauung am Rande in Übereinstimmung zu bringen trachten oder in manchem Falle dieser sogar beträchtlich vorauseilen. Dennoch genügt die administrative Einheit bei weitem nicht.

Es wurden in Zusammenarbeit zwischen dem Statistischen Büro im US-amerikanischen Handelsministerium und Wissenschaftlern verschiedener Disziplinen übergeordnete städtische Raumeinheiten ausgewiesen und abgegrenzt und zusätzlich in Anpassung an die sich verändernden Verhältnisse die Definitionen und damit die Kriterien für diese Raumeinheiten von einem Zensus zum anderen etwas abgewandelt. Letzteres hat zwar den Nachteil, daß die Daten nicht unmittelbar vergleichbar sind. Jedoch sind sie für zurückliegende Zensusjahre auf Grund der abgewandelten Kriterien zusätzlich neu berechnet worden. Die so geschaffenen Einheiten sind die *Urbanized Area*, die *Standard Metropolitan Statistical Area* (SMSA) und die bisher zwei *Standard Consolidated Areas* von New York mit Nordost-New Jersey und Chicago mit Nordwest-Indiana (MURPHY, DICKINSON, KLOVE).

Grundlage für alle diese Raumeinheiten ist das Vorhandensein einer Kernstadt, einer sogenannten Central City von mindestens 50000 Einwohnern oder auch mehrerer dicht benachbarter Kernstädte dieser Größe. Im Gegensatz zur britischen Conurbation, der in erster Linie eine hohe Bebauungsdichte und Mindestwohndichte von 2500 Einwohnern pro Quadratkilometer zugrunde liegt, und der französischen Agglomération, die mit Kriterien wie niedriger Geburtenziffer und hohem Anteil von Unselbständigen, von Kleinfamilien und Einzelhaushalten stark demographisch-soziologisch festgelegt ist, sind die amerikanische Urbanized Area und Metropolitan Area wie in Anlehnung an diese auch die deutsche Stadtregion im wesentlichen *sozialökonomische Einheiten* auf Grund gleichartiger Erwerbsstruktur und stadtähnlicher Siedlungsweise der Bevölkerung.

Neben der Kernstadt mit mindestens 50000 Einwohnern oder mehreren Kernstädten umfaßt die Urbanized Area

- die benachbarten Gemeinden (Incorporated Places) über 2500 Einwohner,
- die benachbarten Gemeinden unter 2500 Einwohner mit geschlossener Bebauung von mindestens 100 Wohneinheiten (etwa 800 Einwohner pro Quadratkilometer),
- die benachbarten, meist section-(Quadratmeilen-) großen Zähldistrikte, die als Geschäfts-, Industrie-, Verkehrs- oder Erholungsflächen funktional der Kernstadt zugehören,
- Zähldistrikte mit einer Wohndichte von mehr als 1000 Einwohnern pro Quadratmeile,
- Zähldistrikte mit geringerer Dichte als 1000 Einwohner pro Quadratmeile, wenn sie entweder Enklaven ergeben würden, über 2,5 km in die geschlossene Urbanized Area hineingreifen oder eines der oben genannten Merkmale aufweisen und weniger als 2,5 km von der geschlossenen Urbanized Area entfernt liegen.

Neben diesen, der deutschen Stadtregion im Sinne BOUSTEDTS am ehesten vergleichbaren Urbanized Areas gibt es, wie erwähnt, seit dem Zensus von 1930 die *Metropolitan Areas*, die heute offiziell *Standard Metropolitan Statistical Area* genannt werden. Sie umfassen bis zu drei nicht mehr als 32 km auseinanderliegende Kernstädte, und zwar die *gesamte Fläche der County oder Counties*, innerhalb deren Grenzen die Kernstadt oder -städte gelegen sind.

Hierin liegt der große Nachteil gegenüber der viel feineren Methode der Erfassung von Urbanized Areas. Die Counties sind sehr grobe Gebietseinheiten, die oft beträchtliche Teile noch weitgehend ländlicher und agrarwirtschaftlich genutzter Gebiete umfassen und hier automatisch zur Metropolitan Area dazugerechnet werden, und zum anderen sind sie in den einzelnen Landesteilen sehr unterschiedlich groß. Staatsflächen und Countyflächen sind in den Weststaaten sehr viel größer als an der Atlantikküste. Damit wird das Konzept vor allem im Westen weitgehend unbrauchbar. Auf einer Karte der Metropolitan Areas erscheint das Gebiet der kalifornischen Städte San Diego, Los Angeles, San Bernardino, Santa Barbara, Bakersfield und Las Vegas (Clark

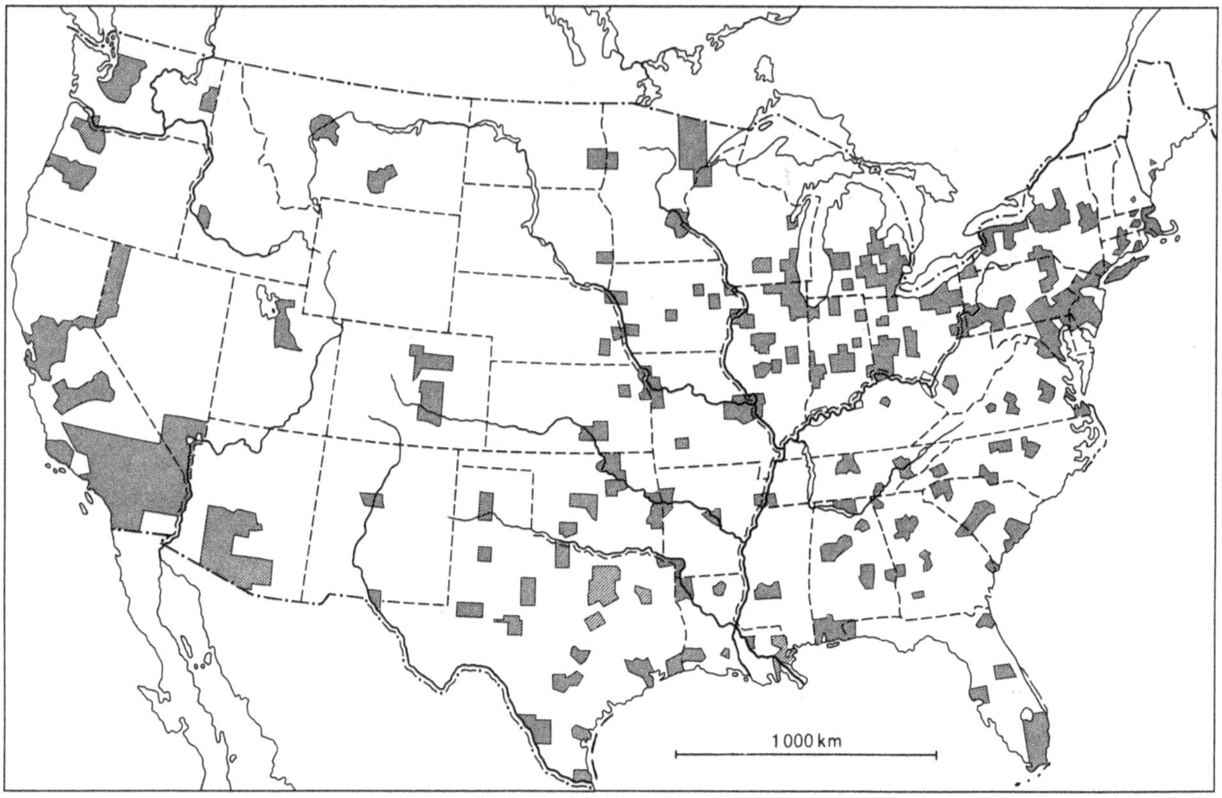

Fig. 3. *Die Standard Metropolitan Statistical Areas der USA 1960* (nach Bureau of the Census).
Das Kartogramm zeigt das Ausmaß der US-amerikanischen Stadtregionen mit 1 bis 3 benachbarten Kernstädten von über 50 000 Einwohnern. Da die SMSA auf der Basis ganzer Counties abgegrenzt werden, also die gesamte County umfassen, sofern nur ein Teil derselben nach den gesetzten Kriterien unter den Begriff der Metropolitan Area fällt, ergeben sich besonders in den Weststaaten mit ihren relativ wenigen und sehr großen Counties erhebliche Verzerrungen. Die Agglomeration an der nördlichen Atlantikküste zwischen Boston und Washington, D.C., ist nach dieser Art der Darstellung nur knapp so groß wie das in Wirklichkeit viel geringer verstädterte Süd-Kalifornien.

County, California) mit zusammen 55239 Quadratmeilen als Summe der entsprechenden Counties größer als die von GOTTMANN im Nordosten der USA etwa zwischen Boston im Norden und Washington, D. C., im Süden ausgewiesene Megalopolis mit 53575 Quadratmeilen. Das ist natürlich eine völlige Verzerrung der tatsächlichen Verhältnisse. Weite Teile der genannten kalifornischen Counties sind wüstenhaft und außerordentlich dünn besiedelt (Fig. 3).

Zu den Counties, in denen die Kernstadt oder Kernstädte liegen, kommen ganze weitere Counties hinzu, wenn mindestens 65% der Erwerbstätigen einer County nichtagrarischen Tätigkeiten nachgehen, oder wenn in einem direkt an die Kernstadt angrenzenden Bereich durchweg eine Mindestbevölkerungsdichte von 150 Einwohnern pro Quadratmeile erreicht ist bzw. in der betreffenden County mindestens 10000 nichtagrarisch Erwerbstätige arbeiten oder wohnen. Die Bewertung erfolgt also für das Gebiet als Arbeitsstätte genau so wie als Wohnstätte.

Im Jahre 1960 umfaßten 133 Standard Metropolitan Statistical Areas lediglich die Fläche einer County, 61 Metropolitan Areas dagegen zwei bis drei Counties, 18 Metropolitan Areas aber vier oder mehr Counties. Über 50% der Gesamtbevölkerung des betreffenden Einzelstaates lebten 1960 innerhalb der Metropolitan Areas desselben (Tabelle 1).

Bei allen übrigen Staaten waren es zwischen 8,6% und 48,1% mit Ausnahme der vier Staaten Alaska, Idaho, Vermont und Wyoming, die überhaupt keine Metropolitan Area im Zensusjahre 1960 besaßen.

Seit dem Zensus von 1960 werden außerdem noch zwei *Standard Consolidated Areas* ausgewiesen: Die

Tabelle 1. Anteile der Metropolitan Areas an der Gesamtbevölkerung der US-amerikanischen Einzelstaaten.

District of Columbia	100 %	Ohio	69,5 %
Kalifornien	86,5 %	Delaware	68,9 %
Rhode Island	86,2 %	Colorado	68,0 %
New York	85,5 %	Utah	67,5 %
Massachusetts	85,2 %	Florida	65,6 %
Hawaii	79,1 %	Texas	63,4 %
New Jersey	78,9 %	Washington	63,1 %
Maryland	78,2 %	Alabama	63,0 %
Pennsylvania	77,9 %	Missouri	57,9 %
Connecticut	77,6 %	Minnesota	51,3 %
Illinois	76,9 %	Oregon	54,0 %
Nevada	74,2 %	Virginia	50,9 %
Michigan	73,1 %	Louisiana	50,0 %
Arizona	71,4 %		

New York-Northeastern New Jersey Standard Consolidated Area mit den vier Metropolitan Areas von New York, Newark, Jersey City und Paterson-Clifton-Passaic sowie der Middlesex County und der Somerset County in New Jersey und die Chicago, Illinois-Northwestern Indiana Standard Consolidated Area mit den beiden Metropolitan Areas von Chicago und Gary-Hammond-East Chicago.

Die außerhalb der Kernstadt oder -städte gelegenen Teile der Metropolitan Area mit ihren verschiedenen Gemeinden und Siedlungen werden meist zusammenfassend als der *Metropolitan Ring* bezeichnet. VERNON hat für New York das Konzept einer Dreiteilung vorgenommen in The Core (Kernstadt), The Inner Ring, dem Metropolitan Ring oder auch der Suburban Zone entsprechend, und The Outer Ring, für den sich häufig im Schrifttum auch der Ausdruck Rural-Urban Fringe, auch Rurban Fringe genannt, findet.

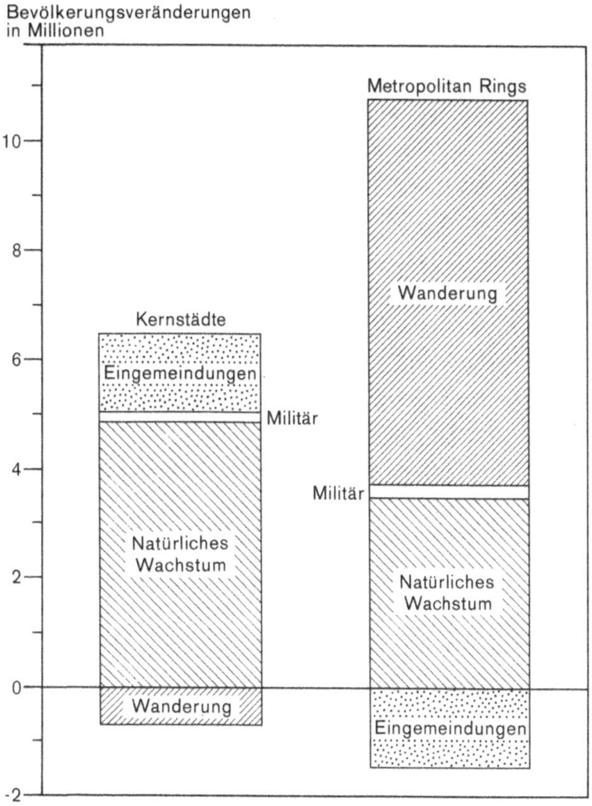

Fig. 4. *Bevölkerungsentwicklung und Wanderungsbilanz der Metropolitan Areas und ihrer Teilbereiche im Jahrzehnt* 1940–1950 (wiedergegeben mit freundlicher Genehmigung von D. J. BOGUE).
Aus der Gegenüberstellung von Kernstädten und Vorortringen oder Metropolitan Rings wird ersichtlich, daß die Kernstädte weniger und hauptsächlich durch natürliches Bevölkerungswachstum und Eingemeindungen wuchsen bei negativer Wanderungsbilanz. Das kräftigere Wachstum der Ringe war vor allem der Zuwanderung zuzuschreiben. Die Ringe nahmen nicht nur den größten Teil der Zuwanderer von außen auf, sondern zugleich die Abwanderer aus den Kernstädten.

2.2. Von Suburbia zu Interurbia — Megalopolis und Strip City

In einzelnen Teilen Angloamerikas hat das allseitige Ausufern der großen Städte derartige Ausmaße und solche Formen – eigentlich müßte man von Formlosigkeit sprechen – angenommen, daß man das gesamte Phänomen noch nicht einmal mit den angeführten Begriffen zu erfassen vermochte.

Wie die Herausgeber von FORTUNE in ihrer Studie ausführen, spricht man häufig von "Urbanization": richtiger wäre jedoch der Ausdruck "*Suburbanization*", denn es geht gar nicht um die Städte im engeren Sinne, sondern um die großen Vorortzonen des Metropolitan Ring. Allein im Jahrzehnt 1940–1950 verloren die Kernstädte der Metropolitan Areas rund 671 000 Menschen, die in die Gebiete außerhalb der Stadtgrenzen abwanderten. Mit ihnen, vor allem aber durch den Zuzug aus ländlichen Gebieten und kleineren Städten gewann der Metropolitan Ring der Metropolitan Areas 7,068 Millionen Menschen, mehr als das Zehnfache des Wanderungsverlustes der Kernstädte! (Fig. 4).

Die Zahl der Metropolitan Areas ist im Jahrzehnt 1950–1960 von 157 auf 212 angewachsen. Das bedeutet, daß in diesen 10 Jahren 55 Kernstädte *die Schwelle der 50000-Einwohner-Zahl überschritten.*

Nach Größenklassen geordnet wuchsen die Millionenstädte um 0,5%, die Städte zwischen 500000 und 1 Million Einwohner um 20,9%, die Städte zwischen 250000 und 500000 Einwohner um 34,7%, die Städte zwischen 50000 und 250000 Einwohner um 46,0% und die kleineren Städte zwischen 2500 und 50000 Einwohner um 35,3%. Das besonders starke Wachstum der mittelgroßen Städte an der Schwelle zur Metropolitan Area wird aus diesen Daten deutlich erkennbar.

Im allgemeinen haben die *Randgemeinden des Metropolitan Ring* das größte Wachstum erfahren. Sie nahmen den größten Teil der Zuwanderer von außen wie aber auch die aus der Kernstadt abwandernde Bevölkerung auf. Während im Durchschnitt der USA die Kernstädte um 19,8% wuchsen, schnellte das Wachstum des verstädterten Gebietes im Metropolitan Ring um 81,5% empor.

Wenn wir nun mit KIANG noch eine Unterscheidung zwischen dem natürlichen Bevölkerungswachstum und der Wanderungsbilanz machen, so kommen wir für die Kernstädte auf einen Bevölkerungszuwachs von 5,3 Millionen Menschen bei einem natürlichen Wachstum um 7,799 Millionen und einem Wanderungsverlust von 2,499 Millionen. Dieser Bilanz steht die der verstädterten Zonen gegenüber. Sie verzeichneten einen Bevölkerungszuwachs von 18,401 Millionen Menschen bei einem natürlichen Wachstum um 7,7 Millionen und einem *Wanderungsgewinn* von 10,701 Millionen Menschen.

Das natürliche Wachstum der Metropolitan Areas machte 65,4%, der Wanderungsgewinn 34,6%, also ein reichliches Drittel des gesamten Bevölkerungszuwachses aus.

Besonders hohe Wanderungsgewinne hatten die Metropolitan Areas im Alten Süden der USA und in den Staaten der Pazifischen Küste. An diesem Wanderungsgewinn waren in etlichen Fällen auch die Kernstädte beteiligt. Andererseits haben sogar die Randgemeinden des Metropolitan Ring in einzelnen Städten des Golfküstenraumes und Alten Südens durch Abwanderung an Bevölkerung verloren. Die „reifen" Städte Neuenglands mußten vielfach einen Wanderungsverlust im gesamten Stadtregionsbereich hinnehmen, der allerdings bis auf wenige Ausnahmen durch das natürliche Bevölkerungswachstum ausgeglichen werden konnte. Einen absoluten Rückgang erfuhren nur 7 Metropolitan Areas in den Staaten Pennsylvania, New Jersey, West Virginia und Missouri.

Nehmen wir nun die einzelne Stadtregion noch genauer unter die Lupe, so können wir auch innerhalb derselben noch etwas mehr differenzieren. Ein geringeres als das durchschnittliche Wachstum der Stadtregion, prozentual gesehen, hatten erstens ältere Gemeinden mit wenig Flächen für neuen Eigenheimbau, wie im Bereiche der Metropolitan Area von Chicago z. B. die Gemeinden Evanston und Maywood, zweitens große Industriegemeinden mit großem absolutem, jedoch nur geringem relativem, Wachstum, wie im Bereich der Metropolitan Area von Chicago die Gemeinden Berwyn und Cicero, und drittens kleine Gemeinden weit am Rande der Metropolitan Area, die im allgemeinen für den Tagespendler zu weit vom Stadtkern entfernt liegen. Ein überdurchschnittlich schnelles Wachstum dagegen zeigten erstens Industriegemeinden mit bisher noch sehr viel Platz für Eigenheimbauten sowie für Industrieunternehmen, wie im Bereiche der Metropolitan Area Chicagos die Gemeinde Skokie, zweitens Gemeinden in guter Lage zu Bahn- bzw. Straßenverbindungen für die Tagespendler, unter ihnen solche Gemeinden wie die neue Schlafstadt Rowling Meadows in der nördlichen Cook County (Fig. 5).

Bei einer Analyse der Wanderungsbilanz innerhalb der Metropolitan Area von St. Paul/Minneapolis in den Jahren 1955–1960 kamen die folgenden Ergebnisse heraus. Die drei Hauptbewegungen der Bevölkerungswanderungen waren

1. mäßige Zuwanderung von außerhalb der Grenzen der Metropolitan Area in die beiden Kernstädte der Standard Metropolitan Statistical Area,
2. starke Abwanderung aus den Kernstädten nach den zur Urbanized Area zählenden unmittelbaren Randgemeinden der Kernstädte,
3. schwache Abwanderung aus den unmittelbaren Randgemeinden der Urbanized Area in die weiter entfernt gelegenen Randgemeinden des Metropolitan Ring.

Dabei ergaben sich die folgenden Größenordnungen (UMES Report VI, Seite 37; Fig. 6 und Tabelle 2):

Das allseitige Ausufern des städtisch überbauten Bereichs, in Nordamerika meist als *urban sprawl* bezeichnet, geht nach HARVEY und CLARK durchaus nicht gleichartig, sondern mindestens in drei verschiedenen Formen vor sich. Man kann unter urban sprawl also verstehen

1. eine allseitige, dünne und geschlossene Besiedlung (low density continuous development),

Fig. 5. *Die Bevölkerungsverschiebung im Großraum Chicago 1900–1950 nach Entfernungszonen vom Stadtzentrum* (Entwurf des Verfassers nach Zahlen bei Owen).
Das Diagramm zeigt beispielhaft die Verlagerung des Bevölkerungsschwerpunktes nach außen. Der prozentuale Anteil der Wohnbevölkerung vermindert sich in den inneren Entfernungszonen und steigt in den äußeren, d. h. im Bereiche des Metropolitan Ring, an.

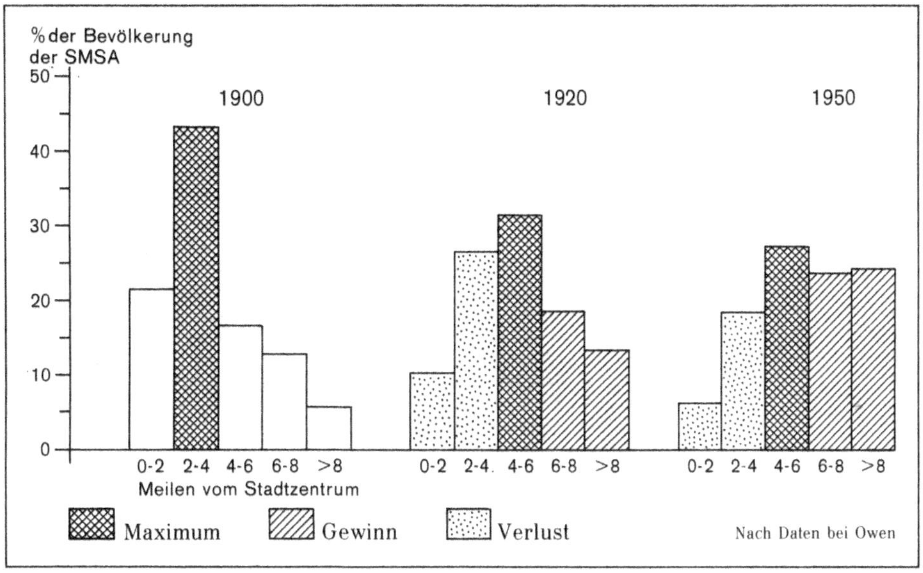

Tabelle 2. Wanderungsbewegungen in der Metropolitan Area von St. Paul, Minneapolis.

von \ nach		Mpls.	St. Paul	innere Vororte (1) N. W.	(2) N. E.	(3) S. E.	(4) S. W.	äußere Vororte (5) N. W.	(6) N. E.	(7) S. E.	(8) S. W.	Abwanderung in die übrige TCMA*
Minneapolis		128,900	4,100	30,900	6,650	970	32,130	930	1,150	250	2,970	80,050
St. Paul		3,970	48,960	2,350	15,280	8,640	3,220	290	4,530	1,650	310	40,240
Innere Vororte	Nordwest (1)	3,480	280	23,220	1,890	20	2,370	930	770	90	540	10,370
	Nordost (2)	610	3,650	650	14,400	780	250	60	1,190	490	70	7,750
	Südost (3)	140	1,640	60	610	8,470	650	20	190	1,700	80	5,090
	Südwest (4)	6,960	460	3,820	760	410	21,810	490	140	100	2,830	15,970
Äußere Vororte	Nordwest (5)	190	30	260	50	70	60	1,960	30	10	160	860
	Nordost (6)	340	1,170	380	1,330	430	130	190	7,620	550	20	4,540
	Südost (7)	140	660	50	310	1,080	190	60	390	6,100	30	2,910
	Südwest (8)	1,480	180	910	150	80	1,660	630	40	40	8,770	5,170
insgesamt von	Übrige TCMA	17,310	12,170	39,380	27,030	12,480	40,660	3,600	8,430	4,880	7,010	
	Außerhalb TCMA	62,400	57,200	16,070	6,550	2,290	25,440	2,010	4,850	1,350	3,770	
	Gesamteinwanderung	79,710	69,370	55,450	33,580	14,770	66,100	5,610	13,380	6,230	10,780	

* TCMA = Twin Cities Metropolitan Area.

2. die band- oder streifenförmige Ausdehnung der nicht-agrarischen Nutzungsformen (ribbon development sprawl), oder
3. die fleckenhafte Ausbreitung der nichtagrarischen Nutzungsformen mit landwirtschaftlicher Nutzfläche oder zumindest vorübergehend ungenutzter Fläche dazwischen eingestreut (leap frog development).

Während die weitflächige geschlossene Ausbreitung von Wohnhäusern, Industriekomplexen und anderen nichtagrarischen Nutzungsflächen zu monotonen vorstädtischen Slums führen kann, die man heute in Amerika oft als "slurbs" bezeichnet – offenbar eine Zusammensetzung aus slum und suburb – besonders wenn große Mengen vorfabrizierter Häuser in einheitlicher Weise über eine größere

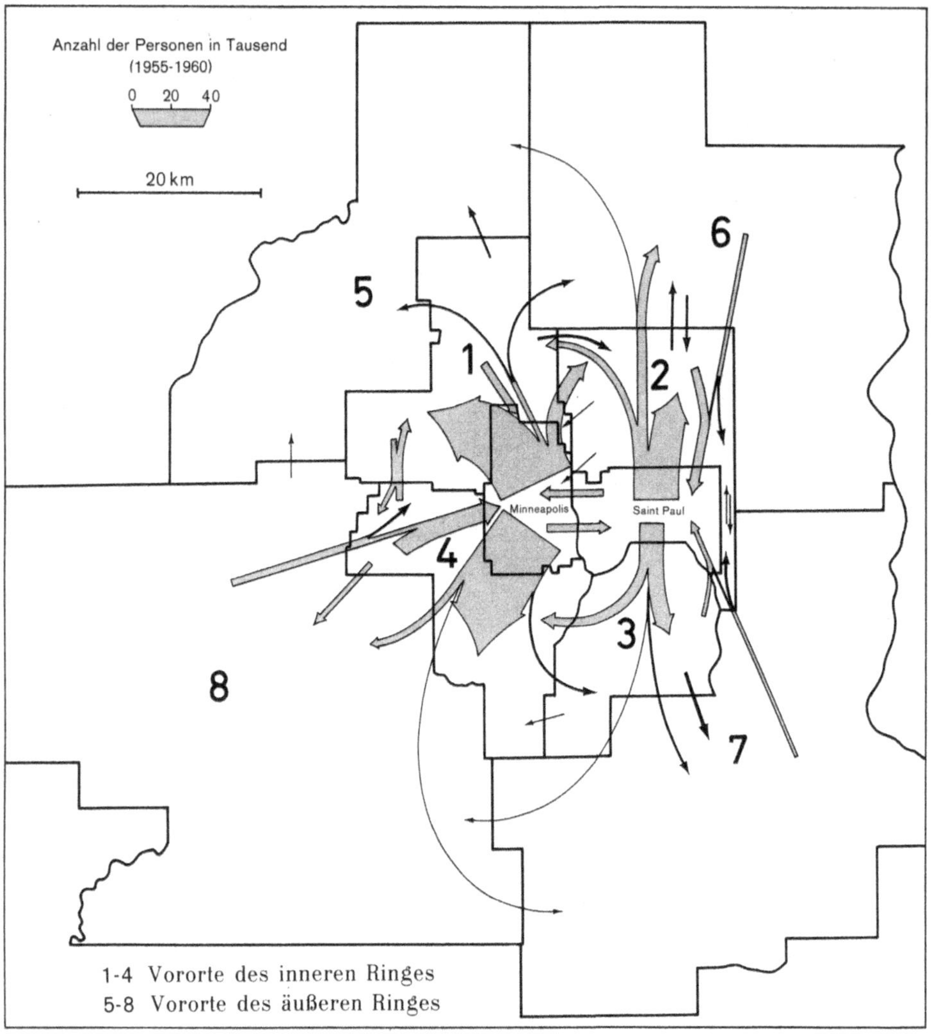

Fig. 6. *Bevölkerungwanderungen innerhalb der Metropolitan Area St. Paul-Minneapolis im Jahrfünft 1955–1960* (nach Upper Midwest Economic Study). Das Kartogramm zeigt die Binnenwanderungsströme innerhalb einer Standard Metropolitan Statistical Area zwischen Kernstädten, inneren und äußeren Vororten. Dabei kommt deutlich der Wanderungsgewinn der inneren Vororte zum Ausdruck, die außerhalb der beiden Kernstädte, aber ihnen benachbart innerhalb der sieben zur SMSA gehörenden Counties liegen.

Fläche verteilt werden, so ist wohl als noch ungünstiger das "leap frogging" anzusehen, das häufig in der randlichsten Zone der Stadtregion, der sogenannten *rural urban fringe*, zu einem starken Kontrast von einzelnen nichtagrarischen Komplexen, Intensivkulturen und Ödland führt. Dieser Kontrast zeugt von dem Übergangscharakter des in Überbauung begriffenen Bereiches, aber dieser Übergang von einst agrarischer in städtische Nutzung über das Stadium des Brachliegens kann sich über viele Jahre hinziehen. Das verleiht diesem Randbereich das Aussehen höchstgradiger Zerrissenheit.

In gewissem Sinne sind dieses alles Erscheinungen eines meist ungeplanten und daher ungesunden Zustandes, in Amerika mit dem viel gebrauchten Ausdruck *blight* – eigentlich Pilzbefall – belegt. Auch unter diesem Oberbegriff kann man mit SIMMONS verschiedenes verstehen: baulichen Verfall (deterioration), Brachliegen von städtischen Nutzflächen (vacancy), Veralten oder Veraltetsein der Bausubstanz (obsolescence) oder aber gemischte Landnutzung (mixed land use). Für die Ränder der Stadtregionen kommen wohl in erster Linie die Gesichtspunkte des Brachliegens und der gemischten Landnutzung in Frage, während andererseits im Stadtkern die Gesichtspunkte des Verfalls und Veraltetseins der Bausubstanz die Hauptrolle spielen.

Mit den immer wachsenden Entfernungen der städtischen Überbauung von den Kernen der Städte kommt es zu einer allmählichen Auffüllung der Räume zwischen zwei Städten, zumindest im Nordosten und nördlichen Mittelwesten sowie im kalifornischen Küstensaum der Vereinigten Staaten, so daß man in jüngster Zeit mit gewissem Recht den früher oft benutzten Begriff *Suburbia* durch den neueren Begriff *Interurbia* ersetzt hat. Auch mit den Bezeichnungen "urbanized area" und "Standard Metropolitan Statistical Area" läßt sich das Ausmaß der nichtagrarischen Nutzungsarten im weiten Umkreis der eigentlichen Kernstädte nicht mehr recht fassen. So sind denn andere Begriffe aufgekommen, die das Phänomen besser zu verdeutlichen vermögen.

In seiner Arbeit über die größte Städtekonzentration auf dem Kontinent, den atlantischen Küstensaum im Bereiche der südlichen Neuenglandstaaten und mittelatlantischen Küstenstaaten, hat GOTTMANN den Begriff *Megalopolis* oder Riesenstadt verwendet, der seither in den allgemeinen Sprachgebrauch übergegangen ist. Es handelt sich um einen verhältnismäßig schmalen Streifen, der sich jedoch von der Hillsborough County im Staate New Hampshire bis zur Fairfax County in Virginia über rund 1 000 km in nord-südlicher Richtung entlang der Küste erstreckt und die Stadtagglomerationen von New York City, Jersey City, Newark, Paterson-Passaic, Baltimore, Philadelphia, Washington, D. C., Boston und einige weitere Großstädte umfaßt. In diesem Bereich, der nur etwa 2% der Fläche der USA (ohne Alaska) ausmacht, leben rund 20% der Bevölkerung der Union bei einer Dichte, die mehr als das Zehnfache des Durchschnitts erreicht, nämlich rund 240 Einwohner pro Quadratkilometer gegenüber dem Landesdurchschnitt von 21 Einwohnern pro Quadratkilometer. In diesem Raume entstehen rund 27% des Industrieproduktionswertes und werden 25% der Einzelhandelsumsätze der USA erzielt. Es ist eine ungeheure Konzentration von Menschen und von Wirtschaftspotential, die hier auf eine Reihe weitgehend miteinander verwachsener Städte verteilt ist. Dabei soll nicht übersehen werden, daß innerhalb des von GOTTMANN abgegrenzten Gebietes der Megalopolis rund 50% der Fläche nicht überbaut sind. Wald, Reste der landwirtschaftlichen Nutzfläche und die steigende Bedeutung erlangenden Erholungsflächen teilen sich in die andere Hälfte. Der Wald überwiegt dabei. Aber am Long Island Sound und entlang der Atlantikküste von New Jersey reiht sich Badeort hinter Badeort, und Atlantic City hat nahezu 100 000 Einwohner erreicht.

So wie in diesem Bereiche von Megalopolis die Städte kräftig aufeinander zuwachsen und in ihren äußersten Randbereichen fast ineinander übergehen, so finden wir auch eine nahezu ununterbrochen überbaute Zone entlang dem Süd- und Westufer des Michigansees zwischen der Städtegruppe der Calumet Region um Chicago und dem weiter nördlich gelegenen Milwaukee. Desgleichen stellt Südkalifornien eine gewaltige Städteagglomeration dar. So hat sich die Vorstellung ergeben, daß es in etlichen Landesteilen der Vereinigten Staaten, aber wohl auch im Bereich des St.-Lorenz-Stromes auf der kanadischen Seite zu ganzen Städtebändern kommen wird, die in unterschiedlicher Weise als "strip cities" oder auch "semicontinuous cities" bezeichnet werden. Demnach werden sich innerhalb der festländischen USA etwa 13 bis 14 solche Städtebänder herausbilden, die zum guten Teil eine relativ einseitige Wachstumstendenz entlang den die einzelnen Stadtregionen verbindenden Interstate Highways zeigen.

Im Nordosten der Vereinigten Staaten sind es die Städtebänder zwischen Boston und Washington, D. C. (Megalopolis), zwischen Albany und Erie, zwischen Cleveland und Pittsburgh, zwischen Detroit und Muskegon, Toledo und Cincinnati, Gary-Chicago und Milwaukee, Peoria und St. Louis sowie Sioux City und Kansas City. Im Südosten sind es drei Streifen, nämlich die Städtebänder zwischen Raleigh und Atlanta, zwischen Jacksonville und Tampa bzw. Miami in Florida sowie zwischen Dallas, San Antonio und Houston in Texas. Am Rande des Felsengebirges wird zuweilen ein Städteband zwischen Denver und Pueblo erwähnt. An der Pazifikküste erscheinen dann die Städtebänder zwischen Seattle und Eugene sowie zwischen Sacramento und San Diego (Fig. 7).

Diese Vorstellungen von den künftigen Städtebändern sind allerdings wenig untermauert. Nur bei PICCARD finden sich genauere Abgrenzungen über das zeitliche Wachstum dieser Agglomerationen auf der Basis von Schwellenwerten für die Bevölkerungsdichte der einzelnen Counties. Dabei macht er noch Unterschiede zwischen den östlichen und den im Westen und Mittelwesten gelegenen Agglomerationen. Als städtisch bezeichnet er Counties mit einer Mindestbevölkerungsdichte von 36 Einwohnern pro Quadratkilometer, während die einzelne Region eine solche von 72 Einwohnern pro Quadratkilometer aufweisen muß. Die Zahl der Übergangs-Counties mit geringerer Dichte darf nicht 20% der Counties der einzelnen Region überschreiten.

Dennoch ist es auf ein oder zwei Jahrzehnte hinaus nicht zu befürchten, daß es, von einzelnen Ausnahmen wie dem Korridor Chicago–Milwaukee abgesehen, zu derart ununterbrochenen Siedlungsbändern über mehrere hundert Kilometer hinweg kommen wird. Noch ist in vielen Fällen, in denen von einem Städteband gesprochen wird, sehr viel land- und forstwirtschaftliche Nutzfläche oder Ödland zwischen die überbauten Bereiche eingeschaltet.

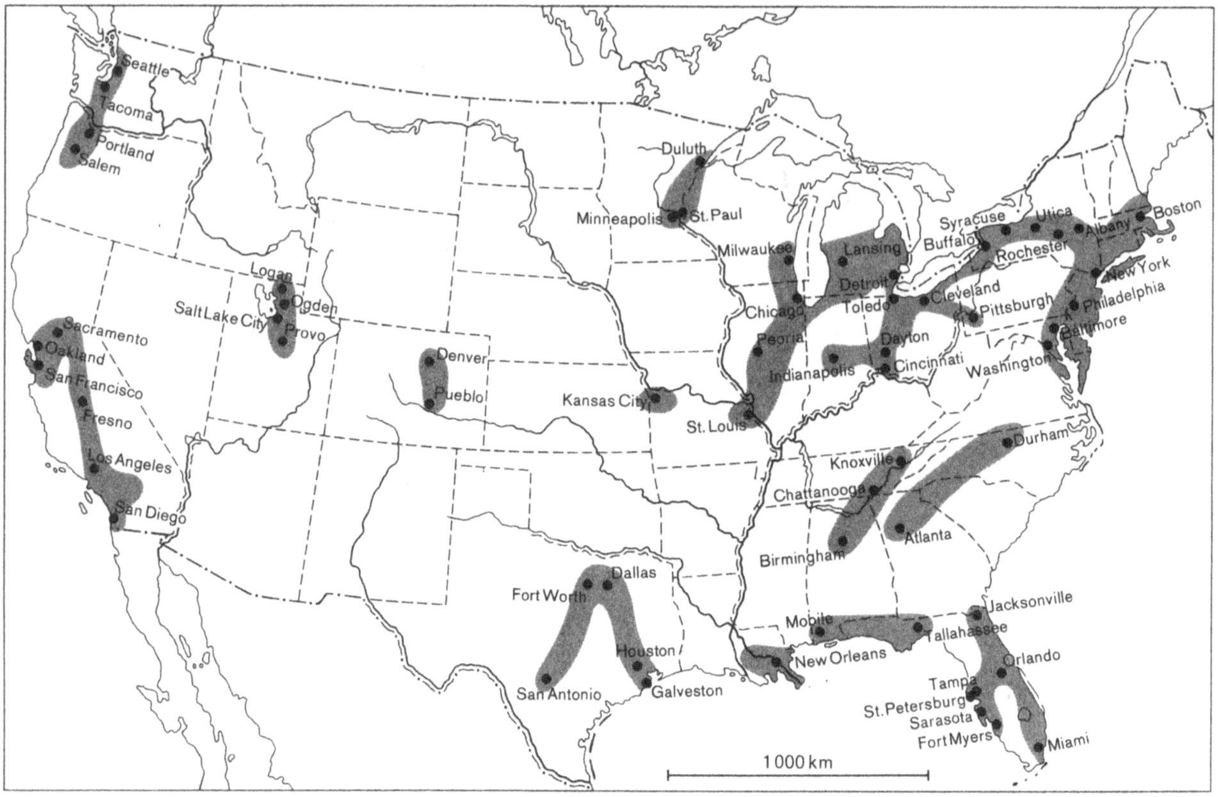

Fig. 7. *Die künftigen Städtebänder in den Vereinigten Staaten.*
Das Wachstum der Metropolitan Areas wird sich voraussichtlich besonders stark an die modernen Verkehrsadern anlehnen. Seitens der Planung besteht der Wunsch, das allseitige Ausufern der Städte einzudämmen und das Wachstum in bestimmte Richtungen zu drängen. Augenblickliche Wachstumstendenzen und planerische Vorstellungen vereinigen sich in dieser Zukunftsvision von nahezu ununterbrochenen Städtebändern, den "strip cities" oder "semicontinuous cities", die auf den seit 1938 in Illinois tätigen deutschen Architekten L. Hilberseimer zurückgehen soll und unter anderem 1957 in der Zeitschrift U.S. News & World Report veröffentlicht wurde. Aber erst in wenigen Fällen, nämlich im Großraume New York und im sogenannten Chicago-Milwaukee Corridor, kommt die erreichte Situation dieser Vorstellung schon nahe. Ein wesentlicher Faktor, der dem entgegensteht, ist die verhältnismäßig große Entfernung zwischen zwei Ausfahrtsrampen der seit 1957 im Bau befindlichen Autobahnen.

Auch spricht ein anderer Umstand dagegen. Es liegt in der Eigenart der beschränkten Zugänglichkeit der Autobahnen, daß die Ausfahrten zwar zu neuen Konzentrationspunkten werden können und die sich hier mit den Autobahnen kreuzenden Straßen auf eine geringe Entfernung beiderseits derselben neue günstige Ansatzpunkte für Industrieunternehmen und zugehörige Wohnstätten der Belegschaft bilden, daß jedoch die dazwischen liegenden Strecken eine relativ so große Entfernung zur nächsten Autobahnauffahrt haben, daß sie vorerst nicht als Standorte in Frage kommen. Gerade dieses Kennzeichen der Autobahn ist dazu angetan, das unendlich lange Städteband zu verhindern.

2.3. Der Entwicklungsstand der Wirtschaftssektoren und des Städtewesens

Was hat nun in Angloamerika zu der geschilderten außerordentlich starken Entwicklung der Städte geführt?

Nach zivilisatorischen Errungenschaften, Lebensstandard und Umfang des tertiärwirtschaftlichen oder Dienstleistungssektors stehen die beiden Staaten Angloamerikas, USA und Kanada, an der Spitze der Weltrangliste. Die jüngsten Erhebungen über die Beschäftigtenstruktur weisen für Kanada

54,8% für USA sogar 57,0% Beschäftigte im Tertiärsektor aus. Die überdurchschnittliche Entwicklung dieses Sektors und zugleich die relativ große Kostspieligkeit aller Dienstleistungen im Vergleich zu den Preisen der Massenkonsumgüter spiegeln den hohen Lebensstandard der amerikanischen Gesellschaft wider.

Dieser drückt sich ebenfalls aus in einem dem Europäer ungewohnten *Funktionsbesatz*, d. h. häufig entfallen irgendwelche Einrichtungen auf eine viel geringere Bevölkerungszahl, als das in den Ländern Europas der Fall ist (threshold population). Unter den gegebenen Umständen wäre es für Europa unvorstellbar, daß eine Kleinstadt von knapp 10000 Einwohnern eine eigene Radiostation und eine eigene Tageszeitung unterhielte, zumal wenn in nur 26 km Entfernung eine größere, mit Vororten mehr als 50000 Einwohner zählende Stadt gelegen ist. Diese aber hat nicht nur mehrere Sendeanstalten, sondern ein eigenes Fernsehprogramm. Sicherlich ist für diesen Sachverhalt die große Bedeutung der Privatsphäre im Leben des Amerikaners nicht ganz unbedeutend, die sich hier in der starken lokalen Ausrichtung von gesprochenem und geschriebenem Wort ausdrückt. Den gesellschaftlichen Ereignissen in der Gemeinde wird viel mehr Beachtung geschenkt und sehr viel breiterer Raum gewidmet als anderswo, und der allgemeine Wohlstand erlaubt es, diesem Umstand gebührend Rechnung zu tragen.

Mit der größeren Bedeutung des Tertiärsektors wird auch der sogenannte *Mantelfaktor* für das produzierende Gewerbe (multiplier effect) entsprechend hoch. So rechnet z. B. die Stadtplanung von Albuquerque (New Mexico), im Zusammenhang mit einem neuen Industriebetrieb mit einer Belegschaft von 4000 Menschen mit dem vierfachen Wert bei Berücksichtigung der Familienangehörigen und dem abermals vierfachen Wert für die Folgeeinrichtungen, also mit nahezu dem 16fachen Wert für den gesamten durch den Betrieb herbeigeführten Bevölkerungsanstieg. Eine bescheidene Zunahme im Sekundärsektor (manufacturing jobs), der in höherem Maße den überregionalen oder städtebildenden Funktionen (basic) zuzurechnen ist, bewirkt also eine bedeutende Zunahme im Tertiärsektor (non-manufacturing jobs), der in höherem Maße, wie das sogenannte Nahbedarfsgewerbe, lokale Funktionen (non-basic) darstellt.

Nun sucht gerade der Tertiärsektor bevorzugt die Städte und vielfach sogar die Stadtkerne als Standort auf. Leitete die Industrialisierung des ausgehenden 18. und 19. Jahrhunderts das kräftige Städtewachstum in Europa und Nordamerika ein und schufen die Hüttenindustrie des 19. Jahrhunderts und in Angloamerika speziell die petrochemische Industrie des 20. Jahrhunderts die Basis für viele Industriegroßstädte im Große-Seen-Gebiet oder an der Golfküste von Louisiana und Texas, so ist seit einiger Zeit der Tertiärsektor zum bedeutenderen Wachstumsfaktor geworden.

Dasselbe galt schon für die Handels- und Verkehrssiedlungen bis weit ins 19. Jahrhundert hinein. So konstatierte Gley 1927, daß die ehemaligen Handels- und Verkehrsstädte im Durchschnitt größer waren als die ursprünglichen Industriestädte. Heute ergibt sich ein differenzierteres Bild. Das Wachstum hängt im einzelnen stark von den Wachstumsraten und Standorten bestimmter Industriezweige ab, wie z. B. Flugzeugbau und Fahrzeugbau in Verbindung mit den entsprechenden Folgeeinrichtungen.

Dieser Umstand wirkt sich in den USA, aber auch in Kanada um so stärker aus, als das natürliche Bevölkerungswachstum ständig durch die *Einwanderung* – von den zwischen 1820 und 1960 nach den USA eingewanderten 42,1 Millionen Menschen kamen 32,4 Millionen erst nach 1880 in das Land – ergänzt wird und der Großteil der Einwanderer seit Jahrzehnten nicht mehr nach eigenem Boden für landwirtschaftlichen Erwerb strebt, sondern von den Städten der Einwanderungsländer absorbiert wird. Die Einwanderung ist nicht mehr auf den Erwerb einer Heimstätte, sondern auf die Stadt gerichtet.

Zu der vom US-amerikanischen Zensus als "urban" eingestuften Bevölkerung – im Jahre 1964 betrug ihr Anteil 69,9% – muß aber noch die sogenannte rural nonfarm-Gruppe mit einem Anteil von 21,4% hinzugerechnet werden, jene ständig wachsende und vorübergehend nur scheinbar wegen Erweiterung des statistischen Stadtregionsbegriffs abnehmende Bevölkerung, die außerhalb der Stadtregionsgrenzen in noch als ländlich bezeichneten Gebieten, jedoch ohne jegliche Bindung zur Landwirtschaft ihrer Umgebung, wohnt und immer mehr die zwischen den städtischen Verdichtungszonen eingeschalteten Bereiche auffüllt (Fig. 8). Diese Auffüllung weiter Landesteile mit wachsendem Ausgleich der allgemeinen Wohnbevölkerungsdichte zugunsten der Ränder der Verdichtungszonen und bei gewisser Entleerung der kernstädtischen Bereiche,

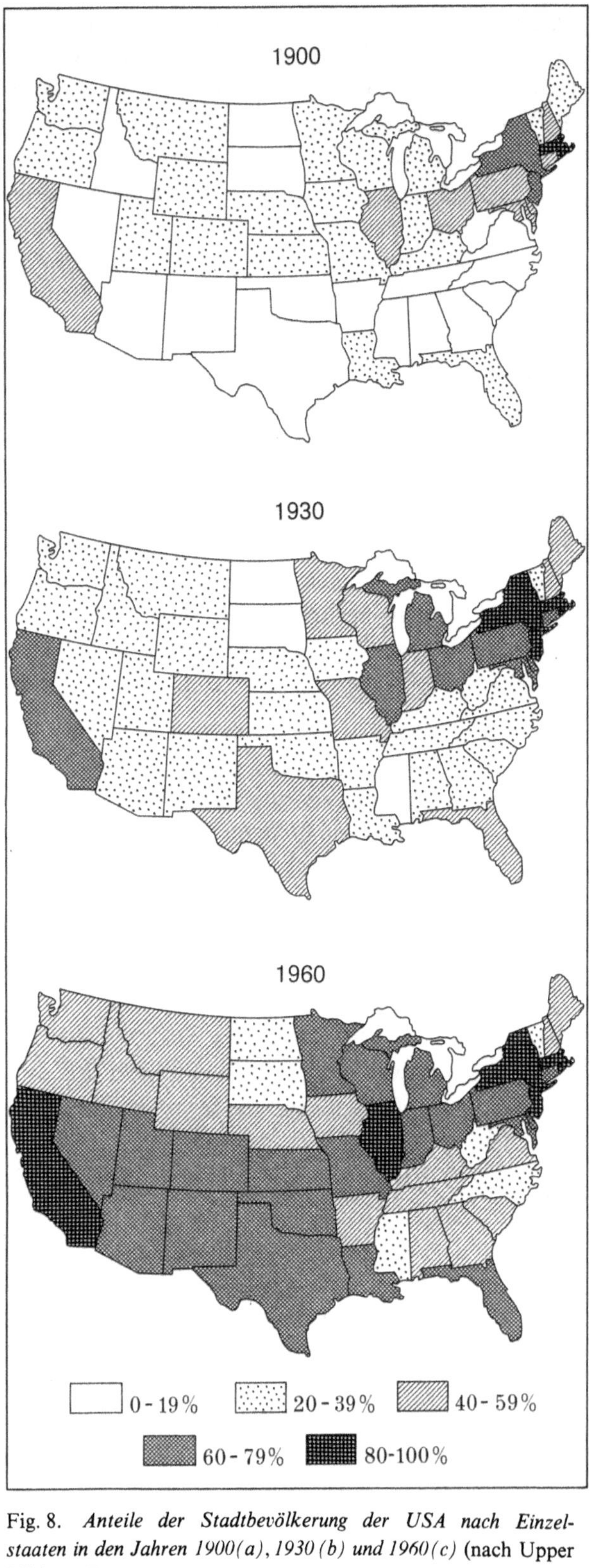

Fig. 8. *Anteile der Stadtbevölkerung der USA nach Einzelstaaten in den Jahren 1900(a), 1930(b) und 1960(c)* (nach Upper Midwest Economic Study).
Aus diesem zeitlichen Vergleich wird die beträchtliche Zunahme der Verstädterung und vor allem die Herausbildung städtischer Agglomerationen in den nordatlantischen Küstenstaaten, einem Teil des Mittelwestens, vor allem Illinois mit Chicago, und Kalifornien deutlich.

von Ipsen und ihm folgend dann von Mackensen treffend mit dem Ausdruck „*extensive Agglomeration*" belegt, macht gerade für Angloamerika ein Überdenken des Modells von der Hierarchie der zentralen Orte notwendig.

Es war dann auch bezeichnenderweise ein Amerikaner, Friedmann, der als erster eine Kritik am Christallerschen Modell dahingehend äußerte, daß ein hierarchisches System von zentralen Orten nur *der Übergangsphase zwischen einer dünnen, gleichmäßig über weite Landesteile verteilten agrarisch orientierten Bevölkerung und einer sich jetzt bildenden dichteren, wiederum gleichmäßig über weite Landesteile verbreiteten, doch nun nicht-agrarisch orientierten Bevölkerung adäquat sein kann.* Amerika ist weit auf dem Wege zu diesem dritten Stadium fortgeschritten, und damit ist die zentralörtliche Hierarchie mehr und mehr im Schwinden begriffen. Weite ländliche Bereiche durchmischen sich mit nicht-agrarischen Nutzungsformen, und diese zeigen einen ständig verstärkten Flächenbedarf durch umfangreiche Eigenheimbauten, große neuzeitliche Verkehrsbauten, große Einkaufszentren, verstärkte Tendenz der neuen Industrieanlagen zu eingeschossiger Bauweise und sinnvoller horizontaler Anordnung der verschiedenen Prozesse der Produktion sowie mehr und größeren der Freizeitgestaltung und Erholung dienenden Einrichtungen.

So errechnete Boyce für das Jahrzehnt 1950–1960 eine Zunahme der vom Zensus ausgewiesenen "urbanized area"-Bevölkerung um 38% bei gleichzeitiger Zunahme der "urbanized area"-Fläche um 99%. Der Flächenbedarf pro Kopf der Bevölkerung an nicht-agrarischer Fläche wächst also in jüngerer Zeit gewaltig (Fig. 9).

Selbst im Agrarsektor tätige Menschen ziehen zum Teil das Leben in städtischen Siedlungen vor. Die sogenannten "suit case farmers", die aus dem Koffer lebenden Landwirte, wohnen einen großen Teil des Jahres über in der Stadt und begeben sich nur zu bestimmten Zeiten zu ihrem Grundbesitz, wo sie in provisorischen Unterkünften hausen. Auch die zahlreichen landwirtschaftlichen Saisonarbeiter, die einen Teil des Jahres über auf dem Lande keine Beschäftigung finden, ziehen vorübergehend in die städtischen Siedlungen. Mit der Landwirtschaft ist nur ein verschwindend geringer Bruchteil der Beschäftigten verbunden, in den Vereinigten Staaten noch 6,6% und in Kanada 12,1%. Die Bevölkerung beider Staaten ist bis auf kleine Teile eine nahezu *reine Stadtbevölkerung* geworden.

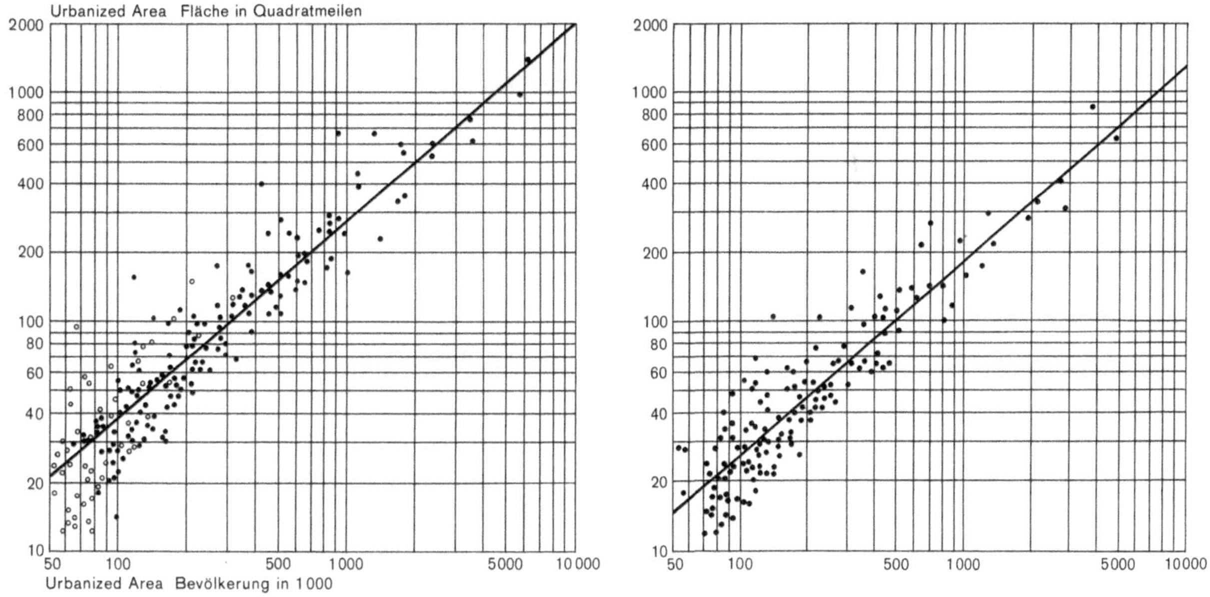

Fig. 9. *Vergleichende Darstellung von Fläche und Bevölkerung der urbanized areas der USA für die Jahre 1960 (a) und 1950 (b)* (wiedergegeben aus The Professional Geographer of the Association of American Geographers Bd. XV, 1963, und mit freundlicher Genehmigung von R. R. BOYCE).

Aus den Diagrammen läßt sich ablesen, wie groß im Durchschnitt die Fläche einer urbanized area, einer am ehesten der deutschen Stadtregion vergleichbaren Einheit, von bestimmter Einwohnerzahl 1960 und dagegen 1950 war. Die erstmals 1960 als Metropolitan Areas eingestuften Städte sind mit Kreisen gegenüber den anderen kenntlich gemacht. Der Vergleich zeigt, daß eine gleichgroße Stadtbevölkerung nach Ablauf eines Jahrzehnts erheblich mehr Fläche beanspruchte. Der erhöhte Flächenbedarf für locker bebaute Eigenheimsiedlungen, große Einkaufszentren, moderne Industriebauten mit produktionstechnisch günstigerer horizontaler Bauweise, große Verkehrsanlagen wie Flughäfen, Autobahnen und Kleeblätter sowie erweiterte Erholungsgebiete resultierte in einem Anstieg der urbanized areas-Fläche um 99 % bei einem solchen der urbanized areas-Bevölkerung um nur 38 % im selben Zeitraum.

3. Wesensmerkmale der angloamerikanischen Stadt

3.1. Das geringe Alter

3.1.1. Kurze Zeitspanne der Stadtgründungen

Das 1565 an der Ostküste Floridas von den Spaniern gegründete Fort St. Augustine gilt als die älteste Stadt auf angloamerikanischem Boden. Die vorkolumbische Bevölkerung hat in diesem Teil der westlichen Hemisphäre keine derartige Hochkultur hervorgebracht wie in Teilen des zentral- und südamerikanischen Raumes, die mit städtischen Siedlungen wie der Stadt Tenochtitlan, der später als Mexico City wiederaufgebauten Hauptstadt Mexikos, verbunden gewesen wären.

Zwei große, von Norden her vorgedrungene Einwanderungswellen mongoloider Bevölkerung hatten den Raum Angloamerikas so erfüllt, daß sich auf dieses riesige Gebiet nur etwa 2 Millionen Menschen in verschiedenen Stammesverbänden verteilten, wobei eine jüngere Einwanderungswelle die älteren Ureinwohner an die Ränder des Kontinents nach Osten und Westen abgedrängt hatte und sich selbst in den Inneren Ebenen der Prairien und Plains als bisonjagende Bevölkerung niederließ. Nur die im Südwesten der heutigen USA siedelnden Stämme hatten zum Teil eine relativ hohe Kulturstufe mit Seßhaftigkeit und Ackerbau erreicht. Sie wohnten in größeren dörflichen Siedlungen, den *Pueblos*, mit Häusern aus Adobeziegeln mit Flachdach, das auf einer besonderen Balkenkonstruktion ruhte. Die Häuser waren in kubischer Form angeordnet, das Dach des einen Hauses bildete gewissermaßen den Vorplatz des anderen, und der Einstieg in diese türen- und fensterlosen Gebäude war vom Dache her mittels Leitern, die eingezogen werden konnten und etwaigen Feinden den Zugang zu den Räumen erschwerten. Diese eigentümliche Bauweise des *Adobe-Flachdachhauses* hat sich im oberen Rio-Grande-Tal bis auf den heutigen Tag erhalten, und zwar nicht nur in den noch existierenden Indianer-Pueblos, wo die Häuser allerdings im Laufe der Zeit Türen bekommen haben, so daß der Zugang nicht notwendigerweise über das Dach erfolgen muß, sondern auch in der von Spaniern 1609 gegründeten Stadt und heutigen Hauptstadt des Staates New Mexico, Santa Fe. Selbst ganz moderne Regierungsgebäude und Privathäuser werden, wenn auch zum Teil unter Verwendung anderer Baustoffe, in der traditionellen Form errichtet.

Erst langsam wurden die Ränder des Kontinents durch städtische Siedlungen erschlossen. Nach St. Augustine im Südosten wurde fast gleichzeitig mit Santa Fe im Südwesten durch die Franzosen im Nordosten Quebec 1608 am St.-Lorenz-Strom gegründet. Mit der Landung der Pilgerväter 1620 bei New Plymouth an der Küste des Staates Massachusetts und der Siedlungstätigkeit der Holländer und Schweden entstanden die ersten Städte an der nördlichen Atlantikküste. Diese Gründungen in den kolonial erschlossenen und typischen Einwanderungsländern liegen *kaum $3^1/_2$ Jahrhunderte* zurück. Weite Teile des Kontinents wurden erst im Zuge der großen Westwärtsbewegung des 19. Jahrhunderts erschlossen und mit einem dünnen Netz von Siedlungen überzogen.

Das Alter der amerikanischen Stadt ist also *im allgemeinen sehr gering*. Ihr fehlt die Tradition der mittelalterlichen europäischen Stadt oder der orientalischen Stadt. Sie ist ein junges Element in einem jung erschlossenen Lande.

3.1.2. Auswirkungen und Begleiterscheinungen

3.1.2.1. Physiognomie des Stadtkerns

Wir werden im allgemeinen vergebens nach den Elementen der alten europäischen oder orientalischen Städte suchen. Es gibt eigentlich nur eine Ausnahme: Neuengland, das schon von seiner natürlichen Ausstattung her dem europäischen Besucher am vertrautesten von allen nordamerikanischen Landesteilen vorkommt und auch von der kulturlandschaftlichen Ausgestaltung her viele Anklänge an westeuropäische Vorbilder aufweist, so etwa in der weit verbreiteten Hecken- oder Knicklandschaft der ländlichen Gebiete oder in der Anlage der älteren Teile der Siedlungen. Hier obwaltete noch nicht das später von der quadratischen Landvermessung vorgesehene nivellierende Ordnungsprinzip, hier traten die jeweiligen topographischen Elemente noch stärker in den Vordergrund und beeinflußten unter anderem die Straßenführung der Siedlungen.

Doch bilden diese äußersten Ränder als Siedlungszellen aus der frühesten Epoche der Kolonialzeit der Engländer, Franzosen und Spanier und bis 1664 auch in bescheidenem Maße der Holländer und Schweden eine Ausnahme. Die Regel ist ein schematisches Straßennetz, die immer wiederkehrende Schachbrett-Textur. Es gibt *keine winkeligen Altstadtgassen*, die sich unregelmäßig zwischen alten Häusern, die oftmals keine einheitliche Baufluchtlinie ergeben, sondern gegeneinander versetzt sind, hindurchwinden und auf zentrale Plätze und diese beherrschende Bauten wie die alten Stadtkirchen oder Rathäuser hin orientiert wären. Wenn NIEMEIER in der Gegenüberstellung von älteren und jünger besiedelten Gebieten verallgemeinernd feststellt, daß sich „in den Ausbreitungsgebieten oft regulärere Formen als im Altland" finden, so gilt das in hohem Maße für Angloamerika, wo sich die Randgebiete der kolonialzeitlichen Epoche und das nach der Staatswerdung der USA geprägte, eigentlich amerikanische Binnenland gegenüberstehen (NIEMEIER 1955, S. 388).

Der *Markt*, hervorgegangen aus einer Verbreiterung der Hauptstraße, wie wir sie z. B. in den Zähringergründungen vorfinden, wurde in der deutschen Stadt der Ostkolonisation zum beherrschenden Element des Grundrisses und ein von vornherein geplanter, zentral gelegener, meist sehr geometrisch regelmäßiger Platz. Auch in der spanischen Kolonialstadt spielt, wie in den Städten des Mutterlandes, die Plaza als markantes Grundrißelement und für das ganze, der Straße zugekehrte Leben des Spaniers eine bedeutende Rolle. Und nicht nur die in der Stadtmitte gelegene Plaza Mayor, sondern weitere Plazas, die sich über das Stadtgebiet verteilt finden, sind die Knotenpunkte der von den Spaniern gegründeten Städte. So macht auch heute noch die Altstadt von Santa Fe mit ihrer quadratischen, baumbestandenen, von sehr schön geformten Bänken umgebenen Plaza ganz den Eindruck einer spanischen oder mexikanischen Provinzhauptstadt.

Nichts von alledem findet sich in der eigentlich angloamerikanischen Stadt, wenn wir von den erwähnten Randgebieten des Kontinents absehen. Wie GERLING bereits hervorhob, wurde die Funktion des offenen Straßenmarktes oder des Marktplatzes großenteils während des 19. Jahrhunderts, während dessen weite Teile des Raumes westlich der Appalachen erst langsam von der Besiedlung erfaßt wurden, durch das Einzelhandelsgeschäft in geschlossenen Ladenräumen der Häuser ersetzt. Am Ende des 19. Jahrhunderts entwickelte sich dann das zentrale Hauptgeschäftszentrum in der City, im 20. Jahrhundert schließlich das geplante Einkaufszentrum (shopping center) der Vorstadtgebiete. Das junge Alter der amerikanischen Städte in ihrer großen Mehrzahl ist letztlich dafür verantwortlich zu machen, daß der Marktplatz hier gar nicht erst aufkommen konnte.

Nur Überreste von alten Straßenmärkten finden sich in einzelnen Städten. So gibt es z. B. Obstmärkte wie den nahe der Wasserfront des Mississippi gelegenen französischen Fruchtmarkt in New Orleans, oder den den Pariser Straßenständen ähnelnden Obstmarkt an der 6. Straße in St. Louis oder den Obstmarkt im Italienerviertel nordwestlich des Hauptgeschäftszentrums des von Minoritäten bewohnten Gebietes in Toronto. Plätze, die das einförmige Gitternetz des Straßengrundrisses unterbrechen und ein belebendes Element abgeben würden, sind, auch unabhängig von früherer oder heutiger Marktfunktion, nur in Ausnahmefällen vorhanden. Wir finden sie an der Wasserfront der Fluß- und Seeuferstädte, wo sie dem Warenumschlag des Hafens dienten. Der ältere Kern von St. Louis wies beispielsweise in der flußnächsten Häuserzeile einen ausgesparten Baublock auf, der offensichtlich diesem Zwecke diente (Fig. 10). Heute ist davon nichts mehr zu sehen, denn eine großzügige Neugestaltung des Uferbereichs in Höhe der City hat die ursprünglichen drei Häuserblöcke vollkommen verschwinden lassen. Heute dehnt sich dort eine Grünanlage aus, der Jefferson Memorial Expansion Park, dahinter verläuft ein innerstädtischer Expressway, und die 4. Straße ist heute die 1. Straße des Citygebiets (Fig. 11).

Aus Albany im Staate New York wird berichtet, daß im 18. Jahrhundert zwei besonders breite Straßen als Straßenmärkte dienten, die regelmäßig abgehalten wurden (TUNNARD/REED 1955, S. 40/41).

Plätze dagegen entwickelten sich, wenn überhaupt, dann *nicht im Zusammenhang mit der Einzelhandelsfunktion, sondern mit der öffentlichen Verwaltung*. Bis zu einem gewissen Grade hat der Platz vor dem county courthouse, dem Gerichtsgebäude der county, die Rolle des Marktplatzes in Amerika übernommen. Die Anfänge dieser Entwicklung liegen in der südstaatlichen Kolonie *Virginia*, nicht in den Neuenglandstaaten mit ihrer auf townships aufgebauten Verwaltung. Im Jahre 1634 gab es in Virginia neun Verwaltungseinheiten, die damals shires, später counties genannt wurden. In den Verwaltungssitzen dieser shires entstanden etwa ab 1700 die *courthouses*, die aber neben ihrer Funktion als Verwaltungsgebäude auch zu gesellschaftlichen, politischen und kommerziellen Mittelpunkten ihrer Umgebung wurden. Vor dem courthouse war meist ein schöner Platz gelegen, umgeben von Kirche, Stadtbibliothek, Büro- und Geschäftshäusern. Damit waren ähnlich wie in Europa um den Markt mit Rathaus und Kirche auf diese Stelle, an der das courthouse gebaut wurde, administrative wie gesellschaftliche und kommerzielle Funktionen konzentriert.

Für Jamestown, Virginia, lautete z. B. die Anweisung für die Grundrißgestaltung des Ortes, die Straßen sollten in einem bestimmten Winkel auf einen zentralen Platz zulaufen. In Yorktown dagegen fand das courthouse auf dem Eckgrundstück eines Straßenkreuzes Platz. In Williamsburg wurden entsprechend dem barocken Gesamtentwurf die öffentlichen Gebäude an die Enden der Hauptstraße verwiesen (vgl. Abschnitt 5.4, S. 278).

In der Folgezeit ging die Gestaltung der *courthouse squares* vor allem von Pennsylvania und Tennessee aus und verbreitete sich von dort über die Staaten Kentucky, Georgia, Texas, Missouri, Iowa, Illinois und Indiana, wo sie sich in zentraler Lage bei sehr vielen Städten finden. Zu den meistverbreiteten Typen wurden der Philadelphia-Typ, bei dem der quadratische Platz aus der Aussparung von Ecken aus den vier benachbarten Blöcken bestand, und der Shelbyville-Typ aus Shelbyville, Tennessee, bei dem keinerlei Veränderung des Schachbrettgrundrisses vorgenommen wurde, sondern wo man einfach einen Baublock als courthouse square frei ließ. Das schottisch-irische Element in der Lancaster County in Pennsylvania legt Zusammenhänge mit Ulster nahe. In Lancaster vermutet man die Nachahmung des zentralen quadratischen Platzes von Londonderry. In Ulster bezeichnet man ihn als "diamond". Diese Bezeichnung wird in Nordamerika nirgends außer in Pennsylvania und in Cleveland, Ohio, gebraucht. In späterer Zeit, weiter westlich auf dem Kontinent, schenkte man der Gestaltung eines zentralen courthouse square weniger Beachtung. Häufig bildete er lediglich einen Teil eines Baublocks und wurde dann zusätzlich von Straßen umgeben. Meist hat er sich bis in die Gegenwart hinein nur noch in Klein- und Mittelstädten bis etwa 25000 Einwohner erhalten. Die kommerziellen Funktionen der angrenzenden Blöcke sind häufig aus diesen verschwunden, die Freiflächen um das courthouse sind

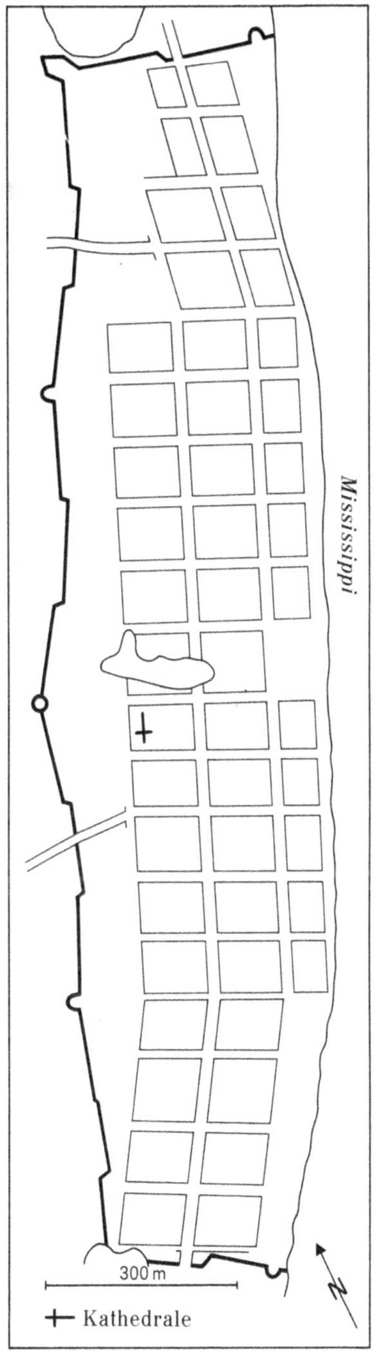

Fig. 10. *Grundriß der Stadt St. Louis im Jahre 1780 nach dem Stadtplan von* CHOUTEAU.

Der Plan zeigt das schon damals verwendete Gitternetz der Straßen, den als Umschlagplatz ausgesparten Block am Ufer des Mississippi und die aus der spanischen Kolonialepoche stammende, sonst nur bei den am frühesten entstandenen Städten an den Küsten und später nur noch bei den Mormonenstädten Utahs übliche Befestigung.

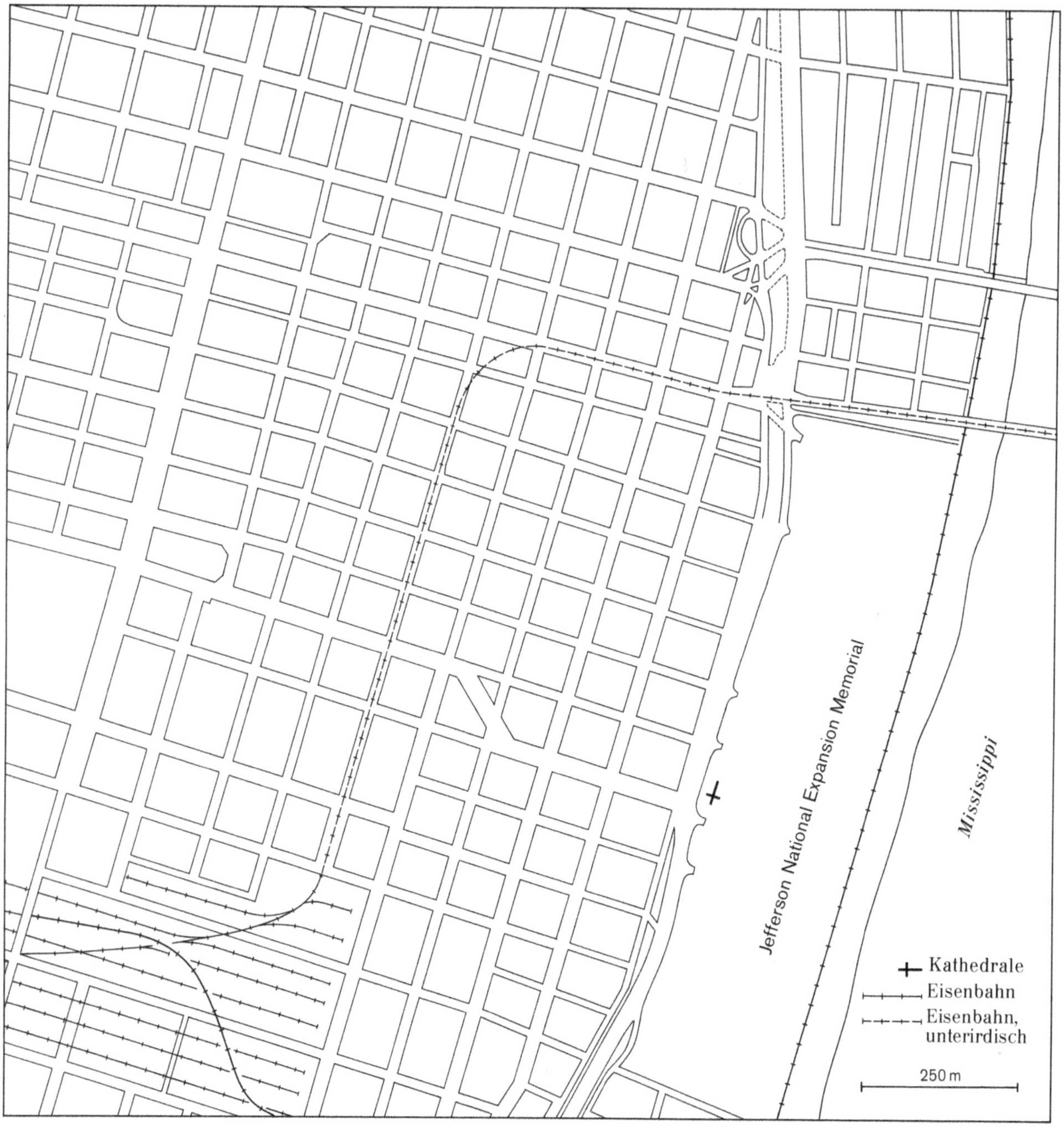

Fig. 11. *Grundriß der Stadt St. Louis 1966.*
Ein Vergleich mit dem Grundrißplan von 1780 der Fig. 10 ergibt: Die gesamte Bebauung innerhalb der Befestigung von 1780 ist mit Ausnahme der Kathedrale, die an der Stelle der ältesten Stadtkirche steht, einer großen, in der Gestaltung begriffenen Grünanlage gewichen, dem Jefferson Memorial Expansion Park. Die heutige City (Downtown) beginnt an der 4. Straße und reicht bis zur 12. Straße, stellenweise noch über sie hinaus nach Westen.

vielfach zu Autoabstellflächen umgewandelt worden (vgl. PRICE).

Den Ursprung des zentral im Orte gelegenen courthouse square kann man wohl in New Haven, Connecticut, erblicken, wo nach dem ursprünglichen Plan der zentralste von neun Baublöcken ausgespart blieb und das *meetinghouse*, wie die Puritaner in zurückhaltender Weise ihr Gottes- und Gemeindehaus nannten, nahe dem Ortszentrum errichtet wurde. Damit ergibt sich ein Zusammenhang mit dem neuenglischen "town common", der sich fast immer auf dieses erste meetinghouse einer Pfarrei oder aber auf die Allmendweide zurückführen läßt. Allmendland war z. B. der Boston Common, dessen Erhaltung durch neu hinzukommende Funktionen gerechtfertigt wurde. Zeitweise diente er der Miliz als Übungsplatz, dann wurde er zu einer Art neuenglischer Hyde Park Corner, wo jene Redner sich unter freiem Himmel an die Öffentlichkeit wandten, die ihre eigene Überzeugung ihren Mitmenschen mitzuteilen wünschen. 1830 wurde das bis dahin noch zeitweilig geübte Weiden von Kühen auf dem Common mit Rücksicht auf den städtischen Verkehr untersagt. Er wurde wie in anderen Städten auch zu einer Grünanlage mit Bäumen, Bänken, Brunnen, Denkmälern und Konzertpavillon umgestaltet. Davor hatte es mit Ausnahme von New Haven, Connecticut, und Canton, Massachusetts, auf keinem städtischen Common irgendwelche Bäume gegeben. In etwa der Häfte der Städte mit bis heute noch erhaltenem Common steht das Rathaus auf ihm oder an seinem Rande in einem angrenzenden Baublock, in drei Fünftel aller Fälle auch eine Kirche. In New Haven, in Cambridge, Massachusetts, und Hanover, New Hampshire, haben Universitäten und Colleges den Blick auf den Common (vgl. BRODEUR).

Daß im allgemeinen den Plätzen geringe Beachtung geschenkt wurde, ja, daß sie, wenn anfänglich vorhanden, sehr bald der Überbauung zum Opfer fielen, wird mit einer Eigenart des amerikanischen Lebensstils erklärt, die darin besteht, daß sich der Amerikaner jeweils nur auf *eine* Sache zu konzentrieren wünsche. Diesem Bestreben komme die *Main Street* mit ihrer linienhaften Aneinanderreihung von verschiedenen Funktionen näher als der Platz. "The Spanish plaza and the Italian piazza serve both involvement and polychronic functions, whereas the strung-out Main Street so characteristic of the United States reflects not only our structuring of time, but our lack of involvement in others" (HALL 1966, S. 163).

So erklärt sich, warum die an den courthouse square grenzenden Grundstücke oft gar nicht voll gewerblich genutzt sind, und warum der Platz von der öffentlichen Meinung kaum verteidigt wird, wenn er besseren Verkehrsanlagen oder Sanierungsvorhaben weichen soll.

Etwa ab 1800 tauchten in einzelnen Städten runde Plätze, circuses genannt, auf. Zur selben Zeit, während der Epoche der Jungen Republik, die man etwa mit den Jahren 1776–1825 ansetzen kann, treten auch die aus London so gut bekannten residential squares auf, von Wohnhäusern umgebene Plätze, die in manchen Fällen ganz und gar eingezäunt und nur durch eine Türe betretbar sind, zu der lediglich die Anwohner den Schlüssel besitzen. Das ist in England und auch in Irland eine alte Tradition, die bis in unsere Tage fortlebt. In Amerika standen aber die Umstände einer solchen Entwicklung entgegen. Daher bilden die residential squares dort eine Ausnahme. Der Grund mag folgender sein: "A suitable form of planning for a country of fixed social classes like England, it probably seemed too sophisticated for the merchants and wealthy families of a community rapidly filling up with people from many countries, all eager to make money quickly. Also, investment in urban land was still risky..." (TUNNARD/REED 1955, S. 60/61).

In der Epoche rapiden Städtewachstums zwischen etwa 1880 und 1910 finden sich dann in amerikanischen Städten die ersten Ansätze zu *sogenannten Civic Centers*. Darunter sind Komplexe öffentlicher Gebäude zu verstehen, die oftmals reine Regierungsviertel bilden und aus Gebäuden wie dem Rathaus, dem Gerichtsgebäude, dem Postgebäude, dem Verwaltungsgebäude der Bundesregierung (federal building) bestehen. In etlichen civic centers kommen aber auch kulturelle Einrichtungen wie Museen, Bibliotheken, Stadthallen, die Gebäude der Historischen Gesellschaften hinzu. Im allgemeinen sind diese civic centers aber erst eine Erscheinung des 20. Jahrhunderts, und in vielen Städten ist man erst gegenwärtig dabei, ein solches civic center zu schaffen (s. Abschnitt 4.2.1.4, S. 149ff.). Mit diesen Anlagen sind immer größere Freiflächen verbunden, die als Fußgängerzonen vom Kraftfahrzeugverkehr verschont bleiben und als Grünanlagen mit Denkmälern und Brunnen gestaltet sind.

Kirchen sind fast immer Bestandteile einer Häuserzeile und halten sich *innerhalb der Baufluchtlinie*. Sie bilden keinen besonderen Blickfang wie in den europäischen Städten, wo sie oft den Mittelpunkt von Plätzen einnehmen.

Wo es heute im innerstädtischen Bereich Plätze gibt, verdanken sie fast immer einer *Sondersituation* ihre Existenz. Eine völlige Ausnahme bildet die von einem französischen Architekten entworfene Bundeshauptstadt Washington, D. C. Mit der Anlehnung an die Renaissancegrundrisse europäischer Fürstenresidenzen sollte hier die Einheit der Unionsstaaten versinnbildlicht werden. Der von L'Enfant entworfene Plan stellt die Überlagerung eines nach Nord–Süd und Ost–West ausgerichteten Gitternetzes von

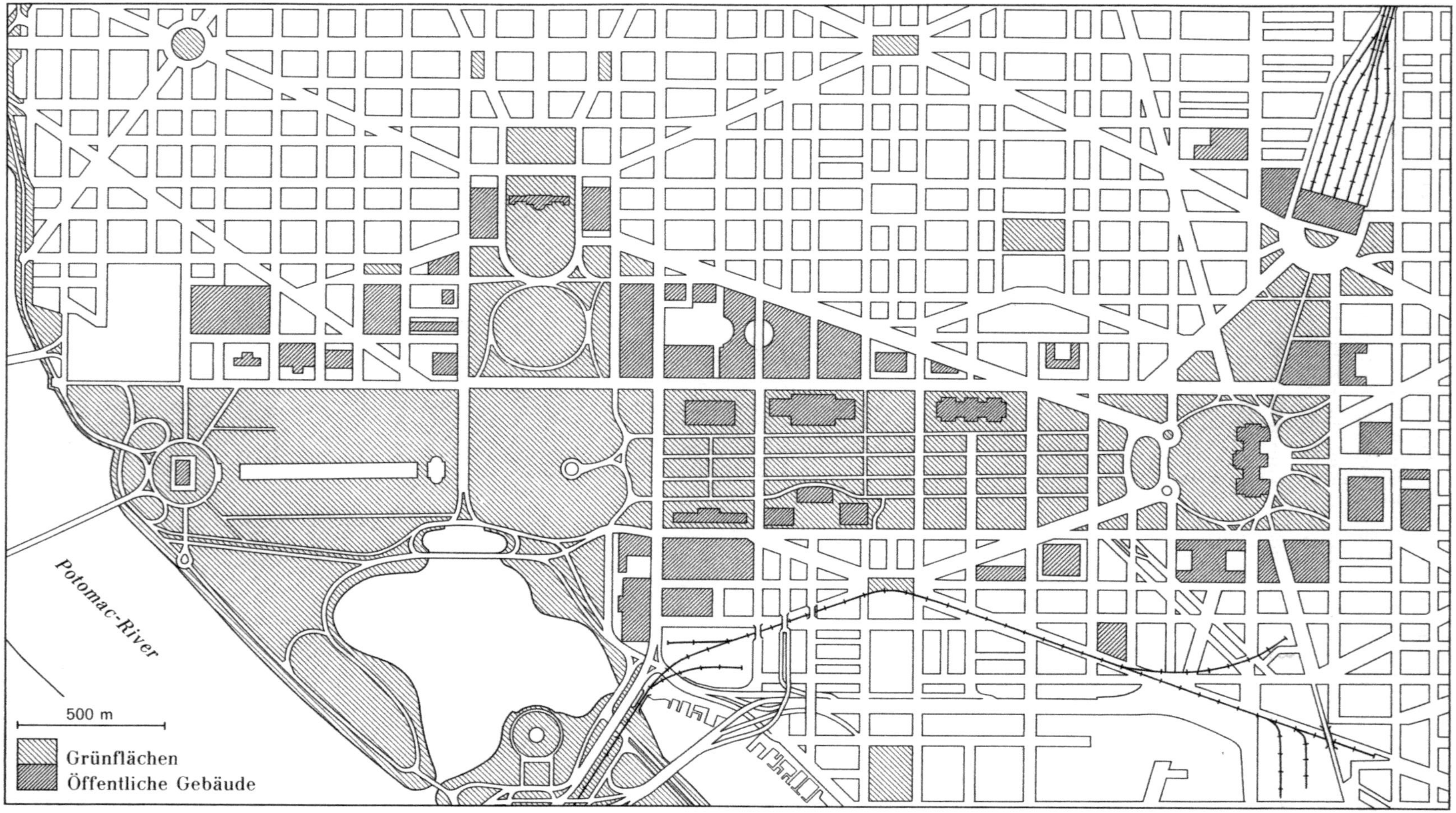

Fig. 12. *Grundriß des Kerns der US-amerikanischen Hauptstadt Washington, D. C.*
Der französische Stadtbaumeister L'ENFANT arbeitete in dem 1800 am Potomac zwischen Maryland und Virginia zur Hauptstadt der Union bestimmten Washington mit Diagonalen und breiten Promenaden. Die beiden Staaten hatten für den neuen Bundesdistrikt, District of Columbia, Gebietsabtretungen vorgenommen. Die sternförmig auf das Kapitol und das Weiße Haus zulaufenden Diagonalen tragen die Namen von Gründerstaaten. Besonders auffallend sind die breite Grünanlage südlich des Weißen Hauses über das Washington Monument bis zum Jefferson Memorial und die breite, sie unter rechtem Winkel treffende, The Mall genannte Promenade vom Kapitol nach Westen zum Washington Monument. Regierungs- und sonstige öffentliche Gebäude sind besonders auf den Bereich südlich der Pennsylvania Avenue konzentriert.

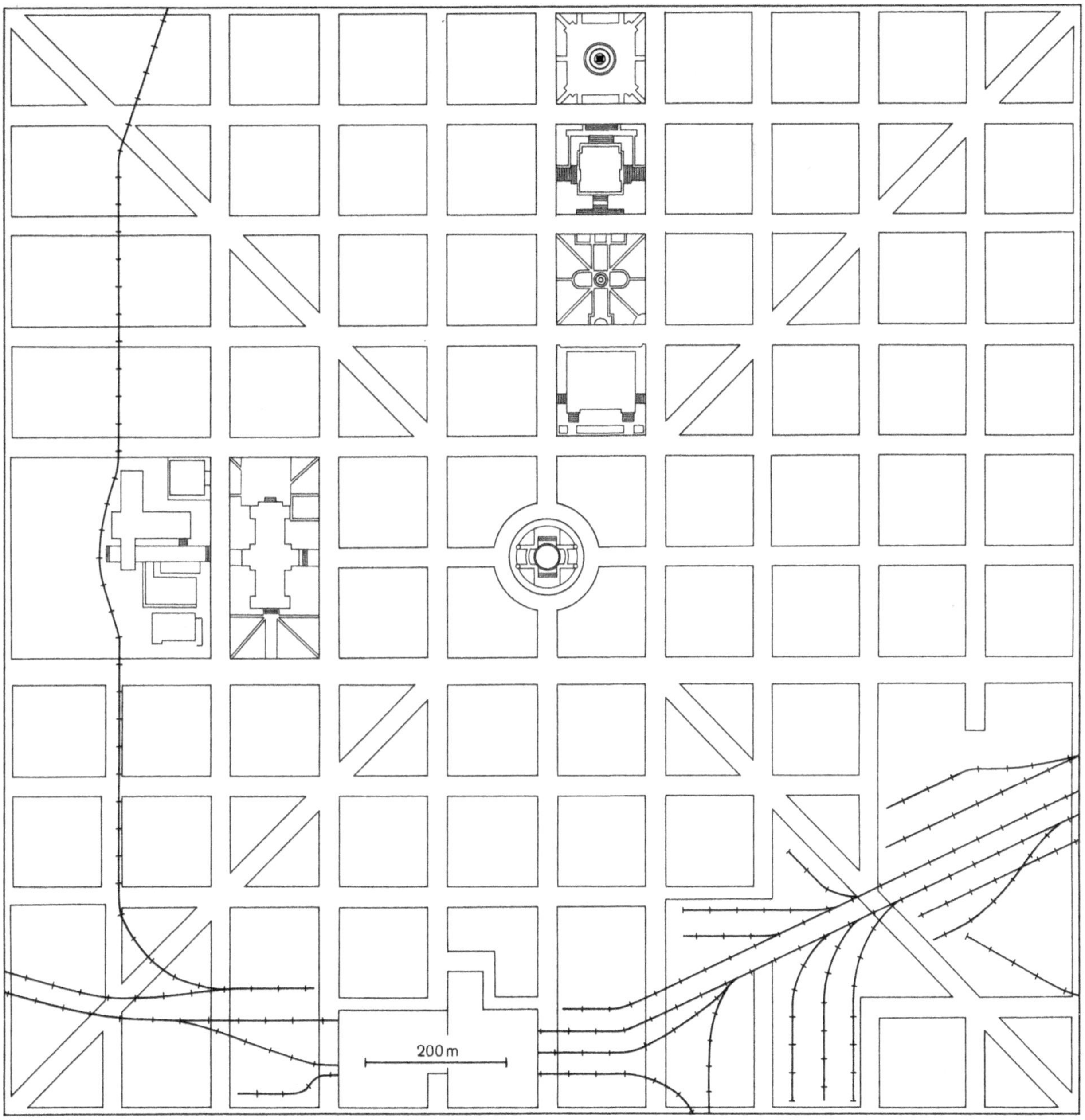

Fig. 13. *Grundriß der City von Indianapolis, der Hauptstadt Indianas.*
Er stellt eine Kombination von Gitternetz und Diagonalen dar. Auf den runden Platz im Stadtkern mit dem Soldiers and Sailors Monument laufen vier nach den Staaten Indiana, Massachusetts, Virginia und Kentucky benannte Diagonalstraßen zu. Auf der Nordseite erstrecken sich zwischen Meridian Street und Pennsylvania Street über mehrere Baublöcke hinweg die Anlagen und Gebäude der World War Memorial Plaza und der American Legion.

Straßen mit einem System diagonal verlaufender Avenues dar, in deren Schnittpunkten Kapitol und Weißes Haus gelegen sind. Ebenso fallen auch die Capitol Squares der Regierungssitze der Einzelstaaten aus dem allgemeinen Rahmen heraus (Fig. 12).

Dem Stadtkern von Indianapolis, der Hauptstadt des Staates Indiana, geben mehrere in Nord–Süd-Richtung angelegte Plätze und öffentliche Gebäude, vor allem das nach dem Ersten Weltkrieg entstandene War Memorial und die Gebäude der Verwaltung der American Legion das Gepräge. Zwischen Monument Circle mit dem gewaltigen Soldiers and Sailors Monument im Süden und der World War Memorial Plaza im Norden, die allein 5 Baublöcke einnimmt, zieht sich dieses Band von Grünanlagen und Gedenkstätten mitten durch den Stadtkern (Fig. 13).

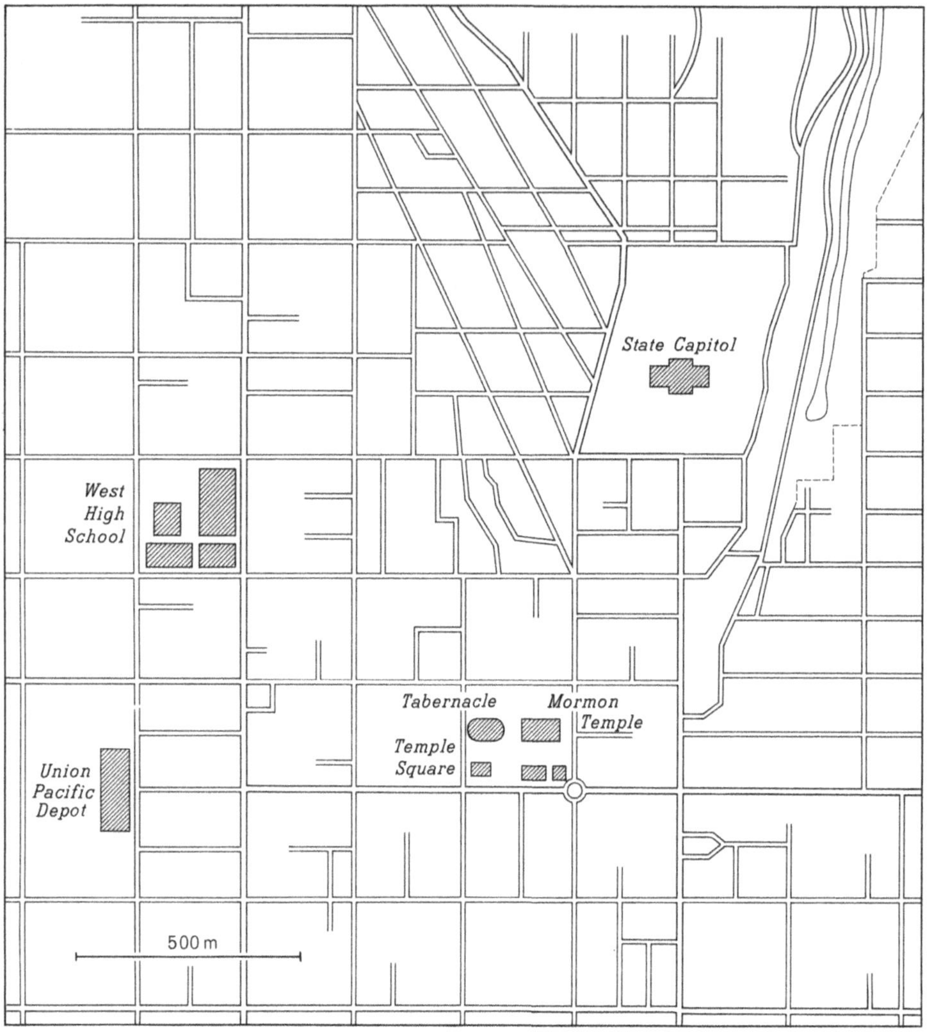

Fig. 14. *Grundriß des Stadtkerns von Salt Lake City, Utah.*
Er ähnelt sehr dem im übrigen Gebiet der USA allgemein verbreiteten Schachbrett, unterscheidet sich aber von anderen amerikanischen Städten durch die Abmessung der Baublöcke und die Aussparung zweier zentraler Baublöcke für die Aufnahme der Kirchenbauten der Church of Jesus Christ of Latter-day Saints (Mormonen) entsprechend dem Plan der sogenannten "City of Zion". Ein weiteres Merkmal der Mormonengründungen ist die beachtliche Breite der Straßen, die der Plan nicht zu zeigen vermag.

In Salt Lake City, der Hauptstadt Utahs, und dem Verwaltungssitz der Church of Jesus Christ of Latter-day Saints (Mormonen) blieben zwei Baublöcke im Stadtkern den Bauten der Kirche vorbehalten. Hier stehen auf den Temple Grounds der Mormonentempel, das Tabernakel, das Versammlungshaus, ein Museum und weitere kleine Bauten und Denkmäler, von einer hohen Mauer umschlossen (Fig. 14).

3.1.2.2. Seltenheit von Befestigungsanlagen und Glacisbebauung

Die orientalische und mittelalterliche europäische Stadt waren im allgemeinen ummauerte Städte. Das Recht zum Bau einer Mauer war gleich wichtig wie das Marktrecht. Beide waren entscheidende Merkmale für die Stadt im rechtlichen Sinne. Damit ergaben sich rechtlich wie auch baulich *scharfe Grenzen zwischen Stadt und Land.* Mauer, Wall und Graben waren wichtige Bestandteile der Stadt. Sie wurden oftmals in späteren Zeiten verbessert und vergrößert, weitere Befestigungsanlagen schlossen Vorortsiedlungen mit ein. Es wurden ganze bastionäre Systeme, nach Frankreichs berühmten Festungsbaumeister Vauban als Vaubansche Systeme bezeichnet, errichtet.

Das für den Grundriß einer solchen Stadt Bedeutsame ist aber weniger der frühere Charakter einer ummauerten Stadt oder gar einer Festung, sondern vielmehr die *spezifische bauliche Nutzung des während der Festungszeit freien Glacis.* Bernatzky hat sogar verschiedene Epochen herausgearbeitet, in denen nach Schleifen der Festungsanlagen das einstige Festungsgelände in ganz unterschiedlicher Weise genutzt wurde. Besonders in den jüngeren Epochen wurde es vorwiegend für Grünanlagen, Repräsentationsbauten wie Stadttheater, Opernhäuser, Rathäuser, Museen, für die Gleiskörper der Eisenbahn sowie für Ringstraßen genutzt, die zum Teil den winkligen Verlauf der Bastionen bis in die Gegenwart nachzeichnen.

Wie sieht es nun hiermit in Angloamerika aus?

Es wäre falsch zu sagen, die befestigte Stadt hätte es auf diesem Kontinent überhaupt nicht gegeben. Richtig aber ist, daß es sich nur um Ausnahmefälle handelt, um eine bescheidene Zahl von Städten, deren Sonderstellung durch den Charakter der Gründer und durch die spezifische geographische Lage deutlich wird, und um meist recht einfache Anlagen, nämlich Wall und Palisaden. Demnach ist auch die bauliche Auswirkung in keiner Weise mit derjenigen in europäischen befestigten Städten zu vergleichen.

Eine Analyse der einst befestigten Städte führt zu dem Ergebnis, daß es sich auch hier wie bei den in 3.1.1 erwähnten Altstädten mit unregelmäßigem Grundriß um sehr randlich gelegene Städte handelt: Städte an der Atlantikküste zwischen Halifax und St. Augustine, Städte am St.-Lorenz-Strom, Städte am Mississippi, und in einer jüngeren Siedlungsperiode Städte im Mormonenland im Tal des Großen Salzsees von Utah. NELSON hat bereits darauf aufmerksam gemacht, daß es sich um die ersten Gründungen der spanischen, französischen, britischen und holländischen Kolonisten handelte. Diesen beiden Gesichtspunkten entsprechend lassen sich die einst befestigten Städte Angloamerikas aufgliedern (Tabelle 3).

In einzelnen dieser Städte weisen noch heute Straßennamen auf die einstige Existenz eines Walles oder Palisadenzaunes hin, so die berühmte Wall Street in New York City, die die nördliche Begrenzung der alten holländischen Siedlung markiert, die Wall Street in Salt Lake City, die Wall Avenue in Ogden, oder Rampart Street in New Orleans (Fig. 15).

Im Einzelfall ist ein Boulevard – etymologisch mit Bollwerk zusammenhängend – noch heute ein Indiz für den Verlauf der Festungsanlage, wie die genannte Rampart Street in New Orleans oder Ogelthorpe in Savannah. Teile des Glacis sind mit eingeschlossen in dem heutigen Beauregard Square, in dem Gelände der Zollverwaltung und dem eines Depots des Küstenwachdienstes in New Orleans, die den einstigen Bastionen von San Fernando bzw. von St. Louis bzw. von St. Carlos zuzuordnen sind.

Tabelle 3. Befestigte Städte in den Vereinigten Staaten.

Stadt	Region	Gründung
Albany, New York	Atlantische Küste (Hudson)	holländisch
Boston, Massachusetts	Atlantische Küste	britisch
Cedar City, Utah	Mormonenland	amerikanisch
Charleston, South Carolina	Atlantische Küste	britisch
Detroit, Michigan	St.-Lorenz-Strom – Große Seen	französisch
Fillmore, Utah	Mormonenland	amerikanisch
Halifax, Nova Scotia	Atlantische Küste	britisch
Montreal, Quebec	St. Lorenz – Große Seen	französisch
New Orleans, Louisiana	Mississippi	französisch
Ogden, Utah	Mormonenland	amerikanisch
Pensacola, Florida	Golfküste	spanisch
Provo, Utah	Mormonenland	amerikanisch
Quebec, Quebec	St. Lorenz – Große Seen	französisch
Salt Lake City, Utah	Mormonenland	amerikanisch
Savannah, Georgia	Atlantische Küste	britisch
Schenectady, New York	Atlantische Küste (Mohawk)	holländisch
Spanish Fork, Utah	Mormonenland	amerikanisch
St. Augustine, Florida	Atlantische Küste	spanisch
St. Louis, Missouri	Mississippi	spanisch (Ummauerung während spanischer Souveränität)

In keinem Falle ist nachweisbar, daß die heutige Straßenführung in der Innenstadt durch die Lage von Stadttoren in der Mauer beeinflußt wäre. Allenfalls kann man mit NELSON sagen, daß sie die Konservierung eines vorhandenen alten Wegenetzes unterstützt haben mögen.

Schließlich ist, wie bei europäischen befestigten Städten, in Einzelfällen zu beobachten, daß Friedhöfe und Grünanlagen unmittelbar außerhalb der einstigen Befestigungsanlage gelegen sind, wofür es in New Orleans, Salt Lake City und Ogden Beispiele gibt.

Eine gewisse Entsprechung für das meist nicht vorhandene Glacisgelände meinte ROSSNAGEL in den teilsanierten Abrißgebieten des Zwischengürtels zwischen City und Außenzone der Stadt mit Wohn- und Gewerbevierteln zu erblicken. Oftmals aus spekulativen Gründen wurden diese Gebiete des Zwischengürtels als Wohngebiete aufgegeben, vom Geschäftszentrum aber nicht mit gleicher Geschwindigkeit übernommen und zum Teil bei dem späteren rückläufigen Trend der Innenstadt auch nicht mehr dafür vorgesehen. Einzelne Städte haben schon frühzeitig

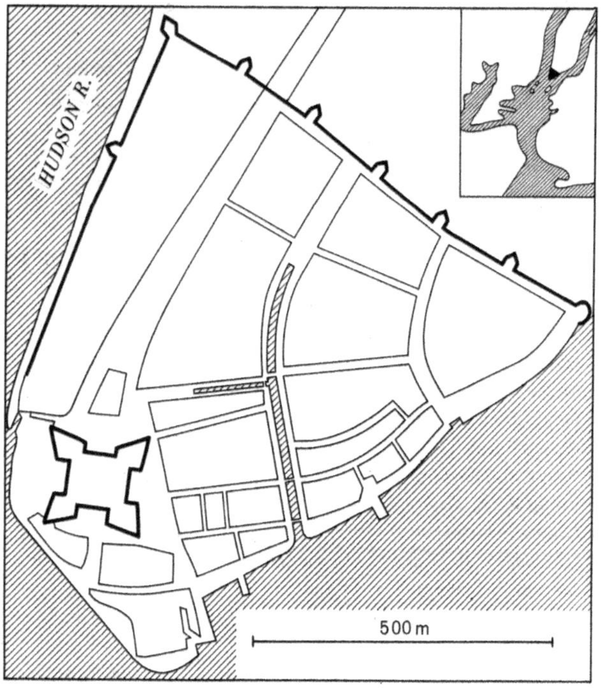

Fig. 15. *Die befestigte Stadt New York nach dem Plan von* CASTELLO *1660.*

Der Südteil Manhattans fällt noch heute durch den weniger regelmäßigen Straßenverlauf gegenüber dem später rigoros angewendeten Schachbrett auf. Das von Holländern gegründete Neu-Amsterdam fand seine nördliche Begrenzung an der Wall Street, deren Name auf das einstige Vorhandensein des Walles hinweist.

versucht, diesen Gürtel ähnlich dem Glacis einer europäischen Stadt mit Grünanlagen und Boulevards auszugestalten, wie z. B. die Stadt Detroit.

Aber nicht nur das einstige Glacis fehlt fast allen amerikanischen Städten, sondern auch Schlösser und Paläste mit ihren Parkanlagen hat es in einem Erdteil nicht gegeben, dessen Staaten niemals eine monarchische Epoche durchgemacht haben wie die Republiken auf dem Boden Europas. So entfallen auch sie als Ansatzpunkte für Grünanlagen und Erholungsflächen im innerstädtischen Bereich, für den sich in dieser Hinsicht ein erheblicher Nachholbedarf ergibt.

Frühere planerische Versuche, Flächen unbebaut zu erhalten, waren zum Fehlschlag verurteilt, und zwar aus steuerlichen Gründen. Die nach dem Präsidenten Jefferson benannte Stadt Jeffersonville sollte sogar Freiflächen in alternierenden Blöcken erhalten. Bei der Gründung dieser Stadt wurde jeder zweite Baublock ausgespart. Es dauerte jedoch nicht lange, bis diese Freiflächen der Bebauung zum Opfer fielen. Auch spätere Versuche, z. B. in San Jose, California, wo man alternierende Streifen städtisch überbauter und ländlicher Flächen schaffen wollte, mußten bald wieder aufgegeben werden, da die Grundsteuer dem nicht angepaßt wurde[1].

In Toronto und sicherlich in mancher Stadt in ähnlicher Lage war die Ansicht der Stadtväter, daß die Nähe des Wassers Grünflächen in der Stadt entbehrlich mache. Später erwies sich diese Einstellung als verfehlt insofern, als schon ab 1840 eine teilweise bauliche Trennung des Stadtkerns von dem Ufergelände durch die Eisenbahnbauten zustandekam, die zur Gegenwart hin durch den mehrbahnigen Gardiner Expressway noch wesentlich verstärkt wurde. In der Folgezeit erwies sich der ursprüngliche Verzicht auf Freiflächen als erheblicher Mangel (s. Abschnitt 3.4.2.4, S. 67).

Das Fehlen der Residenzen macht sich auch in der weiteren Umgebung bemerkbar. Die Herausbildung eines vornehmen Westends, wie es WIEK am Beispiele des Kurfürstendamms für Berlin und der Champs Elysées für Paris beschrieben hat und wie es auch in London mit der Oxford Street und in anderen europäischen Städten gegeben ist, muß mit der Existenz und der spezifischen Lage des Schlosses am westlichen Rande der mittelalterlichen Stadt im Zusammenhang gesehen werden. Der amerikanischen Stadt fehlt nicht nur die Residenz selbst, sondern auch das, was auf ihre Ausstrahlung zurückzuführen ist (vgl. WIEK 1967, S. 20ff.).

3.1.2.3. Stadtgründung und Eisenbahnbau

Als die Eisenbahnen in Europa Einzug hielten, waren viele Städte schon etliche hundert Jahre alt. Zu gewisser Rücksichtnahme auf den Mitte des vorigen Jahrhunderts bestehenden Baukörper gezwungen, setzten sich die Eisenbahnen mit ihren Bahnhofsanlagen randlich an die damaligen Städte an.

In Amerika war das zum großen Teil anders. In den Städten an der Atlantikküste gab es immerhin manche zweihundert Jahre alte Stadt. Aber das große Innere des Kontinents und die Weiten des Westens bis auf fleckenhafte Besiedlung im pazifischen Küstensaum wurden ja von den Amerikanern und den Einwohnern des britischen Nordamerika erst seit Anfang des vorigen Jahrhunderts erschlossen. Die *Ortsgründungen erfolgten gleichzeitig mit dem Eisenbahnbau*, ja, teilweise eilte der Bahnbau der Besiedlung gar voraus.

[1] Nach freundlicher Mitteilung von Dr. W. TIETZE.

Die Eisenbahnen selbst betätigten sich als Siedlungsgründer, indem sie entlang den Trassen in gewissen Abständen Stationen anlegten und um die kleine Bahnhofsanlage herum die ersten Straßenzüge einer sich ganz neu entwickelnden Siedlung vermaßen. Mit Recht sprach einmal M. JEFFERSON von den "civilizing rails". Gefördert wurden die privaten Eisenbahngesellschaften durch umfangreiche Landschenkungen seitens der Regierung der USA als auch vieler Einzelstaaten, die als Anreiz für den Bahnbau und auch als finanzielle Unterstützung Ländereien aus der Public Domain, der öffentlichen Landreserve, zur Verfügung stellten. So waren die Gesellschaften in die Lage versetzt, diese Siedlungen sogar auf eigenem Grund und Boden auszulegen und Grundstücke zu günstigen Bedingungen an Interessenten abzugeben (s. Abschnitt 5.5, S. 288).

Was uns in diesem Zusammenhang vor allem interessiert, ist eine Begleiterscheinung dieser Gleichzeitigkeit von Eisenbahnbau und Ortsgründung. Soweit Ansätze zu Siedlungen schon etwas vor dem Bahnbau gegeben waren, wurde die Eisenbahn unmittelbar am Rande der damals kleinen bebauten Zone vorbeigeführt. Wo Siedlungen direkt mit dem Bahnbau zu gleicher Zeit entstanden, wurde der Bahnhof gar Mittelpunkt und *durchschnitt* die Bahn von Anfang an den Ort vollkommen in seiner Mitte. Auch wenn zwei oder drei Linien verschiedener Gesellschaften an einem Orte zusammentrafen und sich die Linien unter verschiedenen Winkeln schnitten, kamen sie alle in den zentralsten Teil der Siedlung zu liegen, und der Bahnhof findet sich an ganz zentraler Stelle. Aus dieser Tatsache haben sich mehrere unangenehme Folgen für viele amerikanische Städte ergeben.

Erstens haben die sehr zentral innerhalb des Stadtgebietes gelegenen Gleiskörper die sich in der Folgezeit entwickelnde *City in ihrer Ausdehnungsmöglichkeit beschränkt* (s. Abschnitt 3.4.2.4, S. 65). Nach einer, oft sogar nach zwei Seiten hin bilden heute noch die Bahnanlagen die Begrenzung der City, die sich nicht über diese Barriere hinweg auszudehnen vermochte und sich daher häufig sehr einseitig nach einer bestimmten Richtung, der vielleicht einzigen von Eisenbahnen und Industrien freien Richtung hin ausgedehnt hat. Daß damit natürlich auch die Erreichbarkeit der City von vielen Stadtteilen aus erschwert ist, liegt auf der Hand.

Zweitens ist die Lage des von mehreren Eisenbahngesellschaften gemeinsam benutzten Bahnhofsgebäudes (Union Station) oder auch mehrerer Bahnhöfe, wenn es sich um Großstädte handelt, die von etlichen Bahngesellschaften bedient werden, so dicht an der City als wesentlicher Grund dafür anzusehen, daß es in Angloamerikas Städten *kaum zur Ausbildung eines größeren, sich gegen seine Umgebung deutlich abhebenden Bahnhofsviertels* gekommen ist. Die dichte Nachbarschaft zur City führt SCHWARZ neben dem Schiffsverkehr für das Fehlen eines ausgeprägten Bahnhofsviertels in Schwedens Hauptstadt Stockholm an (SCHWARZ 1959, S. 379), womit diese aber unter den europäischen Städten als Ausnahme gekennzeichnet ist. In Amerika dagegen ist das die Regel.

Das möge am Beispiele Philadelphias unterstrichen werden. Hier wurde einstmals direkt vor dem Rathaus ein Kopfbahnhof angelegt. Erst 70 Jahre später verlor er seine Funktion an einen peripher gebauten Durchgangsbahnhof, und damit wurde im Stadtzentrum Platz geschaffen für die Entwicklung des Penn Center. Damit entstand in Philadelphia ein Platz mit öffentlichen Gebäuden nicht aus der ursprünglichen Anlage heraus, sondern erst sehr viel später im Zusammenhange mit der Verlegung der Eisenbahn.

Drittens haben sich schon früh an die Eisenbahnen Industriebetriebe angesetzt. Es ist eine in angloamerikanischen Städten häufig zu beobachtende Situation, daß *kompakte Fabrikviertel mit ihren Gleisanschlüssen unmittelbar an die City* stoßen und mit dazu beitragen, diese baulich wie funktional einzuengen und gegen mehr abseits gelegene Wohnviertel zu blockieren. Fährt man z.B. von Westen her auf Chicagos City, den Loop, zu, muß man ein ausgedehntes und teilweise bis unmittelbar an den Loop stoßendes Industriegebiet durchqueren. Die Stadt St. Louis wird nahezu in ihrer gesamten Ost-West-Erstreckung von der City am Mississippifluß bis an den westlichen Stadtrand von einer ziemlich geschlossenen, sich an die Bahnanlagen anschließenden Industriezone durchschnitten.

Und diese Industrien zeigen in der Gegenwart ein starkes Beharrungsvermögen, das zum Teil begründet liegt in dem Umstand, daß sie auf die völkischen Minoritäten, vor allem die Negerbevölkerung in den angrenzenden Wohngebieten baut, die wegen schlechter Erschließung durch öffentliche Verkehrsmittel und mangelnden eigenen Kraftfahrzeugbesitzes schlechter pendeln können und hier reichlich als Arbeitskräfte zur Verfügung stehen.

Viertens verursachen die Eisenbahnen dadurch, daß sie die Städte in ihrer gesamten Ausdehnung bis

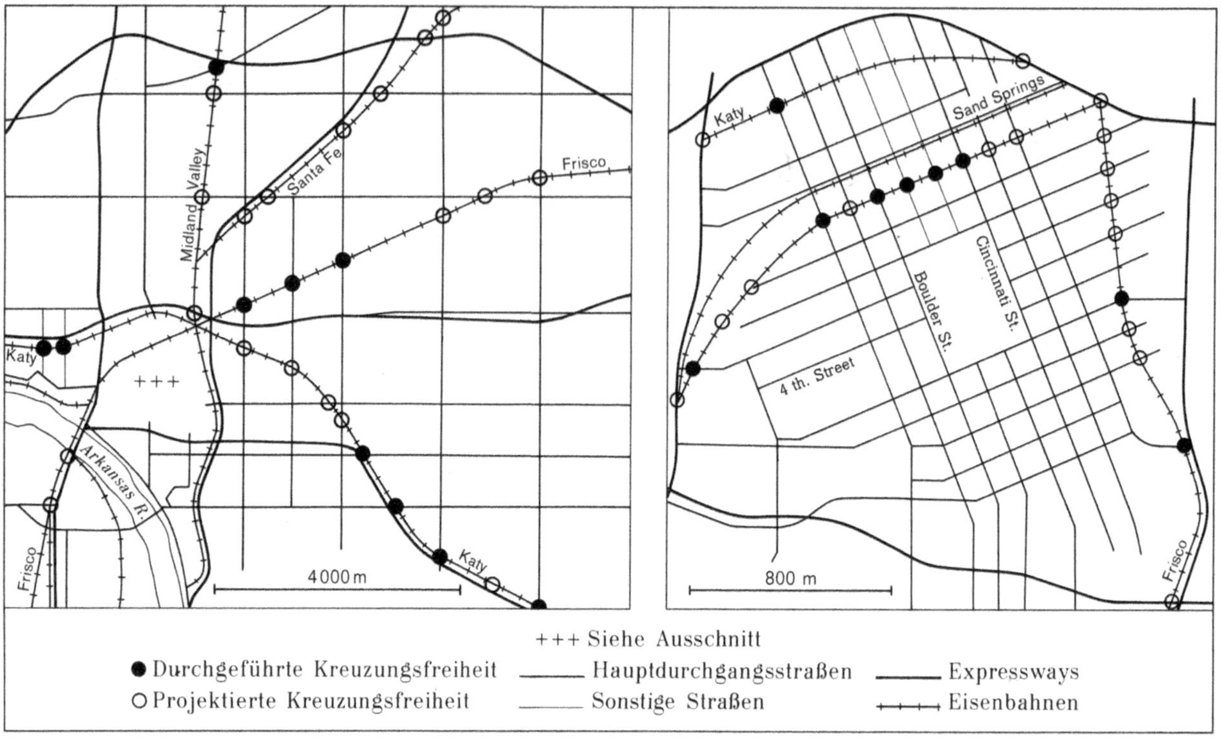

Fig. 16. *Beseitigte und noch bestehende niveaugleiche Kreuzungen von Eisenbahn und Straßen im inneren Stadtbereich von Tulsa, Oklahoma* (nach Tulsa Metropolitan Area Planning Commission).
Die wegen häufiger Gleichzeitigkeit von Stadtgründung und Bahnbau zentraler im Stadtgebiet verlaufenden Gleisanlagen zerschneiden den Baukörper stärker als das in europäischen Städten der Fall ist und haben besonders bei diagonalem Verlauf der Bahntrasse in bezug auf das Gitternetz der Straßen zu zahlreichen niveaugleichen Kreuzungen geführt, die sich bei dem erreichten Motorisierungsgrad als äußerst hinderlich erwiesen haben. Durch Unterführungen und andere Maßnahmen wurden manche beseitigt, andere harren noch der Veränderung. Industrien bevorzugen häufig von Bahnlinien entfernte Standorte, da sie selbst oft vom Eisenbahntransport unabhängig und auf den Lastkraftwagen orientiert sind, andererseits die niveaugleichen Kreuzungen ihre LKW-Transporte behindern.

in die zentralsten Teile durchqueren, eine *ungeheure Zahl oft noch niveaugleicher Kreuzungen*. Das ist insbesondere dann der Fall, wenn die Straßen des Gitternetzes nicht parallel zur Bahnlinie verlaufen, sondern wenn diese die Straßen unter einem Winkel schneidet. Es kommen da, soweit nicht schon irgendwelche Veränderungen wie etwa Niveauveränderungen bei Bahn bzw. Straßen oder streckenweise Verlegungen der Trassen vorgenommen wurden, Bahnübergänge in Abständen von nur einem Häuserblock zustande. Was das bei dem heutigen Motorisierungsgrad der amerikanischen Bevölkerung auf sich hat, läßt sich leicht ermessen (Fig. 16). Die Entflechtung der Netze verschiedener Verkehrsträger stellt somit einen besonders vordringlichen Punkt in den Generalverkehrsplänen der amerikanischen Städte dar.

3.1.2.4. Rückgriffe auf die Klassik

Die junge Geschichte und Traditionslosigkeit des kolonisierten Landes brachten es mit sich, daß in den Künsten wie im Städtebau zunächst in der Antike Vorbilder gesucht wurden oder doch auf Stile zurückgegriffen wurde, die in Europa zu bestimmten Zeiten weiteste Verbreitung gefunden hatten, vor allem Gotik und Renaissance. Erst verhältnismäßig spät folgte die Besinnung auf die eigene Geschichte und der Beginn auch einer gewissen Eigenständigkeit im künstlerischen Ausdruck und im kulturellen Leben.

Neben der Übernahme englischer und französischer Stilelemente ist vor allem die häufige Errichtung *neoklassischer und neogotischer Bauten* auffallend. Besonders wurden in dem halben Jahrhundert

Bild 1. *Baliff Hall, Verwaltungs- und Hauptgebäude der Universität von Wisconsin in Madison.* Baliff Hall ist eine der vielen im klassizistischen Stil errichteten Repräsentationsbauten in US-amerikanischen Städten (B. HOFMEISTER).

Bild 2. *Denver, Colorado.* In dem sich auf der Ostseite der City herausbildenden Verwaltungsschwerpunkt steht das in klassizistischem Stil errichtete Postgebäude neben dem modernen Federal Building (B. HOFMEISTER).

zwischen 1800 und 1850, dann noch einmal zwischen 1890 und 1910 und vereinzelt auch noch später öffentliche Gebäude wie Gerichtsgebäude, Postämter, Universitätsgebäude in diesen Stilen errichtet.

Der 1699 entworfene und 1720 fertiggestellte Gouverneurspalast von Williamsburg, welches bis 1775 die Hauptstadt der Kolonie Virginia war, kann als das erste klassische Haus in Nordamerika bezeichnet werden[1]. 1796 baute S. BLODGETT die first Bank of the United States in Philadelphia mit einer Vorhalle aus griechischen Säulen. Dieser "first temple of business" wurde zum Vorbild für zahlreiche Bankgebäude wie auch für Gebäude der öffentlichen Verwaltung in den Städten der USA.

Es war sicherlich nicht zuletzt das Fehlen von Schlössern und Palästen der Könige und Duodezfürsten, die zahlreiche europäische Städte architektonisch bereicherten, daß die Einwohner Amerikas nach Ersatz suchten und ihn sich in den Sitzen der öffentlichen wie der privaten Verwaltungen schufen. Selbst Ägypten und China wurden bemüht.

Der Wolkenkratzer wurde die erste bedeutende eigenständige Leistung Angloamerikas auf dem Gebiet des Hausbaus. Damit fiel die Entscheidung gegen das Herkömmliche und für das Neue, gegen die Antike und Europa und für Amerika. Diese ausgesprochen amerikanische Leistung hat daher auch sehr dazu beigetragen, die aus ihrer Kolonialepoche unterschiedlich gestalteten Regionen zu egalisieren. Aber der Vorgang ging nicht ohne Gegenbewegungen ab, die dazu führten, daß z.B. weiterhin Häuser im Georgian Style gebaut oder im Südwesten Wohnbauten im spanischen Missionsstil errichtet wurden. Und selbst die Wolkenkratzer waren anfänglich sehr von antiken Stilelementen durchsetzt. Bei dem Chicago Tribune Tower setzte sich noch Mitte der 20er Jahre das „Gotische" gegenüber der Moderne durch, und der Entwurf des finnischen Architekten Saarinen erhielt nur den zweiten Platz. Bis in diese Zeit hinein herrschte jener Wolkenkratzertyp vor, den ein griechisch-römischer oder byzantinischer Fuß, ein geometrischer Mittelteil und ein oberer Abschluß im Renaissancestil kennzeichneten.

Der Hang zur Anwendung dieser Stile reicht noch weit bis in unser Jahrhundert hinein. Von jüngeren Beispielen seien genannt das Lincoln Memorial in Washington, D. C., 1914–1922 im klassizistischen Stil, der Chicago Tribune Tower, 1923 im neogotischen Stil, und die National Gallery of Arts in Washington, D.C., 1937 im klassizistischen Stil erbaut. In nahezu jeder US-amerikanischen Stadt begegnet der Reisende einem solchen Gebäude mit seinen Säulen, Friesen und Freitreppen, und dieses immer wiederkehrende Aufrißelement hat mit *zur Uniformität der amerikanischen Stadt beigetragen.*

Soweit diese öffentlichen Gebäude zu Teilen eines Civic Center wurden, stehen sie heute in eigenartigem Gegensatz zu dicht benachbarten vielgeschossigen und glasverkleideten Stahlskelettbauten (Bild 1 u. 2).

[1] Präsident Jefferson persönlich entwarf das Parlamentsgebäude für den Staat Virginia in Richmond ganz nach dem Vorbild der „Maison carrée" in Nîmes aus der Zeit des Kaisers Augustus vom Jahre 16 v. Chr., in der er irrtümlich einen Ausdruck der römischen Republik erblickte (Vgl. FITCH 1968, S. 64).

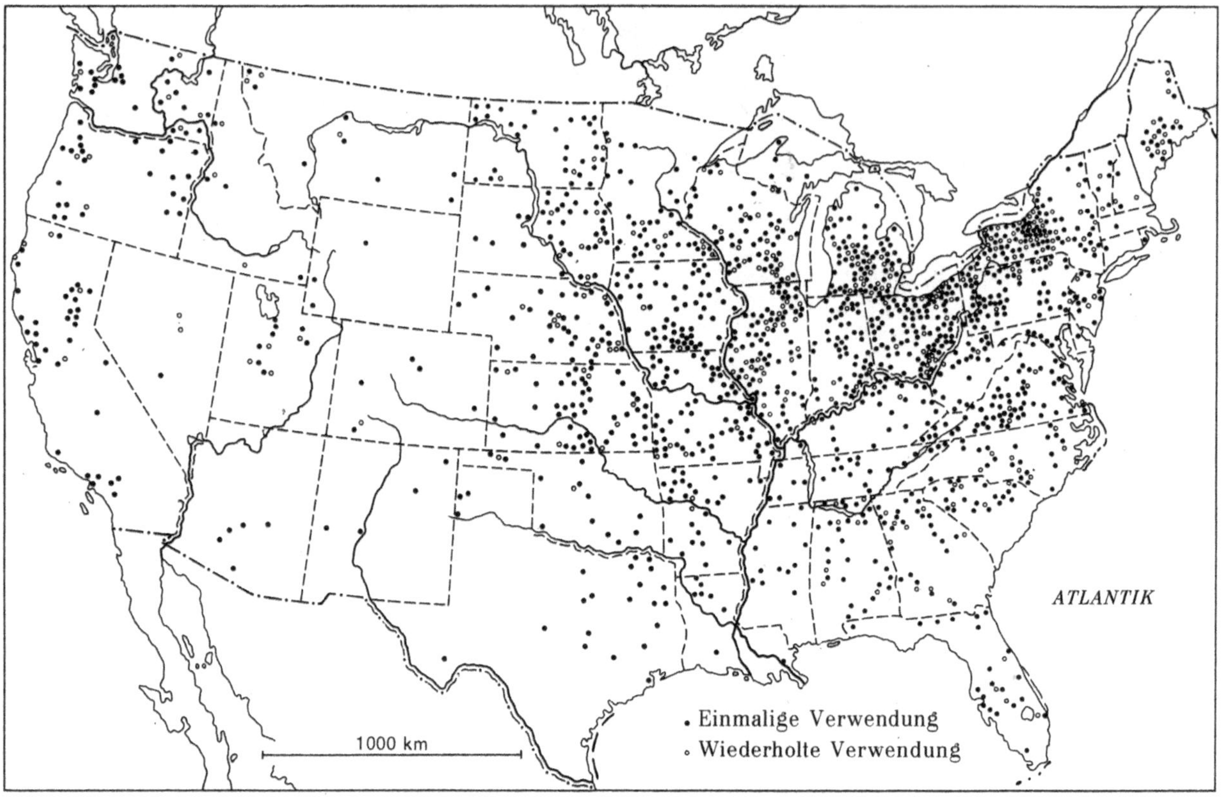

Fig. 17. *Die Verbreitung antiker Ortsnamen in USA* (wiedergegeben aus Geographical Review der American Geographical Society of New York und mit freundlicher Genehmigung von W. ZELINSKY).
Der aus Mangel an eigener Tradition erfolgte Rückgriff auf die Antike brachte im 19. Jahrhundert eine Welle von Städtegründungen mit antiker Namensgebung – es finden sich rund 3 000 antike Ortsnamen in USA – und die Gestaltung öffentlicher Gebäude, aber auch Bankhäuser und anderer privater Bauten im neoklassischen Stile mit sich. Im Nordosten verlor sich diese Namensgebung zuerst und setzte sich ringförmig nach außen über das übrige Gebiet der USA hin fort. Kanada hat diesen Trend nicht mitgemacht.

Aber nicht nur die Bauelemente, sondern auch die Namen entlehnten die Amerikaner in großer Zahl dem antiken Schatz. Mit Ausnahme Brasiliens gibt es kein nichteuropäisches Land auf der Welt, das in solchem Maße wie die Vereinigten Staaten von Amerika seine *Siedlungen mit Namen der Antike belegte.* Für Orte und Verwaltungseinheiten stellte ZELINSKY etwas mehr als 3000 solcher Namen fest, wobei mehrfach auftretende wie auch Zusammensetzungen mit "new" wie New Cincinnati jeweils nur einmal gezählt wurden. Sonst wäre die Zahl noch erheblich größer. Denn oft übertrugen Gruppen von Siedlern im Zuge der Binnenwanderung Ortsnamen aus den Oststaaten auf neue Gründungen im Mittelwesten oder Westen und versahen den Namen lediglich mit dem Zusatz "new". Namen wie Aurora, Corinth, Ithaca, Philadelphia, Syracuse, Troy, um nur wenige Beispiele anzuführen, finden sich in der Tat weit über das Gebiet der Vereinigten Staaten verstreut, nicht dagegen im benachbarten Kanada.

Es ist eine Eigenheit im amerikanischen Raume, genau wie die Anwendung der klassischen Stilformen *nach der Gewinnung der Eigenstaatlichkeit* einsetzte, wenn wir von wenigen früheren Beispielen absehen (Fig. 17).

Ende des 18. Jahrhunderts wurden antike Namen besonders häufig Orten im Staate New York gegeben. Von dort aus breitete sich die Welle der antiken Namensgebung in der Art einer "hollow frontier" halbringförmig um das Entstehungszentrum über den Mittelwesten und den Alten Süden aus. Hier wurden solche Namen während des ganzen 19. Jahrhunderts vergeben. Später wurden sie dann immer seltener.

3.1.2.5. Fehlende Tradition und funktionale Ausstattung

Mit der Traditionslosigkeit und kurzen Geschichte der Städte in Amerika hängen aber noch weitere Eigenheiten zusammen. Sie betreffen die Berufsstruktur der städtischen Bevölkerung.

In europäischen Ländern gibt es viele Städte, die aus dörflichen Siedlungen hervorgegangen sind und zu irgendeinem Zeitpunkte zur Stadt erhoben wurden. Bis in unsere Zeit hinein hat sich, wenn auch jetzt nur noch in ganz bescheidenem Ausmaß, das Ackerbürgertum erhalten, also der Stadtbewohner mit landwirtschaftlichem Grundbesitz im Bereiche der Stadtgemarkung, der auch selbst landwirtschaftlicher Tätigkeit nachgeht und diesen seinen Grundbesitz bewirtschaftet. Die Städtegründungen in Amerika wurden zumindest seit Beginn des 19. Jahrhunderts nur für nichtagrarische Funktionen, vornehmlich für den *Handel und die Industrie*, vorgenommen. Ja, es gibt zahlreiche Städte, in denen durch Bauleitpläne jegliche landwirtschaftliche Tätigkeit innerhalb der Stadtgrenzen überhaupt verboten ist (vgl. HOLZNER et al. 1967, S. 367ff.).

Der Typ des amerikanischen suitcase farmer ist eine Erscheinung, die überhaupt nicht mit dem Ackerbürger gleichzustellen ist. Wenn er auch nach seiner beruflichen Stellung Landwirt ist, hat er doch seinen Landbesitz oft in erheblicher Entfernung und bewirtschaftet ihn nicht von seinem städtischen Wohnsitz aus, sondern während kurzer Zeitspannen im Laufe des Jahres von einer beweglichen Behausung aus, um sich für den größeren Teil des Jahres in die Stadt zurückzuziehen.

Des weiteren ist in europäischen Städten und erst recht in anderen Kulturkreisen wie etwa dem orientalischen noch in einigem Umfang die alte *Handwerkstradition* erhalten. In Amerika erfolgten viele Ortsgründungen erst nach dem Anbruch des Industriezeitalters. Es war also keine derartige, auf langer Tradition beruhende Bevölkerungsschicht in diesen jungen Städten vorhanden. Hinzu kommen die andersgearteten Ansprüche des amerikanischen Konsumenten, die schon früh sehr viel stärker auf die Erzeugnisse einer Massenfabrikation hinausliefen und Leistungen erforderten, die nicht auf handwerklicher Grundlage zu vollbringen waren. Das bedeutet freilich nicht, daß der Amerikaner keinen Sinn für handwerkliche Erzeugnisse hätte. Vielleicht ist es aber gerade ein Bedürfnis, das aus dem Nichtvorhandensein des Handwerks im eigenen Lande erwächst, wenn der die Alte Welt bereisende Amerikaner mit großer Liebe altes Porzellan oder alte Uhren aufkauft und sammelt. HOLZNER geht in seiner Argumentation über diese Unterschiede zwischen Europa und Nordamerika so weit, daß er sagt, daß neben der Industrie auch das Handwerk in den europäischen Städten sehr dazu beitrage, die Städte funktional umfassend auszustatten und den Pendlern aus der ländlichen Umgebung zahlreiche Arbeitsmöglichkeiten zu verschaffen, während die Klein- und Mittelstädte Amerikas im allgemeinen weniger vollständig ausgestattet seien und eher in Abhängigkeit von größeren Städten stünden.

3.2. Die Verbreitung geometrischer Grundrisse

3.2.1. Vorherrschen der Schachbrett-Textur

Zu den charakteristischsten Merkmalen der angloamerikanischen Städte gehört wohl, daß sie ein orthogonales Straßennetz, die überall wiederkehrende Schachbrett-Textur, aufweisen. Sie verleiht den Städten dieses Kontinents eine *Einförmigkeit*, die noch durch später zu schildernde, ebenfalls ständig sich wiederholende Aufrißelemente unterstrichen wird und eine Vielzahl von amerikanischen Städten zum Verwechseln ähnlich macht. "The gridiron plan stamped an identical brand of uniformity and mediocrity on American cities from coast to coast" (REPS, S. 314). Viele Reisende haben immer wieder in ihren Berichten zum Ausdruck gebracht, man könne noch so lange in den USA oder Kanada unterwegs sein, und wenn man dann in eine neue Stadt gelange, so glaube man, man habe sich gar nicht vom Fleck gerührt, seit man durch die Straßen der zuletzt besuchten Stadt ging.

Mit dem Schachbrett hat es seine eigene Bewandtnis. Bereits im dritten vorchristlichen Jahrtausend hatte man diesen Grundriß in Indien angewendet. Von den Griechen, besonders unter dem Baumeister Hippodamos zur Verbreitung gelangt, kam er über die Etrusker auf die Römer. In seinem etwa 27 v. Chr. verfaßten Buche „De Architectura" schilderte Marcus Vitruvius Pollio die *Vorzüge* desselben: mit dem Schachbrett wird eine leicht überschaubare Unterteilung des Baukörpers entsprechend der regelmäßigen Führung des Straßennetzes und die sinnvolle Zuordnung der öffentlichen Gebäude zu einzelnen Komplexen erreicht.

Aber auch die *Nachteile* liegen deutlich auf der Hand. Neben der schon erwähnten Monotonie sind es vor allem der Zwang zu im Zickzack verlaufenden und mit Zeitverlust verbundenen Umwegen und das mit einzelnen Ausnahmen wie Savannah mißachtete Prinzip einer Differenzierung der Straßen nach ihrem jeweiligen Zweck. Im Gitternetz sind alle Straßen gleichartig gestaltet. Wohn- oder Geschäftsstraßen, Anlieger- oder Durchgangsstraßen sind von der Anlage her nicht unterschieden.

Die Besinnung auf die Antike führte Philipp II. von Spanien dazu, mit seiner Generalinstruktion von 1521 die Anwendung der Schachbrett-Textur auf alle spanischen Ortsgründungen in den überseeischen Einflußgebieten Spaniens verbindlich zu machen. In dieser Instruktion wurde sogar im einzelnen festgelegt, daß die Ecken der zentralen Plaza den Hauptwindrichtungen zu entsprechen hätten. Diese Maßnahme sollte dafür Sorge tragen, daß die Straßen in den Windschatten der Gebäude zu liegen kämen.

So gelangte auf dem Wege über Hispaniola die Schachbrett-Textur auch in den heutigen Süden der USA, wo sie sich in solchen spanischen Gründungen wie Santa Fe manifestierte. Mit Recht hat BOESCH herausgestellt, daß die Schachbrett-Textur in Angloamerika *genetisch uneinheitlich ist* und auf *texturellen Konvergenzerscheinungen* beruht.

Auch in diesem kulturlandschaftlichen Element kommt deutlich der schon erwähnte Gegensatz zwischen den Gründerstaaten im atlantischen Küstenbereich der USA und dem großen Raum der Public Land States zum Ausdruck. Letztere bildeten die Public Domain oder Öffentliche Landreserve, die auf Grund der Northwest Ordinance von 1787 zunächst unter territoriale Verwaltung gestellt und nach und nach auf Grund der *Land Ordinance von 1785* quadratisch vermessen wurde. Diese Art der Vermessung brachte *quadratmeilengroße sections mit geraden, den Haupthimmelsrichtungen folgenden Begrenzungslinien* hervor und wirkte sich als steuerndes Moment bei der ganzen Landvergabepolitik in den USA wie auch in Kanada, wo ebenfalls in dieser Weise vermessen wurde, aus. Es ist sicherlich kein Zufall, daß im Raum dieser Public Land States die Schachbrett-Textur zum *beherrschenden Grundriß* der Städte wurde.

Oftmals bildeten Kreuzungspunkte der den section lines folgenden Wege und Straßen, insbesondere im ebenen und von der Topographie her der quadratischen Vermessung kaum Schwierigkeiten bietenden Mittelwesten, *Ansatzpunkte zu Verdichtungen* der Farmhäuser und damit Ansatzpunkte zu Siedlungskernen, die von vornherein in ihrem Grundriß dem Vermessungsprinzip eingepaßt waren. Selbst in so hügeligem Gelände wie auf jener Halbinsel Yerba Buena südlich des Goldenen Tores, auf der die Stadt San Francisco entstand, wurde das Schema strikt eingehalten. Die Straßen wurden über die Hügel hinweggeführt, so daß die Steigungen von der Straßenbahn nur mittels Seilzug zu überwinden waren. Diesem Umstand verdankt die Stadt ihren als Fremdenverkehrsattraktion berühmten cable car.

Freilich machte man bei der Anlage von Siedlungen auch Ausnahmen. Besonders bei See- und Flußuferstädten findet man häufig die Straßen des Siedlungskerns *auf die topographische Erscheinung ausgerichtet*. Sobald aber die Siedlung in ihre ländliche Umgebung hinauszuwachsen begann, schwenkten auch die Stadtstraßen auf das von der Vermessung nach den Haupthimmelsrichtungen vorgegebene Wegenetz ein, das einfach übernommen und mit der städtischen Überbauung verdichtet wurde. So sind z. B. die Straßen der City von Denver auf den Cherry Creek, die von Peoria, Illinois, auf den Illinois-Fluß hin orientiert, verlaufen also etwa nordwest-südöstlich bzw. südwest-nordöstlich, um alsbald auf die Nord–Süd-Richtung und die Ost–West-Richtung umzuschwenken (Fig. 18).

Modifizierungen der Orientierung des Gitternetzes der Straßen lassen sich auf eine Reihe von Faktoren zurückführen. Außer der Anlehnung an die Wasserader in See- und Flußuferstädten wurde unter Umständen Rücksicht genommen auf das Relief, auf die Lage zu Nachbarsiedlungen, auf den Verlauf von Eisenbahnlinien, wie z. B. in Tulsa, Oklahoma, wo das Straßennetz auf die St. Louis & San Francisco Railway ausgerichtet ist. Auch eine ursprünglich eigenständige Entwicklung innerhalb größerer Grundstückskomplexe, die jeweils von einer Siedlungsgesellschaft entwickelt wurden, ist denkbar. Diese später eingemeindeten Gebiete bilden heute einen Bestandteil des Stadtgrundrisses.

Überhaupt haben wir es dadurch, daß heute innerhalb eines Großstadtbereichs mehrere ältere Siedlungen mit individueller Orientierung ihrer Straßennetze zu liegen kommen, bei den heutigen Großstädten zum Teil mit einem *Mosaik von Flächen mit unterschiedlich orientierter* Schachbrett-Textur zu tun. Das ändert freilich nichts an der Grundtatsache, daß es sich doch eben immer wieder um ein Schachbrett handelt (Bild 3).

Fig. 18. *Die 1966 bestehenden und geplanten Einbahnstraßen und die Downtown Motels in der City von Peoria, Illinois* (nach Stadtplanungsamt Peoria).
Eine Behelfslösung für die schwierige Verkehrssituation in der City war die Erklärung vieler Straßen zu Einbahnstraßen. In Peoria wird das schon existierende Einbahnstraßensystem noch erweitert. Damit wird zwar der Abbiegerverkehr eingeschränkt, nicht aber das Grundproblem des Auftretens voller Kreuzungen in regelmäßigen kurzen Abständen gelöst. Peoria bietet auch ein Beispiel für die seit Mitte der 60er Jahre erkennbare Tendenz, das bisher an den Ausfallstraßen erfolgreiche Motel in etwas abgewandelter Form als Downtown Motel in den Randblöcken der City anzusiedeln. Das Ende der von Warenhäusern eingefaßten Fulton Street wurde gekappt, und aus zwei alten Baublöcken entstand ein neuer Großblock, der einen zweigeschossigen Neubau von Sears, Roebuck & Company im shopping center-Stil mit vielen Autoabstellplätzen aufgenommen hat, nachdem sich die Firma entschlossen hatte, ihren zentraler in der City gelegenen Standort aufzugeben. Außerhalb der City biegt das auf den Illinois River ausgerichtete Straßennetz in die Haupthimmelsrichtungen um.

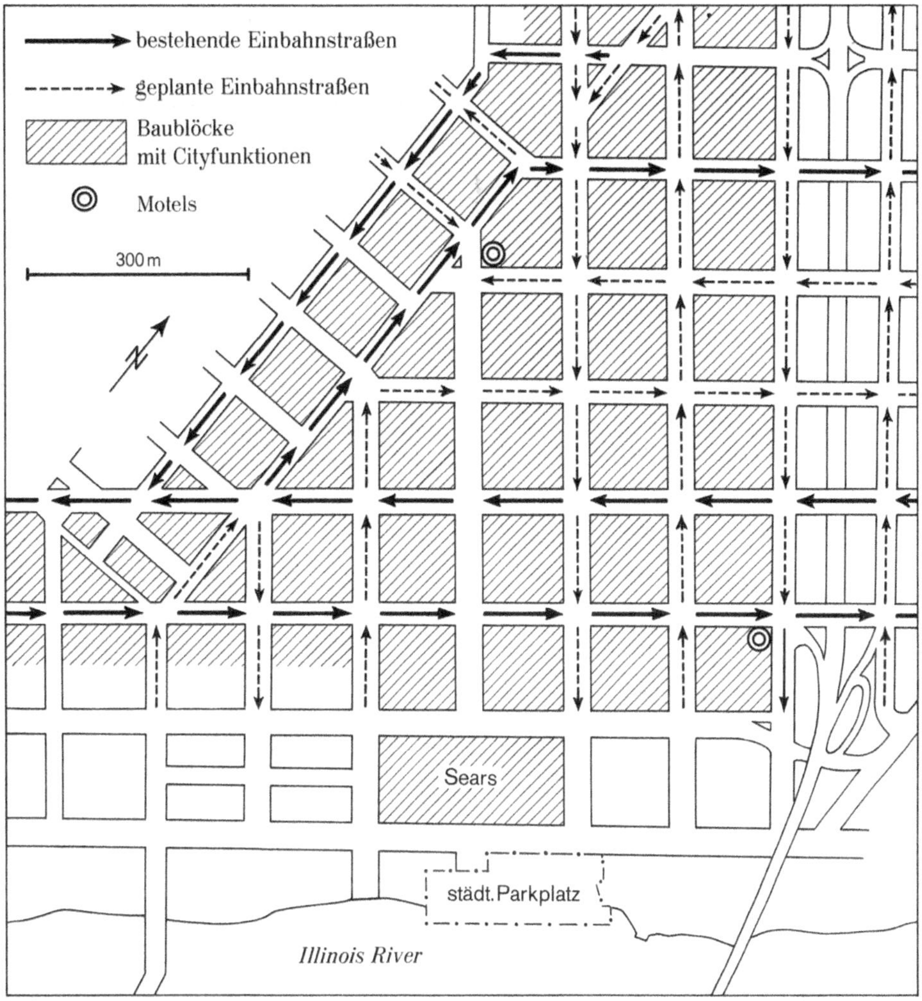

Neben der Orientierung des Straßennetzes ist natürlich auch die Gestaltung, d. h. *Größe und Form der Baublöcke*, von Interesse. ROSSNAGEL wehrte sich gegen den Ausdruck „Schachbrett" mit der Begründung, daß ungleiche Seitenlängen mit daraus resultierenden *ungleichen Blockgrößen* das Normale seien und man daher besser von einem *Rechteckplan* als von einem Schachbrett spräche. In der Tat werden in fast allen Städten die an sich quadratischen Baublöcke von Hintergassen, von den Amerikanern "*alley*" genannt, zweigeteilt, so daß eigentlich lauter kleine Rechtecke entstehen. Diese Hintergassen haben in Amerika eine wichtige Funktion. Sie dienen nicht nur der Aufnahme der Mülltonnen und der oft an den Hinterfassaden der Häuser entlang geführten Feuerleitern, sondern hier werden auch die selbst im Stadtkern vielfach *überirdisch gelegten Versorgungsleitungen* geführt. Da Fernsprechstellen und Kraftwerke weitgehend privatwirtschaftliche Unternehmen sind, werden vielfach Freileitungen bevorzugt, um die Investitions- und Reparaturkosten möglichst niedrig zu halten und schnell ohne Erdarbeiten an sie heranzukommen.

In zahlreichen Städten kommen bei der ursprünglichen Aufteilung 12 Baublöcke auf die Quadratmeile (section). Das entspricht einer Seitenlänge der Blöcke von etwa 300 Fuß oder rund 100 m. Der Plan der sogenannten City of Zion, wie er von den Mormonen in Salt Lake City und allen den städtischen und dörflichen Siedlungen im Tal des Großen Salzsees in Utah angewandt wurde, sah vier Hektar große

Bild 3. *Die Westseite von St. Louis, Missouri* (Luftbild wiedergegeben mit freundlicher Genehmigung des Agricultural Stabilization and Conservation Service). Dieser Stadtteil bietet ein Beispiel für das Schachbrettmuster und dessen wechselnde Orientierung. Die citynahen Viertel sind von Slumbildung betroffen. Die Eisenbahn mit den sie begleitenden Industrieanlagen zerschneidet die Wohngebiete. Während bereits zum Aufnahmedatum (1958) stellenweise Sanierung stattgefunden hatte, wurde ein großer Bereich westlich des Bahnhofs im Rahmen des Mill Creek Valley-Sanierungsprojekts einer baulich-funktionalen Umwandlung unterworfen. Die Grünanlage des Bahnhofsvorplatzes soll in eine lange, sich durch die gesamte City hindurchziehende Fußgängerzone einbezogen werden.

Wohnblöcke von 200 m Seitenlänge für acht Grundstücke bei einer enormen Straßenbreite von 40 m vor.

Häufig kommt auch die Aufteilung in Blöcke von 61 × 130 m und von 61 × 244 m vor, die dann weiter in Grundstücke von 7,6 × 30,5 m unterteilt wurden.

Mit diesen Abmessungen war die *maximale Hausgröße weitgehend vorgegeben*. Aber die Grundstücksbreite wurde oft gar nicht ausgenutzt. Das in London weit verbreitete Kleinhaus wurde häufig übernommen. Ganze Straßenzüge füllten sich mit Reihenhäusern mit ihren drei bis vier zum Eingang führenden Marmorstufen. Dieses Haus wurde keiner Funktion speziell angepaßt, sondern auch für die Aufnahme von Läden oder Lagerräumen benutzt.

Die weite Anwendung des Schachbrettmusters hängt wohl mit Erwägungen zusammen, die auf *Einfachheit, Überschaubarkeit und Billigkeit* hinauslaufen. Sie hängt aber andrerseits von der Möglichkeit der *einheitlichen Gestaltung einer größeren Bodenfläche* ab. Wie bei den Zähringergründungen und den Städten der deutschen Ostkolonisation oder auch den späteren planmäßigen Vorstadtgründungen wie der Berliner Friedrichstadt befand sich der Boden in einer Hand. Im Abschnitt 3.1.2.3 (S. 33) wurden schon die Eisenbahngesellschaften als Städtegründer erwähnt, die infolge der Landschenkungen in der Lage waren, auf eigenem Boden und nach eigener Vorstellung einen Ortsgrundriß auszulegen.

Der Schachbrettgrundriß blieb das dominierende Grundrißelement während der ganzen großen Westwärtsbewegung des 19. Jahrhunderts. Erst in den 90er Jahren kamen mit der City Beautiful-Bewegung andere Ideen auf, bis diese ihrerseits etwa am Ende des Ersten Weltkrieges von der durch Einsetzen der Bauleitplanung gekennzeichneten City Efficient-Bewegung abgelöst wurde.

Freilich gab es schon früher Ausnahmen von der Regel. Es gab schiefläufige oder *Diagonalstraßen* wie den berühmten Broadway in New York City oder die Milwaukee Avenue in Chicago. Aber sie waren entweder *antezedente*, d.h. aus der Zeit vor der städtischen Überbauung übernommene Elemente, vielleicht alte, zum Nachbarort führende Feldwege, oder sie wurden – dann aber ohne Knicke, wie sie der mehrfach abgewinkelte Broadway aufweist – *nachträglich zur Ergänzung* des quadratischen Straßennetzes in den Grundriß eingefügt. In Ohio, Indiana und Kansas, seltener in anderen Staaten der Union, treten Diagonalen zusätzlich zum Schachbrettgrundriß in einer ganzen Reihe von Städten auf. Auf die Betonung der Diagonalen für die Bundeshauptstadt Washington, D. C., wurde schon hingewiesen. Hier liegen das Weiße Haus und das Capitol jeweils im Schnittpunkt mehrerer breiter Diagonalstraßen.

Vereinzelt taucht um die Zeit, als die Vereinigten Staaten zur Eigenstaatlichkeit gelangten, der *Speichen- oder Fächerplan* auf mit seinen von einem zentralen Punkte ausgehenden Radialen. Wie die im klassischen Stil errichteten Regierungs- und Bankgebäude gehört er vornehmlich der Epoche der Jungen Republik, die nach Tunnard und Reed etwa mit der Zeitspanne 1776 bis 1825 anzusetzen ist, an und ist *gleichfalls als Ausdrucksform für das Repräsentationsbedürfnis der neu entstandenen Nation* anzusehen. Als Beispiele mögen vor allem Buffalo, Cleveland, Detroit, Indianapolis und Washington, D. C., genannt werden. Aber auch bei diesen Städten handelt es sich nicht um reine Radialmuster, sondern eher um eine *Kombination von Radial- und Schachbrett-Textur* (Fig. 19).

So kommt es vor, daß die parallel laufenden Straßen eines Stadtviertels mit Schachbrett-Textur eine vielleicht später hindurchgelegte Hauptverkehrsstraße unter einem spitzen Winkel schneiden. Einen markanten Fall haben wir in West Duluth vor uns, dem südwestlichen Vorstadtbezirk der Hafenstadt am Oberen See. Hier treffen auf knapp 1,5 km Entfernung nicht weniger als 15 Straßen – also eine Straße auf 100 m – unter einem Winkel von 45 Grad auf die Grand Avenue auf, die Hauptzufahrtsstraße der Stadt Duluth von Süden her. Daß dieser Zustand bei der heutigen Belastung der Straßen äußerst ungünstig ist, versteht sich von selbst. Die Stadtplanung, die für den Bezirk West Duluth einen Erneuerungsplan entworfen hat, hat auch die Lösung dieses Verkehrsproblems ins Auge gefaßt. Künftig sollen einige bisher auf die Grand Avenue einmündenden Straßen gekappt, die restlichen in ihrem unteren Abschnitt so umgebogen werden, daß sie unter Rechten Winkeln auf die Hauptverkehrsstraße einmünden (Fig. 20).

Während sich in den Randzonen des Kontinents, insbesondere an der Atlantik- und Golfküste, öfter unregelmäßige Straßengrundrisse finden, tauchen auch hier bereits Schachbrettmuster auf, die der englischen und französischen genetischen Entwicklungsreihe angehören. Im englischen Siedlungsbereich findet sich das Schachbrett schon 1637 in New Haven, Connecticut, wo innerhalb des zentralen Gevierts von neun quadratischen Baublöcken der mittelste für eine Art Anger, als The Green oder The Common bezeichnet, ausgespart blieb. 1681 wurde die Schachbrett-Textur in der Quäkergründung Philadelphia angewendet. Im französisch kolonisierten Bereich begegnet sie uns im Vieux Carré von New Orleans aus dem Jahre 1718.

Gewisse Abwandlungen vom strengen Schachbrettmuster hat es von Anfang an gegeben. In New Haven wurde, wie erwähnt, der Anger ausgespart. Savannah wuchs durch wiederholtes Ausdehnen

Fig. 19. *Der Speichen- oder Fächerplan von Buffalo, New York.*
Nur in wenigen Städten des weiten Landesinnern und des Westens wurde wie im Falle Buffalos vom Schachbrett abgewichen. Nur der engere Stadtkern weist das strenge Gitternetz auf.

des Stadtgebietes über neu hinzukommende Wohngebiete mit jeweils einem zentral gelegenen Platz. Auch in Philadelphia, der Gründung William Penns, wurden ein zentraler Platz mit den Gebäuden der Stadtverwaltung und darüber hinaus mehrere weitere Plätze angelegt. Später nahm man sich dann zu solchen Besonderheiten nicht mehr die Zeit. *Der Grundriß wurde zunehmend schematischer.*

Präsident Jefferson kümmerte sich nicht nur um die bauliche Gestaltung der Bundeshauptstadt Washing-

Fig. 20. *Zustand 1966 und Planung des Straßennetzes in West Duluth, Minnesota* (nach Stadtplanung Duluth).
Hier führt die Kombination von Schachbrett und Diagonale dazu, daß sich auf einer Strecke von knapp 1,5 km 15 Straßen unter Winkeln von 45° mit der Grand Avenue, der Hauptdurchgangsstraße des Vororts und südlichen Zufahrt nach Duluth schneiden. Bei der heutigen Verkehrsbelastung ist dieser Zustand unhaltbar geworden. Als Lösung wurde die Kappung einiger Nebenstraßen und die Abbiegung der übrigen vorgesehen, die die Grand Avenue künftig unter rechten Winkeln schneiden werden. In sehr vielen Städten wird heute ein teilweises Abgehen vom überkommenen Gitternetz erwogen.

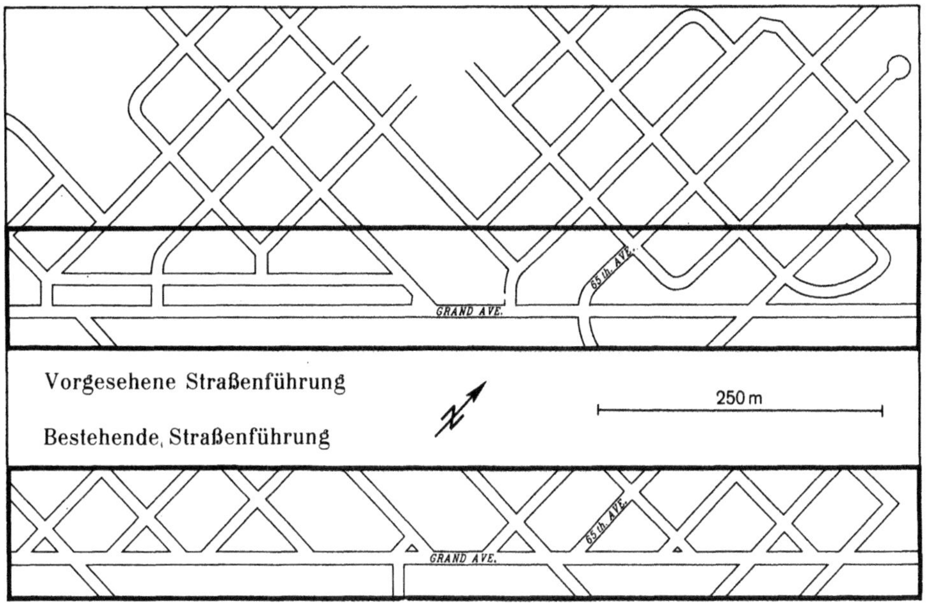

ton, D. C., sondern er hatte Kontakt zu etlichen europäischen Baumeistern seiner Zeit und schnitt in Gesprächen und in seiner Korrespondenz mit befreundeten Politikern in den verschiedensten Landesteilen auch immer wieder Fragen der Stadtgründung und baulichen Erweiterungen bereits bestehender Städte an. Er befürwortete auch einen Plan, demzufolge jedes zweite Quadrat in einer Stadt mit Schachbrett-Textur *unbebaut* bleiben sollte. Es ging damals in erster Linie um die Verhinderung der Ausbreitung von Epidemien. Die gelockerte Bauweise alternierender Baublöcke wurde als eine der sinnvollsten Maßnahmen in dieser Hinsicht angesehen. Nach anfänglichem Erfolg bei der Durchsetzung dieser Idee sehen wir aber, wie im Falle der nach dem Präsidenten benannten Stadt Jeffersonville in Indiana, daß man die höheren Ideale ökonomischen Erwägungen wie dem günstigeren Nutzungsgrad des verfügbaren Raumes opferte und derartige Veränderungen zuließ, daß von dem ursprünglichen Stadtbild im Bereiche des Altstadtkerns nichts mehr erkennbar ist (Reps, S. 314ff.).

Größere Gebäudekomplexe wie z.B. die ausgedehnten „Universitätsviertel" – in Amerika *campus* genannt, in Frankreich Cité Universitaire, im spanischen Sprachraum Ciudad Universitaria – fügen sich nur bedingt in den allgemeinen Schachbrettgrundriß ein. Zum Teil liegen sie in erheblicher Entfernung vom Stadtkern und haben seit langer Zeit eigenständige Siedlungszellen gebildet. Sie sind im allgemeinen von Straßenzügen eines Schachbrettgrundrisses umschlossen, während innerhalb des eigentlichen Universitätsgeländes die Gebäude in unregelmäßiger Anordnung über größere Blöcke verteilt sind und diese Blöcke von teilweise gewundenen Straßen oder Wegen umgeben sind. Zwischen Institutsgebäude, Universitätsbuchhandlung und sonstige Gebäude sind Tennisplätze und Grünflächen und Parkplätze eingeschaltet. Bis zu ihrem sehr starken Wachstum in der Nachkriegszeit waren die deutschen Universitäten meist viel geschlossener und auf engeren Raum beschränkt. Diese räumliche Beschränkung hat schon frühzeitig zur Unterbringung von Instituten in angemieteten oder aufgekauften Privathäusern geführt. Aber auch die großzügiger geplanten amerikanischen Universitäten leiden heute an Raummangel und dehnen sich über den eigentlichen Campus hinaus in angrenzende Wohnstraßen aus (Fig. 21, Bild 4).

Oftmals bemerken wir allerdings einen Hang dazu, Colleges und Universitäten in ganz kleinen, sonst völlig unbedeutenden Städtchen unterzubringen. Im Schrifttum ist dabei von einem Mythos der Kleinstadt die Rede (vgl. z.B. Tunnard/Reed 1955). Die Großstadt wurde für korrupt und daher ungeeignet zur Aufnahme von Stätten des höheren Bildungswesens gehalten. Auch eine gewisse Orientierung am europäischen mittelalterlichen Vorbild mag dabei eine Rolle gespielt haben, wo häufig die bedeutenderen Universitäten auch nicht in den größten Städten des jeweiligen Staates saßen, sondern in Städten wie Bologna, Padua, Cambridge.

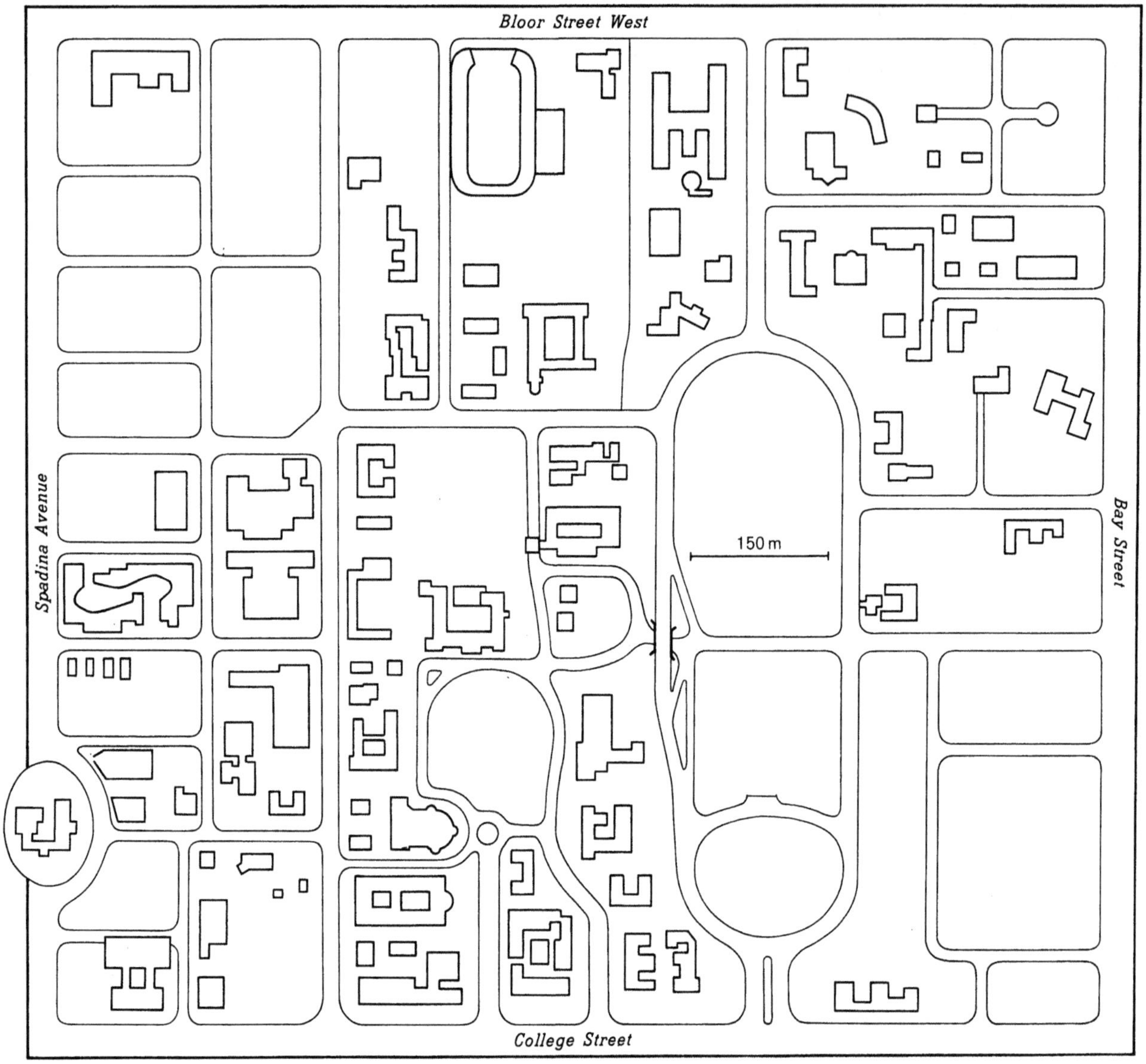

Fig. 21. *Grundriß des St. George Campus der Universität von Toronto* (nach dem Gebäudeplan der Universität).
Dieser Kartenausschnitt veranschaulicht die Anlage eines amerikanischen Universitäts-Campus. Während eine Vielzahl von Instituts-, Verwaltungs- und Repräsentationsbauten über das Gelände verstreut liegt, verbunden durch oft gewundene, nur dem Fußgängerverkehr dienende Wege, zeichnet sich am Rande das regelmäßige Straßennetz des Schachbrettgrundrisses ab.

So wurde 1795 die University of North Carolina in Chapel Hill (1960: 12573 Einwohner) eröffnet, die University of Virginia öffnete ihre Pforten für die ersten Studenten 1825 in Charlottesville (1960: 29427 Einwohner), und die Pennsylvania State University wurde in State College, auch University Park (1960: 22409 Einwohner) genannt, gegründet. Diese Orte sind bis heute Kleinstädte geblieben.

Eine ähnliche Tendenz zeigten die einzelstaatlichen Regierungen. Die Hauptstadtfunktion fiel in zahlreichen Fällen auf kleine Städte wie Montpelier (1960: 8782 Einwohner) in Vermont oder Frankfort (1960: 18365 Einwohner) in Kentucky. Einige dieser Hauptstädte sind im Laufe der Zeit auch zu 100000-Einwohner-Städten herangewachsen, wie Albany in New York oder Springfield in Illinois; doch nehmen sie sich ganz bescheiden aus neben den größten Städten des jeweiligen Staates, New York bzw. Chicago (vgl. MAHNKE 1970).

In diesen Orten bildeten natürlich Campus bzw. Capitol Grounds einen entscheidenden Bestandteil des Grundrisses mit der lockeren Anordnung der

Bild 4. *Der James Roscoe Miller Campus der Northwestern University in Evanston, Illinois* (Luftbild wiedergegeben mit freundlicher Genehmigung des Public Relations Department, Northwestern University). Die in verschiedenen Stilen errichteten Institutsgebäude entlang teilweise gewundener Wege verteilen sich über ein größeres Areal. Außerhalb des eigentlichen Campus setzt sich das Schachbrettmuster durch. Ein Teil der links im Bild sichtbaren Privathäuser wurde von Universitäts- und studentischen Institutionen übernommen, und die noch weiter andauernde Ausdehnung des Campus führte zu der zum Aufnahmedatum (1967) bereits begonnenen Aufschüttung des Michigansees.

Universitätsgebäude bzw. des Regierungsgebäudes, der Historischen Gesellschaft und sonstiger am Regierungssitz vereinigter Gebäude. College town und State capitol sind zwei neue Siedlungsformen, die besonders mit der erwähnten Epoche der Jungen Republik in Zusammenhang gebracht werden können.

In unserem Jahrhundert haben zwei Elemente die Schachbrett-Textur zu *überlagern* begonnen, wie in den noch ländlich-bäuerlichen Bereichen teilweise das Konturenpflügen die rechteckige Flureinteilung überlagerte. Seit dem New Deal der 30er Jahre finden sich in zahlreichen Wohnsiedlungen der Vororte des Metropolitan Ring die *gewundenen, nur für den Anrainerverkehr* bestimmten Straßen. Damals entstanden mehrere Gartenstädte (vgl. Abschnitt 3.6.1.2, S. 97), deren gesamter Grundriß außerhalb des zentralen Geschäfts- und Verwaltungskerns aus solch gewundenen Straßen besteht. Viele der gehobenen Wohngebiete weit draußen in der Vorortzone, besonders wenn sie in einem seenreichen Gebiet gelegen sind, zeichnen sich durch solche Straßenführung aus.

In Sanierungs- und Neubaugebieten will man von vornherein *verkehrsbefriedete Wohngebiete* schaffen, wozu nicht nur die allein dem Anrainerverkehr vorbehaltenen gewundenen Straßen und Sackgassen dienen, sondern auch die bewußte Planung eines Straßensystems, dessen einzelne Elemente sehr unterschiedlichen Zwecken dienen. Mehrere der nur für Anrainerverkehr bestimmten Straßen werden auf einen Zubringer geführt, der breiter ist als erstere und seinerseits auf eine randlich an dem Wohnviertel entlang geführte Hauptverkehrs- und Durchgangsstraße mündet. Hiermit wird zugleich eine *Reduzierung des Straßenanteils an der Nutzfläche* gegenüber dem Gitternetz erreicht. In einem Sanierungsgebiet auf der Südseite von Chicago verringerte sich der Anteil der Straßen an der Nutzfläche von 25 auf 16 acres, also um 36% (Fig. 22).

Die Erneuerung der Citygebiete sieht die Schaffung von Groß- oder *Superblöcken* unter teilweiser Aufhebung des Gitternetzes vor. Hierüber wird ausführlich in den Abschnitten 4.2.1.2 und 4.2.1.3 berichtet.

Das andere Element, das angetan ist, den Schachbrettgrundriß zu variieren und teilweise zu überdecken, bilden die innerstädtischen Verbindungen der autobahnähnlichen Interstate Highways, die im Stadtbereich als *Expressways oder Freeways* bezeichnet werden. Wie die Interstate Highways selbst nehmen auch diese Stadtautobahnen kaum Rücksicht auf das existierende Schachbrettmuster, sondern ziehen sich bei See- und Flußuferstädten vielfach unter Ausnutzung von Flußtälern oder offenem Gelände in Ufernähe in etwas gewundenem Lauf um die Innenstadtbezirke herum bei weitgehender Vermeidung allzu starker Kurven, wie sie bei der Schachbrett-Textur stets beim Umbiegen gegeben sind. Ihr Verlauf bestimmt auch die Lage zahlreicher Aus- und Auffahrten und die Zugänge zu neuen Großgaragen.

3.2.2. Auswirkungen und Begleiterscheinungen

3.2.2.1. Hausnummernsystem

Eine wichtige Begleiterscheinung der Schachbrett-Textur ist die sehr einfache Methode der Numerierung der Häuser. Von einer bestimmten Straße im Stadtkern, die häufig den Namen Main Street führt, zählt man die Häuserblöcke nach Osten bzw. Westen oder bei veränderter Orientierung des Straßennetzes nach Südosten und Nordwesten. Eine die Main Street rechtwinklig kreuzende Straße bildet die Trennungslinie zwischen der Südseite und der Nordseite der Stadt.

Nach JACKSON war der erste, der ein solches System in den Vereinigten Staaten einführte, William Penn mit seiner Stadtgründung Philadelphia. Er gab den Nord–Süd verlaufenden Straßen Zahlen, die Ost–West verlaufenden benannte er nach Bäumen, und er

---

Fig. 22. *Das Straßennetz in einem Sanierungsgebiet auf der Südseite von Chicago vor und nach der Umwandlung* (nach Chicago Area Transportation Study).
Nachdem die Nachteile des Gitternetzes für Kraftwagenverkehr und Beeinträchtigung der Wohngebiete erkannt worden sind, hat man sich bei baulicher Neugestaltung von Sanierungsgebieten zum teilweisen Abweichen vom Schachbrett entschlossen. Dadurch sind Baublöcke unterschiedlicher Größe, aber auch Sackgassen und, im Gegensatz zur Gleichrangigkeit aller Straßen beim Gitternetz, eine hierarchische Abstufung der Straßen nach Anrainer-, Sammel- und Durchgangsverkehr entstanden.

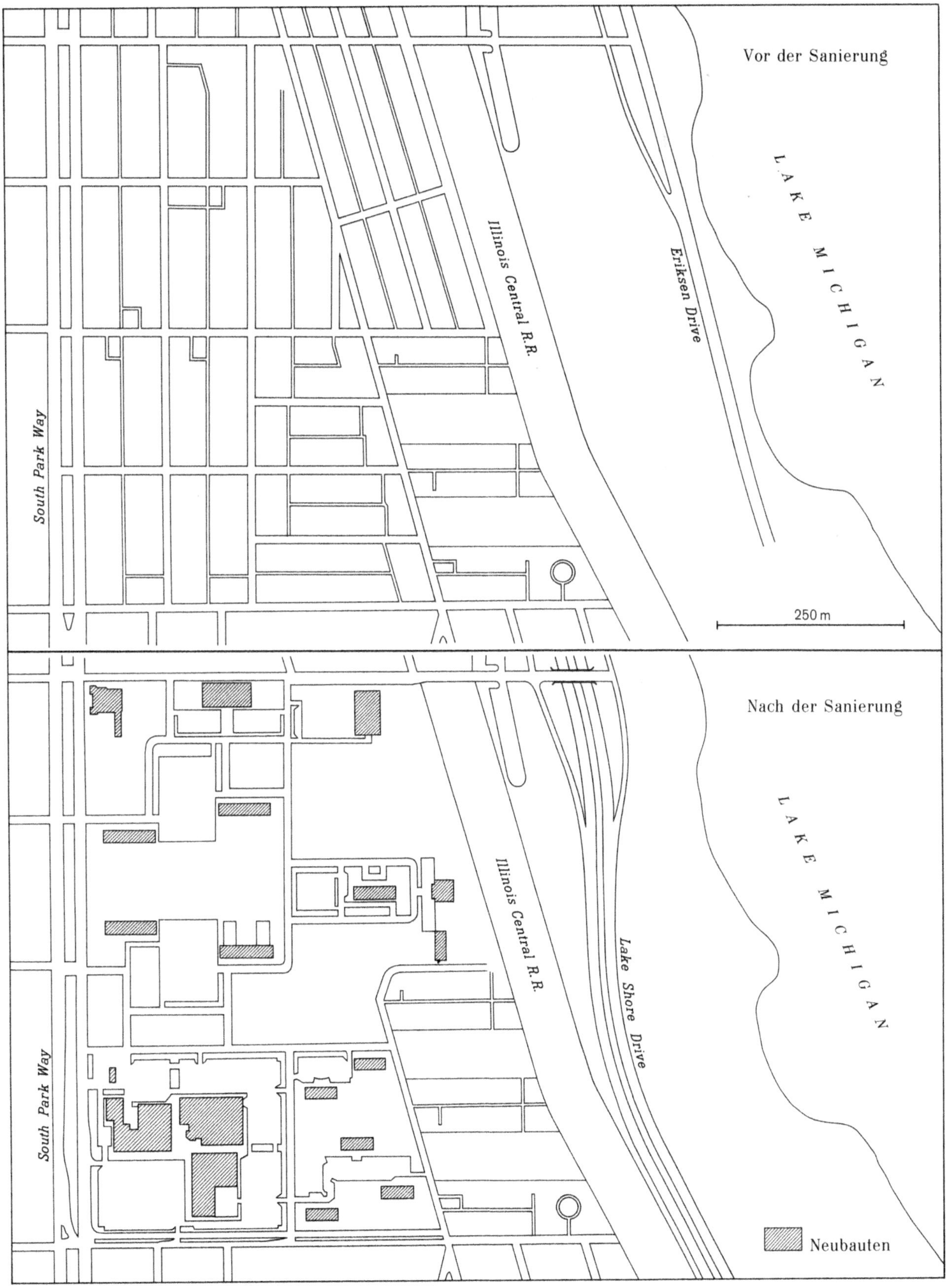
Vor der Sanierung
LAKE MICHIGAN
Eriksen Drive
Illinois Central R.R.
South Park Way
250 m
Nach der Sanierung
LAKE MICHIGAN
Lake Shore Drive
Illinois Central R.R.
South Park Way
Neubauten

ordnete dem einzelnen *Straßenabschnitt je einhundert Hausnummern* zu.

So finden sich also im Straßenabschnitt des ersten Häuserblocks beiderseits der teilenden Achse Nummern unter 100, im zweiten Block unabhängig von der tatsächlich im einzelnen Block vorhandenen Zahl von Häusern Nummern zwischen 101 und 200, im dritten Block Nummern von 201 ab, im vierten Nummern von 301 ab usw. Selbst wenn die Straßen Namen tragen, werden sie oft zusätzlich nach den entsprechenden Hunderterstellen dieses Numerierungsschemas benannt. Diese Zahlen stehen auch in den Stadtplänen. So ist z. B. die Harlem Avenue auf der Westseite Chicagos als die Straße am 40. westlichen Häuserblock zugleich die Straße 4000 W.

Dieses Nummernsystem macht die Orientierung recht einfach, was allerdings insofern auch notwendig ist, als man sich kaum an Plätzen oder anderen markanten Punkten orientieren kann. Die Einförmigkeit des Schachbrettgrundrisses macht das Zurechtfinden zuweilen schwer, und man bedarf des Anhaltspunktes, der mit dem simplen Koordinatensystem der Straßennummern gegeben ist. Der Europäer ist zuweilen geneigt, angesichts der Straßennummern den amerikanischen Menschen als einfallslos hinzustellen, so als würde er nicht einmal Namen für seine Straßen finden können. Ich glaube nicht, daß man das ohne weiteres sagen kann, sondern daß das Nummernsystem einem Bedürfnis nachkommt, das freilich durch eine andere Einfallslosigkeit, nämlich das immer wieder kopierte Schachbrett, erst aufgekommen ist.

Eine zusätzliche Orientierungsmöglichkeit bietet die Benennung der Straßen als "street" bzw. als "avenue". Sehr häufig, jedoch nicht ganz generell, werden in Ost–West-Richtung verlaufende Straßen als streets, Nord–Süd-Straßen als avenues bezeichnet. Dieses aus der Stadt New York so bekannte System hat weite Verbreitung gefunden. Aber es gibt auch Ost–West verlaufende Straßen, die als avenues bezeichnet worden sind, so daß man nicht in allen Städten und nicht im gesamten Stadtgebiet mit dieser Unterscheidung in der Benennung der Straßen rechnen darf.

3.2.2.2. Einbahnstraßensystem

Die Schachbrett-Textur hat aber noch eine Auswirkung mit sich gebracht, die für unser heutiges Automobilzeitalter höchst bedeutungsvoll ist. Bei einem Netz parallel verlaufender und sich rechtwinklig kreuzender Straßen ist es verhältnismäßig leicht, eine kleinere oder auch größere Zahl von Straßen zu Einbahnstraßen zu machen und nur jede zweite Straße in derselben Richtung freizugeben. Bei einem Gitternetz ist der Umweg, den der Autofahrer unter Umständen auf sich nehmen muß, um sein Ziel zu erreichen, niemals erheblich. Man kommt doch immer annähernd dorthin, wohin man möchte. Bei dem unregelmäßigen Straßennetz europäischer Städte ist das nur ganz bedingt der Fall. Die Schachbrett-Textur dagegen ist für ein Einbahnstraßensystem prädestiniert. Schwierigkeiten stellen sich nur dann ein, wenn sich die Orientierung des Netzes ändert. Der Ortsunkundige wird dann eventuell einige Mühe haben, rechtzeitig abzubiegen, um in eine entsprechende Einbahnstraße des anders orientierten Netzes eines benachbarten Stadtteils zu gelangen.

Das Einbahnstraßensystem bringt gewisse Vorteile mit sich. Zum einen wird die *Unfallgefahr herabgemindert*, in einigen Bereichen der Innenstadt bis zu 50%, wie es in einem Bericht über die City von Peoria heißt. Denn für sehr viele Straßenkreuzungen wird, abgesehen davon, daß der *Gegenverkehr entfällt*, die normalerweise *hohe Zahl von Schnittpunkten der Fahrspuren* bei den verschiedenen Möglichkeiten des Abbiegens und damit die Zahl der Gefahrenpunkte beträchtlich reduziert. Viele Stadt- und Verkehrsplaner sind grundsätzlich gegen ein Netz rechtwinklig sich schneidender Straßen eben wegen der großen Zahl voller Vier-Straßen-Kreuzungen mit ihren vielen Überschneidungen beim Abbiegerverkehr. Sie befürworten T-Mündungen, d. h. das Einmünden nur jeweils einer Nebenstraße auf die Hauptverkehrsstraße, so daß erst in einiger Entfernung die Nebenstraße von der andern Richtung einmündet. Dieser Effekt wird nur zum Teil mit dem Einbahnstraßensystem und der damit verbundenen Beschränkung des Abbiegerverkehrs an den Kreuzungen erzielt.

Der zweite Vorteil liegt in der Tendenz zu höherer Geschwindigkeit und damit *glatterem Verkehrsfluß* auf den Einbahnstraßen. Es entfallen Rücksichtnahmen auf den Gegenverkehr und Stauungen an den Kreuzungen wegen der Beschränkungen des Abbiegens, so daß sich die Kapazität der Straße erhöht. Es kommt im allgemeinen weniger zu Verstopfungen und Zeitverlusten, was letztlich den Anrainern für den Geschäfts- und Kundenverkehr zugutekommt. Freilich gibt es auch extreme Fälle. Die engen Straßen Manhattans und die auf beiden Seiten parkenden Wagen lassen häufig nur eine einzige Fahrspur frei, und hier sind auch beim Einbahnstraßenverkehr

Fig. 23. *Geplantes Einbahn- und Schnellstraßennetz in der Innenstadt von Indianapolis* (nach Metropolitan Planning Department of Marion County). Zur Verbesserung der Verkehrssituation ist eine Reihe von Veränderungen vorgesehen. Ringförmig um die City herum werden Straßen zu zwei Einbahnsystemen zusammengefügt. Andere Straßen werden zu Hauptdurchgangsstraßen ausgebaut. Wieder andere übernehmen die Zubringerfunktion für die die Innenstadt tangierenden Stadtautobahnen. Damit wird nachträglich eine hierarchische Stufung der Straßen nach verschiedenen Zwecken geschaffen, die dem Gitternetz zunächst fehlt.

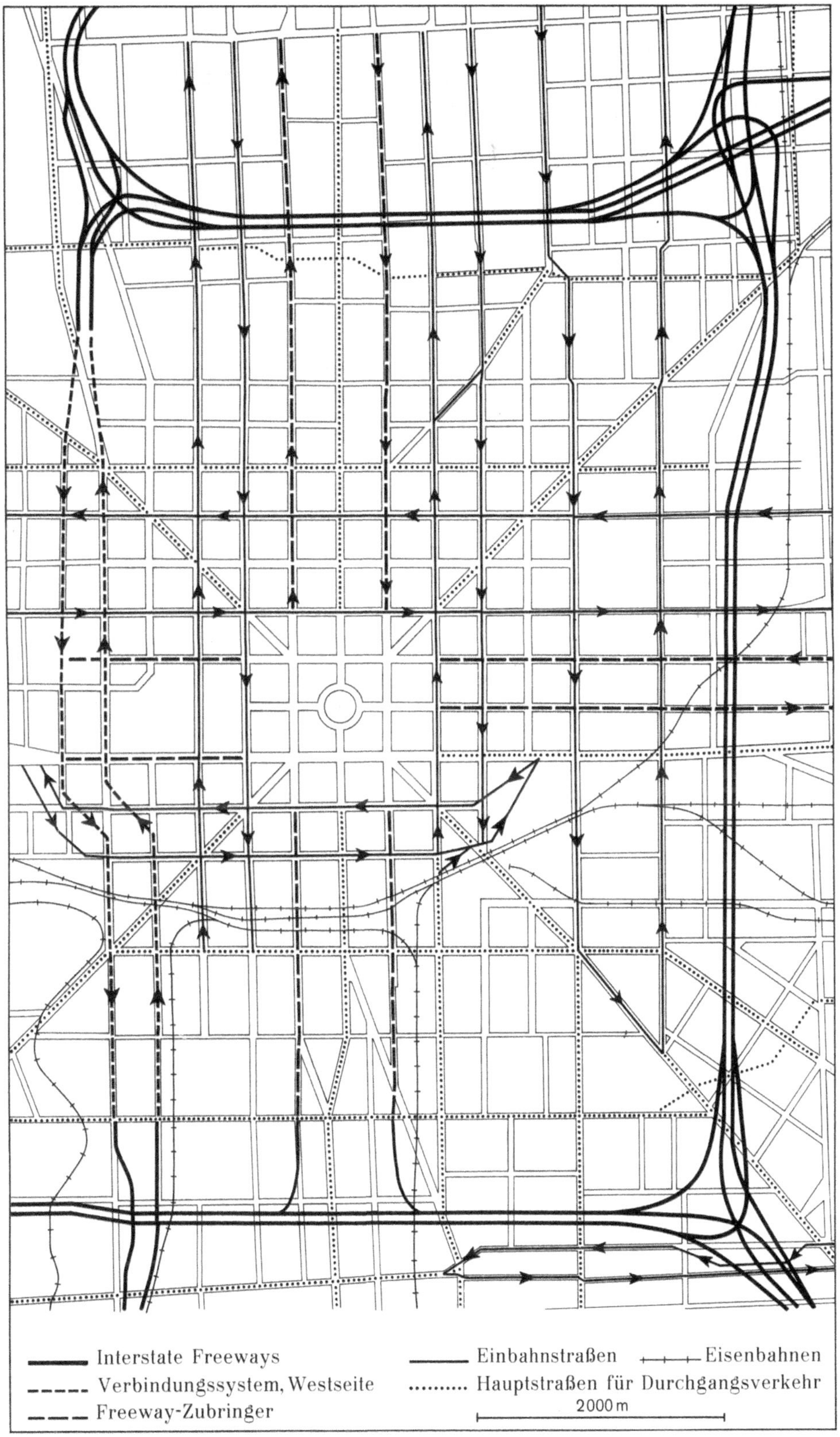

Stauungen an der Tagesordnung. Man kann beobachten, wie häufig eine Einbahnstraße auf die Länge mehrerer Häuserblöcke verstopft ist, und die Autoschlange bewegt sich nur im Schrittempo vorwärts. In Städten mit verhältnismäßig breiten Straßen dagegen besteht die Gefahr des zu schnellen Verkehrsflusses. Wegen des in der City doch umfangreichen Geschäfts- und Kundenverkehrs scheren immer wieder Fahrzeuge aus der Kolonne aus oder wollen von ihrem Abstellplatz am Bordstein wieder auf die Fahrspur, so daß eine zu hohe Geschwindigkeit nicht ratsam erscheint. Daher sollten mit der Umstellung der Citystraßen auf Einbahnverkehr andere Maßnahmen wie verstärkte Ampelregelung oder Geschwindigkeitsbegrenzungen Hand in Hand hehen.

In vielen amerikanischen Städten kann man die Wahrnehmung machen, daß ein bereits vorhandenes Einbahnstraßensystem noch weiter ausgebaut wird und bisher noch in beiden Richtungen befahrbare Straßen in das Netz der Einbahnstraßen einbezogen werden, wie es z. B. der Plan für die City von Peoria vorsieht (vgl. Fig. 18). In Indianapolis ist man dabei, zusätzlich zu den die Stadt tangierenden Schnellstraßen gewissermaßen als Bindeglied und Zubringer für den auf die City gerichteten Verkehr in deren Umkreis eine Anzahl von Straßen zu Einbahnstraßen zu machen, die zusammen zwei Systeme ergeben, das eine im Uhrzeigersinn, das andere entgegen dem Uhrzeigersinn, im Abstand von einem Baublock parallel zueinander verlaufend um den quadratmeilengroßen Kern der City (Fig. 23).

3.2.2.3. Käuferströme und Orientierung des Einzelhandels

Mit dem Gitternetz der Straßen hängen aber noch weitere Begleiterscheinungen zusammen. Die Regelmäßigkeit, die das Straßennetz auszeichnet, teilt sich bis zu einem gewissen Grade auch den angrenzenden Grundstücken mit, so daß *Bodenwerte verhältnismäßig regelmäßig abgestuft* auftreten und ein gleichsinniges Bodenwertgefälle von einzelnen Straßenkreuzungen aus nach den verschiedenen Richtungen gegeben ist. Das wiederum hat nicht unwesentlich zur Verteilung der Nutzungsarten beigetragen. Wenn wir speziell den Einzelhandel ins Auge fassen, kommt natürlich auch die *Erreichbarkeit* hinzu, die von dem Schachbrettmuster vorgegeben ist.

Für Chicago konnte GARNER nachweisen, wie sich die über lange Zeiten gewachsenen, nicht-geplanten Einkaufszentren in Anlehnung an das Gitternetz in relativ regelmäßigen Abständen an bestimmten wichtigen Nord–Süd-Avenues, mehr noch an bestimmten Ost–West-Streets herausgebildet haben. "The rectangular grid-iron street pattern has brought about a fairly even spacing of retail nucleations..., with a marked tendency for the nucleations to be located on the mile section-line and half-section streets, which are the principal traffic arteries and which are significant in the initial development of street car and bus lines. The importance of Madison and of 63rd streets as major shopping arteries is apparent" (GARNER 1966, S. 49/50; Fig. 24).

Es sind also vor allem die section lines und die Parallelstraßen auf halbem Wege zwischen zwei section lines des seit 1785 gebräuchlichen quadratischen Landvermessungssystems, die heute als Geschäftsstraßen mit ihren Ladenzeilen hervortreten.

Auf der andern Seite ist wahrscheinlich das Gitternetz für das *Fehlen von Passagen* in der City verantwortlich zu machen. Denn neben der zusätzlichen Ladenfläche ist bei der City-Passage der Abkürzungseffekt wichtig. Indem man eine Passage benutzt, kürzt man den Weg zwischen zwei Straßen ab. Dieser Effekt ist aber nur bei einem unregelmäßigen Grunriß wirksam. Bei einem Gitternetz sind zwei parallel zueinander verlaufende Straßen ohnehin alle 100 bis 200 m durch eine Querstraße verbunden. Der Käuferstrom geht außen um den Baublock herum.

3.3. Die Bedeutung der Holzbauweise

3.3.1. Das Blockhaus und seine Weiterentwicklung

Bis in die Gegenwart hinein wird in Angloamerika in erstaunlichem Maße *Holz als Baumaterial* verwendet. Zu der weiten Verbreitung der Holzbauweise haben sicherlich mehrere Faktoren beigetragen, und zwar

- die Tradition der mittel- und nordeuropäischen Einwanderer,
- die reiche naturgeographische Ausstattung des Einwanderungslandes mit Wäldern, die eine der wichtigsten Grundlagen für die frühe Entfaltung einer vielseitigen Wirtschaft in den Kolonien an der Atlantischen Küste abgaben,
- die Leichtigkeit und Billigkeit des Bauens für den Siedler, der als Pionier auf sich selbst gestellt mit den eigenen, in der Familie zur Verfügung stehenden Kräften sich sein Haus schaffen konnte.

Fig. 24. *Die nach dem Gitternetz der Straßen orientierte Anordnung lokaler und regionaler Geschäftszentren in Chicago* (wiedergegeben aus Northwestern University Studies in Geography Nr. 12 und mit freundlicher Genehmigung von B. J. GARNER).
Das Kartogramm zeigt den Einfluß einzelner Straßenzüge innerhalb des Gitternetzes auf die Herausbildung von Ladenkonzentrationen abseits des Hauptgeschäftszentrums der City. Aus dem Beispiel werden die weitreichenden Auswirkungen des Schachbrettmusters selbst auf die baulich-funktionale Gestalt der Stadt sichtbar.

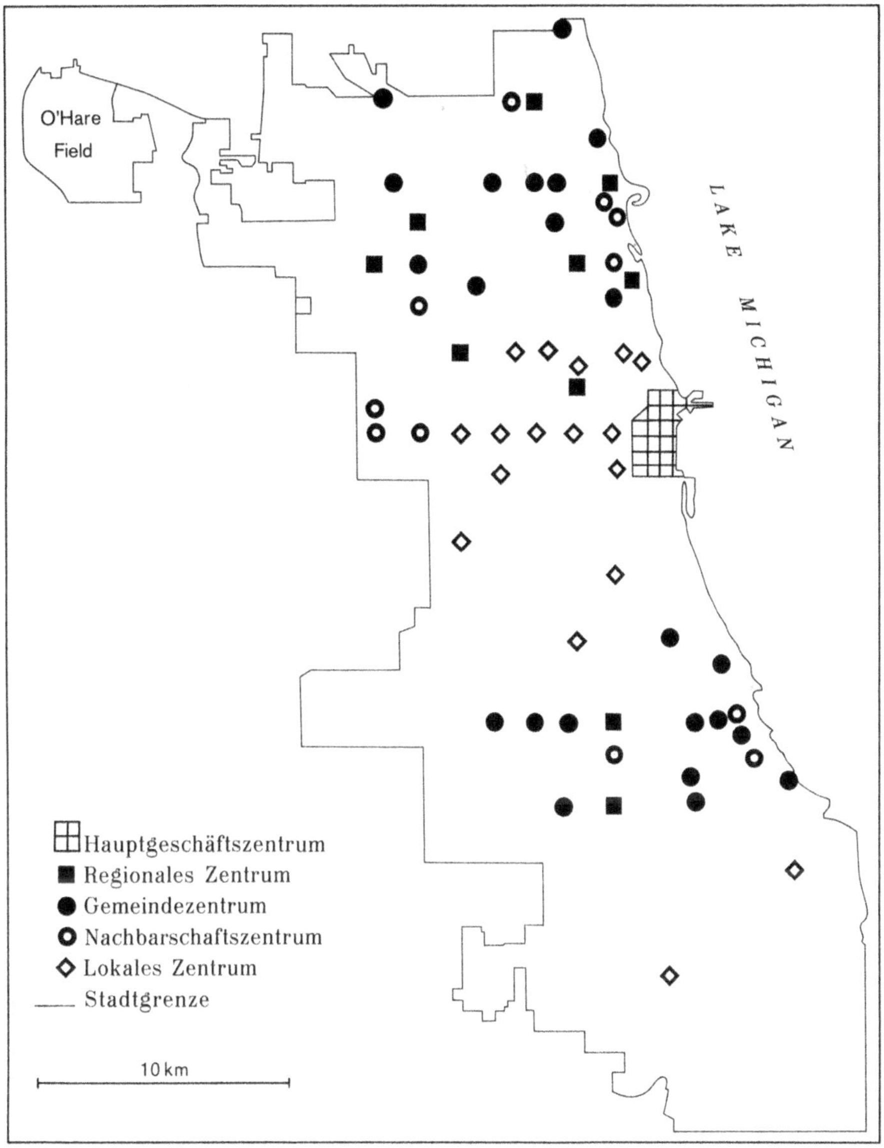

Begonnen hat der Hausbau der europäischen Einwanderer in den atlantischen Küstenstaaten mit der aus Baumstämmen zusammengefügten, fensterlosen und in der Mitte mit einer Feuerstelle versehenen Einraumhütte, dem *Blockhaus* (log cabin). Nach jüngeren Forschungen von SHURTLEFF, KNIFFIN und WACKER lassen sich zwei Ursprünge für das Blockhaus in Angloamerika aufspüren, ein *schwedisch-finnischer* und ein deutscher, wahrscheinlich *schlesisch-mährischer*. Dem ersteren wird die eingeschossige Hütte aus rohen Stämmen, dem letzteren die anderthalbgeschossige mit behauenen Stämmen zugeschrieben. Diese zeichnete sich außerdem durch ihr überhängendes Dach und durch Eckbalken aus, die über die Wände hinausragten.

Dieser deutsche Typ des Blockhauses war von Anfang an weiter verbreitet als der nordische. Ihn übernahmen auch die englischen Kolonisten in den mittelatlantischen Staaten wie New Jersey und trugen ihn dort in neue Siedlungsgebiete hinein. Über die verschiedenen Arten der Verstrebung und Konstruktion von Hausecken hat KNIFFIN ausführliche Forschungen angestellt. In unserem Zusammenhang ist das aber von untergeordneter Bedeutung. Wichtig ist die Feststellung, daß auch in den frühen städtischen Siedlungen wie z. B. in Philadelphia das Blockhaus auftritt, wenn auch in etwas abgewandelter Form. Ein erster Schritt weiter war das *Balkenblockhaus*, bei dem die Stämme nicht roh verwendet, sondern zu viereckigen Balken behauen und an den Ecken in dem sogenannten Schwalbenschwanzverband zusammengefügt wurden. In Neuengland bestimmte zunächst die zentral angebrachte, *massierte Kaminanlage*, von der aus die verschiedenen Räume beheizt wurden, den Grundriß des Hauses. In Virginia, wo in größerem Maße auch Ziegelbauten errichtet wurden, waren von Anfang an andere Kaminlösungen möglich. Später wurden auch in Neuengland separate Kaminanlagen gebaut. Darin kommt das *britische* Element zur Geltung: Die Engländer versetzten den zunächst zentral im Hause gelegenen Schornstein an das Giebelende bzw. an beide Giebelenden des Hauses und bauten ihre Kamine an den Seiten. Damit kam auch eine geometrische Teilung des Hauses zustande, indem, nicht mehr durch die massierte Kaminanlage im zentralen Teil behindert, der Eingang des Hauses genau in die Mitte der Front gelegt werden konnte. Das ist bereits ein frühes klassisches Stilelement, das dann später, um die Wende vom 17. zum 18. Jahrhundert, immer stärker betont wurde und direkt zu klassisch-antiken Bauten führte.

Doch zunächst sind wir noch bei den ersten Veränderungen des von Skandinaviern und Mitteleuropäern in Nordamerika heimisch gemachten Blockhauses durch die Engländer. Nachdem Kamine und Schornsteine an die Seite verlegt waren, erfuhr das Blockhaus abermals eine Weiterentwicklung durch die *holländischen* Siedler, die zwar schon bald ihr kleines Kolonisationsgebiet am Hudsonfluß an die Engländer verloren, aber über ihre Bauweise einen nachhaltigen Einfluß auf die amerikanische Kulturlandschaft gewannen. Denn holländischen Ursprungs (dutch colonial) ist wahrscheinlich die offene, aber überdachte, von mehreren das Dach tragenden Holzsäulen eingefaßte Veranda an der Vorderseite (front porch) und häufig auch noch an der Rückseite des Hauses. Holzbauweise und Veranden ergaben eine Abwechslung des englischen Georgian Style-Hauses.

Eine spätere Abwandlung des aus massiven Stämmen errichteten Hauses ist die sogenannte *Spar- oder Rahmenbauweise* mit Verschalung. ROSSNAGEL beschrieb das amerikanische Holzhaus der zwanziger Jahre so: „Das heutige amerikanische Holzhaus fällt zunächst durch seine äußere, ölfarbegestrichene Bretterverschalung auf. Die Bretter verlaufen waagrecht und jedes höhere greift über das tiefere etwas über. Vor die Schiebefenster stellt man im Sommer die screens, mit Drahtgaze bespannte Rahmen zum Insektenschutz. Vorn gegen die Straße ist die heute unvermeidliche Veranda – ein Vermächtnis des holländischen Kolonialstils – mit dem Schaukelstuhl

Bild 5. *Wohnstraße in Madison, Wisconsin.* Die hinter offenen Vorgärten stehenden ein- bis zweigeschoßigen Häuser in Sparbauweise mit der zur Vorderveranda führenden kleinen Treppe und Satteldach sind typisch für viele ältere Eigenheimviertel in Nordamerikas Städten (B. HOFMEISTER).

oder der Hängeschaukel. Von ihr aus führt eine Tür unmittelbar zum front room, dem vorderen Zimmer, das als Empfangszimmer gilt. Wohn- bzw. Eßzimmer, Küche und Nebenräume befinden sich ebenfalls zur ebenen Erde. Schlafräume und toilet, d.h. die Vereinigung von Bad und Spülklosett – Wasserspülung besteht in allen Städten – sind bei zweistöckigen Häusern meist im oberen Stockwerk, zu dem eine Treppe aus dem front room hinaufführt. Keller gibt es kaum" (ROSSNAGEL, S. 29; Bild 5).

Heute pflegt das Haus zumindest teilunterkellert zu sein und nimmt im Kellergeschoß die Ölheizungsanlage und den vielfältig genutzten hobby room ein. Der Keller (basement) ist bevorzugter Aufenthaltsraum an besonders schwülen Tagen, die z. B. im Raume von Chicago während der Sommermonate häufiger auftreten.

Die Konstruktion bestand also aus einem *Balkenrahmen* mit Wänden aus dachziegelartig übereinander genagelten Brettern. Das Haus war vor allem in Neuengland meist eingeschossig mit ausgebautem Mansardengeschoß, da dort zweigeschossige Häuser höher besteuert wurden. Allgemein spielte die Frage der *Besteuerung* für die Bauweise eine erhebliche Rolle. Die Steuerfreiheit für Blockhäuser verlangsamte den Übergang zu anderen Bauweisen und ist mitverantwortlich für die weite Verbreitung der Holzbauweise bis in die Gegenwart hinein (vgl. SCHOTT).

Der Kolonialstil des Alten Südens brachte in den von der Plantagenaristokratie beherrschten ländlichen Gebieten, aber auch in den wenigen kleinen

Städten, die Entwicklung einer meist über zwei Geschosse hinweggehenden, schmalen, von mehreren schönen Säulen eingefaßten Veranda und einer ebenso hohen, großen zentralen Halle mit sich, von der aus nach verschiedenen Seiten die Türen zu den Nebenräumen im Erdgeschoß und die Treppen zu den übrigen Räumen im Obergeschoß abgehen. Zu den Besonderheiten des Hauses der Südstaaten gehörte früher auch die weite Entfernung der Küche von den Eß- und Wohnräumen, Ausdruck für den in den Sklavenhalterstaaten umfangsreichen Personalbestand des Haushalts.

Auch Übergangsformen von der reinen Holz- zur Steinbauweise, das in Amerika als "half-timbering" bezeichnete Fachwerk, fand einige Verbreitung, vor allem durch Franzosen und Deutsche im Mississippital und im Mittelwesten. So trifft man heute noch Fachwerkhäuser in agrarischen Gebieten Louisianas, aber auch in Städten wie St. Louis an.

Im Mittelwesten gelangte Holz als bevorzugtes Baumaterial während der großen Westwärtsbewegung bis in die zweite Hälfte des vorigen Jahrhunderts zu noch größerer Verbreitung als zuvor im atlantischen Küstenraum. Und selbst gegenwärtig werden noch umfangreiche Wohnsiedlungen und zahlreiche Eigenheime, eingeschossige, aber auch zwei- bis dreigeschossige Häuser, aus Holz gebaut.

Es ist nicht ganz leicht, sich über das *heutige Ausmaß der Holzbauweise* in Amerika zuverlässig zu unterrichten. Zuletzt hat in den Vereinigten Staaten der Zehnjahreszensus von 1940 einigermaßen detaillierte Angaben über die Beschaffenheit von Gebäuden gebracht. Demnach waren in den USA innerhalb der als städtisch bezeichneten Gebiete 71,1 % und der als ländlich-nichtagrarisch bezeichneten (rural-nonfarm) mit städtischer Bevölkerung außerhalb der Grenzen von Stadtgemeinden 88,9% aller Wohngebäude entsprechend dem für die Außenwände vornehmlich verwendeten Material Holzhäuser. In den Städten folgten an zweiter Stelle Wohnhäuser aus Ziegeln mit 20,3%. Die Prozentzahlen bezogen sich auf einen Baubestand von 16,5 Millionen Häusern.

In der Epoche des Amerikanischen Barock, um die Mitte des 18. Jahrhunderts, wurde die Scheinfassade (false front) eine Modeerscheinung. Während die Vorderfront eines Gebäudes zur Straße hin gerade hochgezogen wurde, verbarg sich dahinter ein Giebeldach. Im Hinblick auf das Baumaterial ist dabei besonders interessant, daß die Vorderfront selbst aus Stein, das übrige Gebäude dagegen oft aus Holz gebaut wurde.

Um 1850 tauchten in den Städten im Osten der USA sogenannte "threedecker wooden tenements" auf, dreigeschossige Mehrfamilienhäuser mit überdachten Veranden, den decks oder piazzas, die zunächst zur Straße hin gelegen waren, in späteren Jahren auf die Rückseite der Gebäude verwiesen wurden. Diese Mehrfamilienhäuser aus Holz wurden in den inneren Stadtbezirken bis Anfang unseres Jahrhunderts gebaut und begannen erst abzunehmen, nachdem in verschiedenen Staaten, z. B. in Massachusetts seit 1912, das Holz als nicht feuerfestes Material zum Bau von Mehrfamilienhäusern verboten wurde (vgl. TUNNARD/REED 1955, S. 126).

Neben dem Holz wurden aber schon während der zweiten Hälfte des vorigen Jahrhunderts in zunehmendem Maße andere Materialien für den städtischen Hausbau verwendet, während in den ländlichen Gebieten Holz nach wie vor bei weitem den Vorrang hatte. Noch zur Zeit des Zweiten Weltkriegs brachten Untersuchungen zutage, daß mehr als 90% aller Farmhäuser in den Vereinigten Staaten aus Holz erbaut waren. In den Städten kamen andere Materialien in stärkerem Maße zum Zuge. So wurde für größere Gebäude in den innersten Stadtvierteln vor allem Gußeisen verwendet, für kleine Häuser Stein und Ziegel. Damit änderte sich auch das Aussehen der Gebäude, die bisher dunkel und glatt waren und jetzt häufig hell und rauh aussahen.

Im Alten Süden lag der Anteil der Holzhäuser über dem Durchschnitt der USA, bei den Städten ergaben sich 77,3%, bei den ländlich-nichtagraren Gebieten 92,4%. Im Norden mit Ausnahme der Neuenglandstaaten und im Westen lagen die Anteile geringfügig unter dem Durchschnitt.

Eine Ausnahme von dem allgemeinen Bild machten die folgenden 1940 über 50000 Einwohner zählenden Großstädte der USA mit weniger als zwei Dritteln ihrer Wohnhäuser aus Holz:

Allentown, Pa.	Denver, Colo.
Arlington, Va.	Detroit, Mich.
Atlantic City, N.J.	East Chicago, Ind.
Baltimore, Md.	El Paso, Tex.
Berkeley, Calif.	Evanston, Ill.
Bethlehem, Pa.	Gary, Ind.
Camden, N.J.	Glendale, Calif.
Chester, Pa.	Harrisburg, Pa.
Chicago, Ill.	Hartford, Conn.
Cicero, Ill.	Highland Park, Mich.
Cincinnati, Ohio	Hoboken, N.J.
Covington, Ky.	Holyoke, Mass.
Dearborn, Mich.	Kansas City, Mo.

Lancaster, Pa.	Reading, Pa.
Long Beach, Calif.	Richmond, Va.
Los Angeles, Calif.	Sacramento, Calif.
Louisville, Ky.	St. Louis, Mo.
Miami, Fla.	Salt Lake City, Utah
Minneapolis, Minn	San Francisco, Calif.
Mount Vernon, N.Y.	Santa Monica, Calif.
New Rochelle, N.Y.	Trenton, N.J.
New York City, N.Y.	Troy, N.Y.
Oakland, Calif.	Union City, N.J.
Oak Park, Ill.	Upper Darby, Pa.
Philadelphia, Pa.	Washington, D.C.
Phoenix, Ariz.	Wilmington, Del.
Pittsburgh, Pa.	Yonkers, N.Y.
Pueblo, Colo.	York, Pa.

Es handelt sich hier um 56 von insgesamt 199 Städten, d.h. um 28% der Städte der Größenklassen über 50000 Einwohner. Sehen wir uns ihre Verteilung an, so handelt es sich insbesondere um

- die ganz großen Städte wie New York, Chicago, Los Angeles, Philadelphia,
- die Städte in den alten Bergbaugebieten der mittelatlantischen Staaten – es sind allein zehn Städte in Pennsylvania darunter – und in einzelnen Teilen des Mittelwestens, in den Staaten Indiana, Illinois und Michigan, und
- um die kalifornischen Städte, bei denen wahrscheinlich der hohe Anteil an wohlhabender Bevölkerung, die hier ihren Lebensabend verbringt, nicht ganz ohne Bedeutung ist.

Seit geraumer Zeit sind in manchen Städten, besonders in den ganz großen wie Chicago, *Verbote betreffend die Verwendung von Holz* für die Außenwände von Häusern in Kraft[1]. Neubauten werden also hier innerhalb der Stadtgrenzen nicht mehr in Holzbauweise aufgeführt.

Andrerseits gibt es auch Städte, in denen fast die gesamte Bausubstanz aus Holzhäusern besteht, wie z.B. in Tacoma, Washington, wo 29025 von insgesamt 29957 Wohnhäusern als Holzhäuser klassifiziert wurden.

3.3.2. Auswirkungen und Begleiterscheinungen

3.3.2.1. Brandgefahr und Feuerschutz

Die weite Verbreitung des Holzes als Baumaterial hat das gemeinsame Schicksal vieler Städte Amerikas heraufbeschworen. Irgendwann im Laufe ihrer gar nicht so langen Geschichte haben sie zumindest einen Großbrand erlebt. Chicago ereilte das Schicksal z. B. im Oktober des Jahres 1871. Nicht nur die Hütten der Außenbezirke, die shanties, waren schuld daran, daß sich das Feuer mit hoher Geschwindigkeit über weite Flächen auszudehnen vermochte, sondern auch das Vorhandensein umfangreicher Holzlager in den Sägemühlen sowie die Tatsache, daß selbst im Stadtkern die Büro- und Geschäftshäuser in leichter Bauweise unter weitgehender Verwendung von Holz aufgeführt waren. Auf das Hauptgeschäftszentrum griff der Brand schnell über. Nach anderthalb Tagen lagen ungefähr zwei Drittel der damals 300000 Einwohner zählenden Stadt in Schutt und Asche. Und das war durchaus kein Einzelschicksal, sondern eigentlich an der Tagesordnung. Aus vielen anderen Städten haben wir Berichte über ähnliche Verheerungen, denen ein nahezu völliger Wiederaufbau folgte.

Für den Wiederaufbau des Hauptgeschäftszentrums von Chicago wurden schon damals nur noch Ziegel und Stein als Baumaterialien zugelassen. Aber selbst Wände aus Gußeisenelementen hatten der Hitze nicht standgehalten. So war auch für künftige Zeiten die Feuergefahr nicht genügend gebannt. Vor allem aber wurde in den Vorstädten in großem Umfange weiter aus Holz gebaut.

Aus dieser Situation heraus werden die in Amerika so strengen Feuerschutzbestimmungen verständlich. Vor allem sind für jedes Gebäude *Feuerleitern* (fire escapes) vorgeschrieben. Sie verschandeln die Fassaden manches sonst recht ansehnlichen Hauses. Häufig sind sie an die Rückseite der Gebäude verlegt worden und führen in die parallel zur Straße verlaufende schmale alley. Bei jüngeren Häusern werden sie auch oftmals verkleidet, so daß man sie von außen nicht wahrnehmen kann. Auf jeden Fall müssen sie bei mehr als eingeschossigen Häusern, vom Kellergeschoß abgesehen, vorhanden sein (Bild 6).

In Hochhäusern müssen Treppen und Fahrstühle in isolierten, feuergeschützten Schächten untergebracht werden, und für mehr als fünfgeschossige Gebäude ist ein unabhängig von der städtischen Wasserversorgung arbeitendes Wasserleitungsnetz zum Zwecke des Feuerlöschens vorgeschrieben.

Einem Urteil des Obersten Gerichtshofes der USA aus dem Jahre 1927 zufolge mußten die *Häuser auch von der Straße zurückgesetzt* gebaut werden. Eine Art Vorgarten, front yard, wurde als notwendig erachtet, und zwar nicht zuletzt aus dem Grunde, um einen größeren Abstand der Häuser der beiden

[1] Nach freundlicher Mitteilung von Prof. Ch. D. HARRIS, Chicago.

Bild 6. *Ein Eckhaus in der Chinatown in San Francisco* mit dem chinesischen Zeltdach und den hier besonders auffälligen Feuerleitern (B. HOFMEISTER).

Straßenseiten voneinander zu erzielen, um die Feuergefahr herabzumindern. Dieses war zwar nicht der einzige Grund, denn schon damals hatte das Automobil eine beachtliche Verbreitung in USA gefunden und bestimmte bereits manche Maßnahmen mit. So wurden die sogen. "setbacks", also das Zurücksetzen der Häuser von der Straße, auch zur besseren Einsicht der Fahrbahn, besonders an Kreuzungen, verlangt. Aber in der Begründung des Urteils des Gerichtshofs wird die Eindämmung der Feuergefahr ausdrücklich genannt.

3.3.2.2. Hoher Verfallsgrad der Bausubstanz

Weiterhin müssen wir im Zusammenhang mit der stark verbreiteten Holzbauweise einen andern Umstand sehen; das *Lebensalter dieser Häuser ist verhältnismäßig gering*, insbesondere wenn die Sozialstruktur eines Wohnviertels geringe Pflege, oder besser ausgedrückt, Vernachlässigung der Gebäude und hohe Bevölkerungsfluktuation mit sich bringt. Das ist aus vielfachen Gründen, wie wir sehen werden, in den der City benachbarten Wohngebieten der amerikanischen Städte der Fall. Sehr schnell kommt es unter derartigen Umständen dazu, daß sich größere Gebiete mit verfallenden (deteriorating) und schon stark verfallenen (dilapidated) Häusern herausbilden. Mit einem zusammenfassenden Begriff nennen es die Amerikaner "blight" – Pilzbefall. In einem Bericht über die Stadterneuerung in den Vereinigten Staaten heißt es: „Es ist in der Tat müßig, weitere bauliche Charakteristika der Slums von Chicago zu ermitteln, da die leichte Bauweise einen so eindeutigen Verfallsgrad erreicht haben kann, wie er in deutschen Innenstädten in der Regel nicht angetroffen wird" (SCHROEDER et al).

3.3.2.3. Förderung des Eigenheimbaus

Es kann keinem Zweifel unterliegen, daß neben den geschilderten negativen Folgen der noch bis gegenwärtig weit verbreiteten Holzbauweise aber eine *entscheidende soziale Bedeutung* zukommt. Nach wie vor ist es weiten Kreisen der amerikanischen Bevölkerung, auch bei der 1966 etwas angespannten Lage auf dem Kapitalmarkt, möglich, den Wunsch ihres Lebens in Erfüllung gehen zu sehen und sich ein Eigenheim zu bauen. Seitens der Home Finance Agency und der Veterans' Administration stehen günstige Kredite zur Verfügung, aber sicher spielt auch der relativ immer noch niedrige Preis für Eigenheime eine Rolle, der wiederum nur möglich ist durch die Anwendung von Vorfabrizierung, Massenproduktion und billigem Baumaterial, also insbesondere Holz.

Regierungsstellen und Privatwirtschaft vereinigten sich schon in den Depressionsjahren zu gemeinsamer Tätigkeit im Sinne des Hauseigentümers. Damals half die 1933 gegründete Home Owners' Loan Corporation Millionen von Amerikanern mit Hypotheken und Darlehen, sich ihre Häuser zu erhalten und Reparaturen, Verbesserungen und Modernisierungen vorzunehmen. Auch seit 1961 werden wieder staatliche Mittel neben der eigentlichen Sanierung für die Erhaltung von Gebäuden aufgewendet. Die relativ günstigen Preise und die Verwendung von billigen Materialien im Baugewerbe dürften dabei eine nicht unerhebliche Rolle spielen.

3.4. Die City (Downtown)

3.4.1. Der Wolkenkratzer: Physiognomie und Ökologie

Ein bestimmendes Merkmal des Aufrisses der angloamerikanischen Großstadt ist der Wolkenkratzer (skyscraper) und sein *massiertes Auftreten in dem relativ eng begrenzten City- oder Downtownbereich*, während er außerhalb desselben fast völlig fehlt. Er ist der Ausdruck einer auf diesem Kontinent sehr *früh aus Nützlichkeitserwägungen einsetzenden baulich-funktionalen Differenzierung*, indem die am Ende des vergangenen Jahrhunderts bestehenden technischen Möglichkeiten sofort und in großem Umfange ausgenutzt wurden.

In die anderen Kontinente drang er nur sehr langsam vor und hat sich deren Städte vielfach erst richtig nach dem Ende des Zweiten Weltkrieges erobert, dann allerdings nicht nur den engen Stadtkernbereich. In Lateinamerika setzte zögernd eine bauliche Differenzierung mit der Errichtung ausgesprochener Bürohochhäuser in der City, sogenannter edificios, erst um 1930, also ein halbes Jahrhundert später als im Nordteil der westlichen Hemisphäre, ein (Bild 7).

Bild 7. *Wabash Street in Chicagos Loop.* In diese Citystraße wurde die elektrische Hochbahn, die Elevated, hineingelegt, deren Pfeiler die befahrbare Mittelstraße einschränken und Parkverbot am Bordstein erfordern. Das Parken muß in Hochhäusern oder auf Plätzen abseits der Straße erfolgen (B. Hofmeister).

Die technischen Voraussetzungen für den Bau von Hochhäusern sind von zweierlei Natur. Stabilität und Tragfähigkeit der Fundamente konnten mit der Anwendung von Stahlträgern, speziell der *Stahlskelettbauweise*, auch bei einer Vielzahl von Geschossen gewährleistet werden. Zunächst wurden in den höheren Geschossen die bis 1885 üblichen Eisenträger durch Stahlträger ersetzt. Das Stahlgerüst überträgt das Gewicht auf das Fundament. Jede Stahlstütze hat ihr eigenes Fundament, eine Technik, die aus dem Brückenbau entlehnt und auf den Hausbau angewendet wurde. Die Wände sind nicht mehr tragend, sondern lediglich Wetterschutz. Die schweren Ziegelmauern wurden überflüssig. Die Skelettbauweise ermöglichte die Verwendung verschiedener Materialien, u. a. den Portlandzement, für die Auskleidung der Wände und zeichnete schon damals den heutigen Typ des Hochhauses mit weitgehender Plastikglasfüllung vor.

Eine weitere Voraussetzung war aber notwendig, um vielgeschossig bauen zu können, nämlich der *Fahrstuhl.* Als reiner Personenaufzug aus dem Schachtbau der Kohlenreviere hervorgegangen, wurde er seit 1857 in der Stadt New York in Häuser eingebaut. Zunächst war er mit Dampf betrieben und erreichte lediglich eine Geschwindigkeit von 15 m pro Minute. Dann wurde er hydraulisch betrieben und erreichte die Geschwindigkeit von 180 m pro Minute. Jedoch blieb seine Leistungsfähigkeit auf etwa zwanzig Geschosse beschränkt. Der *elektrische Aufzug* ermöglichte dann ab 1887 die Durchbrechung der für den hydraulischen Aufzug gegebenen oberen Grenze. Heute operieren allein in den Gebäuden der Stadt New York rund 30000 Personenaufzüge und 15000 Lastenaufzüge über häufig 60 Geschosse und mehr (vgl. Owen 1966, S. 189).

Zu den technischen Voraussetzungen aber mußten *ökonomische* treten, damit die ersteren auch tatsächlich nutzbringend angewendet werden konnten. Hierfür hat schon Gerling in seiner Schrift über das amerikanische Hochhaus den im 19. Jahrhundert *stark erweiterten Marktwillen*, die mit der räumlichen

Konzentration der tertiärwirtschaftlichen Einrichtungen gegebene Zeitersparnis sowie die den Miethausbau lukrativ machende *Bildung von Kapitalgesellschaften* angeführt. Zu dem realen Markt trat der Geldmarkt hinzu und entwickelte sich die räumliche Trennung von Güterlagerung und Transaktion. Gerade bei dem sich in Angloamerika früh und kräftig entwickelnden Tertiärsektor der Wirtschaft trat schon damals ein hoher Bedarf nach Räumlichkeiten bei günstigen Kontaktmöglichkeiten für die verschiedensten Zweige des Finanzwesens und der privaten Verwaltungen und Organisationen auf.

Wiederholt sind die *Fühlungsvorteile* für die Verwaltungsspitzen der großen Wirtschaftsunternehmen hervorgehoben worden, was sich in der weitgehenden Trennung von produzierendem und nichtproduzierendem Teil der gewerblichen Wirtschaft und dem Bau zahlreicher Bürohäuser auf engem Raume im Bereich des Stadtkerns ausdrückt. Auf dieser innerbetrieblichen Trennung und der Zuweisung der Belegschaft des einzelnen Betriebes zum Sekundär- bzw. zum Tertiärsektor je nach den Tätigkeitsmerkmalen des Einzelnen beruht letztlich die Vorausprojizierung FOURASTIÉS auf die nahe Zukunft, in der in hochzivilisierten Staaten wie den USA und Kanada bald rund 80% der Erwerbstätigen im Tertiärsektor beschäftigt sein werden.

Für Manhattan ermittelte GOTTMANN, daß dort im Jahre 1958 28% der Stellen und 40% der Lohn- und Gehaltsbezüge in der Industriewirtschaft dem nichtproduzierenden Teil zuzurechnen seien. Aus derartigen Angaben erhellt der gewaltige Umfang des Büroraumbedarfs, der, wie GOTTMANN ausführte, nach Ansichten vieler zeitgenössischer Architekten und Planer wegen der hohen Boden- und Mietpreise, aber auch aus Gründen der günstigeren Belüftung und Durchlichtung sowie des höheren Zeitaufwandes im innerbetrieblichen Verkehr bei großer Länge der Korridore nur schlecht in der Horizontalen zu decken sei. Sehr viel schneller sind die Wege mittels Fahrstuhl bei *vertikaler Anordnung* der Teilbereiche des Betriebes, der Verwaltung usw. zu bewältigen. "In efficiency of work and in time spent in door-to-door inner traffic, the vertical system brought about a tremendous saving" (GOTTMANN, S. 203).

Das gilt selbst in einer Zeit, da infolge vieler Mißstände, über die in den folgenden Kapiteln ausführlich zu berichten sein wird, etliche bauliche Lücken in den Stadtkernen entstanden sind und in der City ein oft ansehnlicher Prozentsatz von Freiflächen vorhanden ist. Es werden dennoch Hochhäuser gebaut, da die geschilderten Vorteile das angebracht erscheinen lassen.

In einem Punkte freilich vermögen wir GERLING nicht zu folgen: wenn er zur Unterstreichung seiner Aussage, daß die Bodenpreise den Vertikalbau *nicht* erzwungen hätten, sondern der Preisauftrieb erst den schon bestehenden ersten Hochhäusern nachgefolgt sei, die These aufstellt, der im Jahrzehnt 1870–1880 sich entwickelnde „interne Markt", das *Warenhaus*, sei der entscheidende Förderer des Wolkenkratzerbaus gewesen. Dem muß man entgegenhalten, daß selbst zur Blütezeit des Warenhauses, also etwa bis zur Mitte unseres Jahrhunderts, bevor das moderne vorstädtische Einkaufszentrum (shopping center) dem Warenhaus der Kernstadt heftige Konkurrenz zu bieten begann und verschiedenste Umstrukturierungsprozesse in der City auslösen half, kein Warenhaus in irgendeiner Großstadt Kanadas und der USA mehr als acht Geschosse einnahm[1]. Man kann z. B. alle die großen Kaufhäuser auf der Ostseite der State Street in Chicago, wie sie schön nebeneinander aufgereiht liegen und mehrere benachbarte Baublöcke einnehmen, betrachten. Sie alle sind bis zu acht Geschossen hoch. Eine noch weitere vertikale Aufteilung der Verkaufsfläche dürfte für den Kunden kaum zumutbar sein. Die höheren Geschosse der Hochhäuser der City sind nicht vom Einzelhandel genutzt. Sie nehmen Büros privater Unternehmen und öffentlicher Dienststellen auf.

Die überwiegenden Nutzungsarten der Wolkenkratzer sind Verwaltung und Einzelhandel. Sie sind also in allererster Linie *Büro- und Geschäftshochhäuser*. Das erste zehngeschossige Hochhaus in den Vereinigten Staaten, das 1885 fertiggestellte Home Insurance Building, diente einer Versicherungsgesellschaft als Stammsitz. Viele Bürohochhäuser tragen den Namen einer Versicherungsgesellschaft oder Bank, eines großen Industriebetriebes, der in einem Außenviertel der Stadt seine Produktionsanlagen hat. In Tulsa, Oklahoma, sind es die Namen der wichtigsten großen Erdölgesellschaften, die auf den Dächern oder an den Fassaden der Bürohochhäuser prangen. In geringerer Zahl beherbergen die Wolkenkratzer der City auch Hotels, Krankenhäuser mit zahlreichen Laboratorien, neuerdings auch Autogaragen und, mehr am Rande der City, die sogenannten high-rise

[1] Auf Manhattan hat es vereinzelte Ausnahmen gegeben, bis zu 12 Geschosse zählende Warenhäuser (Freundl. Mitteilung von Prof. W. GERLING, Würzburg).

apartments, also Mietwohnungen für die in der City Beschäftigten aus den hohen Einkommensklassen. Heute errechnet die Stadtplanung für eine Reihe von Jahren im voraus den speziellen Bedarf des Citybereichs an Wohnhochhäusern. Doch darüber mehr in Abschnitt 4.2.3.2, S. 161.

Vielfach sind die Wolkenkratzer heute auch *Mehrzweckbauten*. Der rund 183 m hohe Wolkenkratzer der Prudential-Versicherungsgesellschaft in Boston beherbergt

- die Büroräume der Prudential-Gesellschaft,
- ein Restaurant mit 700 bis 800 Plätzen,
- ein Hotel mit rund 1000 Zimmern,
- 1250 Wohneinheiten,
- 5000 Autoabstellplätze.

Der zentrale Bürohochhausbezirk ist wegen der sehr starken Konzentration nicht recht in seiner Bedeutung zu ermessen, wenn man lediglich die Beschäftigtenzahl oder die Zahl der Arbeitsstätten zugrunde legt. Für diese "management centers" müssen weitere Kriterien herangezogen werden, wie

- die Zahl der Hauptsitze industrieller Großunternehmen,
- die Höhe der kontrollierten Aktiva,
- die Zahl der Staaten, in denen die betreffenden Unternehmen tätig sind (GOODWIN 1965, S. 1ff.).

Hier mögen zunächst ein paar Daten folgen, die als Marksteine für die Entwicklung des Wolkenkratzerbaus in Angloamerika gelten können:

1885 Fertigstellung des 10geschossigen Home Insurance Building in der City von Chicago, Illinois.

1892 Erlaß des New York City Building Law, einer Bauordnung für die Stadt New York mit speziellen Vorschriften, die auf die Skelettbauweise bezogen sind.

1913 Im Woolworth Building in New York City wird die Höhe von 60 Geschossen erreicht und damit eine Rentabilitätsgrenze hinsichtlich Grundstücksgröße, Raumbedarf für Aufzüge, Installierung der Versorgungseinrichtungen, Verkehrskapazität der Straßen.

1916 In New York City schreibt die "Building Zone Resolution" zwecks besserer Belichtung und Durchlüftung von Gebäuden und Straßen das progressive Zurückweichen der Außenwände vor: es beginnt der Bau der sogenannten "lean towers", der „schiefen Türme".

1931 In New York City wird das Empire State Building fertiggestellt. Es zählt 102 Geschosse und erreicht eine Höhe von 380 m, mit dem auf dem Dache befindlichen Fernsehmast sogar 449 m. Es bietet Büroräume für rund 25000 Menschen.

1963 Schaffung der gesetzlichen Voraussetzungen für das auf 110 Geschosse und 411,5 m (1350 Fuß) geplante World Trade Center in New York City.

Diese wenigen hier angeführten Einzelheiten lassen bereits erkennen, daß sich im Stil des Wolkenkratzerbaus im Laufe der verhältnismäßig kurzen Zeit von acht Jahrzehnten manches geändert hat. Die Vorschrift des *Zurückweichens der Außenwände mit der Höhe*, die den älteren Wolkenkratzern die charakteristische treppenartige Form verlieh und zwei Typen hervorbrachte, den *Terrassenbau* und den eigentlichen *Turmbau* mit einem schmalen hohen Turm auf breitem Grundbau wie beim Empire State Building in New York City, ist teilweise wieder aufgegeben worden. Dafür arbeitet man heute mit der Geschoßflächenzahl, einer Verhältniszahl, die bei entsprechend großer unüberbauter Fläche auch die unabgestufte Bauweise zuläßt. Die plastikglasverkleideten Wände der jüngeren Wolkenkratzer werden wieder wie zu Beginn der Hochhausepoche schnurgerade hochgezogen. Auch der zunächst reichliche Schmuck der Fassaden ist immer spärlicher geworden und dem nüchternen Stil der *Sacharchitektur* gewichen (Bild 8).

Einen großen Impuls gab dem modernen Wolkenkratzerbau Amerikas berühmter Baumeister FRANK LLOYD WRIGHT. Seine Idee ging dahin, das Stahlskelett teilweise durch einen *zentralen röhrenartigen Block* (tubular shaft) zu ersetzen, von dem aus die einzelnen Trakte des Gebäudes abzweigen wie die Äste vom Stamme eines Baumes. Daneben wurde dem zentralen Block die Aufgabe zuteil, *Fahrstühle*, *Belüftungsschächte*, *Waschräume* und andere Versorgungseinrichtungen aufzunehmen, die in älteren Bauten über größere Bereiche verteilt waren und damit auch mehr Platz beanspruchten.

Diese dritte Phase zeichnete sich jedoch schon mit der Vorschrift über das progressive Zurückweichen der Außenwände ab. Denn mit dem Bau der „schiefen Türme" kam man nicht allein einer Vorschrift nach, sondern man folgte der Erkenntnis, daß die Größe der umbauten Fläche auch eine *Funktion der Fahrstuhlzahl* ist. Untersuchungen hatten ergeben, daß sich in den oberen Geschossen von Hochhäusern, wo sich die Zahl der Fahrstuhlschächte verringerte, Büro-

Bild 8. *Ein Straßenabschnitt der Franklin Street in Chicagos Loop.* Dicht beieinander finden sich vier bauliche Elemente aus verschiedenen Epochen: vorn die von einem abgerissenen Haus hinterlassene, als Autoparkplatz genutzte Lücke; dahinter ein altes viergeschossiges walk-up-Gebäude, das – zwar von city-fremder Industrie – hier noch genutzt wird, während viele solcher Häuser leerstehen und verfallen; dann ein älterer Wolkenkratzer mit zurückversetzter Front, den sogenannten setbacks; schließlich ein junger, gerade hochgezogener und mit viel Glas verkleideter Wolkenkratzer. Im Hintergrund der Merchandise Mart, der die Dauermusterschauen zahlreicher Handelsfirmen beherbergt (B. Hofmeister).

räume nur dann vermieten ließen, wenn sie gut belichtet waren und nicht mehr als 10 m Tiefe hatten. Das war aber bei abnehmender Fahrstuhlzahl nach oben nur durch ein Zurückversetzen der Außenwände zu erreichen. Hier deutete sich bereits das Prinzip der „Aufhängung" der Räume an den Kern der Versorgungseinrichtungen an.

Zugleich kam um 1925 der Gedanke an den *freistehenden Turmbau* auf. Frank Lloyd Wright selbst hat diese Ideen wohl am eindrucksvollsten verwirklicht in dem Verwaltungsgebäude der Johnson Wax Company in Racine, Wisconsin, wo er auch im einzelnen derart rationell vorgegangen ist, daß z. B. die pilzartigen Säulen, die die Decken tragen, zugleich die Heizungsröhren aufnehmen, und in dem Bürohochhaus der Price Company in Bartlesville, Oklahoma. Ein sehr gutes Beispiel für diese neuartige Wolkenkratzerbauweise ist auch das kreuzförmige Bankgebäude auf der Place Ville Marie in Montreal.

Das so gestaltete moderne Bürohochhaus läßt in den untersten Geschossen Raum für Blumenrabatten, Bänke, Fontänen, Skulpturen oder zumindest für Gänge zum Umhergehen. Manchmal sind hier auch Ausstellungen untergebracht, von außen durch die Glaswände sichtbar, so daß der *Gebäudeteil bis zum zentralen Versorgungskern wie in die Straße einbezogen* wirkt. Manche Hochhäuser dagegen sind durch Sockel erhöht und lassen im Erdgeschoß Platz für parkende Autos. Die Glasverkleidung hat eine besondere Wirkung: "...the exterior materials are arresting in color, texture or design by day; by night, interior lighting draws the eye, offering the exitement of luminous forms and patterns" (Meyerson et al., 1963, S. 40).

So erkennen wir seit Beginn des Wolkenkratzerbaus bereits mehrere Stilepochen, und die Zusammensetzung der Hochbauten in der City der einzelnen Stadt ist recht heterogen. Häufig werden gerade von den großen Privatunternehmen der Wirtschaft mehrere Jahrzehnte alte Hochhäuser als nicht mehr zweckentsprechend und daher auch im Unterhalt zu teuer angesehen und daraufhin beseitigt und durch neue ersetzt. So stehen dicht benachbart die älteren

Bild 9. *Die Skyline des Stadtkerns von Chicago.* Hinter den Gleisen der Illinois Central-Eisenbahn und dem von ihnen durchteilten Grant Park werden Hochhäuser aus älterer Zeit sichtbar, die zum Teil als Turmbauten auf einem mehrgeschossigen breiten Unterbau errichtet wurden und mit architektonischen Elementen verschiedener Stile versehen sind. Im Hintergrund das moderne 41geschossige Prudential Building, das ein Jahrzehnt lang Chicagos höchstes Gebäude gewesen ist (B. Hofmeister).

Bild 10. *Die Wolkenkratzerkonzentration am Südzipfel Manhattans.* Sie verleiht New York ein anderes Gepräge als Chicago mit seiner Aufreihung von Hochhäusern am Michiganseeufer. Aber aus dem Drang nach ständiger Modernisierung weichen hier immer wieder die etwas älteren den ganz neuen Hochhäusern.

Wolkenkratzer mit den progressiv zurückweichenden Wänden und die anderen mit den gerade hochgezogenen Fassaden.

Eine gewisse Nuancierung des Erscheinungsbildes der Wolkenkratzerbauten ergab sich aus der jeweiligen topographischen Situation, wenn auch im allgemeinen der Downtownbereich mit der Wolkenkratzerbebauung gleichgesetzt werden kann. "In Chicago the expanse of lake front made the buildings into a wall; on Manhattan the point of the island piled them into a pyramid" (BURCHARD/BUSH-BROWN, 1963, S. 244; Bild 9 und 10).

Nur die *Nutzung ist gleichbleibend und extrem einseitig*, und immer noch ist der Turmbau in Angloamerikas Städten sehr stark auf den Downtownbezirk beschränkt und tritt nur äußerst selten auch außerhalb desselben auf. GOTTMANN sieht den Wolkenkratzer in seiner großen Zahl und dichten Gedrängtheit auf engem Raume in der Downtown als eine Ausdrucksform der in Angloamerika so hoch in Ansehen stehenden Privatinitiative und freien Marktwirtschaft an. Letztere verlangt hohe Anstrengungen von einer Vielzahl von Menschen. Die einseitige Nutzung und extreme Arbeitsplatzkonzentration in den Turmbauten eines ganz kleinen Bereichs innerhalb der Stadt hat ihr *Gegenstück in der Weitflächigkeit eines riesigen, dem Wohnen dienenden Einzugsgebietes* für die Beschäftigten mittlerer und höherer Einkommensklassen. Es wäre undenkbar, daß auch nur ein größerer Teil dieser vielen Tausende von Arbeitskräften mit ihren Familien in unmittelbarer Nachbarschaft der City wohnte. Dazu bieten die inneren Stadtbezirke einfach nicht genügend Platz. Andrerseits ziehen Familienväter meist ein Eigenheim weiter draußen vor, und nur Alleinstehende oder kinderlose Ehepaare sind eher geneigt, in der Nähe ihrer Arbeitsstätte in der City zu wohnen. Das *Wolkenkratzerzentrum im Stadtkern hat seine korrelate Form in den weiten Stadtrandsiedlungen und trägt zum Ausufern der Stadt an ihren Rändern* und zu der immer noch wachsenden Verkehrsspannung zwischen diesen Stadtbereichen bei. Der Wolkenkratzer ist ein entscheidendes Element in den Wechselwirkungen zwischen kern- und randstädtischen Entwicklungsprozessen.

Was die Größe der City selbst betrifft, sind einige amerikanische wie deutsche Autoren der Auffassung, daß die horizontale Ausdehnung der City der amerikanischen Großstadt infolge des umfangreichen Bauens in die Vertikale geringer sei als in entsprechend großen Städten anderer Länder. Das läßt sich jedoch nicht eindeutig nachweisen. Denn zum einen ist es schwierig, unabhängig von administrativen Grenzen in verschiedenen Ländern wirklich gleichgroße Städtepaare aufzufinden. Zum andern wird auch übersehen, daß der tertiärwirtschaftliche Sektor in den Staaten Angloamerikas *weiter entwickelt* ist als in allen anderen Staaten der Welt, und daß das Mehr an Arbeitsstätten in diesem Wirtschaftssektor einen gewissen Ausgleich zu dem in der City amerikanischer Städte höher gelegenen oberen gewerblichen Nutzungsniveau bildet. Generell läßt sich die Auffassung von der *geringeren horizontalen Ausdehnung der amerikanischen City nicht* behaupten. Der starke Individualverkehr hat sogar eher in die andere Richtung gewirkt.

Wenn davon die Rede war, daß der Wolkenkratzer nach und nach den Downtownbezirk der angloamerikanischen Großstadt aufgefüllt hat, so gilt das mit der eingangs gemachten *Einschränkung*, daß es sich dabei in erster Linie um Städte handelt mit mindestens etwa 300000 Einwohnern in der Stadtregion. In den mittelgroßen Städten zwischen 50000 und 300000 Einwohnern und erst recht in den Kleinstädten finden sich in entsprechend geringerer Ausdehnung im Stadtkern mehrgeschossige, jedoch meist nicht mehr als Wolkenkratzer anzusprechende Gebäude. In Städten der neuenglischen und mittelatlantischen Staaten finden wir noch heute in den Citystraßen Gebäude, die den Georgian-Style-Häusern englischer oder irischer Städte sehr ähneln. Wenn ihnen auch einzelne Merkmale derselben fehlen, weisen sie doch als charakteristisches Kennzeichen die abnehmende Höhe der Fenster in den obere Geschossen auf.

Die jüngste Bautätigkeit bringt im Zusammenwirken von Privatinitiative und Stadtplanung Bürohochhäuser in größerer Zahl auch in die Städte dieser Größenklassen. Städte wie Madison, Wisconsin, haben sich selbst nach umfangreichen Eingemeindungen und Anwachsen auf über 150000 Einwohner einen stärker kleinstädtischen Charakter bewahrt. In Madison gibt es in der Hauptgeschäftsstraße, der Main Street, zwischen Capitol und Campus der Universität von Wisconsin kein einziges Hochhaus, wohl aber in der Nähe des Capitols einen jüngeren Bürohochhauskomplex mit Gebäuden von etwa 15 Geschossen, und seit 1966 wird auch das Campus-Gelände von einzelnen Turmbauten, der Wissenschaft dienenden Gebäuden wie auch Studentenwohnheimen, durchsetzt.

3.4.2. Auswirkungen und Begleiterscheinungen

3.4.2.1. Die Skyline der angloamerikanischen Stadt

Die Konzentration der Wolkenkratzer im Stadtkern ist sehr mitbestimmend für die Silhouette der angloamerikanischen Großstadt. Ihre *Skyline wird von senkrechten und waagerechten Linien* beherrscht, während Türme oder Kuppeln von Sakralbauten, die abwechslungsreichere Linien ergeben würden, von den Hochhäusern erdrückt werden.

Der Begriff der "skyline" kam in Amerika eben im Zusammenhang mit dieser von Wolkenkratzern im Stadtzentrum bestimmten Silhouette um 1897 auf. Soziologen glauben, im Wolkenkratzer ein Symbol der amerikanischen Gesellschaft zu sehen.

Schon bei der Darlegung über die Schachbrett-Textur (s. Abschnitt 3.2.1, S. 37ff.) war die Rede davon, daß in den angloamerikanischen Städten die Kirchen fast nie auf Plätzen als besondere Geländemarken, sondern mit anderen Häusern in Reihe und Glied stehen und sich an die Baufluchtlinie halten. Fallen sie also innerhalb des Grundrisses nicht als etwas Besonderes heraus, gehen sie erst recht als Aufrißelemente in der Masse der Häuser unter. Nur in den Vorstädten mit ihren niedrigen Eigenheimen fallen sie durch ihre Abmessungen und verhältnismäßig große Höhe und in neuerer Zeit auch durch sehr eigenwillige architektonische Gestaltung aus dem übrigen Gebäudebestand heraus.

Allerdings ist in manchen Fällen die *Kirche sogar in ein Hochhaus mit einbezogen* worden. Dieser Umstand liegt teilweise begründet in der *Entwicklung der Kirchen in Amerika*, die schon in den 80er Jahren des vorigen Jahrhunderts damit begannen, eine Reihe sozialer Aufgaben zu übernehmen. Dazu benötigten sie zusätzliche Bauten für die Erholungs- und Freizeitgestaltung, für Schulzwecke und als Kliniken. Die Kirche eroberte sich ihre seit Beginn des Industriezeitalters geschwundene Stellung wieder zurück und wurde zum *bedeutenden gesellschaftlichen Faktor* im Leben des Amerikaners. Damit ergab sich automatisch, daß die Kirche begann "to shape a church building pattern that is especially American" (TUNNARD/REED, 1955, S. 173).

In ihrem so gewachsenen Raumbedürfnis machte auch die Kirche von den Möglichkeiten der vertikalen Bauweise Gebrauch. So sprechen TUNNARD und REED im Zusammenhange mit dem 1923 erbauten Chicago Temple Building von der "skyscraper church", der Wolkenkratzer-Kirche.

Das war keineswegs immer so, zumindest was den Aufriß betrifft. Noch vor einem Jahrhundert, als die Häuser der amerikanischen Städte im allgemeinen drei bis vier Geschosse nicht überstiegen, ragten die Kirchtürme noch als Wahrzeichen aus dem niedrigeren Häusermeer hervor. Ältere Städteansichten aus Amerika muten dem europäischen Betrachter noch heimischer an und sehen der europäischen Stadt ähnlicher. Erst die letzten hundert Jahre haben die starke Divergenz in der Entwicklung der Städte beider Kontinente mit sich gebracht. Heute scheint sich aus anderen Gründen, nämlich der auf der ganzen Welt angewendeten modernen Sacharchitektur, die Entwicklung wieder in der entgegengesetzten Richtung zu vollziehen. Doch davon abgesehen müssen wir feststellen, daß auf jenen alten Städteansichten etwas festgehalten ist, was längst nicht mehr existiert.

Somit kehren wir zurück zu der heutigen Skyline. Sie ist weiterhin beherrscht von dem oft recht krassen *Gegensatz zwischen hohem Wolkenkratzerzentrum und allseitig anschließenden niedrig bebauten Wohnvierteln.* Im citynahen Bereich mit großem Mietwohnhausanteil finden wir meist 2- bis 3-geschossige Häuser, zu denen sich etwa gleich hohe Fabrikbauten in größerer Zahl gesellen, und weiter außerhalb dann nur mehr 1- bis 2-geschossige Häuser, meist Eigenheime.

Besonders kraß ist dieser Gegensatz zwischen den Turmbauten im Kern und der flachen Bebauung des ihn umgebenden Gebietes in Städten mit sehr einseitig tertiärwirtschaftlicher Funktion. Die Bürohausstadt Midland in Texas hat D. WEBER anschaulich geschildert. Hier gibt es diese beiden Elemente ins Extrem gesteigert und keinerlei vermittelnde Bebauung: eine kleine Konzentration vielgeschossiger Bürohäuser und die diesen Komplex umgebenden Wohnsiedlungen mit fast nur eingeschossigen Eigenheimen.

Der Gegensatz von hoch aufragendem Kern mit rein gewerblich genutzten Gebäuden und flachen Bauten mit vornehmlicher Wohnfunktion wird nun häufig noch unterstrichen durch den abrupt am Rande des Geschäftszentrums ein- bzw. aussetzenden *Baumbestand*, der zum beherrschenden Element der weit ausgedehnten Wohnviertel wird, wo die Bäume die niedrigen Eigenheime überragen. Auf dem Luftbild hebt sich neben den Industrieanlagen der Stadtkern als helleres Gebiet aus den weiten Flächen mit dunklerem Ton, bedingt durch den großen Baumbestand, deutlich heraus.

3.4.2.2. Konkurrenz für die übrige Bausubstanz und Entstehung von Freiflächen

Die einseitig gewerbliche Nutzung und die räumliche Konzentration der Wolkenkratzer haben in diesem engen Bereich bedeutsame Folgen für die bauliche und funktionale Gestaltung mit sich gebracht. Eine dieser Folgen ist die Konkurrenz, die die Turmbauten für die übrige Bausubstanz der Downtown bedeutet haben.

Wegen des relativ geringen Alters vieler angloamerikanischer Städte sind gerade im Stadtkern oft noch in mehr oder weniger großer Zahl *Häuser der Erstbebauung erhalten.* Sie gehören zu den ältesten überhaupt noch existierenden Stadthäusern und sind zuweilen über 80 Jahre, ja über 100 Jahre alt und müssen oft als überaltert und abbruchreif angesprochen werden.

Bei diesen alten Bauten handelt es sich um meist 3- bis 4geschossige Häuser, deren Entstehung in einer Zeit liegt, zu der es nicht üblich war, Fahrstühle einzubauen. Es sind sogenannte *walk-up buildings*, wie sie die Amerikaner eben wegen des notwendigen Treppensteigens bezeichnet haben. Angesichts des hohen Angebots an Geschäfts- und Büroräumen in den modernen Hochhäusern der unmittelbaren Nachbarschaft können besonders die *oberen Geschosse* der walk-ups nicht auf dem Immobilienmarkt konkurrieren. Sie sind nicht mehr zu vermieten und stehen häufig leer. Allenfalls geht eine „citygebundene" Aktivität wie der Einzelhandel im Erdgeschoß eines solchen Hauses weiter, während sich für die oberen Geschosse kein Interessent findet. Oder aber es finden das produzierende Gewerbe und andere, im allgemeinen *weniger mit der City verhaftete Aktivitäten* in diesen Räumen zu niedrigen Mietpreisen eine Unterkunft.

Sofern die walk-ups schon vor einiger Zeit teilweise oder gänzlich aufgelassen wurden und keinen neuen Mieter mehr fanden, sind sie stark im Verfall begriffen, weil sich niemand um sie kümmert, und die erwähnte leichte Bauweise sorgt für einen hohen Verfallsgrad. Andere Häuser sind bereits abgerissen worden und haben Lücken hinterlassen. Diese sind recht willkommen, da in vielen Teilbereichen der City empfindlicher Parkraummangel besteht, und so werden die *Freiflächen*, die z. T. auch aus Gründen der Bodenspekulation zunächst nicht wieder bebaut werden, meist als *Autoabstellplätze* genutzt. Häufig finden sich innerhalb eines einzigen Straßenabschnitts in der City dicht benachbart ein solcher Abstellplatz, ein noch stehendes und wenigstens teilweise genutztes walk-up-Gebäude und die Wolkenkratzer verschiedener Stilepochen (vgl. Bild 8, S. 59).

Teilweise genutzte und leerstehende, abbruchreife Häuser und die unterschiedlich genutzten Freiflächen, die in manchen Städten direkt bis an die Hauptachse der City heranreichen – in Minneapolis säumen verfallende walk-ups und Autoabstellplätze die Hauptgeschäftsstraße, die Hennepin Avenue – verleihen den betreffenden Citygebieten den *Eindruck räumlicher Zerrissenheit*. Sie machen in besonderem Maße die City zum *Problemgebiet und Ansatzpunkt für Sanierungsvorhaben*. Hier treffen dann alt und neu hart aufeinander. Langsam frißt sich das Sanierungsgebiet weiter in die City vor. In Minneapolis wird systematisch das von seiner Bausubstanz her stark veraltete Citygebiet von Nordosten her aufgerollt. 1966 bildete die Washington Avenue die deutliche Trennungslinie zwischen saniertem und sanierungsreifem Areal. In den Städten vieler europäischer Länder erzwangen die Kriegseinwirkungen den baldigen Wiederaufbau der Citygebiete, während in jüngerer Zeit die systematische Stadterneuerung in den die City umgebenden, dicht bebauten Wohn- und Gewerbegürteln ansetzen muß. In Angloamerika liegen die Verhältnisse etwas anders, indem zumindest in vielen Fällen die City als vordringlich in die Sanierungsprogramme einbezogen worden ist.

3.4.2.3. Extreme der Nutzungen und Benutzerströme

Hinzu kommt nun eine andere, vielleicht bedeutsamere Begleiterscheinung der Wolkenkratzerkonzentration. Halten wir uns noch einmal vor Augen, daß in einem einzigen Gebäude der City wie dem Empire State Building rund 25000 Menschen ihren Arbeitsplatz haben. Natürlich ist dieses Gebäude eines der größten überhaupt. Aber viele andere Wolkenkratzer beheimaten Hunderte von Büroräumen und nehmen jeden Morgen Menschenzahlen in der Größenordnung der Einwohner einer Klein- oder Mittelstadt auf. Die ganz einseitig gewerbliche Nutzung in einem durch die starke Ausnutzung in der Vertikalen gegebenen ungeheuren Umfange hat verständlicherweise zu immer größeren *Extremen in den Benutzerströmen* geführt.

Da die Wohnbevölkerung der City nahezu verschwunden ist und sich auf Hauswartsstellen und Dauermieter in Hotel-Pensionen und Bewohner einiger in teure Luxusapartments umgewandelter Altbauten beschränkt, so daß sie nur den Bruchteil eines Prozents an der gesamten Geschoßflächennutzung ausmacht, andrerseits aber Hunderttausende von Menschen in etlicher Entfernung von der City wohnen, in dieser aber ihren Arbeitsplatz haben, den sie innerhalb einer begrenzten Zeitspanne am Morgen aufsuchen und am Nachmittag wieder verlassen, kommt es zu gewaltigen Menschenströmen, die den Verkehr während der sogenannten "rush hour" bestimmen. Der hohe Lebensstandard und der damit verbundene hohe Motorisierungsgrad sorgen dafür, daß ein nicht unerheblicher Anteil dieser in der City arbeitenden Menschen im eigenen PKW zur Arbeitsstätte fährt. Dieser starke Individualverkehr bringt zweitweise *Verstopfungen der Straßen und Parkraum-*

mangel mit sich. Nach dem abendlichen Berufspendlerverkehr macht sich dagegen in dem Downtownbezirk vieler amerikanischer Städte eine gähnende Leere bemerkbar.

Die größten Verkehrsstauungen freilich treten auf den Zufahrtsstraßen zur City in ihrer unmittelbaren Umgebung auf, wo aus vielen Richtungen die Wagen zu einer unglaublichen Bündelung des Verkehrs zusammenkommen, während die Verkehrssituation in der City selbst oft nicht derart schlimm ist, da hier nur ein geringer Durchgangsverkehr einem hohen Zielverkehr gegenübersteht und es eine Vielzahl von relativ guten Straßen mit hoher Kapazität gibt. Die Verstopfungen der Zufahrtstraßen können sich freilich an einzelnen Stellen in die eigentliche City hinein fortsetzen. Und hier kommt dann häufig noch ein weiterer Faktor hinzu: die Autofahrer finden zuweilen keinen Abstellplatz mehr und warten auf der Straße auf frei werdende Plätze oder überlassen dem Parkplatzwächter den Wagen draußen zum späteren Hineinfahren auf den Platz oder in die Garage.

Während unter *Stauungen und schleppendem Verkehrsfluß* insbesondere der Berufspendlerverkehr zu leiden hat, trifft der *Parkraummangel* vor allem den *Kunden* der Einrichtungen der City. Die Berufspendler sind zeitlich die Früheren. Sie haben daher die größere Chance, einen Abstellplatz für ihren Wagen zu finden. Außerdem pflegen sie Dauerverträge mit Parkplätzen oder Garagen zu haben, die ihnen den Platz sichern, und zwar für eine günstigere als die stundenweise Gebühr. Die Monatsgebühr wird in vielen Fällen dem Arbeitnehmer von seiner Dienststelle vergütet. Schlechter sind dagegen diejenigen dran, die im Laufe des Vormittags in die City hinein wollen und nun nach einem Abstellplatz für ihren Wagen suchen müssen. Die Kurve der parkenden Wagen steigt nach 10 Uhr vormittags rapide an, und zwischen 10 Uhr und 11 Uhr ist die *Kapazität vieler Plätze und Garagen erschöpft*, was sich nach außen in den nun vielfach erscheinenden „Besetzt"-Schildern dokumentiert (Fig. 25). Eine Erhebung um die Mittagszeit ergab für die städtische Parkgarage der Stadt Chicago am Wacker Drive eine 72%ige Belegung mit Wagen von Berufspendlern. Das ist typisch für die städtischen Garagen und Plätze, die sehr viel stärker von den Berufspendlern beansprucht werden als die privaten Einrichtungen. Für die nicht dieser Kategorie angehörenden Besucher der City von Chicago wurde 1965 das *Parkraumdefizit* mit 4100 Abstellplätzen angegeben (Parking Programm, S. 7).

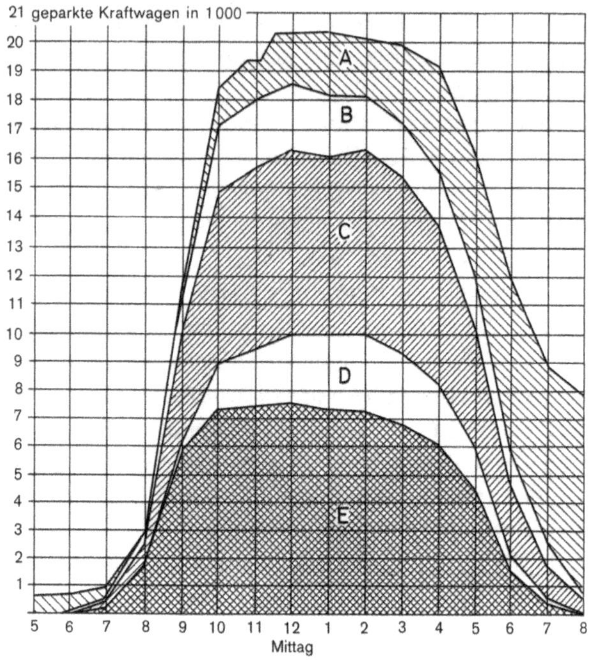

Fig. 25. *Tageszeitliche Nutzung der unterirdischen Grant Park-Garage in der City von Chicago* (nach Barton-Ashman Associates). Das Diagramm zeigt die Problematik der Parksituation in der amerikanischen Großstadt. Der erste morgens auftretende Berufspendlerverkehr, der unter Verkehrsstauungen leidet, findet aber im allgemeinen ausreichenden Parkraum. Mit dem später einsetzenden Geschäftsverkehr werden etwa ab 10 Uhr die Kapazitäten erschöpft. Aus solchen Analysen entwickelt die Planung Vorschläge für ein nach verschiedenen Zwecken differenziertes Parkraumangebot.

Die Preise für kurzfristiges Parken in der City liegen verhältnismäßig hoch, insbesondere auf den privaten Einrichtungen, die wegen Überfüllung der städtischen dann von den Kunden aufgesucht werden müssen. Je nach mehr zentraler oder peripherer Lage innerhalb der City wird für eine Stunde ein halber bis ein Dollar verlangt. Jede weitere angebrochene Stunde kostet etwa $ 0.25. Günstiger sind die Preise für die Abendstunden nach 16 Uhr. Jedoch endet auf vielen Parkplätzen die Bewachung bereits um 17 Uhr. Sehr günstige Tarife gelten am Wochenende, wenn der gewaltige Berufspendlerverkehr entfällt und reichlich Plätze zur Verfügung stehen.

Die Hotels der City sind meist in ihrer räumlichen Ausdehnung beschränkt. Ihre Entstehung geht auf die Zeit vor dem Automobilzeitalter zurück, was sie in der gegenwärtigen Situation zu besonderen Lösungen veranlaßt. Manche konnten sich auf neu hinzugekauftem Gelände in der Nähe eine hoteleigene Garage schaffen, andere mußten sich mit Verträgen mit umliegenden Garagen begnügen. In jedem Falle ist das Parken des Gastes mit zusätzlichen Kosten verbunden. Der Parkraum ist beschränkt und die Wagen stehen derart dicht, daß Personal notwendig ist, um die Wagen zu rangieren, bei Ankunft des Gastes einzuordnen und bei Bedarf wieder herauszuholen. In einem Hotel der City von St. Louis liegt in den Zimmern ein Zettel mit der Mitteilung, daß für jedes Einstellen und Abholen des Wagens eine Gebühr von $ 0.53 erhoben wird.

Die Stadtverwaltungen haben sich in neuerer Zeit des Parkproblems angenommen und Landkäufe zum Zwecke des Erwerbs von zentral gelegenen Autoparkflächen durchführt. Die Gebühren für die Benutzung dieser städtischen Einrichtungen liegen unter den der privaten, ja, in Klein- und Mittelstädten ist das Parken auf den sogenannten Municipal Parking Lots auf die Dauer von zwei Stunden sogar unentgeltlich gestattet. In Chicago hat die Stadtverwaltung im Laufe des Jahrzehnts von 1954 bis 1964 Parkplätze und Parkgaragen mit einer Kapazität von rund 14300 Abstellplätzen geschaffen (s. Abschnitt 4.2.3.3, S. 166). In Tulsa, Oklahoma, setzen sich die 1963 vorhandenen Autoparkmöglichkeiten wie folgt zusammen:

Tabelle 4. Parkmöglichkeiten in Tulsa, Oklahoma.

Öffentliche Parkplätze	4959 Plätze	= 38,9%
Öffentliche Parkgaragen	2488 Plätze	= 19,5%
Private Parkplätze u. -garagen	2639 Plätze	= 20,7%
Plätze in Straßen, Parkuhren	2094 Plätze	
Plätze in Straßen ohne Uhren	367 Plätze	= 20,9%
Reservierte u. Ladezonen	200 Plätze	

Ein Indikator für die Konzentration zentraler Funktionen und deren Abnahme vom Kern der City zum Rande hin ist die Art der Regelung des Autoparkens am Straßenrand (curb parking). Abgesehen von den Zonen mit Parkverboten, die als Ladezonen oder Taxistände deklariert sind, ergibt sich eine weitgehend *ringförmige Anordnung* von Straßenabschnitten mit Parkuhren, die nach außen zunehmend auf 12, auf 30, auf 60 und auf 120 Minuten eingestellt sind. Nach außen folgen Zonen ohne Parkuhren, jedoch mit der beschränkten Parkerlaubnis für 30, für 60 und für 120 Minuten Parken. Erst noch weiter außerhalb sind so gut wie keine Beschränkungen mehr gegeben, es sei denn, daß das Parken innerhalb größerer Bereiche jeweils nur auf einer Straßenseite gestattet ist. Auch hierfür sei das Beispiel Tulsa angeführt (Fig. 26).

Teilweise ist das Parken in den frühen Morgenstunden verboten, um die Straßenreinigungsarbeiten nicht zu behindern.

An den Abenden der Werktage und an Sonntagen legt sich eine Leere und Verlassenheit auf die Straßen der City. Nur die Downtownbezirke der größten und vitalsten Städte wie New York oder Chicago bieten dann noch vielen Menschen, unter ihnen zahlreichen auswärtigen Besuchern, genügend Attraktionen. Aber schon Städte der Größenordnung von St. Louis sind in ihrem zentralen Stadtteil am Abend und am Sonntag nahezu ausgestorben. Wenn dann gar noch die zumindest sonntags bestehende Prohibition in einigen Staaten dazukommt[1] und selbst die reinen Speiserestaurants um 20 Uhr ihre Türen schließen, so daß niemand mehr etwas zu essen oder zu trinken bekommen kann, nur das Kino als einziges noch übrigbleibt, ist die Grabesstille vollkommen.

Während die Konzentration der Wirtschaftsunternehmen, also der Verwaltungen, größer ist als in Städten außerhalb Amerikas, ist die Zahl der kulturellen Einrichtungen und der Beherbergungsbetriebe im allgemeinen geringer, was zum Teil allerdings erst als Reaktion auf die verminderte Nachfrage nach letzteren im Downtownbereich anzusehen ist. Auf jeden Fall ist das Verhältnis von Funktionen mit Publikumsverkehr am Tage zu solchen, die abends, nachts oder sonntags als Anziehungspunkte wirken könnten, außerordentlich stark zugunsten der ersteren ausgebildet.

3.4.2.4. Gestörte Verflechtung mit der Umgebung

Um die problematische Situation in der City voll würdigen zu können, müssen aber auch die in ihrer Umgebung sich vollziehenden Prozesse berücksichtigt werden, soweit sie dazu angetan sind, auf die Entwicklung der City Einfluß zu nehmen. Wenn man diese Einflüsse von außen zusammenfassend charakterisieren will, so umschreibt man sie vielleicht am besten als *bauliche und soziale Isolierung.*

Die *bauliche Isolierung* der City von den übrigen Stadtteilen resultiert in manchen Städten schon aus

[1] 1960 war als einziger US-Staat der Staat Mississippi völlig „trocken", während die Abgabe von Spirituosen in Läden und Gaststätten besonders in vielen Weststaaten und einigen Staaten des Mittelwestens verschiedenen Beschränkungen unterlag.

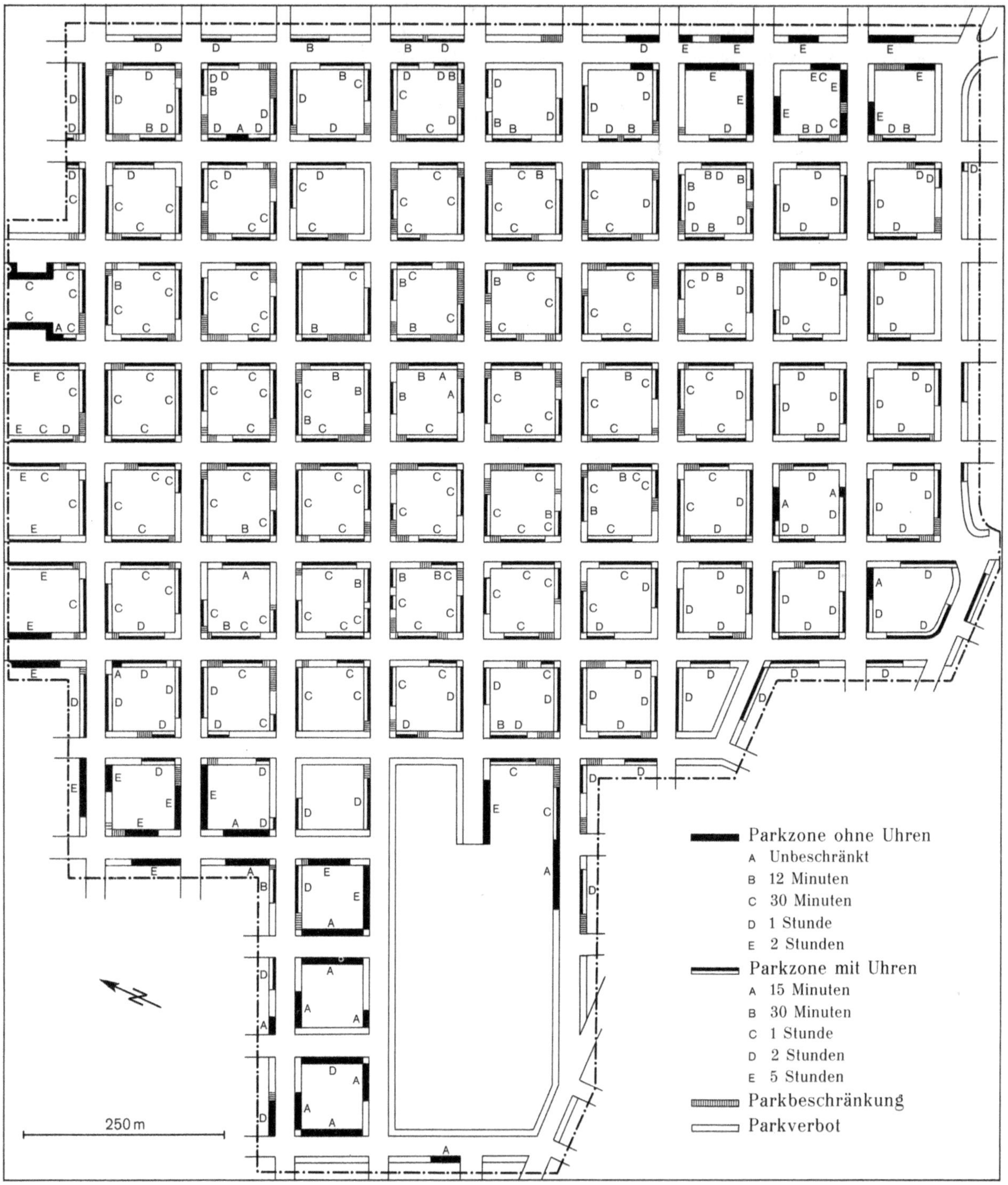

Fig. 26. *Zonen der Autoparkregelung in der Innenstadt von Tulsa, Oklahoma* (nach Wilbur Smith Associates).

Von Parkverbotszonen abgesehen ergibt sich vom Kern der City nach außen eine gewisse regelhafte, allerdings im einzelnen durch die individuelle Anordnung der Funktionen modifizierte Abfolge von Beschränkungen durch Parkuhren mit kurzer, längerer und bis zu zwei Stunden dauernder Parkdauer über mit Schildern kenntlich gemachte Parkbeschränkungen kürzerer und längerer Dauer bis zu unbegrenzter Parkmöglichkeit. Sie spiegelt die Intensität der Nutzung der vorhandenen Fläche durch Cityfunktionen wider. Auch eine solche Erhebung ist zur Planung neuen Parkraumes zusätzlich zum Parken am Bürgersteig notwendig.

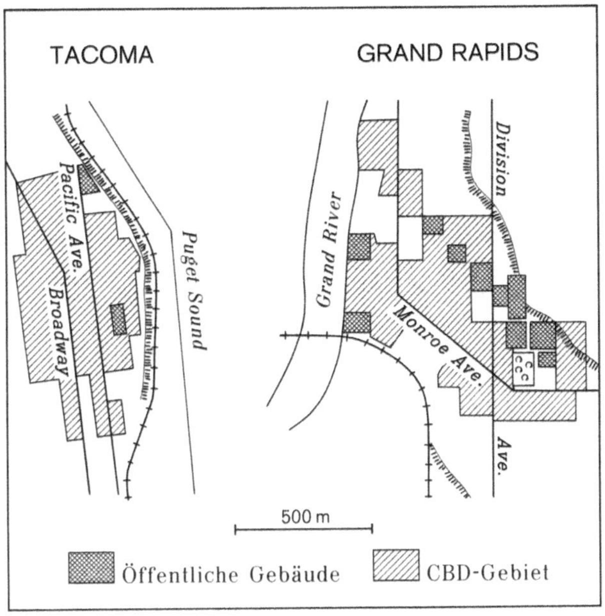

Fig. 27. *Die bauliche Isolierung des Hauptgeschäftszentrums der City am Beispiel von Tacoma, Washington, und Grand Rapids, Michigan* (wiedergegeben aus Economic Geography 1954 und mit freundlicher Genehmigung von R. E. MURPHY).
In vielen amerikanischen Städten konnte sich die City und speziell das Hauptgeschäftszentrum nur in einer oder zwei bestimmten Richtungen ausdehnen, da es von Gewässern, Bahnanlagen, Geländebarrieren oder größeren Komplexen öffentlicher Gebäude am Wachstum behindert war. Wie am Zustandekommen der vielen niveaugleichen Kreuzungen, sind auch hierfür die zentraler im Stadtkörper gelegenen Eisenbahnanlagen teilweise verantwortlich zu machen. Die bauliche Isolierung hat mit beigetragen zum wirtschaftlichen Niedergang der City vieler amerikanischer Großstädte.

der Epoche des Eisenbahnbaus. Es könnten zahlreiche Beispiele dafür genannt werden, wie die Gleiskörper der Eisenbahnen an einer oder gar an mehreren Seiten die Ausdehnung der City behindert haben (Fig. 27). Doch damit nicht genug.

Der seit 1957 in den Vereinigten Staaten und etwa gleichzeitig auch in Kanada begonnene Ausbau eines Autobahnnetzes hat sich in etlichen Fällen durch die Trassierung der innerstädtischen Verbindungen, der expressways oder freeways, nachteilig auf die bauliche Struktur ausgewirkt. So ist es in Fluß- oder Seeuferstädten wie St. Louis und Toronto, oder am Meer wie in San Francisco mit dem Bau des Embarcadero, zu einer weitgehenden baulichen Trennung der City vom Ufergelände mit seinen Grünanlagen, Schiffsanlegestellen, Bootsrestaurants und sonstigen Sehenswürdigkeiten gekommen. Besonders kraß ist diese bauliche Trennung dann, wenn die mehrbahnige Schnellstraße als Hochstraße wie in Toronto oder Oklahoma City am Stadtkern vorbeigeführt wurde. Hier gibt es nur an einzelnen Stellen Unterführungen, die dem Verkehr zwischen den Stadtteilen dienen. Ansonsten liegt die City hinter der Hochstraße versteckt und ermangelt des organischen Zusammenhangs mit dem angrenzenden Stadtgebiet (Bild 11).

Obgleich dieser Mißstand heute vielfach erkannt wird, macht man denselben Fehler in anderen Städten immer noch. Seit geraumer Zeit besteht z. B. in New Orleans der Plan für einen solchen Expressway entlang dem Mississippiufer. Als Gegenvorschlag wurde aber auch der Bau eines mit Zubringern zu verbindenden Trans City Expressway erwogen.

In St. Louis ist die Situation etwas günstiger insofern, als die Stadtautobahn hier auf einem tieferen Niveau geführt wird, so daß von mehreren Straßen der City aus mittels Brücken ein Zugang zum Jefferson National Memorial Expansion Park mit dem 190 m aufragenden Gateway Arch am Mississippiufer gegeben ist.

Die sich um die City gruppierenden Wohnviertel sind vielfach gekennzeichnet durch eine abgewirtschaftete Bausubstanz und das Vorherrschen von Mietwohnhäusern, in denen sich seit vielen Jahrzehnten immer mehr wachsende Kolonien rassisch-völkischer Minoritäten, großenteils Angehöriger niederer Einkommensklassen und sozial schlecht Gestellter, gebildet haben. Hierüber wird ausführlicher in Kapitel 3.5.2.1 zu berichten sein. Für

Bild 11. *Die bauliche Abschnürung der City von Toronto.* Der Gardiner Expressway schnürt die City von Toronto, von der nur die obersten Geschosse zweier Hochhäuser sichtbar sind, vom Ufergelände des Ontariosees ab. Im vergangenen Jahrhundert war schon durch die dahinter verlaufende Eisenbahn der erste Schritt zu dieser üblen Situation getan (B. HOFMEISTER).

unsern Zusammenhang mit der City ist jedoch von ausschlaggebender Bedeutung, daß die vornehmlich alteingesessene, zentral-, west- und nordeuropastämmige Bevölkerung der gehobenen Einkommensklassen ebenfalls seit Jahrzehnten in großen Zahlen aus diesen der City benachbarten Wohnvierteln *abgewandert* und in die weit entlegenen Wohnvororte gezogen ist, wohin ihnen Einzelhandel und Dienstleistungen in großzügig angelegten Einkaufszentren gefolgt sind. Hier steht dem Kunden ein umfassendes Angebot an Waren und Dienstleistungen in geräumigen, überdachten und klimatisierten Hallen zur Verfügung, und die Zahl der Autoabstellplätze ist so bemessen, daß es keinerlei Schwierigkeiten beim Parken gibt. Hinzu kommt, daß die Läden häufig 16 und mehr Stunden geöffnet sind und es nicht zu besonders starken zeitlichen Ballungen der Kundschaft kommt. Alles das macht dem in den Außenbezirken oder Vorortgemeinden lebenden Kunden *das Hauptgeschäftszentrum der City weitgehend entbehrlich*. Selbst der ortsfremde Autofahrer bevorzugt das moderne Motel am Rande der Ausfallstraßen mit dem Autoabstellplatz direkt vor seiner Zimmertür.

3.4.2.5. Notwendigkeit und Ansätze zu Strukturverbesserungen

So sind schon seit geraumer Zeit – besonders kräftig aber seit etwa 1950 – in der City vieler amerikanischer Städte die Umsätze des Einzelhandels, vieler Warenhäuser, die Zahl der Übernachtungen in den zentralen Hotels, aber auch die Mieteinnahmen aus Grund- und Hauseigentum, die Grundstückspreise und die Einnahmen der öffentlichen Hand aus Umsatz- und Grundsteuern zurückgegangen.

Nach BOYCE sanken die Einzelhandelsumsätze in den zentralen Hauptgeschäftszentren der Städte der USA in den zehn Jahren 1948 bis 1958 um mehr als 30%, gemessen am Dollarwert von 1948. Bei genauerer Betrachtung ergibt sich eine Übereinstimmung zwischen der Größe der Stadt und dem Grad des Rückgangs der Umsätze. *Je größer die Stadt, um so größer der Rückgang des Einzelhandelsgeschäfts.* Dieses Resultat ergibt sich aus Tabelle 5 (BOYCE, S. 247).

In den Zentren der ganz großen Städte ging demnach der Umsatz um mehr als die Hälfte zurück! Die Bodenwerte in der City sanken zwischen 1930 und 1945 in New York etwa um 22,5%, in Milwaukee um 38,7%.

Tabelle 5. Rückgang der Einzelhandelsumsätze in Metropolitan Areas der USA.

Einwohnerzahl der Metropolitan Area	Rückgang 1948–1958 in %
100000	– 0,2
500000	–23,6
1000000	–31,3
3000000	–42,0
5000000	–46,5
9000000	–51,3

Auf diesen Mißstand haben die privatwirtschaftlichen Unternehmen in der City schon sehr bald reagiert, indem sie sich den veränderten Gegebenheiten auf verschiedene Weise anzupassen suchten.

Manche Einzelhandelsunternehmen des Downtownbezirks verlegten sich neben ihrer Tätigkeit in der City in stärkerem Maße auf neu gegründete *Filialen* in den vorstädtischen Einkaufszentren. Andere aber *wanderten* gänzlich aus dem Hauptgeschäftszentrum ab und beschränkten sich allein auf die Tätigkeit außerhalb der City.

Im CBD von Elgin, Illinois, stellte FRANKLIN für die Zeitspanne 1957–1963 räumliche Veränderungen von 33 Einzelhandelsunternehmen und 32 Dienstleistungsgewerben fest. Von den Einzelhandelsunternehmen gaben 18 ihr Gewerbe vollkommen auf, von den Dienstleistungsbetrieben wichen 16 in die Außenbezirke der Stadt aus. Der *Abzug des Einzelhandels* bewirkt in erster Linie *leerstehende Räume in den Erdgeschossen* der Gebäude in der City, der *Abzug des Dienstleistungsgewerbes leerstehende Räume in den Obergeschossen.*

In der City verbleibende Unternehmen dehnten sich häufig auf freigewordene, ebenerdige Räume desselben Gebäudes oder eines Nachbargebäudes aus. Eine solche *Konzentration* der wirtschaftlichen Aktivität in einer geringeren Zahl von Unternehmen bei *gleichzeitiger räumlicher Expansion* des einzelnen Unternehmens ist besonders für die mittelgroßen Städte charakteristisch. Für diese Prozesse hat SMITH in einer Studie über Peoria, Rockford und Springfield in Illinois den Nachweis erbracht. Für den Zeitraum 1940–1961 ergaben sich in Peoria folgende Veränderungen in den Funktionen der Erdgeschosse nach der Anzahl der Unternehmen, bezogen auf die 15 zentralen Baublöcke des Downtownbezirks (SMITH, S. 35).

Tabelle 6. Nutzungsänderungen in der City von Peoria, Illinois.

Erdgeschoß-Funktionen	Anzahl 1940	Anzahl 1961
Einzelhandel	187	145
davon: Lebensmittelbranche	18	9
Restaurants/Imbißstuben	26	20
Eisenwaren/Möbelgeschäfte	12	8
Hotels	5	1
Kinos und andere Unterhaltungsstätten	8	4
Dienstleistungen	44	25
Autoparkplätze	2	5
Leerstehende Räumlichkeiten	10	25

Ähnliche Werte ergeben sich auch für die anderen untersuchten Städte. Dabei wurden aber von 68 ausgezogenen Betrieben freigewordene Gewerberäume im Erdgeschoßniveau großenteils, nämlich 54, von sich ausdehnenden benachbarten Unternehmen absorbiert. Relative Ausdehnung und absoluter Rückgang gingen Hand in Hand. Die Zahl der leerstehenden Räumlichkeiten stieg aber beträchtlich an, ebenso die Zahl der Autoabstellplätze.

Einzelne Branchen sind von der rückläufigen Tendenz besonders betroffen. Zu ihnen gehören die drugstores, deren Zahl im Stadtgebiet von Toronto im Jahrzehnt 1951–1961 von 448 auf 346 absank, und die Hotels, deren es in der Stadt Toronto 1941 noch 127, 1951 aber und auch ein Jahrzehnt später nur noch 46 gab (vgl. SIMMONS, 1965, S. 69).

Teilweise hängt allerdings der Verfall eines Teils der Downtown auch mit räumlichen Verlagerungen zusammen. Indem die City von Dubuque beispielsweise etwas in nördlicher Richtung wanderte, verödete der Bereich um die First Street, so daß es unter den heutigen Umständen für die Hotels im Gebiet der Second Street und Fourth Street besonders schwierig ist, mit dem Motel zu konkurrieren.

Insgesamt gesehen verbinden sich wenigstens drei Faktoren zu einer rückläufigen Tendenz des Einzelhandels in der City und auch im weiteren Bereich der Kernstadt zugunsten der Ausdehnung in den Vorortgemeinden:

1. Eine betriebliche Konzentration, die darin begründet liegt, daß größere Betriebe mit geringeren Verdienstspannen auskommen und günstigere Angebote an die Kundschaft machen können;
2. Hohes Einkommensniveau und ständig steigender Mobilitätsgrad, die es mit sich bringen, daß ein Großteil der Kunden willens ist, auch weitere Strecken zu fahren, um ein großes Angebot, wie es in den modernen Einkaufszentren in den Außenbezirken und Randgemeinden gegeben ist, wahrzunehmen;
3. Die Veränderung der sozialen Struktur der Kernstadt mit dem Exodus der wohlhabenden Schichten der weißen Bevölkerung und der Unterwanderung vor allem der citynahen Viertel durch sozial schwache Gruppen von völkischen und rassischen Minoritäten.

Für den Bereich der Stadt Chicago wurde errechnet, daß die beiden erstgenannten Faktoren einen jährlichen Rückgang der Zahl der Einzelhandelsunternehmen um 5,87% verursachen, eine Rate, die sich bei einer Einkommenssteigerung um 3,2% jährlich auf 2,7% reduziert. Die als Punkt 3 angeführte Veränderung in der Sozialstruktur bewirkt durch Minderung der Kaufkraft und Nachfrage einen jährlichen Rückgang von 2,2% auf die Dauer eines Jahrzehnts. Diese Faktoren summieren sich in der Weise, daß sich in stabilen Stadtvierteln mit Bewohnern höherer Einkommensklassen rund 2% Rückgang, in stabilen Vierteln mit Bewohnern niederer Einkommensklassen 4% Rückgang und in Vierteln mit Abzug der höheren Einkommensgruppen und Neuzuzug von Angehörigen niederiger Einkommensgruppen 5% Rückgang jährlich ergeben. Insgesamt sank in der Stadt Chicago die Zahl der Einzelhandelsunternehmen zwischen 1948 und 1963 von 41 500 auf 29 800 Geschäfte.

Neben der Entscheidung des einzelnen Unternehmers, sich teilweise oder ganz aus der Tätigkeit in der City zurückzuziehen, ist es aber auch zu *gemeinsamem Vorgehen der betroffenen Interessengruppen* gekommen. Oftmals unter der Führung tatkräftiger Industrie- und Handelskammern haben sich die Unternehmer zur Zusammenarbeit vereinigt. Solche Zusammenschlüsse können lose, *auf freiwilliger Basis arbeitende Vereinigungen* von Kaufleuten, Banken, Maklern und anderen Interessenten sein oder aber *straff organisierte Vereinigungen* mit einem bezahlten Stab von Angestellten, eigenem Planungsbüro und engem Kontakt zur städtischen Planungsbehörde, zu gleichartigen Vereinigungen in anderen Städten und zu bundesstaatlichen Stellen wie der Urban Renewal Administration oder Federal Housing Agency in Washington, D. C.

Diese Downtown oder Central Area Development Associations beauftragen genauso wie sonst die städtischen Planungsämter freischaffende Architekten und Planer, deren Büros Entwürfe für die bauliche Umgestaltung, die Anlage von Grünflächen, die Lösung von Problemen des ruhenden und rollenden Verkehrs ausarbeiten und ihnen die nötigen Unterlagen für Verhandlungen mit den Behörden liefern.

Häufig hat sich auch die Industrie an der Umgestaltung der City mit Investitionen und Errichtung neuer Bürohäuser beteiligt in der „Erkenntnis, daß das Blühen einer Industriestadt aufs engste mit dem Wohlergehen der an der Produktion, dem Handel und dem Transportwesen Beteiligten zusammenhängt" (SCHROEDER et al.). So hat beispielsweise in Peoria, Illinois, die Firma Caterpillar, die ihre große Fabrik auf dem Südostufer des Illinois-Flusses hat, 1966 mit der Errichtung eines vielgeschossigen Bürohauses unweit des ebenfalls neuen County-Gerichtsgebäudes begonnen.

Bei diesen Untersuchungen hat sich allerdings herausgestellt, daß der Umfang der Pläne und durchgeführten Projekte zur baulichen und funktionalen Verbesserung der City nicht unbedingt von der Art der Organisation der Interessenten abhängt, sondern oft sehr stark von der eben erwähnten Privatinitiative der Industriewirtschaft. Während Rockford und Springfield straff geführte Vereinigungen besitzen und Peoria andererseits nur Einzelaktionen gestartet hat, beliefen sich die privaten Investitionen in Bauprojekte innerhalb der City im Laufe von sieben Jahren in Peoria rund auf das Fünffache des Betrages in Springfield bzw. Rockford.

Von der Größenordnung der Städte her gesehen ergibt sich, daß solche Mittelstädte wie die drei genannten in Illinois ihre Sonderprobleme haben. Sie können nicht wie im allgemeinen die Großstädte mit einem kräftigen Anwachsen der Bürotätigkeiten rechnen, so daß hier nicht ein gleichbleibender oder gar noch steigender Zustrom von Kunden und Geschäftspartnern garantiert ist (SMITH, S. 82).

Die mit der Verlagerung der Tätigkeit einzelner Unternehmen des Einzelhandels und Dienstleistungsgewerbes in die vorstädtischen Einkaufszentren gegebene *Funktionsschrumpfung* geht in manchen gewerblich-industriellen Branchen im City- oder Cityrandbereich *selektiv* vor sich. In den ausgesprochen cityorientierten Branchen des Druckereigewerbes und der Damenoberbekleidung, die mit dem Nachrichten- und Zeitungswesen und dem Bedarf der öffentlichen und privaten Verwaltungen an kleineren, meist aber kurzfristig zu liefernden Druckereierzeugnissen bzw. mit modebedingten Kaufgewohnheiten der Kunden verbunden sind, konnte in den 50er Jahren in Städten wie New York City eine rückläufige Tendenz beobachtet werden, die sich jedoch auf bestimmte Teile der betreffenden Branchen beschränkte. "These are, inevitably, the simple repetitive operations where standardization is possible" (NELSON, 1962, S. 313).

Während z. B. in der Damenoberbekleidung das Nähen der Kleider, insbesondere der billigeren Konfektionsware, nach und nach abgewandert ist, verblieben im Raume der Metropolitan Area und vorzugsweise im sogenannten Garment District von Manhattan das Entwerfen und der Verkauf von Kleidern sowie die Herstellung von Modellkleidern. Im Druckerei- und Verlagswesen waren es ebenfalls die Branchenteile des produzierenden Gewerbes i. e. S. wie die Setz- und Bindearbeiten und der Versand, die aus der Stadt abwanderten, während ihr die schriftstellerischen und verlegerischen Tätigkeiten sowie das Illustrieren und archivalische Arbeiten erhalten blieben.

Wir werden im Abschnitt 4.3, S. 168ff., sehen, welch umfassende Pläne für die Umstrukturierung der City heute in vielen Städten Amerikas in Ausführung begriffen sind.

3.5. Die citynahen Wohn- und Gewerbeviertel (Central Belt)

3.5.1. Heterogenität und niederer Status

Wie sich in unseren Städten um die City ein Ring dichtester Bebauung aus den Gründerjahren mit den höchsten Wohndichten innerhalb des gesamten Stadtgebietes und durchmischt mit einer Vielzahl meist kleiner Gewerbebetriebe legt, kommt man im allgemeinen auch in den größeren Städten Angloamerikas aus der City durch eine schmale Übergangszone in ein Gebiet mit Wohnvierteln minderer Qualität und erheblicher Zahl von Industriebetrieben.

Jedoch gibt es in der Ausprägung dieser "central belt areas" deutliche Unterschiede gegenüber den Städten Europas. Sie tragen Züge, die nur den entsprechenden Gebieten der angloamerikanischen Städte eigen sind.

Die nahezu rein gewerbliche Nutzung der City geht nicht abrupt in Wohn- oder Industrieviertel über. Vielmehr tritt eine allmähliche Verschiebung in den jeweiligen Anteilen einzelner Nutzungsarten ein, und wir finden zunächst noch eine ganze Menge von Aktivitäten vor, die in engem funktionalem

Zusammenhang mit der City stehen und so diesen angrenzenden Streifen von einigen Baublöcken Tiefe gewissermaßen zum *Ergänzungsraum* der City machen. Von BOYCE als *CBD Frame*, von GRIFFIN und PRESTON als *Transition Zone* bezeichnet, weist dieser Ergänzungsraum doch merkbare Unterschiede gegenüber der City selbst auf (Tabelle 7).

Tabelle 7. Kriterien von Kern und Rand der City nach HORWOOD/BOYCE.

Merkmal	im Kern der City	im Randgebiet
Landnutzung	intensiv	halb intensiv
Flächennutzung	voll überbaut	teilweise überbaut
Gebäudetypen	ähnlich	verschieden
Wachstum	nach oben	nach außen
Geschäftsverflechtung	intern	nach außerhalb
Autoparkmöglichkeiten	beschränkt	meist ausreichend
Dominierende Verkehrsart	Fußgänger	Kraftfahrzeug
Verkehrsschwerpunkte	stadtintern	zwischenstädtisch
Abgrenzung	interne Faktoren	externe Faktoren

Dieses Konzept wurde in den Vereinigten Staaten entwickelt und basiert in erster Linie auf dort gemachten Beobachtungen. Die systematische Stadtgeographie wird darüber zu befinden haben, ob mit dieser Trennung in einen Citykern und einen Cityrand größere Klarheit und Einsicht erzielt werden oder ob das Konzept eher geeignet ist, das Wesen der City zu verschleiern und die Unterschiede gegenüber den angrenzenden Stadtvierteln zu verwischen.

Richtig ist auf jeden Fall, daß die City für bestimmte, mit ihrer eigenen Struktur verknüpfte Bedürfnisse räumlich auf den Randbereich ausweicht, so z. B. mit der verstärkten Schaffung von Autoabstellplätzen in Form von Parkplätzen oder Parkgaragen. Derartige Nutzungsformen sind sicherlich *weniger intensiv* als der in der City selbst erreichte Durchschnitt, so daß die von BOYCE getroffene Unterscheidung nach der Landnutzung in intensives und halb intensives Gebiet berechtigt ist. Über andere Merkmale der angeführten Liste kann man stärker im Zweifel sein. Wie weit es richtig ist, die City als voll überbaut und die Randzone als teilweise überbaut einander gegenüberzustellen, ist nach dem im vorigen Kapitel Gesagten zumindest fragwürdig. Auch daß das Wachstum in der City nach oben, also in die Vertikale gehe, im Gegensatz zum Randgebiet, in dem es nach außen, also in die Horizontale gehen soll, ist sicher mit dieser Unbedingtheit nicht zu vertreten. In neuester Zeit würde dem allein der Umstand widersprechen, daß in immer größerer Zahl gerade im Randgebiet in unmittelbarer Nähe der City die vielgeschossigen high-rise apartment buildings, die Wohntürme, auftreten.

Richtig ist auch, daß mit dem Verlassen der eigentlichen City eine Veränderung in den Anteilen der verschiedenen Nutzungsarten auftritt und damit sich zumindest graduell Verkehrsverhältnisse, funktionale Verflechtungen und andere Merkmale, die BOYCE in seine Liste aufgenommen hat, ebenfalls ändern. *Gewerbliche und nichtgewerbliche Nutzung sind hier räumlich eng verflochten.* Die Grundstücke sind oft weniger überbaut als in der City, die Gebäude zum großen Teil niedriger. Die Übergangszone ist stark kraftwagenorientiert im Gegensatz zu der überragenden Bedeutung des Personen- bzw. Fußgängerverkehrs und Nachrichtenverkehrs der City.

Im Durchschnitt der Städte Richmond, Worcester und Youngstown errechnete PRESTON für die Übergangszone die folgenden Flächenanteile:

Tabelle 8. Flächenanteile in der Übergangszone dreier Städte.

Nutzungsart	Anteil in %
Öffentliche Dienste und Organisationen	24,5
Großhandel und Lagerhaltung	10,9
Leichtindustrie	7,8
Autoabstellflächen	4,6
Transportwesen	4,1
Kraftfahrzeugwesen (Tankst., Werkstätten)	2,5
Beherbergungsgewerbe	1,9
Einzelhandel außer Kraftwagen	4,5
Sonstige private Dienste	4,7
Wohnungen	19,6
Leer stehende Gebäude und Freiflächen	7,7
Schwerindustrie	7,0

Die drei zuletzt angeführten Nutzungen, Wohnungen, Schwerindustrie und leerstehende Gebäude bzw. Freiflächen werden als nicht typisch für die Übergangszone bezeichnet. Daß Wohnungen und Schwerindustrie dennoch in einiger Zahl unmittelbar anschließend an die City auftreten, unterstreicht die Feststellungen von GRIFFIN und PRESTON, daß die Übergangszone in der Gegenwart sehr heterogen ist, da sich die City *längst nicht mehr wie früher einmal weitgehend gleichmäßig nach außen ausdehnt*, sondern selektiv nur bestimmte angrenzende Viertel bevorzugt und andere meidet. Leere Gebäude und

Freiflächen schließlich sind ein allgemeines Charakteristikum für die Stadt und sind nicht speziell kennzeichnend für die Übergangszone. Nur der Umfang ist insofern interessant, als hier fast 8% Fläche als ungenutzt ausgewiesen wird, Kennzeichen einer gewissen Ungunstsituation in diesem Bereich um die City herum.

Auch die *räumliche Verschiebung des Hauptgeschäftszentrums* spielt dabei eine Rolle. Beispiele haben wir in Toronto und Montreal vor uns. In beiden Städten ist die City gewandert und hat bei dieser Verlagerung eine *Degradierungszone* hinterlassen. SCHÖLLER machte darauf aufmerksam, daß solche Verschiebungen *durch das Gitterraster erleichtert* werden im Gegensatz zu den historisch und sozial stärker stabilisierten Stadtkernen europäischer Städte, was die größere Häufigkeit ihres Auftretens in den Städten Angloamerikas erklärt (vgl. die Diskussionsbemerkung von SCHÖLLER zu meinem Vortrag auf dem 36. Deutschen Geographentag in Bad Godesberg).

Großhandel und Lagerhaltung, Leichtindustrie mit besonders hohem Anteil der Branchen Druckereigewerbe und Oberbekleidung, und Transportwesen mit zusammen 22,8% Anteil an der Nutzfläche sind besonders eng miteinander *verflochten* und zeigen überdies deutliche *Konzentrationen innerhalb der Zone* in unmittelbarer Nähe der Grenze zum Hauptgeschäftszentrum und zu den Eisenbahnanlagen. Die öffentlichen Dienste und Organisationen zeigen einen Schwerpunkt nahe dem Hauptgeschäftszentrum und eine zusätzliche Streuung innerhalb gehobener Wohngebiete. Letzteres gilt auch für die Verwaltungen der privaten Unternehmen. Hier gibt es, wenn auch wohl verhältnismäßig weniger als in deutschen Städten, Beispiele dafür, wie öffentliche und private Dienstleistungsbetriebe *Büros in ehemaligen, villenartigen Wohnhäusern eingerichtet* haben.

Einrichtungen der städtischen und staatlichen Verwaltungen bilden aber auch häufig Konzentrationen und belegen ähnlich dem Campus der Universität *ganze Gebäudekomplexe*, um die sich dann in gewissem Umkreise noch Klubhäuser, Kirchen, Krankenanstalten usw. gruppieren.

Die Einrichtungen des Kraftfahrzeugwesens zeigen dagegen häufig die *Tendenz zu bandförmiger Aufreihung an den Zufahrtsstraßen zur City*. In höherem Maße freilich findet man sie in größerem Abstand von der City, schon außerhalb dieses Übergangsbereichs (s. Abschnitt 3.7.3.2, S.119).

Der Grund für die Belegung einstiger Wohnhäuser seitens öffentlicher oder privater Unternehmen oder Organisationen ist in den amerikanischen Städten auf alle Fälle ein anderer als in unseren deutschen Städten. Während sich hier die heutigen Bewohner von Großvillen oft aus sozialen Gründen ein solches Gebäude nicht mehr erhalten können, ist in Amerika für diesen Übergang gerade die günstige finanzielle Situation der Bewohner maßgebend, die zur Verbesserung ihrer Wohnverhältnisse in die Vororte des Metropolitan Ring abziehen und dort ihr neues Eigenheim gebaut haben.

Heute dringen die Cityfunktionen nur noch in einzelnen ihrer Teilbereiche vor, in dem sogenannten "sector of active assimilation". Der größere Teil der Übergangszone dagegen ist gekennzeichnet durch *Stagnation oder durch die Aufnahme minderwertigerer Funktionen*, wozu unter anderem die verstärkte Aufnahme von Autoparkeinrichtungen zu rechnen ist.

Mit zunehmender Entfernung von der City verändern sich nun die hauptsächlichen Nutzungsarten merkbar besonders zugunsten der Wohnfunktion und auf Kosten der Handelsfunktion. Sehr markant ist *der Wandel in einem Bereich etwa zwischen 3 km und 16 km* von der City entfernt, während sich danach das Verhältnis der Nutzflächenanteile auf mehr oder weniger konstant bleibende Größen einpendelt. Für Chicago ergibt sich folgendes Bild auf Grund von Erhebungen der Chicago Area Transportation Study: Der Flächenanteil des *Handels* nimmt von einem Maximum von 28% in der City auf etwa 3% in 19 km Entfernung ab, um von dort ab etwa gleich zu bleiben. Die *Wohnfunktion* dagegen steigt von einem Minimum von 2% in der City bis auf 40% in etwa 14 km Entfernung an, um dann ebenfalls etwa konstant zu bleiben. Die *Industrie* erreicht ein Maximum bei etwa 8 km und ein zweites bei etwa 18 km Entfernung von der City und hält sich in den übrigen Bereichen um 4%. *Öffentliche Gebäude* nehmen einen geringen Prozentsatz der Nutzfläche ein und erreichen nur kleine lokale Maxima an den Standorten von Colleges und Universitäten. *Straßen* nehmen den relativ hohen Anteil von 40% innerhalb der City bis 3 km Entfernung ein. Von da ab sinkt ihr Prozentsatz auf 32%, um bei etwa 24 km Entfernung wieder etwas anzusteigen. Das *Verkehrswesen* beansprucht in der City 22%. Dieser Anteil sinkt bis auf 10% in etwa 6 km Entfernung und bleibt dann konstant mit Ausnahme besonderer Konzentrationen, wie sie durch Verschiebebahnhöfe und sonstige umfangreiche, aber lokal begrenzte Verkehrseinrichtungen gegeben sind (Fig. 28).

Abgesehen von der relativ hohen Bevölkerungsdichte (Fig. 29) ist der citynahe Wohngürtel stärker als in Deutschland *von Industriekomplexen durchsetzt*, die meist größere Betriebe vereinigen im Gegensatz zu den zahlreichen kleinen Gewerbebetrieben unserer Städte und in größerer räumlicher Geschlossenheit, während sie bei uns in der Mehrzahl verstreut und oft kaum erkennbar über die verschiedenen „Gartenhäuser“ an den Hinterhöfen hinter den Mietskasernen der Straßenfront verteilt liegen. In Amerika handelt es sich meist um beachtliche Zahlen richtiger Fabrikgebäude. Schon ROSSNAGEL beschrieb diese Situation: „Die Fabrikbezirke (manufacturing districts) richten sich nach den Verkehrslinien, reihen sich also meist bandförmig längs der Eisenbahnen, die in den Tallinien nach außen führen, oder um den Hafen oder die Flußmündungen an... (Sie) liegen meist innerhalb des zusammenhängenden Stadtgebiets, umrahmt vom Wohnbezirk, dessen Ring sie allerdings vereinzelt durchbrechen mögen“ (ROSSNAGEL S. 19/20).

Diese Feststellung trifft für viele Städte Angloamerikas bis in die Gegenwart hinein zu. Gute Beispiele sind Chicago, Minneapolis, St. Louis. In Chicago dehnt sich westlich der Ashland Avenue, die als Straße 1600 W 16 Baublöcke westlich der State Street in der Loop genannten City liegt, eine sehr auffällig von Industrie durchsetzte Zone aus, die sich außerhalb der Stadtgrenze Chicagos in der Industriestadt Cicero und in weiteren großen Industriekomplexen benachbarter Vorortgemeinden fortsetzt.

In St. Louis gibt es außer den Industriekonzentrationen entlang den Mississippiufern – East St. Louis auf der Ostseite, schon im Staate Illinois gelegen, ist eine fast reine Industriestadt – einen breiten Industriestreifen, der auch dem heute gültigen Flächennutzungsplan zufolge bestehen bleiben wird und *die Wohngebiete direkt westlich der City regelrecht durchschneidet*. Dieser Industriestreifen folgt dem Verlauf der Eisenbahnen, die entlang dem Mississippiufer unterirdisch geführt sind und dann in Ost-West-Richtung umbiegen. Unterstrichen wird diese Verkehrslinie heute in ihrer Bedeutung noch durch den dem Mill Creek Canyon folgenden Daniel Boone Expressway. Das Mill Creek-Gebiet ist ein großes Sanierungsgebiet, das größte der Stadt, das in einem Teilabschnitt zu einem Industrial Park umgestaltet worden ist (s. Abschnitt 4.3.1.2, S. 170, Fig. 30).

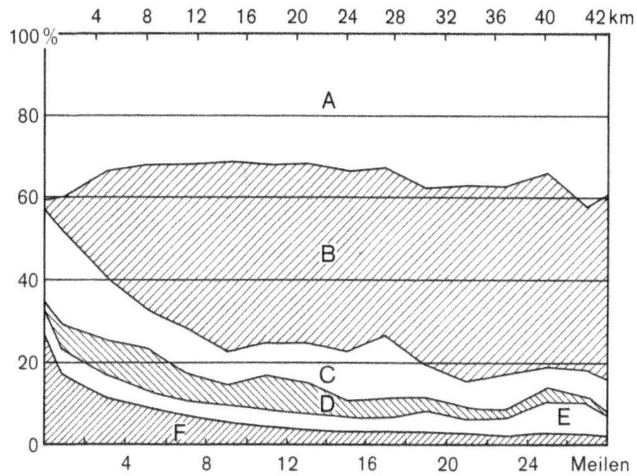

Fig. 28. *Veränderung der Flächenanteile verschiedener städtischer Funktionen mit wachsender Entfernung vom Stadtkern am Beispiel Chicagos* (nach Chicago Area Transportation Study). Der Wandel ist besonders deutlich im Bereich zwischen 3 km und 16 km Entfernung von der City. In dieser ist die Handelsfunktion sehr stark, die Wohnfunktion sehr schwach vertreten. Erstere fällt von etwa 28% auf 3%, letztere steigt von 2% auf 40% an. In rund 16 km pendelt sich das Verhältnis der Nutzflächenanteile auf annähernd gleichbleibende Werte ein. Der Straßenanteil liegt sowohl in der City als auch in den Wohnvororten mit rund 40% hoch, in der Zone dazwischen niedriger. Das übrige Verkehrswesen erreicht mit Verschiebebahnhöfen, Flugplätzen und ähnlichen Einrichtungen genauso wie die Industrie entsprechend ihren spezifischen Standortverhältnissen lokal einzelne Maxima. Die in dem Profil dargestellten Anteile beziehen sich auf die jeweilige Entfernungszone, stellen also Durchschnittswerte dar.

In Minneapolis schließt sich unmittelbar nordwestlich an die City ein ausgedehntes Industrie- und Lagergelände an, das hier ebenfalls mit den Eisenbahnen im Zusammenhang steht.

Diese Zone verliert allerdings in den Städten des Ostens und Mittelwestens der USA viele Betriebe mit zunehmender Marktorientierung, die dem Westen und Südwesten den Vorrang gibt. Auch gibt es starke Fluktuationen der Betriebe innerhalb der Metropolitan Areas, die zu einem Wanderungsverlust der citynahen Gebiete führen, obwohl es einzelne Branchen wie z. B. die Möbelindustrie im Raume von Chicago gibt, die in größerem Maße stadteinwärts als umgekehrt sich verlagert (Fig. 31).

Die *Nachbarschaft zur Industrie* ist sicherlich ein entscheidender Faktor für den *unterdurchschnittlichen Zustand* der Wohngebiete in diesem citynahen Gürtel. Hinzu kommt das relativ hohe *Alter*

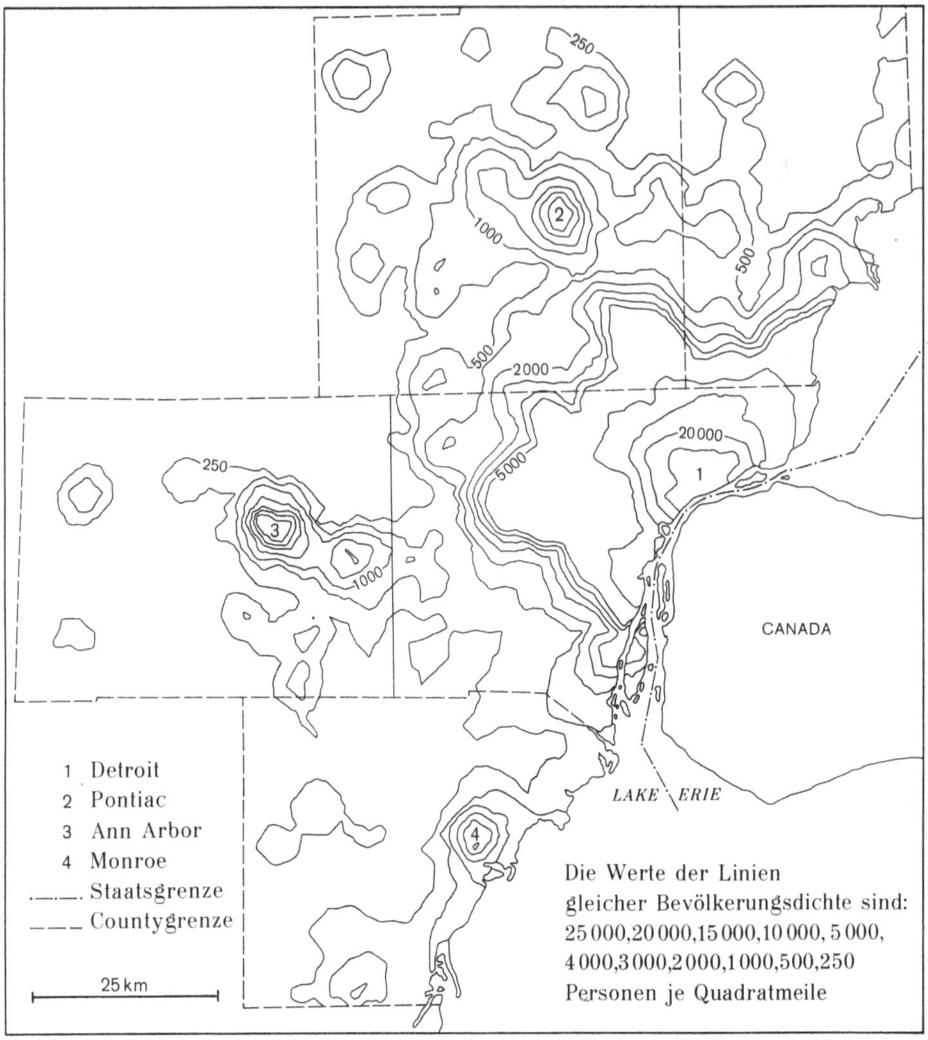

Fig. 29. *Linien gleicher Bevölkerungsdichte im Großraum Detroit* (wiedergegeben aus The Professional Geographer of the Association of American Geographers Bd. XIX, 1967, und mit freundlicher Genehmigung von D. R. DESKINS JR. und R. S. YUILL). Verlauf und Scharung der Isolinien veranschaulichen das Bevölkerungsdichtemaximum im citynahen Bereich und den Abfall der Werte nach außen sowie die sekundären Maxima im Bereich der Satellitenstädte. Der sich aus der Dichte der Isolinien ergebende Gradient ist schwächer als der bei den kompakter gebauten Städten der Alten Welt.

der Häuser. Neben den Resten der Erstbebauung oder doch einer Bebauung vor dem Wolkenkratzerzeitalter gehören die Wohnhäuser dieses Gürtels zur ältesten Bausubstanz im Stadtgebiet. Sie ist oftmals zu über 50%, ja teilweise über 80% als überaltert und abbruchsreif zu bezeichnen. Führen wir uns hier noch einmal das im Zusammenhang mit der viel verwendeten Holzbauweise über den hohen Verfallsgrad Gesagte vor Augen, so wird verständlich, weshalb dieser Bereich großenteils in einer Karte des Zustandes der Gebäude mit der Signatur für "dilapidation above city average" zu versehen wäre.

Wir haben es hier vielfach mit einer *Reihenbauweise* zu tun, die zeitlich dem Automobilzeitalter vorausging. Garagen sind nur wenig vorhanden, so daß die Straßenränder dicht mit parkenden Kraftfahrzeugen vollgestellt sind. Diese Zone kann in großen Städten wie Chicago sehr breit sein. Erst in erheblicher Entfernung vom Stadtkern kommen wir in Gebiete lockerer Bauweise, wo die Häuser wenigstens einen, meist sogar zwei Bauwiche haben und wo genügend Platz auf dem einzelnen Grundstück für das Abstellen des Wagens vorhanden ist. In dieser Außenzone und in den Randgemeinden des Metropolitan Ring werden wir seltener parkende Wagen am Straßenrande antreffen. Selbst Gäste fahren ihren Wagen meist in die Auffahrt zur Garage des Gastgebers. In Kleinstädten erreicht man dieses Gebiet der lockeren Bebauung sehr bald, meist schon in wenigen Blöcken Entfernung vom Hauptgeschäftszentrum.

Mit den Einfamilien-Reihenhäusern hatte es oftmals seine besondere Bewandtnis. Schon unmittelbar nach ihrer Fertigstellung ergab sich eine andere als die vorgesehene Nutzung. Viele dieser Häuser, obwohl für eine Familie gedacht, wurden von Anfang

Fig. 30. *Industriezonen innerhalb der Stadt St. Louis* (nach Stadtplanungsamt St. Louis).

Auffallend ist die Anordnung der Industrie in zwei Streifen entlang dem Ufer des Mississippi und der Ost–West–Strecke der Eisenbahn. Letzterer begrenzt im Verein mit den Bahnanlagen die City im Süden und durchschneidet den gesamten Baukörper der Stadt. Obgleich das als störend empfunden wird, soll dieser Industriestreifen belassen bleiben. St. Louis bietet ein gutes Beispiel für die recht zentrale Lage der Bahnen und der Industrie innerhalb der Stadt. Während die Schwerindustrie auf dem gegenüberliegenden Flußufer in East St. Louis konzentriert ist, handelt es sich in dem Streifen entlang der Bahn um eine heterogene Zone vieler verschiedener Industrieunternehmen, die auch zur Leitlinie der Slumbildung geworden ist.

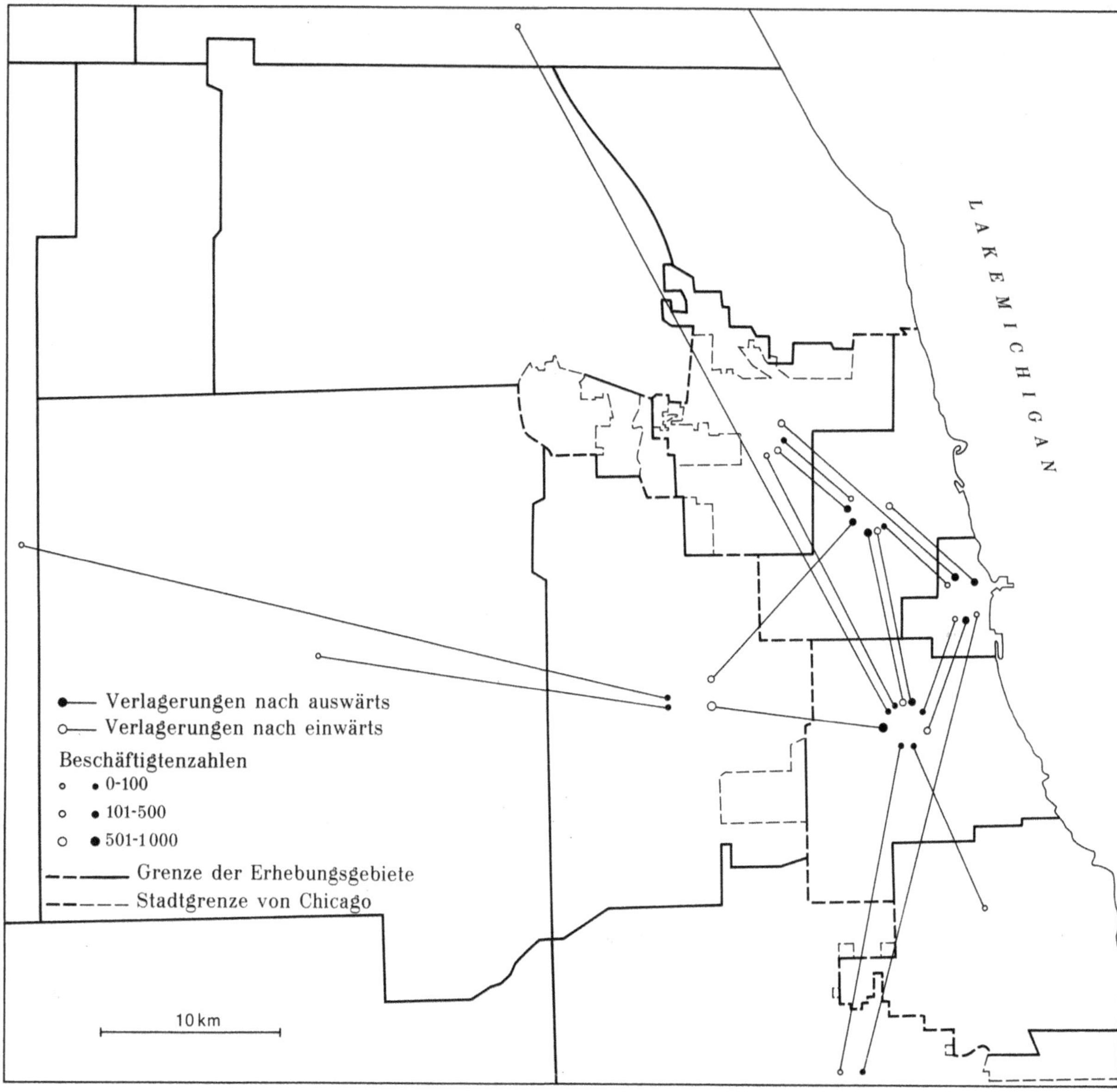

Fig. 31. *Verlagerungen von Betrieben der Möbelherstellung innerhalb der Metropolitan Area von Chicago* (nach Northeastern Illinois Planning Commission).
Während in vielen Branchen wegen Raummangel und aus anderen Gesichtspunkten die zentrifugale Verlagerung eindeutig vorherrscht, macht die Möbelindustrie diesen einseitigen Trend nicht mit. Bei ihr haben sich in letzter Zeit stadtauswärts und -einwärts gerichtete Umzüge etwa die Waage gehalten. Der wahrscheinlich wichtigste Grund für ein Beharren in der Kernstadt ist das Arbeitskräftepotential der citynahen Wohnviertel. Für die hier wohnende sozial schwache Schicht völkisch-rassischer Minoritäten bedeutet die Verlagerung von Arbeitsstätten nach draußen verschlechterte Erreichbarkeit und erschwerte Erwerbsmöglichkeit wegen geringeren eigenen Kraftfahrzeugbesitzes und mangelnder öffentlicher Verkehrsbedienung. In der Kernstadt kann die Industrie auf diese weniger mobile Schicht zurückgreifen.

an Mehrfamilienhäuser. Viele Familien, die sehnsüchtig nach einem eigenen Heim gestrebt hatten, nahmen jetzt Leute in Untermiete auf, um die Kosten zu decken. Das Boarding-house-Leben war in den Städten der Oststaaten der USA um 1800 weit verbreitet (vgl. TUNNARD/REED, 1955, S. 99).

Die Überbauung dieser Viertel ist für amerikanische Verhältnisse recht hoch. Im Laufe des 19. Jahrhunderts wurden auch sehr viel mehr Mehrfamilienhäuser gebaut, und man nutzte die Grundstücksfläche so weit wie möglich aus. Wie in europäischen Ländern gab es selbst in der zweiten Hälfte des vorigen Jahrhunderts nur wenige Vorschriften, insbesondere Feuerschutzbestimmungen, die beachtet werden mußten. Erst 1879 wurde festgesetzt, daß ein Grundstück maximal zu 65% überbaut werden dürfe. Die Zimmer hatten häufig Fenster, die auf enge Luftschächte hinausgingen.

Diesen dichter bebauten inneren Wohnvierteln fehlten auch lange Zeit Grünanlagen größeren Umfangs. Erst allmählich wurden diese im Laufe der zweiten Jahrhunderthälfte geschaffen, so 1855 der 1 538 ha große Fairmount Park in Philadelphia, 1858 der Central Park in New York City, nach 1865 der Delaware Park in Buffalo und der Belle Isle Park in Detroit.

3.5.2. Auswirkungen und Begleiterscheinungen

3.5.2.1. Konzentration rassisch-völkischer Minoritäten

Ein besonders charakteristisches Merkmal der Struktur der angloamerikanischen Stadt ist die seit fast einem Jahrhundert im Gange befindliche Herausbildung von *primären Stadtvierteln* im Sinne H. LEHMANNS oder, dem amerikanischen Sprachgebrauch folgend, von settlements, colonies oder quarters, d.h. räumlich meist scharf begrenzbaren Konzentrationen der weniger assimilierten fremdvölkischen und rassischen Minoritäten innerhalb des citynahen Wohngürtels.

Das in New York City gelegene Negerviertel Harlem ist so sehr als Getto in das Bewußtsein der Amerikaner gedrungen, daß sie vielfach ganz allgemein von den primären Stadtvierteln als von "harlems" sprechen, ähnlich wie auch der belgische Badeort Spa zum Vorbild für die Bezeichnung von Kur- und Badeorten als "spas" wurde. Hat der Amerikaner speziell die Negerbevölkerung und ihre räumliche Konzentration auf bestimmte Stadtviertel im Auge, so spricht er auch häufig vom Black Belt oder von Bronzeville.

Während die Nordamerikaner englisch-irischer, skandinavischer, deutscher, schweizerischer oder französischer Abkunft im allgemeinen zu den gut assimilierten Gruppen zählen und über weiteste Teile der Stadt verstreut leben, zeigen vor allem die Angehörigen der *Herkunftländer der sogenannten Neuen Einwanderung*, die etwa um das Jahr 1880 einsetzte, also Italiener, Polen, Ukrainer, Russen, dazu die seit dem Zensus von 1930 nicht mehr zu den Fremdrassischen gerechneten Puertorikaner, Mexikaner und übrigen Lateinamerikaner, sowie die Asiaten, Neger und Überreste der indianischen Ureinwohner deutlich die Tendenz zum Zusammenleben in bestimmten Wohnvierteln dieses Gürtels.

Als Hauptgrund muß der gesamte soziale Status dieser Volksgruppen angesehen werden. Sie sind großenteils als *ungelernte Kräfte* mit geringem Ausbildungsstand in die Einwanderungsländer USA und Kanada gekommen und vorwiegend in den größeren Städten hängengeblieben. Auf der Suche nach Beschäftigung und für das Zurechtfinden im neuen Lande sind diese Menschen, die oft auch mit *sprachlichen Schwierigkeiten* zu kämpfen haben, wenn Englisch nicht ihre Muttersprache ist und sie Englisch auch nicht auf der Schule gelernt hatten, von der *Hilfestellung* seitens ihrer schon früher emigrierten Familienangehörigen oder Freunde angewiesen. Die beschränkten Arbeitsmöglichkeiten, die sich ihnen bieten, und die relativ geringe Entlohnung verweisen sie weiterhin auf solche Wohngebiete, in denen Mietwohnungen vorherrschen und Wohneinheiten zu erschwinglichen Mietpreisen erhältlich sind.

So ziehen diese Menschen in die Wohngebiete des citynahen Gürtels zu ihren früheren Landsleuten, deren Sprache sie sprechen, und nicht nur das, sondern man findet sie auch im einzelnen Industriebetrieb konzentriert, wo der Angehörige einer bestimmten Volksgruppe seine Verwandten und Bekannten nachgezogen hat. So findet man in dem einen Betrieb bis in die Verwaltungsspitze hinein fast nur Japaner, Chinesen, Koreaner, in dem Betrieb im Hause nebenan nur Puertorikaner oder Mexikaner. Eine eigenartige *Differenzierung, die das Privatleben und das Berufsleben* gleichermaßen in diesem Gebiet erfaßt.

Die Verdienstchancen dieser Menschen gestatten auf längere Sicht nicht den Gedanken an ein Eigenheim. Es kommt nur eine Mietwohnung, allenfalls ein Haus zur Miete in Frage. Mietwohnungen aber werden vorzugsweise in diesem von der weißen wohlhabenderen Bevölkerung nach und nach verlassenen Gebiet angeboten. Es fällt in die Rubrik "owner occupancy below city average".

SCHULTZ hat in einer detaillierten Studie über die Bevölkerung von Milwaukee nachgewiesen, daß die in dieser Stadt sehr zahlreichen *deutschstämmigen und polnischen* Einwohner in völlig *verschiedener Weise* innerhalb des Stadtgebietes wohnen. Während die Deutschen allenfalls kleine Ansätze zu Konzentrationen bilden und allgemein recht gleichmäßig über die weiten Wohngebiete der Stadt ver-

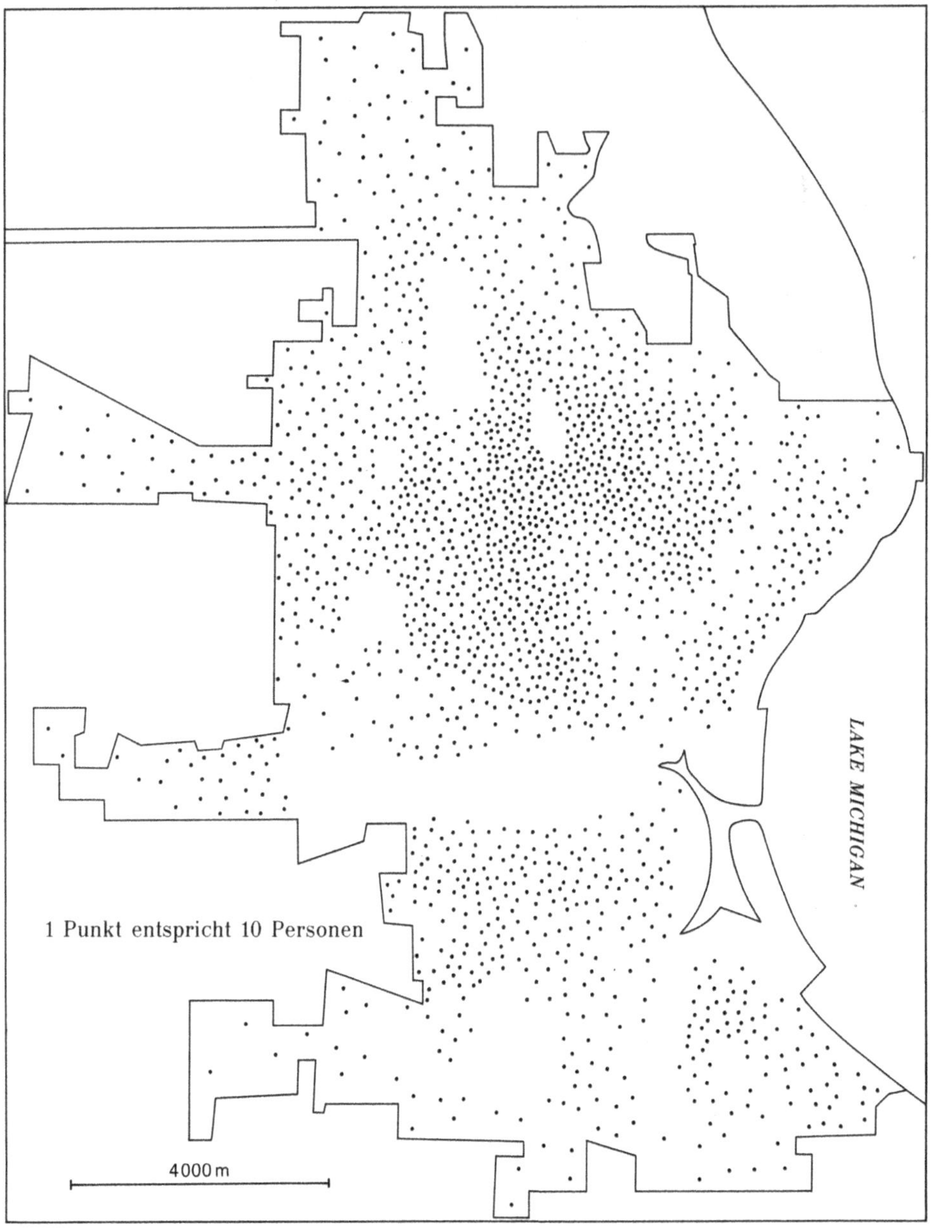

Fig. 32. *Verteilung der deutsch- (a) und polnischstämmigen (b) Bevölkerung über das Stadtgebiet von Milwaukee, Wisconsin* (wiedergeben aus Erdkunde Bd. X, 1956, und mit freundlicher Genehmigung von G. M. SCHULTZ).
Die Gegenüberstellung zeigt den Unterschied im Wohnverhalten zweier völkischer Gruppen. Abgesehen davon, daß die Deutschen schon länger in dem von ihnen stark baulich und funktional gestalteten Milwaukee ansässig sind als die Einwohner polnischer Herkunft, gehören letztere im allgemeinen einer sozial schwächeren Schicht an. Ihre größere Abhängigkeit bei der Stellensuche von Angehörigen ihrer eigenen Volksgruppe hat sie stärker zum Zusammenleben in bestimmten citynahen Wohnvierteln bewogen, wo wir zwei Schwerpunkte erkennen im Gegensatz zu der weitgehend gleichmäßigen Verteilung der Deutschen über das gesamte Stadtgebiet.

a)

streut leben, bilden die Einwanderer aus Polen an zwei Stellen deutliche Ballungen (Fig. 32). SCHULTZ führt diese unterschiedliche Wohnweise in erster Linie auf Unterschiede im Ausbildungsstand und entsprechenden Verdienstmöglichkeiten und damit auf den verschiedenen Grad der Abhängigkeit von Verwandten und Bekannten aus der alten Heimat zurück.

Die oft personenreichen Haushalte dieser fremdvölkischen und rassischen Gruppen können sich nur eine Wohnung oder einen Teil eines ursprünglich für eine Familie bestimmten Hauses leisten, so daß sich in diesen Wohngebieten eine *hohe Belegungsziffer für Räume und Gebäude* ergibt. In der Karte von East St. Louis fällt daher das Gebiet mit den Merkmalen "dilapidation above city average" und "owner occupancy below city average" auch weitgehend mit dem Merkmal "crowding over 1.51 persons per room" zusammen (Fig. 33).

Einige Zahlen aus den zum Central Belt von Oklahoma City gehörenden Wohngebieten mögen die gesamte Sozialstruktur der dort lebenden Bevölkerung veranschaulichen. Was zunächst den baulichen Zustand der Wohngebäude betrifft, so finden

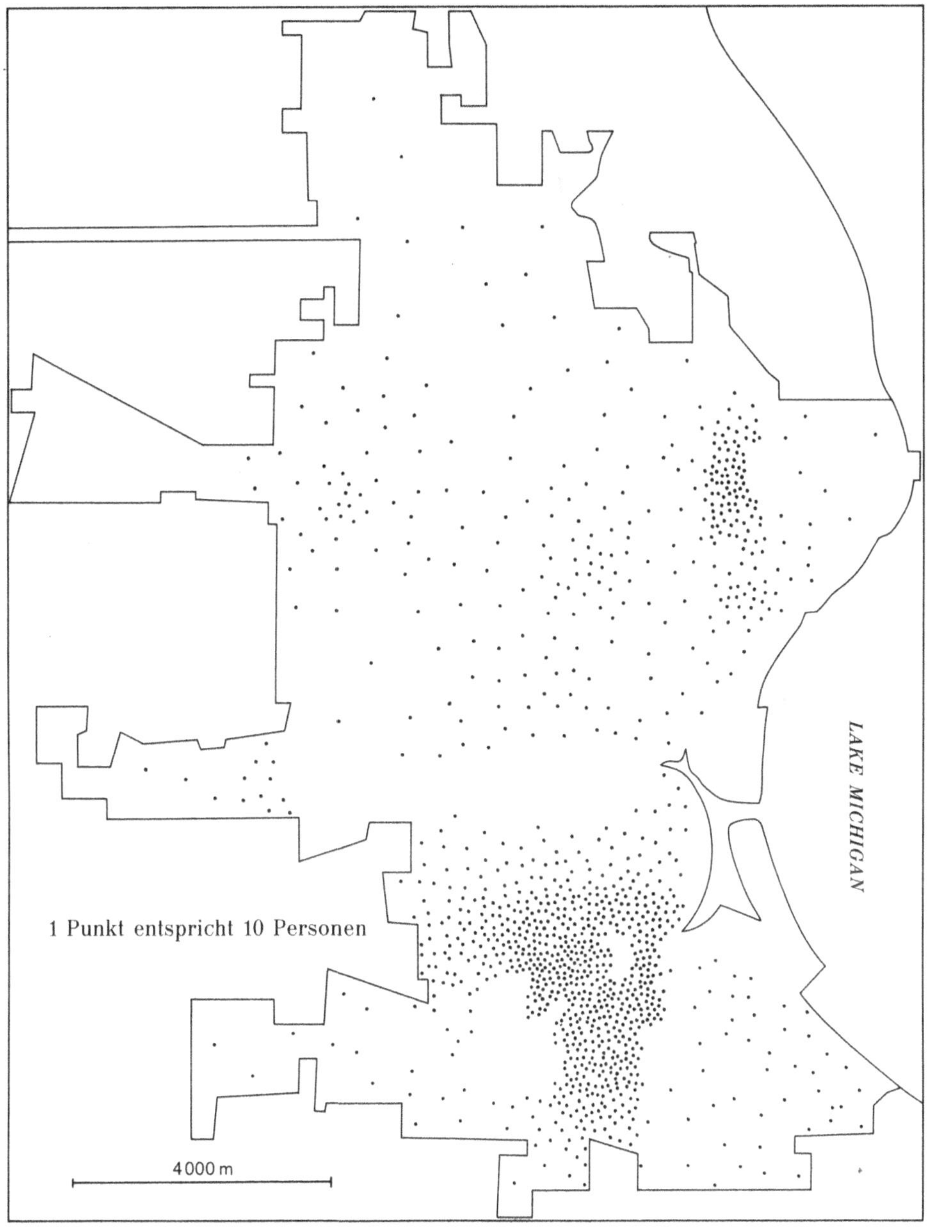

b)

sich in diesem Gebiet 18% der Wohneinheiten der Stadt, jedoch 55% aller Wohneinheiten ohne eigenes Bad. Haus- bzw. Wohnungseigentümer sind nur 33% der Haushalte gegenüber 64% im übrigen Stadtgebiet.

Es wohnen im Central Belt 17,5 % der Einwohner der Stadt, jedoch 40% der Bevölkerung der Altersgruppen über 65 Jahre. Die durchschnittliche Schulbildung der Central Belt-Bevölkerung beträgt 7,9 Jahre gegenüber 11,3 Jahre der übrigen Bevölkerung der Stadt. Das durchschnittliche Familieneinkommen liegt bei $ 3310 gegenüber $ 7500 im übrigen Stadtgebiet oder, anders ausgedrückt, während 15% der Familien in diesem Gebiet wohnen, beherbergt es 35% der Familien mit Einkommen unter $ 3000. 30% der männlichen Bevölkerung über 14 Jahre sind unbeschäftigt. Auch die Familienverhältnisse sind ungesünder. Scheidungen bei der männlichen Bevölkerung liegen bei 41% gegenüber 8% im übrigen Stadtgebiet. 51% aller geschiedenen und 53% aller getrennt lebenden Männer der Stadt wohnen in diesem Gebiet.

Zur Frage der rassischen Minoritäten ist zu sagen, daß der Central Belt 70% der in der Stadt lebenden

Neger und 44% der übrigen Nicht-Weißen beheimatet.

Schließlich ist auch die Frage der Mobilität dieser Bevölkerung interessant. Hier finden wir zwei *Extreme vereinigt*. Einerseits ist die Fluktuation verhältnismäßig größer als im übrigen Stadtgebiet. 43% der im Central Belt von Oklahoma City 1965 ansässigen Familien waren erst zwischen 1958 und 1960 in ihre zum Erhebungszeitpunkt bewohnte Wohnung gezogen gegenüber einem Prozentsatz von nur 35% im übrigen Stadtgebiet. Andrerseits aber wohnten 10% aller Familien schon seit mindestens 1939 in derselben Wohnung gegenüber nur 6% im übrigen Stadtgebiet. Diese beiden Zahlen beleuchten die besondere Situation im Central Belt. Einerseits sind durch den Abzug der wohlhabenden weißen Bevölkerung besonders viele Wohnungen frei geworden und haben den relativ höheren Zuzug ermöglicht. Andrerseits sind relativ viele der hier wohnenden Familien auf lange Sicht nicht in der Lage, etwas zur Verbesserung ihrer Wohnverhältnisse zu tun und sich nach einer Wohnung oder gar einem Haus außerhalb dieses Stadtgebietes umzusehen.

Auch eine Konzentration bestimmter *Religionsgruppen* fällt zuweilen mit der Bildung primärer Stadtviertel innerhalb des Central Belt zusammen. So ergibt sich von selbst ein Überwiegen der Zugehörigkeit zur römisch-katholischen Konfession in den Wohngebieten der italienisch- und polnischstämmigen Bevölkerung. Das andere Element, das den katholischen Anteil der angloamerikanischen Bevölkerung stark angehoben hat, die Iren, sind dagegen meist mehr assimiliert und wohnen großenteils in den Wohngebieten der gehobeneren Einkommensklassen in der Außenzone der Stadt und den Vorortsiedlungen.

Die Amerikaner haben die Wohnviertel einzelner völkischer Gruppen mit besonders kennzeichnenden Namen belegt wie z. B. die Gebiete der italienischen Minoritäten mit der Bezeichnung "Little Italy". Zum Teil lassen sich, zumindest noch eine Zeitlang nach der Ankunft der Einwanderer, sogar einzelne Straßenzeilen innerhalb eines fremdvölkischen Viertels als eine Art Familiensiedlung ausmachen. So hat ROSSNAGEL die Situation in Cleveland, Ohio, um 1930 beschrieben und festgestellt, daß sich in der Verteilung der heutigen Wohnbevölkerung eine Gruppierung nach bestimmten italienischen Städten und Provinzen nachzeichnen läßt. Doch von solchen Details abgesehen beschreibt er "Little Italy" wie folgt. „Es sind die armseligen tenements ... mit ihren schlechten sanitären Verhältnissen, nun 'Dago Flats' genannt. Doch versucht man auch hier in den Nebenstraßen zum Leidwesen der Stadtverwaltung, einen Teil des Familienlebens auf die Straße zu verlegen, die ja im Leben der romanischen Völker eine große Bedeutung hat. In schwülen Sommernächten schläft man vor dem Hause. Auch hier kennt man einen Straßenmarkt, wozu vielfach, trotz Floridas und Kaliforniens, italienische Südfrüchte eingeführt werden[1]. Rechnet man dazu noch die Prozessionen, die Nationalfeiertage, die Festtage der Lokalheiligen, die bunten Tücher, die ausgehängte Wäsche und den Schmutz – die Siedlungen der Norditaliener... sind allerdings sauberer – so fehlt nur noch das italienische Haus und der italienische Himmel, um die Täuschung voll zu machen" (ROSSNAGEL, S. 43/44; Bild 12 und 13).

Die jüdische Bevölkerung, die sehr stark im Nordosten und Mittelwesten der USA in den Großstädten konzentriert ist, besteht meist aus zwei sozial sehr unterschiedlichen Gruppen. Die ganz reichen jüdischen Familien leben in besonders schönen, weiträumigen, gartenstadtähnlichen, weit abseits von den Kernstädten gelegenen Wohnvororten wie z. B. Rye am Long Island Sound nordöstlich von New York City, die anderen dagegen wohnen ebenfalls in bestimmten Bezirken innerhalb des citynahen Wohngürtels.

Besonders auffällig sind freilich die Wohngebiete der fremdrassischen Minoritäten der Indianer, Asiaten und Neger. Zu den zeitlich jüngsten Gebilden gehören sich gegenwärtig merkbar ausdehnende Wohngebiete der *indianischen Bevölkerung*. Ungefähr 10000 Indianer verlassen jährlich seit etwa einem Jahrzehnt ihre Reservationen, die sie sogar wie die Menominees in Wisconsin vor wenigen Jahren aus Gründen der völkischen Durchmischung und der erstrebten vollen Gleichstellung mit der übrigen Bevölkerung aufzulösen begonnen haben. Sie wandern in die Städte ab und bilden nun in den citynahen Wohngebieten eigene Viertel wie die Chippewa in Minneapolis oder die Navajo in St. Louis.

[1] Es ist nicht ausgeschlossen, daß ROSSNAGEL in dieser Hinsicht irrte. Häufig stammen die in den sogenannten delicatessen stores verkauften „original" europäischen Waren aus amerikanischen, von Einwanderern des entsprechenden Landes geführten Betrieben wie z. B. die dänische Butter aus der dänischen Meierei von Knudsen im Staate Illinois. (Freundl. Mitt. von Dr. Tietze).

Fig. 33. *Kongruenz verschiedener sozialgeographischer Merkmale in East St. Louis, Illinois* (nach KORSOK).
Dieses Beispiel zeigt sehr deutlich, wie stark die räumliche Verbreitung von überdurchschnittlichem Verfallsgrad der Bausubstanz, d.h. Slumbildung, von überdurchschnittlichem Mietwohnungsanteil am Gesamtbestand der Wohneinheiten im Gegensatz zu Eigenheimen und von überdurchschnittlicher Raumbelegung mit überdurchschnittlichem Anteil Farbiger an der Wohnbevölkerung übereinstimmen (Baublöcke mit über 50 % farbiger Wohnbevölkerung). Die Situation ist typisch für den Ring der citynahen Wohnviertel mit ihrer Konzentration völkisch-rassischer Minoritäten.

Bild 12. *Straße auf der citynahen Westseite von Toronto.* Das Haus mit der kyrillischen Aufschrift ist das ukrainische Kulturzentrum. Es sticht von seiner Umgebung mit den älteren, teils aus Holz erbauten und mit Veranden versehenen Häusern ab (B. HOFMEISTER).

Bild 13. *Italienischer Obstmarkt* an einer Straßenkreuzung im citynahen Wohnring der völkischen Minoritäten in Toronto, ein typisches Element dieser Stadtteile (B. HOFMEISTER).

Die *Puertorikaner* sind besonders konzentriert in einzelnen Großstädten des Nordens wie New York City, wo sie auf einen kleinen Wohnbezirk im Nordosten des Central Park zusammengedrängt leben, und Chicago, wo sie dicht benachbart dem Hauptgeschäftszentrum auf der Nordseite wohnen. *Kreolen und neu zuwandernde Mexikaner* bevölkern dagegen die Städte des US-amerikanischen Südwestens. Im Gebiet des Oberlaufs des Rio Grande bilden sie bedeutende Minoritäten. Aber selbst bis Denver in Colorado sind sie nordwärts in beachtlicher Zahl vorgedrungen. Die Spanisch als Muttersprache angebenden Bewohner bzw. die Personen mit spanischen Nachnamen sind auch hier in mehreren citynahen Stadtteilen konzentriert (Fig. 34).

Die *Chinesen* leben vornehmlich in den als "Chinatown" bezeichneten Gebieten der Städte Kaliforniens und einiger anderer Großstädte wie New York City und Chicago, obwohl diese hier nicht so ausgeprägt sind wie an der pazifischen Küste. Ein beachtlicher Prozentsatz der *Japaner* lebt in den Städten der Gebirgsstaaten der Felsengebirgsregion wie Salt Lake City, Utah. Das hängt mit der zwangsweisen Evakuierung dieser Menschen aus dem pazifischen Küstenraum während des Zweiten Weltkrieges zusammen, als die Amerikaner eine Kollaboration der in den Vereinigten Staaten lebenden Japaner mit ihren Landsleuten befürchteten. Sie haben sie in die benachbarten Staaten gebracht, und hier haben sich viele Japaner so gut eingelebt, daß sie nicht mehr in die Küstenstädte zurückkehren wollten.

Dazu hat auch noch der Umstand beigetragen, daß ihr in Kalifornien befindliches Eigentum, z. B. ihre Obstplantagen, konfisziert wurde, und daß eine teilweise nach dem Krieg erfolgte Entschädigung in Geld die Tendenz zur Seßhaftigkeit am neuen Ort im Binnenland noch verstärkte. Auch haben viele von den Jüngeren erst dort geheiratet und sich ein Eigenheim geschaffen.

DenHauptanteil der rassischen Minoritäten bilden heute in den Großstädten des Nordens und in einzelnen Städten der pazifischen Küstenstaaten die *Neger*, die seit Jahrzehnten einen ständigen starken Zuzug aus dem Alten Süden erhalten. Die sehr kräftige Zuwanderung aus dem Süden geht zurück auf die Zeit während der beiden Weltkriege mit ihrer Hochkonjunktur für die Industrie. Da gleichzeitig aber unter der Kriegseinwirkung die überseeische Einwanderung gebremst war, mußte sich die Industrie im Norden nach Arbeitskräften umsehen und hat damals direkt im Alten Süden um die schwarze Arbeitskraft geworben.

Während die Neger im Alten Süden über weite, großenteils ländliche Gebiete und über eine größere Zahl von Klein- und Mittelstädten verteilt leben, konzentrieren sie sich im Norden, nördlichen Mittelwesten und pazifischen Küstensaum der USA auf wenige Großstädte, in denen sie zu Hunderttausenden vornehmlich im Gebiet des Central Belt leben. Das mehr oder weniger geschlossene Negerwohngebiet wird als "Black Belt" bezeichnet. Harlem in New York, nordöstlich des Zentralparks auf Manhattan gelegen, ist eine Negergroßstadt von heute rund 1088000 Menschen schwarzer Hautfarbe. In Chicago leben im Black Belt auf der Süd-

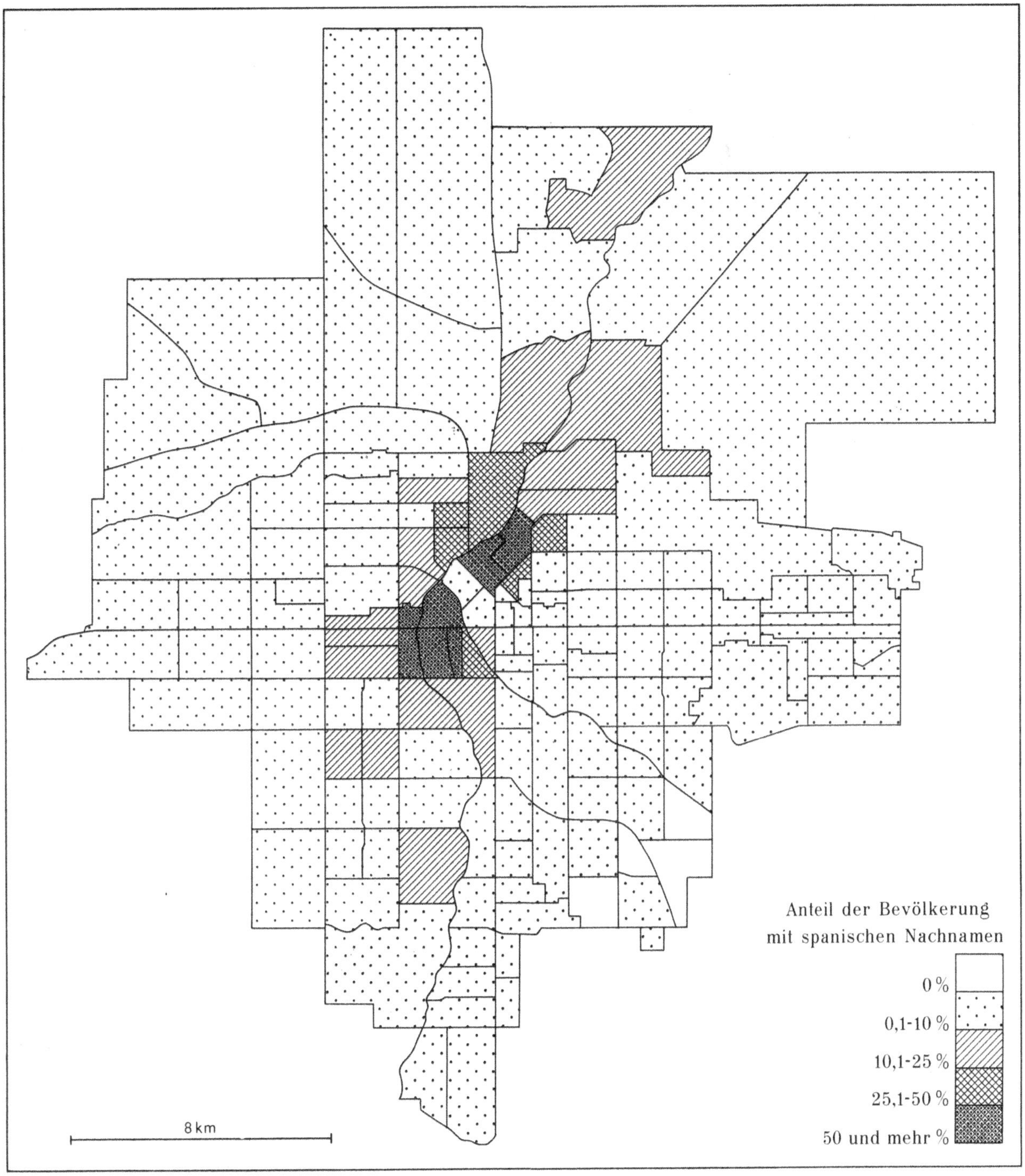

Fig. 34. *Anteile der Personen mit spanischen Nachnamen an der Wohnbevölkerung in den Census Tracts von Denver, Colorado* (nach Stadtplanungsamt Denver).

Die Darstellung ist ein Beispiel für die Konzentration einer völkischen Minoritätengruppe in den Wohnvierteln rings um die City. Nach außen nehmen die Anteile rasch ab. Bemerkenswert ist in diesem Falle, wie viele Angehörige der vom Census-Büro zusammenfassend als Lateinamerikaner bezeichneten Gruppe aus dem Rio Grande-Gebiet bis nach Norden nach Denver gelangt sind.

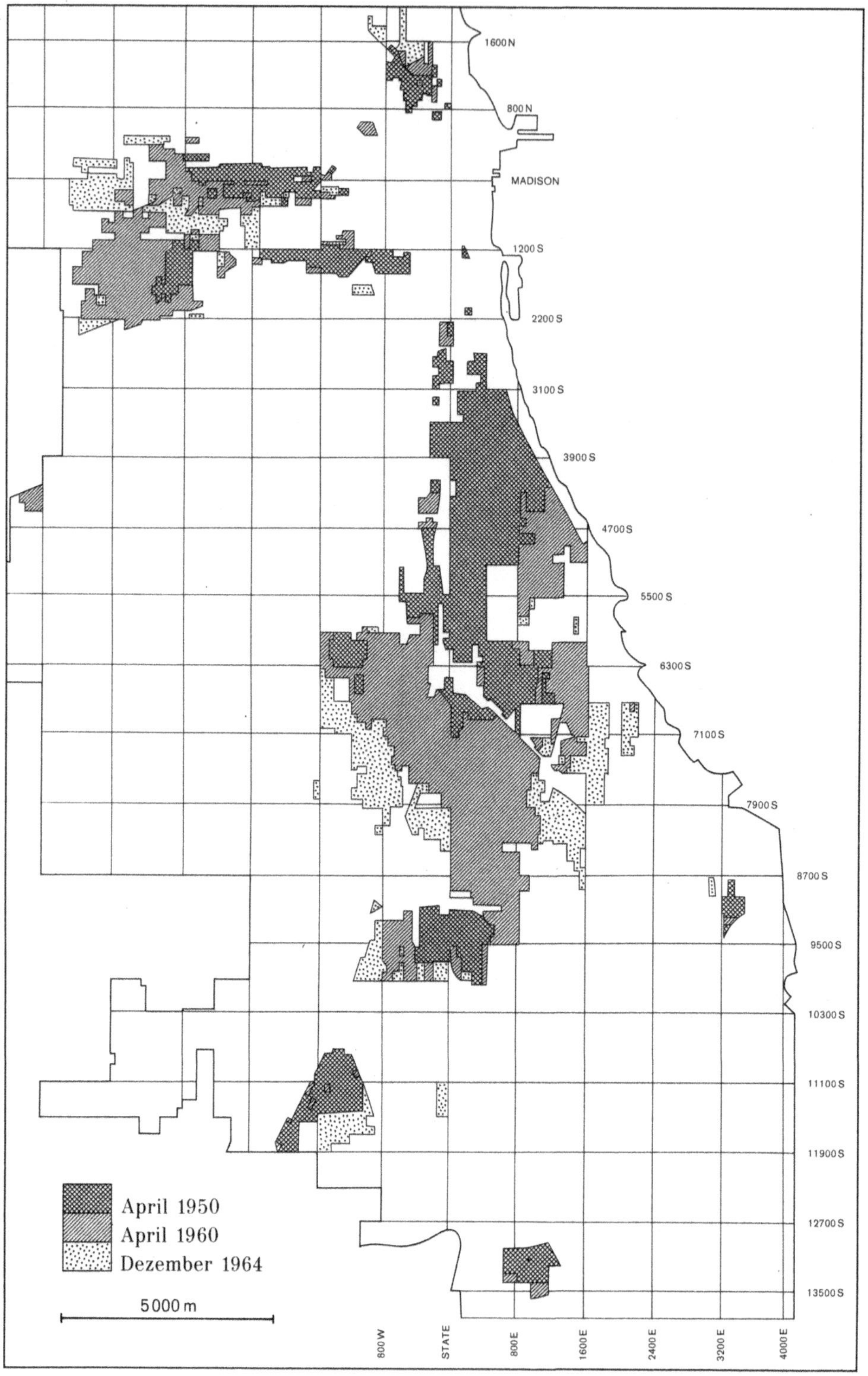

Fig. 35. *Ausdehnung des sogenannten Black Belt in Chicago 1950, 1960 und 1964* (nach Chicago Urban League).

Zum Wohngebiet der Negerbevölkerung wurden die Baublöcke mit über 50 % Negern gerechnet. Geringere Anteile leben in einem noch viel weiteren Bereich. Deutlich werden die Kernräume in den an die City anschließenden Wohngebieten auf der Süd- und Westseite sichtbar sowie die gewaltige Ausdehnung des Negerwohngebietes vor allem nach Süden im Laufe von $1\frac{1}{2}$ Jahrzehnten. Die starke Konzentration auf der Südseite wird mit der Nähe zu den Bahnhöfen der aus dem Alten Süden heranführenden Strecken in Verbindung gebracht. Der andauernde Abzug der weißen und das Nachdrängen der farbigen Wohnbevölkerung wird wie jetzt schon in Washington, D.C., in Kürze auch in Chicago zu einer farbigen Wohnbevölkerungsmajorität in der Stadt führen.

seite rund 813000 Neger. Nach dem Zensus von 1960 stellten die Neger in der Bundeshauptstadt Washington, D. C., fast 60% der Bevölkerung, in Detroit 28,9%, in Philadelphia 26,4%, in Chicago 22,9%, in New York City 14% und in Los Angeles 13,5%. Ständiger Zuzug aus dem Süden bei gleichzeitiger Abwanderung der weißen Bevölkerung aus der Kernstadt läßt ihren Anteil ständig steigen. Die Stadt Chicago erlebte während der zehn Jahre 1950–1960 den Abzug von 398000 Weißen und den Zuzug von 328000 Negern.

Die Karte von Chicago (Fig. 35) weist die Baublöcke mit mehr als 50% Negerbevölkerung aus. Jenseits der so begrenzten Gebiete für die verschiedenen Stichjahre muß man sich aber weitere Areale mit gewissen Anteilen an Negerbevölkerung denken. Aber selbst bei der Beschränkung auf einen Mindestprozentsatz von 50% bei der Darstellung, d.h. also auf Gebiete mit einer *Mehrheit* von Negerbevölkerung wird das *gewaltige räumliche Anwachsen des Black Belt* in der relativ kurzen Zeitspanne zwischen 1950 und 1964 deutlich. Das Beispiel Chicago unterstreicht die allgemeine Tendenz der Konzentration im citynahen Wohngürtel: hier gibt es drei Wohnbereiche im Umkreis des Loop. Besonders fällt wegen der großen Ausdehnung die Südseite heraus, wo sich das Negerviertel in Anlehnung an die Bahnhöfe der von Süden in die Stadt führenden Linien entwickelt hat und sich heute von etwa der 12. Straße an bis zur 70. Straße ausdehnt.

Die weiter oben angeführte *Übereinstimmung* der Gebiete mit den Merkmalen überdurchschnittlicher Verfall der Bausubstanz, überdurchschnittliche Belegung der Räume und unterdurchschnittlicher Anteil an Wohnungs- oder Hauseigentum kann in etlichen Städten ergänzt werden durch die Feststellung, daß eben diese Gebiete auch weitgehend in ihrer Ausdehnung übereinstimmen mit den hauptsächlichen Wohngebieten der Neger, d.h. also überdurchschnittlicher nicht-weißer Wohnbevölkerung (vgl. Fig. 33). Nach dem Zensus von 1960 wurden in Chicago von Farbigen 41%, von Weißen dagegen nur 18% der als "dilapidated" deklarierten Wohneinheiten bewohnt, während an Wohneinheiten mit einer Belegung von mehr als einer Person pro Raum auf die Farbigen 38,5%, auf die Weißen hingegen nur 12,2% entfielen.

Trotz der Bürgerrechtsgesetze bestehen in weiten Kreisen der weißen Bevölkerung der Großstädte der genannten Landesteile Aversionen gegen schwarze Nachbarn und bisher erfolgreiche Versuche zur Segregation. Vielfach haben Grundstücksmakler die üblichen Praktiken der Diskriminierung bei Grundstücksverkäufen institutionalisiert. Sie waren deshalb das Hauptziel der Demonstrationszüge der Neger in mehreren Großstädten seit dem Sommer 1966. In bestimmte weiße Wohnviertel wurde der Ruf nach einer "open neighborhood" hineingetragen. Wie es in einer Studie der Fortune-Herausgeber heißt, bedeutet jedoch "open neighborhood" in der Praxis nichts anderes als ein nahezu rein von Negern bewohntes Gebiet. Der kritische Prozentsatz liegt irgendwo *zwischen 10% und 20%* Negerbevölkerung. Ist diese Schwelle überschritten, ist der Abzug der weißen Bevölkerung aus dem betreffenden Wohngebiet unaufhaltsam. Für die frei werdenden Häuser in den Baublöcken, die dem Black Belt benachbart liegen, finden sich keine weißen Mieter mehr. Als künftiger Mieter oder Käufer kommt allein der Neger in Frage.

Andrerseits konnte ermittelt werden, daß der Neger selbst meist Gebiete mit über 10% Bevölkerungsanteil seiner eigenen Rasse bevorzugt. Da aber nun die beiderseitigen Wünsche, nämlich der Weißen, den Negeranteil unter 10% zu halten, und der Neger, ihn über 10% zu bekommen, unvereinbar miteinander sind, ergibt sich zwangsläufig die Segregation (vgl. MORRILL, 1965, S. 339ff.).

Es entstehen also Bereiche, in die von einem gewissen Zeitpunkte ab kein Weißer mehr hineinziehen würde.

Das wiederum macht die Einstellung der weißen Bevölkerung gegenüber den immer stärker in diese Städte hineinströmenden Negern verständlich. Für weite Teile der amerikanischen Bevölkerung stellt ihr Eigenheim ihren hauptsächlichsten Privatbesitz, ihren einzigen großen Wertgegenstand dar. In einem vom Vorrücken des Black Belt beeinträchtigten Baublock, für dessen Häuser sich kein weißer Interessent mehr findet, sinken die Preise beträchtlich. Der weiße Hauseigentümer erfährt also eine rasche und sehr merkbare Wertminderung seines wesentlichsten Eigentums, ohne daß er selbst im geringsten diese Situation verschuldet hätte oder auch nur irgend etwas dagegen unternehmen könnte. Diesen Umstand muß man sich vergegenwärtigen, will man die Spannungen verstehen, die sich ständig an den immer größer werdenden Grenzen des Black Belt ergeben.

Hinzu kommt oft noch ein anderer Gesichtspunkt, nämlich die Furcht der weißen Bevölkerung vor der

Nivellierung der Schulbildung, die sie für unausbleiblich hält, wenn der Anteil der Negerkinder in der Schule einen bestimmten Prozentsatz erreicht hat.

Von verschiedenen Seiten wird einer abrupten Wertminderung eines bisher weißen Wohngebietes Vorschub geleistet. Einerseits gibt es Makler, die das Angstgefühl unter den weißen Bewohnern fördern und sie zu Angstverkäufen verleiten. Dabei kauft der Makler selbst die meisten Grundstücke auf und verkauft sie später an Neger zu Aufpreisen weiter. Andrerseits unterwandern Neger systematisch weiße Wohngebiete, indem sie einzelne Grundstücke zu hohen Preisen aufkaufen und, indem sie dort für ihre Nachbarn unzumutbare Verhältnisse schaffen, den Boden für Verfall, Wertminderung und beschleunigten Abzug der weißen Bevölkerung vorbereiten.

Die jüngere Stadtforschung hat sich auch der Frage des *Verhaltens der Bevölkerung bei politischen Wahlen* angenommen und des Zusammenhangs desselben mit der soziologisch-psychologischen Gesamtsituation von Bevölkerungsgruppen in einzelnen Stadtvierteln. Es ist in den Vereinigten Staaten ein weithin erkennbarer Trend, daß die Wohngebiete der Innenstadt sehr stark zur *Demokratischen Partei* hin tendieren, die Außenbezirke und Vorortzonen dagegen stärker zur *Republikanischen Partei*. Obwohl sich die Plattformen beider Parteien oft nur in wenigen Punkten voneinander unterscheiden, entspricht es doch einer weitverbreiteten Auffassung, daß die Demokratische Partei stärker die Interessen der sozial schwachen Gruppen vertritt und die Republikaner sich stärker auf die Kreise der Industriellen und sonstigen wohlhabenderen Schichten stützen. Die Neger verhelfen nun auch der Demokratischen Partei zu ihrem Übergewicht in den citynahen Wohngebieten. Für die Stadt Chicago hat KASPERSON eine Analyse des Wahlverhaltens durchgeführt (Fig. 36).

Wie stets in der kulturgeographischen Betrachtung muß auch im Zusammenhang mit der Herausbildung und Entwicklung fremdvölkisch-rassischer Wohnviertel innerhalb der Stadt der *Faktor Zeit* berücksichtigt werden. Nicht allein in der räumlichen Ausdehnung solcher Viertel wie des Black Belt in den Großstädten des Nordens der USA auf Grund des ständigen Zuzugs aus dem Süden drückt sich der zeitliche Wandel aus, sondern es kommt auch innerhalb des einzelnen Viertels im Laufe der Zeit zu *Verschiebungen*, wie sie z. B. schon ROSSNAGEL für die Stadt Cleveland, Ohio skizzierte. So berichtet er, wie das Gebiet zwischen Woodland Avenue und Cedar Avenue zunächst bevorzugtes Wohngebiet der *Deutschen* war, dann mehr und mehr von *Juden* bevölkert wurde, später von *Italienern*, die schließlich den nachdrängenden *Negern* gewichen sind.

Man mag hierin mit einiger Berechtigung eine Widerspiegelung der zeitlichen Abfolge in den verschiedenen Einwanderungs- und Binnenwanderungswellen erkennen. Für die sogenannte *Alte Einwanderung* bis etwa 1880 spielten die Deutschen neben den Engländern und Iren die entscheidende Rolle für die völkische Zusammensetzung der Bevölkerung in Nordamerika. Obwohl sie weitgehend im Agrarsektor ihr Unterkommen suchten und Pioniere im Mittelwesten und in Texas wurden, bildeten sich doch schon früh deutsche Wohngebiete in den Städten des Nordens, von denen ständig ein ansehnlicher Anteil des gesamten Einwandererstromes absorbiert wurde. Sehr bezeichnend ist dann das Vordringen der Italiener, die etwa ab 1880 im Zuge der *Neuen Einwanderung* in größerer Zahl nach den USA gelangten, als die süd- und osteuropäischen Völker die Hauptmasse der Einwanderer stellten. Und in der Gegenwart schließlich ist der Neger in dem großen Wohngürtel um die City an vielen Stellen kräftig im Vordringen. Die seit 1921 regulierte Einwanderung brachte die Drosselung der Gesamtzuwanderung mit sich, und der Prozentsatz der sogenannten foreignborn white-Bevölkerung an der Gesamtbevölkerung ist überall merkbar zurückgegangen. Um so stärker haben sich einzelne *Binnenwanderungsströme* herausgebildet, von denen die Wanderung der Neger aus dem Alten Süden in die Großstädte des Nordens, Mittelwestens und der pazifischen Küste mit am bedeutendsten ist.

In gewisser Weise spiegelt sich in dieser Abfolge der Einwohnergruppen aber auch der zunehmende Verfall der Bausubstanz wider. Die auf der sozialen Stufenleiter Aufsteigenden verlassen immer wieder die minderwertigeren Wohnquartiere und überlassen sie sozial noch Schwächeren, und im Laufe der Zeit wird die Bausubstanz immer mehr heruntergewirtschaftet.

Dagegen gibt es auch bessere Wohngegenden, die auf Grund ihrer Entwicklung heute von Negern bewohnt sind, und in die Angehörige der weißen Rasse aus Prestigegründen nicht hineinziehen wollen. Als Beispiel für eine sehr gute Wohnsiedlung mit Negerbevölkerung sei Tulsa, Oklahoma, angeführt. Dort haben die Neger in einer Art Getto, das an zwei Seiten von Eisenbahn und Industrieanlagen abge-

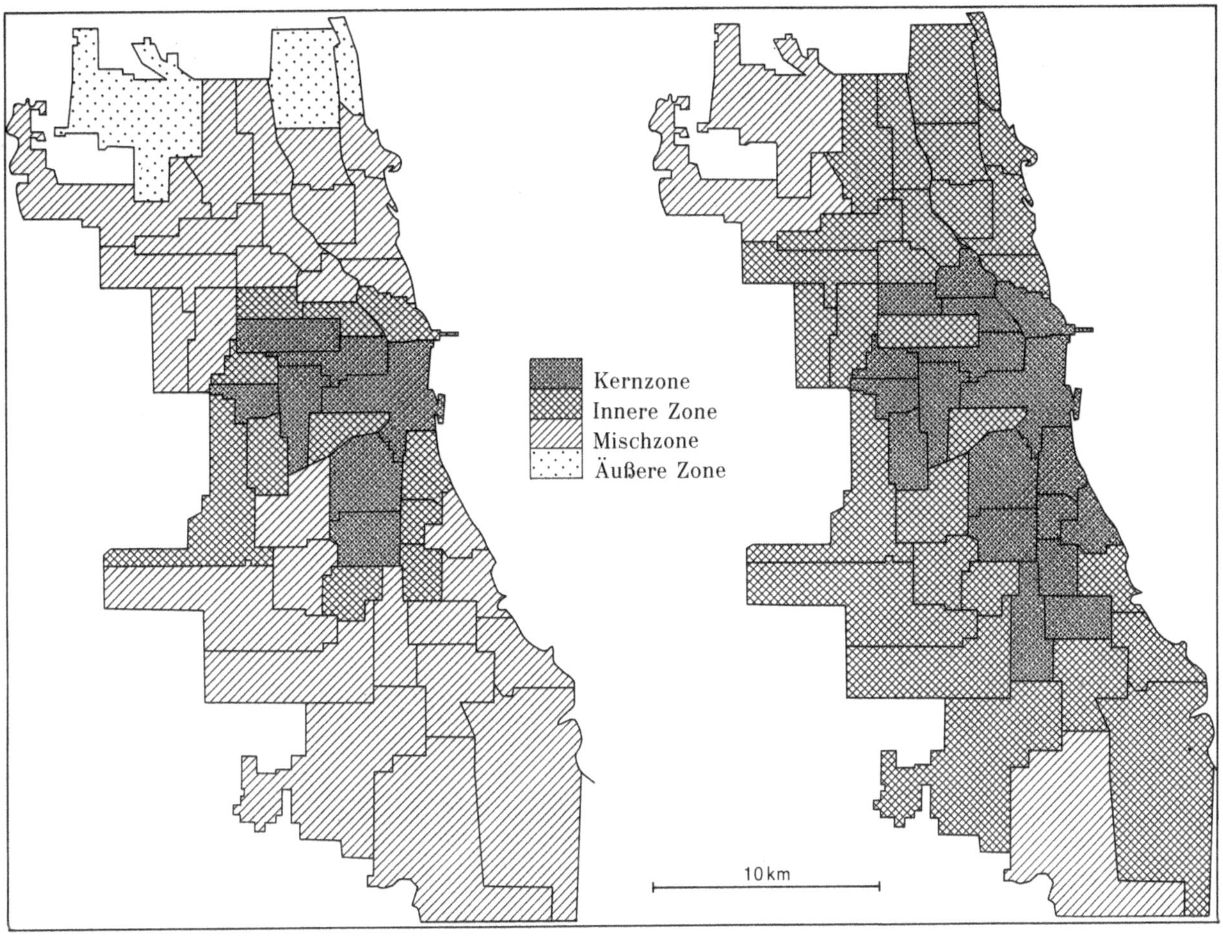

Fig. 36. *Das Wahlverhalten der Bevölkerung von Chicago* (wiedergegeben aus Economic Geography 1965 und mit freundlicher Genehmigung von R. E. KASPERSON).
Bei den Bürgermeisterwahlen von 1955 (a) bzw. 1959 (b) entfielen in der Zone I über 80 % der abgegebenen Stimmen auf die Demokratische Partei, in Zone II über 60 %, in Zone III auf beide Parteien jeweils unter 60 % und in Zone IV über 60 % auf die Republikaner. Das Beispiel verdeutlicht die häufig anzutreffende Situation, daß die inneren Stadtbezirke mit ihrer großenteils den ärmeren Schichten angehörenden Wohnbevölkerung vorwiegend zur Demokratischen Partei hin tendieren, die Randbezirke und Vorortgemeinden stärker zur Republikanischen Partei. Gewisse Gegensätze zwischen Kernstadt und Metropolitan Ring werden durch diese politisch-administrativen Unterschiede noch unterstrichen.

schlossen ist, gelebt, seit sie nach einem Aufruhr im Jahre 1921 aus der damaligen Stadt vertrieben worden waren. Der Kern des Negerviertels liegt unmittelbar nordöstlich des Hauptgeschäftszentrums von Tulsa. Von hier aus dehnte sich das Viertel weiter nach Norden und Osten aus und zog sich auf die umgebenden Anhöhen hinauf. Von einzelnen der Grundstükke hat man einen prächtigen Blick über einen großen Teil der Stadt. Das Viertel enthält viele gut gepflegte individuell gestaltete Bauten und macht mit seinem reichen Baumbestand den Eindruck einer Wohngegend für gehobene Schichten. Dennoch wird sich kaum ein Weißer entschließen, hierher zu ziehen. Und eines ist sicher: es handelt sich hier um eine Ausnahme, nicht um den Durchschnitt.

Sofern der Exodus der weißen Bevölkerung verhältnismäßig weit auf die Wohngebiete der Stadt greift, hat er auch seine gute Seite. Es sind mit dem Abzug dieser Wohnbevölkerung eine große Zahl noch *relativ guter Häuser frei geworden für die niedrigeren Einkommensgruppen*, die sich somit zum Teil verbessern und als substandard deklarierte Gebäude räumen konnten. Denn mit Räumungen und Abrissen ist der Ersatzbau von Sozialwohnungen im Rahmen der urban renewal programs bei weitem nicht mitgekommen. So kann selbst dieser Austauschvorgang teilweise hineingestellt werden in den großen Zyklus, der sich ergibt aus dem allgemein unter der amerikanischen Bevölkerung sehr ausgeprägten Wunsche, sich bei einem *öfter fälligen Umzug immer wieder wohnungsmäßig zu verbessern.*

Die Mobilität ist derart hoch, daß die *Umsetzung* von Wohnbevölkerung im Rahmen von Sanierungsprogrammen nur einen ganz bescheidenen Prozentsatz aller Umzüge innerhalb eines gegebenen Zeitraumes ausmacht. In Chicago z.B. machten zwischen 1949 und 1962 sämtliche Umsetzungen von Personen und Betrieben lediglich 2% aller Umzüge aus. Aber die fremdvölkisch-rassischen Minoritäten ergeben bei der Umsetzung ein *zusätzliches Problem*, das in Städten von anderer Struktur entfällt. Bei diesen Minoritäten bestehen aus der Zugehörigkeit zu einer solchen Gruppe besonders innige Bindungen zu ihrer unmittelbaren Nachbarschaft, zu den Menschen gleicher Rasse und gleicher Sprache in ihrer nächsten Umgebung, ganz abgesehen von etwaigen besonderen, ihrem Volkstum entsprechenden Gestaltungselementen von Häusern oder Grundstücken. Kongregationen, Kulturhäuser, Organisationen verschiedener Art basieren auf diesen räumlich zusammenwohnenden Gruppen. Außer verwandtschaftlichen oder beruflichen Verflechtungen kommen hier zusätzliche Momente hinzu. Diese Argumente sprechen noch stärker als in europäischen Städten gegen totalen Abriß und totale Sanierung größerer Gebiete und zugunsten einer Teilsanierung und Unterstützung der Instandsetzung und Instandhaltung der erhaltenswerten Bausubstanz (vgl. JENKINS/SMART, 1966, S. 79).

Wir kommen damit zu einem abschließenden Gedanken zum Thema der Minoritäten. Das Zusammenleben dieser Gruppen in gettoartigen Wohngebieten mit zahlreichen Einrichtungen des wirtschaftlichen und gesellschaftlichen Lebens, die nur von den Angehörigen einer einzigen dieser Gruppen benutzt werden, bringt in die angloamerikanische Stadt einen *afro-asiatischen Wesenszug* hinein, einen Zug, der Städten eigen ist, in denen die Menschen getrennt nach Herkunft, Religion, Sprache, Kaste usw. leben ohne größeren gegenseitigen Kontakt. Das städtische Gefüge, die Stadtstruktur, wird hierdurch modifiziert. Wir werden sehen, daß die großen Shopping Centers in den Außenbezirken und Wohnvororten in dieselbe Richtung hin wirken und zu einer von der europäischen Stadt abweichenden Struktur führen (vgl. Abschnitt 4.3.1.2, S. 184).

3.5.2.2. Bevölkerungsmobilität und Slumbildung

Mit dem hohen Mietwohnungsanteil und dem minderwertigen Charakter dieses Gebietes als Wohngebiet hängt die starke Fluktuation der Bevölkerung zusammen. Hier leben in großer Zahl die als "transients" bezeichneten Leute, neben den Bewohnern der Wohnwagenkolonien (s. Abschnitt 3.6.1.4, S. 101) das unstetige Bevölkerungselement in Angloamerikas Städten.

Große Teile der Bevölkerung wechseln dort ihren Arbeitsplatz und Wohnsitz öfter als die Bevölkerung der europäischen Staaten. Im Jahrzehnt 1948–1958 waren rund drei Viertel der US-amerikanischen Bevölkerung "migrants", d.h. Leute die ihren Wohnsitz gewechselt und dabei eine Countygrenze überschritten hatten. Die Zahl der "local movers", die ebenfalls ihre Wohnung wechseln, jedoch innerhalb derselben County, ist rund doppelt so hoch zu veranschlagen. Rund 20% der Gesamtbevölkerung der USA wechseln jedes Jahr die Wohnung.

Wie schon angedeutet, ergeben sich dabei für die citynahen Gebiete besonders hohe Werte. 1965 waren von der Wohnbevölkerung der Central-Belt-Gebiete der Stadt Oklahoma City 43% der Familien erst zwischen 1958 und 1960 eingezogen, im übrigen Stadtgebiet waren es 35%.

Die hohe Mobilität der Bevölkerung der amerikanischen Städte im allgemeinen und der citynahen Bereiche im besonderen findet ihr Gegenstück in der ebenfalls starken *Fluktuation im Geschäftsleben.* Geschäfte, Restaurants, Verkaufsstände wechseln Standort und Inhaber öfter als in europäischen Städten. Diese Erscheinung mag damit zu erklären sein, daß der Berufswechsel häufig ist, daß traditionelle Vorstellungen hinter reiner Kalkulation und Ausnutzung aller Chancen zum Geldverdienen zurückstehen, und daß in Amerika schon früh eine Wandlung der Betriebsgrößenstruktur auf Kosten des kleinen Händlers um sich gegriffen hat. "...every little shop, cafe, or even newsstand would be precisely where and what it had been before (in Paris) ... The sense of stability which this gave is something no one brought up in an American community can have experienced at home" (KRUTCH, S. 105).

Trotzdem gibt es nach wie vor eine ganze Menge von Kleinsthändlern, auch im ambulanten Handel. Sie rekrutieren sich aus der nicht unbedeutenden Zahl derer, die ganz unten anfangen, sich eine Existenz schaffen wollen, oder die wieder sozial abgesunken sind. Die Minoritäten, insbesondere die

Neger, sind nicht unwesentlich daran beteiligt, daß solche kleinen Geschäfte immer wieder aufkommen und auch Kunden haben.

Mit dem gesamten sozialen Status der Wohnbevölkerung dieser Gebiete, aber auch mit der hohen Bevölkerungsmobilität hängt das Herabwirtschaften der Bausubstanz und damit die umfangreiche *Slumbildung* zusammen.

Ein Slum ist in der amtlichen Statistik genau durch bestimmte Kriterien und Schwellenwerte festgelegt. Amtlicherseits wird als Slum ein Gebiet bezeichnet, das *pro Baublock über 50% Wohnungen von unterdurchschnittlichem (substandard) Zustand* aufweist. Der unterdurchschnittliche Zustand ist ebenfalls genau definiert. Es handelt sich um Wohnungen ohne eigene Küche, ohne eigenes Bad bzw. fließend kaltes und warmes Wasser. Über diese Definition hinaus pflegt man allerdings bei jeglichem, deutliche Spuren von Verfall tragendem Baubestand unabhängig von der Ausstattung der Wohnungen mit sanitären und Versorgungseinrichtungen als von einem Slum zu sprechen.

Im Raume des Oberen Mittelwestens hat eine Arbeitsgruppe unter BORCHERT für Erhebungen des baulichen Zustands in den Städten eine Methode erarbeitet, die eine Reihe von Qualitätsmerkmalen mit punktmäßiger Bewertung beinhaltet. Die höchste erreichbare Punktzahl für den schlimmsten Zustand ist 125. Die Merkmale und ihre Bewertung sind folgende (UMES Report 5, S. 26/27):

1 *Gebäudezustand*
Mäßig (deteriorated), notwendige Verbesserungen gehen über Anstrich und kleinere Reparaturen hinaus = 15 Punkte
Schlecht (dilapidated), Zustand derart, daß Wiederinstandsetzung nicht mehr möglich erscheint = 30 Punkte

2 *Grundstückszustand*
Mäßig, d.h. das Grundstück zeigt eines der folgenden Merkmale:
a) Vorderfront mit Unkraut bewachsen oder, bei Geschäftshäusern, ungepflegt,
b) Gelände teilweise mit Müll, altem Holz, unbenutzten Autos, Maschinen usw. angefüllt,
c) auf dem Grundstück befinden sich eine Garage oder sonstige Bauten in abbruchreifem Zustand = 5 Punkte

Schlecht bedeutet, daß 2 der obigen Merkmale zutreffen = 10 Punkte
Sehr schlecht bedeutet, daß alle 3 Merkmale zutreffen = 15 Punkte

3 *Straßenzustand*
Mäßig, Straße ohne Bordstein oder reparaturbedürftig = 5 Punkte
Schlecht, Straße ohne Pflaster oder Erneuerung des Pflasters notwendig = 10 Punkte

4 *Versorgungseinrichtungen*

41 *Wasser*
Kein Anschluß an das öffentliche Netz = 5 Punkte

42 *Abwasserbeseitigung*
Kein Anschluß an die Kanalisation = 5 Punkte

43 *Erreichbarkeit der Schule*
Zugang behindert durch einen Fluß, Bahnkörper, eine Hauptverkehrsstraße, einen Geschäftsbereich usw. = 5 Punkte

44 *Erholungsgebiet (Grünanlagen)*
Entfernung beträgt mehr als eine halbe Meile zu Anlagen oder Spielplatz von 3 acres Mindestgröße = 5 Punkte

45 *Bürgersteige*
Fehlen auf beiden Straßenseiten = 5 Punkte

5 *Umgebung*

51 *Autoparkmöglichkeit* (bei Geschäftshäusern)
Nicht möglich innerhalb eines Baublocks vom Ziel, Ausweichen auf benachbarte Wohnstraßen nötig = 10 Punkte

52 *Gemischte Flächennutzung*
Gewerbliche Nutzung benachbart oder gegenüber einem Wohnhaus ohne ausreichende Abschirmung = 10 Punkte

53 *Reklamen*
Plakatieren nicht kontrolliert, Plakate auf Bürgersteigen vor Ladengeschäften = 5 Punkte

54 *Überbesatz*
Grundstücksfront weniger als 40 Fuß lang, Mehrfamilienhäuser mit bis zu vier Wohnungen unter 6000 Quadratfuß und bis zu 1500 Quadratfuß für jede weitere Wohneinheit = 15 Punkte

55 *Verkehrssituation*
Wohnhaus liegt an einer Straße mit über 3000 Fahrzeugen pro Tag Intensität oder weniger als 100 Fuß vom Gleiskörper einer Eisenbahn entfernt = 5 Punkte

Die unter 43 und 52 genannten Gegebenheiten, die bei einer solchen Erhebung als Mißstand angesehen und entsprechend mit Punkten bewertet werden, sind außerordentlich weit verbreitet, auch in den im allgemeinen als gut geltenden Vierteln.

Die Untersuchung des Oberen Mittelwestens nach den genannten Kriterien und Bewertungsgrundlagen ergab unter anderem, daß Verfallserscheinungen in Städten über 5000 Einwohner *lokal begrenzt* auftreten, und zwar "on the wrong side of the tracks", d.h. in Lagen, zu deren Kennzeichen *räumliche Isolierung* durch Eisenbahngelände, Industriegelände oder eine Kombination beider vom Hauptgeschäftszentrum, von Schulen und anderen Einrichtungen gegeben ist. Oder sie treten auf in den *Randbereichen* der Stadt (outskirts), wo verfallende Wohngebäude im Bereich von Eisenbahn-, Lager- oder Industriegelände in gemischter Flächennutzung vorkommen. In den Kleinstädten unter 5000 Einwohner sind Verfallserscheinungen meist über die bebaute Fläche mehr oder weniger gleichmäßig verteilt.

Die höchsten Punktzahlen, also den schlechtesten Zustand anzeigende Werte erreichten im Oberen Mittelwesten die Kleinstädte. Besonders betroffen sind vor allem die Städte mit stagnierender Bevölkerung oder gar rückläufiger Bevölkerungsbewegung. Sie sind in diesem Teile der USA mit den Kleinstädten weitgehend identisch. Eine direkte Beziehung zum allgemeinen Einkommensniveau und Lebensstandard erbrachte diese Untersuchung nicht, da zumindest einige Städte trotz hohen Bevölkerungsanteils in den niederen Einkommensklassen geringe Punktzahlen für den Verfallsgrad aufwiesen.

Daß die citynahen Bereiche der Stadt im allgemeinen besonders vom baulichen Verfall betroffen sind, hat sich jedoch weitgehend auch hier bestätigt. Daher setzt die *Stadterneuerung* oder Sanierung außer im Downtownbereich vor allem in diesen Stadtteilen mit ihren Erneuerungsprogrammen, den von der Bundesregierung finanziell stark unterstützten urban renewal programs, an. Die Bundesregierung übernimmt je nach Stadtgröße – die Grenze liegt bei einer Einwohnerzahl von 50000 – drei Viertel bis zwei Drittel der Nettoprojektkosten. Das bedeutet z.B. für viele Wohngebiete, daß der Staat alle Kosten bis zur schlüsselfertigen Übergabe der Wohnungen übernimmt und auf die Gemeinde nur Kosten in der Größenordnung entfallen, wie sie für einige öffentliche Gebäude wie Schulen oder Bibliotheken aufzubringen nötig sind.

Vom Verfall bedrohte Gebiete wie der sogenannte Georgetown-Bezirk im Bundesdistrikt, der Beacon-Hill-Bezirk in Boston oder der Bezirk westlich des Ritterhouse Square in Philadelphia haben überall große Aufmerksamkeit erregt, sind aber im Grunde genommen Sonderfälle. Sie lagen intakten Wohngebieten benachbart, hatten von Anfang an gute kommunale Einrichtungen zur Verfügung und waren für höhere Einkommensklassen bestimmt. Sanierungsprogramme für Wohngebiete der unteren und mittleren Einkommensklassen stehen ständig in der *Gefahr erneuter Slumbildung*. Hierbei spielen die Verhaltensweisen der Wohnbevölkerung, insbesondere der rassischen Minoritäten, eine wichtige Rolle. In Chicago gibt es gute Beispiele dafür, wie mehrere Jahre alte mehrgeschossige Wohnbauten in Sanierungsgebieten sich bereits wieder in einem beklagenswerten Zustand befinden. Mit neuen Häusern allein ist die Frage des Slumclearing nicht zu lösen.

Ein interessantes *Experiment* in dem Versuch zu einer allgemeinen Anhebung des Niveaus in einem von Negern bewohnten citynahen Gebiet ist in den letzten Jahren von der Stadt Tulsa in Oklahoma durchgeführt worden. Hier wurde das erste urban renewal program der Stadt überhaupt vorgenommen. Man hat hier sehr behutsam angesetzt und einzelne, besonders verfallene Häuser abgerissen und durch Neubau von Einfamilienhäusern, die nicht gerade luxuriös, wohl aber sehr solide gebaut sind und im Gegensatz zu einigen anderen Gebäuden in dem Wohnbezirk einen äußerst gepflegten Eindruck machen, ersetzt. Dann hat man unter den Zuwanderern solche Negerfamilien mit relativ hohem Einkommen herausgesucht und ihnen diese neuen Häuser angeboten. Der Erwerb wurde mit Krediten erleichtert. Durch diese *punkthafte bauliche und soziale Verbesserung* erfuhren auch die übrigen Gebäude und damit der gesamte Wohnbezirk eine Aufwertung. Die Instandsetzung und Instandhaltung der belassenen älteren Häuser wurde ebenfalls finanziell mit öffentlichen Mitteln unterstützt. Dieses selektive und vorsichtige Vorgehen hat trotz einiger anfänglicher Spannungen und einigen Widerstandes letztlich zum Erfolg geführt[1].

3.6. Die Außenzone und Randgemeinden des Metropolitan Ring

3.6.1. Das Vorherrschen der Einzelhausbebauung

3.6.1.1. Privatsphäre und Eigenheimbau

Ein Merkmal, das bei einem Vergleich angloamerikanischer mit europäischen Städten ganz besonders ins Auge fällt, ist der außerordentlich *hohe Anteil der Einfamilien- und Doppelhäuser* an der Gesamtzahl der Wohnhäuser. Während in der City das vielgeschossige Büro- und Geschäftshochhaus, im citynahen Wohn- und Gewerbegürtel das

[1] Nach freundlicher Erläuterung durch Frau Dr. N. FELDMAN.

Mietwohnhaus vorherrscht, ist das gesamte jenseits des citynahen Gürtels sich ausdehnende städtische Gebiet, d.h. die Außenzone und die anschließenden Randgemeinden des Metropolitan Ring, die Domäne des Eigenheims.

Wenn wir von modifizierenden Faktoren absehen, lassen sich einige allgemeingültige Regeln aufstellen. *Der Anteil der Einfamilienhäuser an der gesamten Wohnbausubstanz wächst ziemlich konstant vom Stadtkern nach außen*, wenn auch die Prozentsätze im einzelnen im citynahen Wohn- und Gewerbegürtel etwas variieren und die Gemeinden am Rande außerhalb der Grenzen der Kernstadt unterschiedliche Anteile je nach der Zeit ihrer stärksten Erschließung aufweisen. Ebenso stetig nehmen die *Anteile der Mietwohnhäuser vom Stadtkern nach außen hin ab*. In etwa gleicher Entfernung vom Stadtkern werden etwa vergleichbare Werte erreicht ungeachtet der Tatsache, wo im einzelnen die Stadtgrenze der Kernstadt verläuft.

Von der City oder Downtown nach außen kommt man also zunächst in Wohnviertel mit herabgewirtschafteter Bausubstanz, Mehrfamilienhäusern oder zu Mietwohnungen umgestalteten ehemaligen Eigenheimen und einer Wohnbevölkerung, die den niedrigsten Einkommensklassen und sozial schwächsten Gruppen angehört, dann in eine Zone, in der noch weitgehend Angehörige niedriger Einkommensklassen wohnen, und in der es eine Mischung von Mietwohnhäusern und bescheidenen Ein- oder Zweifamilienhäusern gibt, bis in den Wohnvororten der gehobeneren Einkommensklassen das Einfamilienhaus beherrschend wird.

Mit diesen Tendenzen gehen gewisse Merkmale der Bewohner der verschiedenen Stadtbereiche Hand in Hand. Diese Merkmale verändern sich in ähnlicher Weise wie die Zunahme des Eigenheims und die Abnahme des Mietwohnhauses nach außen hin. Die *Fremdbürtigen* der ersten und zweiten Generation, die die Einwanderung der letzten Jahrzehnte repräsentieren, sind in Teilen der Kernstadt besonders stark konzentriert. Ihr Anteil an der Gesamtbevölkerung der einzelnen Viertel nimmt nach außen hin stark ab, wo im allgemeinen die wohlsituierten, schon länger in Amerika lebenden Schichten ansässig sind und ihre Eigenheime gebaut haben.

Allerdings haben sich, fast immer im Bereiche des Metropolitan Ring einer Großstadt, in den Vereinigten Staaten etwa ein Dutzend Kleinstädte von 1000 bis 8000 Einwohnern in Entfernungen zwischen 8 und 32 km von der Kernstadt als fast *reine Negerstädte* entwickelt. Als solche bezeichnete Rose Städte mit über 95% nichtweißer Bevölkerung. Sie sind fast ausnahmslos Wohnsatelliten ohne bedeutendere Ausstattung mit zentralen Funktionen. Soweit sie in den Südstaaten liegen, sind sie meist aus Besonderheiten des Grundstücksmarktes entstanden, der im Sinne einer Segregation arbeitete und diese großen Wohnsiedlungen von farbiger Bevölkerung entstehen ließ.

Die Mobilität der Bevölkerung erweist sich als besonders hoch in der City und den citynahen Vierteln (vgl. Abschnitt 3.5.2.2, S. 80) wegen der erwähnten Fluktuation und *in den am raschesten wachsenden Gemeinden des Metropolitan Ring* durch den ständigen Zuzug der wohlhabenden weißen Schichten aus den innerstädtischen Wohnvierteln.

In Chicago wurden zwei Profile vom Loop nach außen gelegt und die jeweiligen prozentualen Anteile für die erwähnten Merkmale festgestellt (Fig. 37). Die einzelnen Werte zeigt Tabelle 9.

Tabelle 9. Veränderung bestimmter Merkmale mit wachsender Entfernung von der City.

Stadtgebiet	Anteil der Einfamilienhäuser in %	Nach 1950 erbaute Wohnhäuser in %	Anteil der Mietwohnungen in %	Fremdbürtige d. 1. u. 2. Generation in %	Anteil der in 5 Jahren umgezogenen Bevölk. in %
32[1]	0,9	1,1	93,3	20,9	72,7
24	6,0	0,4	73,0	50,7	54,1
22	9,7	0,5	67,9	48,0	51,8
21	11,2	1,0	60,8	47,2	45,9
16	19,7	2,6	59,3	47,0	47,0
14	18,6	3,1	63,4	63,0	52,8
13	45,3	29,1	38,4	62,4	44,4
Lincolnwood	97,8	73,4	6,1	49,3	52,4
Skokie	75,2	77,7	15,6	42,7	61,9
Morton Grove	95,9	82,2	10,3	33,1	64,5
Glenview	95,7	67,7	10,9	24,4	52,7
32	0,9	1,1	93,3	20,9	72,7
28	13,0	10,0	82,5	17,9	61,7
27	6,8	0,5	79,1	12,5	70,5
26	6,5	0,5	73,3	31,0	66,8
25	23,1	4,9	59,7	47,5	46,7
Oak Park	49,8	6,1	47,8	34,3	42,8
Forest Park	41,5	7,6	53,7	40,7	47,3
Maywood	60,5	8,1	35,8	26,8	48,3
Bellwood	81,8	60,2	17,0	34,3	50,6
Elmhurst	91,8	42,8	13,2	27,6	44,5
Villa Park	90,3	59,7	16,0	26,3	53,3
Lombard	93,5	56,9	14,8	25,5	44,9

[1] Nummern der Census Tracts.

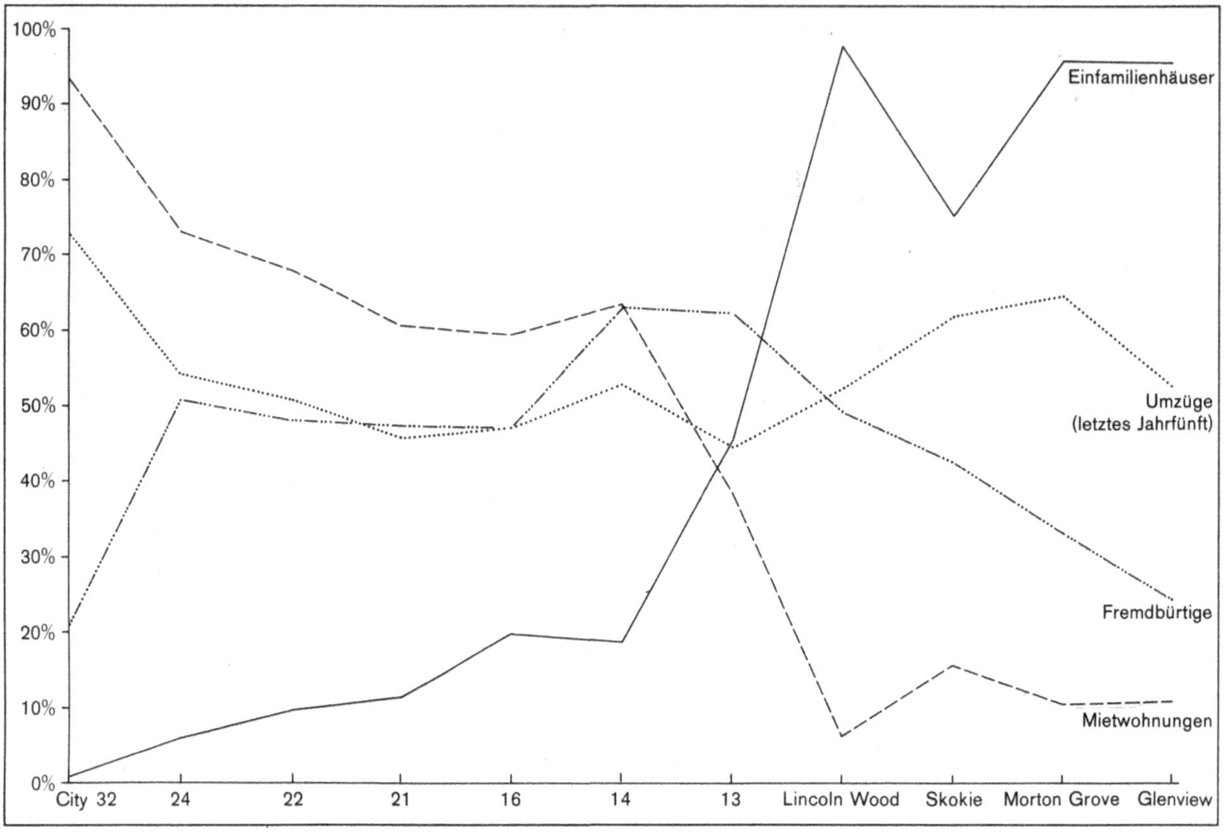

Fig. 37. *Demographisch-sozialgeographische Profile vom Loop zum Nordrand der Metropolitan Area von Chicago* (Entwurf des Verfassers nach Zahlen aus Local Community Fact Book, Chicago Metropolitan Area 1960).
Die Zahlen an der Abszisse sind Nummern von Census Tracts in der Abfolge von der City nach außen, wo an ihre Stelle die Namen der angrenzenden Vororte treten. Von innen nach außen ergibt sich eine ziemlich ständige, nur von dem unterschiedlichen Alter und Verschiedenheiten in der funktionalen Ausstattung der einzelnen Gebiete und Vorortgemeinden etwas modifizierte Abnahme des Mietwohnungsanteils und entsprechende Zunahme des Eigenheimanteils an den Wohneinheiten. Die unterschiedliche Fluktuation der Wohnbevölkerung wird erfaßt mit den Kriterien Umzüge im letzten Jahrfünft und Anteil der Fremdbürtigen an der Wohnbevölkerung. Die Fremdbürtigen sind in Teilen der Kernstadt stärker vertreten als in vielen Vorortgemeinden mit den Eigenheimen der schon länger in Amerika ansässigen, wohlsituierten Schicht. Die Zahl der Umzüge ist besonders hoch in der City und in Citynähe einerseits und in den rasch wachsenden Vorortgemeinden andererseits.

Fig. 38. *Gemeinden mit gleichen demographischen Merkmalen in der Metropolitan Area von Chicago* (nach Northeastern Illinois Planning Commission).
Hier wird nach der jeweils vorherrschenden Familien- und Altersstruktur der Wohnbevölkerung unterschieden, die eine Abstufung von alten Wohngemeinden mit vorwiegend älterer Bevölkerung bis zu ganz jungen, stark wachsenden Industriegemeinden mit vorwiegend junger Bevölkerung ergibt. Zwei Tendenzen überlagern sich. Aus dem historischen Wachstum erklärt sich, daß häufig Gemeinden gleicher Alters- und Familienstruktur ringförmig angeordnet in etwa gleicher Entfernung vom Stadtzentrum auftreten. Aus der jüngeren Entwicklung heraus aber ergibt sich daneben eine oft lineare Anordnung gleich strukturierter Gemeinden entlang den radialen Verkehrslinien, Eisenbahnen und Autoschnellstraßen wie z. B. in nordwestlicher Richtung entlang dem Northwest Expressway die Aufreihung der jungen Industriegemeinden Des Plaines, Mt. Prospect, Arlington Heights, Barrington.

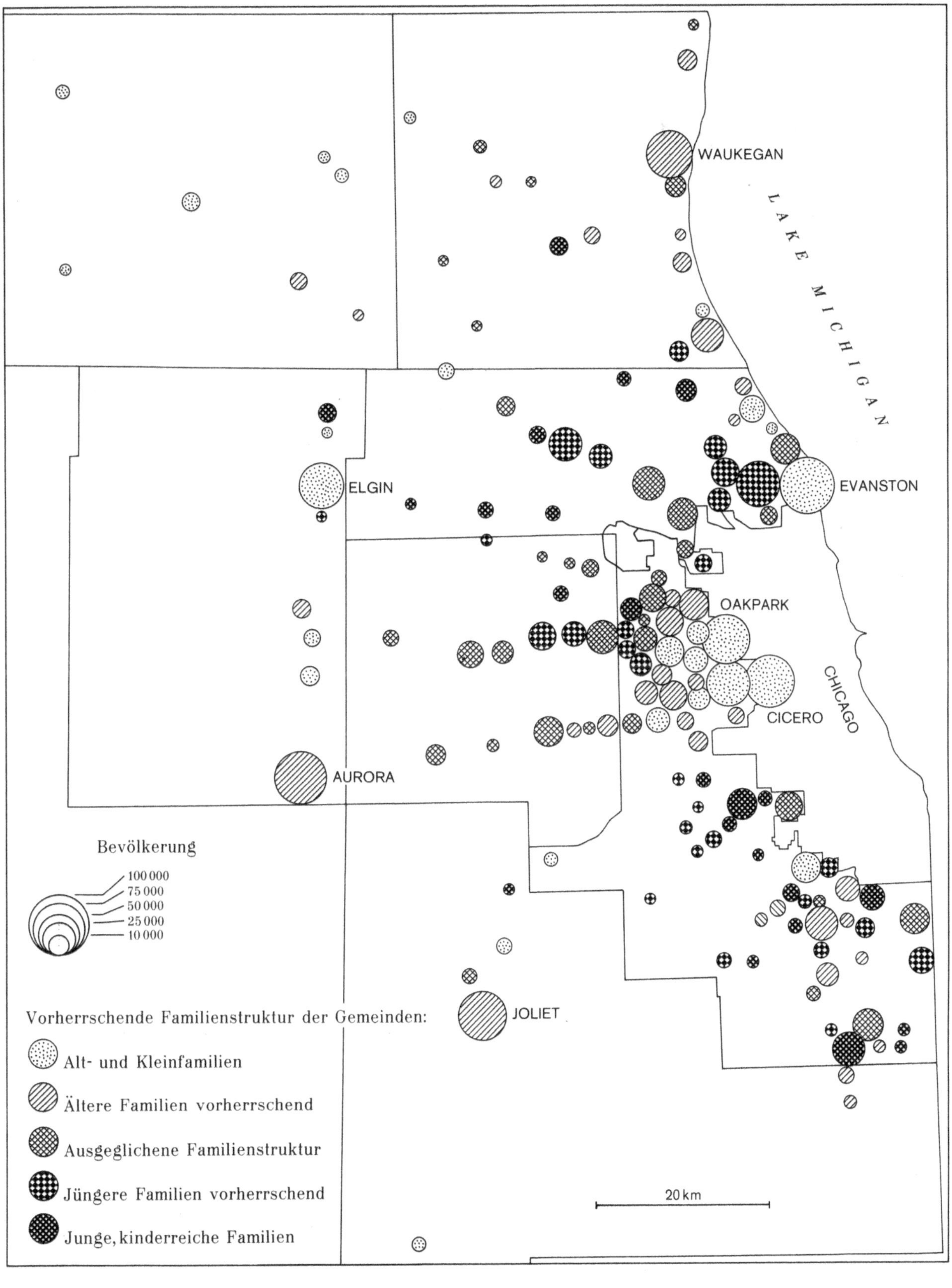

WAUKEGAN
LAKE MICHIGAN
ELGIN
EVANSTON
OAKPARK
CHICAGO
CICERO
AURORA
JOLIET
Bevölkerung
100 000
75 000
50 000
25 000
10 000
Vorherrschende Familienstruktur der Gemeinden:
Alt- und Kleinfamilien
Ältere Familien vorherrschend
Ausgeglichene Familienstruktur
Jüngere Familien vorherrschend
Junge, kinderreiche Familien
20 km

Wir sehen hier am Beispiel der Metropolitan Area von Chicago, wie das Einfamilienhaus prozentual immer mehr zunimmt von einem Anteil unter 1% im Loop bis nahe 98% in einzelnen Randgemeinden, und wie andrerseits der Anteil der Mietwohnungen an den Wohneinheiten von über 90% im Loop abnimmt auf 10% bis 15% in den äußersten Randgemeinden.

Unterstrichen werden diese Trends durch die angegebenen Merkmale der zugehörigen Wohnbevölkerung. In einer Studie hat die Northeastern Illinois Metropolitan Planning Commission auf Grund von Zahl und Alter der Kinder eine Gliederung nach Gemeinden mit vorwiegend jüngeren bzw. älteren Familien unternommen. Auch dabei ergibt sich, daß in etwa *gleicher Entfernung von der City der Kernstadt sich weitgehend gleichartig strukturierte Gemeinden* finden. Allerdings kommt auch deutlich das besonders rasche Wachstum der Gemeinden entlang einzelner Verkehrsadern, Eisenbahnlinien, die für den Berufspendlerverkehr von Bedeutung sind, aber neuerdings vor allem der Expressways, zum Ausdruck, indem sich gerade an diesen die demographisch jüngeren und ganz jungen Gemeinden aufreihen und somit einzelne Ketten unabhängig von der Entfernung zum Citygebiet der Kernstadt bilden (Fig. 38 und 39).

Allerdings ist der Anteil der Eigenheime an der Wohnungsbausubstanz der Städte in den *einzelnen Landesteilen durchaus unterschiedlich.* Verständlicherweise liegen sie in einzelnen Bereichen Kaliforniens besonders hoch. Kalifornien hat den größten Teil seiner heutigen Bevölkerung erst durch Zuzug im Rahmen der kräftig auf die Pazifische Küste hin gerichteten Binnenwanderungsbewegung seit etwa vier Jahrzehnten empfangen. Das war also im *Automobilzeitalter*, das dem Wohnen weit außerhalb der Stadtkerne förderlich gewesen ist, und unter günstigen *wohnungspolitischen Voraussetzungen*, die mit den billigen Hypotheken der Federal Housing Authority und der Veteran's Administration gegeben sind. Hinzu kommt der Umstand, daß in Kalifornien viele *Pensionäre* ihren Lebensabend verbringen und viele *Künstler* ihr Heim aufgeschlagen haben. Sie gehören zu den Bevölkerungsschichten, die sich in erster Linie ein Eigenheim bauen. In Los Angeles waren im Jahre 1950 rund 85% des Baubestandes weniger als 30 Jahre alt (Gregor, S. 117).

Innerhalb der jeweiligen urbanized areas kamen dem Einfamilienhaus an der Gesamtzahl der Wohneinheiten folgende Anteile zu: in Fresno 81,8%, in San Bernardino 79,2%, in San Jose 78,2%, in Stockton 74,8%, in Sacramento 70,3%, in San Diego 65,7%, in Los Angeles 63,8% und in San Francisco-Oakland 47,6%. Mit diesen Werten halten die kalifornischen Städte die Spitze innerhalb bestimmter Größenklassen von Städten. Weiter östlich liegen die jeweiligen Anteile erheblich niedriger. Sie betrugen in Salt Lake City 59,8%, in Louisville, Kentucky, 56,1%, in Charleston, South Carolina, 42,8%, in Wilmington, Delaware, 30,2%, in Chicago 28,4%, in Boston 29,9%. Ihrer Größe nach entsprechen dabei ungefähr die Städte San Jose und Wilmington, Stockton und Charleston, Sacramento und Salt Lake City, San Diego und Louisville, Los Angeles und Chicago, San Francisco und Boston einander.

Welches sind nun eigentlich die Gründe für die sehr viel weitere Verbreitung des Einfamilienhauses in Angloamerika?

Es kommt hier sicherlich eine Reihe von Faktoren zusammen. Im Zusammenhange mit der Darlegung der besonderen Verhältnisse Kaliforniens wurden zwei wesentliche Faktoren genannt: der hohe *Motorisierungsgrad*, der in riesigem Ausmaße den Haus-zu-Haus-Verkehr gestattet und damit weitesten Bevölkerungskreisen das disperse Wohnen ermöglicht; sodann die hohe Einschätzung der Privatsphäre, die sich in der fördernden Haltung der Federal Housing Administration und der Veteran's Administration im Hinblick auf den Eigenheimbau äußerten. Diese Behörden gewährten nicht nur selbst *günstige Darlehen und Hypotheken* und verhalfen damit zahlreichen Amerikanern zur Erhaltung des eigenen Hauses während der Jahre der Depression, sondern mit ihrer Rückendeckung waren auch Banken und Versicherungsgesellschaften bereit, Darlehen mit nur 4% Zinsen und für eine Laufzeit von 25 Jahren zu gewähren, während sonst die Bedingungen meist erheblich schlechter waren, nämlich 6 bis 7% Zinsen und Tilgung innerhalb von 5 Jahren. Während der Kriegsjahre baute die Regierung selbst große Wohnsiedlungen, wie z.B. im Ersten Weltkrieg die geplanten Städte Yorkship Village bei Camden, New Jersey, und Atlantic Heights bei Portsmouth, New Hampshire.

Ein weiterer Gesichtspunkt, der schon im Abschnitt 3.3.2.3, S. 55, erwähnt wurde, ist die auch gegenwärtig noch weite Verwendung von *Holz als Baumaterial*, so daß sich der Bau eines Eigenheims selbst bei der seit 1966 etwas angespannteren Lage

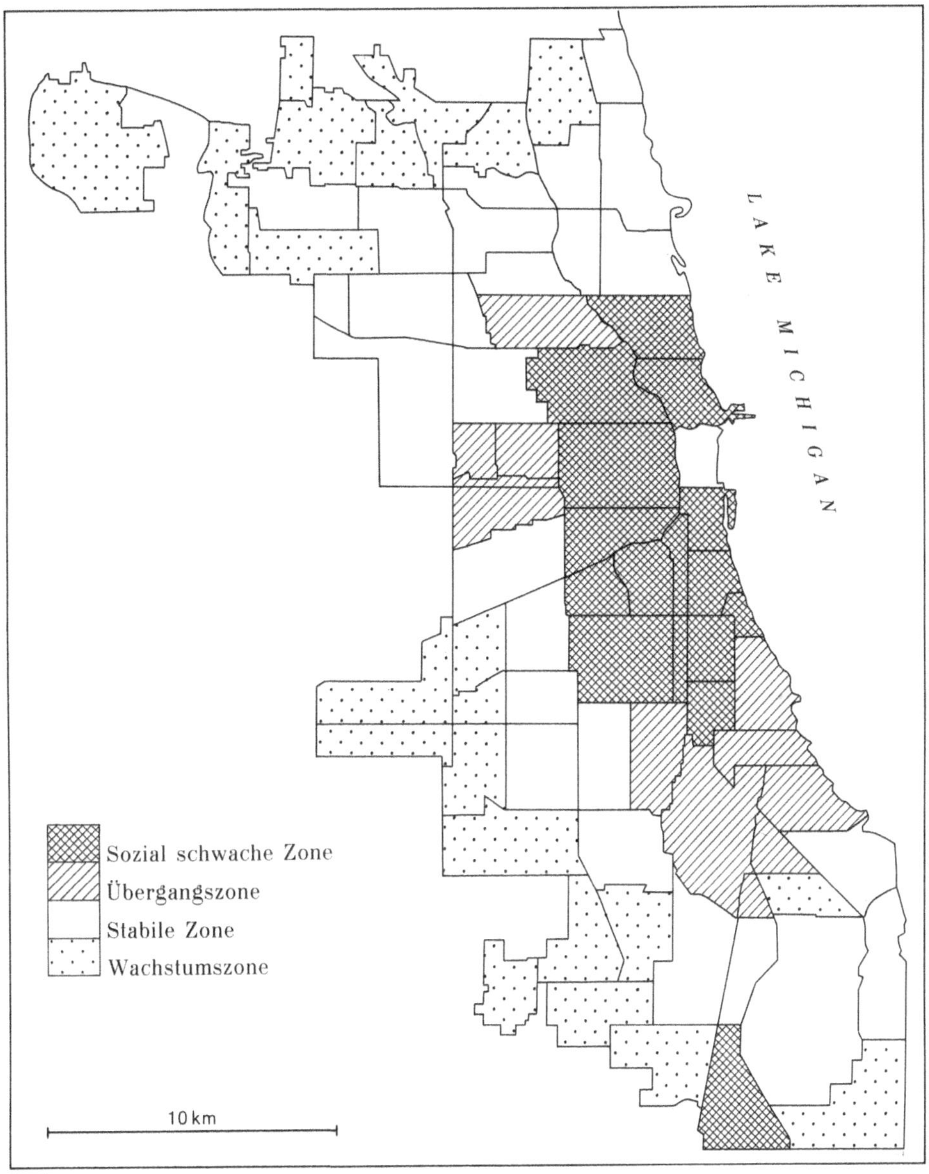

Fig. 39. *Die vier ökologischen Zonen außerhalb der City im Stadtgebiet von Chicago* (wiedergegeben aus University of Chicago Department of Geography Research Papers Nr. 92 und mit freundlicher Genehmigung von J. SIMMONS). Nach verschiedenen sozialökonomischen Kriterien ergibt sich eine im Falle Chicagos halbkreisförmige Anordnung von sozial schwacher, Übergangs-, stabiler und Wachstumszone. Das Anordnungsprinzip ist weitgehend kreisförmig, da das der Wachstumstendenz der Stadt und dem Wandel entspricht, der die Schichten niedrigster Einkommen auf die ältesten und am dichtesten bevölkerten Wohngebiete verweist.

auf dem Geldmarkt noch so günstig stellt, daß sich weite Kreise der Bevölkerung nach wie vor zum Bauen entschließen. Verbunden ist damit aber die besonders nach dem Zweiten Weltkrieg ganz *enorm gewachsene Do-it-yourself-Bewegung* im Hinblick auf das Bauen und erst recht auf die Instandhaltungsarbeiten. Ein großer Teil der Bevölkerung ist willens, mit Hand anzulegen und vor allem die zahlreichen für die Unterhaltung von Haus und Garten anfallenden Arbeiten selbst durchzuführen. Bürovorsteher, Handelsvertreter, Universitätsprofessoren, alle sind bereit, am Wochenende auf der Leiter zu stehen und einen neuen Anstrich der Außenwände oder eine Reparatur am Dach des Hauses vorzunehmen. Interessant sind Schätzungen des Einzelhandels, denen zufolge beim Kauf von Anstreichfarben 65% des Umsatzes und beim Kauf von Tapeten 60% des Umsatzes auf nicht-berufliche Käufer entfallen (vgl. TUNNARD/REED, 1955, S. 248).

Es sollte hier aber auch darauf hingewiesen werden, daß Städter häufig in einiger Entfernung von den großen Stadtagglomerationen, z.B. in den Neuenglandstaaten, von den Landwirten aufgegebene Farmhäuser übernehmen, um sie zum Wochenende und in den Ferien, oder bei freiberuflicher Tätigkeit auch für längere Zeiten zu bewohnen. Die Umwandlung solcher alten Häuser und ihre Instandsetzung erfordert oft wochenlange Tätigkeit des

Käufers. Saul Bellows „Herzog" wird uns als der Käufer eines solchen alten Farmhauses geschildert, und Carl Zuckmayer beschreibt in seiner Autobiographie, wie ihm im amerikanischen Exil ein solches Farmhaus zur vorübergehenden Existenzgrundlage wurde.

Ein weiterer wichtiger Gesichtspunkt für die rapide Verbreitung des Eigenheims war auch die *Wohnraumknappheit als Folge der geringen Bautätigkeit während der Depression und des Zweiten Weltkrieges und andererseits des erhöhten Wohnraumbedarfs* durch den wirtschaftlichen Aufschwung und den Kinderreichtum nach dem Kriege. Während aber in den innenstädtischen Bereichen nur geringe Ausweichmöglichkeiten vorhanden waren und für Baugesellschaften selten große zusammenhängende Grundstücke zu bekommen waren, ließen sich die finanziellen Hilfen der erwähnten staatlichen Behörden und durch ihre Rückendeckung die der Banken weiter draußen auf relativ billig zu erwerbendem Boden schnell einsetzen. "Thus, for many newly married veterans the move to the suburbs had little to do with values, the suburban vision, or flight from some alien force in the city. The suburbs were the only place he could take his family" (DOBRINER, 1963, S. 77).

Dennoch darf der hier zunächst in Abrede gestellte Gesichtspunkt nicht außer acht gelassen werden. Sicherlich ist der Gedanke des Stadtbewohners an ein „*Zurück zur Natur*" oder auch „Zurück in die glorreiche und romantische Vergangenheit" nicht ohne Bedeutung. Das kommt deutlich darin zum Ausdruck, daß Siedlungsgesellschaften und Makler solchen Gedanken sehr wohl Rechnung tragen und den Projekten entsprechende Namen beilegen, die in vielen Fällen gar nicht den natürlichen Gegebenheiten der Örtlichkeit entsprechen. Es ist einfach ein Werbetrick, der aber seinen guten Grund in der angedeuteten Verhaltensweise vieler Menschen hat. So nennen die Gesellschaften ihre neuen Wohnsiedlungen Country Village oder Pinewood, Colonial Village, Sweet Hollow, Peppermill Village, Green Mansion, Victorian Woods, Country Ridge, Cedar Glen. Auch wenn es dort keine Zedern, Kiefern oder anderen Bäume gibt. Der Hang zu natur- oder geschichtsverbundenen Namen ist augenfällig.

Die neuen Bewohner dieser Siedlungen rechtfertigen diese Einstellung, indem sie selbst diesen Hang dokumentieren mit dem Aufstellen alter Wagenräder, die an die Zeiten der prairie schooners, der Planwagen der Pioniere, erinnern, und die heute den Eingang zu so manchem Eigenheim flankieren. Dazu werden altertümliche Lampen, Zuglaternen zum Beispiel, an der Eingangstüre des Hauses angebracht. Aber auch diese besonderen Zierden vermögen letztlich nicht über die unendliche Gleichförmigkeit der sich über viele hundert Quadratkilometer ziehenden und oft ineinander übergehenden Wohnsiedlungen von unterschiedlichem verwaltungsmäßigem Status in der Randzone der großen Städte hinwegzutäuschen.

In seiner völkerpsychologischen Studie hat GORER im Zusammenhang mit der besonders hohen Mobilität der amerikanischen Bevölkerung auf das *beständige Streben weiter Bevölkerungskreise nach immer verbesserten Wohnverhältnissen* aufmerksam gemacht, das irgendwann in den Besitz des erstrebten Eigenheims einmündet.

Nun scheint es, daß in letzter Zeit mit immer steigendem Lebensstandard dieses Streben derart dominierend geworden ist, daß der eigene Kraftwagen in seiner *Bedeutung als Statussymbol* hinter das Eigenheim zurückgetreten ist. "Sometimes a product loses its efficacy as a status symbol; a good example... is the automobile. Because the U.S. motor car industry has built its cars more and more alike, the old American custom of upgrading from one make to another has virtually disappeared. Many consumers took to foreign cars not so much because they were cheap to operate but because they were different. What has been happening, many status-symbol theorists agree, is that houses and fournishings are replacing motorcars as status symbols" (America in the Sixties, S. 124).

Um diese Auffassung zu untermauern wird nachgewiesen, daß in den Vereinigten Staaten von Amerika die Ausgaben für den Hausbau und die Möblierung von Wohnungen in der Zeit zwischen 1947 und 1959 um 60% angestiegen sind. Bis 1970 sollen sie Schätzungen zufolge abermals um 50% ansteigen. Dabei spielt der Bau von Eigenheimen eine besonders große Rolle. Von allen neu erstellten Wohneinheiten waren im Jahre 1956 lediglich *8% Mietwohnungen*. Das ist ein verschwindend geringer Prozentsatz, und flächenmäßig ist er noch geringer, da ja für die Eigenheime sehr viel mehr Platz gebraucht wird als für die auf mehrere Geschosse, aber auf geringere horizontale Fläche zusammengedrängten Mietwohnungen. Das Eigenheim ist das *Ziel der Mehrzahl der amerikanischen Familien in den mittleren Jahren und mit schulpflichtigen Kindern.* Die Haushalte der jung geschlossenen Ehen und die Einzelpersonenhaushalte der älteren Menschen über 65 Jahre bevorzugen Mietwohnungen. In dem Maße, in dem sich in den letzten Jahren eine *Veränderung im Altersaufbau der amerikanischen Bevölkerung* ergeben hat, und zwar deutlich zugunsten der beiden letztgenannten Gruppen, tritt zur Zeit auch die Bedeutung des Mietwohnhauses stärker in den Vordergrund (s. Abschnitt 4.3.1.1, S. 176).

3.6.1.2. Werksiedlungen und Gartenstädte

Die von dem Engländer EBENEZER HOWARD in die breite Öffentlichkeit getragene Gartenstadtidee wurde in einzelnen Werksiedlungen größerer Industriebetriebe, so z. B. der deutschen Hüttenindustrie im Ruhrrevier, praktisch vorweggenommen. Auch in Angloamerika wurden geplante Werksiedlungen mit gewundenen, nur für den Anrainerverkehr bestimmten Straßen oder gar mit Sackgassen sowie umfangreichen Grünflächen angelegt.

Eine Erhebung der US-amerikanischen Regierung erbrachte das Ergebnis, daß im Jahre 1939 in den Vereinigten Staaten 214 geplante Siedlungen bestanden. Von ihnen entfiel mehr als die Hälfte auf Werksiedlungen, die um einen oder zuweilen auch um mehrere Industriebetriebe auf deren Initiative hin entstanden waren. Die Amerikaner nennen sie *company towns.* Als Beispiele solcher company towns, die sich in größerer Zahl vor allem in den Industriegebieten des Appalachen- und Felsengebirgsraumes finden, seien genannt

Fairfield, Alabama: American Steel and Wire Co. (Fig. 40)
Kingsport, Tennessee: gegründet von mehreren Betrieben
Kistler, Pennsylvania: Mt. Union Refractories Co.
Kohler, Wisconsin: Kohler Co.
Morgan Park, Minnesota: Minnesota Steel
Tyrone, New Mexico: Dodge Corp.
Vandergrift, Pennsylvania: Westmoreland Co.

Ein jüngeres Beispiel ist Oak Ridge in Tennessee mit den Anlagen der Atomic Energy Commission.

Neben solchen Arbeiterwohnsiedlungen im Zusammenhang mit Industriestandorten kam es auch zur Anlage einiger geplanter Gartenstädte mit parkartigem Charakter und individuell gestalteten Häusern von Angehörigen der gehobeneren Einkommensklassen. Zu dieser Gruppe gehören

Baldwin Hills Village, Los Angeles
Forest Hills Gardens auf Long Island
Garden City, New York, auf Long Island
Radburn in New Jersey
Riverside in Illinois.

Bewußte *Gartenstadtanlagen* im Sinne HOWARDS, die von parkartigem Gelände umschlossen und in dieses einbezogen sind, und die in der Hauptsache für Angehörige der mittleren Einkommensklassen gedacht sind, entstanden in geringer Zahl während des New Deal der 1930er Jahre auf Initiative der staatlichen Resettlement Administration. Zu diesen sogenannten "greenbelt towns" gehören

Greenbelt, Maryland, nahe Washington, D. C.
Greendale, Wisconsin, nahe Milwaukee
Greenhills, Ohio, nahe Cincinnati.

Mit den Grünanlagen, die diese Siedlungen einfassen, wollte man mehrere Zwecke verfolgen. Man wollte erreichen, daß

1. die neue Siedlung von vornherein nach außen hin in ihrem Wachstum beschränkt bleibt, über eine somit festgelegte Grenze nicht hinauswächst und nicht die allgemeine Tendenz des Ausuferns der Städte zeigt,
2. ihre Grenzen eindeutig festgelegt sind und der Ort auch in der Zukunft eine geschlossene und eigenständige Siedlung bleibt,
3. benachbarte Städte, insbesondere die Großstädte, in deren Nahbereich diese Gartenstädte angelegt wurden, ihrerseits nicht so weit auf sie zuwachsen und mit ihnen verschmelzen konnten, daß die Gartenstadt durch diesen Prozess ihre Identität wieder einbüßen müßte, und
4. der neuen Siedlung ein gewisser ländlicher Charakter – "a country setting" (DAHIR) – gegeben wird und ihr erhalten bleibt.

Diese Gartenstädte der Resettlement Administration erhielten ein sorgfältig geplantes Straßennetz mit verschiedenen Straßentypen je nach Zweck. Dabei gibt es, wie gesagt, besonders viele gewundene und tot endende Straßen, um innerhalb der Stadt größere verkehrsbefriedete Wohngebiete zu haben. Die Sackgassen haben sich im Laufe der Zeit freilich als nachteilig erwiesen, weil sie nicht für den heute erreichten Motorisierungsgrad geplant waren. Auch ist die Beseitigung des Schnees im Winter schwierig. Andrerseits ergaben sie ein willkommenes Gelände für die Ballspiele der Jugend.

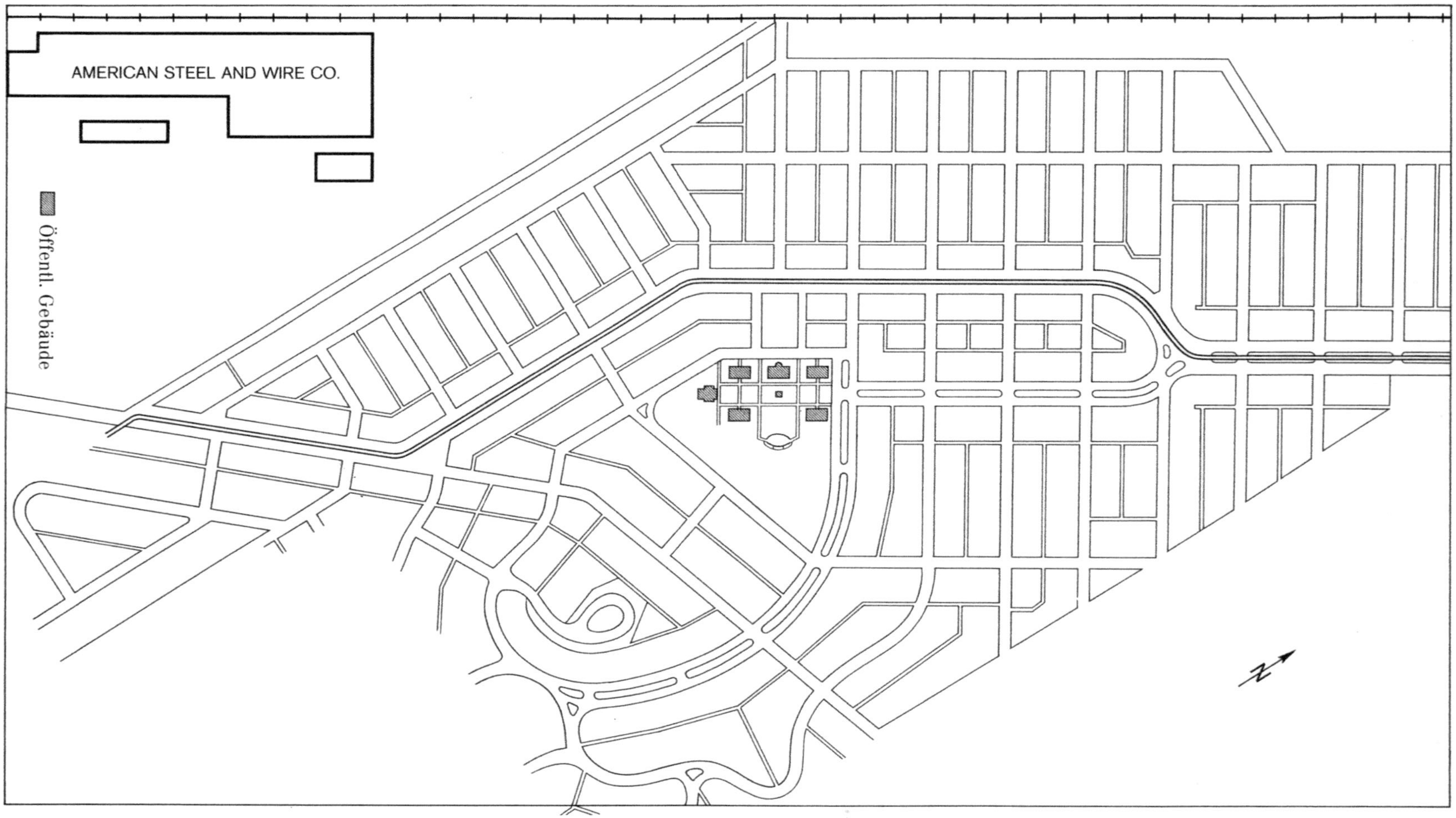

Fig. 40. *Grundriß der Werksiedlung Fairfield, Alabama, der American Steel and Wire Company.*
Diese etwa 10 km westlich von Birmingham entstandene Anlage zeigt eine erste Abkehr vom vollendeten Schachbrettgrundriß mit einigen gewundenen Straßen und einem auch baulich zur Geltung kommenden Verwaltungsmittelpunkt.

Mit der Anlage des Straßennetzes war auch die Ausstattung mit den Versorgungseinrichtungen verbunden einschließlich unterirdisch verlegter Stromleitungen – im allgemeinen eine Seltenheit in Angloamerika.

Das Zentrum dieser Siedlungen wurde als Konzentrationspunkt der Geschäfte und öffentlichen Einrichtungen ebenfalls im voraus geplant. In Greendale, Wisconsin, lehnen sich die Läden auf der Westseite an eine Fußgängerzone an, während die Verwaltung ihren Sitz (village hall) am nördlichen Ende der zentralen Einkaufsstraße hat. Vor den Ladengeschäften ist genügend Autoabstellfläche vorhanden, die gegen die Straße mit einem Bordstein getrennt ist. Die Straße kann somit allein dem rollenden Verkehr dienen. Etwas abseits von diesem Zentrum entstand ein großes Gemeindehaus, das zugleich die öffentliche Bibliothek beherbergt und die Klassen der Grundschule aufnimmt.

Die Regierung war bestrebt, die Grundstücke und Häuser dieser Gartenstädte in Privateigentum übergehen zu lassen, wobei den Bewohnern der Häuser das Vorkaufsrecht eingeräumt wurde. Es waren aber zu den jeweiligen Zeitpunkten der *Übereignung* noch größere Freiflächen innerhalb der Ortsgrenzen für eine künftige Bebauung vorhanden. Diese übernahm im Falle von Greendale eine einzige Gesellschaft, gebildet aus Geschäftsleuten der Stadt Milwaukee, die sogenannte Milwaukee Community Development Corporation. Die örtliche Planungsbehörde hat es also nur mit einem einzigen Partner zu tun. In Greenhills, Ohio, ging das Land in zwei verschiedene Hände über, an die Greenhills Home Owners Corporation und an die Cincinnati Community Development Corporation. In Zusammenarbeit mit diesen Gesellschaften sorgen die Planungsämter für ein weiteres geordnetes Wachstum der greenbelt towns im Sinne der Gründer.

Die *Schaffung von Grüngürteln* hat aber auch in älteren Siedlungen zuweilen schon früh begonnen. So ist beispielsweise die Doppelstadt St. Paul-Minneapolis in weiten Teilen von einem schmalen, mit vielen Seen durchsetzten Parkgürtel umgeben. Es soll das erste umfassende Parksystem in einer US-amerikanischen Stadt sein. Auf gewundenen Straßen, sogenannten Parkways, kann man diesem Gürtel über weite Strecken folgen.

Zur Zeit ist Kanadas Hauptstadt Ottawa dabei, sich im Rahmen einer großzügig geplanten Neugestaltung mit einem geschlossenen Grüngürtel um die innenstädtischen Bezirke zu versehen. Dieser Gürtel wird, ähnlich der Glacisbebauung nach dem Schleifen der Festungen europäischer Städte, mehrere große Repräsentationsbauten aufnehmen, die sich in landschaftlich schöner Umgebung und mit einer den Erfordernissen entsprechenden großen Zahl von Autoabstellplätzen entwickeln können (Fig. 41).

3.6.1.3. Levittowns

Unter dem Einfluß des Wohnraummangels nach Beendigung des Zweiten Weltkrieges sind im Bereiche der Randzone oder des Metropolitan Ring einiger Großstädte von kleinen Anfängen ausgehend riesige Wohnsiedlungen entstanden, die nach ihrem Initiator, der zugleich als Fabrikant der Häuser und als Grundstücksmakler fungierte, Levittowns genannt wurden. Solche "mass-produced suburbs" entstanden in den Jahren 1947 bis 1951 auf Long Island, bald darauf in der Bucks County in Pennsylvania und bei Trenton in New Jersey.

Zunächst auf rund 2000 Wohneinheiten bemessen, war Levittown auf Long Island bereits im Frühjahr 1948 auf das Dreifache dieses geplanten Umfangs angewachsen und zählte 1960 nicht weniger als 15741 Einheiten mit einer Bevölkerung von 65276 Menschen.

Unvermeidlich war mit solcher Massenvorfertigung von wenigen Haustypen und mit ihrer Verbreitung über eine weite Fläche der Eindruck der *Monotonie* verbunden. Die Amerikaner, mit Wortneubildungen schnell bei der Hand, haben für rasch aufgebaute und dann meist mit allerhand Mängeln behaftete, vielleicht auch durch ungünstige Nachbarschaft anderer Funktionen beeinträchtigte und somit in ihrer ganzen Qualität doch herabgeminderte Wohngebiete die aus den Wörtern "suburb" (Vorort) und "slum" zusammengesetzte Bezeichnung "slurb" geprägt. "The net effect of many of these efforts is the creation of a development of uniform boxes with plenty of wasted open space surrounded by uniformly ugly fences. Our single-family utopias rising like weeds in the suburbs, and aptly described as 'slurbs', are really the logical extension of today's zoning concepts" (Ranes, S. 59).

In seiner ersten Levittown versuchte Levitt diese Monotonie damit zu überspielen, daß er die Häuser in verschiedenem Abstand vom Bürgersteig anordnete, für die Außenwände abwechselnd Holz und Asbest verwendete und den Dachschindeln unterschiedliche Farbe gab, und er verwendete vier ver-

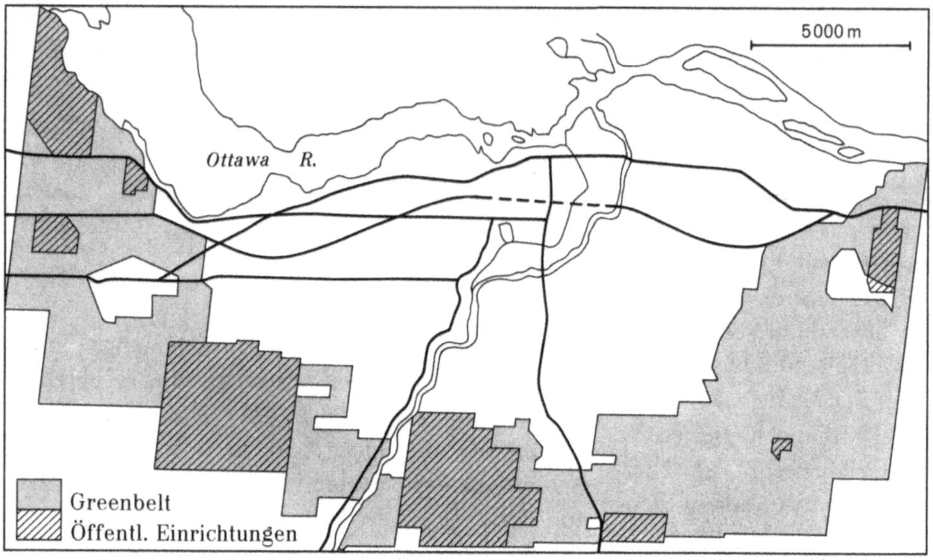

Fig. 41. *Geplanter Grüngürtel um die kanadische Hauptstadt Ottawa* (nach National Capital Commission).
Die Grüngürtelidee geht in England schon auf das London zur Zeit der Königin Elisabeth I. zurück. In Amerikas Städten wurden seit etwa Mitte des 19. Jahrhunderts Ansätze zu durchgehenden Grüngürteln unternommen. Führend war FREDERIC LAW OLMSTED, auf dessen Bestrebungen der Zentralpark in New York zurückgeht. Die zur Neugestaltung der kanadischen Hauptstadt eingesetzte Kommission faßte vor einigen Jahren den Plan, die Stadt halbkreisförmig mit einem breiten, geschlossenen Grüngürtel zu umgeben, in den einige stark raumbeanspruchende Institutionen integriert werden.

schiedene Fassaden. Das besonders häufig auftretende Hausmodell mit vier Räumen und ausbaufähigem Erker, das seit 1949 hauptsächlich gebaut wurde, erhielt die Bezeichnung "Ranch".

Die so aus dem Boden gestampften Großsiedlungen präsentieren sich dem Soziologen abgesehen von den baulichen Merkmalen besonders von der Seite der Bewohner her: "To urban aesthetics, for whom a romanticized Greenwich Village perhaps constituted the community ideal, Levittown was the parameter of the foolish suburb, the hapless center of homogeneity, conformity, uniformity, and the organized, outgoing life. It was monotonously middle-class, the repository of all the alleged foibles of that stratum. Life in Levittown was likened to life in a great goldfish bowl, all public and open, fresh and raw, without taste, character, or traditions" (DOBRINER, S. 85).

Die Anfänge der Levittown auf Long Island brachten notwendigerweise *Fehlentwicklungen* mit sich. Wie erwähnt, hatte man zunächst an einen Komplex von 2000 Wohneinheiten gedacht, der sich schließlich auf über 15000 vergrößerte. Das bedeutete, daß man erst einmal alle jene Einrichtungen schaffen mußte, die eine Wohnsiedlung von solchen Ausmaßen brauchte und an die man bei der anfänglichen kleinräumlichen Planung gar nicht gedacht hatte.

So entstanden in Levittown nach und nach Schulen, 14 Spielplätze, Grünanlagen und Schwimmbecken für jeweils 2000 Familien mit einem Aufwand von je $ 150000. Schließlich wurde in zentraler Lage das Levittown Center geschaffen mit großen Gemeinschaftseinrichtungen.

Auch kam man bei dem erreichten Ausmaß der Siedlung nicht allein mit den für den Anrainerverkehr gedachten gewundenen Straßen aus. Es wurde eine Schnellstraße mit beschränktem Zu- und Abgang gebaut, der sogenannte Levittown Parkway.

Die Unterlassungssünden in der nie als Stadt gedachten Siedlung wurden in den späteren Levittowns nicht wiederholt. Diese jüngeren Levittowns wurden von vornherein auf einen größeren Umfang und mit den dafür nötigen Einrichtungen geplant.

Diese großen neuen Wohnsiedlungen dienten in erster Linie der Aufnahme von *Menschen aus der Großstadt*, die nach besseren Wohnverhältnissen strebten und zum erstenmal in ihrem Leben in eine Vorortsiedlung ziehen wollten. Diese Eigenschaft der Levittown als "first-move suburb" brachte gewisse Merkmale für die Zusammensetzung der Einwohner mit sich, Eigenschaften, die sich allerdings bei einer gewissen Fluktuation schon innerhalb verhältnismäßig kurzer Zeit änderten und zur Angleichung an die Bevölkerungsstruktur umliegender Vorortsiedlungen führten.

So stellte man beispielsweise fest, daß die Einwohner von Levittown, soweit sie aus der Großstadt hierher herausgezogen waren, großenteils *europäische Einwanderer in der ersten Generation* waren. Das ist sehr leicht verständlich. Denn diese Menschen lebten erst verhältnismäßig kurze Zeit in ihrer neuen Heimat und wohnten zunächst in Mietwohnungen des innenstädtischen Bereichs. Jetzt zogen sie hinaus in ihr erstes Eigenheim. Von den 1960 in der Levittown auf Long Island lebenden rund 65000 Menschen war ein knappes Drittel Fremdbürtige. Am stärksten waren die Anteile der Italiener, Russen, Engländer, Deutschen, Polen und Iren, während andere Nationalitäten nur in ganz geringer Zahl vertreten waren.

Auch der Altersaufbau entsprach der Situation. Es waren sehr viele *junge Leute* unter den neuen Bewohnern der Levittown. Mit diesen Neuhaushalten ging ein großer Kinderreichtum einher, so daß die gesamte Bevölkerung der Siedlung anfänglich sehr jugendlich war. Da aber die Mobilität gering war und die Bevölkerung mit ihrer Siedlung mitwuchs, verschob sich der Altersaufbau mehr und mehr zu Gunsten der mittleren Jahrgänge zwischen 35 und 50 Jahren.

Aus der anfangs reinen Mittelklassesiedlung wurde durch Zuzug von "blue collar jobs"-Angehörigen eine Mischung von Mittelklasse und Arbeiterschicht. In der Levittown von Pennsylvania waren 1958 blue-collar-Familien am Besitz der 15200 Häuser unter \$ 12500 mit 52% vertreten, dagegen an den teureren Häusern zwischen \$ 12500 und \$ 17500 nur noch mit 7% und an denen über \$ 17500 mit 5%.

Mit der Levittown von Pennsylvania ist eine *rassische Segregation* verbunden. Während in der Levittown viele Weiße wohnen, die täglich 22 km nach Süden zu ihren Arbeitsstätten in der Stadt Philadelphia pendeln, fahren in umgekehrter Richtung etwa genauso viele Menschen, vorwiegend Neger, aus Philadelphia in die der Levittown benachbarten Fairless-Werke der United States Steel Company. Während wir heute eine gewisse Ausgewogenheit des Verkehrs in beiden Richtungen haben, sieht FAGIN im Hinblick auf die Verkehrsplanung der Metropolitan Area von Philadelphia, an der er maßgeblich beteiligt war, die Gefahr der Schaffung von Überkapazität auf dem Transportsektor, sofern sich künftig die Wohnverhältnisse vom rassischen Standpunkte ändern sollten (FAGIN, 1967, S. 155).

3.6.1.4. Mobile home courts

Wohnwagen haben in Amerika schon seit drei Jahrzehnten dazu gedient, eine erhöhte Nachfrage nach Wohnraum während der Kriegsjahre und die saisonale Nachfrage nach Unterkünften in Erholungsgebieten zu decken. Von solchen zweckbestimmten Siedlungen wurden sie in den Nachkriegsjahren in immer größerem Umfange auf Dauersiedlungen übertragen. Man darf den Wohnwagen deshalb als eine *besondere, die einfachste, Art des Einfamilieneigenheims* ansehen.

Wir hatten den Hang des Amerikaners zu immer verbesserten Wohnungen erwähnt. Die große Nachfrage nach modernen Wohnmöglichkeiten läßt die Häuser in Amerika rasch veralten. Dem kommt der Wohnwagen entgegen. "Living in trailers is becoming more and more a matter of preference instead of necessity" (WISSINK, 1963, S. 281). Der Anteil der Wohnwagenparks, die für Dauerbewohner bestimmt sind, überwiegt heute bei weitem. In der Metropolitan Area von Los Angeles z. B. sind 77% aller Wohnwagenparks und 65% der Plätze in diese Kategorie einzustufen. Weniger als ein Viertel der Parke dient dem Touristenverkehr oder weist neben Abstellplätzen und Wagen für Dauerbewohner noch solche für Reisende auf.

Im Gegensatz zu einem Haus lassen sich beim Wohnwagen manche für den Hausbau geltenden *Vorschriften* bezüglich Material, Bauweise und Anlage *umgehen*. In einigen Staaten der USA wird ein Wohnwagen auf Rädern überhaupt nicht als Wohnung im Sinne der Bauvorschriften gewertet. Daher stehen in den Wohnwagensiedlungen mancher Städte die Wohnwagen auf Rädern und sind nicht, wie sonst üblich, aufgebockt. Wie die Frage ob Haus oder nicht Haus unterschiedlich gehandhabt wird, so wechselt sogar von Gemeinde zu Gemeinde die *Art der Besteuerung* der Wohnwagenbewohner. Je nach Auffassung, ob es sich dabei um ein Grundstück wie bei einem Haus, um ein Vermögen oder aber um ein Fahrzeug handelt, erheben die Gemeinden entweder Grund-, Vermögens- oder Fahrzeugsteuer.

Der *Kostenfaktor* und die *Interessentengruppen* sind sehr unterschiedlich gegenüber dem Eigenheim in Gestalt eines festen Hauses. Ein durchschnittlicher Wohnwagen, wie er für Dauerwohnzwecke heute viel verwendet wird, kostet in der Anschaffung etwa $ 5600. Es gibt bereits billigere, aber auch erheblich teurere Wohnwagen. Sie halten sich etwa zwischen $ 3000 und $ 10000. Ein Haus dagegen ist kaum unter $ 12000 zu bekommen. Und dieser Preis bezieht sich auf die allereinfachsten Häuser, wie wir sie in großer Zahl in immer derselben Ausführung etwa in den Levittowns vorfinden. Wer eine größere Familie hat, muß sowieso mehr anlegen, aber auch wer höhere Ansprüche stellt. Man kann etwa rechnen, daß beim Wohnwagen mit Einrichtung der Quadratfuß $ 10, beim Haus ohne Einrichtung der Quadratfuß $ 14 kostet.

Kostenfaktor und Zahl der Familienmitglieder bringen es mit sich, daß ähnlich wie beim Mietwohnungsbau die stärksten Interessentengruppen die jung verheirateten Leute ohne Kind oder mit nur einem Kind und die alten Leute über 65 Jahre sind. Die verheirateten Leute unter 34 Jahre machen nach Zensuserhebungen allein 43% der Eigentümer von Wohnwagen aus.

Die Wohnwagensiedlungen, als mobile home courts oder parks, trailer parks oder trailer camps bezeichnet, bestehen aus einer Vielzahl von Abstellplätzen für die Wohnwagen mit Anschlüssen für die Versorgungseinrichtungen an jedem Platz. Sie pflegen bestimmte Gemeinschaftseinrichtungen zu haben wie z. B. eine zentrale Waschanlage und sind im Prinzip ähnlich, wenn auch hinsichtlich der Versorgungseinrichtungen meist besser ausgerüstet, wie ein guter Camping-Platz. Das Management der Mehrzahl der Wohnwagensiedlungen trägt Sorge für die Wasserversorgung, Entwässerung, Straßenpflasterung, -beleuchtung und -reinigung, die Müllabfuhr, die Erstellung von Erholungsflächen und Einrichtungen für Spiel und Sport und übernimmt damit Aufgaben, die für die anderen Einwohner Sache der Gemeindeverwaltung sind (Bild 14).

Ist der Wohnwagen an sich billiger als eine andere Art des Wohnens, so kommt noch hinzu, daß die Familien in den Wohnwagensiedlungen klein sind, im Durchschnitt der USA 2,7 Mitglieder umfassen, so daß man mit einer kleinen Wohneinheit auskommt. Der *Stellplatz* für den Wohnwagen zuzüglich der ihn umgebenden Freifläche kann kleiner sein als das für ein festes Einfamilienhaus benötigte Grundstück. Bei Einhaltung des von der Federal Housing Administration als Standard festgesetzten Abstandes zweier Wohnwagen voneinander ergibt sich eine Dichte von 10 bis 14 Einheiten auf den acre oder 25 bis 35 pro Hektar.

Weiterer Platz wird mit dem Vorhandensein von *Gemeinschaftsanlagen* wie Wäscherei, Reinigung, Gemeinschaftsräume und -flächen für die Freizeitgestaltung eingespart, welche weniger Fläche beanspruchen als die entsprechenden individuellen Einrichtungen in einer Siedlung mit festen Häusern. Im Swan Lake Mobile Home Park von Mira Loma in Kalifornien wird schließlich weiterer Platz damit eingespart, daß die *Autos auf engem Raume beiderseits der Einfahrt* zu der Siedlung geparkt werden, während die Zufahrtstraßen zu den Abstellplätzen der Wohnwagen sehr schmal gehalten sind und nur mit Elektrokarren befahren werden, die den Bewohnern zur Erreichung ihrer Wohnwagen zur Verfügung stehen. Die Wohnwagen haben lediglich eine schmale Überdachung an der Seite zum Abstellen des Karrens anstelle des sonst größeren Autoabstellplatzes (Katz, 1966, S. 160; s. Fig. 42 und 43).

Lange Zeit war es üblich, daß die *Stellplätze in den Wohnwagensiedlungen nur vermietet* wurden. Das ist einleuchtend, wenn wir postulieren, daß es sich bei vielen Bewohnern von Wohnwagen um Menschen handelt, die einen häufigen Ortswechsel vornehmen. Dabei nehmen sie den Wohnwagen nicht mit, der ebenfalls nur gemietet war. Aber es hat sich in den letzten Jahren eine hinreichend große Bevölkerungsschicht herausgebildet, die auf längere Zeit an einem Orte ansässig ist, so daß die Manager von Wohnwagensiedlungen jetzt auch Stellplätze zum Erwerb anbieten. Der durchschnittliche Aufenthalt des Wohnwagenbewohners am selben Platze wird mit etwa $3^1/_2$ Jahren angegeben, wobei das besonders unstetige Element des Militärs und des Personals bei Durchführung kurzfristiger Regierungsprojekte mitgerechnet ist. Zieht man diese Gruppen ab, so erhöht sich die Dauer des Verbleibs des Wohnwagenbewohners am selben Platz auf fast 5 Jahre.

Dennoch sind im allgemeinen die Wohnwagensiedlungen und ihre Bewohner von den Menschen in umliegenden Siedlungen mit festen Häusern nicht gerade wohl gelitten. Die Wohnwagenbewohner gelten als unstetes Element, als "transients", und sie gehören großenteils zu den weniger bemittelten Schichten der Bevölkerung, wenn auch die Mehrzahl dieser Familien mit ihrem Einkommen über $ 5000 liegt. Man möchte jedoch nicht allzu viel mit ihnen zu tun haben. Diese ablehnende Haltung wird auch von den Verwaltungen vieler Städte geteilt, die dem Aufkommen von mobile home courts innerhalb des Stadtgebietes *mit Bauleitplänen einen Riegel vorschieben*. Es gibt Stadtverwaltungen, die

Bild 14. *Eine Wohnwagensiedlung* (Luftbild wiedergegeben mit freundlicher Genehmigung der Mobile Homes Manufacturers Association, Chicago). Der Vergleich mit dem benachbarten Wohngebiet von festen Häusern läßt die Raumersparnis bei einer solchen Anlage deutlich werden. Die Freiflächen in der Nachbarschaft zeigen die häufige Situation, daß mobile home courts Siedlungselemente des Vorortrings der Städte sind, wo in der Art des "leapfrogging" einzelne Grundstücke von der Überbauung erfaßt, andere übersprungen werden.

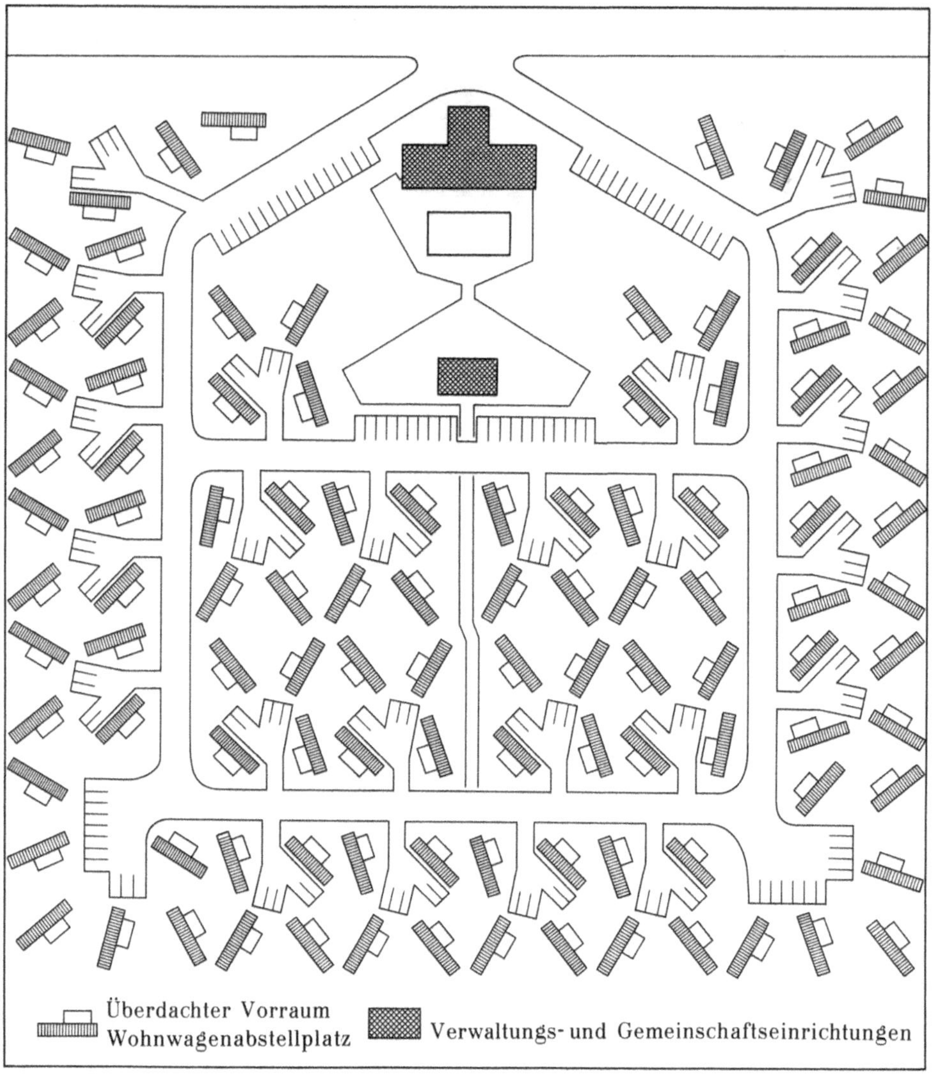

Fig. 42. *Grundriß eines Wohnwagenparks* (nach KATZ).
Dieses Beispiel veranschaulicht die Anordnung der Abstellplätze für Wohnwagen und Automobile, der Versorgungsanschlüsse, Zufahrtswege und Gemeinschaftseinrichtungen in einem der rund 23 000 mobile home courts der USA, die für rund 4 Millionen Amerikaner zum verhältnismäßig billigen Eigenheim geworden sind. Während die Raumbelegung kaum über die in Siedlungen mit festen Einfamilien- oder Doppelhäusern hinausgeht, ist wegen der Kleinheit der Räume die Wohndichte doch höher.

Wohnwagensiedlungen nur auf Gelände zulassen, das als Gebiet für industrielle oder kommerzielle Nutzung vorgesehen ist. Wegen der relativ hohen Besteuerung solchen Geländes seitens der Gemeinde mit ihrer Grundsteuererhebung ist ein Unternehmer, der hier eine Wohnwagensiedlung anlegt, dazu gezwungen, den Boden bis zum äußerst möglichen Grade zu nutzen, was sich auf die Gestaltung der Siedlung nachteilig auswirkt. Andere Städte verbieten Wohnwagensiedlungen innerhalb der Stadtgrenzen völlig und verweisen sie auf das Umland. So ist es kein Zufall, daß wir des öfteren eine bemerkenswerte *Häufung von mobile home courts unmittelbar vor den administrativen Grenzen einer Stadt* finden, wie es aus dem Beispiel der Metropolitan Area von Indianapolis deutlich wird (Fig. 44).

Von dieser Situation abgesehen ist gegenwärtig die Lage von mobile home courts nicht mehr so sehr an Chausseen und Industriegelände gebunden wie zu der Zeit, als sie noch nicht in dem Maße echte Wohnsiedlungen mit überwiegender Nutzung durch Dauerbewohner waren.

Mit veränderter Einstellung zum Wohnen in Wohnwagen hat sich nicht allein der Immobilienmarkt gewandelt, so daß heute schon vielfach die Stellplätze zum Erwerb angeboten werden, sondern auch die Firmen, die Wohnwagen herstellen und Wagenparks einrichten, bringen ständig neue Modelle auf den Markt. Damit *verändern sich aber auch die Anforderungen*, die an einen mobile home court gestellt werden. Heute gibt es bereits Wohnwagen mit ausziehbaren Verlängerungsstücken, so daß man den Raum erheblich vergrößern kann und ihn bei Ortsveränderung des Wohnwagens wieder verringert, und

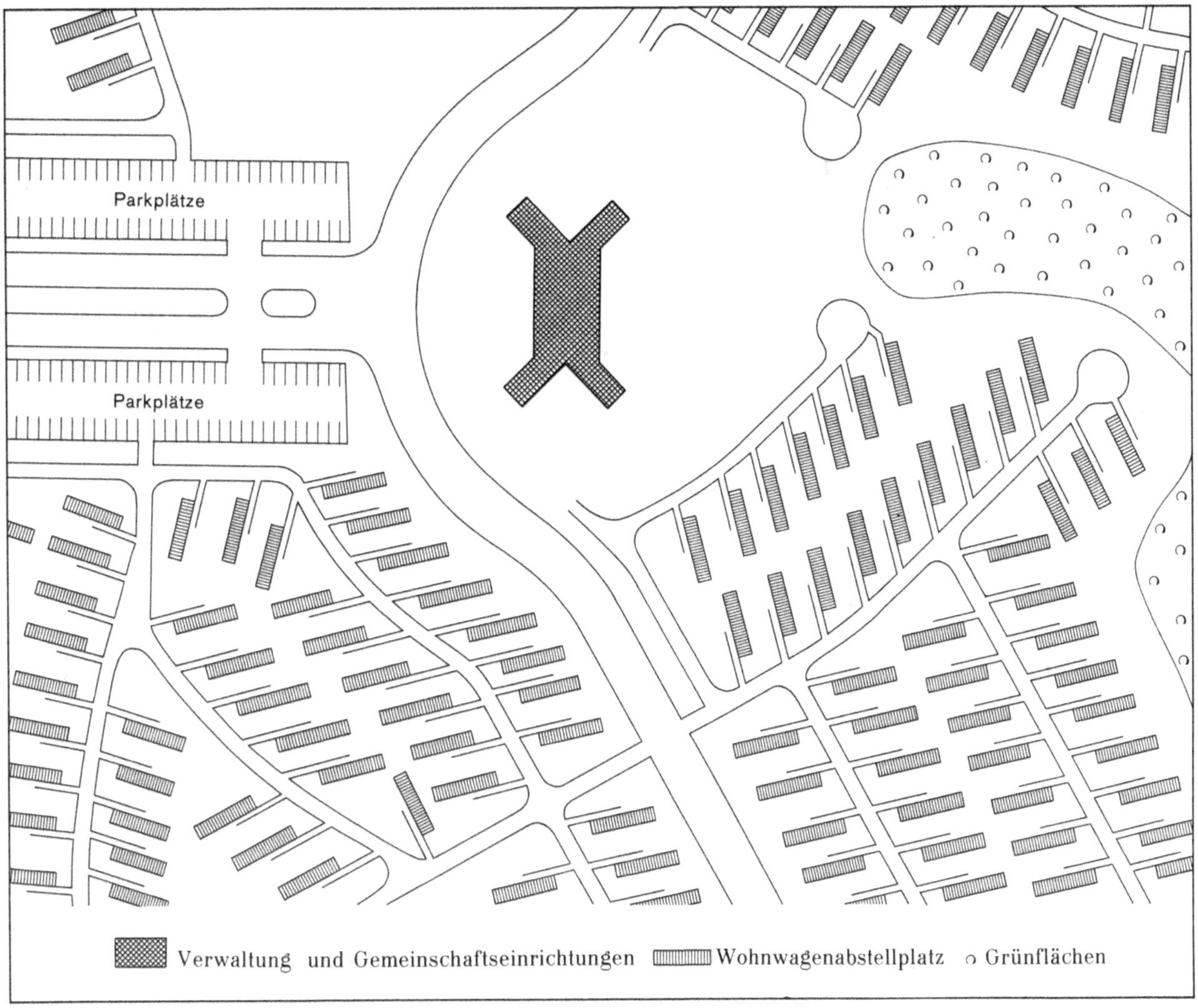

Fig. 43. *Grundriß des Swan Lake Mobile Home Park in Kalifornien* (nach KATZ).
Die Besonderheit dieses Parks ist der gemeinschaftliche Autoparkplatz am Eingang. Innerhalb des Geländes erreichen die Bewohner ihren Platz mittels kleiner Elektrokarren auf recht schmalen Straßen. Im Vergleich mit Siedlungen von festen Häusern tritt hier eine beträchtliche Raumersparnis ein.

es gibt Wagen, die übereinander oder auch seitlich aneinander gekoppelt werden und zu einer recht großen Wohneinheit mit relativ hohem Platzbedarf montiert werden können. Ab 1965 wurden mittels Stahlgerüsten die ersten Wohnwagen-Hochhäuser projektiert. Ihre Ausführung hat sich jedoch verzögert.

Außer der Quantität wurde aber auch die Qualität der angebotenen Modelle und der Parks verändert. Es hängt sicher sehr stark mit der Einführung des U.S. Standard A 119, 1, der für die Mitgliedschaft in der Mobile Homes Manufacturers Association (MHMA) Voraussetzung ist, zusammen, daß die Nachfrage nach Wohnwagen seit Beginn der 60er Jahre außerordentlich gestiegen ist. Zwischen 1962 und 1966 hat sich die Zahl der von den Herstellern fabrizierten und an den Einzelhandel ausgelieferten Wohnwagen in den Vereinigten Staaten von 118000 auf 217300 nahezu verdoppelt. Der Anteil von mobile homes an den neu bezogenen nichtbäuerlichen Einfamilien-Wohneinheiten stieg von 9 % im Jahre 1959 auf 23 % im Jahre 1966 an; d.h. zur Zeit ist bereits jede vierte Einfamilienwohneinheit eines „städtischen" Neuhaushaltes ein Wohnwagen (vgl. BEITLER). Die Zahl der Menschen, die in Amerika ständig in Wohnwagen leben, nimmt dauernd zu, und der mobile home court ist zu einem nicht mehr fortzudenkenden Siedlungselement geworden. Es

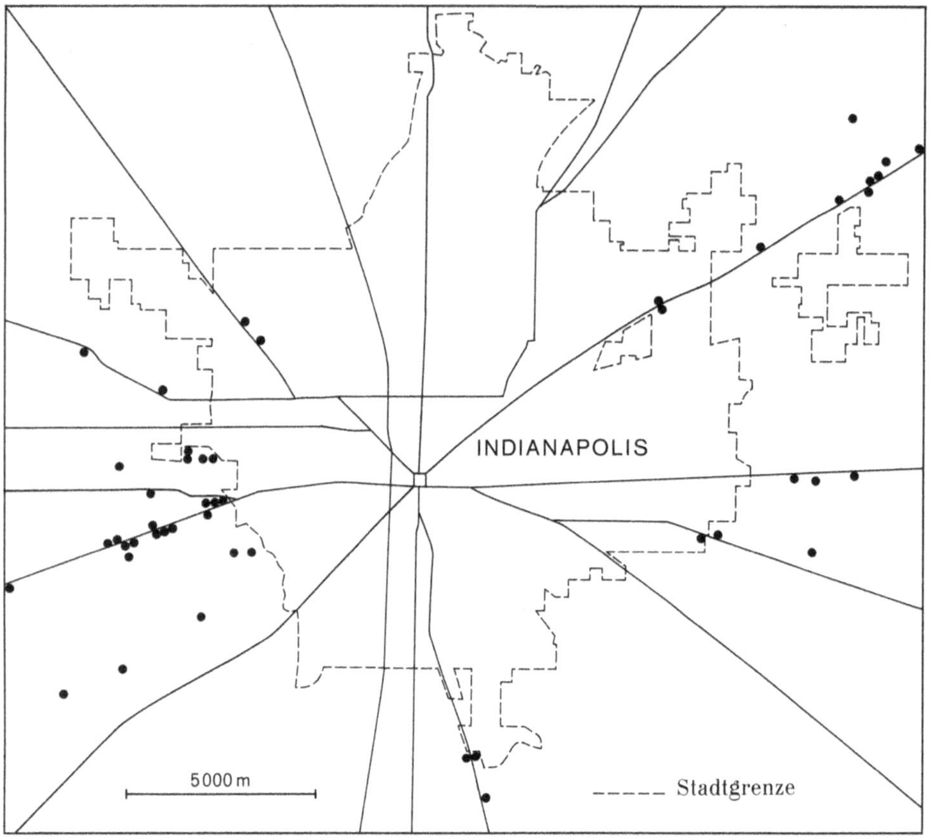

Fig. 44. *Lage der Wohnwagensiedlungen in der Metropolitan Area von Indianapolis* (nach Metropolitan Planning Department of Marion County). Auffällig ist die Häufung in der Nähe der Ausfallstraßen unmittelbar außerhalb der Stadtgrenze von Indianapolis. Je mehr die Wohnwagen zu wirklichen Dauerwohnungen werden, um so weniger sind sie an die Ausfallstraßen gebunden. Aber ihre Lage außerhalb der Stadtgrenze wird auch weiterhin bedingt sein durch Beschränkungen seitens der Bauleitplanung, die Wohnwagenparks im Stadtgebiet auf Industriegelände abdrängt oder gänzlich verbietet, da die Behörden die Auffassung vieler Einwohner teilen, daß die Wohnwagenbevölkerung ein besonders unstetes und unerwünschtes Element darstelle.

ist schwierig, die sich dauernd verändernde Zahl der Wohnwagensiedlungen und ihrer Bewohner genau anzugeben. Nach jüngsten Schätzungen gibt es in den Vereinigten Staaten rund *23000 mobile home courts mit durchschnittlich etwa 100 Stellplätzen*, wobei etliche Siedlungen weit über diesem Durchschnitt liegen und über 300 Plätze zählen, und *mehr als 4 Millionen Menschen* oder 2% der Gesamtbevölkerung der USA, die ständige Bewohner von Wohnwagen sind.

Im Einzelfall wird ein erheblich höherer Prozentsatz erreicht. Mobile home courts sind überall dort eine günstige Lösung, wo auf unbestimmte Zeit ein *plötzlicher Zustrom von Menschen* erfolgt, wie das bei militärischen Einrichtungen oder Regierungsprojekten, z.B. bei Einrichtungen der National Aeronautics and Space Administration (NASA), der amerikanischen Raumfahrtbehörde, der Fall ist. Nach der Durchführung bestimmter Programme an bestimmten Orten ist es oftmals unsicher, wieviele der Zugezogenen auf längere Zeit dort verbleiben. Die Zahlen sind meist nicht genau vorauszusehen. Zunächst aber wird eine kurzfristige kräftige Bevölkerungszunahme hervorgerufen, die eine Gemeinde kaum so schnell mit Neubauten aufzufangen vermag und auch des erwähnten Risikos wegen nicht immer gern auf sich nehmen möchte. Hier bietet sich die schnelle Errichtung von mobile home courts an, die später leichter aufgelassen werden oder gegebenenfalls auch leicht in Wohnsiedlungen mit festen Bauten umgewandelt werden können.

Der Bevölkerungszustrom im Zusammenhang mit Militär- und Regierungsprojekten bedeutete zuweilen bis zu 10% Neuhaushalte innerhalb eines einzigen Jahres für eine Klein- oder Mittelstadt. Der Prozentsatz von Wohneinheiten in mobile home courts stieg z.B. im Jahrzehnt 1950–1960 in Pierre, South Dakota, von 4,3% auf 11,6% an, in Minot, North Dakota, von 2,1% auf 3,9%. Der US-Durchschnitt für 1960 wurde bei leicht abnehmender Tendenz mit 1,3% angegeben (Umes Report 4, S. 24).

3.6.2. Auswirkungen und Begleiterscheinungen

3.6.2.1. Fehlen alter Siedlungskerne und Kleingärten

Vergleichen wir die weiten Gebiete der großstädtischen Außenzone und der Randgemeinden des Metropolitan Ring mit europäischen Städten, so stellen wir zunächst fest, daß ihnen gewisse Elemente fehlen, die zum Wesen der mitteleuropäischen Städte gehören.

Wie schon im Abschnitt 2.1, S. 9, näher erläutert, ist der Einzelhof die typische ländliche Siedlungsweise in weiten Teilen Nordamerikas gewesen. Dörfer blieben die Ausnahme und auf kleinere Siedlungsgebiete bestimmter Gruppen wie der Pennsylvania Dutch oder der Mormonen beschränkt. Dieser Unterschied hat natürlich seine Bedeutung für die weit in ihr einstiges ländliches Umland hinauswachsende Stadt. Während die mitteleuropäische Stadt in ihren Randbezirken oft eine Vielzahl alter Dorfkerne überformt und in den Grundriß und das Gefüge des städtischen Siedlungskörpers einbezogen hat, fehlen derartige Elemente in der amerikanischen Großstadt.

Zuweilen sind in Amerika mehrere Siedlungen von ein paar hundert Jahren Alter zusammengewachsen. Aber sie sind nicht Dörfer im europäischen Sinne, sondern vielleicht benachbarte städtische Siedlungen, entstanden um ein Fort oder um einen Handelsposten.

Das Fehlen der Dorfkerne in der Außenzone bedeutet aber, daß wir nicht die Heterogenität des Grundrisses haben, wie sie für mitteleuropäische Städte typisch ist. Die Stadt ist vielmehr hinausgewachsen in das Einzelhofgebiet der quadratischen sections und Viertelsections und inzwischen aufgesiedelter und parzellierter Einzelfarmen. *Schachbrett- und Gartenstadtgrundriß* beherrschen den städtischen Randbereich. Aber auch funktional gesehen *fehlen die Ansätze zur Mittelpunktsbildung*, ein sicher nicht unwesentlicher Umstand für die frühe und rasche Entwicklung der shopping centers (s. Abschnitt 4.3.1.2, S. 182).

Was den amerikanischen Städten ebenfalls fehlt, sind die für Europa so charakteristischen Kleingarten- oder Laubenkolonien, die in Deutschland mit den Bestrebungen des Leipziger Arztes Dr. Schreber so weite Verbreitung fanden, und wenn sie auch von Wohnsiedlungen angefressen werden, sich doch bis in die Gegenwart wegen der hier bestehenden Erbpachtverträge in stattlichem Umfange haben halten können. In Amerika kommt dagegen die große Zahl der Eigenheimbesitzer mit ihren Gärten hinter dem Hause nicht als Interessenten für Gelände in einiger Entfernung von der Wohnung in Frage. Das gesteigerte Interesse am Schrebergarten entsteht beim Mietwohnungsinhaber. Auch wären in Amerika bei der weitflächigen Ausdehnung der Städte die Entfernungen noch größer zwischen Schrebergarten und Wohnung als in den deutschen Städten. Was es bedeutet, daß dieses Element den amerikanischen Städten fehlt, mag man ermessen, wenn man sich vor Augen hält, daß die Kleingartenfläche der Berliner Bevölkerung im Jahre 1940 bei rund 5000 ha gelegen hat. Das sind etwa 6% der Gesamtfläche der Stadt.

Der hauptsächlich Feingemüse hervorbringende Erwerbsgartenbau als eine spezifisch städtische Form des Landbaus ist in den vergangenen Jahrzehnten außerordentlich stark zurückgegangen infolge der immer zunehmenden Verbreitung des leicht zu handhabenden und qualitativ hochwertigen Gefriergemüses.

3.6.2.2. Geringe Wohndichte – hoher Flächenbedarf

Die mit dem hohen Anteil von Einfamilienhäusern verbundene große Flächenausdehnung der amerikanischen Städte bedeutet für weite Teile derselben eine verhältnismäßig geringe Wohndichte. Die Zahl der Einwohner pro Haus ist bei vorherrschender Einzelhausbebauung niedriger als bei höheren Anteilen von mehrgeschossigen Mehrfamilienhäusern. Wir haben einen Maßstab für die Wohndichte in der sogenannten *Behausungsziffer*, die eben die Zahl der Einwohner pro Haus angibt. Sie betrug im Durchschnitt der Vereinigten Staaten für das Jahr 1930 6,1. Von den Großstädten war Indianapolis mit einer Behausungsziffer von 4,4 die Großstadt mit dem niedrigsten Wert, Manhattan mit einer Behausungsziffer von 30,2 die Großstadt mit dem höchsten Wert. In einzelnen Stadtteilen, besonders den zentraleren mit mehrgeschossigen Mietwohnhäusern wie etwa der sogenannten Lower East Side von Manhattan, wurden freilich höhere Werte erreicht. Im Vergleich dazu lag der Wert von Berlin etwa bei 60 (ROSSNAGEL, S. 21).

Neben der Behausungsziffer kann man nun die Wohnbevölkerung auch auf verschiedene Flächen beziehen, entweder auf die Gesamtfläche oder nur auf die Nettowohnbaufläche der Stadt. Legen wir die Gesamtfläche zu Grunde, so ergeben sich nach dem Zensus von 1960 für die urbanized areas der USA folgende *Dichtewerte:*

Tabelle 10. Wohndichte in urbanized areas der USA.

New York-NE New Jersey	(1. Stelle)	2883 Einwohner/qkm
Chicago-NW Indiana	(6. Stelle)	2399 Einwohner/qkm
St. Louis, Mo. u. Ill.	(11. Stelle)	1993 Einwohner/qkm
Denver, Colo.	(16. Stelle)	1864 Einwohner/qkm
Norfolk-Portsmouth, Va.	(21. Stelle)	1806 Einwohner/qkm
Laredo, Tex.	(26. Stelle)	1736 Einwohner/qkm

Ein Vergleich mit nicht-amerikanischen Städten ist insofern schwierig, als es keine völlig vergleichbaren Abgrenzungen städtischer Gebiete in verschiedenen Ländern gibt. So stimmen die urbanized areas auch nicht genau mit den Stadtregionen der Bundesrepublik überein; sie lassen sich nicht direkt vergleichen. Andrerseits sind die Werte für Städte innerhalb ihrer administrativen Grenzen zu wenig aussagekräftig. Denn sie hängen sehr vom Grad der Eingemeindungen ab und besagen nichts über die wahre Ausdehnung des städtischen Gebietes im geographischen Sinne. So stellt sich bei einem Vergleich flächenmäßig gleich großer Städte heraus, daß bei jeweils etwa der Hälfte der verglichenen Städtepaare höhere Dichten in den deutschen bzw. in den amerikanischen Städten auftreten. Für die nach ihrer Fläche nahezu gleich großen Städtepaare Hamburg und Dallas bzw. München und El Paso ergeben sich Einwohnerdichten (pro qkm) von 2346 gegenüber 934 und 3090 gegenüber 929; d. h. daß in den deutschen Vergleichsstädten etwa die dreifache Bevölkerungsdichte erreicht wird. Vergleichen wir dagegen die ebenfalls nach ihrer Fläche fast gleichen Städte Stuttgart und Baltimore, so ergeben sich Dichten von 2894 bzw. 4560, also für die amerikanische Vergleichsstadt etwa das Anderthalbfache.

BERRY, SIMMONS und TENNANT haben in einer vergleichenden Untersuchung festgestellt, daß der *Dichtegradient* der US-amerikanischen Städte viel weniger steil ist als bei asiatischen Städten, was bedeutet, daß die asiatischen Städte *kompakter* sind als jeweils gleich große amerikanische Städte. Für die amerikanischen wie für die asiatischen Städte allerdings gilt, daß kleinere Städte immer kompakter sind als größere (vgl. Fig. 29).

Um eine Vorstellung von den Wohndichten zu gewinnen, sei darauf hingewiesen, daß in weiten Teilen des Metropolitan Ring Wohnsiedlungen entstanden sind, in denen die Eigenheime nicht an die städtische Kanalisation angeschlossen sind, auch nicht an die einer anderen benachbarten Gemeinde. In solchen Fällen enthält die Baunutzungsordnung vieler Städte die Vorschrift, daß die nicht angeschlossenen Grundstücke eine *Mindestgröße von 5 acres* oder etwa 2 Hektar haben müssen. Rechnen wir als Durchschnittsgröße für die amerikanische Familie fünf Köpfe, so ergibt sich für diese vornehmen und meist am weitesten vom Stadtkern entfernt gelegenen Wohngebiete eine Wohnbevölkerungsdichte von 250 Menschen auf den Quadratkilometer.

Wie schon unter 3.5.1 ausgeführt, steigt der Anteil der für die Wohnfunktion benötigten Fläche an der gesamten genutzten Fläche von nur etwa 2% in der City sehr bald auf ungefähr 40% an, um dann in dem größten Teil des Stadtgebietes einschließlich des Metropolitan Ring etwa gleich zu bleiben. Untersuchungen aus verschiedenen Jahren und von jeweils einer Reihe von Städten haben das bestätigt. Die Werte von LOVELACE, 1949, BARTHOLOMEW, 1955, der Stadtplanung Duluth, 1956, und der Rand Corporation, 1963, bewegen sich alle zwischen 39,0% und 41,7%. Was aber in unserem Zusammenhange besonders wichtig ist, das ist die weitere Aufteilung der Wohnfläche nach Einfamilienhäusern und sonstigen Wohngebäuden. Diese Unterscheidung ist in den Studien von LOVELACE und der Stadtplanung Duluth gemacht worden. Die angeführten Anteile an der gesamten genutzten Fläche setzen sich demnach so zusammen, daß auf die *Einfamilienhäuser 33,5% bzw. 35,9%*, auf die Mehrfamilienhäuser dagegen nur 6,4% bzw. 5,8% entfallen. Dazu kommt noch ein verhältnismäßig hoher Anteil an genutzter Fläche für die Straßen.

In der Stadt Denver rechnet die Planung damit, daß sich in der Zeitspanne zwischen 1960 und 1985 der Flächenbedarf für Einfamilienhäuser, für Zwei- und Mehrfamilienhäuser, für den Einzelhandel, die Industrie, den Großhandel und die öffentlichen Einrichtungen verhalten wie etwa 19:3,5:1,2:1,2:1,1: 0,6. Der Flächenbedarf aller anderen Funktionen zusammen macht nur wenig über ein Drittel des Flächenbedarfs für die Einfamilienbauten aus.

LEDERMANN hat die Vermutung ausgesprochen, daß der gewaltige Flächenkonsum der typisch amerikanischen Denkweise des 19. Jahrhunderts entspreche und daß der "sprawl is a reflection of the 'frontier' philosophy which has characterized the westward expansion of the American nation – the attitude that there is plenty more where that came from, that it is easier to use up the best, the most, the quickest and to move on. We have not developed a sense of continuity in the European sense – of generations of the same family having lived in the same neighborhood, possibly even in the same house. In the United States this would be viewed as stagnation. The pressure is to move up socially, and to move outward, to discard the old in favor of the new. This process has generated much of America's wealth, although it has forced us to make mighty efforts to rebuild completely the backwater areas, the remains that have been left behind" (LEDERMANN, 1967, S. 89).

3.6.2.3. *Öffentlicher und Individualverkehr*

Die Dimensionen, die mit der ungeheuren Ausbreitung des Eigenheims über die weiten Gebiete der Randgemeinden der Großstadtregionen entstanden und Verkehrsspannungen über große Entfernungen hinweg und in einer Vielzahl von Richtungen zwischen Wohn- und Arbeitsstätte hervorriefen, sind großenteils nur durch den Individualverkehr zu meistern gewesen. Das linienhafte Netz der Schienenfahrzeuge, aber auch das notwendigerweise beschränkte Netz von Omnibussen vermögen diese weiten und relativ dünn besiedelten Räume nicht hinreichend zu erschließen. *Eigenheim und Individualverkehr sind eng miteinander gekoppelt*, obwohl auch dieser unter gewissen Schwierigkeiten der Weitflächigkeit des individuellen Wohnens zu leiden hat. "There is often insufficient money to build the necessary mileage of modern highways and insufficient patronage to support needed public transportation. The result has been an absence of limited-access highways, growing traffic congestion, poor standards of transit service, and all the consequences of difficult commuting and inadequate community circulation" (OWEN, S. 190).

Gewaltig war die Zunahme des Individualverkehrs in den Jahren nach dem Zweiten Weltkrieg. In dieser Zeit hat sich der Bestand an registrierten Personenkraftwagen in den Vereinigten Staaten verdreifacht, er stieg von 25,8 Millionen 1945 auf 75,25 Millionen im Jahre 1965 an. Auf die Bevölkerung von rund 200 Millionen Menschen bezogen ergibt sich ein *Motorisierungsgrad* von 1:2,65. 1965 besaßen rund 36 Millionen Haushalte einen PKW, rund 12 Millionen Haushalte bereits mehr als einen.

In den Städten, insbesondere wiederum in den Staaten des Westens wie Kalifornien, liegen die Ziffern über dem Durchschnitt der Nation. Tabelle 11 bietet ein paar Beispiele dafür, wieviel Prozent der Familien der jeweiligen Standard Metropolitan Statistical Area einen bzw. mehr als einen PKW besitzen.

Tabelle 11. PKW-Bestand in einigen Metropolitan Areas der USA im Jahre 1965.

SMSA	% Fam. mit 1 PKW	% Fam. mit mehr als 1 PKW
San José, Calif.	91	37
Wichita, Kans.	89	30
Flint, Mich.	89	24
Phoenix, Ariz.	88	31
Sacramento, Calif.	87	34
Fresno, Calif.	86	33
Salt Lake City, Utah	86	31
San Diego, Calif.	86	30
Dallas, Tex.	85	31
Detroit, Mich.	83	25
St. Louis, Mo.	77	18
Chicago, Ill.	72	15

Weiterhin läßt sich feststellen, daß der *Motorisierungsgrad in den Randgemeinden des Metropolitan Ring größer* ist als in der Kernstadt. Der Boston Regional Study zufolge betrug 1960 der Motorisierungsgrad der Stadt selbst 1:4,79 gegenüber Werten zwischen 1:2,48 und 1:2,93 für die Counties des Metropolitan Ring. In vielen Städten fährt ein erheblich größerer Anteil der Vorortbevölkerung mit dem PKW zur Arbeitsstätte als Bewohner der Stadt selbst, welche eher die öffentlichen Verkehrsmittel benutzen. Bei den ganz großen Städten wie New York und Chicago ist diese Diskrepanz besonders auffallend. So fahren mit dem PKW zur Arbeit aus der Stadt bzw. dem Metropolitan Ring in New York 20% bzw. 63%, in Chicago 45% bzw. 70%, in Denver 71% bzw. 84%, in Flint 81% bzw. 89%.

Es sind in der Hauptsache die Randgemeinden, in denen die wagenbesitzenden Familien und vielfach auch Mehrwagenfamilien leben. Dazu kommt aber auch die häufige Herausbildung von *Fahrgemeinschaften*. Berufspendler nehmen ihre Kollegen mit und teilen sich mit ihnen in den Benzinpreis. Die Fahrgemeinschaft ist auch von Vorteil im Hinblick auf den Parkplatz und seine Kosten.

Es wurde schon erwähnt, daß dieser gewaltige Individualverkehr bei weitem nicht reibungslos vonstatten geht. Wie OWEN schreibt, reichen häufig die finanziellen Mittel nicht aus, um den Straßenbau so voranzutreiben, daß er dem Bedarf entspricht. Auch der Stadtautobahnbau hinkt zum Teil hinter der Entwicklung der Verkehrsintensität her. Am schlimmsten steht es meist mit den Straßenverhältnissen in der Zone um die City herum, wo aus vielen Richtungen die Wagenkolonnen zusammenströmen und auf wenigen Straßen in die Innenstadt fahren. Hier gibt es die größten Engpässe.

Großenteils hat sich aber der Individualverkehr *zwangsläufig* so stark entwickelt, weil in vielen Stadtregionen das öffentliche Verkehrssystem im argen liegt. Weite Bereiche der Außen- und Vorortzonen bleiben von den Linien des öffentlichen Verkehrsnetzes ganz unberührt. Zum andern ist die Linienführung der Omnibusse häufig so gestaltet, daß der

Verkehrsteilnehmer große Umwege in Kauf nehmen muß. Das ist im Grunde nur eine Reaktion der Verkehrsbetriebe auf die Situation, daß kaum genügend Fahrgäste die öffentlichen Verkehrsmittel benutzen, so daß man bestrebt ist, für die einzelne Linie einen möglichst großen Einzugsbereich zu schaffen. Das Ganze bildet einen circulus vitiosus, den es irgendwie zu durchbrechen gilt.

Omnibusrouten sind weniger spezialisiert als U-Bahn- und Hochbahnrouten, aber doch andererseits weniger gestreut als der PKW-Verkehr. Es bedarf einer gewissen Mindestwohndichte, um das öffentliche Verkehrsnetz rentabel zu gestalten. Nach Angaben der Chicago Area Transportation Study liegt die *Rentabilitätsgrenze* für den öffentlichen Busverkehr bei etwa 25000 Einwohnern pro Quadratmeile Nettowohnbaufläche. Jenseits dieser Grenze besteht die Gefahr, daß unterdurchschnittlich genutzte Linien durch besser genutzte Linien des Netzes aufrechterhalten werden müssen. Nach BLUMENFELD bedarf bei einer Dichte unter 4,5 Familien/acre oder rund 500–600 Familien innerhalb des Bereiches eines halben Quadratkilometers ein Busverkehr in 10-Minuten-Abstand während des Berufsverkehrs in Richtung auf die Kernstadt bzw. umgekehrt und ein Busverkehr im halbstündigen Abstand zu anderen Tageszeiten und in andere Richtungen bereits einer kräftigen Subvention.

Auch ist an Hand von Erhebungsdaten zu belegen, daß mit Bussen in hohem Maße nur diejenigen Personen fahren, die, sei es wegen geringen oder zu hohen Alters oder aus sozialen Gründen nicht Autofahren können. U-Bahnen und Hochbahnen dagegen werden aus Bequemlichkeit oder sonstigen Gründen von sehr vielen Menschen benutzt, die durchaus des Autofahrens kundig sind. So wurde im Raum Chicago 1956 festgestellt, daß nur 27% der Omnibusbenutzer, aber 50% der U-Bahn- und Hochbahnbenutzer und etwa 66% der Vorortzugbenutzer Autofahren können. Diese Zahlen werfen ein Licht auch auf die Bereitwilligkeit zur Benutzung der verschiedenen öffentlichen Verkehrsmittel, die Bereitwilligkeit, die ihrerseits wieder zum guten Teil abhängt von dem Angebot an öffentlichen Verkehrsmitteln. In ihren Überlegungen werden die städtischen Verkehrsbetriebe gerade jene Zwischengruppe von Personen berücksichtigen müssen, die im Grunde beide Möglichkeiten hat, sowohl den eigenen PKW zu benutzen oder bei entsprechender Attraktivität ein öffentliches Verkehrsmittel zu bevorzugen.

Einen sehr großen Anteil des Schülerpendlerverkehrs übernehmen die besonders gekennzeichneten Schulbusse. Das System von Mittelpunktschulen und Schulbusnetzen hat sich zuerst im einstigen Alten Nordwesten herausgebildet, dem ersten größeren Landesteil mit dünner und gleichmäßig über weite Gebiete verteilter agrarischer Wohnbevölkerung. Es ist dann allgemein übernommen worden und in den Randgebieten der Städte und Vorortgemeinden des Metropolitan Ring verbreitet.

Die Vorortbereiche des Metropolitan Ring werden selbst in solchen Stadtregionen wie der von Chicago *an Sonnabenden, Sonn- und Feiertagen überhaupt nicht von Omnibuslinien bedient.* Nur an den fünf Werktagen der Woche verkehren die Omnibusse des weitmaschigen Netzes, und in den Abendstunden ist es bereits unsicher, ob man noch an sein Ziel gelangt, ohne ein Taxi in Anspruch zu nehmen. Schlechte Bedienung seitens des öffentlichen Verkehrs und starke Abhängigkeit vom privaten Personenkraftwagen bedingen sich wechselseitig.

Wenn trotzdem in einigen Großstädten wie New York oder Chicago das öffentliche Verkehrswesen noch einigermaßen funktioniert, so ist das zwei Faktoren zuzuschreiben. Die besondere Größe und Wirtschaftskraft dieser Städte hat den Rückgang des öffentlichen Verkehrswesens in Grenzen gehalten und es andrerseits den Verkehrsbetrieben ermöglicht, rechtzeitig Modernisierungsmaßnahmen durchzuführen, so daß ein beachtlicher Teil der Berufspendler und Kunden weiterhin den Verkehrsmitteln des öffentlichen Verkehrsnetzes verblieben ist. Hier wohnen auch größere Zahlen minderbemittelter Schichten mit keinem oder höchstens einem PKW pro Familie, so daß der Personenkreis noch groß ist, der auf die öffentlichen Verkehrsmittel angewiesen ist. Es läßt sich häufig die Feststellung treffen, daß gerade sozial schwache Familien eher einen großen und teuren Wagen besitzen als zwei kleinere. Mit dem eigenen Wagen kann also nur ein Familienmitglied zur Arbeitsstätte fahren. Zum Teil wird die Diskrepanz zwar durch Fahrgemeinschaften ausgeglichen, aber es verbleiben den öffentlichen Verkehrsmitteln doch noch einzelne Familienmitglieder.

In Chicago haben die Verkehrsbetriebe vor allem die Hochbahn in einzelnen Abschnitten modernisiert. So wird beispielsweise die Strecke der Lake Street "L" – der Buchstabe L steht als Abkürzung für die als "elevated" bezeichnete Hochbahn – mit klimatisierten Wagen in Abständen von etwa drei Minuten bedient. Ein Paradestück ist die ausgebaute Skokie Swift. Die Gemeinde Skokie, ein Industrievorort Chicagos im Norden mit rapidem Bevölkerungswachstum, ist seit kurzer Zeit mit dem Loop durch eine Nonstop-Verbindung der Hochbahn verbunden, die diese Strecke in 20 Minuten bewältigt.

In Toronto ist, wie auch in Montreal zur Weltausstellung Expo 1967, erst kürzlich eine Untergrundbahn gebaut worden. Sie besteht vorerst aus einer Ost–West-Verbindung entlang der Bloor Street mit einer Schleife nach Süden durch den Downtown-Bezirk. Von manchen Zügen der Ost–West-Richtung wird diese Schleife aber auch abgeschnitten. Die Schleife setzt sich im östlichen Strang, der unter der Hauptgeschäftsstraße Yong Street verläuft, weit nach Norden über Bloor Street hinweg fort und endet in einem sehr modernen Bahnhof, der zugleich Endpunkt für mehrere Omnibuslinien ist, für die Park-and-Ride-Fahrgäste einen großen Autoabstellplatz enthält und schließlich das Verwaltungsgebäude der Verkehrsbetriebe von Toronto beherbergt.

Die Situation in Kanada scheint allerdings zum gegenwärtigen Zeitpunkt noch eher die Anlage einer Untergrundbahn in den Großstädten zu erlauben als das wohl noch stärker auf den Individualverkehr eingestellte Verkehrswesen in den Vereinigten Staaten (vgl. Abschnitt 5.2.3, S. 253 ff.).

Werden im allgemeinen U-Bahn-Bauten für die Lösung des Verkehrsproblems der US-amerikanischen Städte als nicht adäquat angesehen, so machen sich die Verkehrsplaner sehr ernste Gedanken über eine *Umstrukturierung des weitgehend auf den Omnibus abgestellten öffentlichen Verkehrssystems.* Unter den Berichten über Planungsziele der Planungskommission für die Doppelstadt St. Paul–Minneapolis befindet sich unter anderem ein diesbezüglicher Vorschlag. Es wird angeregt, *das Netz der Buslinien zu verdichten, zugleich aber die Kapazität der einzelnen Einheit,* des Transportmittels, *zu verringern.* Man kommt dabei auf ein Zwischending zwischen Omnibus und Taxi, also eine Art *Kleinbus oder Großtaxi* mit etwa 8 bis 12 Sitzen. "Basically this would be a specialized taxi system that operates across the whole metropolis but would specialize on feeding the rapid transit system and large centers of activity" (GOALS, S. 43).

Das bedeutet einen Durchbruch zu neuen Formen, zu *Mischformen,* die den besonderen Gegebenheiten weiter, relativ dünn besiedelter Wohnflächen besser angepaßt sind als die herkömmlichen Elemente des öffentlichen Verkehrssystems. Auch auf anderen Gebieten gelangt man heute zu Mischformen (s. Abschnitte 4.2.2.1 und 4.2.2.2, S. 152ff.) in bewußter Abkehr vom Gewohnten. Und in dieser Flexibilität liegt sicher viel von der Überlebenschance der amerikanischen Stadt, deren Sterben J. JACOBS und andere Autoren bereits beklagt haben.

In einigen Städten, so in Washington, D. C., ist es seit vielen Jahren üblich, daß sich mehrere Fahrgäste in ein Taxi teilen, welches für einen bestimmten Tarif innerhalb einer bestimmten Zone operiert. Er erhöht sich sprunghaft, sobald das Taxi die Grenze der Zone überfährt. Innerhalb der Zone zahlt jeder Fahrgast für die Benutzung des Zonentaxis einen einheitlichen Zonenpreis.

Der hohe Motorisierungsgrad der amerikanischen Bevölkerung spielt heute allenthalben in der *Planung* eine entscheidende Rolle, aber auch in *privatwirtschaftlichen* Entscheidungen über die Standortwahl neuer Industriebetriebe. Bei der Anlage neuer Betriebe wird vielfach keinerlei Rücksicht genommen auf eine etwaige Ausweitung des Arbeitereinzugsbereichs, da größere Entfernungen zwischen Wohn- und Arbeitsstätte unter den gegebenen Umständen als durchaus zumutbar angesehen werden. Hingegen kann man immer wieder feststellen, daß bei Erwägungen über den künftigen Standort eines Betriebes oder Zweigwerkes oder bei Verlagerungen aus dem engeren Stadtgebiet hinaus in die Vorortzone die Lage zur Wohnstätte der Manager eine beachtliche Rolle spielt. Die Standortwahl richtet sich häufig nach den Wünschen weniger, während die Wegzeiten der Belegschaft unberücksichtigt bleiben.

3.6.2.4. Kosten der Versorgungseinrichtungen

Was eben über das Verkehrswesen und seine Problematik hinsichtlich der geringen Wohndichte weiter Gebiete gesagt wurde, bedarf noch einer Ergänzung. Den Außenbezirken der Stadt und den Vorortgemeinden des Metropolitan Ring obliegen *Bau und Unterhalt eines umfangreichen Straßennetzes mit relativ geringer Ausnutzung.* Sicher ist dieser Grund mit entscheidend für die Planung unterschiedlicher Breiten der Straßen entsprechend ihren unterschiedlichen Zwecken. Wenn man schon unendliche Kilometer Straßen durch diese weitläufigen und dünn besiedelten Gebiete führen muß, dann hält man sie bis auf die Durchgangsstraßen möglichst schmal, soweit sie nur dem Anrainerverkehr für ein kleines, eng begrenztes Wohngebiet dienen sollen.

Probleme ergeben sich bei Wohndichten, die unter etwa 500–600 Familien auf dem halben Quadratkilometer liegen, vor allem für die *Ein-Wagen-Familie* hinsichtlich der *Erreichbarkeit* zentraler Einrichtungen, die nur von einer größeren Zahl von Steuerzahlern unterhalten werden können. BLUMENFELD hält es für kaum möglich, daß diese Zahl von Familien ausreicht, um eine achtklassige Grundschule zu unterhalten. Ein lokales Einkaufszentrum braucht einen Kundenkreis von 1000 bis 1200 Familien. Das bedeutet, daß die Hälfte der Bevölkerung solcher dünn besiedelten Gebiete weiter als eine Viertelmeile Geh-Entfernung von dem Einkaufszentrum, aber auch von anderen Einrichtungen wie Gemeindezentrum, Kirche, Klub wohnt (BLUMENFELD, 1957, S. 121).

Aber es geht nicht nur um den Straßenbau, der Kosten verursacht. Dasselbe gilt für alle Versorgungseinrichtungen. Hier ist auch die Frage der Rentabilität gestellt, wenn es sich um den Bau von *Wasserleitungen und Rohren der Kanalisation* und andere Versorgungsleitungen handelt, die einen derartigen Raum erschließen sollen.

Viele der weit außerhalb der Kernstädte gelegenen Wohnsiedlungen *ermangeln eines Anschlusses* an die städtische Kanalisation. Die Städte und anderen Gemeinden, in deren administrativem Bereich die Wohnsiedlungen entstehen, schreiben in diesem Falle *große Mindestgrundstücksgrößen* vor, da Sinkgruben angelegt werden müssen, die aber in Abmessung und Lage bestimmten Anforderungen gerecht werden müssen. Die großen Grundstücke ihrerseits bewirken eine besondere Weitmaschigkeit des ganzen Siedlungskomplexes und der Versorgungsnetze. Es entsteht ein circulus vitiosus wie bei dem Problem Individualverkehr – öffentlicher Verkehr.

Noch ein anderer Gesichtspunkt spielt hierbei eine Rolle. Um ein Versorgungsnetz überhaupt rentabel zu gestalten, bedarf es einer Mindestzahl von Benutzern. Je weiter diese aber auseinander wohnen, um so größere Areale sind bei der Erschließung durch die Versorgungsleitungen erforderlich. Das zwingt aber andrerseits Grundstücksmakler und Siedlungsgesellschaften, sich nach diesen großen Arealen umzusehen, die sie kaum in der Kernstadt, sondern nur weit draußen am Rande der Vorortgemeinden finden. *Dieser Zwang zur Kalkulation fördert den urban sprawl*, vor allem aber das leapfrogging, das unter Auslassung ungünstigerer Flächen auf relativ große, zusammenhängende Flächen überspringt. Die Planungskommission der Doppelstadt St. Paul–Minneapolis rechnet, daß die bei solchen Erwägungen der Makler und Siedlungsgesellschaften in Frage kommenden Mindestflächen bei 35 acres oder 14 ha liegen.

Als typische "sprawl areas" werden Gebiete mit Bevölkerungsdichten zwischen 0,3 und 3,5 Menschen pro acre bezeichnet, d.h. zwischen 100 und 900 Einwohner/qkm. Diese Dichte ist "less than adequate for efficient urban services, and too high for true agricultural development" (LEDERMANN, 1967, S. 86). Es sind jene Gebiete, die nicht mehr für ländlich-agrarische Wirtschaftsweise in Frage kommen, aber auch nicht intensiv städtisch genutzte Flächen darstellen.

Ein markantes Beispiel für die Lösung des Versorgungsproblems, das solche Gebiete stellen, ist die Art der *Postzustellung entlang den sogenannten rural routes*. Sie erfolgt vom fahrenden, direkt vor den Briefkästen kurz haltenden Postwagen aus. Die großen röhrenförmigen Kästen, meist ein kleinerer für die Briefpost und ein größerer für Zeitungen, Zeitschriften und umfangreichere Drucksachen, stehen, an Pfosten angebracht, am Straßenrand und können vom Wagen aus bedient werden. Außerdem stehen die Kästen aller Anwohner auf einer Straßenseite, so daß der Wagen beim einmaligen Entlangfahren die Post für alle Anwohner der Straße ausliefert.

3.7. Besonderheiten der funktionalen Ausstattung

3.7.1. Dichterer Funktionsbesatz

Neben Eigenheiten der physiognomischen Gestaltung und der Struktur, die sich in der Ausbildung und Anordnung bestimmter Stadtviertel als in mancher Hinsicht von derjenigen europäischer Städte abweichend erweist, weisen die Städte verschiedener Länder und verschiedener Kulturerdteile generelle, alle Stadtgrößenklassen und alle Stadtviertel betreffende Merkmale ihrer funktionalen Ausstattung auf. So ergibt sich, daß aus bestimmten Gründen die Städte der Vereinigten Staaten und Kanadas mit bestimmten Funktionen viel reichlicher ausgestattet sind als die europäischen Städte. Zu den Funktionen, die hier besonders zahlreich auftreten, gehören die Kirchen, Bildungsstätten, Kommunikationsmittel und gesellschaftlichen Einrichtungen.

3.7.1.1. *Ausstattung mit konfessionellen Einrichtungen*

Dem Besucher angloamerikanischer Städte wird schon nach kurzer Zeit des Aufenthalts auffallen, daß es in Amerika eine sehr große Zahl von Kirchen gibt, und zwar in beiderlei Sinn, nämlich konfessionelle Gruppen als auch diesen Gruppen zur Verfügung stehende Sakralbauten.

Im Zusammenhang mit den Grundriß- und Aufrißformen der angloamerikanischen Städte war davon die Rede gewesen, daß die Kirchen keine ins Auge fallenden baulichen Elemente darstellen, da sie selten an exponierter Stelle inmitten eines Platzes stehen, sondern sich den Häuserzeilen einfügen und innerhalb der Baufluchtlinien bleiben, und da sie an Höhe meist von anderen Gebäuden überragt werden und somit nicht zur Gestaltung der Skyline beitragen (vgl. Abschnitt 3.1.2.1 und 3.4.2.1, S. 27 bzw. 61). Wenn sie dennoch auffallen, so einfach durch ihre Zahl.

Für diesen Umstand gibt es mindestens zwei Gründe. Zum einen sind die Vereinigten Staaten und Kanada *Einwanderungsländer* par excellence. Zwischen 1820 und 1960 kamen rund 41 Millionen Einwanderer allein nach den USA. Ab 1905 wurde auch der Strom der Einwanderer nach Kanada spürbar. Nun spielten seit jeher, seit den Tagen der Pilgerväter und der Quäker und der Katholiken an der atlantischen Küste des Kontinents, religiöse Motive keine unbedeutende Rolle. Religionsfreiheit, der Wunsch nach unbehinderter Ausübung des Gottesdienstes, war ein wesentliches Motiv, sicherlich gleichbedeutend mit politischen Meinungsverschiedenheiten und ökonomischen Mißständen in den Herkunftsländern der Einwanderer. Setzten sich auch die Puritaner in Massachusetts fest, die Quäker in Pennsylvania und die Katholiken in Maryland, so gingen die Auseinandersetzungen in der Neuen Welt weiter. Durch konfessionelle Gegensätze und Abspaltungen kam es schon frühzeitig zu neuen Siedlungsgründungen, und es entstanden weitere, oft sehr kleine Kolonien wie Rhode Island.

So vielfältig die Herkunftsgebiete der Einwanderer waren, so *vielfältig waren die konfessionellen Bindungen*. Freilich kam es in den ersten Jahrzehnten der Einwanderung nicht selten zur Konversion aus dem einfachen Grunde, weil es anfänglich in vielen kleinen Siedlungen nur eine einzige vorherrschende Glaubensrichtung gab und mithin auch nur eine einzige Kirche. Sich aber von dieser Kirche fernzuhalten hätte für den Neuankömmling bedeutet, sich von vornherein aus der Gemeinschaft der Nachbarn auszuschließen.

Von solchen Übertritten abgesehen war jedoch die Vielfalt von Anbeginn vorhanden. Es konnte gar nicht zu einer dominierenden Staatsreligion oder selbst zu zwei nahezu gleichbedeutenden Religionen kommen. Selbst anfänglich recht homogene Gemeinden und größere Gebiete mit dominierender Religionszugehörigkeit ihrer Bewohner wie der puritanisch besiedelte Raum der Neuenglandstaaten wurden zu einem späteren Zeitpunkt *von Anhängern einer andern Glaubensrichtung unterwandert*, so Neuengland vom katholischen Element der Iren. Nicht einmal eine so geschlossene Gruppe wie die Anhänger der Church of Jesus Christ of Latter-day Saints (Mormonen) konnte auf längere Zeit verhindern, daß sich in der Landeshauptstadt Salt Lake City die Religionen mischten, so daß heute in dieser Stadt nur etwa die Hälfte der Einwohner „der" Kirche angehört. Die andere Hälfte aber setzt sich aus einer größeren Zahl von Religionsgemeinschaften zusammen. Sie alle haben jetzt in der Stadt wie auch in anderen Städten der Nordhälfte des Staates Utah ihre Kirchenbauten, die sich im Stil deutlich von der typischen Mormonenkirche – und natürlich vom Mormonentempel, den es nur in wenigen Städten gibt – abheben.

Im Zusammenhang mit den Mormonen kommen wir auf den anderen Grund für die Vielfalt der Konfessionen. Es waren nicht allein die Einwanderer aus den verschiedensten Herkunftsländern, die gleich zu Beginn der Besiedlung des Kontinents ihre verschiedenen Konfessionen ins Land brachten. Auf amerikanischem Boden kam es auch schon frühzeitig zum *Entstehen ganz neuer Glaubensrichtungen*, die es in der Alten Welt gar nicht gegeben hatte. Die Mormonen sind ja dafür ein ausgezeichnetes Beispiel. Sie traten erstmals auf Grund der umstrittenen Auffindung alter heiliger Schrifttafeln bei Palmyra im Staate New York durch Joseph Smith, den Gründer und Propheten dieser Kirche, im Jahre 1830 in Erscheinung.

Nach ZELINSKY (S. 146) gehören zu den erst in Angloamerika entstandenen Religionsgemeinschaften:

Adventists
Assemblies of God
Church of the Nazarene
Church of Jesus Christ of Latter-day Saints (Mormonen)
Churches of God
Disciples of God
Evangelical United Brethren
Unitarian and Universalist Churches.

Auch die *rassische Spaltung* spielt eine Rolle, indem z.B. die Baptisten, die besonders unter der Negerbevölkerung der Südstaaten große Scharen von Anhängern haben, mit der Binnenwanderung der Neger in die Großstädte des Nordens und der pazifischen Küstenstaaten hineingekommen sind. Sie gehören aber zur sogenannten Southern Baptist Church, die ihre eigenen Gotteshäuser hat und meist nur von den Negern besucht wird im Gegensatz zu den übrigen Baptisten. So ist beispielsweise die First Baptist Church im Nordwestteil der Stadt Madison, Wisconsin, eine Kirche der Weißen, die zentral in der Stadt gelegene Mt. Zion Baptist Church praktisch eine Kirche der nahe dem Downtownbezirk lebenden Negerbevölkerung.

Die eben erwähnte Stadt Madison möge als Beispiel für die Vielfalt der Glaubensrichtungen und die große Zahl der Kirchenbauten dienen. Im Jahre 1951 gab es in der damals 96100 Einwohner zählenden Stadt nicht weniger als 71 Kirchen von 20 Religionsgemeinschaften, wobei solche Unterschiede wie die zwischen Baptist Church und Southern Baptist Church (Negerkongregation) noch gar nicht berücksichtigt sind.

Der Förderung des religiösen Lebens und des Kirchenbaus waren auch die besonders im Mittelwesten und Westen als Kolonisatoren auftretenden Eisenbahngesellschaften dienlich. Auf dem ihnen von der Regierung der Union wie auch etlicher Einzelstaaten geschenkten Land legten sie nicht nur Bahnstationen und Siedlungen an, sondern sie stellten der ersten Gemeinde in einer neuen Siedlung oftmals Grundstücke und einen Geldbetrag zum Bau einer Kirche zur Verfügung. Teilweise wurde auch noch später sich an diesen Orten bildenden Konfessionsgruppen eine solche Unterstützung zuteil. Aus dieser Verhaltensweise der Eisenbahngesellschaften wird deutlich, welche Bedeutung sie dem religiösen Leben für die Stabilisierung der jungen Siedlungen beimaßen.

Viele städtische Siedlungen in Nordamerika gehen direkt auf Gründungen einer bestimmten religiösen Gruppe zurück, wie z.B. die Stadt Bethlehem in Pennsylvania, die 1741 von Glaubensflüchtlingen aus Böhmen und Mähren gegründet wurde, welche unter ihrem Bischof Nitschmann und dem Grafen Nikolaus von Zinzendorf nach Amerika kamen und hauptsächlich der Kirche der United Brethren oder, wie sie in Amerika meist genannt werden, den Moravians, angehörten. In anderen Städten sind die Einflüsse einer Religionsgemeinschaft, die vielleicht auch nur vorübergehend dort anwesend war, unverkennbar. So läßt sich nicht zuletzt an ihren Kirchen- und Tempelbauten der Zug der Mormonen über den Kontinent vom Staate New York her über die Mittelweststaaten wie Illinois (dort besonders die Stadt Nauvoo, in der sie von 1839 bis 1846 anwesend waren, abgelöst 1849 bis 1856 von den Ikariern, einer französischen utopisch-kommunistischen Gruppe, die hier ebenfalls ihre baulichen Spuren hinterließ) und Missouri (dort besonders Independence, wo sie 1831 bis 1833 ansässig waren und wo nach einer Spaltung der Sekte die Verwaltung der Reformed Church of the Latter-day Saints ihren Sitz nahm) bis ins Becken des Großen Salzsees verfolgen. Wie aus dem Beispiel von Nauvoo erkennbar ist, hatten manche Siedlungen eine besondere Anziehungskraft für verschiedene solcher Gruppen, die nacheinander in ihnen lebten, dann von sich aus fortzogen oder auch gewaltsam vertrieben wurden, und die aus verschiedenen Epochen dieser Siedlungen bauliche Elemente zurückließen.

Insgesamt hat es in den Vereinigten Staaten um das Jahr 1850 etwas mehr als einhundert Gemeinden mit über 100000 Menschen gegeben, die auf irgendeine Weise einer utopischen Vorstellung anhingen und sie in ihren Gemeinwesen zu verwirklichen trachteten.

Die Religionsgruppen stifteten aber auch häufig als Anstalten des höheren Bildungswesens konfessionelle Universitäten (s. Abschnitt 3.7.1.2, S. 115).

3.7.1.2. Ausstattung mit Bildungsstätten

Das Bildungswesen in Angloamerika beruht seit langem auf dem Grundsatz: möglichst hohe Bildung für einen möglichst hohen Prozentsatz der Bevölkerung. Daraus resultieren die Schulgeldfreiheit an den Schulen, die automatische Versetzung und Graduierung von der high school mit der Berechtigung für jeden Graduierten, sich an einem College einschreiben zu lassen. Daraus resultiert aber auch, daß ein beachtlicher Prozentsatz der Farmer, die wir auf einem Traktor über ihre Felder fahren sehen, den Bachelor's Degree in Agriculture, also den Abschluß einer vierjährigen Collegeausbildung mit dem Hauptfach Landwirtschaft, besitzt. Gerade auf die gute Ausbildung der Farmer legte der Staat Wert und förderte sie dadurch, daß er den Einzelstaaten in der zweiten Hälfte des vorigen Jahrhunderts Landschenkungen machte zu dem Zwecke, daß auf diesem ehemaligen Staatsland Colleges speziell für die Forschung und Lehre auf dem Gebiete der Landwirtschaft gegründet würden. Das sind die sogenannten "land-grant-colleges".

Es ist hier nicht der Ort, auf grundsätzliche Fragen der Vorzüge oder Nachteile des amerikanischen Erziehungssystems einzugehen und das Niveau der Ausbildung an den Colleges mit den Institutionen höherer Bildung in anderen Staaten mit andersartigen Systemen zu vergleichen. Uns interessiert allein die Tatsache, daß alljährlich große Zahlen von Schulabsolventen auf die Colleges strömen, und daß aus dieser Situation heraus verständlich wird, daß *fast jede Kleinstadt ihr eigenes College besitzt* oder zumindest eine Außenstelle (Extension Division) der jeweiligen Staatsuniversität oder eine Lehrerbildungsakademie (State Teachers' College) beherbergt.

Großstädte pflegen gleich mehrere Universitäten mit College- und Graduate-Ausbildung zu besitzen, unter denen – wiederum als eine Auswirkung der Bedeutung der Privatsphäre – *viele nichtstaatliche* Institutionen sind, Universitäten, die von privater Seite mittels Stiftungen und Schenkungen ins Leben gerufen wurden und unterhalten werden. Es gehört zu den Wesenszügen Amerikas, daß eine Reihe privater Universitäten gerade zu den angesehensten des Landes gehört. Als Beispiele seien genannt Clark in Worcester, Massachusetts; Columbia in New York City; Harvard in Cambridge, Massachusetts; Johns Hopkins in Baltimore, Maryland; Cornell in Ithaca, New York; Princeton in Princeton, New Jersey; Stanford in Palo Alto, California; Yale in New Haven, Connecticut.

Im dünner besiedelten Mittelwesten und Westen mit Ausnahme des pazifischen Küstensaums sind dagegen die Universitäten der Einzelstaaten die bekannteren, zum Teil gar die einzigen überhaupt. Es gibt auch eine beachtliche Anzahl von Universitäten und Colleges, die von *konfessionellen Gruppen* getragen werden. In Chicago z. B. gibt es neben der University of Chicago und der University of Illinois einen Zweig der Northwestern University, deren Stammsitz sich in dem etwas weiter nördlich am Ufer des Michigansees gelegenen Vorort Evanston befindet, sodann die beiden katholischen Universitäten De Paul University und Loyola University, die Roosevelt University und die Technische Hochschule von Illinois (Illinois Institute of Technology). Andere bekannte Beispiele sind The Catholic University of Amerika in Washington, D. C., und die Southern Methodist University in Dallas, Texas.

Nach einer Erhebung des Jahres 1960 setzte sich die finanzielle Basis der Universitäten und Colleges wie folgt zusammen: 55% staatliche Mittel, 25% Gebühren der Studierenden, 16% private Quellen, 4% Einkünfte aus den Universitätseinrichtungen. Bei den privaten Colleges stammten 55% der Einkünfte aus den Gebühren der Studierenden, was deutlich macht, wie hoch hier die Leistung der einzelnen Familie ist. In Minnesota, einem Staat mit 3,4 Millionen Einwohnern, betrugen 1960 die Ausgaben für die Hochschulen $ 120 Millionen für den Unterhalt und weitere $ 23 Millionen für Neubauten (Umes, Education and Economic Growth, 1965, S. 32).

Im Gegensatz zu der relativ kleinen Zahl von Universitätsstädten der europäischen Staaten bilden Colleges oder Außenstellen der Staatsuniversitäten ein in den Städten Angloamerikas weit verbreitetes Element, das daher auch ein allgemeines Charakteristikum des Grundrisses der amerikanischen Städte bedeutet (vgl. Abschnitt 3.2.1, S. 43).

3.7.1.3. Ausstattung mit Kommunikationsmitteln

Spielten für die Betrachtung der konfessionellen Einrichtungen und Bildungsstätten die Eigenschaft der angloamerikanischen Staaten als Einwanderungsländer und die Vielfalt der konfessionellen Gruppen und ihre Aktivität, die sich auch im Hinblick auf das Bildungswesen auswirkte, eine entscheidende Rolle, so kommen wir bei der weiteren Betrachtung der funktionalen Ausstattung amerikanischer Städte auf die Bedeutung von Privatsphäre und hohem Lebensstandard zurück.

Wenn wir die Frage der Kommunikationsmittel angehen, so muß vor allem hervorgehoben werden, welche Bedeutung den *lokalen Verhältnissen* zukommt. Verlobungen, Trauungen und andere familiäre Ereignisse werden sehr viel mehr als gesellschaftliche Ereignisse für den Nachbarschaftsbereich angesehen, ihnen wird entsprechend breiter Raum in der lokalen Presse eingeräumt. Seitenlang finden sich darin Nachrichten, die für einen recht kleinen Leserkreis bestimmt sind. Das Fernsehprogramm bietet im Abstand weniger Minuten Reklamesendungen des Einzelhändlers, wie sie bei uns nur in den Lichtspieltheatern vor dem Hauptfilm gebracht werden. Schriftliche und mündliche Nachrichten sind stark auf den Nahbereich abgestellt.

Da Lebensstandard und Massenfabrikation von der finanziellen und technischen Seite die Voraussetzungen bieten, ist es zu einer *unüberschaubaren Zahl von Zeitungen, Radio- und Fernsehstationen* gekommen. Eine eigene Tageszeitung besitzen selbst Kleinstädte unter 10000 Einwohner, auch wenn sie zum Einzugsbereich einer kaum 50 km entfernt liegenden größeren Stadt gehören. In Deutschland haben kaum die im Sinne CHRISTALLERS als Gauorte bezeichneten Städte mit Einwohnerzahlen um 35000 eine eigene Zeitung, sondern meist erst die höherrangigen Provinzstädte. Es bedarf bei uns einer sehr viel größeren Leserschaft, um eine Tageszeitung am Leben zu erhalten. Nicht so in Amerika.

Ähnliches gilt für die Sendestationen. Während 10000-Einwohner-Orte eine eigene Radiostation unterhalten, haben 50000-Einwohner-Städte bereits mehrere Radiostationen und mindestens ein eigenes Fernsehprogramm. Green Bay, eine Stadt in Wisconsin mit rund 63000 Einwohnern, strahlt zwei Fernsehprogramme aus.

3.7.1.4. Ausstattung mit gesellschaftlichen Einrichtungen

Schon im Zusammenhang mit der Lokalpresse wurde die Bedeutung des gesellschaftlichen Lebens in Amerika angeschnitten. Gesellschaftliche Betätigung heißt Aktivität in Vereinigungen, Zugehörigkeit zu Klubs, die außerordentlich zahlreich sind und hohe Mitgliederzahlen aufweisen. Diese Betätigung beginnt bereits in der Jugend mit der Zugehörigkeit zu den Brownies, die wechselseitig von den Eltern der zur Gruppe gehörenden Kinder betreut werden, und später den Scouts, die nur noch einzelne Erwachsene als Scoutmaster zu ihren Mitgliedern zählen. Die Vereinigungen und Klubs sind auch in viel höherem Maße als bei uns ein Betätigungsfeld für die amerikanische Frau. Frauen sind maßgeblich beteiligt in Wohltätigkeitsvereinen und an Wohltätigkeitsveranstaltungen von der gemeindlichen bis zur unionsstaatlichen Ebene.

Häufig haben die Vereinigungen ihre eigenen Räume oder gar Gebäude. Als Beispiel sei die lebhafte Entfaltung der Freimaurerei in Amerika angeführt. In den Logen der Vereinigten Staaten dürften gegenwärtig rund 3 Millionen Mitglieder organisiert sein. Die Tempel der Masonic Lodges sind weit verbreitet und fallen oft durch ihre architektonische Gestaltung auf.

Klubs gesellschaftlicher und auch geschäftlicher Natur in der City, meist den Männern vorbehalten, hatte es nach englischem Vorbild seit langem in Nordamerikas Städten gegeben. Daneben entwickelten sich ebenfalls frühzeitig Reit- und Jagdklubs, die auch nur Männer zu ihren Mitgliedern zählten. Die ersten bedeutenden Klubs entstanden nach 1830, z. B. 1837 der Union Club of New York, 1847 der Century Club of New York. Heute zählt New York City allein über hundert bedeutende Klubs, deren Mitglieder sich aus verschiedenen Berufsständen, aus Künstlern, aus ehemaligen Studenten der Universitäten rekrutieren.

In Amerika sind aber auch die Frauenklubs zu großer Bedeutung gelangt. In der General Federation of Women's Clubs sind mehr als 15000 Frauenklubs zusammengeschlossen mit über 11 Millionen weiblichen Mitgliedern.

Für weite Teile der Bevölkerung, und zwar für die gesamte Familie, wurde der lokale *Country Club* zum gesellschaftlichen Mittelpunkt. Mit seinen Klubgebäuden, Sportplätzen und sonstigen Einrichtungen bietet er allen Familienmitgliedern wie auch Gästen der Mitglieder vielfältige Möglichkeiten der Freizeitgestaltung und gemeinsamer Veranstaltungen. Die Country-Klubs besitzen im allgemeinen ein großes Gelände, das für Golfplatz, Tennisplatz und weitere Einrichtungen Raum bieten muß. Sie sind in den Städten aller Größenklassen ein allgegenwärtiges Element, das allein dieser großen Ausdehnung wegen physiognomisch deutlich hervorsticht.

3.7.1.5. Dienstleistungen und Einzelhandel

In Angloamerika sind aus jeweils bestimmten Gründen manche tertiärwirtschaftlichen Funktionen stärker vertreten als in europäischen Staaten.

Mit dem hohen Motorisierungsgrad in den beiden Staaten Angloamerikas hängt zusammen, daß die für den *Unterhalt der Fahrzeuge* notwendigen Einrichtungen hier in sehr viel größerer Zahl vorhanden sind. Das betrifft vor allem Tankstellen und Autoreparaturwerkstätten, aber auch Ersatzteillager, Gebrauchtwagenhandlungen oder Kombinationen dieser Einrichtungen. Der gesamte Kontinent ist von der Grenze dichter Besiedlung in den südlichen Provinzen Kanadas bis zum Rio Grande von einem dichten Netz von Tankstellen überzogen. Sie zählen weit über eine Million Beschäftigte.

Mit dem umfangreichen Eigenheimbau und dem häufigen Wohnungs- und Hauswechsel der amerikanischen Bevölkerung hängt zusammen, daß es hier verhältnismäßig mehr *Grundstücksmakler* gibt. Der Immobilienmarkt hat ein sehr viel größeres Volumen, als es für europäische Maßstäbe üblich ist.

Die Vereinigten Staaten sind in geringerem Maße als die Staaten Europas ein Wohlfahrtsstaat. Zwar wurde eine gewisse Sicherung für den einzelnen Bürger dadurch erreicht, daß während der wirtschaftlich schwierigen Jahre des New Deal nach der Depression 1935 der Social Security Act in Kraft gesetzt wurde, demzufolge jeder Arbeitnehmer in den Vereinigten Staaten von seinem Arbeitgeber einen geringen Prozentsatz, gegenwärtig etwas weniger als 4%, seines Verdienstes abgezogen und auf ein Konto der Social Security Administration überwiesen bekommt. Doch bezieht sich diese Abgabe auf eine Altersversorgung und nicht für den Krankheitsfall. Mit der Krankenversicherung liegt es in Amerika noch ziemlich im argen. Daher sind sehr viele Menschen in Amerika bestrebt, sich selbst durch freiwillige Beitragsleistungen abzusichern. Das *private Versicherungswesen* ist also außerordentlich stark entwickelt, und es gibt eine große Zahl von Versicherungsagenturen.

HOLZNER und Mitarbeiter sind der Überzeugung, daß in den Kleinstädten Nordamerikas das Verhältnis von Kleinhandel zu Großhandel ein anderes ist als in europäischen Städten. Die ländliche Siedlungsweise des Einzelhofs hat in weiten Teilen vor allem des Mittelwestens und Westens in den kleinen Marktstädten eine verhältnismäßig *stärkere Konzentration von Einzelhandelsunternehmen* bewirkt, wohingegen der Großhandel an Bedeutung zurücktritt. In Städten entsprechender Größenordnung in Europa ist der Einzelhandel weniger stark, der Großhandel stärker entwickelt (vgl. HOLZNER et al., 1967, S. 367ff.). Damit kommen wir aber zu einer sehr interessanten Sonderentwicklung des Einzelhandels, dem Versandgeschäft.

3.7.1.6. Der Versandhandel

In den Vereinigten Staaten besteht der Versandhandel (mail order business) *seit fast einem Jahrhundert*. Seinen Anfang nahm das Versandgeschäft mit Annoncen von Firmen, die unter anderem Versandhandel betrieben und auf Verlangen auch kleine Kataloge verschickten, in den weit verbreiteten Farmer- und Heimnachrichtenmagazinen "American Agriculturist and Cultivator" und "Country Gentleman". Als eine der ersten in diesen Blättern werbenden Firmen wird E. C. ALLEN in Augusta, Maine, genannt. Bald aber wurde Neuengland von der Metropole des Mittelwestens, Chicago, überflügelt.

1872 begann die Firma Montgomery Ward & Company in Chicago mit dem Versandgeschäft. Wenige Jahre später verkaufte ein Mann namens Sears in Minnesota Uhren, später auch Schmuck auf postalischem Wege. 1895 etablierte sich die Firma Sears, Roebuck & Company ebenfalls in Chicago. Die beiden Firmen sind die größten Versandhäuser in den Vereinigten Staaten. Nach Schätzungen erfolgte am Ende des Bürgerkrieges 1% des Einzelhandels, gemessen am Gesamtumsatz, über postalische Bestellung. Heute beträgt der Anteil ebenfalls knapp 1%.

Der frühe und rasche Aufschwung des Versandgeschäfts beruht vor allem auf der *Notwendigkeit, eine dünne, weitflächig in Streusiedlungen lebende agrarische Bevölkerung*, wie sie sich infolge der quadratischen Vermessung und Heimstättengesetzgebung in den Public Land States entwickelt hatte, zu versorgen. Die Verkehrsverhältnisse aber waren zunächst noch schlecht, die weit auseinanderliegenden Marktstädtchen schwierig zu erreichen, und die Einzelhandelsgeschäfte in diesen Marktorten waren nicht besonders gut mit Waren ausgestattet und hatten ein bescheidenes Angebot, mit dem der Versandhandel mit seinem bald umfangreichen Warenangebot leicht konkurrieren konnte.

Hinzu kommt aber, daß der Versandhandel auf Großeinkauf basierte und somit *preislich günstiger kalkulieren* konnte als im allgemeinen der Einzelhandel. Auch war dem Versandhandel von Anfang an ein größerer Warenabsatz sicher dadurch, daß die sogenannte Grange, eine Art Berufsverband der Landwirte zur Förderung der Interessen der Farmers und zur Schaffung *gemeinschaftlicher Ein- und Verkaufsorganisationen*, welcher 1867 gegründet worden war, die genannten Versandhäuser zum Warenbezug für ihre Mitglieder auserwählte.

Der Versandhandel wuchs derart, daß die großen Versandhäuser wie Montgomery Ward und Sears viele hundert Seiten starke Kataloge mit Tausenden von Artikeln herausbrachten, und daß sie eine große Zahl von Zulieferfirmen beschäftigten, die sie zum Teil auch aufkauften und nun selbst besitzen.

Doch dann kam ein Umschwung für den Versandhandel mit dem Automobil, das große Teile der amerikanischen Bevölkerung auch in abgelegeneren Gebieten unabhängiger von Katalogkäufen machte. Man konnte auf guten Straßen schnell in eine größere Stadt gelangen und bevorzugte den Direktkauf. Darauf stellten sich auch die genannten Versandhäuser ein, indem sie in zahlreichen Städten Einzelhandelsfilialen eröffneten. Heute erzielen sie etwa zwei Drittel ihres Umsatzes im Direktverkauf. Das Versandgeschäft macht nur noch ein Drittel aus. Auch andere Umstellungen erfolgten mit veränderten Verhältnissen. Die Versandhäuser, die anfänglich nur gegen Barzahlung Waren versandten, stellten sich auf Kreditkäufe um, räumten auch beim Versand das Warenumtauschrecht ein und gewährten auf die versandten Massenartikel Garantien.

3.7.2. Geringerer Funktionsbesatz

3.7.2.1. Kulturelle Einrichtungen

Haben wir in mancher Hinsicht einen höheren Besatz an Funktionen in Angloamerikas Städten, so ist er auf alle Fälle im kulturellen Bereich geringer. Schauspielhäuser und Opernbühnen sind eine Seltenheit auf diesem großen Kontinent. Was sich oft genug als „Theater" bezeichnet, ist nichts weiter als ein Lichtspieltheater oder schlicht Kino. Gewiß gibt es einige Städte mit berühmten Kunststätten wie New York. Metropolitan Opera und Carnegie Hall sind weltberühmt. Aber sie sind große Ausnahmen. Selbst viele der größten Städte des Kontinents leben nur von Gastspielen, die einzelne amerikanische oder öfter ausländische Ensembles auf ihren Tourneen geben. Städte wie Chicago, Denver, Salt Lake City mit seinem durch selten gute Akustik hervorstechenden Mormonen-Tabernakel profitieren von ihrer Lage an der Transkontinentalroute von der Atlantikküste nach San Francisco. Aber selbst eine Stadt wie Chicago, an Einwohnerzahl Berlin gleichzusetzen, besitzt kein eigenes Opernensemble. Sein Opernhaus steht sechs Monate im Jahre unbenutzt, in den übrigen sechs Monaten werden je drei Abende lang Gastspiele gegeben. In den Universitätsstädten behilft man sich mit Laienbühnen und Schallplatten-Parties.

M. J. Bonn hat einmal über die Amerikaner und ihr Verhältnis zur Kultur gesagt: „Man kann die Insassen der vielen amerikanischen Gettos äußerlich schnell amerikanisieren und sie in einer Generation zum Verständnis von Kino, Radio und komischen Beilagen der Sonntagsblätter erziehen. Man kann sie indessen nicht massenmäßig zu Philosophen und Denkern machen. Im westlichen Europa ist das aber auch nicht der Fall... Der Beweis ist aber noch nicht geliefert, daß das Vorhandensein von dauerndem Wohlstand kulturhemmend sei. Er ist weder für die einzelnen Schichten erbracht, noch für die Massen, da es einen Zustand dauernden Massenwohlstands noch nie gegeben hat. Einstweilen ist man daher berechtigt, die breiten kulturellen Schattenseiten des amerikanischen Lebens aus dem Zwang zum Erwerb von Wohlstand, nicht aber aus der Freiheit im Genuß von Wohlstand zu erklären" (Bonn, S. 289/290).

Auch bei der Erörterung dieser Fragen kommt es weniger auf die Bewertung des qualitativen Aspekts an, sondern es geht hier in erster Linie um den Ausdruck, den bestimmte Funktionen baulich im Gesamtbild der Stadt gewinnen. Und dazu muß festgestellt werden, daß *Kunststätten wie Theaterbühnen und Opernhäuser eine Seltenheit* sind. Bedarf es schon in den „Kulturländern" der Alten Welt einer großen tragenden Schicht und damit einer erheblichen Gesamteinwohnerzahl – in der Bundesrepublik Deutschland gilt nur etwa jeder dreißigste Einwohner als ständiger Theaterbesucher und eine Mindesteinwohnerzahl von 100000 bis 200000 Menschen als untere Grenze für ein Theater mit eigenem Ensemble –, so ist das in sehr gesteigertem Maße in Angloamerika der Fall. Aus den von Bonn angeführten Gründen fehlt dafür weitgehend ein Publikum.

3.7.2.2. Andere Funktionen

Einzelne Sparten des Handels sind in Amerika anders organisiert als in europäischen Ländern und führen in der funktionalen Ausstattung der Städte beider Erdteile zu bestimmten Unterschieden.

Es war schon im Zusammenhang mit der Frage des Grundrisses und des weitgehenden Fehlens von Marktplätzen darauf hingewiesen worden, daß die verhältnismäßig jungen Städte Amerikas zu einer Zeit entstanden, da der Verkauf sich mehr und mehr auf Ladengeschäfte in Häusern verlegte und nicht unter freiem Himmel stattfand. In einzelnen Städten existieren zwar Obstmärkte, zum Teil gebunden an die völkischen Minoritäten des Gebietes hoher Wohnbevölkerungsdichte um die City herum. Während aber in vielen europäischen Städten, selbst in Großstädten der *Wochenmarkt* eine bis heute weit verbreitete Erscheinung ist, ist er in den Städten der USA nur rudimentär vorhanden. Es gibt zwar viele kleine Läden, Verkaufsstände und fliegende Händler, aber kaum einen größeren Wochenmarkt, der mit europäischen Maßstäben vergleichbar wäre.

Stärker und früher als in Europa hat sich in Amerika die Organisationsform des cash-and-carry-Betriebes entwickelt, d.h. daß nicht der Großhändler die Ware mit seinen Fahrzeugen ausliefert, sondern daß der Einzelhändler sich die Ware abholt. Das bedeutet z.B. im Lebensmittelgroßhandel, daß ein Betrieb einen Einzugsbereich von etwa dem doppelten Radius gegenüber den früher üblichen Lagern mit eigener Belieferung der Einzelhändler hat. Der Großhandel kann somit rentabler wirtschaften und es sich leisten, *weniger Auslieferungslager* mit jeweils größerem Einzugsbereich zu unterhalten.

3.7.3. Das Auftreten von Funktionen in spezifischer Kombination

Nicht allein durch geringeres oder häufigeres Auftreten bestimmter Funktionen unterscheiden sich die Städte verschiedener Länder oder ganzer Kulturerdteile, sondern auch durch die Art und Weise, in der sie in Erscheinung treten und durch ihre spezifische Kombination. Der englische "Pub", das französische „Café", die spanische „Bar", die deutsche „Eckkneipe" unterscheiden sich deutlich in ihrer Wesensart und bilden spezifische Elemente der Stadt des jeweiligen Landes.

3.7.3.1. Drug store

In diesem Sinne ist wohl der drug store mit seinem soda fountain ein ureigenes Element der angloamerikanischen Stadt. Er umfaßt Funktionen, die es in dieser Kombination wohl kaum irgendwo sonst auf der Welt gibt. Aber in jeder noch so kleinen Stadt der Vereinigten Staaten findet man diese Vereinigung von Drogerie, Andenken- und Schreibwarenhandlung, kleiner Apotheke – nicht immer – für den Verkauf rezeptpflichtiger Arzneien und Schnellimbiß mit Ausschank von soft drinks, also Milchmischgetränken, Coca Cola und anderen alkoholfreien Getränken. Diese Läden pflegen auch sonntags offen zu sein, zumindest der Restaurantteil, so daß man dort einen Imbiß einnehmen kann. Wenige Unternehmen wie Wallgreen und Rexall unterhalten Filialen in zahlreichen Städten, und diese Geschäfte sehen sich außerordentlich ähnlich. Und sie sind auch deswegen so sehr weit verbreitet, weil sie gewissermaßen zur *Grundausstattung jedes Geschäftszentrums* auch der niedrigsten Rangstufe gehören. Das bedeutet, daß selbst in lokalen Einkaufszentren der Nachbarschaft, wo es im ganzen nur wenige Ladengeschäfte gibt, immer ein drug store dabei ist. Er fehlt auf keiner Stufe der Hierarchie, vom lokalen Einkaufszentrum bis zum Hauptgeschäftszentrum der Stadt in der City. Mit Imbißstube, Bankfiliale, Eisenwarenhandlung, Lebensmittelladen und Tankstelle gehört er zu den elementarsten Einrichtungen, mit denen auch die als "minimum convenience" bezeichneten kleinsten Handelsplätze ausgestattet sind.

Aufgekommen ist der drugstore nach 1910. Von dem allgemeinen Niedergang des Einzelhandels in den Kernstädten ist gerade er sehr betroffen. Die Zahl der drugstores hat in vielen Städten beträchtlich abgenommen.

3.7.3.2. Automobile row und Strip commercial

Die Entwicklung der europäischen Städte zeigt häufig linienhafte Wachstumsspitzen, die sich am Ende des vorigen Jahrhunderts entlang den Ausfallstraßen, insbesondere soweit sie von Straßenbahnlinien bedient wurden, die die Verbindung mit weiter abgelegenen Vororten herstellten, bildeten. Stärker als in Europa und einseitiger auf die Bedürfnisse des früher einsetzenden Automobilzeitalters zugeschnitten, entstanden von der Übergangszone außerhalb der City bis in die Randgemeinden des Metropolitan Ring hinein an einzelnen Straßen langgestreckte Einkaufszeilen.

Die Einkaufszeile mit der geringsten Zahl von Läden und der geringsten Variationsbreite des Angebots wird als *automobile row oder auch auto row group* bezeichnet. In ihrer ursprünglichen Anwendung bedeuten diese Begriffe lediglich den Verkauf neuer und gebrauchter Kraftfahrzeuge einschließlich der Verkaufsstände und Autoabstellplätze der Autohändler. Dann wurden die Bezeichnungen ausgedehnt auf die verschiedenen Einrichtungen, die in irgendeinem Zusammenhang mit Verkauf, Wartung und Parken von Automobilen stehen und die sich in immer wiederkehrenden Assoziationen an den Ausfallstraßen fanden (Fig. 45). Hierzu gehören die Verkaufsräume und Abstellplätze der Autohändler,

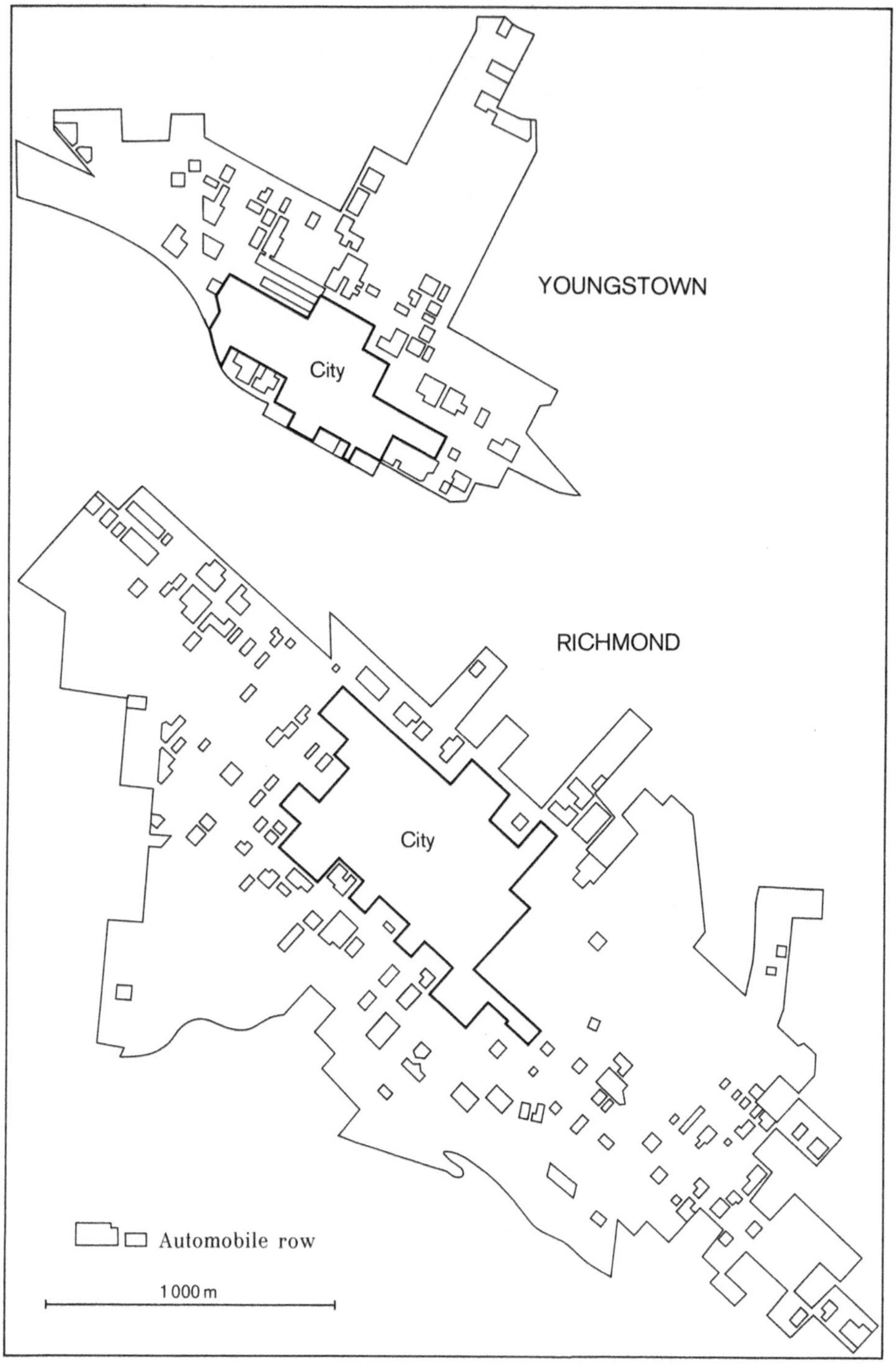

Fig. 45. *Die Lage der automobile rows in Richmond, Virginia, und Youngstown, Ohio* (wiedergegeben aus Economic Geography 1966 und mit freundlicher Genehmigung von R. E. PRESTON).
Die Einrichtungen der automobile row, Tankstellen und Garagen, Auto- und Autozubehör- sowie Gebrauchtwagenverkauf, gruppieren sich zu kurzen Ladenzeilen an Ausfallstraßen und an den auf die City zuführenden Straßen. An ersteren gibt es Übergänge zum commercial strip, wo sich einzelne drive-in-Einrichtungen unter die im engeren Sinne auf Automobilverkauf und -wartung ausgerichteten Unternehmen mischen.

Autoreparaturwerkstätten, Verkaufsläden für Autozubehör, Tankstellen sowie mit diesen Einrichtungen verbundene Autoabstellflächen.

Sehr häufig sind nun aber die Unternehmen der Automobilbranche aufs engste *räumlich verflochten mit anderen speziell dem Autofahrer dienenden Einrichtungen* wie Restaurants, Bankfilialen, Freilichtkinos usw., die man ohne den Wagen zu verlassen benutzen kann und die deshalb als *drive-in-restaurant, drive-in-bank* usw. bezeichnet werden. Hier spricht man dann vom sogenannten *strip commercial.*

Bei den drive-in-restaurants fährt man auf einen meist überdachten, jedoch an den Seiten offenen Abstellplatz und bekommt das gewünschte Getränk oder eine ganze Mahlzeit von einer Serviererin auf einem Tablett geliefert, das an das heruntergeklappte Wagenfenster angehängt werden kann. Die drive-in banks haben Schalter, die man im Vorüberfahren vom Wagen aus erreichen kann. Einzelne Schalter für den autofahrenden Kunden, der nicht erst aussteigen und sich um einen Parkplatz kümmern will, besitzen heute auch schon viele Bankhäuser in der Innenstadt.

Dem Begriff "drive-in" wohnt eine solche Werbekraft inne, daß auch andere Unternehmen ihre Einrichtungen so bezeichnet haben. Der immer wachsende Kraftwagenbestand, die Verkehrsballungen und die Parkplatznot haben dazu geführt, daß Autoabstellmöglichkeiten außerhalb des Straßenbereichs zum wichtigsten Element der "drive-in"-Unternehmen geworden sind. "The classical drive-in has given way to different types of automobile-oriented establishments of increasing variety and complexity, but the signal-term 'drive-in' has been perpetuated as a convenient and traditional label" (NEWCOMB/BEST, S. 150).

Ein bestimmendes Element der Strips ist das *Motel*, eine typisch amerikanische Abwandlung des herkömmlichen Hotels und Anpassungsform des Beherbergungsgewerbes an die Umstände, die mit dem früh erreichten hohen Motorisierungsgrad zusammenhängen (Bild 15 und 16).

Das Motel bietet dem autofahrenden Gast *direkt an der Autostraße* am Stadtrande oder in den städtischen Außenbezirken eine ihm adäquate Unterkunft. Die Vorzüge liegen deutlich auf der Hand: sie bestehen darin, daß

- der Gast sich nicht in das Gedränge der innenstädtischen Straßen zu begeben braucht, sondern weiter draußen für die Nacht unterkommen kann,
- er seinen Wagen vor oder neben der Eingangstüre zu seiner Unterkunft abstellen kann und ihn jederzeit griffbereit hat, da das Motel über genügend Autoabstellfläche verfügt. Meist bestehen die vorstädtischen Motels aus einer Reihe aneinandergebauter oder gar in lockerer Bauweise einzeln stehender sogenannter "cabins" von verschiedener Größe, zum Teil mit einem, zum Teil mit mehreren Schlafräumen ausgestattet. Man fährt bis vor die Eingangstüre und stellt dort seinen Wagen ab und bringt mit wenigen Schritten sein Gepäck aus dem Wagen in die Unterkunft,
- er modern untergebracht ist, indem jede Unterkunft zumindest eine Dusche besitzt oder gar ein voll ausgestattetes Badezimmer,
- er weitere Einrichtungen vorfindet, die ihm als Gast des Motels zur Verfügung stehen. Viele Motels verfügen über einen eigenen swimming pool, über Wasch- und Reinigungsautomaten, über eine Benzinzapfsäule, vereinzelt auch über eine Sauna und einen eigenen Tennisplatz, während in manchen Fällen vom Management des Motels sogar ein drive-in-Kino betrieben wird,

Bild 15. *Log Cabin Motel in Jackson, Wyoming*. Das herkömmliche Motel an städtischen Ausfallstraßen besteht aus einer Anzahl aufgereihter, meist einzeln stehender eingeschossiger Kleinhäuser, cabins, vor oder neben denen der Gast sein Auto abstellt (B. HOFMEISTER).

Bild 16. *Downtown Motel in Peoria, Illinois*. Das seit Mitte der 60er Jahre in den randlichen Cityblöcken auftauchende Downtown Motel ist meist ein etwa drei- bis viergeschossiger kompakter Bau mit Autoabstellmöglichkeiten vor dem Gebäude, oder, sofern es auf Stelzen errichtet wurde, unter den Wohnräumen. Diese dem autofahrenden Gast besser angepaßte Form der Unterkunft tritt nun in Konkurrenz zum herkömmlichen Hotel (B. HOFMEISTER).

- er lediglich an der Kasse den Preis für die Übernachtung bezahlt und dann frei disponieren kann. Mahlzeiten werden im allgemeinen im Motel nicht geliefert, da man auf ein Publikum eingestellt ist, das nur eine einzige Übernachtung am selben Ort wünscht. Selbst Frühstück nimmt der Gast außerhalb ein, aber meist befindet sich in unmittelbarer Nachbarschaft zum Motel eine Imbißstube oder ein Restaurant,
- er sich eines informelleren Verhältnisses Hotelier-Gast erfreut, und er auch nicht in der Art der Kleidung an den Standard besserer Hotels gebunden ist, da er nicht dortselbst speist und nach der Nacht ohne weitere Formalitäten sein Gepäck wieder verlädt und davonfährt,
- er in den Genuß meist günstigerer Preise kommt, zumindest wenn man einen Vergleich mit wirklich gleichwertigen, modernen Hotels der Stadt zieht, da das Motel viel weniger Aufwand betreibt, vor allem mit weniger Personal auskommt.

Die ersten Ansätze zu Motels gehen zurück auf das Jahr 1913, als in Douglas, Arizona, Bergwerksunterkünfte in Räume zur Aufnahme von Gästen umgewandelt wurden. Besonders mit dem gewaltigen Ansteigen des Kraftfahrzeugbestandes in den Jahren nach dem Zweiten Weltkrieg hängt die ständig steigende Nachfrage nach Unterkünften in Motels zusammen. Um das Jahr 1960 gab es in den Vereinigten Staaten etwa 57000 Motels mit 1,5 Millionen täglichen Übernachtungen und einem Gesamtumsatz im Jahre von rund 2 Milliarden $.

Während sich die meisten Motels im individuellen Eigentum von Einzelpersonen befinden, gibt es auch einige Kettenunternehmen wie den Holiday Inn oder Howard Johnson's Motor Lodge. In Cleveland, Ohio, gibt es beispielsweise allein vier Motels des Unternehmens Holiday Inn, davon eines in der Innenstadt, mit zusammen rund 1000 Unterkünften. Die einer solchen Kette angehörenden Motels erkennt man an ihren Schildern, aber wie im Falle von Howard Johnson's Motor Lodge auch an dem einheitlichen Stil mit dem spitzen roten Türmchen auf dem Dache.

Es ist verständlich, daß sich auf Grund der guten Erfahrungen mit dieser Form des Beherbergungsgewerbes manche Unternehmer dazu entschlossen haben, sich die Vorzüge des Motels nun auch mitten in der Stadt nutzbar zu machen (s. Abschnitt 4.2.2.1, S. 152f.).

Tankstelle und Motel könnte man fast als *Pionierbauten* ansprechen. Häufig findet man diese beiden an weit vorgeschobenen Punkten außerhalb des städtisch überbauten Bereichs, z.B. an den zuweilen in etlicher Entfernung vom Stadtkern gelegenen Autobahnauffahrten. Sie stellen hier die Vorläufer einer später sich verdichtenden Bebauung dar. Motels, die dem Sportbootverkehr dienen und an Ufern errichtet wurden, nennt man "boatels".

An den Ausfallstraßen selbst kleiner Städte von wenigen tausend Einwohnern finden sich *ganze Straßenabschnitte* von einem oder mehreren Baublöcken Längserstreckung, jedoch in der Tiefe beschränkt auf Autoabstellplätze und eine einzige Häuserzeile, oft also nur einen halben Baublock, die nichts anderes aufweisen als eben die genannten Einrichtungen. Zuweilen sind hier auch einzelne Ladengeschäfte oder kleine Einkaufszentren mit einer ganzen Ladenzeile zwischen die Tankstellen und Imbißstuben und Motels eingestreut. Sie alle haben in reichlichem Maße Autoabstellflächen zur Straße hin, während die Gebäude selbst gegen die Straße zurückgesetzt sind. Es ist also viel offener Raum vorhanden. Je nach Größe der Stadt oder der Entfernung zweier Nachbarorte voneinander findet man häufig heute schon mehrere solcher automobile rows oder strip commercials in kurzen Abständen aufeinander folgend. Wenige Baublöcke mit Wohnhäusern mögen dazwischen eingeschaltet sein (Fig. 46). Die Einrichtungen für den autofahrenden Kunden beherrschen kilometerweit Bild und Funktion der Straßen am Stadtrand.

Schnelligkeit der Bedienung, Standardisierung der Waren, lange Öffnungszeiten und viel offener Raum für die Abwicklung der Geschäfte sind die Merkmale dieser bandartigen Handels- und Dienstleistungszonen. Auch eine spezifisch architektonische Gestaltung ist ihnen eigen. Auf Schaufensterauslagen können diese Unternehmen verzichten. Denn im Vorüberfahren würde sie der Autofahrer ohnehin nicht sehen. Wer hier hält, kommt von vornherein mit einer bestimmten Absicht. Da bedarf es der Auslagen nicht. Wohl aber muß der fahrende Kunde von der Straße aus rechtzeitig auf das Vorhandensein eines bestimmten Ladengeschäfts aufmerksam werden, um sein Tempo verlangsamen und anhalten zu können, ehe es zu spät ist. Dafür stehen am Straßenrand sehr *hohe, großflächige und einfach gestaltete Reklamesäulen*, die dem Tempo eines 55 Meilen pro Stunde fahrenden Kraftfahrers gerecht werden. Die Gebäude selbst sind dagegen meist recht nüchtern, modern-sachlich, langgestreckt und mit Flachdach gestaltet (Bild 17 und 18).

Solche strips sind besonders dynamische Teile von Ortschaften, der Betriebsamkeit einer autofahrenden Kundschaft angepaßt. Diese aber rührt nicht ausschließlich vom Durchgangsverkehr her, sondern der strip commercial dient in gleicher Weise *auch den Bewohnern der umliegenden Wohngebiete.* Oftmals sind es junge Menschen, die in ihrem Wagen nach Feierabend in das drive-in-Kino fahren und anschließend die drive-in-restaurants oder Spielautomatenstuben in den strips aufsuchen. Nur Motels, Geschenkartikel- und Lebensmittelspezialgeschäfte werden eindeutig von auswärtigen Kunden benutzt.

Die Meinungen darüber, wie weit strips oder andere Formen von Handels- und Dienstleistungszentren den besonderen Umständen des Publikums im Automobilzeitalter angepaßt sind, gehen weit auseinander. Sicher bleiben die Neuerungen in der Entwicklung moderner shopping centers nicht ohne Einfluß auf den strip. Einen extremen Standpunkt zugunsten des Einkaufszentrums nimmt z. B. die Planungskommission der Doppelstadt St. Paul–Minneapolis ein mit der Auffassung: "The shopping center is a much more logical response to the retailing needs of an automotive area than the outdated strip commercial" (Metropolitan Land Survey, S. 29).

Der strip commercial ist offensichtlich überholt. Woran liegt das? Die Geschichte des strip commercial ist eine Entwicklung in mehreren Etappen. Ein Teil des Einzelhandels und Dienstleistungsgewerbes hatte schon früh begonnen, sich an den von der Innenstadt ausgehenden Ausfallstraßen zu konzentrieren. Durch ständigen Zuzug weiterer Unternehmen wurden die sich hier herausbildenen Zeilen immer länger. Die Vielzahl der Geschäfte, Restaurants

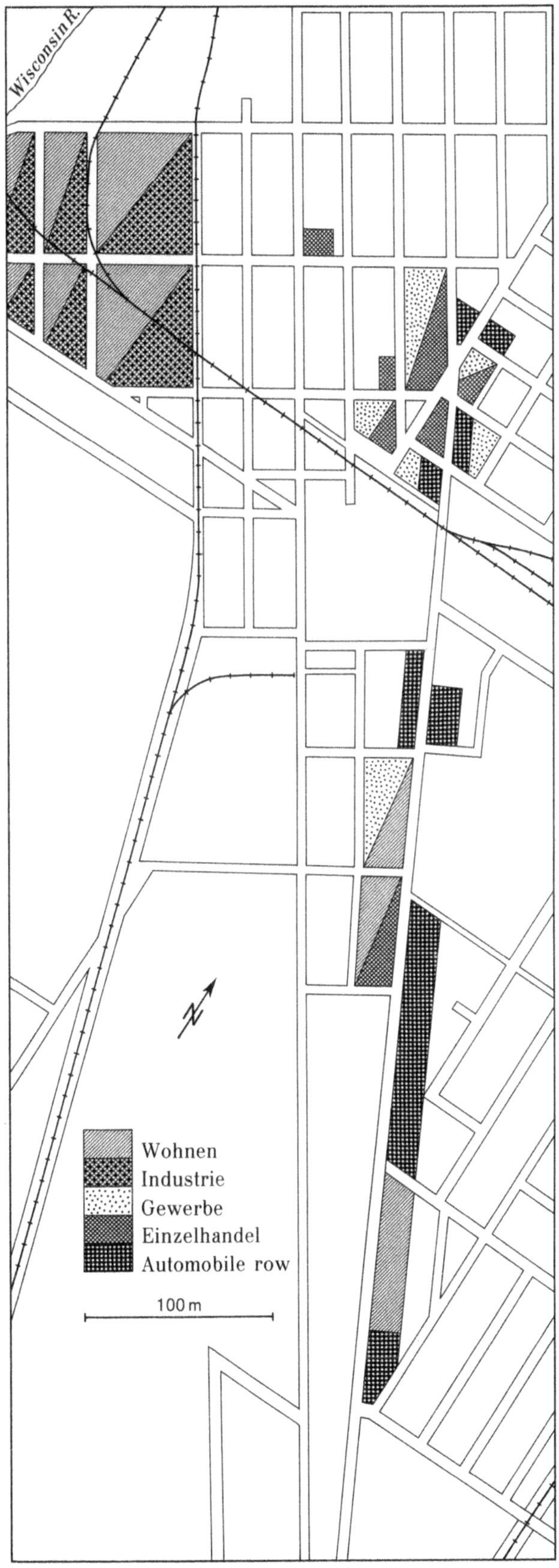

Fig. 46. *Ausdehnung eines commercial strip entlang einer Ausfallstraße in Stevens Point, Wisconsin* (Entwurf des Verfassers). Über mehrere Baublöcke hinweg erstrecken sich teils ein-, teils zweizeilig Motels, Tankstellen, drive-in-Restaurants und andere vom Wagen aus zu benutzende drive-in-Einrichtungen oder auch solche, die nur aus Gründen der Werbung die Bezeichnung "drive-in" benutzen, ein Parken aber notwendig machen. Der commercial strip war bis zu dem starken Anschwellen der Motorisierung und dem Bau der nur beschränkt zugänglichen Interstate Highways die dem autofahrenden Kunden besonders entgegenkommende Form des Einzelhandels und der Dienstleistungen.

Bild 17. *Commercial strip in Las Vegas, Nevada.* Die Aufreihung von Tankstellen und Garagen, Restaurants und Läden und andere vom Auto aus zu benutzenden drive-in-Einrichtungen entlang der städtischen Ausfallstraßen wird als commercial strip bezeichnet. Mit Rücksicht auf den autofahrenden Kunden müssen die Reklamen besonders großflächig sein (W. TIETZE).

Bild 18. *Auffallende Kundenwerbung am Lincoln Boulevard in Los Angeles.* Zur schnellen Identifizierung seitens des autofahrenden Kunden bedienen sich viele Dienstleistungsbetriebe an den Ausfallstraßen bestimmter Symbole oder Bauweisen, wie hier die Raststätte der D/W-Kette „Der Wienerschnitzel", deutlich erkennbar am grellroten, tief heruntergezogenen Dach mit gut lesbarer Beschriftung auf dem First (W. TIETZE).

und sonstigen Einrichtungen brachte eine ebenso große Zahl von Auffahrten mit sich und damit potentielle Unfallspunkte. Verkehrsstockungen durch ausscherende und sich wieder in den Verkehrsfluß einfädelnde Wagen nahmen zu. In manchen Gebieten mit bandförmigen Einkaufszentren wurde das Parken am Bordstein völlig verboten. Damit entstand eine erhebliche Parkraumnot im Bereich der Geschäfte und anderen Einrichtungen des strip. Diese versuchten zunächst, Parkraum hinter den Gebäuden zu beschaffen, da die Häuser selbst ja zunächst dicht an der Straße standen.

Bei jüngeren strips ergab es sich von vornherein, daß die Gebäude zurückgesetzt wurden, um vorn den von der Straße kommenden Wagen Parkplätze zu bieten. Sie wurden auch immer weiter hinaus verlegt vor die dichter überbaute Zone. Aber auch dann gab es noch Unzulänglichkeiten wie z. B. die Sichtbehinderung durch Reklamen, so daß die Verkehrsschilder vom autofahrenden Kunden nicht immer gut gesehen werden konnten.

Der Drang in immer weiter draußen gelegene Bereiche wurde schließlich durch den Bau der zahlreichen freeways überspielt, die einen zunehmenden Anteil des Verkehrs auf sich zogen und weg von jenen highways, an denen die strip commercials entstanden waren. Ihre Eigenschaft, nur an einzelnen, zum Teil etliche Kilometer auseinanderliegenden Auffahrten mit ihrer Umgebung direkt in Verbindung zu stehen, kurz, ihr beschränkter Zugang, beschnitt die Unternehmen außerordentlich in ihrer Standortwahl und lenkte die Entwicklung zwangsläufig auf die Herausbildung größerer Komplexe von Läden und anderen Einrichtungen in der Nähe der Auffahrten (s. Abschnitt 4.3.2.2, S. 201).

3.7.4. Besondere Verkaufsgewohnheiten

In Angloamerika ist die *Privatwirtschaft* in Wirtschaftsbereichen tätig, die in vielen anderen Staaten von der öffentlichen Hand betrieben werden. Von der staatlichen Postverwaltung grundsätzlich getrennt sind der Telefondienst, der von einer Reihe von privaten Gesellschaften wahrgenommen wird, so z. B. in weiten Teilen des Staates Illinois von der Illinois Bell Telefone Company, und der Telegrafendienst, der in den Händen der Western Union liegt. Post, Telefon- und Telegrafendienst sind daher in verschiedenen, zum Teil räumlich weit auseinander liegenden Gebäuden untergebracht.

Das Fernsprechnetz ist außerordentlich umfassend. Es gibt wohl kaum eine Wohnung ohne Telefonanschluß. Zumindest besteht er über eine sogenannte party line, eine Gemeinschaftsleitung, in die sich mehrere Teilnehmer teilen. Das bringt Vor- und Nachteile mit sich. Der hauptsächliche Nachteil besteht natürlich darin, daß die Leitung vom andern Teilnehmer gerade dann blockiert ist, wenn man sie selbst braucht, und daß der andere Teilnehmer die Gespräche mithören kann. Der Vorteil liegt vor allem in den sehr geringen Gebühren für den einzelnen Teilnehmer. Die an sich schon geringe Grundgebühr und Pauschale für eine bestimmte Anzahl von Gesprächen im Monat wird hier noch auf mehrere Parteien verteilt. Die Telefonbücher der Städte sind entsprechend umfangreich. Die Gesellschaften betreiben eine groß angelegte Werbung zur Abnahme von Sonderausstattungen im Fernsprechverkehr.

Auch die Kraftversorgung liegt weitgehend in den Händen der Privatwirtschaft. Diese Versorgungsbetriebe bemühen sich ebenfalls sehr intensiv um ihre Kunden und geben z. B. im Rahmen des Kundendienstes an den Stromabnehmer Glühbirnen unentgeltlich ab. Telefon- und Stromleitungen sind meist oberirdisch geführt. Die betreffenden Unternehmen sind bestrebt, mit möglichst geringen Kosten bei der Verlegung und Reparatur der Leitungen auszukommen (vgl. Abschnitt 3.2.1, S. 39).

Viele Einzelhandelsgeschäfte und Tankstellen sind zu Ketten zusammengeschlossen, die ihren Kunden jeweils nur eine einzige Sorte von *Rabattmarken* geben. Es gibt nun eigens dafür Geschäfte, die Green Stamps oder Golden Stamps einlösen gegen verschiedenste Artikel, die für bestimmte Mengen von Rabattmarken abgegeben werden. In diesen Läden wird also nichts verkauft, sondern sie sind nur als eine Art Ergänzung für die anderen Geschäfte da.

Der Bequemlichkeit dient die viel großzügigere Handhabung der Ladenschlußzeiten. Selbst in Kleinstädten gibt es zumindest *ein* Lebensmittelgeschäft, das *24 Stunden lang geöffnet* ist und es dem Kunden ermöglicht, auch in den Nachtstunden etwas einzukaufen, wenn er unerwartet Besuch bekommen hat oder wenn sich zu später Stunde irgendjemand mit seinen Bekannten zu einer improvisierten Party entschließt. Auch am Sonntagvormittag sind viele Lebensmittelgeschäfte in den Einkaufszentren für einige Stunden geöffnet. Nur alkoholische Getränke werden nicht immer während dieser sonntäglichen Öffnungszeiten verkauft.

Überhaupt finden wir in manchen Staaten der USA und Provinzen Kanadas als Nachwirkungen der Prohibition Beschränkungen im Spirituosenverkauf. So gibt es beispielsweise im Mormonenstaate Utah sogenannte *State Liquor Stores*, in der Stadt Salt Lake City ein halbes Dutzend, in denen man gegen eine Gebühr zunächst einen Ausweis erwerben und dann unter Vorlage desselben bei jedem Einkauf von Spirituosen mit einem Antragsformular zum Magazin gehen muß.

3.8. Zusammenfassung

Die am frühesten von den weißen Einwanderern besiedelten Ränder Angloamerikas nehmen eine Sonderstellung ein gegenüber den weiten inneren Teilen des Kontinents mit ihrer überwiegend schematischen Vermessung in quadratmeilengroße sections, die auch die Physiognomie der Städte mitbestimmte. Manche der bei dem Versuch einer Typisierung der angloamerikanischen Stadt vorgenommenen Verallgemeinerungen nehmen diese Randzonen der frühen spanischen, französischen und englisch-holländisch-schwedischen Kolonisation aus. Auch hinsichtlich der Größenklassen der Städte ergeben sich Unterschiede. *Mit diesen Einschränkungen* können wir die folgenden charakteristischen Merkmale für den kultur-genetischen Typ der angloamerikanischen Stadt herausstellen:

1. Das geringe Alter. Es ist der Grund für das Fehlen von Wesenszügen einer mittelalterlichen Stadt, eines Altstadtkerns mit winkeligen Gassen, Orientierung der Hauptstraßen auf Plätze, vor allem auf einen Marktplatz. Auch fehlen, von wenigen Ausnahmen abgesehen, die Merkmale einst befestigter Städte, vor allem die spezifischen Nutzungsformen des Glacisgeländes. Der Stadtkern hat einen ganz schematischen Grundriß. Das geringe Alter der Städte Angloamerikas bedeutet auch, daß in vielen Fällen Stadtgründung und Eisenbahnbau zeitlich zusammenfielen, was unter anderem zur Folge hatte, daß die Bahnen ganz zentral in den Baukörper der Stadt eingreifen, vielfach die City in ihrer Ausdehnungsmöglichkeit beschränkten, keinen Raum für die Entwicklung eines eigentlichen Bahnhofsviertels ließen und andererseits die Industrie an manchen Stellen bis unmittelbar an die Grenze der City heranbrachten. Ihr dortiges Beharren hängt zum Teil mit der

Konzentration der rassisch-völkischen Minoritäten in benachbarten Wohngebieten zusammen.

2. Der vorherrschende Grundriß ist die Schachbrett-Textur. Die Orientierung des Gitternetzes der Straßen kann wechseln; im Stadtkern ist sie zuweilen an den Verlauf von Flüssen, Seeufern oder Eisenbahnen angelehnt, um in den Randgebieten auf die Haupthimmelsrichtungen umzuschwenken. Während die Schachbrett-Textur in den Public Land States dominierend ist, gibt es auch Konvergenzerscheinungen in der Randzone der frühesten Kolonisation.
3. Die Holzbauweise ist bis zur Gegenwart weit verbreitet. Vom skandinavisch-deutschen Blockhaus mit englischen und holländischen Abwandlungen hat sich das Holzhaus als wesentliches Element der Eigenheimbebauung der städtischen Außenzonen und Randgemeinden erhalten. Als relativ billiges Baumaterial bietet Holz heute eine der wichtigsten Voraussetzungen für den nach wie vor umfangreichen Eigenheimbau.
4. In der City der Großstädte hat der Wolkenkratzer, der seine Voraussetzungen in den Erfindungen von elektrischem Personenaufzug und Stahlskelettbauweise und der rapiden Entwicklung des tertiärwirtschaftlichen Sektors Ende des 19. Jahrhunderts hatte, zu extrem einseitiger Nutzung durch Handel und Dienstleistungen und zu Extremen in den Benutzerströmen geführt. Stundenweise Verstopfung der Straßen und Überfüllung der Autoparkeinrichtungen stehen gähnender Leere am Abend und am Sonntag gegenüber. Die Konkurrenz für ältere Gebäude ohne Fahrstuhl führte dazu, daß diese teils oder ganz leerstehen oder abgerissen wurden, so daß Freiflächen entstanden. Diese Elemente führen zu einer gewissen baulichen Zerrissenheit der City. Auf die Bedürfnisse des Fußgängers und des parkplatzsuchenden Autofahrers wurde bisher meist in ungenügendem Maße Rücksicht genommen.
5. Die um die City liegenden Viertel sind meist durch große Industrieflächen und herabgewirtschafteten Mietwohnhausbestand gekennzeichnet. Hier bilden völkische und rassische Minoritäten gettoartige Konzentrationen, die der amerikanischen Stadt einen afro-asiatischen Zug im Hinblick auf ihr Gefüge verleihen. Überdurchschnittlicher Verfallsgrad der Bausubstanz, überdurchschnittlicher Anteil der Mietwohnungen, überdurchschnittliche Belegung der Wohnräume und überdurchschnittlicher Anteil an Nicht-Weißen decken sich weitgehend. Slumbildung und Sanierung sind hier weit verbreitet. Der Abzug der wohlhabenden weißen Bevölkerung minderte die Kaufkraft dieser Gebiete und beeinträchtigte so die wirtschaftliche Stellung der City.
6. Städtische Außenzone und Randgemeinden des Metropolitan Ring sind die Domaine des in Angloamerika weit verbreiteten Eigenheims. In Werkssiedlungen, Gartenstädten und Levittowns ist es absolut vorherrschend. Die weite Verbreitung der Wohnwagensiedlungen ist bezeichnend für den hohen Mobilitätsgrad der Bevölkerung. Das Vorherrschen des Einfamilienhauses bedeutet geringe Wohndichte, hohen Flächenbedarf für die Wohnfunktion, hohe Verkehrsspannung auf lange Strecken zwischen Wohn- und Arbeitsstätte, Schwierigkeiten der rentablen Gestaltung eines öffentlichen Verkehrsnetzes, hohe Kosten für die Versorgungseinrichtungen.
7. Die Bedeutung der Privatsphäre, der hohe Lebensstandard und die Eigenschaft als Einwanderungsland haben in Angloamerika zu Eigenheiten der funktionalen Ausstattung der Städte geführt. Dazu gehören die sehr große Zahl von Kirchen, von höheren Bildungsstätten, von Radio- und Fernsehstationen, von Klubhäusern, dagegen die relativ geringe Zahl der Kunststätten. Drug store und Motel sind typisch amerikanische Erscheinungen des Einzelhandels und Gewerbes. Bandförmige Einkaufszeilen an den Ausfallstraßen, automobile row und commercial strip, sind den Bedürfnissen des autofahrenden Kunden bis etwa zur Mitte des Jahrhunderts besonders angepaßt gewesen.

Die Kombination von mehreren dieser Eigenschaften macht den kulturgenetischen Typ der angloamerikanischen Stadt aus. Zugleich sind damit aber auch schon die Probleme angedeutet, denen sich die amerikanischen Städte gegenübergestellt sehen und an deren Lösung sie seit etlichen Jahren ernsthaft arbeiten.

4. Gegenwärtige Strukturwandlungen

4.1. Die heutige Situation und die Anzeichen der Wende

Die erste Hälfte des 20. Jahrhunderts hat für eine große Anzahl von Städten in den USA und Kanada eine Entwicklung bedeutet, die in allen Teilbereichen der Stadtregion zu unübersehbaren Mißständen geführt hat. Alle Gebiete vom Stadtkern bis hin zu den äußersten Rändern städtischer Überbauung zeigten sich im Sinne des in Amerika viel gebrauchten Wortes "blight" als in irgendeiner Weise von Krankheiten befallen.

In der innersten Zone, der City, war es mit der Auffüllung durch Büro- und Geschäftshochhäuser zu extrem einseitiger Nutzung und damit zu Extremen der Benutzerströme mit allen ihren unliebsamen Begleiterscheinungen gekommen, dazu auch zu tödlicher Konkurrenz für den Altbaubestand der fahrstuhllosen walk-up-Gebäude, die, dem Verfall anheimgegeben, entweder leer dastanden oder abgerissen wurden und mitten in der City Lücken hinterließen. Wer heute durch die Downtown so mancher angloamerikanischen Stadt geht, wird nicht nur krasseste Gegensätze vorfinden, sondern sich auch an unsere kriegszerstörten Städte der 40er Jahre erinnert finden. Blight also hier in erster Linie in Form von baulichem Verfall und baulicher Zerrissenheit.

Unmittelbare Nachbarschaft zu ausgedehntem Fabrikgelände, das hier und dort direkt an die City herantritt, und hohes Alter der Bausubstanz kennzeichnen die citynahen Wohnviertel, die seit dem Beginn des Automobilzeitalters in zunehmendem Maße von der weißen Bevölkerung verlassen werden und andrerseits ständig wachsende Gruppen von Minoritäten, insbesondere der Negerbevölkerung, aufweisen. Hier herrschen das Mietwohnhaus gegenüber dem Eigenheim und eine hohe, an der gesamten Stadt gemessen, überdurchschnittliche Belegung der Räume und Wohnungen vor. Sozial schwache Stellung der Bewohner und starke Fluktuation der Mieter schaffen eine Situation, zu der das Herabwirtschaften und der schnelle Verfall der Häuser, ja selbst neuer, im Rahmen jüngster Sanierungsprogramme geschaffener Bauten gehören. Auch hier eine äußerst ungesunde Struktur und der Pilzbefall, blight, besonders in Form von Überalterung und baulichem Verfall.

Die Vorgänge, die häufig zum deutlichen Niedergang großer Anteile des kernstädtischen Bereichs innerhalb der Stadtgrenzen führen, sind so vielfältiger Natur, daß nur die wichtigsten Faktoren hier genannt werden sollen. Zu dem äußerlich sofort sichtbaren physischen Verfall des Immobilieneigentums wegen Alters, unzureichender Instandhaltung oder Mißbrauchs kommt das Veralten von Gebäuden und Einrichtungen infolge Funktionswandels. Ein weiteres Merkmal ist die Überbevölkerung, die durch Aufteilung von Häusern und Großwohnungen in mehrere kleinere Wohneinheiten hervorgerufen wurde, was zum Teil eine Durchlöcherung der Bauleitpläne bedeutete, und die eine zunehmende Ungunst in dem Verhältnis der Bewohner zu den vorhandenen Einrichtungen wie Autoparkmöglichkeiten, Bildungs- und Erholungsstätten und damit deren Nivellierung schuf.

Diese Mißstände sind verbunden mit einer Belastung der Mieter durch zu hohe, dem Zustand der Wohnungen nicht mehr angemessene Mietzahlungen an den nicht dort selbst wohnenden Eigentümer. Ungebührliche Mieten stehen unzureichender Instandhaltung der Häuser gegenüber. Die Mieter aber sind zumindest teilweise wegen Diskriminierung auf solche Wohnquartiere angewiesen und den hier obwaltenden Zuständen preisgegeben.

Damit einher geht ein wirtschaftlich-soziales Absinken eines solchen Wohngebietes und das Anwachsen negativer sozialer Merkmale wie Verbrechenshäufigkeit, geringes Bildungsniveau, Inanspruchnahme der Fürsorge. Sozial schlecht gestellte Bevölkerungsgruppen mit entsprechenden Begleiterscheinungen wie Indifferenz gegenüber dem Verfall der Bausubstanz werden dominierend. Hinzu kommt auch die negative Einstellung von Kreditinstituten gegenüber solchen Wohngebieten und ihren Bewohnern in Fragen der Finanzierung von Hauskäufen oder Instandhaltungsarbeiten und damit ein gewisser Zwang zur Erschließung ungünstiger Finanzierungsquellen. Erhöhte Belastung bei Tilgung von Darlehen und unliebsame Verschuldung mit kurzfristigen und hochverzinsten Krediten sind die Folgen.

Diese Faktoren sind alle eng miteinander verknüpft und führen zu einer gewissen Selbstverstärkung des allgemein abwärts gerichteten Trends der Entwicklung in den betroffenen Gebieten.

Die Vorstadtzone und die Randgemeinden des Metropolitan Ring haben sich zur Domaine des Eigenheims entwickelt, das, oftmals von innen nach außen in zunehmender Qualität je nach der sozialen Stellung der dominierenden Bevölkerungsschicht, als ein- bis zweigeschossiges Einzel- oder Doppelhaus die Physiognomie weiter Flächen des Stadtgebietes bestimmt. Dabei ist es zum Teil auch zu extremen Entwicklungen gekommen, etwa in den Levittowns oder ähnlich riesigen Wohnsiedlungen, so daß weite Teile des äußeren Wohnrings der Stadtregion von Uniformität, von Monotonie gekennzeichnet sind. Schlimmer aber ist vielleicht noch die Art und Weise, in der die meisten Städte nach außen wachsen. Dieses Wachstum verläuft oft sprunghaft – als "leap frogging" wie die Sprünge des Laubfroschs – und ruft ein Durcheinander von intensivst genutzten und völlig öde daliegenden Flächen hervor. So tritt auch hier, in den Bereichen junger Bebauung, blight auf, diesmal vornehmlich in Form stark gemischter Landnutzung und baulicher Zerrissenheit.

Die hier geschilderten *Prozesse hängen nun aber aufs engste miteinander zusammen* und bedingen sich großenteils gegenseitig, so daß wir in einen circulus vitiosus hineingeraten. Die aus den citynahen Wohnvierteln abwandernde Bevölkerung veranlaßt einerseits das pilzartige Hervorschießen neuer großer Wohnsiedlungen oder die völlige bauliche Auffüllung älterer Randgemeinden, die bisher dünn und lückenhaft besiedelt waren. Zum andern folgen dieser Abwanderung nach außen die Einzelhandelsunternehmen und Dienstleistungsbetriebe der Stadt und setzen sich in modernen Einkaufszentren in der Nähe der zahlungskräftigen Kundschaft an. Es kommt zu einer ständigen Gewichtsverlagerung auf Kosten der City, aber auch der gesamten Kernstadt, und zu steigender Isolierung der in der City verbleibenden Funktionen gegenüber einem Großteil der Stadtbevölkerung.

Die verschiedensten Massenmedien in Angloamerika verbreiten immer wieder diese Geschichte des "man-made chaos". Auch in den Titeln von Büchern, die in den letzten Jahren herausgekommen sind, drückt sich die Misere deutlich aus: "The Exploding Metropolis" (1958), "Squeeze: Cities without Space" (E. Higbee, 1960), "The Death and Life of Great American Cities" (J. Jacobs, 1961), "Sick Cities: Psychology and Pathology of American Urban Life" (M. Gordon, 1963), "The Withering Away of the City" (Y. Willbern, 1964). Der Amerikaner gilt zwar als ein jeglichem Eingriff irgendwelcher Autoritäten in private oder für privat gehaltene Angelegenheiten abholder Mensch. Aber seit den allerersten Anfängen vor fast 50 Jahren ist doch ein Großteil der Bevölkerung zur Besinnung über diese Entwicklung gelangt und zu der Überzeugung, daß die Gesamtsituation für die durchschnittliche amerikanische Stadt, und ganz besonders für die Großstadt, alles andere als erfreulich ist, daß sie aber bei dem heutigen Stande der Entwicklung, der den Einsatz großer finanzieller Mittel und technischer Kräfte notwendig macht, nicht anders als durch umfassende, von staatlichen und städtischen Autoritäten geförderte und gesteuerte Maßnahmen zu verbessern ist.

So treten zu den im Kapitel 3 geschilderten Merkmalen der angloamerikanischen Stadt heute zahlreiche junge Elemente, die sich in der Physiognomie vieler Städte Kanadas und der USA deutlich als etwas Neues ausweisen und die zugleich Hinweise geben auf die zahlreichen Prozesse und Kräfte, die erst seit etwa 1950 wirksam geworden sind und die nach und nach immer mehr die Stadtlandschaft in Angloamerika umgestalten und prägen. Daß es sich dabei um eine *ganz neue Entwicklungsphase handelt, in die die angloamerikanische Stadt um 1950 eingetreten* ist, dürfte aus den folgenden Darlegungen unbestreitbar hervorgehen. Was hat sich im einzelnen zugetragen?

Mit wenigen Jahreszahlen lassen sich mehrere wichtige Gesetze der Regierung der USA andeuten, die die heutige Entwicklung der Städte, und insbesondere der großen Städte mit mehr als 50000 Einwohnern, entscheidend mitbestimmen.

1949 sah der *Housing Act of 1949*, also das Wohnungsbaugesetz in der Fassung aus jenem Jahr, erstmals die finanzielle Beteiligung der Bundesregierung der USA an den Kosten von Stadterneuerungsprogrammen vor. Diese Beteiligung ist beträchtlich. Sie beträgt bei Städten mit über 50000 Einwohnern zwei Drittel, bei Städten mit weniger als 50000 Einwohnern sogar drei Viertel der sogenannten Netto-Projekt-Kosten von Sanierungsvorhaben. Zum Zweck der Durchführung dieses Förderprogramms der Stadterneuerung wurde mit demselben Gesetz die Urban Renewal Administration (URA) als Abteilung der damaligen Housing and Home Finance Agency (HHFA) geschaffen.

Bei Wohnbauprojekten macht diese hohe Beteiligung der Regierung so viel aus, daß die Gemeinde selbst meist nur die Kosten für den Bau einzelner öffentlicher Einrichtungen wie Schule oder Krankenhaus zu tragen hat. Bei derartiger Hilfestellung ist es verständlich, daß die Gemeinden viele Pläne in Angriff genommen haben und daß im Laufe des ersten Jahrzehnts nach Erlaß des Gesetzes rund 700 Sanierungsprogramme durchgeführt oder in Durchführung begriffen waren.

Es möge dahingestellt bleiben, inwieweit Gegenargumente der Art, daß der gelenkte Einsatz öffentlicher Mittel im Wohnungsbau in ganz bestimmten, zu Sanierungsgebieten erklärten Bereichen sich nachteilig auf den Gesamtwohnungsmarkt und dessen natürliche Regenerierung auswirke, berechtigt sind und gerade in Amerika auch aus stärkerem privatwirtschaftlichen Denken heraus ins Treffen geführt werden.

1957 wurde der *Regional Planning Act* erlassen. Dieses Gesetz sieht die finanzielle Beteiligung der Regierung an den Arbeiten der Planungsstellen der Metropolitan Areas, den Metropolitan Planning Agencies oder Metropolitan Planning Commissions, vor, soweit diese aus gewählten Vertretern der betroffenen Gebietskörperschaften zusammengesetzt sind. Bis dahin gab es in einer Reihe von Großstädten bereits solche Planungskommissionen (s. Abschnitt 4.4.4, S. 221ff.), die nicht wie die Stadtplanungsämter nur für das Stadtgebiet innerhalb der administrativen Grenzen zuständig waren, sondern zumindest für das Gebiet der einen County, die oftmals mit der Metropolitan Area kongruent war. Die Kommissionen arbeiteten jedoch meist auf anderer Grundlage. So kam es in letzter Zeit mehrfach zu Umstrukturierungen der Planungskommissionen bzw. bei Neugründungen wurden die Kommissionen von vornherein nach dem Prinzip der gebietskörperschaftlichen Vertretung gebildet. Im Jahre 1964 gab es einer Erhebung der HHFA zufolge 65 Kommissionen, die sich aus gewählten Mitgliedern der beteiligten Gebietskörperschaften zusammensetzten und somit die Voraussetzung für eine Finanzierung ihrer Arbeit durch die Regierung boten.

1959 wurde der *Housing Act of 1959* erlassen und damit das Wohnungsbaugesetz dahingehend erweitert, daß die Regierung Geldmittel für umfassende Untersuchungen von sanierungsreifen Gebieten und für die Planung der Strukturverbesserung derselben sowie der Erschließung kommunaler Möglichkeiten und Mittel bereitstellte. Derartige Programme im Rahmen des Housing Act of 1959 werden als Community Renewal Program (CRP) oder auch als Community Development Program (CDP) bezeichnet.

1961 wurde der *Housing Act of 1961* erlassen und das Wohnungsbaugesetz damit wiederum verändert und erweitert in der Richtung, daß nun auch Mittel unabhängig von Sanierungsprogrammen für die Erhaltung und Aufwertung der existierenden Bausubstanz bereitgestellt wurden. Damit sollte ein Anreiz geschaffen werden, ohne auf den größeren Rahmen eines Sanierungsprogramms ausweichen zu müssen, in Wohngebieten mit sehr gemischtem Charakter und sehr unterschiedlichem Erhaltungsgrad der Bausubstanz Mittel zu erhalten, um einzelne Bauten vor dem Verfall zu bewahren und damit zugleich auch eine Beeinträchtigung des gesamten Viertels durch diese besonders schlechten baulichen Elemente zu verhindern. Diese Mittel sind seitdem unter der Bezeichnung "Residential Rehabilitation" vergeben worden.

1962 wurde eine Neufassung des *Federal-Aid Highway Act* vorgenommen. Das Bureau of Public Roads als Abteilung des Handelsministeriums der USA hatte bis dahin die einzelstaatlichen Chausseebauten, d.h. den Bau der State Highways, mit einer bundesstaatlichen Beteiligung von 50% an den Gesamtkosten unterstützt, den Bau des 1957 begonnenen Autobahnnetzes der Interstate and Defense Highways mit 90%. Jetzt wurde diese 90%ige Beteiligung des Bundes ausgedehnt auf die innerstädtischen Verbindungen des Autobahnnetzes, die Schnellstraßen, expressways oder freeways genannt, und die Stadtautobahnringe oder loops. Zugleich wurde aber den Stadtregionen zur Auflage gemacht, einen Generalverkehrsplan zu erstellen und auf dem laufenden zu halten. Die Regierung machte die Subventionierung dieser Straßenbauten davon abhängig, daß diese Bauprojekte "must be based on a comprehensive transportation planning process, with due consideration of their probable effect on the future development of those areas".

Gemeint sind in dem zitierten Text speziell die urbanized areas, also die den deutschen Stadtregionen am ehesten in ihrer Ausdehnung vergleichbaren räumlichen Einheiten. Es wurde gefordert, daß ein erster Verkehrsplan, als Transportation Study bezeichnet, bis zum 1. Juli 1965 vorliegen mußte, wenn die betreffende Stadtregion bundesstaatliche Mittel aus diesem Programm in Anspruch nehmen wollte. Die schon erwähnte Erhebung seitens der HHFA aus dem Jahre 1964 ergab, daß von 128 berichtenden Metropolitan Planning Agencies 111 in unterschiedlichem Maße, 33 sogar ausschließlich für die Durchführung der Verkehrsplanung in der betreffenden Metropolitan Area verantwortlich zeichneten.

1964 brachte der *Urban Mass Transportation Act* den Großstädten die Möglichkeit, bundesstaatliche Subventionen für notwendige Erweiterungen ihres öffentlichen Verkehrsnetzes in Anspruch zu nehmen. Auch in diesem Zusammenhange ist mit der Vergabe der staatlichen Mittel eine Auflage für den Empfänger verbunden. Die Regierung stellt nämlich, wie in dem Gesetz gesagt wird, ihre finanzielle Beteiligung an solchen Einrichtungen des öffentlichen Verkehrssystems in Aussicht, die notwendig erscheinen "to carry out a program for a unified or officially coordinated mass transportation system, as part of the comprehensively planned development of the entire urban area". Auch hier muß wie bei dem Zuschuß für Autobahnbauten der Nachweis einer Gesamtplanung erbracht werden.

Das Jahr 1965 brachte eine administrative Veränderung in Washington, D.C., mit sich, die einiges Licht auf die Bedeutung wirft, die die Regierung der Vereinigten Staaten dem Wohnungswesen und Städtebau in jüngster Zeit beimißt. Seit dem New Deal hatte die Regierung auf den Wohnungsbau einigen Einfluß genommen, insbesondere mit der 1932 geschaffenen Federal Home Loan Bank und der 1934 gegründeten Federal Housing Administration. Beide waren 1947 zu der schon erwähnten Housing and Home Finance Agency (HHFA) zusammengeschlossen worden. Diese Behörde wurde nun 1965 in ein eigenständiges Wohnungs- und Städtebauministerium, das *U. S. Department of Housing and Urban Development*, umgewandelt. Bis dahin hatte es also kein für den Wohnungsbau zuständiges Ministerium in den USA gegeben. Auch in Kanada gibt es kein Wohnungsbauministerium.

1966 wurde der *Demonstration Cities and Metropolitan Development Act of 1966* erlassen. Was verbirgt sich hinter diesem etwas umständlichen Gesetzestitel? Unabhängig von Sanierungsvorhaben im Rahmen der Zuständigkeit der Urban Renewal Administration sollen alle Städte der USA in der Lage sein, mit finanzieller und technischer Unterstützung des Bundes "to plan, develop, and carry out locally prepared and scheduled comprehensive city demonstration programs containing new and imaginative proposals to rebuild or revitalize large slum and blighted areas...". Die hier zugesagten Hilfen seitens der Regierung dienen der Beschleunigung des öffentlichen Wohnungsbaus, der Verbesserung von Beschäftigungs- und Einkommensstruktur, dem Ausbau von Gesundheits- und Erziehungswesen durch Schaffung entsprechender Einrichtungen, der Erweiterung von Verkehrswesen und Erholungsstätten. Die Mittel sind für großflächige Pläne bestimmt, die dazu angetan sind, den Charakter ganzer Stadtviertel zu verbessern.

Die Durchführung von Programmen unter diesem Gesetz und die Verwaltung der Bundesmittel sollen in den Händen einer "City Demonstration Agency" liegen, die identisch sein kann mit der Stadt- oder County-Verwaltung oder eine eigene, von diesen Verwaltungen dazu eingesetzte Behörde. Es können auch Verbände von mehreren Gebietskörperschaften gemeinsam ein Großraumprogramm mit gewissen Schwerpunkten durchführen. Solche Programme müssen jedoch in Übereinstimmung mit dem Flächennutzungsplan stehen und einen Plan für die Umsetzung der betroffenen Wohnbevölkerung und Betriebe enthalten, wofür seit dem Housing Act in der Fassung von 1956 besondere Mittel zur Verfügung stehen. Die Bundesregierung übernimmt bis zu 80% der Kosten für die Planung und Durchführung von Programmen unter dem Demonstration Cities and Metropolitan Development Act. 1968 wurde ein Wohnungsbaugesetz erlassen, zu dessen hochgesteckten Zielen allerdings bei weitem noch nicht genügend Mittel bereitzustehen scheinen.

Die genannten Gesetze und Maßnahmen zeigen eines deutlich. In einem Land, in dem wie in kaum einem zweiten die Privatsphäre über alles geschätzt und die Privatinitiative in jeder Hinsicht geschützt und gefördert worden ist, hat die Regierung mit einer Reihe von Eingriffen und dem Einsatz ansehnlicher Haushaltsmittel begonnen, sich aktiv an den kommunalen Geschicken zu beteiligen und städtische Verwaltungen wie überstädtische Interessengruppen zu systematischer Arbeit zu drängen, von der die Vergabe der öffentlichen Mittel abhängig gemacht wird. Hier tut sich seit zwei Jahrzehnten eine ganz neue Einstellung kund, eine Einstellung, die bei weitem nicht auf ungeteilte Zustimmung gestoßen ist und bis heute ihre Gegner hat, die aber doch schon viele sichtbare Ergebnisse gezeitigt hat, die sich außerordentlich kräftig im Bild der Stadtlandschaft auszuprägen begonnen haben.

Neue Kräfte haben sich eingeschaltet, die manche bis in die 50er und noch bis in die 60erJahre hineinreichenden Prozesse aufzuhalten und abzubiegen beginnen. Finanzielle Mittel sind aus zuvor nicht vorhanden gewesenen Quellen in die Entwicklung mit hineingeflossen, die in diesen Jahren und unter unseren Augen in vielfältigen planerischen Ansätzen zu erster Raumwirksamkeit gelangen. So können die angloamerikanischen Städte als Musterbeispiel dafür herangezogen werden, in welchem Maße in der Gegenwart staatliche Gesetze, Maßnahmen und Haushaltsmittel regional begrenzt, gezielt, wie man häufig sagt, eingesetzt und damit entscheidende Kräfte in der Gestaltung begrenzter kulturlandschaftlicher Räume werden[1].

Wenn wir nun die zahlreichen Arbeiten der Planungskommissionen und die vielfältigen Prozesse auf einen Nenner bringen wollen, die sich seit einigen Jahren in den Städten Angloamerikas mit dem Ziel einer allgemeinen Strukturverbesserung abspielen und die häufig mit einem beträchtlichen Anteil bundesstaatlicher Geldmittel in Gang gesetzt wurden, so kann man sie vielleicht am besten charakterisieren als Versuche einer *Aufwertung des Downtownbezirks* und einer sinnvollen *Erneuerung bzw. Erschließung des übrigen Stadtregionsgebietes durch Sanierung und großflächiges Planen.* Diese beiden Themenkreise sollen in den folgenden Abschnitten diskutiert werden.

4.2. Versuche einer Aufwertung von Downtown

Es hat sich herausgestellt, daß im Laufe der Entwicklung der ersten Hälfte unseres Jahrhunderts nur die allergrößten und vitalsten Städte wie New York und Chicago mit ihren Hotels, Bars, Filmtheatern und Bühnen hinreichende Anziehungskraft auszustrahlen vermochten, um auch nach Büro- und Geschäftsöffnungszeiten noch so viele Menschen am Abend in der City zu halten, daß der Stadtkern nach der Ebbe des nach auswärts gerichteten Berufspendlerstromes nicht wie völlig ausgestorben wirkt.

Aber schon Städte der Größenordnung von St. Louis oder Denver mit Einwohnerzahlen von rund 1 500 000 bzw. 850 000 haben einen sehr schwierigen Stand. Hier sind abends die Straßen der Innenstadt nahezu menschenleer. Es zeigen sich auf den Straßen als Passanten allenfalls die Teilnehmer eines der zahlreichen Kongresse, für die etliche der Hotels der City die entsprechenden Einrichtungen aufweisen. Sonst herrschen Leere und Stille.

Diese sind jedoch nur Ausdruck für die wirtschaftliche Schwächung der City, die in ihren Einzelheiten in Abschnitt 3.4.2.5, S. 68, beschrieben wurde. Es war auch schon davon die Rede, daß sich in vielen Citygebieten Einzelhandelsunternehmen und andere Interessenten zu Interessengruppen zusammenschlossen und von sich aus zu planerischen Maßnahmen griffen; eine verständliche Reaktion der privaten Wirtschaft. Wie weit geht aber der Niedergang der City die Öffentlichkeit an?

Von Borchert und seinen Mitarbeitern an der Upper Midwest Economic Study wurde in diesem Zusammenhange die Frage aufgeworfen, ob denn überhaupt unter den gegenwärtig gegebenen Bedingungen einer Massengesellschaft und ihrer schnellen Verkehrsmittel Automobil und Flugzeug eine *integrierte City für unsere Stadtkomplexe noch sinnvoll und somit erstrebenswert* sei. Könnte man nicht auch angesichts neuer städtischer Formen ganz einfach auf sie verzichten?

Borchert beantwortet diese Frage dahingehend, daß er feststellt, die für die Geschicke der Städte Verantwortlichen hätten sich in ihrer großen Mehrzahl für die Erhaltung bzw. Wiedererstehung einer integrierten City ausgesprochen, und es würde nur darum gehen, diese positive Entscheidung in die Tat umzusetzen. Aus zwei Gründen mag man zu einer grundsätzlichen Bejahung der Frage nach der Existenzberechtigung einer integrierten City in unserer Zeit kommen, nämlich aus einem ökonomischen wie aus einem ideellen.

In seinem Buche über Wirtschaftspolitik sagt Heinrich unter anderem zur mangelnden Wettbewerbsfähigkeit eines Teilgebietes zu günstiger gestellten Wirtschaftsgebieten (Heinrich, S. 15): „Wird dieser Ausfall nicht etwa durch eine besondere Überlegenheit der betreffenden Gebietswirtschaft wettgemacht, so bedeutet das auf die Dauer Verkümmerung und Wirtschaftsverfall in diesem Teile des Landes. Ein solcher gebietlicher Wirtschaftsverfall ist aber für die ganze Volkswirtschaft von Nachteil: Erstens finden die übrigen Wirtschaftsgebiete für ihre Erzeugnisse in dem Verfallsgebiete nicht den erwünschten Absatz. Zweitens erbringt das Verfallsgebiet nicht jene Leistungen für die Volkswirtschaft, die zu deren Wohlstand erforderlich sind. Verfallsgebiete sind als Verbraucher und als Er-

[1] Freilich muß auch dabei räumlich differenziert werden. So ist z. B. im Staate Louisiana die Stadterneuerung auf der Basis eines mit staatlichen Mitteln unterstützten urban renewal program gesetzlich verboten, wahrscheinlich aus Gründen der Furcht vor unerwünschter Einmischung der geldgebenden Bundesregierung in Angelegenheiten des Einzelstaates. Bezeichnend ist, daß es sich hier um einen Südstaat handelt.

zeuger zu schwach und diese ihre wirtschaftliche Schwäche und Krisenanfälligkeit zehren am Wohlstande des Ganzen.“

Auf das Verfallsgebiet City bezogen würde eine Hinnahme des jetzigen Zustandes und die Einstellung, den Dingen ihren Lauf zu lassen, bedeuten, daß es zu noch *weiterer Aushöhlung* der City durch ständige Abwanderung der dort konzentrierten Funktionen käme, begleitet vom *Anfallen weiterer nicht mehr zu nutzender Gebäude und Freiflächen*, so daß die City baulich stärker als bisher schon zerrissen würde. Bestenfalls würden *geringerwertige Funktionen* den von den abgewanderten höherwertigen Funktionen freigewordenen Raum einnehmen.

Damit aber kommen wir zu dem zweiten, dem ideellen Grund für die Bejahung der Frage nach der weiteren Existenz der integrierten City. Die Vereinigung der höchstwertigen Funktionen auf engem Raume, seien es erstklassige Spezialgeschäfte, große Warenhäuser, Bankdirektionen, Kunst- und Unterhaltungsstätten, bringt *in der City ein innerhalb der gesamtem Stadtregion einmaliges Gebiet von höchster Qualität* hervor. Die Konzentration dieser Funktionen kann nur Bestand haben, wenn sie von einer großen Zahl von Benutzern, von einem großen Publikum getragen werden. Nirgendwo anders war diese Voraussetzung gegeben als in der City einer Großstadt. Das macht die Einzigartigkeit der City aus. Während sich andere Stadtviertel in ihrer Struktur außerordentlich ähneln mögen, steht die City in der gesamten Stadtregion einmalig da. Mit ihrem Niedergang wäre der ersatzlose Verlust dieser einmaligen Qualität verbunden.

Derartige Überlegungen haben die Stadtväter und Stadtplaner in vielen angloamerikanischen Großstädten in den letzten Jahren angestellt, und sie sind überwiegend zur Bejahung der Existenzfrage der City gelangt. Dieses „ja“ aber impliziert die dringende Forderung nach planerischen Maßnahmen, solchen, die die City direkt betreffen und meist bauliche Eingriffe zur Umgestaltung von Bauten und Verkehrsadern darstellen, wie auch nach solchen anderen, die wegen der vielfältigen sozialökonomischen Verflechtungen der City mit den Prozessen in anderen Stadtteilen die erstere nur indirekt betreffen.

Auf Grund ihrer Untersuchungen ist die Arbeitsgruppe unter BORCHERT zu der Erkenntnis gelangt, daß einzelne Städte wohl schon den Zeitpunkt einer noch möglichen Hinwendung auf dieses Ziel der Erhaltung oder, in vielen Fällen, eigentlich eher der Wiederherstellung der City *verpaßt* haben. Andere haben sich mit den ihnen zur Verfügung stehenden Kräften diesem Ziel verschrieben. Die meisten aber würden zur Zeit noch schwanken. Aber wohl weniger in dem Entschluß, ihre City zu retten, als in der Wahl und Anwendung der Mittel (UMES Report 4, S. 20).

Was die City zu ihrer Gesundung am dringendsten braucht sind

- *größere Kompaktheit* und Überwindung der von nur provisorisch genutzten Freiflächen und leerstehenden Uraltbauten verursachten Zerrissenheit,
- *sinnvollere Flächennutzung* und Schaffung von neuen Geschäfts- und Bürohauskomplexen,
- *Verbreiterung der funktionalen Basis*, um auch außerhalb der Geschäftszeiten die City attraktiv zu machen (Sport-, Kultur- und Vergnügungsstätten),
- *bessere Erreichbarkeit* durch stärkere Berücksichtigung des auf zeitweise verstopften Straßen ankommenden und häufig vergebens nach Parkplätzen Ausschau haltenden Kraftfahrers, unter anderem durch Umgehungsstraßen zum Abfangen des Durchgangsverkehrs und durch enge Verknüpfungen der Hauptzufahrtsstraßen der City mit Großgaragen, aber auch durch Berücksichtigung der Nöte des seinen Anliegen in der City nachgehenden Fußgängers durch Schaffung von gärtnerisch gestalteten Plätzen und Fußgängerzonen,
- *ästhetische Gestaltung* der Bauten und Freiflächen zur Erzielung größerer Attraktivität für den Kunden und Geschäftspartner wie auch im Interesse des Fremdenverkehrs.

Es geht also auch darum, *Akzente zu setzen* in einer von Uniformität und Langweiligkeit geprägten Umgebung, Blickpunkte zu schaffen durch ein ins Auge stechendes architektonisches Werk, durch Grünanlagen und Plätze, die Individualität der einzelnen Stadt zu betonen und ihr das Serienmäßige des Reißbrettentwurfs zu nehmen.

Es geht um sinnvolles Arrangement, um Bequemlichkeit und um gefälliges Aussehen, um Attribute, die der City zu ihrer Wiederbelebung nottun und um Anziehung jenes großen Publikums, das nun einmal nötig ist, um die Einrichtungen der City zu tragen.

Aus dem Verhältnis von Raumansprüchen und Raumangebot ergibt sich bei der Frage der Neugestaltung der City eine recht starke Differenzierung, die es erforderlich erscheinen läßt, hier eine *Dreiteilung* vorzunehmen in den Bereich der zentralen Blöcke der City, den Bereich der peripheren Blöcke und den Bereich der nicht mehr zur City i. e. S. hinzugehörenden Umrahmung, die aber die räumlich unmittelbar benachbarte Zone bildet und zur City in enger funktionaler Bindung steht.

4.2.1. Der City-Kern

4.2.1.1. Beschränkung der Ausdehnung der City

In vielen Großstädten Angloamerikas hat sich im Laufe der letzten zwei Jahrzehnte herausgestellt, daß die Cityfunktionen den ihnen einst zugedachten baulichen Rahmen nicht mehr ausfüllen. Die durch ungenutzte Gebäude und Freiflächen entstandenen Lücken geben Veranlassung zu unnötig langen Wegen im cityinternen Verkehr. Von fortziehenden Unternehmen sind Läden und Büroräume frei geworden, die wohl zum Teil von den in der City verbliebenen Funktionen absorbiert wurden, aber doch nicht in dem Maße, in dem sie anfielen. Allenthalben läßt sich bei den zeitlichen Veränderungen in der Flächennutzung im Citybereich eine Zunahme der ungenutzten Räume, der unter einem für Cityverhältnisse angemessenen Ausmaß genutzten Gebäude und der Freiflächen feststellen. Die City könnte also meist gegenüber ihrer gegenwärtigen Ausdehnung kleiner sein. Eine geringere Ausdehnung und ein günstigerer Ausnutzungsgrad einer kleineren Gesamtfläche würde ihr die *gewünschte Kompaktheit* wiedergeben. So ist "compactness" zu einem in den Planungsämtern der angloamerikanischen Städte viel gebrauchten Schlagwort geworden.

Es ist eine Binsenweisheit, daß die City nicht im Verhältnis zum Anwachsen einer Stadt bzw. Stadtregion mitwächst. Im Hinblick auf gegenseitige Fühlungnahme der kontaktabhängigen Institutionen untereinander sowie auf die leichte Erreichbarkeit für den zu Fuß gehenden Kunden oder Geschäftspartner kann die Ausdehnung der City nicht über ein gewisses Maß hinausgehen. Die City wird sich also nicht wesentlich über eine Viertelstunde Gehzeit in einer Richtung ausdehnen, also einen Durchmesser von etwa 1,5 km nicht wesentlich überschreiten. Bei Baublöcken von 300 Fuß oder annähernd 90 m Seitenlänge sind das etwa ein Dutzend Blöcke in einer Richtung.

Diese maximale Ausdehnung der City wird jedoch nur selten erreicht. Der "Loop" von Chicago, die von Chicago River und Hochbahn eingefaßte City der Stadt, hat eine Ausdehnung von etwa zehn Blöcken in Nord–Süd-Richtung und von acht Blöcken in Ost–West-Richtung. In vielen anderen Großstädten ist die City um einiges kleiner.

So hält die City in ihrer Bedeutung auch ökonomisch im Verhältnis zum Wachstum der Stadtregion nicht mit. Sofern sie nicht gar stagniert oder eine rückläufige Entwicklung durchmacht, sondern ein wirtschaftliches Wachstum zu verzeichnen hat wie etwa die City der Stadt Toronto zwischen 1951 und 1961, sei es nun, daß wir dieses Wachstum an Hand der Zahl der Einzelhandelsgeschäfte (1951: 2193; 1961: 2479) oder der Höhe des Gesamtumsatzes (1951: $ 482 Millionen; 1961: 538 Millionen) messen, müssen wir doch die Feststellung machen, daß die entsprechenden Anteile der City relativ zur gesamten Handelsaktivität der Metropolitan Area von 13,8 % auf 11,9 % bzw. von 34,3 % auf 23,6 % zurückgegangen sind (SIMMONS, S. 9). War demnach die City Torontos noch 1951 mit einem reichlichen Drittel an den Einzelhandelsumsätzen in der Stadtregion beteiligt, so zehn Jahre später nur noch mit einem knappen Viertel.

Dennoch füllen meist in der heutigen Situation die Cityfunktionen das Gebiet, das bei einer gewissen Streuung dieser Funktionen nach Maßstäben, wie sie in Amerika z. B. von MURPHY und VANCE gesetzt worden sind, als Citybereich oder Downtown auszuweisen wäre, nicht mehr aus. Das Streben nach Kompaktheit soll daher durch eine *Größenbeschränkung der City* in die Wirklichkeit umgesetzt werden.

Der Gesichtspunkt der räumlichen Ausdehnung bzw. Beschränkung in der horizontalen Ausdehnung ist nun zunächst auf den *Geschäftskern* innerhalb der City angewendet worden. So kam unter Planern und Architekten die Idee auf, den Erfolg vieler weit draußen im Stadtregionsbereich angelegter shopping centers auch künftig der City zu sichern und *diesem Hauptgeschäftszentrum, dem Central Business District der Amerikaner, in Umfang und Art das Gepräge eines vorstädtischen Einkaufszentrums zu geben.* Warenhäuser, Spezialgeschäfte, Restaurants, Unterhaltungsstätten und Agenturen sollten so angeordnet werden, daß sie sich in ein mehrere zusammenhängende Baublöcke umfassendes Gebiet teilen, wobei dieses ein weitgehend geschlossener, baulich einheitlich zu gestaltender Komplex sein sollte. Bei SMITH heißt es sinngemäß, daß die Unternehmen der City in ähnlicher Weise wie die Handelsunternehmen in der Außenzone der

Bild 19. *„Einkaufsmall" in Boston, Mass. (a), und Los Angeles, Calif. (b).* Städtischer Großgrundbesitz ist die Voraussetzung zur Entwicklung moderner funktional-integrierter City-Komplexe. Sie bestehen aus einer Ballung von öffentlichen und privaten Büros – im Optimalfall auch von Vortrags-, Theater- und Konzerträumen – und einem vollständigen Sortiment leistungsfähiger Einzelhandelsgeschäfte einschließlich Warenhäusern. Die Benutzung selbst durch Hunderttausende ist möglich bei direktem Anschluß an ein städtisches Schnellbahnnetz, mehrgeschossige Tiefgaragen für Beschäftigte und Kundschaft mit vielen Zufahrten und Zugängen und einer gesonderten Zulieferer-Ebene. Die Ausnutzung der kostspieligen Anlage wird besonders vorteilhaft, wenn nicht ein Ladenschluß- und Bürozeitgesetz Einschränkungen erzwingt und zugleich vermeidbare Verkehrsspitzen hervorruft. Die Verkaufsfläche – die eigentliche Mall – steht nur dem Fußgänger zur Verfügung. Die Passagen sind in Boston vor Regen, Schnee und Kälte geschützt, in Los Angeles dagegen auffallend arm an Schaufenstern, weil man lieber im Inneren der gekühlten Geschäftsräume die Waren schaut. Die Bauweise ist dem Klima angepaßt.

Stadt Kapital aus guter Erreichbarkeit und der Nähe der Wohnbevölkerung schlagen, zum Zweck der Konkurrenzfähigkeit eben diesen neuen Einkaufszentren gegenüber die Form eingeschossiger, den Supermärkten gleichender Anlagen der vorstädtischen Geschäftsbezirke annehmen sollten (SMITH, S. 83; Bild 19).

Diese Auffassung darf nicht dahingehend mißverstanden werden, daß fortan die City der Großstadt völlig identisch mit einem beliebigen vorstädtischen Einkaufszentrum wird. Denn erstens handelt es sich bei der zentralen shopping plaza lediglich um das Kernstück der City, zu dessen Einzelhandelsgeschäften und Dienstleistungsbetrieben weitere Läden und Dienstleistungen in benachbarten Geschäftsstraßen hinzukommen. Zweitens gibt es gegenüber den vorstädtischen Einkaufszentren in vielen Branchen Qualitätsunterschiede zugunsten der City. Wenn auch die Spezialisierung des Einzelhandels in einzelnen sehr großen shopping centers bereits sehr weit geht und die Unterschiede zum Niveau der City kaum noch merkbar sind (vgl. Abschnitt 4.3.1.2, S. 176ff.), so gilt das doch nicht für die Masse der Einkaufszentren und für die größten unter ihnen auch nur zum Teil. Die City behält durchaus auch weiterhin innerhalb der Stadtregion eine einzigartige Vereinigung von hochspezialisierten Ladengeschäften und größten Warenhäusern. Das ist schließlich das Ziel aller Bestrebungen zur Umgestaltung und Wiederbelebung der City, daß ihr der ihr eigene Charakter als das Stadtviertel, in dem die zentralen Funktionen in höchster Qualität vereinigt sind, erhalten bleibt, ja vielleicht noch deutlicher hervortritt, und für die Stadtregion und ihre Bevölkerung zur Geltung kommt, als das in den letzten Jahrzehnten der Fall war.

Es bleibt also dabei, daß auch weiterhin eine Hierarchie der Geschäftszentren innerhalb einer Stadtregion existiert und daß in dieser Hierarchie die City mit ihrem Hauptgeschäftszentrum die Spitzenposition hält. So wird beispielsweise in den Richtlinien für die Ansiedlung von Handelsunternehmen im Großraum Albuquerque, New Mexico, deutlich zum Ausdruck gebracht, daß *zwei grundsätzliche Unterschiede* in Einkaufszentren verschiedener Art gegenüber dem Hauptgeschäftszentrum in der City vorhanden sind. Erstens gibt ein shopping center nicht annähernd die *Möglichkeit zu Vergleichen* unter zahlreichen Geschäften im Warenangebot, was in der City ohne weiteres gegeben ist. Das liegt allein in dem Umstand begründet, daß oft nur ein einziges Ladengeschäft von jeder Branche vertreten ist und in vielen shopping centers auch nur eine einzige Warenhausfiliale (vgl. Abschnitt 4.3.1.2, S. 176). Zweitens *fehlen* in einem shopping center *zahlreiche Spezialgeschäfte* und spezialisierte Dienstleistungen (Planning Dpt. City of Albuquerque, 1966, S. 8).

Es geht also, wenn hier Vergleiche mit vorstädtischen Einkaufszentren gezogen werden, mehr um die *bauliche Gestaltung* und damit in erster Linie auch um die rein räumliche Ausdehnung, Gesichtspunkte, hinsichtlich derer gewisse Übereinstimmungen nicht geleugnet werden können.

Zuerst ist die Idee wohl von V. GRUEN und seinem Architektenbüro Mitte der 50er Jahre in den Entwicklungsplan für die City von Fort Worth, Texas, eingegangen. Der Plan basiert auf dem Prinzip, den Autofahrer bis an den Rand des Hauptgeschäftszentrums fahren zu lassen. Dort aber soll er seinen Wagen abstellen und innerhalb des Geschäftsbezirks nur noch zu Fuß gehen dürfen (s. Abschnitt 4.2.1.3, S. 142ff.). Der Gruen-Plan sieht 60000 Autoabstellplätze in sechs Großgaragen vor, während jedoch postuliert wird, daß etwa 50 % aller Menschen, die täglich die Downtown aufsuchen, von den Einrichtungen eines gut funktionierenden öffentlichen Schnellbahnsystems Gebrauch machen.

Am frühesten ganz durchgeführt wurde die Idee der räumlich begrenzten zentralen shopping plaza unter anderem in Montreal. Hier entstand zwischen den Straßen University, Dorchester, Mansfield und Cathcart die neue Place Ville Marie, architektonisch beherrscht vom Gebäude der Royal Bank of Canada, und mit einem Einkaufszentrum, als "Galerie de Boutiques" oder "Shopping Promenade" bezeichnet, das ins Souterrain unter einer Fußgängerzone verlegt wurde. Es vereinigt ein Kino, vier Restaurants und Cafés, 49 Einzelhandelsgeschäfte und 11 Dienstleistungsbetriebe wie Reiseagenturen, Hotelreservationen usw. Auf eine Straßenlänge von 120 m kommen die Eingänge zu 20 Ladengeschäften, Büros und Restaurants (Fig. 47).

In Dubuque, Iowa, verteilen sich die Funktionen in der heutigen City über 74 Baublöcke, die größtenteils quadratisch sind und eine Seitenlänge von rund 90 m besitzen. In der künftigen City werden diese Funktionen, die großenteils in enger Nachbarschaft zu ungenutzten oder auch genutzten Freiflächen,

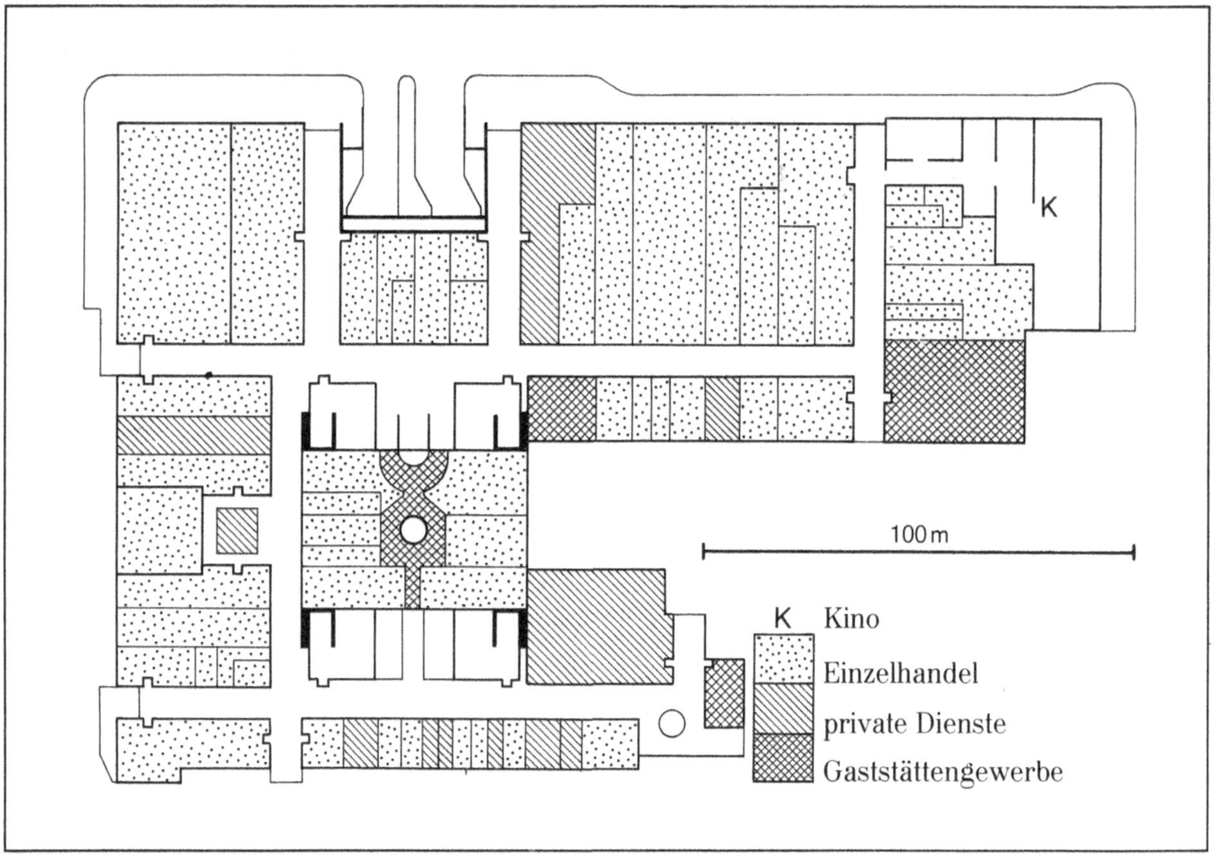

Fig. 47. *Plan der Galerie de Boutiques, Place Ville Marie in Montreal* (nach dort aushängendem Wegweiser).
Der Plan zeigt beispielhaft die Anlage eines bereits fertiggestellten zentralen Hauptgeschäftszentrums mit Läden und Dienstleistungsbüros, Restaurants, Cafes und einem Kino. In Art und Ausdehnung ist es einem vorstädtischen shopping center nachgeahmt. Natürlich bezieht sich hier ein solcher Vergleich nicht auf das Warenangebot, das hier in der City qualitativ höherwertig ist, und ebensowenig auf die Gesamtausdehnung der Einkaufsmöglichkeiten in der City, zu denen neben dieser Galerie de Boutiques mehrere, seit langer Zeit bestehende Geschäftsstraßen hinzutreten. Interessant ist aber die Art der Neugestaltung des innersten Kerns der Geschäftsstadt.

Industriebetrieben, Lagerräumen und Wohnungen liegen, auf 52 Baublöcke zusammengedrängt sein. Das bedeutet einen *Rückgang der Zahl der Baublöcke wie auch der Fläche der City* um jeweils fast 30%. Von Südwesten und Nordosten werden dafür von Grünflächen durchsetzte und mit kleinen, nur für den täglichen Bedarf bestimmten Einkaufsmöglichkeiten ausgestattete Wohngebiete dichter an die City heranrücken.

Der Plan für die Umgestaltung der City von Oklahoma City sieht unter anderem vor, daß der Einzelhandel auf einen Bereich von sechs Baublöcken zusammengedrückt wird. Dabei soll eine sogenannte Retail Galleria geschaffen werden, indem die Nord-Süd verlaufende Harvey Avenue auf die Länge von drei Blöcken überdacht wird. Das Glasdach läßt das Tageslicht durch. Die Geschäfte ordnen sich auf zwei Etagen an. An den Enden des der Ost–West verlaufenden Main Street folgenden Concourse entstehen jeweils viergeschossige Warenhäuser. Über den Geschäften werden in mehreren Decks Parkflächen für die motorisierten Kunden angeordnet. Unmittelbar um dieses Geschäftszentrum gruppieren sich Blöcke mit anderen Cityfunktionen. Aber auch hier rücken Wohnblöcke näher als bisher an diesen Kern gewerblicher Nutzung heran und beschneiden die heutige City an ihren Ränder.

Derartige Beispiele ließen sich vervielfachen. Jedoch ist die räumliche Schrumpfung der City keine für alle angloamerikanischen Großstädte verbindliche Regel. Im Einzelfall kommt es auf die aus der Gesamtsituation einer Stadt erwachsenden Entwicklungstendenzen an.

Chicago beispielsweise ist eine derart vitale Stadt, die nicht an eine Verkleinerung der Fläche ihrer City zu denken braucht. Wohl aber gilt auch hier der *Grundsatz der räumlichen Beschränkung* in der Horizontalen. Die Stadtplaner wollen nicht, daß Cityfunktionen auf das Gebiet außerhalb des Loop in seiner heutigen Ausdehnung hinausgreifen, während möglicherweise zur gleichen Zeit innerhalb des Bereiches des Loop eine Aushöhlung vor sich geht. Der bis etwa 1980 erwartete Zuwachs von rund 65000 Büroangestellten und 4000 im Einzelhandel Beschäftigten soll von der City innerhalb ihrer heutigen Grenzen absorbiert werden. Was die Flächennutzung betrifft, soll die City auf ihrem heutigen Stand verharren und nur in die Vertikale wachsen, sich dagegen nicht nach außen erweitern. Ihre Grenzen sollen auch in Zukunft mit der heutigen Ausdehnung endgültig feststehen.

Einen wiederum anders gelagerten Fall haben wir in den stark wachsenden Städten des Südwestens der USA vor uns. Ziehen wir die Stadt Albuquerque, New Mexico, als Beispiel für solche Städte heran. In Albuquerque sieht die Planung, die übrigens mit dem City-core-frame-Konzept von Horwood und Boyce arbeitet, eine bereits jetzt als endgültig betrachtete Ausdehnung der City auf rund die doppelte Zahl der heute existierenden Baublöcke mit Cityfunktionen vor. Man rechnet dabei mit einem Zuwachs der Bevölkerung der Metropolitan Area von 262000 auf 830000 Menschen innerhalb von zwei Jahrzehnten. Das bedeutet, daß die Bevölkerungszahl auf das 3,5fache ansteigt, während sich die Cityfläche verdoppelt. Diese City soll dann aber nach der Ausweitung und Umgestaltung ihre Form behalten.

Es ist nicht angängig, die Festlegung und Beschränkung der Größenausdehnung der City isoliert zu betrachten, ohne auf den Zusammenhang mit anderen Gestaltungsideen einzugehen, in dem diese räumliche Beschränkung nur als eine von zahlreichen Maßnahmen zur Umgestaltung der City erscheint. Zum Gesamtkonzept der Umgestaltung gehören die Schaffung von Superblöcken und Fußgängerzonen sowie die Neugliederung des Citygebietes in funktionaler Hinsicht genauso wie die rein räumliche Ausdehnung (s. Abschnitte 4.2.1.2 bis 4.2.1.4, S. 138ff.). Ehe wir aber zu diesen anderen Aspekten der Cityerneuerung kommen, ist ein Hinweis darauf angebracht, daß derartige Pläne durchaus nicht die ungeteilte Zustimmung der Öffentlichkeit und der Sachkenner finden. So schrieb z.B. Whyte Jr. schon im Jahre 1957: "Redevelopers have taken the suburban shopping center approach. Instead of finding a new expression of the amenity of the corner store, they have acted as if the project were out in the country, and have planned for the driver, rather than the pedestrian. There are no stores in the heart of the project, not even a vending machine in the basement, and it's a long, long walk if you run out of cigarettes at night. There is one shopping center, and it is usually on the far edge of the project." (The Exploding Metropolis, S. 22.)

Aus unserer heutigen Sicht, zehn Jahre nachdem jene Zeilen geschrieben wurden, vermögen wir diesen Vorwürfen nicht beizupflichten. Das auf wenige Blöcke zusammengedrängte Hauptgeschäftszentrum soll wie ein Magnet wirken und, indem sich die anderen Cityfunktionen um es herum gruppieren, zu der erstrebten Kompaktheit der künftigen City wesentlich beitragen. Diese Rolle dürfte es sehr wohl übernehmen können.

Nicht immer und überall sollen mit der Zusammenziehung der Einzelhandelsfunktion in einem eng begrenzten Bereich alle Eckläden fortfallen. Es werden auch weiterhin in vielen Städten neben diesem Einkaufszentrum noch Ladenstraßen bestehen bleiben. Wenn sie aber in manchen Fällen tatsächlich verschwinden, so dürfte das mit der recht geringen Gesamtausdehnung der City zu rechtfertigen sein. Die Wohnbauten in der Nachbarschaft der City, insbesondere die modernen Wohnhochhäuser, sind im übrigen wenigstens teilweise mit Einzelhandelseinrichtungen, zumindest aber mit Automaten ausgestattet, so daß sich der Gang in den Geschäftskern erübrigt. Im übrigen wird noch zu zeigen sein, wie die Bestrebungen gerade dahin laufen, dem Geschäftskomplex die zentralste Lage innerhalb der künftigen City zuzuteilen und es nicht exzentrisch "on the far edge of the project" anzuordnen (vgl. Abschnitt 4.2.1.4, S. 147). Oder ist die zentrale Lage des Geschäftskerns in den vielen neuen Cityplänen erst als Antwort auf diese Kritik anzusehen?

Auch J. Jacobs äußert sich in dieser Weise, indem sie schreibt: "You will see that suburban amenity is not what people seek downtown... You will see that it is not the nature of downtown to decentralize" (The Exploding Metropolis, S. 142). Die streitbare Autorin sieht also in den heutigen Lösungsversuchen nicht das Bemühen um Konzentration. Nach den gegenwärtigen Erfahrungen zu urteilen ist diese Auffassung zumindest überholt.

4.2.1.2. Schaffung von Superblöcken

Hand in Hand mit der Beschränkung der horizontalen Ausdehnung der City geht die bauliche Neugestaltung eines mehr oder weniger großen Teiles des Citygebietes. Dabei werden jeweils mehrere der heute bestehenden Baublöcke zu einem neuen *Großblock oder Superblock* vereinigt und die so entstehende Fläche insgesamt baulich neu konzipiert.

Das Ausmaß solcher Umwandlung ist wiederum von Stadt zu Stadt verschieden, genauso wie sich keine ganz allgemeingültige Regel über die Schrumpfung der Cityfläche aufstellen läßt. Das Ausmaß der Umgestaltung richtet sich im einzelnen nach bestimmten Gesichtspunkten. Zum einen wird es auf das *Alter der Stadt* ankommen. In den jüngeren Städten mit relativ gut erhaltener Bausubstanz und in einem Teil der älteren Städte, die zu verschiedenen Zeiten, häufig im Zusammenhang mit der Zerstörung durch ein Großfeuer, neue Bauten erhalten haben, werden eher größere Teile der City in ihrem jetzigen Zustande belassen, während bei stark verfallener Bausubstanz das Ausmaß der Umwandlung größer sein wird.

Sodann wird auch die *Frage des Eigentums am Boden* eine nicht ganz unbedeutende Rolle spielen. Hier spielt auch die Möglichkeit der Zusammenarbeit von Privatwirtschaft und Stadtplanungsamt hinein. Es wurde schon darauf hingewiesen, daß erstere häufig von sich aus Interesse an Strukturverbesserungen in der City bezeigte und Ansätze zur Umgestaltung der City unternommen hat, und daß gegenwärtig in etlichen Citygebieten großer Städte private Unternehmen kräftig in neue Bürohochhäuser investieren. Aber es kommt häufig genug vor, daß größere Projekte daran scheitern, daß zur Umgestaltung vorgesehene Flächen *eigentumsrechtlich zersplittert* sind, und daß sie erst im Zuge der Maßnahmen zur Stadterneuerung, unter Umständen über das einer Enteignung mit Entschädigungszahlung gleichkommende Recht der sogenannten "eminent domain", nach und nach zusammengebracht werden können. Ein projektierter und einheitlich zu gestaltender Superblock wird sich aus einer Reihe von Grundstücken zusammensetzen, es sei denn, die Gemeinde selbst kontrolliert noch in einigem Umfange den Boden innerhalb ihrer Grenzen. So schreibt L. MUMFORD: „In Amerika sahen die Pläne für neue Städte im 19. Jahrhundert – beispielsweise die Pläne für Cincinnati, St. Louis und Chicago – zwar Verwaltungszentren vor, aber inzwischen stieg das Spekulationsfieber, und man verkaufte diese städtischen Grundstücke, um mit dem Erlös den Ausbau der Stadt und das Straßenpflaster zu bezahlen; sogar das langsam wachsende Savannah gab die Vorteile preis, die ihm sein altes System von städtischen Squares verschafft hatte. Wenn die Notwendigkeit entstand, öffentliche Gebäude zu errichten oder Parks anzulegen, dann waren die dafür geeigneten Grundstücke bereits an Privatleute verkauft, manchmal schon bebaut und jedenfalls im Preis gestiegen. Die einzige Ausnahme hiervon, die ich feststellen konnte, ist Rochester, wo eine Anzahl von Squares, die 1820 zunächst von Spekulanten zu Werbungszwecken angelegt wurden, noch heute Teil des Stadtplans sind – vielleicht weil jene Provinzstadt im Vergleich zu Städten wie Buffalo oder New York verhältnismäßig langsam gewachsen ist" (MUMFORD, 1963, S. 495).

In der gegenwärtigen Situation erscheint das Problem der Beschaffung des Bodens noch gesteigert insofern, als die heutigen Vorstellungen und Bedürfnisse zum großen Teil von erheblich umfangreicheren Flächeneinheiten ausgehen, als das in früheren Zeiten der Fall war.

Je nach Projekt werden zwischen zwei und maximal etwa neun der bisher üblichen quadratischen bzw. rechteckigen Baublöcke zu einer größeren baulichen Einheit zusammengefaßt. Die Zahl der für die Schaffung eines Superblocks in Frage kommenden alten Baublöcke richtet sich im Einzelfall nach dem Zweck, dem er dienen soll, und der Art der zu errichtenden Neubauten. So mag das künftige Hauptgeschäftszentrum der City sechs bis acht alte Baublöcke umfassen, ein Kongreßhallenkomplex vier, ein Hotel- und Fremdenverkehrszentrum vier bis sechs Blöcke usw. In Oklahoma City sollen die Tivoli Gardens, ein mit künstlichen Teichen durchsetztes Parkgelände mit darin eingestreuten Kunst- und Unterhaltungsstätten, zehn alte Baublöcke einnehmen. Man findet sich bei diesem Projekt erinnert an die Anordnung von Repräsentationsbauten auf dem Glacisgelände einstiger Festungsstädte in europäischen Ländern. Auch andere Freiflächen wie Plätze vor Rathäusern und Gerichtsgebäuden werden in großzügiger Weise projektiert. Daß in der Innenstadt gerade an solchen Plätzen ein Nachholbedarf besteht, wurde im Abschnitt 3.1.2.2, S. 32, dargelegt. Es liegt aber auch auf der Hand, daß mit solchen Vorhaben der Flächenbedarf erheblich ist.

Handelt es sich bei den zu schaffenden Superblöcken fast immer um den Abriß der Altbauten und eine völlige bauliche Neugestaltung, werden in einzelnen Fällen aber auch bestehende Gebäude durch bauliche Zwischenglieder nachträglich zu einer Art Superblock miteinander verbunden. In Urbana, Illinois, wird eine derartige Umformung mehrerer Blöcke zu einer baulichen Einheit vorgenommen durch die Verbindung des Postgebäudes, einer Kirche und des allerdings jüngeren Urbana-Lincoln Motor Inn durch Flachbauten von Warenhäusern und Einzelhandelsgeschäften und überdachte Fußgängerbereiche (GRUEN, 1964, S. 333).

Mit solch baulicher Umgestaltung oft mehrerer Teilgebiete der City ist eng verknüpft eine Umgestaltung des Verkehrswesens, denn die Schaffung von Superblöcken bedeutet in jedem Falle einen *Eingriff in das bestehende Straßennetz* und damit eine Änderung der Verkehrsströme im Bereiche der Downtown. Und das ist bei dem hohen Motorisierungsgrad in Amerika kein geringes Problem. Daher muß mit der baulichen Umgestaltung der City eine gründliche Verkehrsplanung einhergehen.

Von manchen Planern wird der Großblock vor allem aus dem Grunde propagiert, weil er dem modernen Verkehr mehr entgegenkommt mit seinen größeren Abmessungen und damit ja einer Verringerung der Zahl der auf eine Straße einmündenden Querstraßen. Die Baublöcke von 250 bis 300 Fuß Seitenlänge stammen aus einer Zeit, da diese Frage überhaupt nicht zur Diskussion stand. Daß sie brennend ist, beweist die Einführung eines Einbahnstraßensystems in vielen Stadtzentren (vgl. Abschnitt 3.2.2.2, S. 48). Das aber bedeutete lediglich, sich mit den Gegebenheiten abzufinden und durch Verbote einer Fahrtrichtung den Verkehr trotz des nicht mehr zeitgemäßen Straßennetzes flüssig zu halten. Mit der baulichen Umgestaltung größerer Teilbereiche der City ist nun auch eine bessere Gestaltung des Verkehrs ermöglicht.

Zunächst einmal bedeutet das Entstehen von Superblöcken ein teilweises *Abgehen von dem bisherigen Gitternetz der Straßen und eine Reduzierung des Straßenanteils an der gesamten Flächennutzung* innerhalb der City. An zahlreichen Stellen wird das System der sich unter Rechten Winkeln schneidenden Straßen im Zuge der Zusammenlegung von jeweils mehreren alten Baublöcken zu einem Großblock zwangsläufig unterbrochen. Bezeichnen wir das Stück einer Straße zwischen zwei Kreuzungen als Straßenabschnitt, so fallen bei der Zusammenlegung von vier quadratisch angeordneten alten Blöcken zu einem Großblock vier Straßenabschnitte, bei der Zusammenlegung von neun Blöcken zwölf Straßenabschnitte fort. In manchen Fällen werden auch nur Teile von Baublöcken zu einem entstehenden Großblock hinzugeschlagen, so daß die künftige Straßenführung ganz anders wird. Das Ausmaß der Veränderung ist von Stadt zu Stadt sehr verschieden. Während beispielsweise Oklahoma City und Dubuque, Iowa, ihr Straßennetz weitgehend beibehalten und durch die Superblöcke lediglich *Unterbrechungen des Gitternetzes* zustandekommen (Fig. 48), erhalten die Citygebiete anderer Städte wie z. B. Albuquerque, New Mexiko, auch *neue Grundrißelemente wie gewundene und gegeneinander* versetzte Straßen (Fig. 49).

GRUEN, der wie in Fort Worth den Kraftfahrzeugverkehr überhaupt aus den inneren Cityblöcken verbannen will und selbst für den Zuliefererverkehr der Warenhäuser und sonstigen Läden des Hauptgeschäftszentrums unterirdische Zufahrten plant, erklärt folgerichtig, daß mit solcher Umwandlung der vom Standpunkte des Verkehrswesens als Gunstfaktor zu wertende Umstand, daß die City mit völlig gerade verlaufenden Straßen ausgestattet ist, als zwingend entfalle und man nun die City baulich unabhängig von solchen Erwägungen gestalten könne. Er möchte offensichtlich etwas von der Romantik der Altstadtkerne seines Heimatlandes Österreich in die Nüchternheit der amerikanischen Metropolen hineintragen. Die gewollt vorspringende Baufluchtlinie wird zum Prinzip erhoben. Auch HOFFMANN tritt für die alten gewundenen Straßen ein, da sie die Eignung des Altstadtkerns zum Einkaufszentrum erhöhen (HOFFMANN, S. 51).

Die andere Auswirkung der baulichen Umgestaltung der City ist die Verkleinerung des Straßennetzes durch den Fortfall zahlreicher Straßenab-

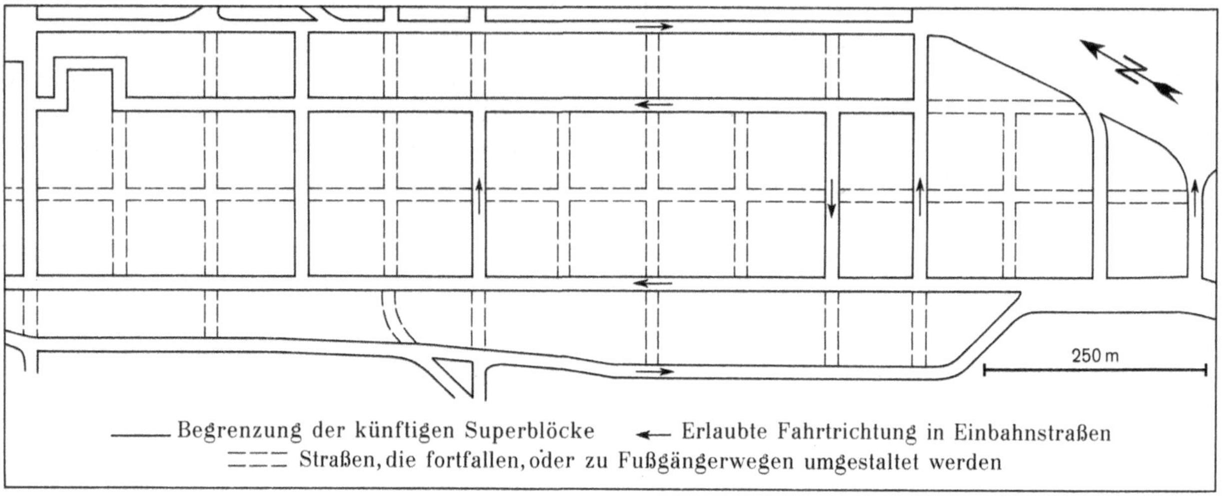

Fig. 48. *Vorgesehene Superblöcke und Straßennetz in der City von Dubuque, Iowa* (nach V. Gruen Associates und Larry Smith & Co., wiedergegeben aus „Die Erde", 1967).
Unter den zur Aufwertung der Downtown geplanten Maßnahmen kommt der Zusammenlegung und baulichen Neugestaltung jeweils mehrerer herkömmlicher Baublöcke zu Superblöcken besondere Bedeutung zu. Dabei entfällt ein Teil der bisherigen Straßen, während andere Straßenabschnitte zu Fußgängerzonen umgewandelt werden.

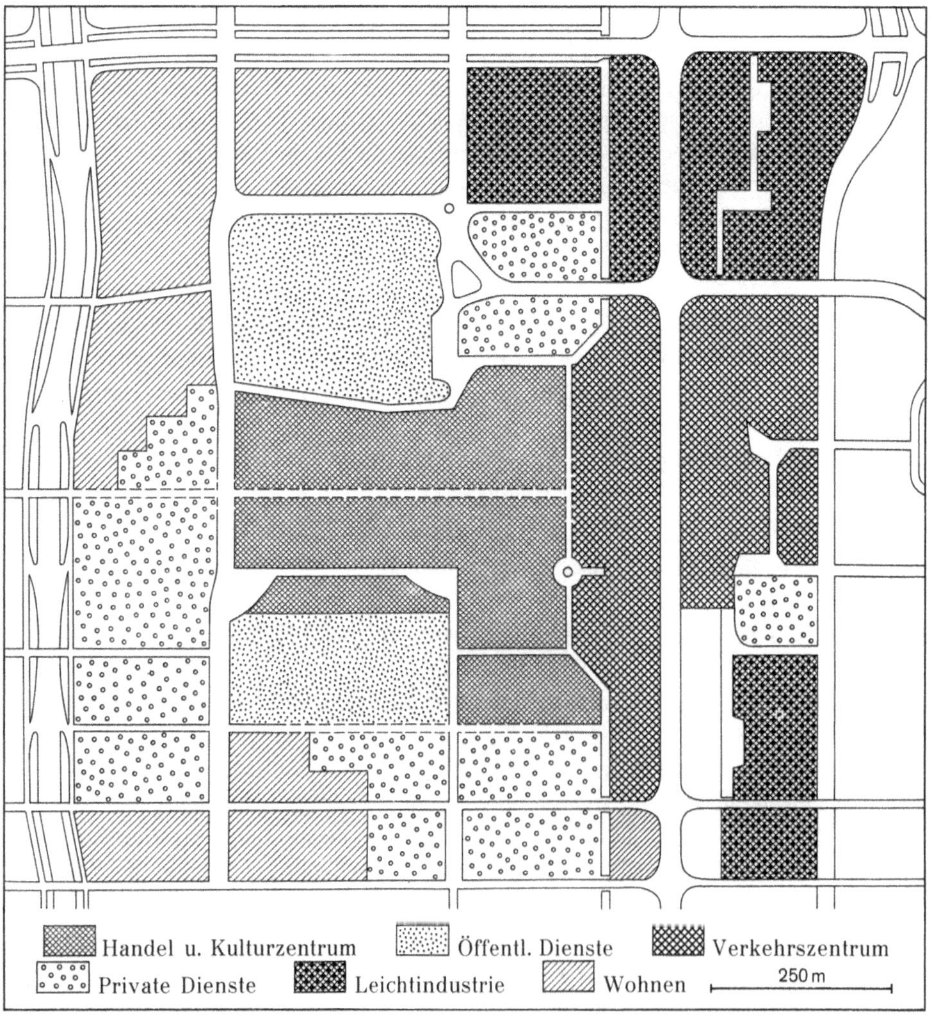

Fig. 49. *Die vorgesehenen Superblöcke und ihre Nutzung in der City von Albuquerque, New Mexico* (nach Albuquerque Metropolitan Development Committee).
Wie in Dubuque, Iowa (Fig. 48) kommt es zur Zusammenlegung jeweils mehrerer Blöcke zu Superblöcken. Diesen werden bestimmte Nutzungen zugewiesen. Bei der vorgesehenen Anordnung der Nutzungen erkennt man das Bestreben, eine möglichst sinnvolle Gliederung der City zu schaffen, indem z. B. der künftige Einzelhandelsblock ganz zentral, der Block für die Verkehrseinrichtungen randlich zu liegen kommt. Da für die Metropolitan Area zwischen 1962 und 1985 ein Bevölkerungsanstieg auf das Dreifache erwartet wird, wird sich auch die City gegenüber der heutigen ausdehnen. Jedoch soll sie mit diesem Plan ihre endgültige Ausdehnung erfahren, und innerhalb des annähernd quadratischen künftigen Citybereichs sind bereits einige nicht citygebundene Funktionen wie Leichtindustrie und Wohnblöcke vorgesehen, die die City in ihrer Größe festlegen.

schnitte sowie die Reduzierung der Zahl der Straßenkreuzungen und damit die Ermöglichung eines besseren Verkehrsflusses. So wird im Zuge der Umgestaltung der City von Albuquerque, New Mexico, der prozentuale Anteil der Straßen an der Gesamtfläche der City von 31,5% auf rund 15%, also auf *weniger als die Hälfte* zurückgehen. In den meisten Fällen ist der zu erwartende Rückgang weniger rigoros, aber dennoch merkbar. Das bedeutet für die Stadt erhebliche Vorteile durch geringere Belastung des Haushalts für die Instandhaltung und Reinigung der Straßen, für Verkehrsschilder und Lichtmasten.

Was bedeutet nun aber die Reduzierung der Straßen für die Verkehrsfrequenz auf den verbleibenden Straßen? Das Straßennetz der Downtown muß selbstverständlich als Bestandteil eines größeren Straßennetzes der gesamten Stadtregion betrachtet werden, und die Situation in der City wird wenigstens teilweise davon abhängen, welche Gesamtlösung für das Verkehrsnetz der Stadtregion gefunden wird. So wurde z. B. von Verkehrsplanern berechnet, daß Ringstraßen, wie sie in großer Zahl in den Städten Amerikas heute geplant und gebaut werden (s. Abschnitt 4.3.2.1, S. 193 ff.), die Verkehrsintensität im Citybereich selbst beträchtlich, und zwar rund um ein Drittel, herabsetzen, so daß *mit dem Bau von Ringstraßen mit einem geringeren Verkehr auf den Straßen der City* gerechnet werden kann. Es wird zumindest ein Teil des bisher auf den nun fortfallenden Straßen geflossenen Verkehrs abgefangen und über andere Routen geleitet.

Dazu kommen weitere verkehrsplanerische Maßnahmen direkt in der City, insbesondere die *Vervollständigung des bisherigen Einbahnstraßensystems* und die *Schaffung ausreichender Autoparkmöglichkeiten*. Es wurde schon darauf hingewiesen, daß das Gitternetz den Behörden die Einführung des Einbahnverkehrs leicht gemacht hat und daß sie von dieser Möglichkeit ausgiebig Gebrauch gemacht haben. In etlichen Städten bestehen zur Zeit Pläne, noch weitere Straßen in dieses Einbahnstraßennetz einzubeziehen, so daß nur noch wenige Straßen mit Verkehr in beiden Richtungen übrigbleiben (vgl. Fig. 22). Besonders sorgfältig muß natürlich dort geplant werden, wo große Superblöcke entstehen, um die bestmögliche Erreichbarkeit für die neuen öffentlichen Gebäude, die zum Teil für Großveranstaltungen gedacht sind, zu gewährleisten. Andrerseits wird bei starker Veränderung des bisherigen

Bild 20. *Neubauten am Rande der City von Minneapolis.* Nebeneinander stehen hier eine mehrgeschossige Autoparkgarage, das eigenwillig von dem Architekten M. Yamasaki gestaltete Verwaltungsgebäude der Northeastern Life Insurance Company (1963/64) und ein 16geschossiges Wohnhochhaus. Die Sanierung der teilweise stark verfallenen City schreitet systematisch von Nordosten nach Südwesten voran (B. HOFMEISTER).

Gitternetzes die Gestaltung des Einbahnverkehrs schwieriger.

Daß in zahlreichen Citygebieten viel zusätzlicher Parkraum benötigt wird, darüber sind sich die Stadtverwaltungen im klaren. Sie haben vielfach bei Architekten- und Ingenieurbüros Untersuchungen speziell über die Verkehrssituation im Downtownbereich in Auftrag gegeben. Auf Grund der zu erwartenden baulichen Verdichtung und Schaffung neuer Arbeitsstätten in den Einzelhandels- und Dienstleistungsbetrieben haben diese Büros detaillierte Studien angefertigt und genau für jeden Baublock den Parkraumbedarf und das Parkraumdefizit gegenüber dem gegenwärtigen Angebot errechnet. Auch durch die teilweise Verbannung des Kraftwagens aus Teilbereichen der City wie dem Hauptgeschäftszentrum wird in anderen Teilen der City der Bedarf an Autoabstellplätzen um so größer (Bild 20).

Zum großen Teil wird der ständig steigende Parkraumbedarf am Rande der City gedeckt werden müssen. Der Cityrand wird damit besonders stark auf dem Verkehrssektor zum Ergänzungsgebiet der City. Hierüber wird noch Genaueres zu sagen sein (s. Abschnitt 4.2.3.3, S. 166). In der City selbst muß aber vor allem für den autofahrenden Kunden gesorgt werden, denn er ist wegen des Tragens der eingekauften Waren am ehesten an kurzen Wegen zwischen Parkplatz und Geschäften interessiert. So wäre es grundsätzlich falsch, das Anliegen des motorisierten Kunden zu ignorieren. Vielmehr muß durch *Differenzierung des Parkraumangebots* für Berufspendler, für Käufer und für Touristen nach Lage und Größenordnung der Autoabstellmöglichkeiten und durch Staffelung der Parkgebühren den sehr unterschiedlichen Bedürfnissen Rechnung getragen werden. In den Untersuchungen zur Verkehrssituation in der City tauchen deshalb immer wieder entsprechende Kategorien auf, die mit den Bezeichnungen "commuter parking,, , "customer parking,, und "errand parking,, belegt werden. Am ehesten muß, wie HOFFMANN betont hat, das Geschäftsgebiet der City dem PKW-Fahrer zugänglich sein (HOFFMANN, S. 51).

Doch zurück zum Superblock. Auch er ist auf harte Kritik gestoßen. Schon vor einem Jahrzehnt schrieb J. JACOBS: "They (die Superblöcke der City) will be spacious, parklike, and uncrowded. They will feature long green vistas. They will be stable and symmetrical and orderly. They will be clean, impressive, and monumental. They will have all the attributes of a wellkept, dignified cemetery" (The Exploding Metropolis, S. 140).

Daß eine solche Gefahr in der Schaffung von Superblöcken steckt, ist sicher nicht zu leugnen. Was an Übersichtlichkeit, Sachlichkeit und monumentaler Größe gewonnen wird, geht unter Umständen auf Kosten der Lebendigkeit, die gerade mit den Maßnahmen der Umgestaltung erstrebt wird. Die Ausrichtung mag zu einseitig sein. Es werden nicht *alle* Erwartungen damit erfüllt und nicht alle Seiten des menschlichen Wesens davon berührt. Die Einseitigkeit birgt Anziehendes und Abstoßendes zugleich in sich. Daher auch immer wieder der Ruf vieler Stadtforscher nach gesunder Mischung von alten und neuen Bauten, nach Mischung der Funktionen, nach Vielfalt.

J. JACOBS ist vor allem auch eine beredte Verfechterin des Grundsatzes: eher mehr Straßen als weniger. Da bilden verständlicherweise die Superblockprojekte mit ihren Folgeerscheinungen für das Straßennetz einige Angriffsflächen. Dennoch steckt in der Kritik ein gewisser Widerspruch. Wenn JANE JACOBS unter anderem sagt: "Users of downtown know very well that downtown needs not fewer streets, but more, especially for pedestrians" (The Exploding Metropolis, S. 144), dann gibt sie selbst zu, daß es in erster Linie um die Bedürfnisse des *Fußgängers* geht. Das aber spricht ja eher für die gegenwärtigen Bestrebungen der Planer für die Umgestaltung von Downtown als gegen sie, wie im folgenden Abschnitt zu zeigen sein wird.

4.2.1.3. Schaffung von Fußgängerzonen

Ein wichtiger Bestandteil vieler Neugestaltungspläne für die Citygebiete ist die Schaffung von Bereichen, die ausschließlich oder doch weitestgehend dem Fußgänger vorbehalten sind. Der Kraftwagen ist aus ihnen auf alle Fälle verbannt, und allenfalls vermitteln kleine Elektrokarren den Verkehr innerhalb der oft langgestreckten Fußgängerzonen.

Bei der stärkeren Konzentration, zu der auch die Superblöcke und der Fortfall eines Teils der Fahrstraßen beitragen, ist die Möglichkeit gegeben, bis zu etwa 20% der Gesamtfläche der City für Fußgängerbereiche, Plätze und Grünanlagen zu reservieren (City of Albuquerque).

Die Fußgängerzonen, in Amerika "mall" genannt, sollen dem die City aufsuchenden Kunden oder Geschäftspartner ermöglichen, sich von jeglichem Fahrzeugverkehr unbehelligt zu bewegen, sich zu verweilen, auf Bänken auszuruhen, den Anblick von Blumenrabatten und Brunnen zu genießen, vom Vorgarten eines Cafés aus das bunte Treiben in der Einkaufsstraße zu verfolgen, ungehindert selbst die Straße zu überqueren und auf beiden Seiten die Auslagen in den Schaufenstern der Ladengeschäfte zu betrachten.

CARVER wertet die Fußgängerzone neben dem vorstädtischen Einkaufszentrum als Ansatz zur Bremsung der destruktiven Auswirkungen der immer mehr angestiegenen Mobilität der amerikanischen Bevölkerung. Beide könnten als neue Brennpunkte dienen, die Fußgängerzone in der City und das Einkaufszentrum im übrigen Stadtregionsbereich (CARVER, S. 73).

Vielleicht darf die Fußgängerzone auch als eine Art Ersatz für die dem amerikanischen Stadtkern *weitestgehend fehlende Passage* angesehen werden. Eine der wenigen Ausnahmen ist die Cleveland Arcade in Cleveland, Ohio. Wahrscheinlich hängt es mit der Schachbrett-Textur zusammen, daß sich Passagen in Amerikas Städten nicht ausgebildet haben. Denn neben ihrer Eigenschaft, vom Fahrzeugverkehr nicht berührte Fußgängerdurchgänge zu sein, haben die Passagen im allgemeinen einen Abkürzungseffekt. Sie stellen eine Wegabkürzung zwischen zwei Straßen dar. Das aber kann nur sinnvoll erscheinen bei einem unregelmäßigen Straßennetz, bei dem sich Straßen in einer Richtung stärker voneinander entfernen, während bei einem Gitternetz, wo jeweils Parallelstraßen

Fig. 50. *Vertikalschnitt durch die Place Ville Marie in Montreal* (nach Trizec Corporation Ltd.).
Der Großblock mit der zentralen Plaza und den neuen Hochhäusern wurde über dem auf tieferem Niveau existierenden Eisenbahngelände angelegt. Es ergibt sich die Abfolge von Niveaus: die Plaza als Fußgängerzone, auf Treppen von den angrenzenden Straßen zu erreichen, darunter und mit der Plaza durch Treppen verbunden die Galerie de Boutiques (vgl. Fig. 47), unter dieser Tiefgaragen in zwei Ebenen und im tiefsten Niveau das Bahngelände.

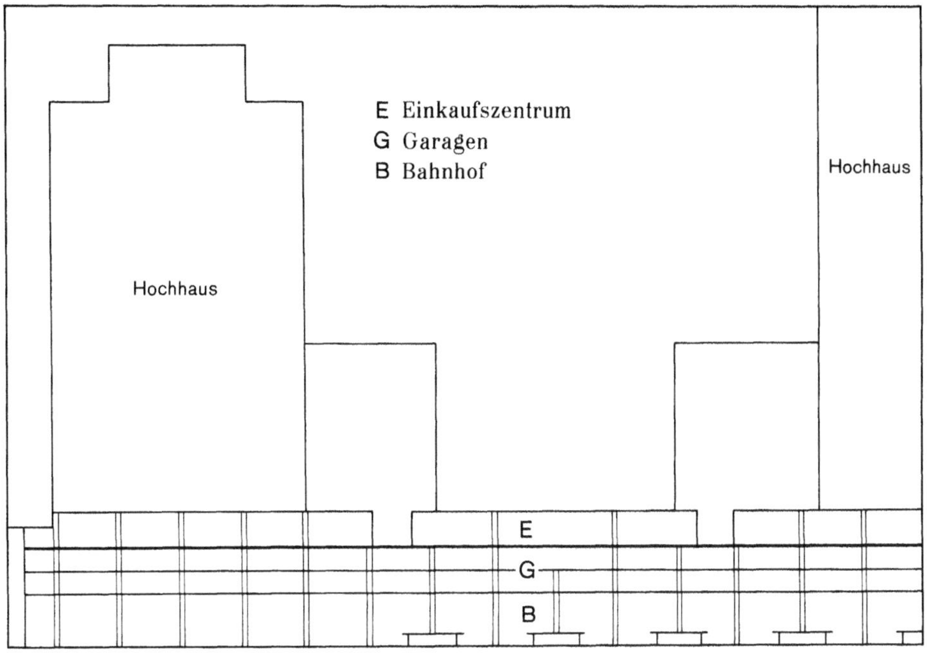

alle 90 m oder in noch kürzeren Abständen ohnehin durch Querstraßen miteinander verbunden sind, keine Abkürzungen benötigt werden. Zwar sind nach HARTKE die meisten Passagen in den Citybereichen deutscher Städte auch erst im Zuge des Wiederaufbaus nach dem Zweiten Weltkrieg entstanden, in einer Epoche besonderer Konjunktur (HARTKE, S. 297–310), dennoch gibt es Vergleichbares nicht in baulich jungen Teilen der amerikanischen Citygebiete. Als *Ansätze* könnte man die häufig im glasverkleideten Erdgeschoß moderner Wolkenkratzer um den zentralen Fahrstuhlschachtkern *zu Ausstellungszwecken genutzten Flächen* ansehen. Dagegen vermag eine Anlage wie die im Souterrain eines zentralen Großblocks der City von Montreal gelegene Galerie de Boutiques unter der Place Ville Marie (vgl. Fig. 47) sehr wohl als Passage zu fungieren. Welches Ausmaß die Passagen in deutschen Städten erreichen, mag daraus ersehen werden, daß nahezu 12% des Umsatzes des Einzelhandels der Stadt München auf die Passagen ihrer City entfallen.

Daß Fußgängerzonen in der City sinnvoll und notwendig sind, ist unter den Planern weitgehend anerkannt. Die Forderung nach Fußgängerbereichen besteht also meist bei der Erstellung eines Planes für die Umgestaltung einer Downtown. Die Art und Weise aber, in der diese Forderung in die Tat umgesetzt wird, ist im Einzelfall sehr verschiedenartig. Sehen wir uns zur Gewinnung von Beispielen mehrere Städte im Hinblick auf Fußgängerzonen an.

Die Plaza des Gesamtprojekts Place Ville Marie in Montreal ist etwa 16000 qm groß. Das Projekt entstand auf dem Gelände des Stationsgebäudes der Canadian National Railway-Gesellschaft. Die Gleise der Eisenbahn führen noch heute unter dem Gelände hindurch, und zwar 4 Geschosse unterhalb der Plaza. In der Ebene unmittelbar unter der Plaza liegt die Galerie de Boutiques und sind die Zufahrtsstraßen für den Zubringerverkehr der Firmen in den Hochhäusern um die Plaza untergebracht, in der zweiten und dritten Ebene unterhalb der Plaza befinden sich Parkgaragen, und unter diesen verläuft die Eisenbahn (Fig. 50). Von der Plaza aus, die mit einer Reihe neunflammiger Kandelaber ausgestattet ist, führen an mehreren Stellen Treppen ins Souterrain zur Galerie de Boutiques. Die Parkgaragen fassen 1500 Fahrzeuge. Die Zufahrtstraßen zur Place Ville Marie wurden zugleich mit deren Fertigstellung verbreitert, um dem zu erwartenden Anstieg des Automobilverkehrs hierher Rechnung zu tragen. Die Kapazität der vom Fußgängerbereich völlig getrennten Verkehrseinrichtungen ist auf 15000 Beschäftigte und 60000 Kunden und Besucher sämtlicher Institutionen im Bereich der Place Ville Marie täglich berechnet (Royal Architect. Inst., S. 34).

Ähnlich, aber doch vielfältiger und unruhiger als die Place Ville Marie in Montreal ist die ebenfalls frühzeitig entstandene Constitution Plaza in Hartford, Connecticut. Die zu ihr gehörenden Parkgaragen liegen ebenfalls unterirdisch.

Mit diesen Beispielen kann dem häufig gehörten Einwand begegnet werden, die Planer wollten den Menschen unter die Erdoberfläche, fort vom Tageslicht, verbannen, um die ebenerdigen Verkehrsflächen dem Kraftfahrzeug zur alleinigen Benutzung zu reservieren. In Montreal stehen dem Fußgänger die oberirdisch gelegene Plaza und das im Souterrain gelegene Einkaufszentrum gleichermaßen zur Verfügung. Findet er in diesem den Schutz vor Unbilden der Witterung wie in der Passage eines europäischen Stadtzentrums, hat er mit der Plaza die Möglichkeit, unter freiem Himmel seinen Aufenthalt ohne Beeinträchtigung durch den Kraftfahrzeugverkehr zu genießen.

Etwas anders sieht die künftige Fußgängerzone im zentralsten Teile der City von Oklahoma City aus. Das Einkaufszentrum soll sich über sechs Baublöcke hinweg erstrecken. Das Straßenkreuz zwischen denselben wird überdacht werden und dem Geschäftskern das Aussehen einer hohen Halle geben. Dieser Bereich wird selbstverständlich für den Fahrzeugverkehr gesperrt. Aber es besteht wie bei Montreal die Möglichkeit, direkt mit dem Kraftwagen an den Großblock heranzukommen. Nur sollen hier die Parkgaragen in drei Ebenen über den zwei Ebenen, die für die Ladengeschäfte vorgesehen sind, angeordnet werden (Fig. 51).

Völlig anders beginnt die Umwandlung der City von St. Louis. Hier wird sich nach dem Willen der Stadtplaner eine Fußgängerzone über 19 Baublöcke, d.h. die gesamte Ost–West-Erstreckung der City und ihres Randes, im südlichen Teil derselben herausbilden. Zu dieser gewaltigen Fußgängerachse bestehen bereits vier Ansätze. Ganz im Osten, am Ufer des Mississippi, wurden schon vor etlichen Jahren die ältesten Baublöcke der Stadt bis zur 4. Straße abgerissen. Sie wichen einer großen Grünanlage, dem Jefferson National Memorial Expansion Park mit dem neuen Wahrzeichen der Stadt, dem von Saarinen entworfenen Gateway Arch. Als einziges Gebäude, außer der alten Kathedrale an der Stelle von St. Louis' ältester Stadtkirche, blieb im Zuge der künftigen Mall das restaurierte alte Gerichtsgebäude stehen, auf dessen Treppen noch vor wenig mehr als einem Jahrhundert Sklaven gehandelt wurden. So bildet es einen Blickfang, den einzigen innerhalb der gesamten Fußgängerzone zwischen Gateway Arch und Bahnhofsgebäude. Der Bahnhofsplatz bildet den anderen Ansatzpunkt. Er liegt am entgegengesetzten Ende, schon außerhalb der eigentlichen City, an der 18. Straße. Ein dritter Ansatzpunkt liegt an der 12. Straße. Es ist eine kleine Grünanlage schräg gegenüber dem Rathaus der Stadt. Ein vierter Ansatzpunkt wurde erst kürzlich geschaffen durch den Abriß einiger alter Häuser im Bereich zwischen der 5. und 7. Straße. Hier weist eine Tafel darauf hin, daß es sich bei der Freifläche um einen Teil der künftigen Mall handelt. Die vier Teilstücke sollen nach und nach durch den Abriß weiterer Bauten und Einbeziehung der betreffenden Blöcke zu einem durchgehenden Grünstreifen entlang der Market Street vereinigt werden. Beiderseits dieser Mall sind in den vergangenen Jahren schon einige Hochhausgaragen entstanden, über deren Anblick sich die Stadtplaner beklagen, ohne jetzt noch etwas daran ändern zu können.

In Philadelphia ist die Ost–West verlaufende Chestnut Street, die südlich am Penn Center vorbeiführt, auf eine Länge von 24 Baublöcken zur Fußgängerstraße erklärt worden. Zwischen der Chestnut Street und der etwas nördlich verlaufenden Market Street ist eine erhöhte Fußgängerebene geschaffen worden. Im übrigen ist die City dem Kraftwagenverkehr geöffnet. Aber die Stadtverwaltung erhofft sich von einer großen Zahl von Citybesuchern die Bevorzugung von Langzeitparkplätzen und bis zu 3000 Wagen fassenden unterirdischen Großgaragen an etwas außerhalb gelegenen Verkehrsknotenpunkten vor den teureren Kurzzeitparkplätzen der zentralsten Blöcke. Von den Großgaragen erreicht der Besucher über unterirdische Transportbänder und Untergrundbahnen leicht das Penn Center, das auf dem Gelände des um 1920 aufgegebenen alten Kopfbahnhofs unmittelbar am Rathaus der Stadt entstanden ist. Von den Großgaragen an den Endpunkten der Fußgängerstraße Chestnut Street im Osten und Westen kann der Besucher kleine Schienenbusse dorthin benutzen, die als einziges Verkehrsmittel auf ihr zugelassen sind. Im Bereich des Penn Center selbst waren von Anbeginn nur 50% der Fläche überbaut. Die andere Hälfte blieb frei, und es wurden Esplanaden für Fußgänger geschaffen. Die öffentlichen Verkehrsmittel haben zentrale unterirdische Stationen, von denen aus über Rampen, Treppen und vorbei an sogenannten Sunken Plazas, nicht überdachten Höfen im Souterrain, die Esplanade des Penn Center erreicht wird (V. MOLTKE, S. 8).

In Abwandlung wird das Konzept der Fußgängerstraße im Zusammenhang mit den zu schaffenden

Fig. 51. *Vorgesehene Umgestaltung der Downtown von Oklahoma City* (nach den beratenden Architektenbüros der Oklahoma City Urban Renewal Authority). Das Gitternetz der Straßen erfährt nur in einzelnen Teilen eine Abwandlung durch Zusammenlegung bisheriger Baublöcke. Bei der baulich-funktionalen Neugestaltung liegt wiederum wie bei Albuquerque (vgl. Fig. 49) das Hauptgeschäftszentrum ganz zentral; eine Reihe von Blöcken mit Parkgaragen im Süden lehnt sich an den Expressway an. Beachtliche Ausdehnung sollen die der Unterhaltung und künstlerischen Darbietungen dienenden Tivoli Gardens sowie die anschließende Kongreßhalle mit Nebengebäuden erhalten. Mit der Wohnhausbebauung im Nordwesten wird die City in ihrer Ausdehnung beschränkt.

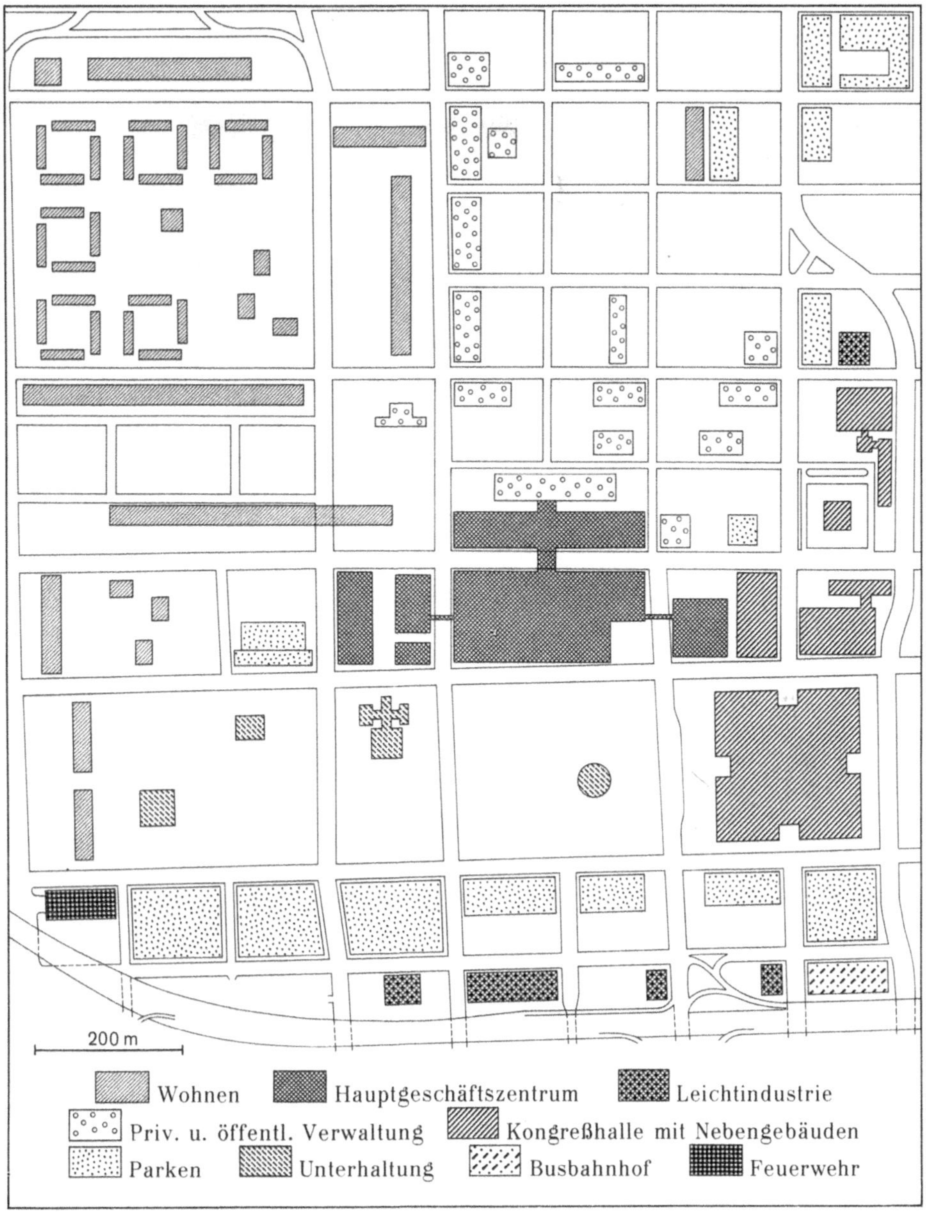

Superblöcken auch in Dubuque, Iowa, durchgeführt werden. Dem Downtown-Plan zufolge soll die Main Street zwischen der 1. und 17. Straße für den Fahrzeugverkehr gesperrt werden. Sie bleibt jedoch keine einheitlich durchlaufende Straße mehr, sondern im Zuge der Schaffung von 10 Superblöcken im Bereich der genannten 17 Straßen wird sie mehrfach durch größere Bauten unterbrochen werden, während sie sich in wechselnder Breite zwischen den Gebäuden hinzieht.

In Toronto wurde ein Ansatz zu einer Fußgängerzone mit dem Vorplatz und der Fußgängergalerie um das neue Rathaus herum gemacht. Dessen eigenwillige architektonische Gestaltung durch den finnischen Architekten Revell und der Vorplatz mit seinen Fontänen sind zum hervorragenden Anziehungspunkt innerhalb der City von Toronto geworden. Südlich dieses neuen Rathauses an der Queen's Street bestehen weitere Projekte für öffentliche und private Neubauten, die alle zusammen einmal einen geschlossenen Komplex vom Rathaus zum Ufer des Ontariosees abgeben sollen (vgl. Abschnitt 4.2.2.5, S. 159) und dabei von weiteren Freiflächen durchzogen sein werden, so daß auch hier nach und nach eine längere Fußgängerzone unter Ausnutzung der Seeuferlage der Stadt entstehen wird.

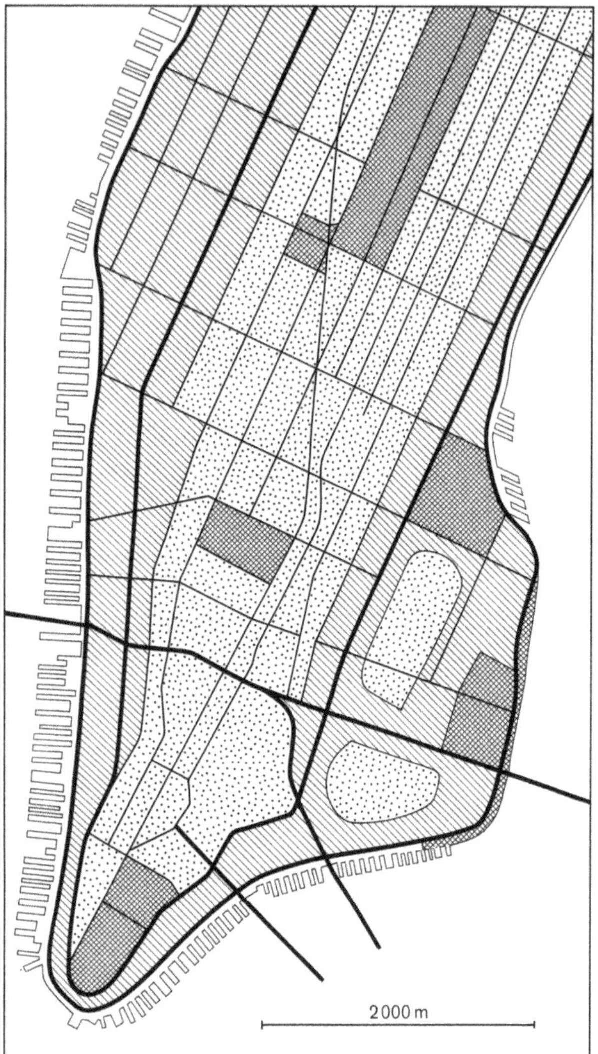

Fig. 52. *Geplante Verkehrsbeschränkungen auf Manhattan* (wiedergegeben aus "The Heart of Our Cities" mit freundlicher Genehmigung von V. Gruen und Simon & Schuster).
Die von Autoschnellstraßen umsäumte Insel Manhattan soll unrealistisch weit gefaßte Zonen in Anlehnung an den Zentralpark erhalten, die für jeglichen Fahrverkehr gesperrt werden und andere, in denen nur spezielle Kategorien von Fahrzeugen, nämlich Taxis und Omnibusse, nicht aber private Kraftfahrzeuge, zugelassen sein sollen. An diesem Vorschlag werden aber wohl einige Abstriche zu machen sein.

Dabei kommt es mehrfach zu versetzten Wegen, wie an Hand der Beispiele von Toronto und Dubuque deutlich wird. Wir kommen damit zu einer der *Grundideen* der Umgestaltungspläne für die Downtown. Weder Ort noch Zeit dürften geeignet sein, die mittelalterliche europäische Stadt im Herzen der amerikanischen Großstadt des 20. Jahrhunderts erstehen zu lassen. Wohl aber ist es denkbar, daß man die Vorzüge und Nachteile derselben erwägt und gewisse Ideen daraus gewinnt, die als Gestaltungsprinzipien in die Pläne für die Umwandlung der Downtown eingehen. Daß Straßen, die nur von Fußgängern, nicht von Fahrzeugen, benutzt werden, nicht unbedingt schnurgerade verlaufen müßten, ist eine solche Idee.

Dieses Gestaltungsprinzip wird von Gruen und seinen Mitarbeitern befolgt. Daneben aber wenden sie weitere Grundsätze an, wie z. B. die Planung nur für Autobusse reservierter, im Bereiche der etwa 15 zentralsten Blöcke unterirdisch verlaufender Straßen, die zu einem zentral gelegenen Autobusbahnhof führen.

Im Kerngebiet der City sollten nach den Ansichten Gruens gar keine privaten Kraftfahrzeuge verkehren, sondern nur öffentliche Verkehrsmittel ohne große Geschwindigkeit, aber großen Komfort bietend und mit hoher Frequenz sowie zu ganz niedrigen Tarifen. Als Beispiel werden die in der Bundeshauptstadt Washington, D. C., eingeführten Minibusse mit einem Fahrpreis von 5 Cent genannt.

Ein solches den Fußgängerverkehr stärker berücksichtigendes und den Kraftwagenverkehr zurückdrängendes Verkehrssystem in der City muß aber seine Entsprechung außerhalb des Citybereiches haben, um funktionieren zu können. Es würden dazu gehören große gebührenfreie Parkplätze an den Endhaltestellen der Autobuslinien in die City sowie besondere Spuren für Schnellbusse auf den stadteinwärts führenden Schnellstraßen. In jeder Beziehung sollte dafür Sorge getragen werden, die Benutzung der öffentlichen Verkehrsmittel so attraktiv wie möglich zu gestalten, und Gruen ist zuversichtlich und rechnet mit der entsprechenden Reaktion der Menschen (Gruen, 1964, S. 235; Fig. 52).

4.2.1.4. Funktionsentflechtung und Gliederung der City

Zu der bisher besprochenen baulichen Neugestaltung größerer Teile der City tritt aber auch der Versuch einer gewissen funktionalen Umgestaltung hinzu. Es geht nicht allein darum, die cityfremden Elemente auszuscheiden und, vielfach im Gefolge räumlicher Schrumpfung des Cityareals, die Cityfunktionen auf kleinerer Fläche zu konzentrieren, sondern es wird häufig auch in den Plänen für die Neugestaltung der City einer Stadt die Absicht deutlich, die der City verbleibenden Funktionen nicht zu durchmischen, sondern sie voneinander zu trennen und jeweils einem der neu entstehenden Superblöcke zuzuordnen. Es wird eine *Entflechtung der Funktionen* und eine Neugliederung der multifunktionalen City, die vielen Städteplanern als sinnvoll erscheint, angestrebt.

In diesem Punkte dürften die Ansichten beträchtlich auseinandergehen. Betrachten wir die über längere Zeiten gewachsene City einer Großstadt, so werden wir häufig eine gewisse Struktur erkennen und feststellen, daß sich bestimmte Funktionen in ganz bestimmten Bereichen innerhalb des Citygebietes konzentrieren. So kann man schon bei flüchtigem Hinsehen lokale Konzentrationen von Warenhäusern und Spezialgeschäften, von Einrichtungen des Bank- und Kreditwesens, von öffentlicher Verwaltung, gegebenenfalls eine Konzentration der Ministerien einer Regierung und einigermaßen benachbart eine Konzentration von Diplomatischen Vertretungen, vielleicht ein Universitätsviertel, eine Konzentration von Vergnügungsstätten, von citygebundenen Gewerbebetrieben usw. erkennen. Dennoch wird eine Durchmischung da sein, die sich aus vielerlei Umständen ergibt, z. B. aus der unterschiedlichen Kapazität einzelner Gebäudetypen zur Aufnahme bestimmter Funktionen. Aus diesem Grunde wird ein gemischter Baubestand zum Teil für eine Durchmischung von Funktionen verantwortlich zu machen sein.

Es gibt Stadtforscher und Planer, die einen gewissen Grad von Durchmischung von Gebäudetypen wie Funktionen zum Prinzip erheben, und zwar insbesondere aus dem Grunde, weil verschiedene Funktionen zu verschiedenen Zeiten die Benutzung von Gebäuden und Straßen mit sich bringen, was als erstrebenswertes Ziel angesehen wird. Die Stadtplanungsämter vieler amerikanischer Städte sind offensichtlich anderer Meinung. Ziehen wir wiederum einige Städte als Beispiele dafür heran.

In Denver ist eine Funktionsentflechtung weitgehend ohne Auslegung von Superblöcken, d.h. auf der Grundlage des bestehenden Grundrisses und eines Großteils der bestehenden Bausubstanz, im Anfangsstadium der Entwicklung. Der Planungsbehörde geht es darum, daß sich die Cityfunktionen in jeweils einem bestimmten Teilgebiet der City konzentrieren und sich über das Gesamtgebiet derselben in bestimmter Weise anordnen.

Die Blöcke beiderseits der am zentralsten innerhalb der City gelegenen Straße sollen die Warenhäuser und Spezialgeschäfte des Einzelhandels aufnehmen. Seitlich anschließend, entlang den beiden die Hauptgeschäftsstraße begleitenden Parallelstraßen, sollen sich die Bürohochhäuser mit den Verwaltungen der privaten Wirtschaftsunternehmen, Organisationen usw. gruppieren. Weiter nach außen an diesen drei Blöcke Breite und etwa fünf Blöcke Länge umfassenden Kern von Geschäfts- und Bürobauten schließen sich Bereiche mit verschiedenen Funktionen an, meist in Anlehnung an bereits bestehende Komplexe. So konzentriert sich seit langem die öffentliche Verwaltung an zwei Stellen, einmal im Südosten in der Umgebung des Kapitols des Staates Colorado, zum anderen im Nordosten um das ältere, im klassizistischen Stil erbaute Postgebäude und den modernen Hochhausbau des Federal Building mit den Dienststellen der bundesstaatlichen Verwaltungen. Die Hotels sollen vornehmlich im Südosten nahe dem Komplex des Kapitols konzentriert werden. Sie liegen damit bereits verhältnismäßig peripher wie auch andere, vornehmlich dem Verkehr und Tourismus dienende Einrichtungen. Und sie liegen völlig abseits vom Bahnhof, was die Bedeutungslosigkeit der Eisenbahnen für den heutigen Personenverkehr unterstreicht. Während sich nach Nordwesten in Anlehnung an die Eisenbahnen eine Industriezone anschließt, umgeben den bisher abgesteckten Raum nach den übrigen Richtungen citynahe Wohnviertel, die zum Teil noch von Cityfunktionen durchsetzt sind und innerhalb deren sich künftig ganz bestimmte Funktionen stärker konzentrieren sollen. So sind unter anderem der Bau einer Kongreßhalle mit dazugehörigen Einrichtungen und der Bau eines großen Sportstadions geplant, welches in den Bereich der zu sanierenden Industriezone unmittelbar nordwestlich der City i. e. S. zu liegen kommen soll.

Die Stadt St. Louis ist seit etwa einem Jahrzehnt dabei, ihre City mit einer Reihe von Projekten, deren jedes bis zu 34 alte Baublöcke umfaßt, baulich und funktional umzugestalten, Während durch Abriß der gesamten Altstadt am Mississippiufer bis zur 4. Straße, also etwa bis zu der alten Stadtmauer, wie sie um 1780 herum bestand und die damalige Stadt nach Westen hin begrenzte, der Jefferson Memorial Expansion Park entlang dem Flußufer und als Querachse die auf 19 Baublöcke Ost–West-Erstrekkung bemessene Gateway Mall durch den Südteil der City entstanden, wurden im übrigen Citygebiet

Bild 21/22. *Die City von St. Louis, Missouri, 1960 und 1966* (Luftbilder wiedergegeben mit freundlicher Genehmigung des City Planning Department, St. Louis, und des Verlags Georg Westermann). Schon vor dem Datum der früheren Aufnahme war der älteste Stadtkern am Mississippiufer dem Jefferson National Memoral Expansion Park gewichen. Als einziges Baudenkmal blieb die Kathedrale an der Stelle der ältesten Stadtkirche erhalten. Im Laufe der 6 Jahre gingen erhebliche Veränderungen vor sich. Es befindet sich eine auf 15 Baublöcke von Saarinens Gateway Arch über das alte Courthouse bis zum Bahnhofsvorplatz führende Fußgängerzone in der Entwicklung. Im Südostteil der City entstand ein Sportstadion mit rund 50 000 Plätzen. Mit Parkplätzen und Läden nimmt das gesamte Projekt 34 ehemalige Baublöcke ein. Zwischen Stadion und Fußgängerzone besteht das Projekt eines Autobusbahnhofs und Fremdenverkehrszentrums. Neu ist auch die Hochhausbebauung entlang der 3rd Street Expressway am Rand des Expansion Parks, zu der einige Wohnhochhäuser (Mansion House Project) gehören. Weitere Wohnhausneubauten sind die bereits 1960 entstandenen Plaza Square Apartments im Anschluß an die Grünanlage des Bahnhofsvorplatzes und die Sanierung im Nordwesten am oberen Bildrand.

mehrere Projekte in Angriff genommen. Insbesondere sind zu nennen das Stadium Project, das Transurban Project und das Mansion House Project. Im Zuge des erstgenannten Projekts entstanden das allein acht ehemalige Baublöcke einnehmende Sportstadion mit 50 000 Sitzplätzen und 7 500 Autoabstellplätzen sowie einigen Ladengeschäften und Restaurants (Bild 21 und 22).

Das Transurban Project hat die Schaffung eines neuen Zentrums für den Fremdenverkehr, vor allem einen neuen Autobusbahnhof, zum Ziel. Das Mansion House Project bildet zusammen mit weiteren Hochbauten den Abschluß der heutigen City zum Jefferson Park und Mississippiufer hin und umfaßt selbst nur Wohnhochhäuser, die die in der City Beschäftigten aufnehmen sollen, soweit sie nahe ihrer Arbeitsstätte wohnen wollen und die hohen Mieten zu zahlen willens und in der Lage sind. Dem Einzelhandel und den Bürobauten bleibt auch hier die zentralste Lage innerhalb der gesamten City vorbehalten.

Von Oklahoma City war bereits die zentrale Retail Galeria, das sechs Blöcke umfassende künftige Hauptgeschäftszentrum der City, beschrieben wor-

den (vgl. Abschnitt 4.2.1.1, S. 136). Nördlich und nordöstlich dieses Geschäftskerns werden zwar keine Superblöcke entstehen, aber die meisten Blöcke werden baulich neu gestaltet, wobei einige ein Bürohochhaus aufnehmen werden. Im Südosten werden vier Blöcke zu einem Großblock vereinigt, der eine Kongreßhalle aufnehmen soll. Südlich und südwestlich des Geschäftskerns werden sich über zehn Blöcke hinweg die Oklahoma City Tivoli Gardens mit in Grün gebetteten Vergnügungs- und Kunststätten erstrecken. Die südliche Begrenzung der City bildet eine dem Expressway benachbarte Reihe von Blöcken, die alle zur Aufnahme von Autoparkgaragen vorgesehen sind (vgl. Fig. 51).

Ähnlich wird auch die künftige Anordnung der Funktionen in der City von Dubuque, Iowa, aussehen. Im Gegensatz zu den bisher genannten Städten und in Anlehnung an ihre spezifische Lage zwischen Mississippifluß und Bluff besitzt die City eine verhältnismäßig große Nord–Süd-Ausdehnung bei nur geringer Tiefe von wenigen Baublöcken. Die alten Baublöcke an den beiden zentralsten Nord–Süd verlaufenden Straßen sollen zu jeweils größeren Einheiten zusammengefaßt werden. Der mittelste Großblock wird wiederum die Einzelhandelsgeschäfte aufnehmen, die hier schon bisher stark konzentriert sind, die Blöcke daneben die Bürobauten, die öffentliche Verwaltung und die Hotels. In den Blöcken, die am Fuße des Bluffs liegen und den Kern der City nach Westen hin begrenzen, werden verschiedene Institutionen untergebracht, in den Blöcken, die ihn nach Osten begrenzen, die Einrichtungen des Verkehrs im Anschluß an den benachbarten Expressway (Fig. 53).

Als besonderer Aspekt verdient die Tendenz hervorgehoben zu werden, die Bauten der öffentlichen Hand in sogenannten *Civic Centers* zu konzentrieren. Die Idee stammt zwar nicht aus der jüngsten Vergangenheit, sondern geht bereits auf den Anfang des Jahrhunderts zurück. Sie kam z. B. schon

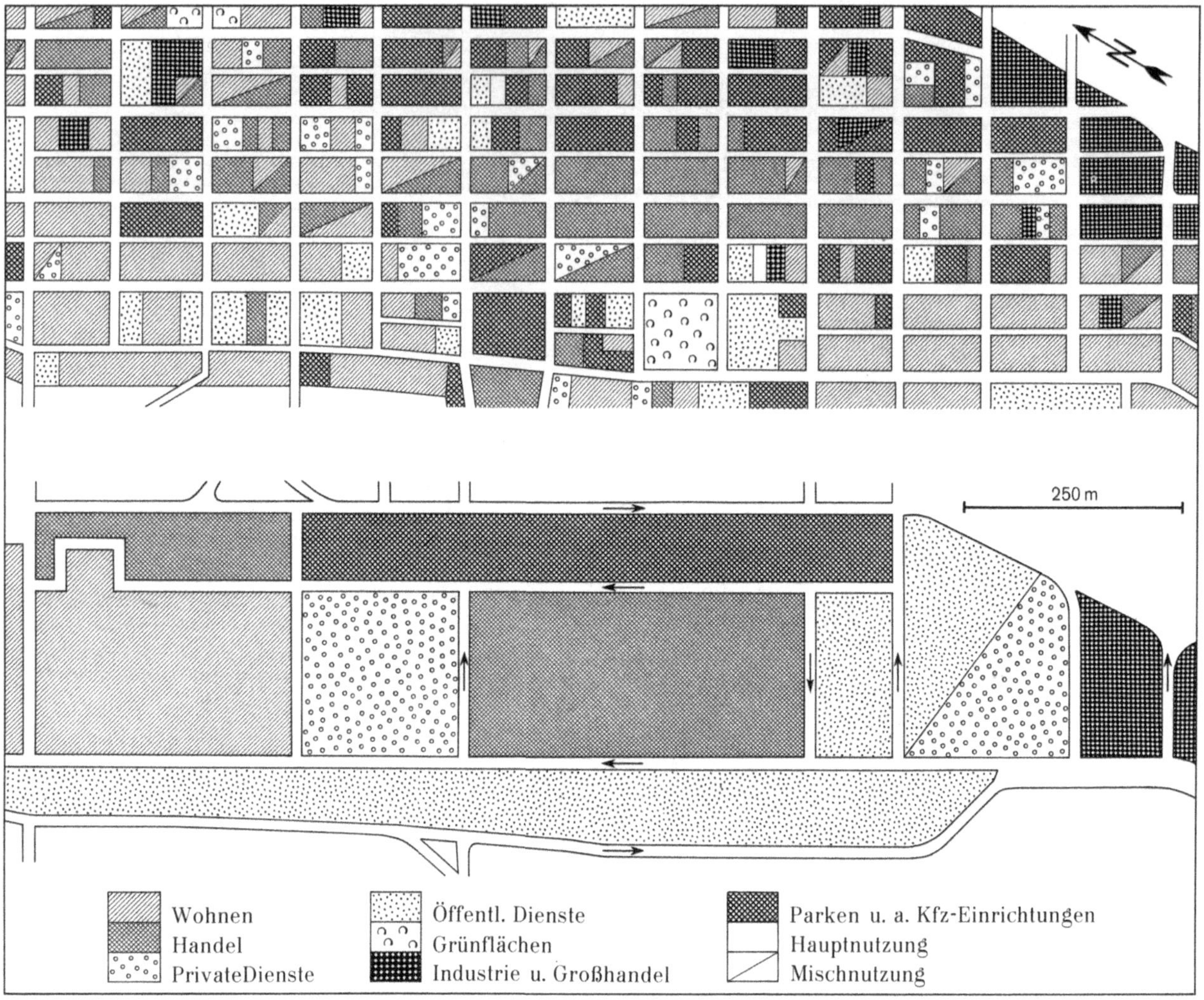

Fig. 53. *Baulich-funktionale Gestaltung der City von Dubuque, Iowa 1963* (a) und nach der geplanten Umwandlung (b) (nach V. Gruen Associates und Larry Smith & Co.).
Der Vergleich zeigt über die Veränderungen des Straßennetzes hinaus (vgl. Fig. 48) die durch Funktionsentflechtung erstrebte Vereinheitlichung der Nutzung. In der City von Dubuque ist die funktionale Zersplitterung und Durchsetzung mit nicht citygebundenen Funktionen besonders groß. Die Planung sieht ähnlich wie in Albuquerque und Oklahoma City einen zentralen Geschäftsgroßblock, ihm benachbarte Bürohaus-, Verwaltungs- und Hotelblöcke und peripher einen Großblock für die Verkehrseinrichtungen in Anlehnung an den Expressway vor.

zum Tragen beim Wiederaufbau der Stadt San Francisco nach dem Erdbeben von 1906. In Cleveland, Ohio, liegen die Anfänge eines Civic Center auch schon im zweiten Jahrzehnt. Es begann 1911 mit dem Cuyahoga County Courthouse, dem Gerichtsgebäude der zuständigen County, zu dem 1916 das Rathaus der Stadt (City Hall), 1925 die Stadtbücherei (Public Library), 1922 und in Erweiterung 1928 die Stadthalle (Public Auditorium) hinzukamen. Zum heutigen Civic Center, das sich vom Ufer des Eriesees über eine Anzahl von Blöcken nach Südosten in den Baukörper der Stadt hinein erstreckt, gehören dann noch das Haus der Bundesbehörden (Federal Building), das Haus des Erziehungswesens (Board of Education Building), das Gebäude der County-Verwaltung (County Administration Building) sowie das städtische Sportstadion und ein Kriegerdenkmal. Ein weiterer Komplex ist der Terminal Unit um den Hauptbahnhof mit dem 1930 fertiggestellten Terminal Tower Building, dem Postgebäude, einem Hotel, einem Warenhaus und drei Bürohäusern. Das Civic Center von Los Angeles umfaßt inzwischen rund 40 Bauten (Fig. 54).

In Baltimore, Maryland, entstand 1962 ein Civic Center mit einer Kombination von Theater und Sportarena von 13000 Plätzen Kapazität für Aus-

Fig. 54. *Das Civic Center in Los Angeles* (nach City Planning Commission Los Angeles).

Die Darstellung steht als Beispiel für Anlage und Wachstum eines Verwaltungs- und gesellschaftlichen Zentrums, wie es in jahrzehntelangem Aufbau seit etwa den 20er Jahren in vielen amerikanischen Städten entstanden ist. Ansätze gehen meist schon auf die frühe Errichtung des County Courthouse zurück. Die Gebäude haben folgende Funktionen:

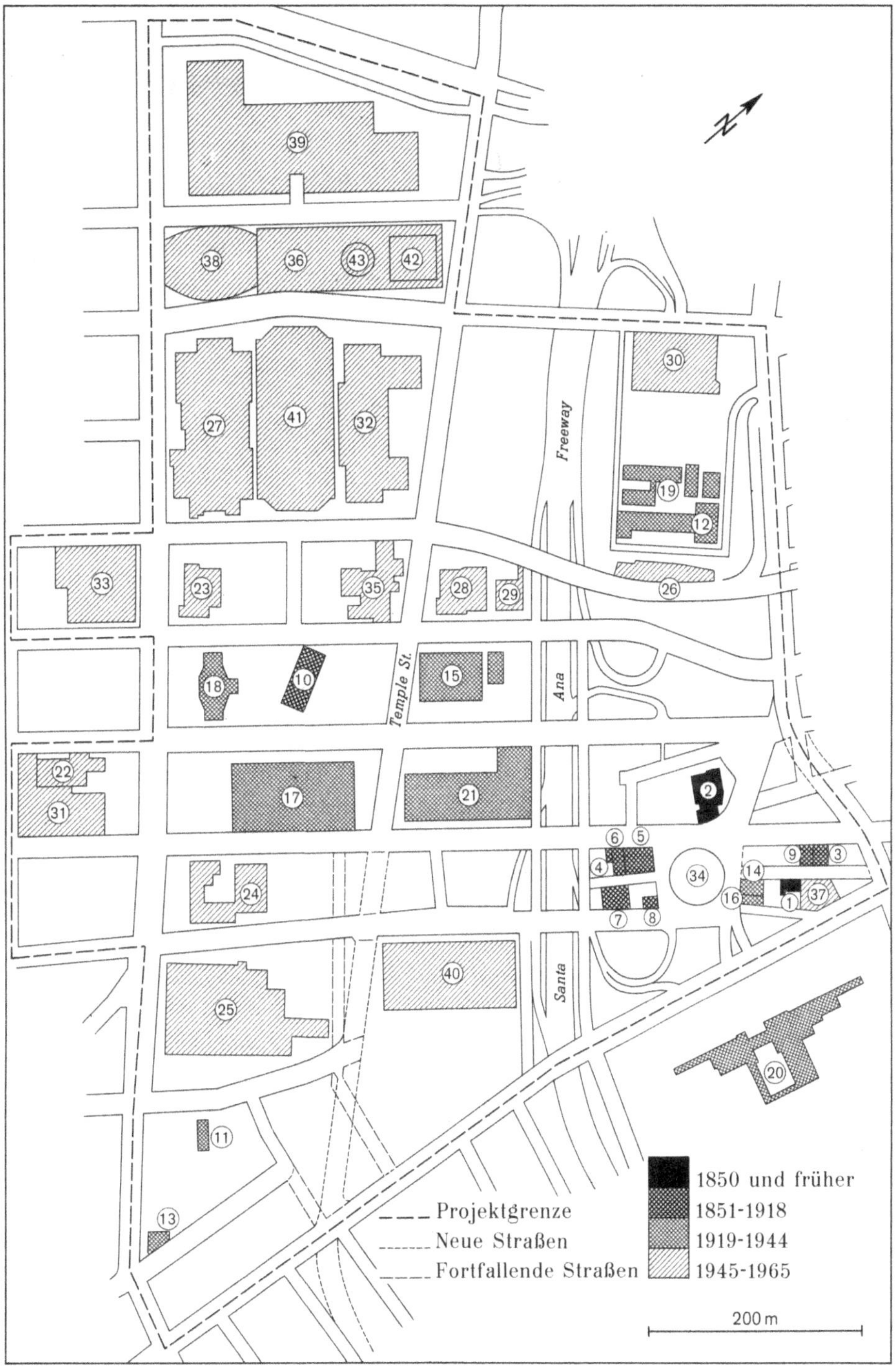

1 Avila House, ältestes Haus in Los Angeles aus dem Jahre 1818
2 Kirche Our Lady of Los Angeles de Porciuncula von 1822
3 Pelanconi House von 1855
4 Freimaurertempel von 1858
5 Pico House von 1869
6 Merced Theater von 1869
7 Garnier Building von 1869
8 Fire Engine Company No. 1 von 1884
9 Sepulveda House von 1885
10 Hall of Records von 1911 (wird abgerissen)
11 Kirche der Union (Union Church) von 1922
12 Board of Education-Gebäude von 1924
13 Buddhistentempel von 1925
14 Methodistenkirche von 1925
15 County Hall of Justice 1925
16 Latin American House von 1926
17 City Hall (Rathaus) von 1928
18 California State Building von 1932
19 Board of Education-Erweiterungsbau von 1938
20 Union Passenger Terminal (Bahnhof) von 1939
21 Federal Court House und Postamt von 1940
22 State Division of Highways von 1949
23 County Law Library von 1953
24 City Health Department von 1954
25 City Police Department von 1955
26 Fort Moore Memorial von 1955
27 County Court House von 1958
28 Heating and Refrigeration Plant von 1958
29 Electrical Substation, unterirdisch, von 1958
30 Board of Education-Erweiterungsbau von 1960
31 State Division of Highways-Erweiterungsbau von 1960
32 County Administration Building von 1960
33 Junipero Serra-Haus, State Office Building von 1961
34 Plaza Park Kiosk von 1961
35 Hall of Records, Neubau 1962
36 Autoparkgebäude des Music Center, 1963
37 Latin-American Trade Mart von 1964
38 Memorial Pavillon (Music Center) von 1964
39 Water & Power General Office Building von 1964
40 Federal Office Building von 1965
41 County West Mall und unterirdische Garage, 1965
42 Center Theater (Music Center) von 1965
43 Taper Forum (Music Center) von 1965

stellungen, Kongresse, kulturelle und Sportveranstaltungen. Während das Hauptgeschäftszentrum der City etwas nordwestlich des Civic Center liegt, grenzt östlich an beide Komplexe das 13 ha umfassende Charles Center, ein Sanierungsgebiet, das öffentliche wie auch private Funktionen übernehmen wird, unter anderem ein Theater und ein modernes Verkehrszentrum.

Wie bereits angedeutet, müssen die verschiedenen Maßnahmen Hand in Hand gehen. Es ist nicht allein mit der Schaffung eines neuen Hauptgeschäftszentrums oder mit der Anlage eines Civic Center oder mit der Umgestaltung des Verkehrssystems getan, sondern alle diese verschiedenen Maßnahmen müssen zusammenkommen, wenn sich der Erfolg einstellen soll. So bewog in Rochester, New York, nicht allein die Anlage der Midtown Plaza, eines modernen Geschäftszentrums, dessen große Halle auch für künstlerische Darbietungen und gesellschaftliche Veranstaltungen benutzt wird, die einzelnen Geschäftsunternehmen, sich für die City und nicht für eines der vorstädtischen Einkaufszentren zu entscheiden. Weitgehend mitbestimmend war auch das Vertrauen, das die Geschäftsleute in andere zur selben Zeit in Durchführung begriffene Projekte setzten, Projekte wie den Bau eines modernen Civic Center, die Anlage eines Stadtautobahnringes und die Inangriffnahme des Parkproblems durch den Bau mehrerer mit der Stadtautobahn verbundener Parkgaragen. Wie sich bisher gezeigt hat, hat sich dieses Vertrauen durch über Erwarten hohe Umsätze ausgezahlt. Und es liegt nahe, daß Geschäftsleute in anderen Städten, vor die Alternative gestellt, in dem Hauptgeschäftszentrum der Stadt oder einem modernen shopping center draußen in der Außenzone oder in den Randgemeinden des Metropolitan Ring tätig zu werden, nicht nur ähnlich reagieren, sondern daß sie sicher auch in ihrer Entscheidung zugunsten der City durch derart positive Entwicklungen wie der in Rochester bestärkt werden (TAYLOR, S. 258–263).

Wenn auch einige positive Ergebnisse der aufgezeigten jüngsten Entwicklung vorliegen, so ist doch die Planung im Hinblick auf die rigorose Funktionsentflechtung auf heftige Kritik gestoßen. Die Place Ville Marie Corporation in Montreal als der private Sanierungsträger für die Gesamtgestaltung des Großblocks mit Plaza, Galerie de Boutiques, Hochbauten und Tiefgaragen, weist mit gewissem Stolz darauf hin, daß sie in der Konzipierung des Projekts nicht der "folly for fragmenting the city into a series of specialized centres" verfallen ist, sondern daß im Plazabereich die verschiedensten Funktionen in enger räumlicher Verflechtung eine lebendige Zelle innerhalb der Downtown bilden. Das Nebeneinander verschiedener einzelner Projekte, der "project approach", ergibt aber noch keine harmonische Stadt. Am schärfsten ist hier wie in anderen Punkten vielleicht wiederum die Kritik von J. JACOBS gewesen. Sie erhebt den Grundsatz zur Forderung, daß innerhalb eines kleineren Teilbereichs der Stadt zu allen Tageszeiten Leben herrschen muß und die unterschiedlichsten Ansprüche befriedigt werden müssen. Dazu ist eine Durchmischung der Nutzungsarten unerläßlich. In älteren, sich im Laufe langer Zeiten selbst regenerierenden und vielleicht nur fleckenhaft erneuerten Gebieten innerhalb der Stadt bringt allein die Heterogenität der Bausubstanz mit der unterschiedlichen Kapazität der nach Alter und Art verschiedenen Gebäude für jeweils bestimmte Funktionen die beste Voraussetzung für gemischte Nutzung mit. In planmäßig erneuerten Stadtgebieten kommt es auf die vorweg festgelegte Zweckbestimmung an. Die modernen Hochhäuser sind zwar vermöge solcher Einrichtungen wie der Aufteilung in Raumeinheiten, die man bis zu einem gewissen Grad durch Installierung oder Beseitigung leichter Trennwände zu kleineren oder größeren Räumen zusammenbringen kann, von größerer Flexibilität. Dennoch ist ein von vornherein zweckbestimmtes Gebäude meist nicht ohne weiteres einem beliebigen andern Zweck zuzuführen. Über Funktionstrennung und Funktionsmischung muß weitgehend im voraus entschieden werden. In vielen amerikanischen Städten ist die Entscheidung zugunsten der ersteren ausgefallen. Daß diese Lösung nicht nur Vorteile mit sich bringt, dürfte sich schon jetzt erwiesen haben.

4.2.2. Der City-Mantel

4.2.2.1. Das Downtown-Motel

Wir haben in den vorangegangenen Kapiteln eine Reihe von Beispielen dafür kennengelernt, wie sich schon seit geraumer Zeit, oder auch erst durch die jüngsten Eingriffe der Planung bewirkt, eine Gliederung der multifunktionalen City in einzelne Gebäudekomplexe mit jeweils spezifischer Nutzung ergibt. Dabei zeichnet sich die Tendenz ab, das Hauptgeschäftszentrum sowie Bürohauskomplexe besonders zentral, andere Funktionen, vor allem alle dem Fremdenverkehr dienenden Einrichtungen, mehr peripher anzuordnen.

Das liegt einmal darin begründet, daß der Automobilverkehr innerhalb der zentralsten Blöcke der City sehr eingeschränkt werden soll und man die Besucher der City möglichst am Rande auffangen möchte, wo sie für ihre Wagen Großgaragen vorfinden, wo sie selbst Unterkunft finden und wo Ausstellungen, Kongresse usw. für sie leicht zu Fuß erreichbar sind.

Das Beherbergungsgewerbe hat einen seiner bevorzugten Standorte seit jeher in der City, dient diese doch mit ihren Einrichtungen einem Versorgungsbereich im Umland und dem Fremdenverkehr. Die Benutzer der Einrichtungen der City, Kunden, Klienten, Geschäftspartner, Kongreßteilnehmer, Besucher kommen zum Teil weither und sind darauf angewiesen, das Angebot des Beherbergungsgewerbes in Anspruch zu nehmen, sofern sie nicht bei Verwandten oder Freunden Unterkunft finden. Zwar gab es auch schon lange Zeit weitere Standorte für Hotels, Hotel-Pensionen, Fremdenheime usw., z. B. im Bahnhofsviertel oder im Hafenviertel einer Stadt. Aber in der Quantität wie auch in der Qualität sind doch die Einrichtungen des Beherbergungsgewerbes der City ihren Konkurrenten in anderen Stadtteilen bis in die jüngste Vergangenheit hinein überlegen gewesen.

Wir hatten schon in Abschnitt 3.7.3.2, S. 121, geschildert, wie sich in Amerika mit dem frühen hohen Motorisierungsgrad auch frühzeitig neue Formen im Beherbergungsgewerbe herausbildeten. Die zunehmende Nachfrage nach Unterkunft seitens motorisierter Gäste ließ das Motel aufkommen, das dem Autofahrer in mehrfacher Hinsicht entgegenkommt. Wie im Fall des Einzelhandels unter veränderten Bedingungen die Idee des erfolgversprechenden shopping center in die City hineingetragen wurde, so fand auch, nur etwas später, nämlich seit etwa 1964, das Motel Eingang in die Stadt selbst, und zwar in den angestammten Bereich des Beherbergungsgewerbes, die City. Freilich mußte es in den peripheren Cityblöcken bleiben, da nur dort seine spezifischen Standortanforderungen erfüllbar sind. Und es mußte sich seinerseits *den innenstädtischen Standortbedingungen anpassen* und seine Form gegenüber dem Vorort-Motel verändern.

Die Bodenpreise erzwingen selbst in den peripheren Cityblöcken eine intensivere Raumausnutzung, als das herkömmliche Motel sie kennt. Es wäre also undenkbar, daß hier eingeschossig gebaut würde, ja, daß etwa einzeln stehende cabins hier entstehen würden. Es muß alles *unter einem Dache* vereinigt sein, und zwecks notwendiger besserer Raumausnutzung baut man *zwei- bis viergeschossig*, wobei meist im Erdgeschoß zahlreiche Gemeinschafts- und Versorgungsräume untergebracht sind, so daß die Schlafräume für die Gäste in der zweiten und dritten und gegebenenfalls vierten Etage liegen. Es ist also ein *kompakter, mehr als nur eingeschossiger Bau*, meist über Eck mit mehreren Flügeln erbaut, während der Platz dazwischen zum Abstellen der Wagen genutzt wird.

Das Downtown-Motel stellt damit schon eine *Übergangsform* zum Hotel dar. Die Bewältigung des Gepäcktransports vom Wagen zum Zimmer ist erschwert durch die Mehrgeschossigkeit des Gebäudes. Dieser Nachteil wird zum Teil dadurch überwunden, daß dem Gast kleine Karren zur Verfügung stehen, mit deren Hilfe er das Gepäck in das Gebäude und zum Fahrstuhl bringen kann. Aber es ist genügend Platz für den Wagen da, der wie bei vorstädtischen Motels stets für den Gast griffbereit ist. Es bedarf keiner Notlösung wie vielfach bei den Hotels der City, wo die Wagen in benachbarten Garagen oder auf Abstellplätzen auf benachbarten Grundstücken geparkt und rangiert werden müssen.

Es ist verständlich, daß auch bei zwei- bis viergeschossiger Bauweise das Downtown-Motel nicht allzu vielen Gästen Platz bieten kann. Die beiden Motels, die in den periphersten Blöcken der City von Peoria, Illinois, entstanden, sind das zweigeschossige Fern's Motel mit 26 Räumen und das Peoria Sands Motel mit 105 Räumen (vgl. Fig. 22).

Es gibt daneben auch andere Motor Inns, Motor Hotels oder Motels, die zentraler liegen und auch mehr Geschosse zählen, bei denen der Unterschied zum Hotel garni derart minimal wird, daß man hier wohl nicht mehr von einem Motel sprechen sollte. Allein die Frage der Autoabstellmöglichkeiten wird hier kritisch und bedarf anderer Lösungen als beim wirklichen Motel. Denn es ist völlig unmöglich, für die Gäste eines vielgeschossigen Hotelbaus zu ebener Erde auch nur annähernd genügend Parkraum zu beschaffen. Hier sind unterirdische Garagen, Rampen usw. notwendig. Wenn dennoch 14geschossige Hotelneubauten in zentralster Lage als „Motel" angepriesen werden, so ist das aus Reklamegründen begreiflich. Mit dem Begriff des Motels verbinden sich für den Gast bestimmte Vorstellungen über eine modern eingerichtete Unterkunft, und im Hinblick auf die Werbung ist heute sicher die Ankündigung eines Motels zugkräftiger als die eines Hotels.

4.2.2.2. Neuorientierung des Warenhauses

Wir haben gesehen, wie sich im Beherbergungsgewerbe neue Formen herausgebildet haben, die den zeitlichen Erfordernissen und den speziellen räumlichen Gegebenheiten des Citystandorts angepaßt sind. Die Hotelbranche hat aus der Entwicklung der vergangenen Jahrzehnte gelernt und aus ihren Erkenntnissen die Nutzanwendung gezogen. Bei entsprechender Anpassung ist also auch innerhalb der City ein dem motorisierten Gast adäquates Motel in bestimmter Situation möglich. Dasselbe Prinzip sollte auch für andere Aktivitäten Geltung haben, die als citygebunden angesprochen werden können, d.h. seit Beginn der Citybildung ihren Standort ausschließlich oder teilweise in der City gehabt haben.

Letzteres gilt in hervorragendem Maße für den Einzelhandel. Er hat sich in der City in der Form des hochspezialisierten Einzelhandelsgeschäfts und in der des mehrere Geschosse zählenden Warenhauses ausgebreitet. Nur gelegentlich gibt es hier auch einmal ein nur auf das Erdgeschoß beschränktes kleineres Warenhaus.

Peoria, Illinois, bietet ein sehr interessantes Beispiel dafür, wie ein Warenhaus am Cityrand gebaut werden kann. In dieser Stadt säumen etliche mehrgeschossige Warenhäuser den südöstlichen Abschnitt der Fulton Street bis etwa zwei Blöcke vor dem Ufer des Illinois-Flusses. Die beiden jeweils vorletzten Blöcke an der Fulton Street wurden bis in den Anfang dieses Jahrhunderts hinein von mehreren, größtenteils über 50 Jahre alten und schon als im Verfall befindlich klassifizierten Häusern eingenommen.

Hier wurde im Zusammenwirken mit der Stadtverwaltung von dem Warenhausunternehmen Sears, Roebuck & Co. eine neuartige Lösung erzielt. Diese Firma unterhielt in zentraler Lage innerhalb der City eine Filiale. Offensichtlich litt aber das Warenhaus unter der zeitweiligen Überbelastung der Straßen im Westteil der City und hegte den Wunsch nach Veränderung.

Die Stadt Peoria kappte die Fulton Street an ihrem südöstlichen Ende und ermöglichte damit die Zusammenlegung der Blöcke beiderseits der ehemaligen Straße zu einem Großblock. Die alten Häuser wurden abgerissen, und Sears errichtete auf der verhältnismäßig großen Fläche zwei zweigeschossige Flachbauten, die von einer größeren Zahl von Autoabstellplätzen umgeben sind. Der eine Bau, auf den man beim Hinuntergehen der Fulton Street zum Ufer trifft, ist der eigentliche Verkaufskomplex, das Gebäude daneben ist das Sears-Lager für Autozubehör. Die Flachbauten und die Autoabstellplätze kommen in ihrer Physiognomie einem vorstädtischen Einkaufszentrum sehr nahe (vgl. Fig. 22).

Der Sears-Komplex bildet heute den Abschluß nicht nur der Fulton Street, sondern der ganzen Warenhausgruppe zu beiden Seiten dieser Straße. Insgesamt ist damit eine Mischung von herkömmlichem mehrgeschossigem Warenhaus und modernem, von Parkflächen umgebenem Flachbau im Stile eines Einkaufszentrums der Randgemeinden entstanden. Wie im Fall des Motels ist hier der Einzelhandel zu einer *Übergangs- oder Mischform* gekommen in der spezifischen Lage der peripheren Cityblöcke.

In beiden Fällen, im Beherbergungsgewerbe wie im Einzelhandel, stellen wir eine gewisse Umorientierung auf die heutigen, veränderten Gegebenheiten fest. Sie legen Zeugnis ab von der *Flexibilität der Wirtschaft*, die ein bedeutender Faktor ist in der Frage, wie die City neu belebt werden kann, zugleich aber auch von der sehr weitgehenden *räumlichen Differenzierung der Funktionen* bei ihrer Standortwahl. Wir gelangen damit zu einer schon recht feinen Gliederung des Stadtkörpers und einem sehr diffizilen Gefüge der zentralen Stadtteile.

4.2.2.3. Funktionserweiterung und Wiederbelebung der City

Wenn in den beiden vorangegangenen Abschnitten gezeigt wurde, wie die Überlebenschance der City der angloamerikanischen Großstadt zum Teil in den besonderen Anpassungsformen der Wirtschaftsunternehmen zu sehen ist, sollen im folgenden einige weitere Aspekte erörtert werden, die in erster Linie auf die planerische Tätigkeit der Stadtverwaltungen zurückgehen. Auch handelt es sich hier nicht so sehr um veränderte Formen von Aktivitäten, die auch früher schon in hervorragendem Maße auf die City konzentriert waren, als vielmehr um *bewußt gesteuerte Erweiterung der Funktionen der City*. Das wohl eindrucksvollste Beispiel für eine solche auf Funktionserweiterung ausgerichtete Planung ist der *Bau großer, moderner Sportstadien im Bereich der City*, worauf schon kurz im Zusammenhang mit der Entwicklung von Civic Centers im Abschnitt 4.2.1.4, S. 150, hingewiesen wurde.

Fig. 55. *Baulich-funktionale Umgestaltung im Rahmen des Sport-Stadion Projekts in der City von St. Louis* (nach Land Clearance for Redevelopment Authority).
Das 1966 fertiggestellte Stadion zwischen der 5. und 8. Straße, Walnut Str. und Spruce Str. nimmt allein den Platz von acht früheren Baublöcken ein. Weitere Blöcke in der Umgebung gehören zu dem Projekt und dienen der Aufnahme einiger Läden und Großgaragen. Das in randlicher Citylage entstandene Stadion soll zu bisher ungewöhnlichen Tageszeiten Menschen in die City ziehen, entläßt sie aber wegen mangelnder weiterer Unterhaltungsstätten sehr schnell wieder in ihre oft weit entfernten Wohnvororte.

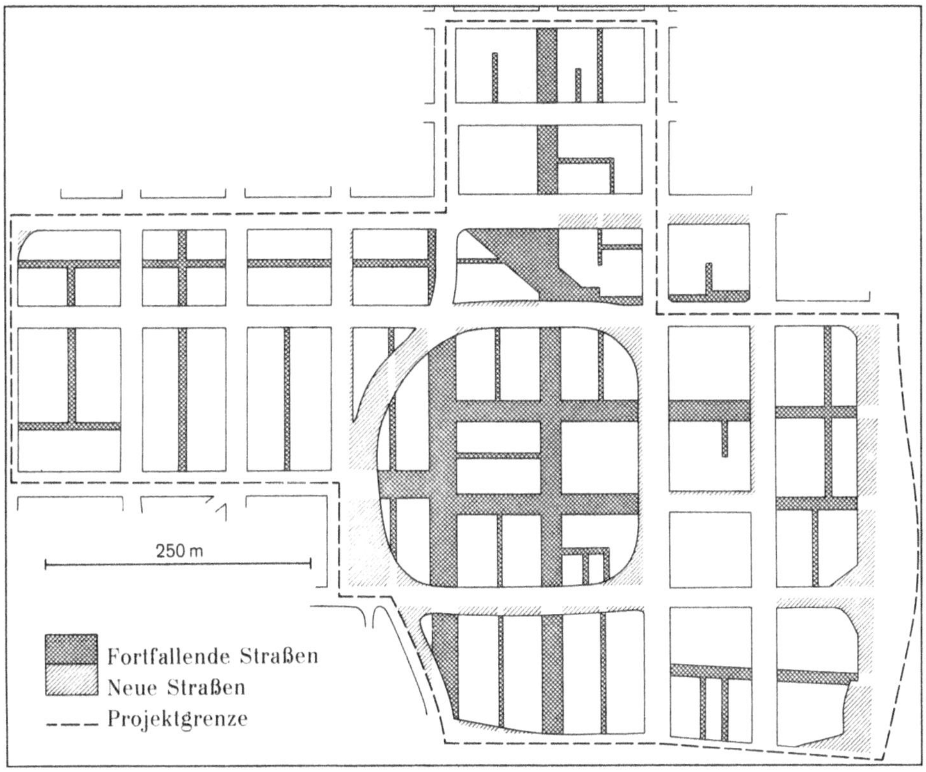

Bis in die 50er Jahre dieses Jahrhunderts wären Sportanlagen direkt in der City oder ihrem peripheren Bereich kaum vorstellbar gewesen. Seit einigen Jahren findet der Sport Eingang in eine immer steigende Zahl von Stadtkernen von angloamerikanischen Großstädten.

In St. Louis bildet das neue Sportstadion den acht ehemalige Baublöcke einnehmenden Kern eines insgesamt 34 Blöcke umfassenden Sanierungsgebietes im Südostteil der City. Der Plan für das gesamte "Downtown Sports Stadium Project" wurde 1960 von dem Sanierungsträger, der Land Clearance for Redevelopment Authority of the City of St. Louis, vorgelegt. Zu dem Stadion mit seinen 50000 Sitzplätzen, ein paar Restaurants und kleinen Läden und ähnlichen Einrichtungen sollen Parkgaragen für 7500 Wagen sowie ein Hotel mit 800 Zimmern kommen. Das Stadion, das 1966 fertiggestellt wurde, liegt nur einen Baublock – er ist gegenwärtig im Flächennutzungsplan noch für industrielle Nutzung ausgewiesen – von der südlichen Begrenzung der City entfernt, die bisher durch die Poplar Street gegeben war und jetzt die Trasse für den Daniel Boone Expressway bildet. Das Stadion entstand auf einem Gebiet, das zuvor eigentumsrechtlich in 76 Grundstücke zerfiel (Fig. 55).

In Cleveland ist das Municipal Stadium Bestandteil des noch relativ jungen Civic Center. Die Stadt hat als eine der ersten in den USA einen solchen Plan durchgeführt, nach dem sich die wichtigsten öffentlichen Gebäude um Fußgängerbereiche gruppieren. Der gesamte Bereich der "Mall" ist 42 ha groß.

Zum Golden Triangle von Pittsburgh, der weitgehend neu gestalteten Downtown der Stadt an der Vereinigung von Allegheny und Monongahela zum Ohio-Fluß, gehört unter anderem die Civic Arena am Washington Square mit riesigem stählernem; einziehbarem Dach. Sie dient *mehreren Zwecken*, nämlich als Sportstadion, als Kongreßhalle und als Theater- und Operettenbühne.

In Duluth entstand am Ende der 5. Straße am Hafen das Duluth Arena-Auditorium, das im Sommer 1966 eröffnet wurde. Der Komplex bedeckt ein Gelände von 11 ha, ist 226 m lang und bis zu 64 m breit. Er besteht aus drei miteinander verbundenen Einheiten: auf der Nordseite steht die ovale Arena, ein Bau, der vornehmlich für Sportveranstaltungen gedacht ist; dann kommt ein zentraler, etwas schmalerer Teil, der ebenerdig die Eingangsvorhalle und einen großen Ausstellungsraum aufnimmt und zugleich die Verbindung zu dem auf der andern Seite anschließenden Auditorium bildet,

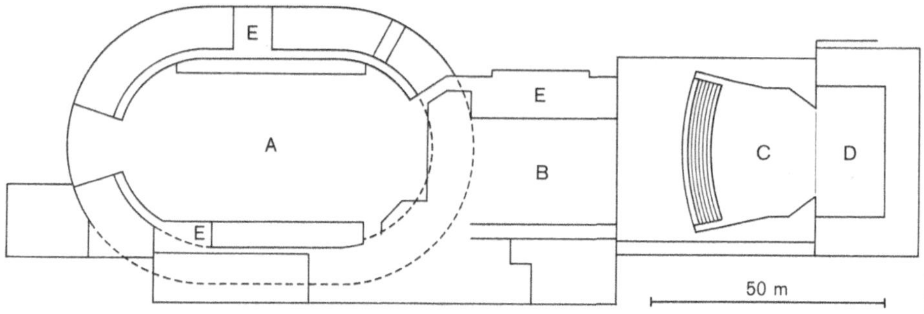

Fig. 56. *Grundriß des Arena-Auditorium in der City von Duluth* (nach Duluth-Tribune vom 31. 7. 1966).
In der City von Duluth entstand nicht nur ein Sportstadion, sondern ein kombinierter Oval- und Rechteckbau, dessen Teile mit einer zentralen Eingangs- und Austellungshalle verbunden sind. Der erstere dient sportlichen, der letztere künstlerischen und wissenschaftlichen Veranstaltungen.

einem Rechteckbau mit einer Bühne für künstlerische und Vortragsveranstaltungen. Je nach Art der Veranstaltung – in der Arena gibt es neben den 16 festen Sitzreihen noch mehrere Reihen transportabler Sitze – können 6000 bis 8000 Personen Platz finden (Fig. 56).

Einen Mehrzweckbau enthält auch das Civic Center in Baltimore mit einer Kapazität von 13000 Plätzen. In anderen Städten, z.B. in Denver, ist die Errichtung eines Sportstadions am Rande der Downtown geplant.

Somit soll die City mehr als bisher zum *Mittelpunkt öffentlicher Veranstaltungen werden* und es sollen Menschen in sie hineinkommen zu solchen Zeiten, zu denen sie bisher nahezu ausgestorben war. Daß in dieser Hinsicht gerade *Sportveranstaltungen* sehr wichtig sind, liegt wohl in der Bedeutung, die dem Sport in Amerika schon von der Schul- und Collegezeit her von dem einzelnen Bürger beigemessen wird im Gegensatz zu der mit europäischen Verhältnissen verglichenen geringeren Bedeutung von Veranstaltungen auf dem Gebiete der Kunst. Die City macht sich so die schon in dem jungen Menschen geweckte Sportbegeisterung zunutze.

Es bleibt allerdings abzuwarten, ob derartige Anziehungspunkte wie reine Sportstadien oder auch Mehrzweckbauten für sportliche, kulturelle und wissenschaftliche Veranstaltungen bei ihrer peripheren Lage im Verhältnis zur gesamten City die erhoffte Ausstrahlung auf weitere Teile derselben auszuüben vermögen, oder ob die *Belebung* der City doch *punkthaft und auf den unmittelbaren Veranstaltungsort beschränkt bleibt*. Auf jeden Fall kann diese Funktionserweiterung nicht mehr sein als eines von mehreren Mitteln zur Erstarkung der angekränkelten City. Nur durch die summierten Auswirkungen verschiedener Maßnahmen, die gleichzeitig unternommen werden müssen, wird es gelingen, die City in ihrer Gesamtheit attraktiver zu machen.

Mit dem funktionalen Aspekt der erwähnten Neubauten eng verbunden ist auch eine Veränderung der *Physiognomie der City*. Allein schon durch das teilweise Abgehen vom Schachbrettmuster und die Herausbildung von Superblöcken unterschiedlicher Größe und Funktion kommt größere Abwechslung in das Stadtbild hinein. Dazu tritt die *architektonische Gestaltung* des einzelnen Bauwerks. Hier können die öffentliche Hand und die private Wirtschaft gleichermaßen aktiv werden, indem sie sich der Mitarbeit bedeutender Architekten versichern und den neuen Bauwerken eine sehr individuelle Note geben. Für die Initiative sowohl der einen wie der andern Seite gibt es in den Großstädten Angloamerikas bereits eine Reihe von Beispielen.

Das Arena-Auditorium von Duluth ist zweifellos eines der interessantesten, wenn nicht überhaupt das interessanteste Bauwerk der heutigen Stadt. Weltweiten Ruhm genießt das von dem finnischen Architekten Revell entworfene dritte Rathaus der Stadt Toronto, Sitz des Bürgermeisters der Stadt Toronto und zugleich des Präsidenten der föderativen Municipality of Metropolitan Toronto (vgl.

Abschnitt 4.4.4, S. 224). Dieses Rathaus besteht aus zwei jeweils in der Form eines Bumerangs gestalteten und halbkreisförmig angeordneten Trakten, die den niedrigen Rundbau der City Council Chamber umgeben.

Genauso wie in den genannten Fällen die Stadtverwaltungen, so haben auch in etlichen Fällen die Privatunternehmen zur Verschönerung der City durch architektonisch besonders eigenwillig und anziehend gestaltete Bauten beigetragen. So ist z. B. im Zuge der systematischen Erneuerung der City von Minneapolis von Nordosten her an der Washington Avenue das neue Verwaltungsgebäude der Northeastern Life Insurance Company entstanden. Entworfen von einem in Seattle lebenden japanischen Architekten, ist der Bau von zahlreichen Säulen eingefaßt, die sich an der einen Seite in einem über die gesamte Gebäudefront sich erstreckenden Teich spiegeln.

In dieser Weise geht mit der Modernisierung der Downtown auch eine gewisse *Individualisierung* einher. Die früher beklagte Uniformität der amerikanischen Städte, vornehmlich in ihrem zentralen Teil, verschwindet. Die Städte sind stolz auf ihre Errungenschaften, die Telefongesellschaften präsentieren die neuen Wahrzeichen der Städte auf den Deckeln der Telefonbücher.

4.2.2.4. Veränderungen in der Flächennutzung der City

Vergegenwärtigen wir uns zunächst noch einmal die Tendenzen, die bis in die 50er Jahre hinein zu Veränderungen in der Flächennutzung im Bereich der City geführt haben (vgl. Abschnitte 3.4.2.3 und 3.4.2.5, S. 63 bzw. 68).

Die dominierenden Funktionen in der City waren die öffentlichen und privaten Dienstleistungen (Verwaltungen), der Einzelhandel und das Beherbergungsgewerbe. In den Randgebieten um die eigentliche City beanspruchten bereits cityfremde Funktionen wie Großhandel, Lagerhaltung, produzierendes Gewerbe und Wohnen größere Anteile an der Nutzfläche. Büro- und Geschäftsfunktionen hatten aber vielfach nur einen schwachen Anstieg an ihrem jeweiligen Nutzflächenanteil zu verzeichnen oder waren in manchen Städten sogar leicht im Rückgang begriffen, genauso wie die weniger citygebundenen Funktionen Großhandel, Lagerhaltung und produzierendes Gewerbe. Kräftig im Ansteigen waren dagegen die Flächenanteile, die vom Verkehr, insbesondere vom ruhenden Verkehr, und von der öffentlichen Verwaltung beansprucht wurden. Die Wohnbevölkerung war allgemein weiterhin im Abnehmen begriffen.

Wenn wir die 60er Jahre betrachten, müssen wir feststellen, daß die *genannten Tendenzen fast ausnahmslos angehalten* haben. Greifen wir als Beispiel die Downtown von Peoria heraus und verfolgen wir in dieser Stadt die Veränderungen in den Flächenanteilen verschiedener Funktionen für das Jahrfünft 1960–1965. Der Bedarf an *Parkmöglichkeiten* für die Automobile von Berufs- und Geschäftspendlern und Besuchern stieg weiterhin merkbar an und wurde durch Schaffung von Parkplätzen und Parkgaragen wenigstens in Teilen der City gedeckt (1960: 13,0%; 1965: 18,5%). Die Bürofläche der privaten Wirtschaft (1960: 4,9%; 1965: 5,5%) und der öffentlichen Verwaltung (1960: 2,7%; 1965: 4,6%) wuchs ebenfalls weiter an. Im Zuge der Umwandlungen kam es in einer Reihe von Städten aber auch dazu, daß längere Zeit abbruchreife Häuser stehen blieben und Freiflächen nicht genutzt wurden, so daß sich oft auch der Anteil der ungenutzten Fläche vergrößerte (in Peoria 1960: 0,3%; 1965: 1,0%).

Die Zunahme von Freiflächen in zentraler Lage ist in erster Linie Ausdruck des rückläufigen Trends von Handel und Industrie in der City, hängt aber wohl auch mit spekulativem Zurückhalten von Grundstücken zusammen.

Rückläufig waren die weniger citygebundenen Funktionen Großhandel und Lagerhaltung (1960: 5,0%; 1965: 3,3%) und Industrie (1960: 6,3%; 1965: 4,8%). Auch die Wohnbevölkerung und damit die Wohnfläche gingen weiterhin zurück (1960: 2,7%; 1965: 1,1%). Aber selbst so typische Cityfunktionen wie Einzelhandel (1960: 10,5%; 1965: 8,3%) und private Dienstleistungen (1960: 5,6%; 1965: 4,7%) sind mit ihren jeweiligen Anteilen an der Nutzfläche zurückgegangen.

Es hat sich also in den 60er Jahren noch keine Veränderung in der Richtung ergeben, in der sich die Citybereiche der amerikanischen Großstädte bisher entwickelt haben, und gegenteilige Vermutungen, wie man sie auf Grund der in die Wege geleiteten baulichen und funktionalen Veränderungen des Stadtkerns hegen könnte, finden sich nicht bestätigt. Die Auswirkungen dieser Veränderungen werden sich erst in einiger Zeit erkennen lassen. Natürlich gibt es vereinzelte Ausnahmen. In Los Angeles z. B. entstand seit 1950 rund viermal so viel Bürofläche außerhalb des CBD wie in diesem.

4.2.2.5. Räumliche Verbindung mit dem übrigen Stadtgebiet

Zu den Lösungsversuchen des Cityproblems gehören nicht allein die zahlreichen Veränderungen in Physiognomie und Funktion, sondern auch die Berücksichtigung der Verflechtungen der City mit den übrigen Stadtvierteln. Im Abschnitt 3.4.2.4, S. 67, war schon davon die Rede, wie in dieser Beziehung in der Vergangenheit schwerwiegende Fehler gemacht wurden, die sich heute nachteilig auf die City auswirken und damit letztlich für die gesamte Stadt ungünstig sind.

Die City wurde häufig baulich eingeengt und abgeschnürt und in ihrer weiteren Entwicklung gehemmt. Einen besonders krassen Fall hatten wir in Toronto kennengelernt. Hier erfolgte bereits seit etwa 1840 die bauliche Trennung der City vom Ufergelände am Ontariosee durch den Bau der Eisenbahn. Der Bau einer großen Esplanade wurde unter dem Druck wirtschaftlicher Interessen bald aufgegeben. Mehr als die Hälfte des dafür vorgesehenen Geländes wurde mit Gleisanlagen angefüllt. Nur teilweise konnte die nachteilige Auswirkung dieser Entwicklung für die Stadt dadurch aufgehoben werden, daß man um 1930 sieben Unterführungen schuf, um den Zugang zum Ufergelände wieder zu erleichtern. Eine zusätzliche Barriere entstand dann aber durch den erst wenige Jahre zurückliegenden Bau des Gardiner Expressway, der auf Pfeilern erhöht zwischen City und Ufergelände geführt wurde und damit die räumliche Trennung zwischen beiden Gebieten wieder stark betonte. Das ist die Situation, der sich gegenwärtig die Stadtplanung von Toronto konfrontiert sieht.

Bei den Versuchen einer Lösung des Problems knüpft man an die im zentralen Bereich der City geschaffene Fußgängerzone vor dem Gerichtsgebäude und die Galerie um das neue Rathaus an. Es sind schon mehrfach Pläne angekündigt worden, denen zufolge die Errichtung eines größeren, sich von dem Kern um das Rathaus bis zum Harbor Square südlich der Eisenbahn erstreckenden Bürohauskomplexes eine Verbindung über weitere Galerien und Dachterrassen von der Mitte der City bis zum Hafen ermöglichen soll (Kerr/Spelt, S. 149; Fig. 57).

Dennoch ist es nicht ausgeschlossen, daß auch heute noch Fehler gemacht werden, die zu den gleichen Folgen führen könnten, die man mit den eben angedeuteten Versuchen beseitigen will. So ist es auch hier wieder J. Jacobs mit ihrer Kritik, die vor erneuter Isolierung der City warnt und eine Gefahr in der zu großzügigen Schaffung von Grünflächen und dem Anlegen von vorstädtischen statt städtischen Dimensionen an den Citybereich sieht.

4.2.3. Die City-Umrahmung oder Übergangszone

4.2.3.1. Unterschiedliche sektorenförmige Entwick-Entwicklung

Seit zwei bis drei Jahrzehnten ist für viele Großstädte Angloamerikas die Zeit vorbei, in der ihre wachsende City sich, von solchen Hindernissen wie den im vorangegangenen Abschnitt von Toronto beschriebenen abgesehen, nahezu allseitig gleichmäßig ausdehnte und sich in die sie umgebenden Stadtviertel hineinfraß. Dadurch, daß die City schon lange gegenüber den sich kräftig entfaltenden Gemeinden des Metropolitan Ring ins Hintertreffen geraten war, hat sie sich schon eine Zeitlang nicht mehr wie noch bis ins erste Viertel dieses Jahrhunderts derart vergrößert, daß sie bei vertikalem Wachstum gleichzeitig auch noch eine allgemeine laterale Expansionskraft gezeigt hätte. Ihre Ausdehnung ist vielmehr *selektiv* geworden. Was bedeutet das?

Der Kranz der an die City angrenzenden Stadtteile ist außerordentlich heterogen. Die unmittelbare Randzone der City ist ein Bereich, der im Hinblick auf die City komplementäre Funktionen aufgenommen hat, wie z. B. bestimmte Gewerbezweige, Leichtindustrien, Großhandelsunternehmen, Lagerhaltung und Transportwesen, und der auch noch Ausweichmöglichkeiten für die öffentliche Verwaltung bot, die hier zum Teil erhebliche Nutzflächenanteile beansprucht.

Griffin und Preston glauben *in der Übergangszone drei Arten von Sektoren* zu erkennen, die, in sich zwar wiederum vielfältig gestaltet, aber in der Entwicklungstendenz ihrer einzelnen funktionalen Komplexe einheitlich, von der City allseitig ausgehen und sich nach außen hin verbreitern. Verschieden große Zahlen von Sektoren mögen den Kranz um die City der verschiedenen Städte ausmachen, aber jeder Sektor ist einer der drei Kategorien zuzuordnen.

Es handelt sich entweder um die Zugehörigkeit zum *Sektor aktiver Assimilation*, zum *Sektor passiver Assimilation* oder zum *Sektor allgemeiner Inaktivität*. Mit diesen Bezeichnungen wird angedeutet, daß die City nur noch stellenweise vorrückt, während an anderen Stellen ihre Grenze zur Randzone auf lange Sicht unverändert bleibt und sie an wiederum an-

Fig. 57. *Das "Marvo Project" zur Neugestaltung des zentralen Ufergeländes in Toronto* (wiedergegeben mit freundlicher Genehmigung des City of Toronto Planning Board).

Die geplante Neubebauung über Bahngelände und Gardiner Expressway hinweg mit in Terrassen abgestufter Fußgängerzone soll die bisherige bauliche Isolierung der City vom Seeufer überwinden und zwischen beiden wieder eine organische Verbindung herstellen. Ähnliche Fehler wie in Toronto wurden in vielen amerikanischen Städten gemacht, die heute mit demselben Problem kämpfen. Die Durchführung des Vorhabens wird langsam voranschreiten wegen des erforderlichen hohen Geldaufwandes. Trotz solcher warnender Beispiele setzen selbst in jüngster Zeit andere Städte die Verbauung von Fluß- oder Seeuferpartien durch hochgelegte Expressways fort.

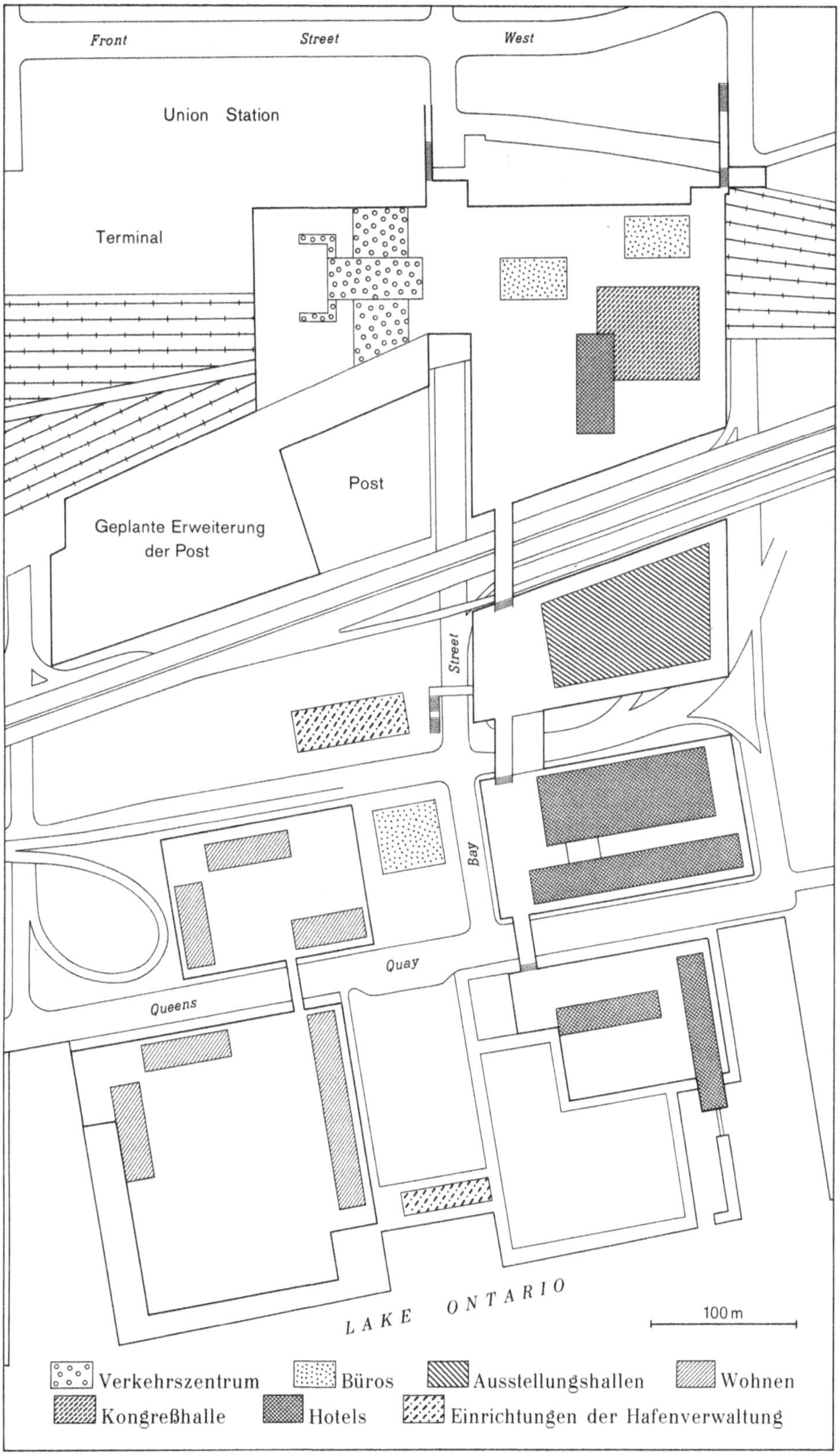

deren Stellen gar zusammenschrumpft. Nur im Sektor aktiver Assimilation, einem Teilbereich der Cityrandzone, der sich durch das Vorhandensein noch guter Wohnhäuser, Grünanlagen, guter Geschäfte und einer Wohnbevölkerung der gehobeneren Schichten auszeichnet, dehnt sich die City weiter aus und übernimmt Teile dieses guten Baubestandes für ihre Funktionen. Im Sektor allgemeiner Inaktivität bleibt es auf lange Zeit beim status quo. Die Grenzen sind stabil, City und Randzone bestehen nebeneinander, ohne daß es zu merkbaren Veränderungen käme. Im Sektor passiver Assimilation schließlich sind minderwertigere Nutzungsformen, Industrie, Lagerhaltung usw. gegen die City im Vordringen.

So werden *heute eigentlich nur noch Gebiete mit villenartigen Wohnbauten*, die hier weniger aus dem Grunde aufgegeben werden, daß ihre heutigen Bewohner sie sich finanziell nicht mehr erhalten könnten, sondern im Gegenteil ein modernes Eigenheim weiter draußen bevorzugen, in die City einbezogen. Kristallisationspunkte mögen ein Museum, eine Kirche, ein kleiner Park sein. Die umliegenden „Villen" verwandeln sich in die Büros von Organisationen, Rechtsanwalt- und Arztpraxen, medizinische Institute, Heime von studentischen Verbindungen. Einzelne Ausfallstraßen durchziehen diesen Sektor aktiver Assimilation, an denen sich Geschäftszeilen herausgebildet haben mit Ladengeschäften, die einen gehobenen Bedarf befriedigen, wie Spezialläden für Damen- und Herrenbekleidung, Kunstgewerbe- und Antiquitätenläden, Buch- und Musikalienhandlungen, und natürlich Automobilpavillons.

Im Sektor passiver Assimilation folgen den einst höherrangigen Funktionen der City geringerwertige Funktionen nach, größtenteils mit Großhandel und Lagerhaltung, also einem stärkeren Raumbedarf, verknüpft. Merkmale für diesen Sektor sind z. B. die Ausbreitung von verschiedenen Discountläden, von Spirituosenhandlungen, Läden für den Verkauf überzähliger militärischer Ausstattungsgegenstände (army surplus store), Gebrauchtwarenlagern und -handlungen usw. Oftmals liegt in diesem Sektor auch das Bahnhofsviertel mit etwas heruntergewirtschafteten, zweitrangigen Hotels, Pensionen und Gaststätten.

In dem Sektor allgemeiner Inaktivität unterbinden häufig Komplexe von Schwerindustrien mit Gleisanschlüssen der Eisenbahnen und einer von der Investitionslage her diesen Branchen eigenen starken Beharrungstendenz auf lange Sicht einen Funktionswandel in der einen oder andern Richtung. Es wurde schon im Abschnitt 3.5.1, S. 73, darauf hingewiesen, daß wegen der häufig gleichzeitigen Stadtentstehung mit dem Eisenbahnbau die Bahnen in höherem Maße als in europäischen Städten die zentralen Stadtviertel in der Nachbarschaft der City durchschneiden. Ferner bilden Industrien Keile in dem Kranz der Randgebiete der City und zementieren einen Zustand, der Mitte des vergangenen Jahrhunderts geschaffen wurde.

Auf diesem Hintergrund läßt sich die Ausbreitung einzelner Funktionen innerhalb der Randzone klarer erkennen. Es sind in erster Linie heute zwei Nutzungsarten, die in der Randzone einen ständig wachsenden Anteil an der gesamten Nutzfläche beanspruchen: *Mietwohnbauten und Autoparkanlagen.* Beiden kann man die Rolle von *Hilfsfunktionen* für die City zuerkennen, geben sie doch dem in der City tätigen Menschen den Raum zum Wohnen oder für den größeren Teil, der weiterhin draußen in einem Vorort leben will, zumindest den Raum für seine Fahrzeuge.

In der Verteilung dieser beiden für das Leben der City so wichtigen Funktionen über den Bereich der Randzone ergibt sich aber eine gewisse, wenn auch nicht immer ganz klar zum Ausdruck kommende *Differenzierung.* Die modernen Wohnbauten orientieren sich zum Teil wenigstens nach dem Sektor aktiver Assimilation, tragen aber auch selbst sehr stark zu dieser aktiven Assimilation bei, indem die gut verdienenden Bewohner dieser neuen Häuser es erlauben, die untersten Geschosse oder zumindest das Erdgeschoß kommerziell zu nutzen mit guten Läden, Restaurants, Agenturen, die zugleich der Wohnbevölkerung dieser Komplexe einen gewissen Grad von Autarkie verleihen.

Die für die City immer mehr benötigten Autoabstellmöglichkeiten dagegen, gleichgültig ob sie in Form von Parkplätzen oder mehrgeschossigen Parkhäusern auftreten, suchen vorwiegend den Sektor passiver Assimilation auf. *Sie tragen selbst kaum zur Aufwertung ihrer Umgebung* bei, im Gegensatz zu den Wohnhochbauten, die das mit ihren kommerziellen Einrichtungen sehr wohl zu tun vermögen.

Von vielen Planern wird der Grundsatz akzeptiert, das Nutzflächenpotential der Randzone sollte in einer Weise inwertgesetzt werden, daß *ihre Funktionen diejenigen der City nicht kopieren, sondern sie ergänzen.*

Die Zulieferfunktion erfüllt die Randzone seit langer Zeit in erheblichem Umfang. Die Unterbringungsfunktion wird durch den ständig zunehmenden Bau von Wohnhäusern und Autoparkeinrichtungen in unmittelbarer Nachbarschaft zur City angestrebt. Diese beiden Elemente der Randzonenbebauung verdienen noch genauere Betrachtung.

4.2.3.2. Turmwohnbauten

Mit der Abwanderung der wohlhabenden Schichten aus den innerstädtischen Vierteln verwandelten sich die Eigenheime, oftmals große villenartige Bauten, im Sektor aktiver Assimilation in kommerziell genutzte Gebäude wirtschaftlicher Unternehmen und verschiedenster Institutionen. Nur schmale Keile meist ärmlicher Wohnquartiere reichen noch hier und da unmittelbar an die City heran. Im großen und ganzen sind *City und Randzone schon einige Jahrzehnte lang nicht mehr Standort für die Wohnfunktion* gewesen.

Während in der City selbst oft nur noch 1% der Nutzfläche der Wohnfunktion verblieben ist, sind es in der Randzone selten mehr als 20%. Die Wohnbevölkerung der City ist zusammengeschrumpft auf ganz bestimmte Kategorien, z. B. auf Hausmeisterstellen in dafür vorgesehenen Dienstwohnungen, auf Dauergäste in zweitrangigen Hotel-Pensionen. Daneben hat es aber in den vergangenen Jahrzehnten schon eine Nachfrage von einer kleinen Schicht wohlhabender Leute gegeben, die zum Teil in der City gehobenere Stellungen innehatten, gut verdienten und nahe ihrer Arbeitsstätte wohnen wollten. Diese Nachfrage machten sich Privatleute mit Hausbesitz im Citybereich zunutze, indem sie die Räume in älteren Bauten zu *Luxusapartments* umgestalteten. Ein Beispiel dafür ist die Gold Coast in Chicago, eine Häuserzeile am Michiganseeufer unmittelbar südöstlich der City. Seit 1961 stehen für solche Vorhaben auch die Mittel aus dem Residential Rehabilitation-Programm der Regierung auf Grund des 1961er Housing Act zur Verfügung. Bis Mitte 1964 wurde aus diesen Mitteln bereits die Verbesserung von rund 200000 Wohnungseinheiten gefördert (McFARLAND/VIVRETT, S. 10).

Die mit dem Ausufern der Städte und den Unzuträglichkeiten, die mit der Verdreifachung des PKW-Bestandes während der zwei Nachkriegsjahrzehnte aufkamen, verbundenen Verkehrsprobleme und die Garten- und Hausarbeiten begannen jedoch in jüngster Vergangenheit, bei vielen Menschen den Wunsch nach einer Wohnung in zentraler Lage zu stärken und die Nachfrage nach Wohnraum im Citybereich zu erhöhen und insbesondere in der Übergangszone dem Mietwohnungsbau einen neuen Markt zu erschließen. Dieser Bedarf an Wohnungen in unmittelbarer Citynähe ist freilich nur ein Bruchteil des gesamten zur Zeit sich ständig ausweitenden Mietwohnungsmarktes (s. Abschnitt 4.3.1.1, S. 173ff.).

Die Bereitschaft zum Wohnen nahe den Arbeitsstätten, den Geschäften und sonstigen Einrichtungen der City schloß allerdings auch den Willen ein, in vielgeschossigen Bauten mit einer großen Zahl von Mietparteien auf verhältnismäßig geringer horizontaler Fläche zusammenzuleben. Denn in der direkten Nachbarschaft zur City ist es nicht möglich, den Boden anders als durch vielgeschossige Bauten zu nutzen. So entstanden in dieser Randzone die *high-rise apartment buildings*, die kaum unter 15 Geschosse zählen, maximal aber rund 60 Geschosse erreichen.

Am Beginn dieser Entwicklung stehen die Lake Shore Drive Apartments im neunten Block auf Chicagos Nordseite am Ufer des Michigansees. Entworfen von Mies van der Rohe, wurden die ersten beiden von insgesamt sechs Wohntürmen mit ihren 26 Geschossen, 350 Wohnungen und einer unterirdischen Garage für 116 Wagen im Jahre 1952 fertig. Die Glasverkleidung dieser Wohnhochhäuser reicht fast vom Boden bis zur Decke einer jeden Etage. Sie trägt damit sehr zur architektonischen Wirksamkeit der Wohnhausgruppe bei, ist aber dem Wohnen an schwülen Sommertagen, wie sie in Chicago durchaus nicht selten sind, nicht gerade dienlich (vgl. MEYERSON).

Die Lake Shore Drive Apartments gehören nicht im engeren Sinne zu den als downtown high-rise apartments bezeichneten Wohntürmen. Dafür stehen sie schon zu weit von der eigentlichen City entfernt. Die typische Lage für Randzonen-Wohnhochhäuser, deren Bewohner in den meisten Fällen zu Fuß zu ihrer Arbeitsstätte in der City gehen wollen, dürfte ein unmittelbar an die City anschließender *Streifen von drei Baublöcken Tiefe* sein. Dementsprechend eindeutig ist die Lage eines anderen chicagoer Mietwohnhauskomplexes, der Marina City Towers einen Block vom Loop entfernt. Auf einstigem Bahngelände entstanden hier direkt am Nordufer des Chicago-Flusses, mit großem Bootshafen im Flußspiegelniveau ausgestattet, zwei Rundbauten mit insgesamt 61 Geschossen, ein Theater und ein 16geschossiger Rechteckbau mit zehn Ge-

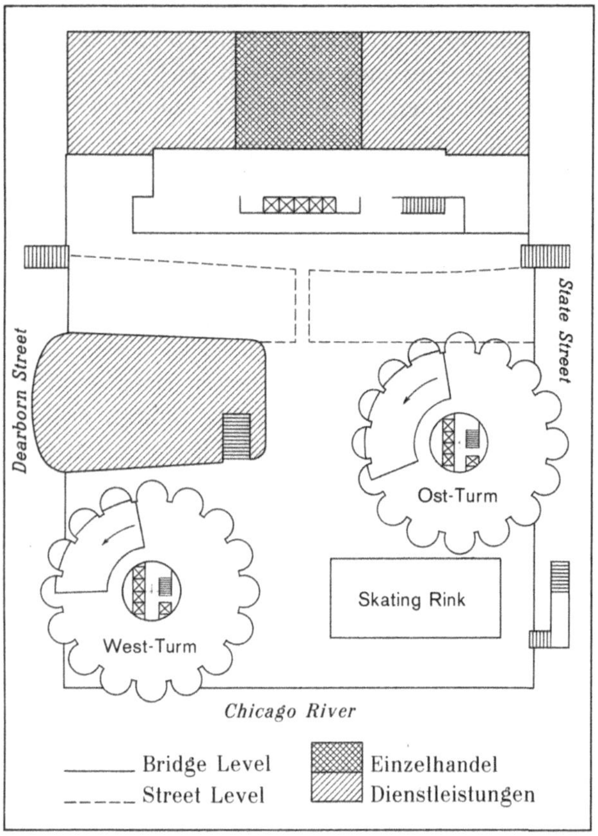

Fig. 58. *Grundriß der Marina City in Chicago* (nach Marina City Visitors Guide).
Die Marina City am Rande des Loop ist ein Beispiel für die in zahlreichen amerikanischen Großstädten in entsprechender Lage entstandenen oder projektierten high-rise Apartmenthäuser. Sie besteht aus zwei runden, 60 Geschosse hohen Wohntürmen, von denen die oberen zwei Drittel bewohnt sind. In den unteren Geschossen befinden sich die Autoabstellplätze und Gemeinschaftseinrichtungen sowie ganz unten Läden, Restaurants und Dienstleistungsbetriebe. Weiter gehören zu der Anlage ein mehrgeschossiges Bürohaus, ein halbrunder Bau für künstlerische Veranstaltungen und eine Eislaufbahn.

schossen Büroräumen und sechs Geschossen Ladengeschäften. Über den größten Teil der Gesamtfläche von 1,2 ha ziehen sich in zwei Geschossen Ladengeschäfte und Restaurants hin. In den Wohntürmen dienen die folgenden 18 Geschosse als Wagenabstellplätze. Es folgt ein Geschoß für Autopflege und Reparaturen, ein weiteres mit Gemeinschaftswaschanlage und Vorratsräumen, darüber liegen 39 Geschosse mit insgesamt 896 Wohnungen. Die Ausstattung solcher high-rise apartments ist meist sehr komfortabel und wird als Lockmittel für die Vermietung benutzt. Ganzjährige Klimaanlage, schalldämpfende Decken, mobile Trennwände, unbegrenzte Stromzufuhr und Telefonanschlußmöglichkeit, luxuriöse Ausstattung des Badezimmers und der Küche, schnelle Fahrstühle, Posteinwurf in jedem Geschoß sowie Cafeteria, Zeitungsstand, Drugstore und andere Einrichtungen im Erdgeschoß sind dabei Selbstverständlichkeiten. Es gibt drei Varianten von Wohnungen. 256 sind sogenannte "efficiency apartments" mit zwei Räumen für eine Monatsmiete von $ 135. 576 Wohnungen mit je einem Schlafraum werden für monatlich $ 180 vermietet, 64 Wohnungen mit je zwei Schlafräumen zu $ 295. Die beiden Wohntürme sind 179 m hoch, ihr Kern, in dem je fünf Fahrstühle, Rauchabzug, Müllschlucker, Wasserleitungen und Elektrizitätsversorgungsanlagen untergebracht sind, ist 55 m unter der Oberfläche verankert. Die Geschoßflächenziffer liegt bei dem Komplex bei 15 bis 16. Die beiden Wohntürme wurden 1962 fertiggestellt, das Theater und der Rechteckbau waren 1966 noch im Bau (Fig. 58; Bild 23).

Damit steht Chicago am Anfang einer Entwicklung, wie sie in unendlich vielen Großstädten Angloamerikas heute im Gange ist. Als weitere Beispiele seien das Stuyvesantviertel in New York City, das Riley Center in Indianapolis, die Plaza Square Apartments und Mansion House Apartments in St. Louis, die Vista del Rio Apartments in Kansas City, Missouri, die Oklahoma Continental Apartments in Oklahoma City und das Brooks Towers Project in Denver genannt. Sie stehen für viele andere Wohnhochhäuser und Wohnhausprojekte in der Cityrandzone. Die Preise in den Plaza Square Apartments von St. Louis belaufen sich auf $ 119.50 für ein "efficiency apartment" im 1. Stock ohne Balkon, auf $ 137.– für ein gleiches Apartment im 12. Stock mit Balkon, auf $ 169.50 für eine Wohnung mit zwei Schlafräumen im 1. Stock ohne Balkon und auf $ 194.50 für eine gleiche Wohnung im 12. Stock mit Balkon. In den für Mitte 1966 gültigen Preisen sind enthalten die Kosten für eine Garage von $ 15.– und für die Klimaanlage von $ 7.– im efficiency apartment bzw. $ 17.– im Zwei-Schlafräume-Apartment (Angaben der Plaza Square Apartment-Verwaltung).

Welcher Art sind nun die Menschen, die sich in solchen Wohnhochhäusern eine Wohnung mieten? Wie sind sie sozial einzustufen?

Die genannten Mietpreise sind für amerikanische Verhältnisse recht hoch. Ist ohnehin das Mietpreisniveau im Verhältnis zu anderen Lebenshaltungskosten, etwa den Ausgaben für Nahrungsmittel und Kleidung, schon hoch, so gilt das in besonderem

Maße für diese high-rise apartments in unmittelbarer Nachbarschaft zur City, weshalb der Volksmund sie auch "high-price apartments" nennt. Man wird also annehmen dürfen, daß es sich bei den Bewohnern hauptsächlich um in der City arbeitende, gut bezahlte, in gehobenen Positionen stehende Kräfte, um relativ junge Leute und um Haushalte mit gar keinen oder sehr wenigen Kindern handelt. Alle diese Annahmen treffen auch durchaus zu. Für die Bewohner der Marina City Towers in Chicago gibt es eine Erhebung nach sozialen Merkmalen aus dem Monat April 1965. Von den insgeamt 1303 Menschen, die die angebotenen Apartments zu 97% füllten, waren 1279 Erwachsene und nur 24 Kinder. Diese Kinder haben die Möglichkeit, in eine acht Baublöcke entfernt gelegene Schule, die Holy Name Cathedral School, oder benachbarte Privatschulen zu gehen[1]. 68% der Bewohner waren alleinstehend, nur 32% Ehepaare, meist kinderlos. Die Altersgruppen zwischen 21 Jahren und 50 Jahren stellten 67% der Einwohnerschaft, 4% waren unter 21 Jahre und 29% zählten über 50 Lebensjahre. 69% aller Haushalte lagen in den Einkommensklassen über $ 10000 im Jahr, 21% sogar über $ 20000. Im Loop arbeiteten 75% der Erwerbstätigen, in der Marina City selbst mit ihren über 700 Arbeitsplätzen 3%. 74% der erwerbstätigen Einwohner gaben an, zu ihrer Arbeitsstätte zu Fuß zu gehen, je 10% nahmen öffentliche Verkehrsmittel bzw. ihren eigenen Wagen in Anspruch.

Die Bewohner gehören im allgemeinen einer bestimmten Schicht an. Es sind Bankiers, Wirtschaftsjuristen, Geschäftsleute, die in verschiedenen Städten, in denen sich Filialen ihres Unternehmens befinden, eine Stadtwohnung benötigen, oder Intellektuelle, die Kontakte haben wollen und das suburbane Leben ablehnen (vgl. die Diskussionsbemerkungen von Hottes und Pfeifer zu meinem Vortrag auf dem 36. Deutschen Geographentag in Bad Godesberg).

Auch nach ihrer Herkunft wurden die Einwohner der Marina City Towers befragt. Es stellte sich heraus, daß 58% aus der Stadt Chicago stammten, 19% aus Vororten des Metropolitan Ring – eine bescheidene Rückwanderungsquote aus der Vorortzone in die Innenstadt! –, während 5% aus dem restlichen Staat Illinois und die übrigen Prozente aus 28 anderen US-Staaten, dem Bundesdistrikt und dem Ausland stammten.

Die Vorzüge der Cityrandlage nutzen die Ver-

Bild 23. *Die Marina City Towers am Rand des Loop in Chicago.* Mit ihren 60 Geschossen sind die beiden zylindrischen Bauten die höchsten Wohntürme in Amerika. Die oberen 40 Geschosse sind von Wohnungen eingenommen. In einem hohen, zwischen diese und die darunter gelegenen Garagendecks eingeschalteten Geschoß sind Gemeinschaftseinrichtungen untergebracht, während ganz unten zwei Geschosse der Aufnahme von Läden, Restaurants usw. dienen. Im Flußspiegelniveau des Chicago River befindet sich ein Bootshafen für etwa 700 Sportboote (B. Hofmeister).

waltungen zum Anlocken von Mietern. So macht die Plaza Square Apartment-Verwaltung potentiellen Mietern das Wohnen in diesen Häusern schmackhaft mit der Feststellung: "If you work Downtown, you can walk to and from work in minutes...even come home to lunch. If you work elsewhere you have only the lightest of traffic both ways. Many folks save 250 hours a year and more in travel time alone at Plaza Square."

Untersuchungen über die Wohnungswünsche der Stadtbevölkerung haben in vielen Städten zu ziemlich detaillierten Vorstellungen über den Bedarf an Mietwohnungen und speziell solchen in Citynähe geführt. In seiner Studie über die City von Denver hat

[1] Freundl. Mitteilung von Mr. M. H. Swibel.

beispielsweise das Denver Downtown Masterplan Committee den Bedarf für die Jahre 1962–1974 an Mietwohnungen im gesamten Stadtgebiet auf 50000, d.h. 35% aller neu zu erstellenden Wohneinheiten, geschätzt. Auf den Downtown-Randbereich entfallen etwa 1,8%, nämlich rund 2600 Wohnungen in 13 Häusern mit je 200 Wohneinheiten. Insgesamt werden die high-rise apartments nur 5% aller neuen Wohneinheiten im Stadtgebiet ausmachen.

Auch bestehen bei den Planungsämtern inzwischen einigermaßen feste Vorstellungen über die Standortwahl für Wohnhochhäuser. Es wurde bereits angedeutet, daß sie eine *Tendenz zur Orientierung auf den Sektor aktiver Assimilation hin* zeigen. Ein entsprechender Standort scheint eine wesentliche Voraussetzung zum Gelingen solcher Wohnhochhausprojekte am Cityrand zu sein. Wird dieser Gesichtspunkt nicht gebührend beachtet, kann das Projekt zum Scheitern verurteilt sein. So wurde er offenbar zu wenig berücksichtigt bei der Planung des Riley Center am Nordostrande der City von Indianapolis. Von dem gesamten Projekt wurden bis 1966 erst zwei Hochhäuser fertiggestellt, die aber nur zu etwa 60% belegt werden konnten. Die Anziehungskraft war wegen bestimmter Ungunstfaktoren zu gering. Die Häuser liegen offenbar schon zu weit abseits von der kompakten Bebauung der City und sind von dieser durch zwei Baublöcke mit überalterten Gebäuden, gewerblich genutzten Häusern und als Abstellplätze für Wagen oder Lagerhaltung genutzten Freiflächen getrennt, einen Bereich also, der eben dieser sehr gemischten und geringwertigen Nutzungen wegen unansehnlich ist und durch den man nicht gern zu Fuß geht. Die bisherige Entwicklung ließ auch noch Zweifel daran aufkommen, ob die übrigen Teile des Projekts und damit auch verschiedene vorgesehene Gemeinschaftseinrichtungen, wie sie im Zusammenhange mit dem Beispiel der Marina City Towers in Chicago erwähnt wurden, überhaupt noch gebaut würden. Daß man eventuell auf sie verzichten müsse, bestärkte sicherlich manchen potentiellen Mieter in seinem negativen Entscheid. Alles in allem war die Situation der Vermietung der Wohnungen abträglich und führte zu einem teilweisen Mißerfolg des ganzen Projektes.

Die Wohnhochhäuser sind in mehrfacher Hinsicht wertvolle Elemente in der Cityrandzone. Sie können beitragen

- zur räumlichen Begrenzung der City und strafferen Gliederung der innersten Stadtviertel,
- zur lokalen Bevölkerungsverdichtung und damit zur Abschwächung der Tendenz des Ausuferns der Stadtregionen, während gleichzeitig eine geringe Bevölkerungsdichte je Wohnfläche bzw. Wohnung gewährleistet ist,
- zur Erneuerung eines Verfallserscheinungen aufweisenden Teilbereichs innerhalb des Kranzes der Cityrandgebiete.

Wie die Marina City Towers auf einstigem Eisenbahngelände entstanden, so die Plaza Square Apartments mit über tausend Wohnungen und einem zum Projekt gehörenden Bürogebäude auf dem Gebiet früherer gewerblicher Nutzung, das aber schon herabgewirtschaftet und ein "disgraceful commercial slum" war. Mit einer Investition von $ 3 Millionen öffentlichen Mitteln und $ 18 Millionen privaten Mitteln entstand hier ein moderner Gebäudekomplex, der erheblich zur Erneuerung der Downtown und ihres Randbereichs in St. Louis beigetragen hat.

Mit den Marina City Towers ist noch einmal die Frage der *Eisenbahnen* angeschnitten, die in den Städten Angloamerikas häufig die zentralsten Stadtteile stärker zerschneiden als die peripherer geführten Bahnen in europäischen Städten (vgl. Abschnitt 3.5.1, S. 73). Die Bahnkörper, die teilweise auch in einem tieferen als dem Straßenniveau liegen, können nicht nur als störende, trennende Elemente betrachtet, sondern auch als auffüllbare Lücken gewertet werden. Das Bahngelände bildet vielfach ein *Grundstückspotential*, das in diesem Randbereich vorwiegend durch Wohnhochhäuser genutzt werden könnte. Ein gleiches gilt für die in tieferem Niveau geführten Expressways (s. Abschnitt 4.3.2.2, S. 200). Im amerikanischen Schrifttum wird dabei von den sogenannten "air rights" über Gleisanlagen oder Schnellstraßen gesprochen. Durch Vereinbarung mit den betreffenden Eisenbahngesellschaften wäre es sicher in vielen Fällen möglich, wie bisher nur vereinzelt geschehen, die Gebäude direkt über den Bahnanlagen zu errichten. Wahrscheinlich würden sich dabei für die Bauunternehmen verhältnismäßig günstige Bedingungen ergeben, während die Bahngesellschaften durch die Pacht für die Überlassung der air rights zusätzliche Einnahmen hätten. Es bleibt abzuwarten, in welchem Umfange man gerade für den innenstädtischen Mietwohnungsbau künftig von dieser Möglichkeit Gebrauch machen wird.

Im ganzen, so hat es bisher den Anschein, tragen die citynahen Wohnhochhäuser nicht unwesentlich zur Strukturverbesserung der zentralsten Stadtteile bei. Genaueres läßt sich freilich bisher kaum darüber aussagen, denn die fertigen Komplexe stehen erst seit wenigen Jahren, viele Projekte sind erst im Stadium der Ausführung begriffen. Es wird vielleicht noch eines Jahrzehnts bedürfen, um die Auswirkungen des Baues von downtown high-rise apartments zu erfassen. Daß sie auch negative Aspekte mit sich bringen, steht schon heute außer Zweifel.

Zu diesen negativen Auswirkungen gehören vor allem die Veränderungen in der Bevölkerungsstruktur dieser Gebiete und die damit verbundenen Begleiterscheinungen. Die gut verdienenden Bewohner der teuren Wohnungen der citynahen Hochhäuser stehen in erheblichem Gegensatz zu den sozial schwächsten Bevölkerungsteilen der herabgewirtschafteten und übelsten Wohnquartiere der Cityrandzone und angrenzender Wohnviertel. So tragen die high-rise apartments mit ihrem Mietpreisniveau zur *Polarisierung des Gegensatzes von arm und reich* in diesem ganzen Gebiet bei. Die Hochhausbewohner stehen an dem einen Ende der sozialen Stufenleiter, die Slumbewohner der sich auf Kosten der mittleren Einkommensklassen noch immer weiter ausdehnenden ärmlichsten Wohnquartiere auf dem entgegengesetzten Ende.

Daher haben besonders DAVIS und WHYTE Jr. heftige Kritik an dem Bau der citynahen Wohntürme geübt. Letzterer vertritt die Auffassung, daß die "self-contained neighborhood that turns its back on the surrounding streets, far from improving the neighborhood around it, depresses the whole area..." (The Exploding Metropolis, S. 24–27). Im einzelnen tragen seine Einwände gegen das Wohnhochhaus der Cityrandzone jedoch eher widersprüchlichen und polemischen Charakter, als daß sie den wahren Tatbestand beleuchten würden.

So spricht WHYTE Jr. im weiteren Verlaufe seiner kritischen Darlegungen über das Fehlen von Geschäften und anderen Annehmlichkeiten – "lack of stores and small amenities" – in unmittelbarer Nähe der Wohnbauten, ein Einwand, der mit dem Beispiel der Marina City Towers und anderer derartiger Wohnkomplexe widerlegt wird, und der andrerseits seiner eigenen vorhergehenden Bemerkung über den zur Autarkie strebenden, sich von seiner Umgebung abkapselnden Wohnhauskomplex widerspricht.

Sein weiterer Einwand ist der, die Wohnhochhäuser hätten keine familiengerechten Wohnungen; denn Familien würden nicht gern so hoch wohnen, da sie ihre unten spielenden Kinder nicht genügend im Auge hätten, sondern sie brauchten eher einen eigenen Garten, Hof oder mindestens die eigene Veranda oder Terrasse. Dem ist entgegenzuhalten, daß durchaus eine Nachfrage nach nicht familiengerechten Wohnungen seitens eines Teils der in der City Beschäftigten besteht, eine Nachfrage freilich von Alleinstehenden oder von kinderlosen Ehepaaren. Und welchem Bauherrn wollte man verübeln, wenn er in Berücksichtigung eben dieser Nachfrage ein solches Wohnhochhausprojekt in Angriff nimmt?

Es steht auf einem andern Blatt, ob man darin eine Diskriminierung eines großen Teils der Bevölkerung erblicken soll, für den diese Wohnungen in der Tat kaum geeignet, wohl meist auch gar nicht erschwinglich sind. WHYTE Jr. hält eine Kombination von Wohntürmen und Flachbauten für günstiger und dem reinen Wohnhochhausprojekt gegenüber für überlegen. Aber auch eine Mischung von Hoch- und Flachbauten bringt ihre Probleme mit sich, z.B. die berechtigte Klage der Bewohner der Flachbauten, daß selbst hohe Zäune sie nicht vor den Blicken der Einwohner der benachbarten Hochhäuser zu schützen vermögen und sie damit die erstrebte Zurückgezogenheit doch nicht erlangen könnten. Wie bereits näher ausgeführt, wird es in der nahen Zukunft einen immer wachsenden Bedarf an high-rise apartments in der Cityrandzone geben, und die bereits fertigen Häuser wie die zahlreichen Projekte lassen den Schluß zu, daß die Turmwohnbauten schon in wenigen Jahren zu einem *allgemeinen typischen Merkmal der großen Städte Angloamerikas* geworden sein werden.

Sehr vereinzelt treten Wohnhochhäuser heute auch schon in einiger Entfernung vom Stadtzentrum auf und bilden so die Ausnahme von der Regel, daß sich im Gegensatz zu Europa, wo der Wolkenkratzer spät, aber nun in den verschiedensten Stadtteilen Eingang gefunden hat, der Turmbau in Angloamerika auch gegenwärtig noch weitestgehend auf die Downtown beschränkt. Zu den wenigen Ausnahmen gehört beispielsweise das 30geschossige Horizon House in Chicago im 58. Block auf der Nordseite. Es handelt sich bei diesem und bei ähnlichen Bauten meist um Eigentumswohnungen. Über den Wohnungsbau außerhalb des City- und Cityrandbereiches aber wird noch im Abschnitt 4.3.1.1, S. 176, zu berichten sein.

4.2.3.3. Befriedigung des innenstädtischen Autoparkraumbedarfs

Zwischen einem und zwei Dritteln der gesamten Cityfläche angloamerikanischer Großstädte werden gegenwärtig für den rollenden und ruhenden Kraftfahrzeugverkehr verwendet (Fig. 59). In New York City beträgt dieser Flächenanteil 35%, in Detroit 56%, in Los Angeles gar 67%. Planer haben sich den Spaß gemacht zu berechnen, wieviel Platz schon heute benötigt würde, wenn alle Beschäftigten und Besucher der City in ihrem eigenen Wagen kämen und öffentliche Verkehrsmittel gar nicht benutzt würden. Die Cityfläche würde dann nicht einmal bei 100%iger Nutzung für die Verkehrsfunktion ausreichen, sie müßte noch größer sein. Sie würde vollständig vom Verkehr aufgefressen werden. Dank Fahrgemeinschaften und öffentlichen Verkehrsmitteln kommt es nicht so weit. Aber die Parkraumnot besonders in der City selbst ist in vielen amerikanischen Städten dennoch schlimm genug.

In dieser Situation erscheint besonders *das Potential der Cityrandzone entwicklungsfähig*. Sie ist auch vielerorts in hohem Maße für die Schaffung von Parkplätzen oder die Bereitstellung von Gelände für den Bau von Parkhäusern herangezogen worden. Dabei sind sowohl räumliche wie zeitliche Differenzierungen festzustellen. Ziehen wir das Beispiel Chicago heran.

In der sogenannten Central Area von Chicago, die mit dem Loop und seiner Randzone identisch ist, ist das Angebot von Autoabstellplätzen in dem Zeitraum 1947 bis 1963 von 31 840 auf 46 520 angestiegen. Dazu haben nicht unerheblich die städtischen Parkplätze und Parkgaragen beigetragen, die von 1954 ab entstanden sind. Tabelle 12 zeigt die im gesamten Stadtgebiet geschaffenen Einrichtungen mit ihrer Kapazität und nach der Art der Einrichtung, d. h. ob es sich um eine Parkgarage mit Rampe, um eine Parkgarage mit Aufzügen, um Parkplätze mit Bewachung, mit Parkuhren, mit Schranken oder mit Benutzung auf der Basis monatlicher Abrechnung für Berufspendler handelt.

Innerhalb von 11 Jahren entstanden 13 Parkgaragen und 67 Parkplätze mit einer Gesamtkapazität von 14 275 Abstellplätzen. Hauptsächliche Bauperioden waren die Jahre 1955/56, 1958–60 und 1964. Im Jahre 1965 erfolgte ein schwacher Rückgang infolge der Schließung dreier Parkplätze in der Außenzone, die ihrer ungünstigen Lage wegen kaum benutzt wurden und sich als unrentabel erwiesen. Bis 1959 entstanden alle jetzt vorhandenen *Hochhausgaragen*. Sie liegen alle am Cityrand. In späteren Jahren wurden nur noch Parkplätze neu eröffnet. Nur die allerersten, 1954 und 1955 eröffneten Parkgaragen operierten mit Aufzügen, alle späteren mit Rampen. Beide Arten von Parkhäusern haben mit Nachteilen zu rechnen. Bei den Parkhäusern mit Aufzügen spart man den Platz ein, den bei den anderen die Rampen einnehmen, aber diese günstigere Raumausnutzung wird mit der kostspieligen Einrichtung der Aufzüge und mit dem noch stärker ins Gewicht fallenden Kostenfaktor des Bedienungspersonals für

Tabelle 12. Städtische Autoparkeinrichtungen in Chicago.

Jahr	Kapazität	Zahl	Garagen m.		Parkplätze m.			
			Rampe	Aufzug	Wächter	Uhren	Schranke	Monatl. Abr.
1954	1 732	2	1	1	–	–	–	–
1955	5 512	13	4	3	6	–	–	–
1956	10 328	39	7	3	12	11	4	2
1957	10 450	40	7	3	13	11	4	2
1958	13 139	69	8	3	20	31	5	2
1959	13 708	73	10	3	21	32	5	2
1960	14 010	76	10	3	23	33	5	2
1961	*	77[a]	10	3	24[a]	33	5	2
1962	*	77	10	3	24	33	5	2
1963	*	77	10	3	24	33	5	2
1964	14 275	80	10	3	24	36	5	2
1965	14 043	77	10	3	22	35	5	2

Quelle: Parking Facility Fact Sheet

* = Die Kapazität in dem betreffenden Jahr ist nicht genau bekannt.

[a] = Aus den Unterlagen ist nicht ersichtlich, ob der eine Parkplatz 1961 oder in einem der beiden folgenden Jahre eröffnet wurde.

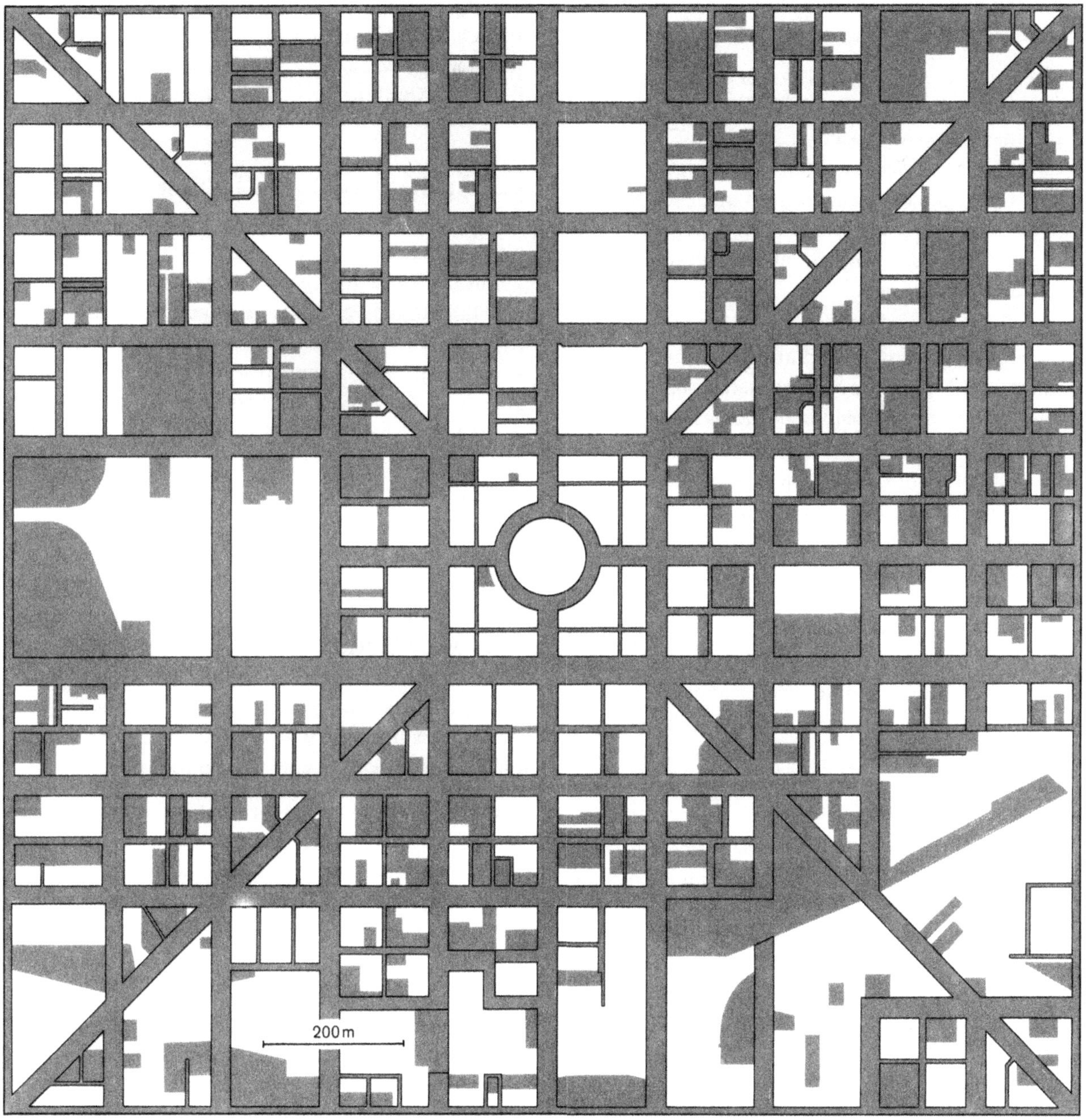

Fig. 59. *Die dem Kraftfahrzeugverkehr zur Verfügung stehenden Flächen im zentralen Mile Square von Indianapolis* (nach Metropolitan Planning Department of Marion County).
Die zentralste Quadratmeile umfaßt die City und ihre Randgebiete. Zu der dem Kraftfahrzeugverkehr zur Verfügung stehenden Fläche kommen noch die Gleisanlagen der Bahn als Verkehrsfläche hinzu. Der hier vom ruhenden und rollenden Verkehr beanspruchte Flächenanteil nähert sich schon dem extremen Wert von etwa zwei Dritteln der Gesamtfläche in der City von Los Angeles. Der Verkehr droht in diesen Städten den zentralsten Stadtteil aufzufressen.

diese Aufzüge erkauft. Wer über das amerikanische Lohnniveau Bescheid weiß, wird diesen Posten richtig einschätzen. So haben sich offensichtlich schon früh die Parkhäuser mit Rampen trotz größeren Raumbedarfs als die günstigeren erwiesen.

Später kamen keine Parkhäuser mehr dazu, sondern nur noch Parkplätze. Während der Bedarf der Downtown zuerst durch die Garagen und einige Plätze zu decken versucht wurde, entstanden die späteren Plätze weiter vom Loop entfernt. Nach ihrer Art sind sie hauptsächlich mit Parkuhren ausgestattet oder von Aufsehern bewacht (lot attendant).

Zu der Schwierigkeit rationaler Bewirtschaftung kommt aber hinzu, daß das Parkhochhaus punkthaft einen starken Verkehr erzeugt und Straßenverstopfungen in seiner unmittelbaren Umgebung hervorruft. Aus diesem Grunde ist in manchen Städten für die inneren Stadtviertel der Bau weiterer Parkgaragen verboten worden. Weiter draußen aber lohnt er sich nicht mehr.

Etwa vier Fünftel der vorhandenen Abstellplätze im Loop selbst werden von Parkhäusern, von Dachgaragen und einer großen unterirdischen Parkgarage bestritten, während in der *Randzone* fast zwei Drittel der Abstellplätze Parkplätze zu ebener Erde sind. Hier ist also das Parken *extensiver* als in der City. Wir erinnern uns dabei der im Abschnitt 3.5.1 gegebenen Schilderung der Unterschiede von City und Cityrand, derzufolge sich die Randzone von der City unter anderem dadurch unterscheidet, daß hier geringere und geringerwertige Überbauung und Raumnutzung vorliegen. Daß das nicht generell gilt, sondern daß innerhalb der Randzone bedeutende Unterschiede existieren, konnte mit dem Gegensatz von Wohnhochhäusern auf der einen und Autoparkeinrichtungen auf der andern Seite deutlich gemacht werden.

Die Randzone wird künftig in noch höherem Maße für die Bereitstellung von Autoabstellmöglichkeiten herangezogen werden. Für die Chicago Central Area, Loop und Randzone, ist bis zum Jahre 1980 ein weiterer Bedarf von 20000 Abstellplätzen zu erwarten unter der Voraussetzung, daß erhebliche Verbesserungen am Transitsystem, also am öffentlichen Schnellbahnsystem, vorgenommen werden. Sollten diese Verbesserungen jedoch unterbleiben, würde sich der weitere Bedarf auf 55000 Abstellplätze erhöhen.

Zur Lösung des Problems freilich gehört nicht allein die bloße Feststellung der Größenordnung und die Beschaffung der notwendigen Flächen, die künftig dem ruhenden Verkehr zugeführt werden sollen, sondern es wird versucht werden müssen, den Bedarf zu analysieren und bei dem Zielverkehr nach dem jeweiligen *Zweck des Aufenthalts in der City* und damit zugleich auch nach der *Länge des Aufenthalts* und dem unterschiedlichen Dringlichkeitsgrad für die Benutzung zentralster oder mehr peripherer Parkeinrichtungen zu differenzieren. Dementsprechend soll mehr als bisher durch gestaffelte Benutzungsgebühren, Größe und Art der Parkeinrichtungen das Gesamtangebot an Parkgaragen und -plätzen den verschiedenen Zwecken angepaßt werden (vgl. Abschnitt 4.2.1.2, S. 142).

4.3. Stadterneuerung und Grundstückserschließung im übrigen Stadtgebiet

Für die Betrachtung der gegenwärtigen Planungs- und Bautätigkeit erscheint es angebracht, im Gegensatz zur City die gesamte übrige Stadtregion zusammenzufassen. Denn ob es sich um Sanierungsgebiete in den citynahen Stadtvierteln oder um die Erschließung neuen Landes in der städtischen Außenzone oder in der Zone der Randgemeinden außerhalb der Grenzen der Kernstadt handelt, ist für die heutigen Strukturwandlungen weitgehend gleichbedeutend. In jedem Falle handelt es sich um Versuche, verhältnismäßig *große Flächen zu einer planerischen Einheit zusammenzubringen*, sei es durch Ankauf, sei es durch Enteignung, um für ein größeres Areal eine von der baulichen Gestaltung wie von der funktionalen Ausstattung her vorweg konzipierte Lösung zu realisieren. Was hat es mit diesen großen Flächeneinheiten für eine Bewandtnis?

Es ist der Wunsch von Grundstückserschließungsgesellschaften, Baukosten und damit auch Kauf- oder Mietpreise für Interessenten auf einem Niveau zu halten, daß der Erwerb oder das Mieten von Häusern und Wohnungen breiten Einkommensschichten möglich ist. Dieses Ziel macht die Anwendung der Massenfabrikation erforderlich. Häufig wird mit vorfabrizierten Häusern gearbeitet. Das läuft aber letztlich beim Eigenheim- wie beim Wohnungsbau auf umfangreiche Projekte und damit auf große Flächeneinheiten hinaus.

Die Anforderungen an den Haus- und Wohnungsbau sind in den letzten Jahren, besonders was den Gesichtspunkt der Hygiene betrifft, gestiegen. Die Gesundheitsbehörde fordert die Ausstattung mit sanitären Anlagen, vor allem den Anschluß aller Neubauten an das Netz der Kanalisation. Ein gewisser Standard ist auch die unabdingbare Voraussetzung für den Bezug günstiger öffentlicher Mittel im Haus- und Wohnungsbau. Für die Vergabe von Darlehen verlangt die Federal Housing Authority "public water supplies or an approved equivalent as a condition for extending mortgage guarantees" (Twin Cities Metr. Plann. Comm. Report 4, S. 36).

Ein Anschluß an das Wasserversorgungsnetz wird je nach Projekt, d.h. Bauweise in mehrgeschossigen Mietwohnhäusern oder ein- bis zweigeschossigen Eigenheimbauten, erst zwischen etwa 30 und 100 Häusern rentabel. Eine Neubausiedlung muß also wenigstens rund einhundert Eigenheime umfassen. Hier gibt es aus Rentabilitätsgründen nur die Alternativen, daß eine Grundstückserschließungsgesellschaft ein entsprechend großes Areal mit den Versorgungseinrichtungen erschließt, oder daß es zur Gemeinschaftsarbeit von mehreren kleineren Gesellschaften kommt. Auf jeden Fall laufen diese ökonomischen Erwägungen im Hinblick auf die Versorgungseinrichtungen auf große Flächeneinheiten hinaus.

Ähnliches trifft aber auch für andere Funktionen als die Wohnfunktion zu. Gewisse Anforderungen, die erfüllt werden müssen, um bindende Vorschriften der Bauleitpläne einzuhalten oder einfach um genügend Anziehungskraft zur Heranziehung privatwirtschaftlicher Unternehmen zu entfalten, können erst von einer gewissen Mindestgröße des zu erschließenden Areals ab als rentabel angesehen und berücksichtigt werden. Das gilt z.B. für den Handel und das Dienstleistungsgewerbe, die sich heute in meist großen, ein- bis zweigeschossigen Einkaufszentren etablieren, wie auch für Industriebetriebe, die aus Gründen der Rationalisierung meist eine einzige Ebene bevorzugen und bei eingeschossiger Bauweise eine erhebliche horizontale Flächenausdehnung erlangen, wobei auch in genügendem Maße für Ladezonen, Zufahrten, Parkplätze gesorgt sein muß.

Aber auch der Gesichtspunkt ist dabei von Bedeutung, daß man von einer gewissen Mindestgröße der Siedlung ab rationeller und besser für *Gemeinschaftseinrichtungen* wie Kinderspielplätze, Gemeinschaftswaschküchen, Grünanlagen und für eine Abstufung der Straßen nach ihrer jeweiligen Zweckbestimmung Sorge tragen kann und damit von vornherein eine höhere Qualität des Neubaugebietes und damit auch eine größere Anziehungskraft für potentielle Mieter oder Käufer erreicht. Für die Gesamtgestaltung einer neuen Wohnsiedlung schien die Erschließung in großen Flächeneinheiten die logische Konsequenz. "It appeared to be profitable or greatly raising the quality of the community to pool space for playgrounds and other recreational purposes and to differentiate the street system according to different types of traffic to be accommodated" (WISSINK, S. 259).

Nach Erfahrungen der Twin Cities Metropolitan Planning Commission liegt heute die untere Grenze der Fläche für die Erschließung eines neuen Wohngebietes, eines Einkaufszentrums oder Industriebezirks bei etwa 35 acres oder 14 ha. Erst von dieser Mindestgröße ab werden Grundstücke häufig für Erschließungsgesellschaften interessant.

Nun ist es ein mühevolles Unterfangen und kaum anders als im Rahmen der staatlich subventionierten Sanierungsprogramme möglich, in dem dichter bebauten Gürtel um die City herum so viele einzelne Parzellen aufzukaufen und für eine bauliche Neugestaltung zusammenzufassen, damit ein Komplex von annähernd der genannten Größenordnung zustande kommt. Es ist also nicht verwunderlich, wenn sich die Grundstückserschließungsgesellschaften vorwiegend weiter draußen in der städtischen Außenzone oder in den Vorortgemeinden des Metropolitan Ring nach solchen Arealen umsehen. Dieser Sachverhalt ist wichtig zum Erkennen der Kräfte, die hinter dem urban sprawl, dem Ausufern der Städte stecken.

Die zur Bebauung und Parzellierung vorgesehenen Flächen, in Amerika als "subdivisions" bezeichnet, haben häufig eine derart große Ausdehnung, daß sie von vornherein neben Wohnhäusern noch einen Industriedistrikt, ein Einkaufszentrum und verschiedene zentrale Einrichtungen wie Kirche und Schule enthalten.

In den citynahen Bereichen wächst auch die Zahl der verhältnismäßig großflächigen Sanierungsgebiete, die manchmal so groß sind, daß sie ebenfalls nicht nur einem einzigen Zwecke zugeführt werden, sondern daß innerhalb seiner Grenzen alle genannten Funktionen Platz finden. Als Beispiel sei das Mill Creek-Gebiet in St. Louis genannt, das sich westlich an die City anschließt und neben Wohnsiedlungen auch ein Einkaufszentrum, einen kleinen Industriedistrikt und die Erweiterungsbauten der Washington University aufnimmt (Fig. 60).

Am Ende des Jahres 1964 waren in 777 US-amerikanischen Städten 1634 Sanierungsprogramme mit staatlicher Hilfe von einer Gesamtfläche von rund 6000 ha in Durchführung begriffen oder im Stadium der Planung befindlich (OWEN, S. 199ff.). Das ergibt eine Durchschnittsgröße von rund 4 ha. Es sind also, besonders in Citynähe, auch viele kleinere Sanierungsprogramme in Angriff genommen worden. Da aber in der Gesamtzahl der Projekte auch die subventionierten Erneuerungsprogramme im Bereich der City selbst enthalten sind, ergibt sich für

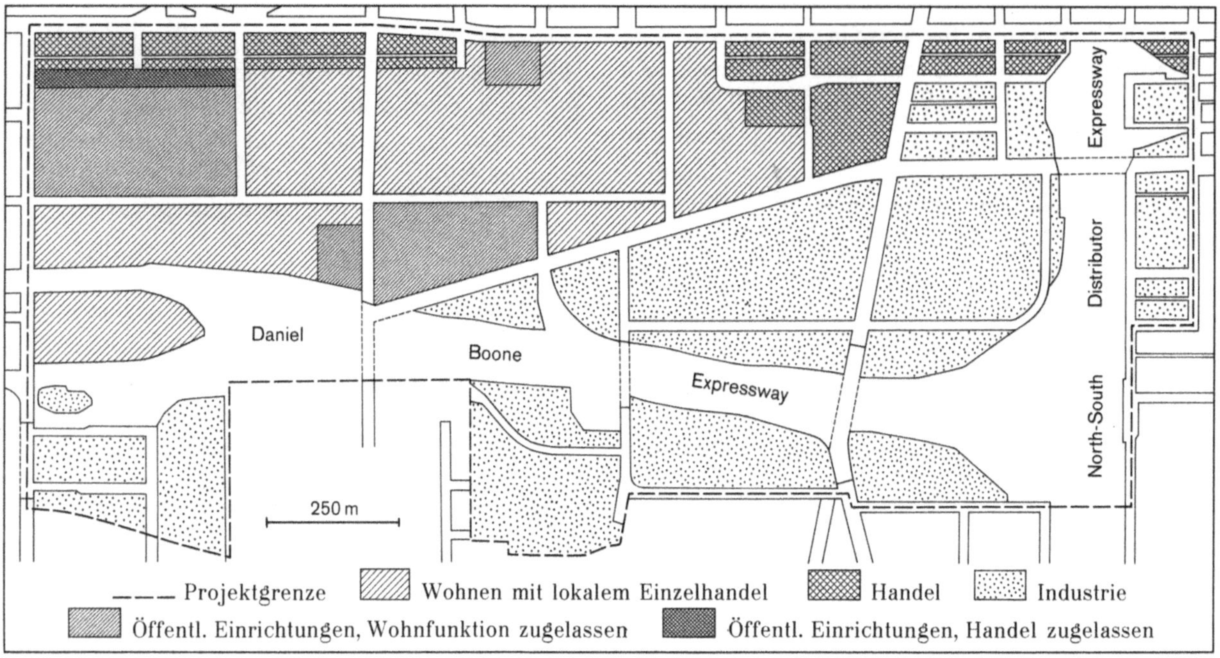

Fig. 60. *Das Mill Creek Valley-Sanierungsgebiet in St.Louis* (nach Land Clearance for Redevelopment Authority).
Abgesehen vom breiten Daniel Boone Expressway, der das sich westlich an die City anschließende, 182 ha große Sanierungsgebiet durchschneidet, wird dieses nach Niederlegung von rund 2000 verfallenen Häusern in größere Blöcke aufgeteilt, die einen vorgeplanten Industriepark, ein Wohngebiet mit Mietwohnhausblöcken, ein dieses bedienendes shopping center aufnehmen und Gelände für die Erweiterung des Campus der St. Louis University ergeben.

die Programme außerhalb der City ein höherer Durchschnittswert.

Nehmen wir die verschiedenen Erhaltungs- und Erneuerungsmaßnahmen zusammen, so nehmen sie oft einen beachtlichen Teil des gesamten Stadtgebietes ein, wie das Beispiel Milwaukee zu zeigen vermag. Hier gibt es im Bereich der City und citynahen Viertel, aber streckenweise bis an die Stadtgrenze heranreichend, vier verschiedene Kategorien von Erhaltungs- und Erneuerungsprogrammen: Konservierungsprojekte, Erneuerungsprojekte, existierende Sanierungsprojekte und Projekte mit besonderen Maßnahmen (Fig. 61). Unter die Kategorie I fallen gesunde Gebiete, in denen die Stadt einzelne Grundbesitzer in ihrem Bestreben, ein hohes Niveau des Wohnquartiers zu erhalten, unterstützt. Kategorie II umfaßt solche Gebiete, die allererste Verfallserscheinungen zeigen und in denen vereinzelt Meliorationsarbeiten notwendig sind, aber im allgemeinen keine Abrisse erfolgen sollen. Kategorie III umfaßt Gebiete mit einem geringen Anteil verfallender Häuser. Hier sind Abrisse und Neubauten in kleinerem Umfange notwendig. Im übrigen soll die Bausubstanz mit Hilfe von Meliorationsarbeiten wie Umbauten, Reparaturen und Renovierungen erhalten werden. Den größten Umfang aber besitzen die Gebiete, die unter Kategorie IV fallen. Sie sind Gebiete mit umfangreichen Verfallserscheinungen, in denen großflächige Sanierung notwendig ist. Sie wird sukzessiv nach Maßgabe der vorhandenen Mittel in Angriff genommen, und private Sanierungsträger werden nach Möglichkeit gefördert.

Sanierungsprogramme sind in den USA wie in Deutschland gleichermaßen umstritten. Diese Stadterneuerung ist im Grunde nichts anderes als eine *selektive*, auf Grund bestimmter Kriterien Prioritäten schaffende Fortführung eines seit jeher vor sich gehenden Regenerierungsprozesses der städtischen Bausubstanz. Während bis in unser Jahrhundert dieser Prozeß der Verjüngung auf Grund der individuellen Wünsche und Möglichkeiten der einzelnen Hauseigentümer und somit mehr oder weniger punkthaft vor sich ging, ist er heute gesteuert und forciert, unter Umständen auf Kosten anderer Stadtteile, die nicht in die öffentlich subventionierten Programme einbezogen wurden und somit benachteiligt sein mögen. Wie immer man sich zur Sanierungspolitik des Staates stellen mag, bedeuten doch vom stadtgeographischen Gesichtspunkt her alle diese Eingriffe einen interessanten *landschaftswandelnden Faktor*, der sich regional stark differenzierend innerhalb des Stadtbereichs auswirkt.

Auch müssen wir den Umfang der Stadterneuerung im Rahmen der staatlichen Sanierungsprogramme auf dem Hintergrunde des Zustandes der Bausubstanz der Städte betrachten. So gesehen fällt ihr *relatives Alter in den verschiedenen Landesteilen* stark ins Gewicht. Die Städte in den Weststaaten der USA und den Westprovinzen Kanadas sind großenteils sehr jung und in bezug auf den Zustand ihrer Bausubstanz als weitgehend gesunde Städte zu bezeichnen. Die Städte in den Oststaaten der USA bzw. den Ostprovinzen Kanadas sowie die Städte einiger relativ alter Randstreifen des Kontinents, wie die Städte an den Küsten von Kalifornien und Texas, erfuhren schon frühzeitig eine Erneuerung größerer Teile ihrer Bausubstanz. Es bleiben die Städte des Südens und der Mitte. Sie sind vielfach am rückständigsten. Einerseits sind sie schon so alt, daß ihre Bausubstanz großenteils als überaltert und abbruchreif bezeichnet werden muß, andrerseits noch nicht so alt, daß sie bereits eine merkbare Regenerierung ihrer Bausubstanz erlebt hätten. Hier finden wir weite Stadtgebiete vor, die von über 80 Jahre alten Gebäuden angefüllt sind und sich bei der leichten Bauweise, die den hohen Verfallsgrad gefördert hat, in beklagenswertem Zustande befinden (Fig. 62 und 63). Über die Regenerierung des Gebäudebestandes im Wohnungssektor wird noch im Zusammenhange mit dem Mietwohnungsbau im Abschnitt 4.3.1.1, S. 173ff., ausführlicher zu berichten sein.

Da Stadterneuerung wie auch Stadtranderschließung in ungezählten Fällen ähnlich verlaufen und es immer wieder um größere Flächen geht, die in gleichförmiger Weise entwickelt werden, kommt man zwangsläufig zu dem Eindruck, daß man es bei allen Neubaugebieten im gesamten Stadtbereich außerhalb der City mit einer Art *Standardmodell eines neuzeitlichen städtischen Siedlungsgefüges* zu tun hat. Es gibt ein paar Grundelemente, die in immer gleicher Kombination wiederkehren. Neben Resten von Altbaubestand finden sich auf saniertem Gelände und ohne Altbauten auf neu erschlossenem Gelände gleichermaßen immer wieder nebeneinander *eine Eigenheimsiedlung*, *ein Mietwohnhauskomplex*, zuweilen ein oder mehrere mehrgeschossige Apartmenthäuser, *ein Einkaufszentrum*, *ein vorgeplanter Industriedistrikt*, häufig dazu noch *ein*

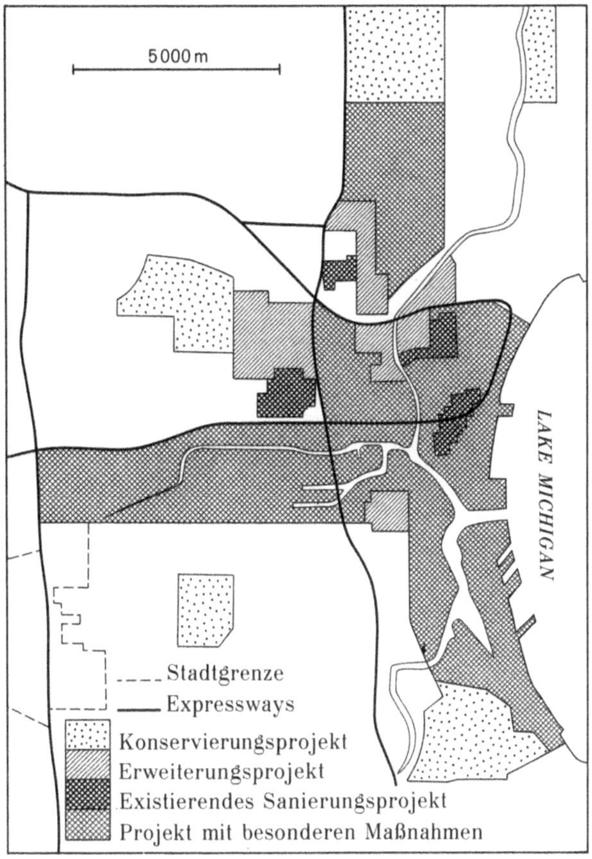

Fig. 61. *Die Stadterneuerungsprojekte in Milwaukee, Wisconsin* (nach City of Milwaukee Community Renewal Program).
Mit steigendem Verfallsgrad der Bausubstanz und entsprechend umfangreicheren Maßnahmen wird zwischen Konservierungs-, Erneuerungs-, Sanierungsprojekten und Projekten mit Sondermaßnahmen unterschieden. Beachtenswert ist, daß von allen diesen Maßnahmen zusammen der ganze Ring der Viertel um die City herum in geringerer oder größerer Tiefe betroffen ist. An zwei Stellen erreichen diese Gebiete die Stadtgrenze.

mobile home court. Dieses Gefüge tritt so häufig auf, daß man versucht ist, in dem Stadtplaner einen Küchenchef zu erblicken, der nach dem bekannten Beginn eines jeden Kochrezepts vorgegangen ist. Die modernen Siedlungen scheinen aus einer mehr oder weniger gleichbleibenden Anzahl bestimmter Elemente zusammengesetzt. Es entsteht der Eindruck der „Baukasten"siedlung. Eine Monotonie, die mit der *ständigen Wiederholung weniger bestimmter Grundriß- und Aufrißelemente* einst in den Kerngebieten der angloamerikanischen Städte erzeugt wurde, und die man heute dort zu eliminieren trachtet, indem man den Kern, die City, individueller und attraktiver gestaltet, *breitet sich über den großen Siedlungsbereich außerhalb der City aus*. Wie es bei

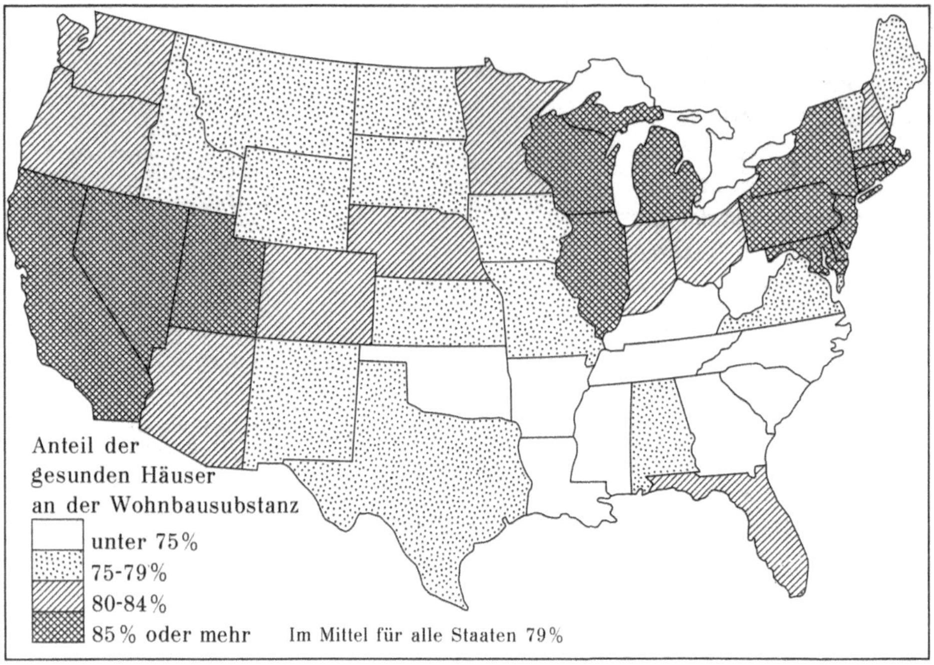

Fig. 62. *Baulicher Zustand des Wohnhausbestandes in den USA* (nach Upper Midwest Economic Study).
Nach Einzelstaaten sind die prozentualen Anteile der gesunden Wohneinheiten gezeigt. Der nationale Durchschnitt liegt bei 79%. Über diesem liegen die Staaten des Nordostens, die Große-Seen-Staaten und Küstenstaaten am Pazifik, darunter liegen vor allem die Südstaaten (mit Ausnahme Floridas verständlicherweise) und etliche Staaten der Mitte. Einerseits sind letztere in ihrem Gebäudebestand nicht so jung wie die Weststaaten, zum anderen ist in ihren Städten noch nicht so viel durch Neubauten ersetzt worden wie im Nordosten. Die Mitte hinkt hinter der Entwicklung nach. Zum Teil ist das auch ein Ergebnis bewußter Politik, die z. B. im Staate Louisiana den urban renewal mit staatlicher Finanzierung ablehnt und gesetzlich unterbindet, offenbar aus Besorgnis vor damit verbundener fremder Einmischung.

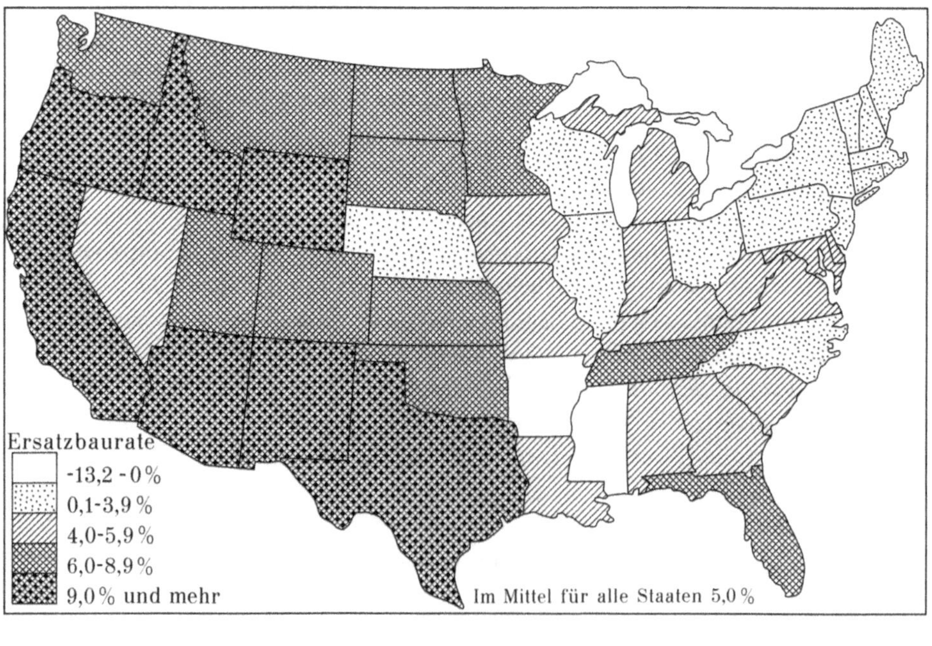

Fig. 63. *Regenerierung des Wohnhausbestandes in den USA* (nach Upper Midwest Economic Study).
Nach Einzelstaaten ist die sogenannte Ersatzbaurate für 1960 gezeigt, d.h. der prozentuale Anteil der Differenz aus neuen Wohneinheiten und Neuhaushalten im Dezennium 1950–1960 am Gesamtbestand städtischer Wohneinheiten. Sie beträgt im Durchschnitt 5,6%. Neuengland, einzelne Große-Seen-Staaten und wenige Südstaaten liegen niedrig, während der ganze Bereich der Plains-, Gebirgs- und Küstenstaaten am Pazifik darüber liegt. Voraussichtlich wird die Rate bis 1980 auf 12% ansteigen, was bedeuten würde, daß sich künftig in etwa der achtfachen Zeit, also in 8 Dezennien, eine 100%ige Regeneration des Baubestandes ergeben und kein Wohngebäude älter als 80 Jahre sein würde.

der City darum geht, Akzente zu setzen, so auch im Gebiet außerhalb der City. Eine gewisse Rolle spielen dabei die Einkaufszentren, die oftmals mehr Bedeutung besitzen, als dieses Wort ahnen läßt.

Während über die Eigenheimsiedlungen und die mobile home courts bereits im Kapitel 3 berichtet wurde, werden sich die folgenden Abschnitte 4.3.1.1 bis 4.3.1.3, mit den drei Elementen des Mietwohnhauskomplexes, des Einkaufszentrums und des vorgeplanten Industriedistrikts befassen.

4.3.1. Die großen baulichen Komplexe

4.3.1.1. Vom Eigenheim zum Mietwohnhauskomplex

Die heutige Situation auf dem Wohnungsmarkt ist einer umfangreichen Tätigkeit im Bausektor förderlich. Sowohl an Eigenheimen wie an Mietwohnungen bestand nach dem Zweiten Weltkriege ein erheblicher *Nachholbedarf.* Indem dieser in letzter Zeit durch erhöhte Bautätigkeit allmählich gedeckt worden ist, steht Amerika in einer Epoche kräftiger Verjüngung der Bausubstanz seiner Siedlungen.

Die Bebauung erfolgte im Laufe dieses Jahrhunderts ruckartig und auch sehr unterschiedlich im Hinblick auf Eigenheim- bzw. Mietwohnungsbau. Nach der Dekade der 20er Jahre mit verhältnismäßig starkem Mietwohnungsbau ließ die gesamte Bautätigkeit im Gefolge der Wirtschaftsdepression der 30er Jahre und der Kriegsereignisse nach. Die Zahl der Neubauten blieb gering. Der Wohnraumbedarf wurde auf verschiedene Weise gedeckt. Häufig erfolgte die *Umwandlung alter Häuser und Großwohnungen* in kleine Wohneinheiten. Hinzu kam die Umwandlung und Modernisierung von *Farmhäusern,* da die Landwirte in beachtlicher Zahl aus dem Agrarsektor ausschieden und teilweise durch Fortzug ihre Häuser interessierten Städtern überließen. Schließlich kam als schnelle und auch auf die Dauer erfolgreiche Lösung die *Ausbreitung der mobile home courts* hinzu (vgl. Abschnitt 3.6.1.4, S. 101 ff.).

Mittlerweile wuchs der Wohnraumbedarf und veraltete ein Teil des Gebäudebestandes während der Dekaden geringer Bautätigkeit immer mehr. *Die Bausubstanz wurde ungenügend ersetzt.* Diesen Umstand veranschaulicht Tabelle 13 (nach Upper Midwest Econ. Study Report 5, S. 3–4).

Man kann dieser Tabelle entnehmen, wie bis zur Depression ein Überhang an neuen Wohneinheiten gegenüber der Zahl der Neuhaushalte im nichtagraren Bereich (b–a) vorhanden war, sich dann aber in den 30er und 40er Jahren eine negative

Tabelle 13. Entwicklung des Zustandes der städtischen Bausubstanz in den USA.

Dekade	(in Millionen)				
	Nicht-agrarische Neu-haushalte (a)	Neubau nichtagr. Wohn-einheiten (b)	Differenz Neuh.- N. W. (b–a)	Abrisse (c)	Ersatz-rate*) (d)
1900–09	3,9	4,8	0,9	0,3	6,1
1910–19	3,4	4,6	1,2	0,4	6,7
1920–29	5,7	8,3	2,6	0,6	10,5
1930–39	4,5	3,8	–0,7	0,4	–2,2
1940–49	9,3	8,2	–1,1	1,0	–2,8
1950–59	11,9	15,0	3,1	3,3	5,6
1960–69**)	9,5	17,7	8,2	8,2	12,5
1970–79**)	12,5	21,8	9,3	9,3	11,5

*) Bedeutet Prozent Neubauten des Gesamtbaubestandes am Ende der Dekade.
**) Geschätzt.

Differenz zwischen beiden Größen ergab. Erst im Laufe der 50er Jahre trat wieder eine Umkehr in der Entwicklung ein, und die Schätzungen für die Dekaden 1960–1980 lassen einen kräftigen Anstieg der Bautätigkeit und damit einen Überschuß gegenüber der freilich ebenfalls am Ende der Dekade 1960–1969 wieder steigenden Zahl der Neuhaushalte (a) erkennen.

Die Beseitigung baufälliger Häuser (c) hinkte in den ersten drei Dekaden des Jahrhunderts stark hinter der Neubautätigkeit und dem Überschuß an Neuhaushalten (b–a) her, ging dann aber über die Differenz zwischen Zuwachs und Bedarf hinaus, kletterte nach dem Krieg stark empor und hält jetzt mit der Differenz schritt. Das ist aber noch keine Leistung, die zu übermäßigem Optimismus berechtigte, denn die Neubautätigkeit müßte noch stärker steigen, wenn die Überalterung der Bausubstanz nicht zunehmen soll.

Die *Ersatzrate* (d) als Ausdruck des prozentualen Anteils der Ersatzbauten (Differenz neue Wohneinheiten – Neuhaushalte = b – a) in einer Dekade am gesamten Baubestand nichtagrarer Wohneinheiten am Ende der Dekade lag im Durchschnitt der Jahrzehnte 1900–1960 nur bei rund 4%. Sie wird Schätzungen zufolge in den Jahrzehnten 1960 bis 1980 auf 12% ansteigen. Das ist bereits ein beachtlicher Fortschritt, denn bei einer Rate von 4% im Jahrzehnt würde sich die Gesamtbausubstanz erst in der 25fachen Zeit, d.h. innerhalb von 250

Jahren 100%ig erneuern, bei der jetzt erreichten Ersatzrate von 12% immerhin schon innerhalb von rund 80 Jahren. Unter der *Voraussetzung* also, daß die Neubautätigkeit in diesem Maße weitergeht und der Abriß von Altbauten mit ihr schritthält, würde es auf lange Sicht keine über 80 Jahre alten Wohnbauten in den Vereinigten Staaten geben.

Wenden wir uns nun der Frage nach der bevorzugten Wohnweise zu, d. h. der Frage nach dem *Verhältnis von Eigen- und Mietwohnungsbau.* Sie hängt aufs engste zusammen mit der Größe und Entwicklungstendenz der verschiedenen Altersgruppen innerhalb der Gesamtbevölkerung, die sich jeweils mit einer bestimmten *Phase innerhalb des Familienzyklus* identifizieren lassen.

Das Streben nach einem eigenen Haus mit Garten, möglichst abseits von Lärm und Verkehr der zentralen Stadtteile, zeichnet in besonderem Maße die *Familien mit Kindern vom Baby- bis zum Collegealter aus.* Die Suche solcher Familien nach dem eigenen Heim ist auch diktiert von der Zwangslage, die dadurch entsteht, daß wegen der großen, den Kindern eingeräumten Freiheiten und den damit verbundenen Begleiterscheinungen sich sehr viele Vermieter strikt gegen die Aufnahme von Familien mit Kindern aussprechen. Diese Gruppe innerhalb der Alterspyramide, im wesentlichen die Menschen zwischen 25 und 55 Jahren, bildet den hauptsächlichen Interessentenkreis bei der Nachfrage nach Eigenheimen.

Weitgehend entgegengesetzt verhalten sich andere Altersgruppen. Die *jungen Menschen,* solange sie noch ledig sind, aber auch noch während der Zeit der *Gründung von Neuhaushalten* und der ersten Ehejahre, solange die Ehen zum Teil noch kinderlos sind, also im wesentlichen die Altersgruppe zwischen etwa 18 und 24 Jahren, sind eher Anwärter auf Mietwohnungen. Das trifft aber auch auf die *älteren Menschen,* Junggesellen, Geschiedene und Witwer, aber auch auf ältere Ehepaare mit schon erwachsenen Kindern zu, die das Collegealter erreicht haben und nicht mehr im Haushalt der Eltern leben. Es sind hauptsächlich die Menschen der Altersgruppe über 65 Jahre. Oftmals hört man von den Eltern flügge gewordener Kinder, daß ihnen ihr großes Haus plötzlich leer und öde vorkommt, die zahlreichen Instandhaltungsarbeiten für Haus und Garten, Anstriche, Rasenmähen, Heckenbeschneiden, die in Do-it-yourself-Manier unter Mithilfe der Kinder jahrelang bewerkstelligt wurden, werden auf einmal zur Last und verlieren den Charakter eines Hobby. Damit ändert sich häufig die gesamte Einstellung zur Wohnweise. Man möchte das eigene Haus nicht mehr halten, sondern eher zur Miete wohnen, ohne all jene Verpflichtungen, die nun einmal mit einem eigenen Hause verbunden sind.

Die sich damit abzeichnenden vier Phasen des Familienzyklus sind demnach etwa zu umschreiben mit der Kindheit und Zugehörigkeit der jungen Menschen zur elterlichen Familie (I), Beginn der Eigenständigkeit und Gründung eines neuen, eigenen Haushalts (II), Vergrößerung des Haushalts durch den Nachwuchs, der nun seinerseits für eine neue Generation die erste Phase des Zyklus einleitet (III) und Lebensabend ohne die dem elterlichen Hause entwachsenen Kinder, die jetzt selbst ihren eigenen Haushalt führen und Kinder haben (IV). Die Phasen II und IV entsprechen dabei den Zeiten der Bevorzugung von Mietwohnungen. Nach Erfahrungswerten gehören etwa 85% der Menschen in der Altersgruppe von 18 bis 24 Jahren, für die die Gründung von Neuhaushalten ein charakteristisches Merkmal ist, zu denen, die zunächst nicht nach einem Eigenheim Ausschau halten, sondern eine Mietwohnung beziehen.

Die jeweilige Stärke dieser einzelnen Gruppen spielt also für den Wohnungsmarkt eine bedeutende Rolle. Welche Tendenz zeigt nun der Altersaufbau der Bevölkerung der USA und Kanadas?

Die Auswirkungen des Babyboom nach dem Zweiten Weltkrieg bringen für die 60er und zum Teil noch für die 70er Jahre in den Vereinigten Staaten, etwas schwächer auch in Kanada, ein merkbares Anwachsen der Altersgruppen der Collegestudenten und Neugründer von Haushalten mit sich. 1959 machten die Altersgruppen 15–19 Jahre und 20–24 Jahre erst 13,6% der Gesamtbevölkerung der USA aus, 1975 werden sie bei mittlerem Bevölkerungswachstum[1] 17,5 % ausmachen. Der entsprechende Anteil der Bevölkerungsgruppe über 65 Jahre wird in demselben Zeitraum von 8,6% auf 9,4% ansteigen. In Kanada ist der Anteil der Altersgruppe 10–19 Jahre von 1961 bis 1965 von 18,0% auf 19,5%, der Anteil der Altersgruppe 20–24 Jahre von 6,5%

[1] Diese Schätzung basiert auf der Voraussetzung, daß die Zahl der Kinder auf 1 000 Frauen am Ende des gebärfähigen Alters 3 100 beträgt und die Gesamtbevölkerung auf 225,87 Millionen ansteigt.

auf 7,0% angestiegen. Das bedeutet zunehmende Zahlen von Neuhaushalten und *steigende Nachfrage nach Mietwohnungen* (Fig. 64).

In den letzten 70er Jahren und in den 80er Jahren werden dann die Altersgruppen zwischen 25 und 64 Jahren wieder stärker wachsen. Während aber kaum ein Fünftel der amerikanischen Familien, deren Familienoberhaupt unter 25 Jahre zählt, ein Haus kauft, kauft etwa die Hälfte aller Familien ein Haus, deren Oberhaupt zwischen 25 und 35 Jahre ist.

Die seit Ende der 50er Jahre *verlangsamte Entwicklung im Eigenheimbau* und der Aufschwung im Mietwohnungsbau spiegeln die genannten Verschiebungen im Altersaufbau der Bevölkerung wider. Von Jahr zu Jahr steigt die Zahl der Neuhaushalte an. Im Jahre 1970 sollen es rund 2,65 Millionen werden. Die steigende Nachfrage nach Mietwohnungen hat seit etlichen Jahren das Verhältnis von Eigenheim- zu Mietwohnungsbau zugunsten des letzteren verschoben. Während noch im Jahre 1956 nur 82000 oder 5% aller neu erstellten Wohneinheiten in USA Mietwohnungen waren, waren es 1959 bereits rund 250000 Wohneinheiten oder 18%, und der jährliche Durchschnitt für das laufende Jahrzehnt wird auf 400000 oder 25% geschätzt (America in the Sixties, S. 140ff.). In manchen Städten liegt der Anteil der Mietwohnungen noch weit über diesem Durchschnittswert für die Union. In Tulsa, Oklahoma, waren 1964/65 rund 40% aller neuen Wohneinheiten in Mehrfamilienhäusern, während die Stadtverwaltung für die 70er Jahre ein Einpendeln auf 20–25%, also eine etwa dem nationalen Durchschnitt entsprechende Größenordnung erwartet (Tulsa, Research Suppl. 1, Paper 9, S. 3–4). In Denver erwartet man für das laufende und folgende Jahrzehnt die größte Zunahme von Wohnungen in Gebäuden mit wenigstens vier Wohneinheiten. Von den insgesamt 43000 neuen Wohneinheiten in den beiden Dekaden werden rund 70% apartment units sein (Denver 1985, S. 97). In der Stadt Chicago hat die Fertigstellung von Wohnungen in Mehrfamilienhäusern den Eigenheimbau in den 60er Jahren beträchtlich überflügelt, wie aus Tabelle 14 ersichtlich ist (Housing and Urban Renewal, Progress Report 1964, S. 57).

Die *Sanierungsprogramme* der Städte unter hoher finanzieller Beteiligung der Regierung liefern zu dieser Entwicklung einen entscheidenden Beitrag.

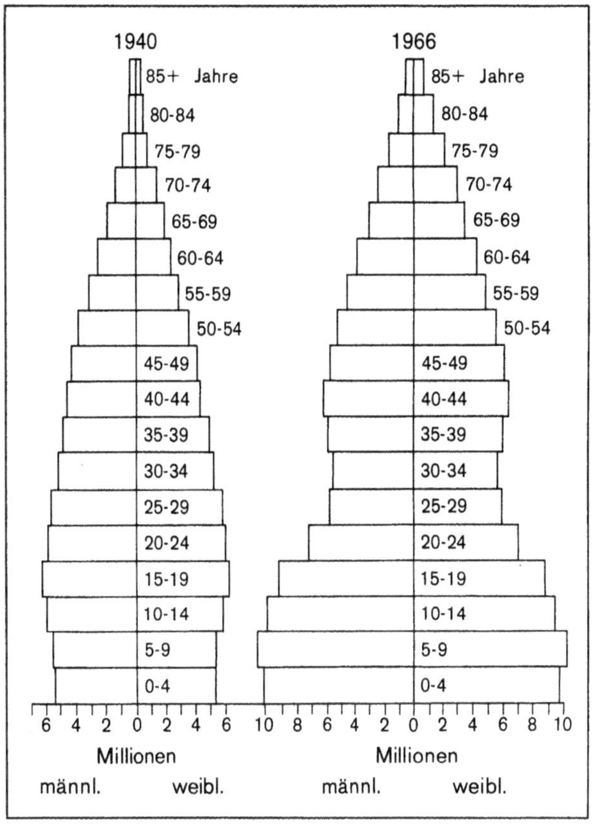

Fig. 64. *Der Altersaufbau der US-amerikanischen Bevölkerung* 1940 *und* 1966 (nach Daten des Bureau of the Census).
Der Vergleich zeigt die Verschiebung im Altersaufbau zugunsten der Altersgruppen der die Neuhaushalte bildenden jungen Menschen und der älteren Leute im Rentenalter. Beide Gruppen spielen für eine erhöhte Nachfrage nach Mietwohnungen eine Rolle. Seit Mitte der 50er Jahre ist der Mietwohnungsanteil der jährlich neu erstellten Wohneinheiten von 8% auf annähernd 25% gestiegen.

Tabelle 14. Fertiggestellte Einfamilienhäuser und Wohnungen in Chicago.

Jahr	Einfamilienhäuser	Wohnungen
1955	9277	6395
1957	4937	5715
1959	5229	4731
1961	3430	10829
1963	2663	6310
1964	2047	7979

Das sei am Beispiel des Sanierungsgebietes Central West End in St. Louis veranschaulicht, für das sich innerhalb des Jahrzehnts 1951–1961 nach der Anzahl der Baublöcke die folgenden Veränderungen in der Nutzung ergeben haben (Central West End St. Louis, S. 10):

Tabelle 15. Veränderungen der Nutzung nach Baublöcken, Central West End St. Louis.

Nutzungsart	Zahl der Baublöcke	
	1951	1961
1- u. 2familienhäuser	74	26,5
Mehrfamilienhäuser	18	34
Handel	10	40,5
Keine Nutzung	0	14

Die veränderte Nutzung durch Abriß von Einfamilienhäusern der Altbebauung und Neubau von Mehrfamilienhäusern bringt ein *Ansteigen der Wohnbevölkerungsdichte* mit sich und zugleich eine günstigere Grundlage für den *Einzelhandel*. Das neu entstandene Einkaufszentrum des Central West End wird getragen von diesem neuen, mit Mehrfamilienhäusern angereicherten Sanierungsgebiet, von einem etwas älteren, nördlich benachbart gelegenen Sanierungsgebiet und einem weiteren Anwachsen der Bevölkerung durch die Erweiterung der ebenfalls benachbart gelegenen Universität auf 15000 Studenten, die großenteils in universitätsnahen, vielgeschossigen Wohnheimen untergebracht sind und noch werden, bei entsprechender Vergrößerung des Lehrkörpers.

Die neuen Mietwohnhauskomplexe tragen aber vor allem zur Anhebung der Wohnbevölkerungsdichte in den bisher nur dünn besiedelten Gemeinden des Metropolitan Ring bei, in denen sie *als ganz neues Element neben das vorherrschende Eigenheim* getreten sind. In letzter Zeit sind Mietwohneinheiten vorwiegend am Stadtrand, meist außerhalb der administrativen Grenze der zentralen Stadt, entstanden, wie am Beispiel der Doppelstadt St. Paul–Minneapolis nachzuweisen ist (Fig. 65). Physiognomisch fallen die drei- bis viergeschossigen Mietwohnhauskomplexe in ihren ganzen Abmessungen sehr deutlich aus ihrer Umgebung heraus.

4.3.1.2. *Vom Strip commercial zum Plaza-type shopping center*

Ein sehr bedeutendes wenn nicht überhaupt das bedeutendste bauliche und funktionale Element in den städtischen Außenbezirken und den Vorortgemeinden des Metropolitan Ring sind die Einkaufszentren. Ihr wahrer Charakter mag jedoch von der Bezeichnung "shopping center" her mißdeutet werden, weshalb wir hier an den Anfang der Betrachtung zunächst einige Erläuterungen zu diesem Begriff geben müssen. Was ist eigentlich unter shopping center zu verstehen?

Es ist in der Tat so, daß die Bezeichnung in vielen Fällen nicht das zum Ausdruck bringt, was sich dahinter verbirgt. Denn sie legt die Vermutung nahe, daß es sich um eine Agglomeration von *Einzelhandelsunternehmen* mit ihren Ladengeschäften handelt. Und das ist nur zum Teil richtig. Natürlich bildet der Einzelhandel einen wichtigen Bestandteil des shopping center. In einem kleinen Einkaufszentrum wird also zumindest ein kleiner Supermarkt vorhanden sein. Auch der ureigene amerikanische drug store wird nicht fehlen. Dazu kommen je nach Gesamtgröße des Komplexes Einzelhandelsgeschäfte verschiedenster Branchen. Je größer das Zentrum, desto umfangreicher die Variationsbreite. Meist ist auch schon in kleineren Zentren die Filiale wenigstens eines *Warenhauses* vorhanden. Während die Planung bei Einkaufszentren bis zu einer bestimmten Größenordnung, etwa bis zu zwanzig Läden, nur jeweils einen Laden für jede Branche vorsieht, sind in größeren Zentren die Branchen zum Teil auch mehrfach vertreten, und es finden sich dann auch die Filialen von zwei oder gar drei Warenhauskonzernen darin ein. In Zentren von etwa 40 Läden treten dann auch bereits recht spezialisierte Einzelhandelsgeschäfte auf wie etwa Hutgeschäfte, Kinderbekleidungsgeschäfte, Musikalienhandlungen, Nähmaschinengeschäfte, Porzellan- und Glaswarenhandlungen, Spielwarenhandlungen.

Aber damit ist die Vielfalt des Einkaufszentrums bei weitem nicht erfaßt. Denn sehr häufig enthält es neben den Läden des Einzelhandels auch eine Reihe von *Dienstleistungsbetrieben*. Es kommen also Frisiersalons, Selbstbedienungsreinigungen, Reiseagenturen und andere Betriebe dazu. *Restaurants, Cafés, Schnellimbißstuben* ermöglichen dem Kunden, seinen Einkauf beliebig auszudehnen und inzwischen Mahlzeiten oder Erfrischungen zu sich zu nehmen. Größere Zentren besitzen auch ein *Lichtspieltheater*, das am Tage, aber auch abends, nachdem die Läden geschlossen haben, Vorstellungen gibt und Menschen in das Einkaufszentrum zieht. In einzelnen sehr großen Einkaufszentren gibt es gar ein *Hotel*. Häufig sind ein oder mehrere Ärzte, ein Zahnarzt in einem kleinen "medical center", ein Psychotherapeut, ein Masseur, ein Optiker, ein

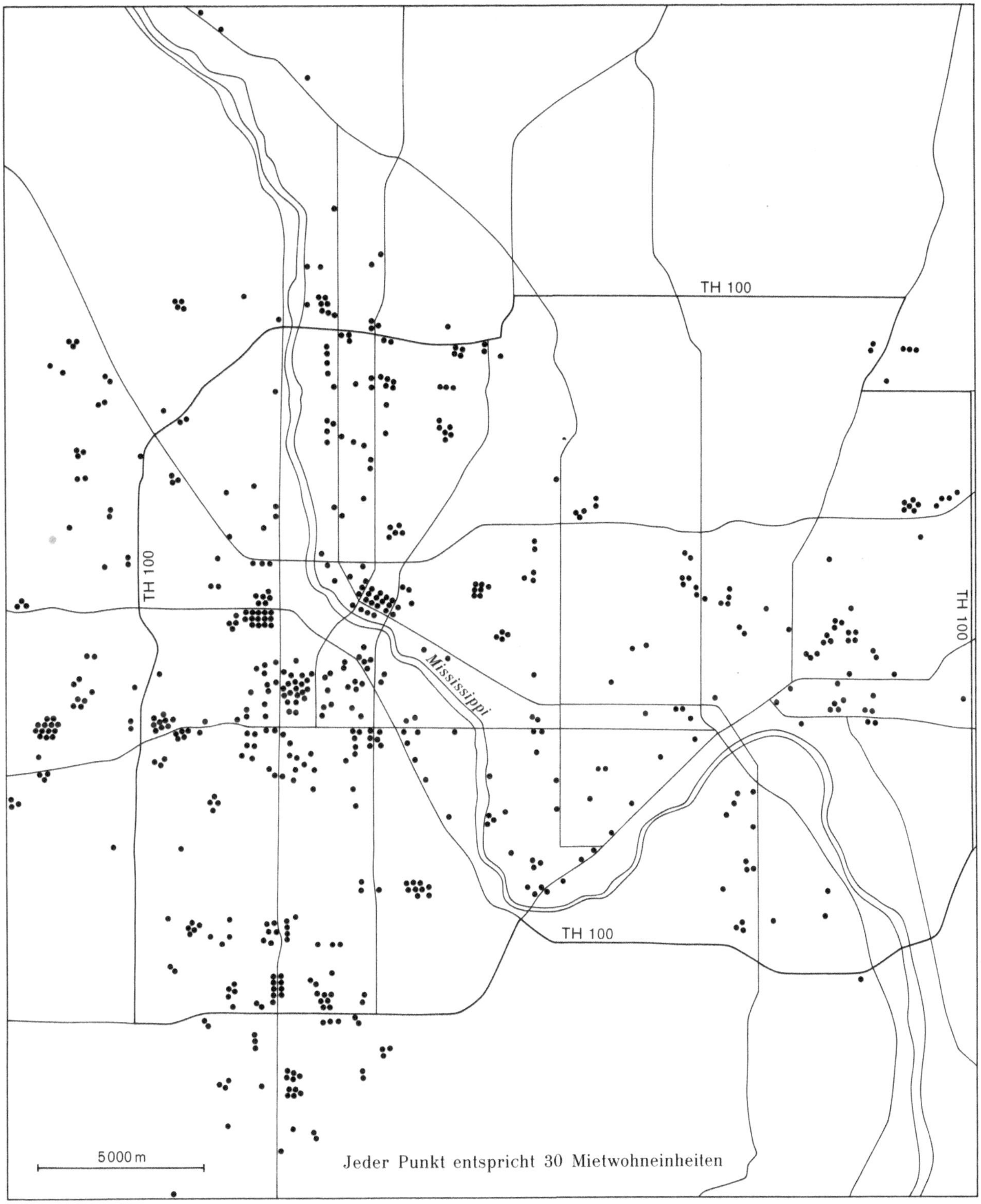

Fig. 65. *Verbreitung der Mietwohnungsneubauten 1957–1963 in der Metropolitan Area St. Paul–Minneapolis* (nach The Joint Program, Report 2 "4 000 000 by 2 000").

Besonders für Minneapolis auffallend sind die beiden Konzentrationen des Apartmenthausbaus in der Umgebung der City (high-rise Apartment) und im Bereich um die Stadtgrenze in den äußersten Stadtbezirken und angrenzenden Vorortgebieten, wo seit wenigen Jahren in Gebieten, die bisher völlig vom Eigenheim beherrscht waren, größere Mietwohnhausblöcke von 3 bis 4 Geschossen auftreten.

Photoatelier, Tanzschule, Maklerbüro, Steuerberater, Bankfilialen und Bausparkassen vertreten. Das Don Mills Shopping Centre im Ostteil der Metropolitan Area von Toronto beherbergt neben den meisten der genannten Einrichtungen *eine Kegelbahn, eine Eislaufbahn, einen curling rink, eine Bibliothek, ein Postamt, ein Polizeirevier, einen Feuerlöschzug*. In vereinzelten Fällen hat ein Einkaufszentrum auch eine Tankstelle, was in Kalifornien häufiger ist. Alle diese Einrichtungen sind zum Teil in etlichen Gebäuden, von denen öfter einige miteinander verbunden sind, untergebracht. Das Don Mills Centre in Toronto besteht aus 16 Gebäuden. Mit allen diesen Funktionen ist es wie manches andere shopping center ein *teilweise mit Verwaltungsfunktionen ausgestattetes Gemeindezentrum sowie sportliches und kulturelles Zentrum* für einen größeren Einzugsbereich.

So ist das shopping center also oftmals sehr viel mehr als nur Einkaufszentrum. Es wurde aber schon ein weiterer Punkt angedeutet mit der Feststellung, daß außer bei den ganz großen Zentren die *einzelne Branche jeweils nur einmal vertreten* ist. Dieses Merkmal wie auch andere Eigenheiten des Einkaufszentrums, z. B. standardisierte Ladenbreiten, geringer Aufwand an Reklame und Schaufensterauslagen, meist gemeinsame Werbung aller beteiligten Betriebe für das Einkaufszentrum als ganzes, deuten auf die *planerische Gestaltung* hin. Eine Anzahl von Autoren vertritt sogar die Auffassung, daß nur diesen vorgeplanten Einkaufszentren im Gegensatz zu gewachsenen und mehr zufälligen Agglomerationen von Geschäften und sonstigen gewerblichen Einrichtungen die Bezeichnung "shopping center" zukäme.

Im folgenden soll nur von diesen *als Einheit geplanten, entwickelten und verwalteten Einkaufszentren* die Rede sein, die ihrer ganzen Art und Ausstattung zufolge nach bestimmten Gesichtspunkten gestaltete Komplexe sind. Bei der Anlage eines Einkaufszentrums müssen vor allem beachtet werden:

- eine vorteilhafte Lage, insbesondere im Hinblick auf den motorisierten Kunden,
- eine dem wahrscheinlichen Einzugsbereich des Einkaufszentrums adäquate Größe, die das Zentrum davor bewahrt, daß zu einem späteren Zeitpunkt die Ladenfläche vergrößert wird auf Kosten der Autoabstellplätze; man rechnet im Durchschnitt 2,2 qm Parkfläche pro qm Bruttoladenfläche; nur wenn bei entsprechender Situation eine günstige Erreichbarkeit durch Fußgängerverkehr oder Autobuslinien für einen größeren Teil der Kunden gegeben ist, dürfte dieses Maß unterschritten werden,
- eine gute Einpassung in das Verkehrsnetz der Umgebung, die das Hinein- und Hinausfahren gefahrlos macht und auch die umliegenden Straßen vor Überlastung und Verstopfung bewahrt,
- eine Trennung von Zuliefererverkehr und Kundenverkehr,
- eine Abschirmung benachbarter Gebiete, insbesondere der Wohngebiete, vor Geräuschen des Entladens und vor der Beleuchtung der Abstellplätze und den Scheinwerfern der Autos, durch Mauern, Grünanlagen, gewerbliche Nutzflächen,
- eine vom ästhetischen Gesichtspunkt her angenehm wirkende Ausgestaltung der Bauten sowie des gesamten Geländes, was durch Blumenrabatten, Springbrunnen usw. erreicht werden kann,
- eine sinnvolle Anordnung der einzelnen Unternehmen innerhalb des Komplexes.

Was den letztgenannten Punkt betrifft, geht die Planung von Einkaufszentren heute auf Grund von Erfahrungen und Forschungen bereits so weit ins Detail, daß man beispielsweise vermeidet, einen Damenfrisiersalon und eine Selbstbedienungsreinigung in unmittelbarer Nachbarschaft in derselben Gegend innerhalb des Einkaufszentrums unterzubringen. Man weiß, daß gerade diese beiden Einrichtungen einen verhältnismäßig langen Aufenthalt der weiblichen Kundschaft mit sich bringen und der Parkplatzbereich in der Nähe dieser Einrichtungen entsprechend stark beansprucht wird. Während die Parkzeiten für den einzelnen Wagen bei anderen Verrichtungen äußerst unterschiedlich sind, im allgemeinen aber in kürzeren Abständen immer wieder Abstellplätze frei werden, blockieren die weiblichen Kunden dieser Einrichtungen ihre Parkplätze für längere Zeit. Daher sollen solche Einrichtungen möglichst weit voneinander entfernt, eventuell an entgegengesetzten Enden des Einkaufszentrums untergebracht werden, es sei denn, Friseur und Reinigung sind zu einem Betrieb vereinigt, und beide Besuche finden gleichzeitig statt.

Die Amerikaner haben im Laufe der Jahre viel lernen müssen. Heute kennt man alle die Vorbedingungen, die für ein gutes Funktionieren eines Einkaufszentrums wichtig sind. In früheren Jahren sind sie durchaus nicht immer beachtet worden, und man hat es heute mit den unausbleiblichen üblen Folgen

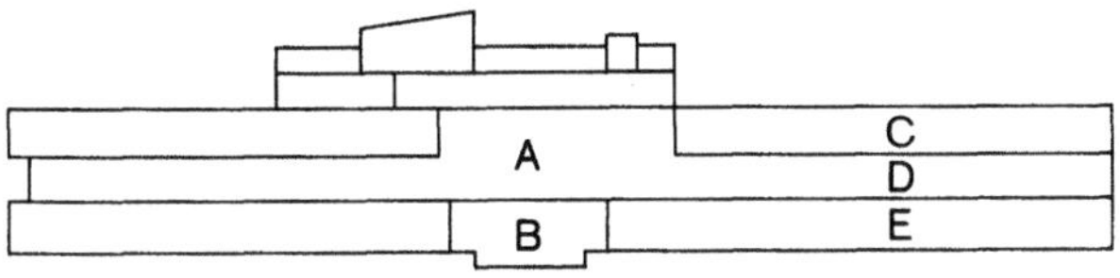

A Fußgängerzone B Lkw-Tunnel
C Oberes Ladenniveau D Unteres Ladenniveau
E Unterirdische Lagerräume

Fig. 66. *Vertikalschnitt durch ein modernes Shopping Center.* Übereinander angeordnet finden sich meist in der Mitte ein großer, überdachter und klimatisierter hallenartiger Fußgängerbereich und darunter die Zufahrt für die Lieferfirmen, während seitlich übereinander die Ladengeschäfte häufig in zwei Niveaus angeordnet sind und darunter die Lagerhaltung.

zu tun. In manchen Fällen hat sich herausgestellt, daß die Einkaufszentren zu kahl und nüchtern wirken und der gewünschten Attraktivität entbehren, daß sie stärker als zunächst vorgesehen gewachsen sind und dadurch nicht nur selbst in Raumnot gerieten, so daß die Verkaufsfläche auf Kosten der Parkfläche vergrößert wurde, sondern auch eine Überlastung der Straßen ihrer Umgebung mit sich brachten.

Diese geplanten Zentren *unterscheiden sich* in mancherlei Hinsicht von ungeplanten Geschäftsagglomerationen. Die geplanten Zentren lassen nicht nur in ihrem äußeren Erscheinungsbild die vorgefaßte Konzeption erkennen. Auch *funktional* unterscheiden sie sich deutlich von den gewachsenen Zentren. Sie haben im allgemeinen *weniger Funktionen*, meist auch eine *geringere Zahl von Betrieben*, was großenteils einfach erklärlich ist aus der Tatsache, daß die Planung in kleinen und mittelgroßen Einkaufszentren nur einen Vertreter für die einzelne Branche vorsieht; aber sie benötigen dabei viel *mehr Platz*, weil sie nur ein- bis zweigeschossige Bauten aufweisen, allenfalls in einer dritten Ebene unterirdisch die Zuliefererwege und Lagerhaltung beherbergen (Fig. 66), dazu großzügig angelegte Hallen aufweisen, von denen aus man die Eingänge zu den Ladengeschäften erreicht, und natürlich eine große Zahl von Autoabstellplätzen, so daß häufig eine ganz niedrige Geschoßflächenziffer von etwa 0,25 herauskommt. Sie bedienen im allgemeinen einen *größeren Einzugsbereich*, da sie in entsprechend größerer Distanz zueinander angelegt werden, meist in Gebieten dünner Vorortbevölkerung gelegen sind und weitgehend von motorisierten Kunden leben. Das bedeutet, daß sie verhältnismäßig *stärker isoliert* liegen und mit relativ geringer Konkurrenz seitens anderer Einkaufszentren zu rechnen haben. Eher stehen sie zu den an den Chausseen entwickelten, einem andern Lageprinzip untergeordneten strip commercials in Konkurrenz (vgl. Northeast. Ill. Plann. Comm., Commercial Structure, S. 37).

Das geplante Einkaufszentrum hat aber erst im Laufe von Jahren die Form angenommen, in der es uns heute in seinen modernsten Exemplaren entgegentritt, so daß wir sehr verschiedene Varianten im Bereiche einer Metropolitan Area vorfinden. Zurückverfolgen läßt sich das Einkaufszentrum bis auf das Jahr 1925, als in Kansas City die sogenannte Country Club Plaza gebaut wurde. Wir hatten im Abschnitt 3.7.3.2, S. 123, schon darauf hingewiesen, daß der commercial strip nicht mehr als zeitgemäße Form des Waren- und Dienstleistungsangebots angesehen wird. Auch ist seine Lagegunst mit der teilweisen Umorientierung des Kraftfahrzeugverkehrs auf die Autobahnen mit ihrem beschränkten Zugang sehr geschwunden. So läßt sich hier eine *formengenetische Reihe* von mehreren Gliedern aufstellen.

Zunächst zeigte das Einkaufszentrum noch eine stärkere Anlehnung an den strip commercial. Manche der frühen Zentren waren selbst noch recht *langgestreckt* und werden im Schrifttum als *"strip-like shopping centers"* bezeichnet. Als Beispiel für diesen Typ möge das Don Mills Shopping Centre in Toronto genannt werden. Es wurde 1954 gebaut. Länge und Breite der Anlage verhalten sich etwa wie 7:4 (Fig. 67; Bild 24).

Abgesehen von dieser Erstreckung in einer Achse und der Anordnung der einzelnen Gebäude entlang derselben wurden die Einkaufszentren bis in die 50er Jahre hinein in der Weise angelegt, daß ein *zentraler Parkplatz* die Wagen der Kunden aufnahm, während sich die niedrigen Ladenzeilen mehrseitig um diesen zentralen Platz im Kern der ganzen Anlage gruppierten. Auslagen der Geschäfte und Reklamen waren auf diesen Parkplatz hin orientiert. Auto- und Fußgängerverkehr waren nicht völlig voneinander getrennt. In jüngerer Zeit, in der Metropolitan Area von Chicago beispielsweise ab 1950, kam man zu dem Prinzip des *kraftfahrzeugfreien Kerns* mit zentralem Gebäudekomplex und allseitig umgebenden Autoabstellplätzen. Der Kunde kann von einer beliebigen Seite in den Geschäftskomplex hinein, indem er seinen Wagen durch den Kranz der Autoabstellplätze fährt und dort hält, wo er hineingehen will.

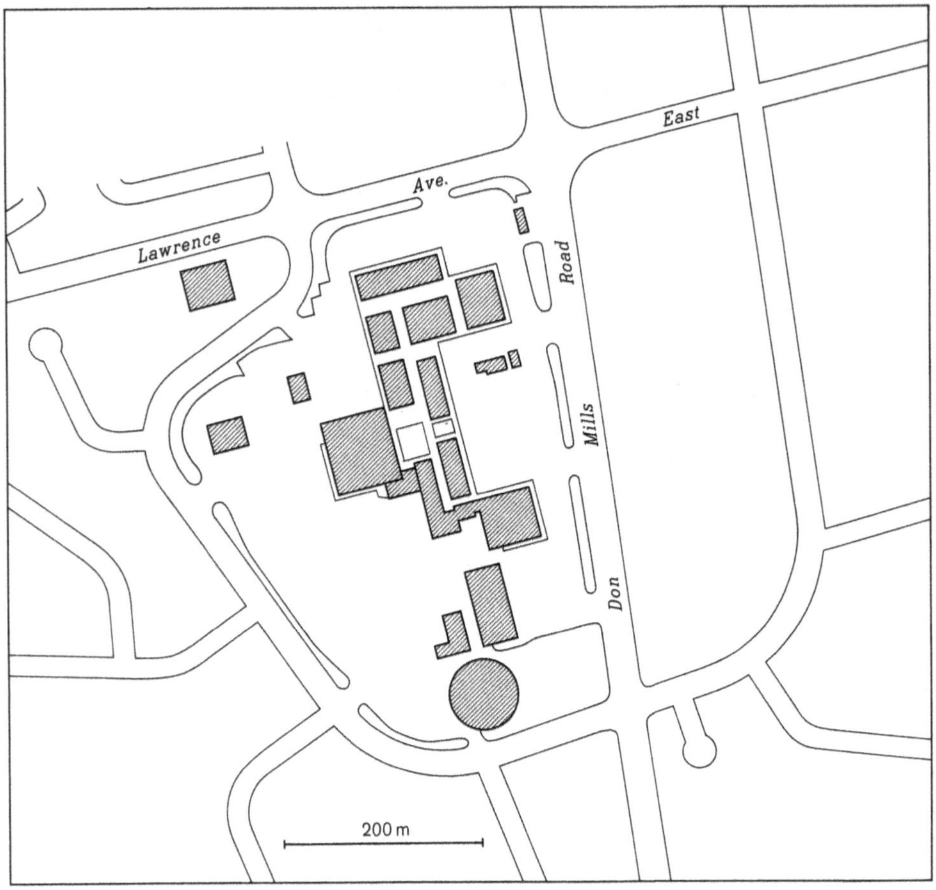

Fig. 67. *Grundriß des Don Mills Shopping Centre in North York, Metropolitan Area von Toronto* (nach Planning Information Sheets, North York Planning Board).
Dieses 1954 begonnene Einkaufszentrum ist mit seiner streifenförmigen Anordnung von 16 benachbarten, teilweise miteinander verbundenen Flachbauten bei einem Verhältnis von Länge: Breite = 7:4 eine Übergangsform vom älteren commercial strip zum heute meist gebauten Typ des Plaza-type shopping center. Die Fläche beträgt 17 ha, die Geschoßflächenzahl 0,26, die Zahl der Ladeneinheiten 78, darunter 2 Warenhausfilialen und 1 Supermarkt, dazu mehrere Restaurants, Halle für Sportveranstaltungen, insbesondere Schlittschuhbahn, curling rink, Bücherei, Postamt, Polizeirevier und Feuerwehrposten. Das 15-Mill.-$-Objekt dient rund 30000 Menschen der Umgebung als kommerzieller und kultureller Mittelpunkt und ist mit 1800 Autoabstellplätzen ausgestattet.

Die Geschäfte verzichten auf Auslagen und Reklamen zur Außenseite, also zum Parkplatz, hin. Die zentrale Fußgängerzone oder Plaza im Kern des Geschäftszentrums ist oftmals überdacht und die ganze hallenartige Anlage klimatisiert, so daß man bei jedem Wetter unter angenehmen Bedingungen einen geruhsamen Einkaufsbummel machen kann. Diesem neuen Typ von Einkaufszentren legte man die Bezeichnungen "*introvert type*" oder "*plaza-type shopping center*" bei (Fig. 68).

Von diesem Typ des Einkaufszentrums sind allein im Raum der Metropolitan Area von Chicago zwischen 1950 und 1962 62 entstanden. 38 von ihnen zählen zwischen 8 und 31 Ladengeschäfte und Büros von Dienstleistungsbetrieben sowie Einrichtungen des Gaststättengewerbes. Nur sechs sind kleiner, die übrigen hatten bereits 1964 mehr als 31 Einrichtungen oder waren auf mehr geplant, darunter solche mit 70 bis 90 Einrichtungen. Diese größten Einkaufszentren besitzen bis zu 7500 Autoabstellplätze. In anderen Stadtregionen gibt es vereinzelt Einkaufszentren mit bis zu 8500 Plätzen für Wagen. Ein Zentrum mit 1800 Autoabstellplätzen ist auf rund 20000 Kunden täglich zugeschnitten (vgl. Chicago Tribune, Plaza-Type shopping centers; Fig. 69).

Die Entwicklung verläuft aber nicht, wie man vielleicht vermuten würde, von zunächst kleineren zu immer größeren Einkaufszentren. Vielmehr richtet sich die Größe des einzelnen Zentrums unabhängig von dem Jahr der Planung oder Eröffnung nach den örtlichen Gegebenheiten. Es wurde schon erwähnt, daß Einkaufszentren auch in verhältnismäßig citynahen Sanierungsgebieten auftreten, und daß dabei für die Größe des Zentrums unter anderem das Ausmaß des Sanierungsgebietes selbst, aber auch die Nähe zu älteren, längst bestehenden Einkaufszentren und die zu erwartende Wohnbevölkerungszahl und -dichte des angenommenen Einzugsbereichs für das zu entwickelnde Einkaufszentrum ausschlaggebend sind.

So gibt es unter den fertiggestellten wie auch unter den zur Zeit im Bau oder in Planung befindlichen Einkaufszentren die verschiedensten Größenordnungen nebeneinander. Die durchschnittliche

Bild 24. *Valley Fashion Square, Sherman Oaks, California* (Luftaufnahme wiedergegeben mit freundlicher Genehmigung von Mason Dooley, Department of City Planning, Los Angeles). In seiner Anordnung zwischen einem freeway und einem anderen highway stellt dieses shopping center einen Übergangstyp dar zwischen einem streifenförmigen (strip like) und einem neuzeitlichen plaza-type shopping center. Ein Hauptmerkmal des letzteren ist der zentrale Geschäftskern mit den um ihn herum gelagerten Autoparkplätzen. Wegen der Lage am highway sind hier allerdings keine Parkplätze auf der vierten Seite vorhanden.

Verkaufsfläche für den Einzelhandel der plaza-type shopping centers im Raum Chicago nahm sogar ständig ab von 28700 qm 1952 auf 19300 qm 1960 und zeigte erst danach wieder ein schwaches Ansteigen. Die Zahl der Autoabstellplätze lag im Durchschnitt für die 1955 bestehenden Einkaufszentren bei 1672, für die 1956–58 eröffneten Zentren bei 2464, für die nach 1959 eröffneten bei 1561. Schon 1956 wurden im Raum Chicago einige der allergrößten Einkaufszentren gebaut, während sehr viele später eröffnete Zentren geringere Ausmaße hatten.

Wie sehr sich die in der Kernstadt oder direkt in der City ansässigen Geschäfte und Warenhäuser an der Belegung der vorstädtischen Einkaufszentren beteiligen, ist beispielsweise für den Raum der Metropolitan Area von New York festgestellt worden (Fig. 70).

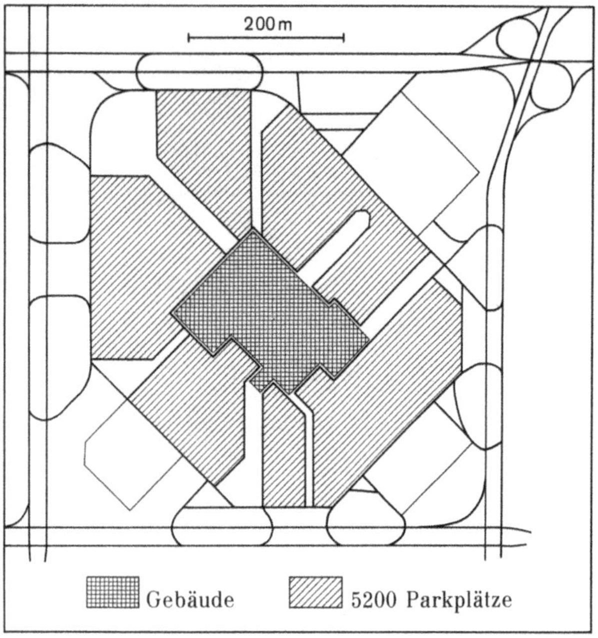

Fig. 68. *Grundriß des Southdale Shopping Center bei Minneapolis* (wiedergegeben aus "Shopping Towns U. S. A." mit freundlicher Genehmigung von V. GRUEN und Reinhold Publishing Corporation).

Beim Plaza-type shopping center ordnen sich die Autoabstellplätze allseits um einen zentralen Gebäudekern an, der die Geschäfts- und Dienstleistungsbetriebe aufnimmt. Zu den beiden Warenhausfilialen, den Läden und Dienstleistungsbetrieben kommen hier ein Kindergarten, ein Vortragssaal und ein kleiner Zoo hinzu. Der Kern ist umgeben von 5200 Autoabstellplätzen.

Die vorgeplanten Einkaufszentren sind größtenteils im Gefolge der nach dem Zweiten Weltkrieg besonders gesteigerten Stadtflucht der gehobeneren weißen Bevölkerungsschicht aus den citynahen Wohnvierteln in die Außenbezirke und die Gemeinden des Metropolitan Ring entstanden. Zahlreiche Unternehmen in den Kernstädten, unter ihnen besonders die Ketten der drugstores und Warenhäuser, *sind dieser zahlungskräftigen Bevölkerung gefolgt* und haben sich mit ihren Filialen in den neuen Einkaufszentren etabliert, womit sie an deren steigenden Umsätzen partizipieren. Die Einkaufszentren bieten mit ihrem oft sehr umfassenden Warenangebot und den Annehmlichkeiten problemlosen Parkens, komfortablen Einkaufens und zweckmäßig und gefällig gestalteten Räumlichkeiten einen derart großen Anreiz für die Vorstadtbevölkerung, daß sie ihr das Hauptgeschäftszentrum in der City ziemlich entbehrlich machen.

Ein weiterer Umstand kommt aber für das Gedeihen dieser Einkaufszentren hinzu. Dem Kontinent Nordamerika fehlen weitgehend die Dörfer. Sie fehlen also auch der Großstadt, die längst in ihre einst ländliche Umgebung hinausgewachsen ist und in den europäischen Ländern eine mehr oder weniger große Zahl alter Dorfkerne in sich aufgenommen hat, die heute die Kerne randlicher Vorstädte und Vororte bilden und oftmals eine bedeutende *Rolle als regionale oder lokale Geschäftszentren* spielen. Sofern nicht direkt ältere städtische Siedlungen in den Großstadtbereich einbezogen wurden, *fehlen der Randzone derartige Ansatzpunkte* zu Geschäfts- und Dienstleistungsagglomerationen. Sicher hat dieser Umstand nicht unerheblich dazu beigetragen, daß es in den Randgebieten der nordamerikanischen

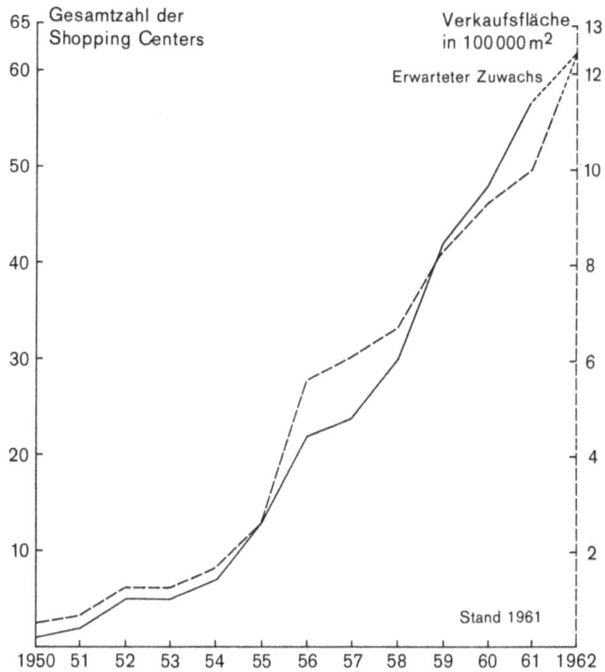

Fig. 69. *Entwicklung der Plaza-type Shopping Centers im Großraum Chicago* 1950–1962 (nach Advertising Department, Chicago Tribune).

Im Laufe von 12 Jahren entstanden in der Metropolitan Area Chicago 62 Zentren, von denen die meisten zwischen 10 und 30 Läden und Büros von Dienstleistungsbetrieben beherbergen. Etwa ein Drittel ist größer und zählt bis zu 90 Unternehmen und bis zu 8500 Autoabstellplätze. Ein Zentrum mit 1800 Plätzen ist für den täglichen Besuch von rund 20000 Kunden berechnet. Der Vergleich der beiden Kurven zeigt, daß sich über den Zeitraum von 12 Jahren hinweg Zahl und Verkaufsfläche der Zentren etwa die Waage halten. Es gibt also keine Tendenz zu ständig größeren Einheiten. Vielmehr richtet sich die Größe im einzelnen danach, ob ein shopping center in einem neuen Wohnvorortgebiet oder aber einem relativ eng begrenzten, noch im Kernstadtbereich gelegenen Sanierungsgebiet entsteht.

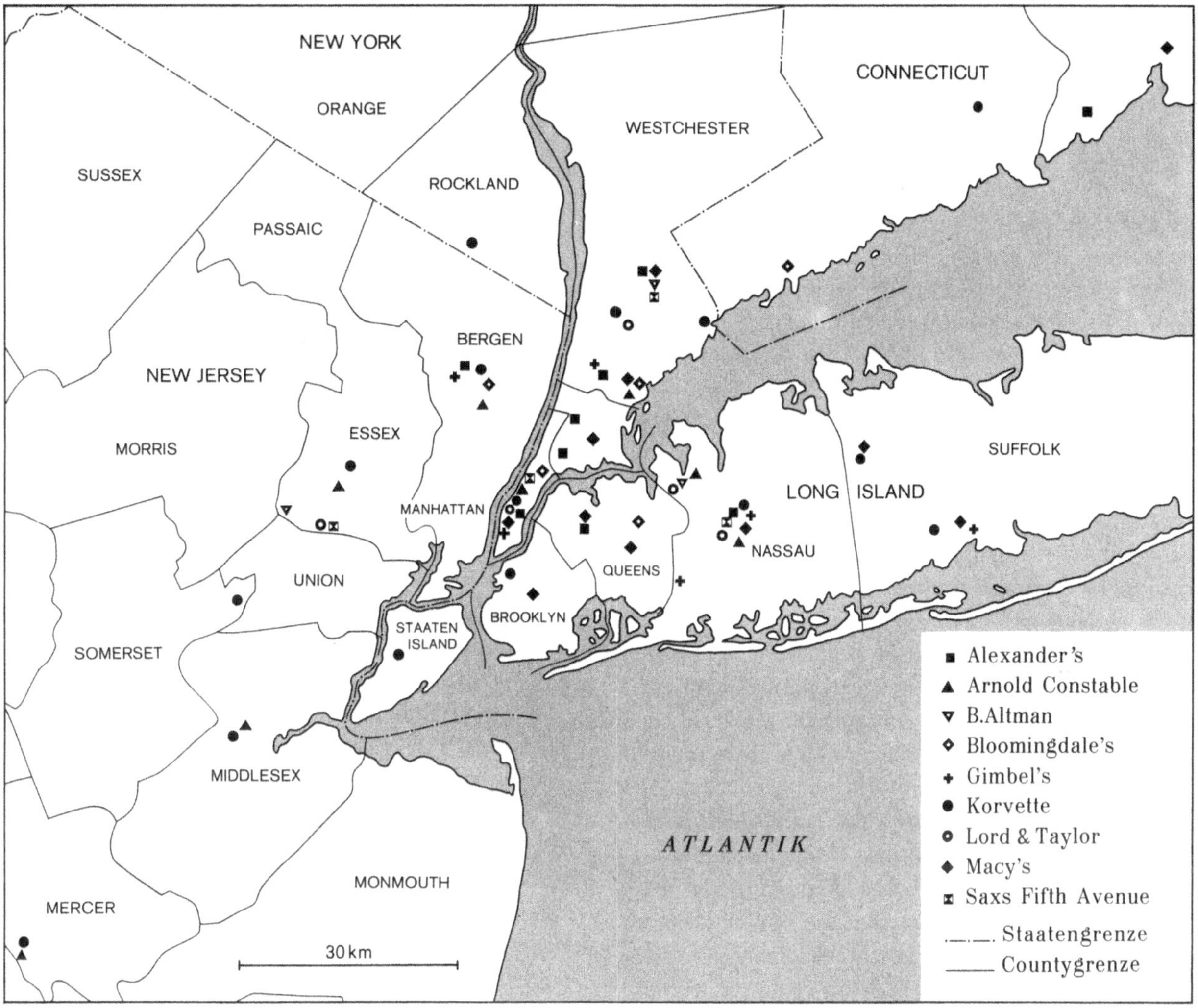

Fig. 70. *Abwanderung der Warenhäuser aus der Kernstadt in die Shopping Centers der Vorortgemeinden am Beispiel New Yorks* (wiedergegeben aus "The Metropolis" mit freundlicher Genehmigung von J.C. BOLLENS und Harper & Row Publishers, nach Regional Plan Association, Inc., New York City). Die aufgeführten, in der Downtown Manhattan ansässigen Warenhausfirmen haben Filialbetriebe im übrigen Stadtgebiet und im Metropolitan Ring eröffnet, um an der wirtschaftlichen Blüte der neuen shopping centers in den jungen Wohngebieten kaufkräftiger Kundschaft teilzuhaben.

Großstädte verhältnismäßig früh und zahlreich zur Entstehung moderner Einkaufszentren gekommen ist. Wir haben damit eine *Eigenart des angloamerikanischen Städtewesens* vor uns.

Je nach der Rolle, die dem Einkaufszentrum im größeren Rahmen eines Siedlungskomplexes zukommt, richten sich die Zahl der Läden und andere Aspekte der Größenordnung. Ein geplantes Einkaufszentrum kann sowohl als *Nachbarschaftszentrum* (neighborhood center) wie auch als *Gemeindezentrum* (community center) oder *Bezirkszentrum* (district center) dienen. Nach den für den Raum Albuquerque, New Mexico, von der Planung herausgegebenen Richtlinien werden dabei etwa die folgenden Größenordnungen zugrundegelegt:

Ein Nachbarschaftszentrum zählt zwischen 5 und 15 Geschäften, ist zwischen 1,6 ha und 4 ha groß, hat einen Einzugsbereich mit einem Radius von etwa 800 m und bedient eine Mindestbevölkerung von 4000 Menschen. Den Kern des Nachbarschaftszentrums bilden ein Supermarkt oder drugstore.

Ein Gemeindezentrum hat zwischen 15 und 30 Geschäfte und eine Größe zwischen 4 ha und 12 ha. Sein Einzugsbereich mißt im Radius etwa 3 km und rund 35000 Menschen. Seinen Kern bilden eine Gemischtwarenhandlung oder eine kleine Warenhausfiliale.

Das Bezirkszentrum schließlich zählt zwischen 40 und 60 Geschäften, ist 12 ha bis 40 ha groß, bedient einen Einzugsbereich mit Radius von etwa 6 km und 150000 Menschen. Seinen Kern bildet eine große Warenhausfiliale.

So sind die neuen Einkaufszentren in die Hierarchie der Einzelhandels- und Dienstleistungsagglomerationen innerhalb des Stadtregionsbereichs hineingewachsen. In vielen Fällen haben sie sogar die *Rolle von neuen Siedlungskernen* innerhalb des Metropolitan Ring gespielt, indem sie in gewisser Entfernung von dem städtisch überbauten Gebiete „auf der grünen Wiese" angelegt wurden in der meist zutreffenden Annahme, daß von den wenige Kilometer entfernten Wohngebieten die motorisierten Kunden eher hierher als in die verkehrsbehinderte City fahren würden und daß sich allmählich um das Einkaufszentrum wie um einen Kristallisationskern neue Wohnsiedlungen legen würden. Meist ist die Rechnung aufgegangen. Nur in wenigen Fällen deuten die auf Jahre hin bemerkbaren Diskrepanzen zwischen dem geplanten und dem tatsächlichen Umfang von Einrichtungen des Einzelhandels und Dienstleistungsgewerbes in einem neuen Einkaufszentrum auf ein Ausbleiben der Kundschaft in der vorgesehenen Größenordnung. Häufiger haben dagegen, wie schon am Beispiele des Don Mills Shopping Centre von Toronto aufgezeigt, die Einkaufszentren mit der Übernahme auch gesellschaftlicher, und zwar administrativer wie auch sportlicher und kultureller Funktionen, *Mittelpunktsbildungen* herbeigeführt und damit Akzente innerhalb des weitflächigen Bereichs der mehr oder minder amorphen Siedlungsmasse des Metropolitan Ring gesetzt. Sie haben sich zu Kernen neuer, oft weit mehr als 30000 Einwohner zählender Randgemeinden herangebildet, für die sie *zumindest die niederen zentralörtlichen Funktionen* ausüben.

Freilich sind auch andere Institutionen als neue Konzentrationskerne im Metropolitan Ring denkbar. Mit einiger Berechtigung darf man etwa die U.S. Air Force Academy bei Colorado Springs oder das Verwaltungszentrum der Connecticut General Life Insurance Company bei Hartford, Connecticut, als solche ansprechen. Aber beim shopping center ist die Entwicklung zum multifunktionalen Mittelpunkt einer größeren Siedlung sehr viel häufiger.

In der *zunehmenden Verselbständigung* der Vorortgemeinden, zu denen die Einkaufszentren mit all ihren Funktionen nicht unerheblich beigetragen haben, sieht Hoselitz eine *Abweichung vom europäischen Großstadtgefüge* und eine Konvergenz zum afroasiatischen Siedlungstyp mit *nicht funktional differenzierten*, sondern eigenständigen, im afrikanisch-asiatischen Raume auf gleiche Herkunft, Sprache, Religion oder Kaste gegründeten und untereinander nur sehr locker verbundenen Vierteln. Er leugnet natürlich nicht die ganz andersartige Grundlage für diese Entwicklung in Angloamerika, die er selbst sehr gut kennt, betont aber den Unterschied, der sich damit zur europäischen Stadt in jüngster Zeit verstärkt (Hoselitz, 1966, S. 10).

Nicht zuletzt wegen der nicht zu verkennenden *Konkurrenz zum Hauptgeschäftszentrum in der City* ist dem shopping center Kritik erwachsen, wenn auch im Ausland, z.B. in Deutschland, stärker als in Amerika selbst. Teilweise dürfte die strikte Ablehnung des Einkaufszentrums bei ausländischen Autoren aus einem gewissen Mißverständnis heraus zu erklären sein, auf das eingangs im Zusammenhange mit dem Begriff "shopping center" hingewiesen wurde. Wenn besonderer Nachdruck darauf gelegt wird, daß das Einkaufszentrum allenfalls als „siedlungsbezogenes Entlastungszentrum" eine Berechtigung haben könnte, daß es im übrigen aber den ungesunden Trend „einer Herauslösung der Versorgungsfunktionen aus den zentralen Siedlungsbereichen" (Dix, 1967, S. 26) verkörpere, und daß zwar integrierte Subzentren für ältere Menschen, Hausfrauen und Kinder der räumlichen Distanz zur City wegen durchaus eine wichtige Aufgabe erfüllen können, demgegenüber jedoch festgestellt wird, „Shopping Centers auf der grünen Wiese sind für diese Aufgaben jedoch nicht geeignet" (Schwonke, 1967, S. 72), dann drängt sich zwangsläufig der Gedanke auf, daß das vorgeplante Einkaufszentrum in den USA oder Kanada in seinem wahren Charakter und in seiner Bedeutung verkannt wird.

Wir hatten festgestellt, daß Einzelhandel und Dienstleistungsbetriebe der großen Städte Angloamerikas in großer Zahl dem in die Vorortgemeinden abströmenden, meist besonders zahlungskräftigen Publikum gefolgt sind, ihm zuweilen freilich auch voraus geeilt sind und zur Bildung neuer Siedlungskerne geführt haben. Das hat wenig mit einer bewußten Herausnahme und Verlagerung der Versorgungsfunktion aus dem Stadtkern einer Großstadt zu tun. Die Einkaufszentren der amerikanischen Städte sind nicht einfach das Resultat der Herauslösung einer bestimmten Funktion, nämlich des

Einzelhandels, aus dem Verband der Cityfunktionen. Sie sind, soweit sie nicht zu den neuen Elementen in Sanierungsgebieten gehören, *im Zuge einer Binnenwanderungsbewegung entstanden*, die nicht die Wohnbevölkerung allein, sondern auch die gewerbliche Wirtschaft erfaßte. Und sie sind in ihrer Mehrzahl keine reinen Geschäftsagglomerationen, sondern vereinigen verschiedene private und auch öffentliche Funktionen bis zum Extremfall des auch administrativen und kulturellen Mittelpunktes einer ganzen Vorortgemeinde.

Diese Zusammenhänge müssen erkannt werden, um das Wesen dessen, was sich hinter der unzulänglichen und irreführenden Bezeichnung "shopping center" verbirgt, richtig zu sehen. Neben dem shopping center gewinnt der *convenience store* an Bedeutung, der bei beschränkter Zahl der angebotenen Artikel, etwas höheren Preisen und langen Öffnungszeiten den Ergänzungsbedarf befriedigt. Die convenience stores befinden sich häufig in derselben Hand wie die Supermärkte in den Einkaufszentren.

4.3.1.3. Vom Fabrikenviertel zum Industrial Park

Ein anderes auffälliges und ebenfalls großflächiges Element des außerhalb der City gelegenen Bereichs der Sanierungsgebiete, Außenbezirke und Vorortgemeinden sind die sogenannten "industrial parks" oder "industrial districts". Auch hier geht es wie beim Einkaufszentrum um Komplexe, die eine mehr oder weniger große Zahl von Unternehmen vereinigen und die Hand des Planers verraten. Wie bei jenem gibt es einen "developer" bzw. ein "management", also ein Unternehmen, das für die gesamte Entwicklung und Verwaltung des Industriekomplexes verantwortlich ist.

Von den vorhandenen Definitionen greifen wir die von WINDSOR Jr. für das Urban Land Institute in Washington, D. C., gegebene heraus, da sie das Wesen des vorgeplanten Industriekomplexes besonders deutlich macht (WINDSOR Jr., 1961, S. 10): "An industrial park is a planned or organized industrial district with a comprehensive plan which is designed to insure compatibility between the industrial operations therein and the existing activities and character of the community in which the park is located. The plan must provide for streets designed to facilitate truck and other traffic, proper setbacks, lot size minimums, landuse ratio minimums, architectural provisions, landscaping requirements, and specific use requirements, all for the purpose of promoting the degrees of openness and park-like character which are appropriate to harmonious integration into the neighborhood. The industrial park must be of sufficient size and must be suitably zoned to protect the areas surrounding it from being devoted to lower uses."

Wie aus dieser Definition hervorgeht, bestehen seitens der Planungsstellen umfangreiche Auflagen, an die sich der Erschließungsträger eines Industriekomplexes zu halten hat. Dabei sind die Vorschriften so weitreichend, daß sie nicht nur die für einen *möglichst ungestörten Ablauf der wirtschaftlichen Prozesse* im Industriegebiete selbst wesentlichen Voraussetzungen wie Art und Breite der Straßen, ausreichende Ladezonen und Autoabstellflächen abseits der Straße festlegen, sondern auch den ästhetischen Gesichtspunkt zur Geltung bringen. Es bestehen also auch verbindliche Richtlinien für die architektonische Gestaltung der Gebäude, die einander einigermaßen ähnlich sehen und dem Industriekomplex einen verhältnismäßig einheitlichen Charakter geben sollen, in manchen Fällen auch für die Anlage von Grünflächen, Baumbepflanzungen und begrünte Mittelstreifen der breiten alleeartigen, zuweilen gewundenen Straßen mit geteilten Fahrbahnen. Im einzelnen zeigen die Industriekomplexe beträchtliche Unterschiede von rein zweckmäßiger Gestaltung bis zur gefälligen, in Grün gebetteten Anlage (Fig. 71).

Ein vielfach erstrebtes Ziel ist, wie es in der Definition heißt, ein gewisser Grad von Offenheit oder, anders ausgedrückt, eine *niedrige Geschoßflächenziffer*, so daß trotz meist nur eingeschossiger Bauweise sehr viel Gelände innerhalb des Komplexes unüberbaut bleibt. Die Überbauung der einzelnen Grundstücksfläche liegt im Durchschnitt der heute bestehenden Industriekomplexe der USA bei etwa 11%, sie bewegt sich zwischen 6,5% und 17%.

Hinzu kommt der erstrebte parkartige Charakter, der freilich nicht immer erreicht wird. Jedoch können solche Komplexe wie das Denver Technological Center oder der Flemington Park im Ostteil der Metropolitan Area von Toronto dafür als Beispiele herangezogen werden, wie hier und da versucht wird, die Gebäude in Grün zu betten, größere Rasenflächen um sie herum zu schaffen, Bäume anzupflanzen oder, soweit sie schon vor der Anlage des Industriekomplexes vorhanden waren, sie dort zu belassen und die Zufahrtstraßen mit Hecken einzufassen.

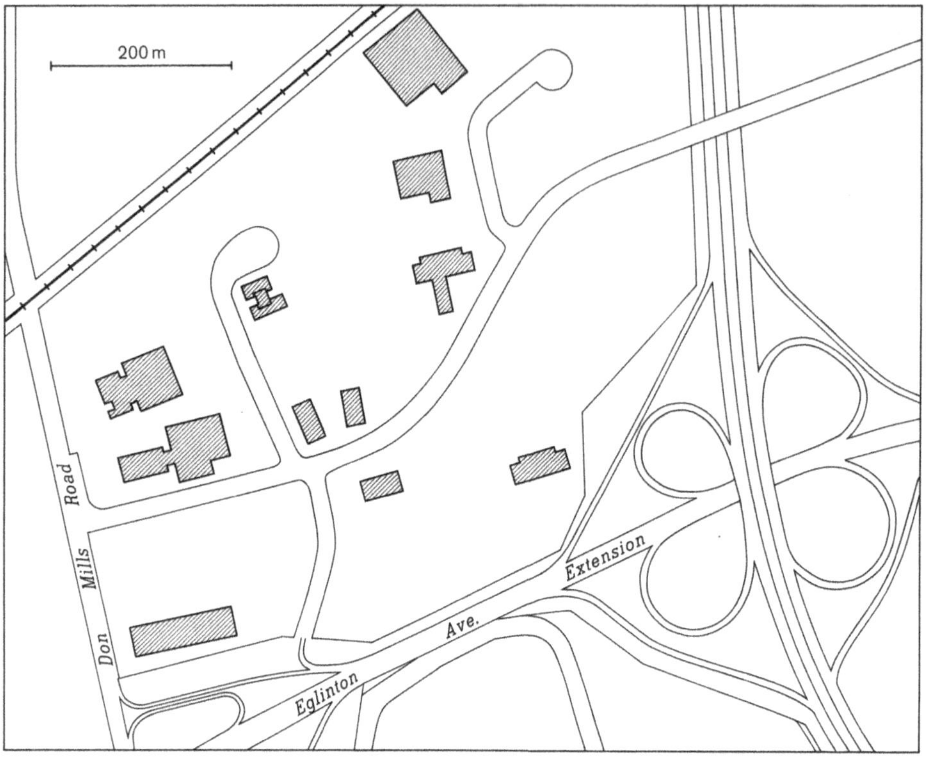

Fig. 71. *Grundriß des vorgeplanten Industriekomplexes Flemingdon Park in North York, Metropolitan Area von Toronto* (nach Planning Informations Sheets, North York Planning Board).
Der Flemingdon Park ist das Beispiel für einen vorgeplanten Industriekomplex, in dem von der Bauleitplanung her nicht nur zweckdienliche Vorschriften über Straßenführung und -breite, ausreichende Ladezonen und Gebäudeabstände, sondern auch solche, die dem ästhetischen Gesichtspunkt gerecht werden, bestehen wie z. B. über die Anlage begrünter Mittelstreifen und Gestaltung der Hausfronten und Grünanlagen um die Gebäude. Solche Komplexe nehmen vorwiegend Klein- und Mittelbetriebe von Branchen auf, die wegen geringen Rohstoffeinsatzes weitgehend unabhängig von Tariferwägungen bei der Standortwahl sind, sowie Dienstleistungsbetriebe wie Laboratorien, Versuchszentren, Reparaturwerkstätten für verschiedene Geräte. Sie werden vorwiegend von privaten Grundstückserschließungsgesellschaften gegründet und verwaltet, womit den kleinen Betrieben auch Agglomerationsvorteile entstehen.

Der wichtigste Punkt bleibt verständlicherweise die *wirtschaftsgerechte Anlage*, um den Industriebetrieben die Möglichkeit zu geben, sich frei von der Beengung der dichten Bebauung citynaher Stadtviertel *den heutigen Erfordernissen entsprechend zu entfalten*. In den engen Straßen der Innenstadt sind allein die Ladezonen viel zu eng bemessen, was die Anlieferung von Rohstoffen und den Abtransport von Waren durch Lastkraftwagen der heute im Überlandverkehr üblichen Abmessungen sehr erschwert. Von diesen Schwierigkeiten abgesehen mag auch der Betrieb, soweit die Stätten der Produktion direkt betroffen sind, für heutige Verhältnisse zu beengt sein. Er hat oft nicht die Ausdehnungsmöglichkeiten, die für eine Rationalisierung oder Betriebsvergrößerung und damit für eine rentablere Gestaltung und bessere Konkurrenzfähigkeit nötig erscheinen. Modernisierungen, die heute oft in einer stärkeren horizontalen Ausdehnung zugunsten der mehr vertikalen Anordnung der verschiedenen Arbeitsprozesse innerhalb des Betriebs bestehen, läßt diese Enge nicht zu. Derartig in ihrer Aktionsfähigkeit beschränkte Betriebe haben die Tendenz, zu irgendeinem Zeitpunkt eine *Verlagerung* vorzunehmen und stärker peripher gelegene Standorte aufzusuchen, an denen diese Ausdehnungsmöglichkeit gegeben ist. Eine solche Abwanderung setzte in etlichen Städten schon um die Mitte des vorigen Jahrhunderts ein und steigt heute im Zeichen verschärfter Kalkulation weiter an. Mit der Bereitstellung von ausreichendem Platz und der übersichtlichen und zweckmäßigen Anordnung von Betrieben auf einem sorgfältig geplanten, reinen Industriegelände versuchen *die Randgemeinden, Betriebe anzulocken, und die innerstädtischen Viertel mit Sanierungsvorhaben, sich die Betriebe zu erhalten.*

Das hängt nicht zuletzt mit den steuerlichen Verhältnissen zusammen. In Amerika ist die *Grundstückssteuer* und in erster Linie die Besteuerung von industriell genutztem Boden *die hauptsächliche kommunale Steuer* und damit Hauptgeldquelle der Gemeinden, während die Einkommens- und Körperschaftssteuern im wesentlichen bundesstaatlich, die Umsatzsteuer im wesentlichen einzelstaatlich sind (vgl. Abschnitt 4.4.1, S. 212). Verständlicherweise haben die Städte ein starkes Interesse, sich die Industrien zu erhalten und ihr Abwandern in die Gebiete außerhalb der Stadtgrenzen zu bremsen. Die Randgemeinden dagegen nehmen häufig gern Industriebetriebe auf, obwohl in dieser Hinsicht durchaus keine einheitliche Meinung besteht und keine einheitliche Wirtschaftspolitik zu erkennen ist. Denn manche Wohngemeinden, die von der ausgesprochen wohlhabenden Schicht bevorzugt aufgesucht werden, ziehen verhältnismäßig hohe Steuern aus den mit eleganten Einfamilienhäusern besetzten Wohngrundstücken und befürchten eine Beeinträchtigung dieser Wohnstruktur und Einnahmequelle durch die Nachbarschaft von Industrien. Und die in der Gemeindepolitik maßgebenden Kräfte gehören ja eben dieser selben Schicht an, so daß sie in diesem Sinne Entscheidungen treffen. Die Städte aber legen im allgemeinen großen Wert auf die Anwesenheit von Industriebetrieben und versuchen daher häufig, in citynahen Sanierungsgebieten *dem modernen Industriebetrieb eine ihm adäquate Umgebung* zu schaffen.

Die Idee des vorgeplanten Industriekomplexes ist nicht ganz neu. Vereinzelt gab es ihn schon vor der Jahrhundertwende. So existierten bereits damals der Central Manufacturing District und der Clearing Industrial District in Chicago. Aber der Industriekomplex blieb bis zum Zweiten Weltkrieg eine Seltenheit. Im Jahre 1939 gab es in den gesamten Vereinigten Staaten kaum dreißig solcher vorgeplanten Komplexe. Inzwischen sind es etwa 500 geworden. Von ihnen wurden 85 % *nach 1950 gegründet.*

Die zugleich ästhetischen Gesichtspunkten genügende Gestaltung der Gebäude und der gesamten Anlage ist auch ein *Anwerbefaktor* für das Personal in gehobenen Positionen, die sogenannten professionals wie Mathematiker, Ingenieure und Laborkräfte. Daß es sich dabei vielfach um solche handelt, hängt mit dem Charakter der Betriebe in einem industrial park zusammen (Bild 25).

Die Bezeichnung "industrial park" trügt nicht weniger als die im vorangegangenen Abschnitt diskutierte Bezeichnung "shopping center". Wer dahinter einen allein von Industrien eingenommenen Bereich vermutet, findet sich bei näherem Hinsehen getäuscht. Betriebe der Schwerindustrie kommen in den industrial parks nicht vor. Es handelt sich um ganz *bestimmte Branchen von Leichtindustrien*, vielfach um die im Schrifttum als "footloose industry" bezeichneten Branchen, d.h. Industriezweige, die im allgemeinen wegen des hohen Veredelungsgrades, den sie mit ihren Erzeugnissen erzielen, und damit auch wegen geringen Rohstoffeinsatzes auf der einen und geringgewichtigen, aber hochwertigen Produkten auf der andern Seite, weder von der Rohstoff- noch von der Versandsituation her besonders transportabhängig wären. Sie können sich ohne weiteres *innerhalb eines größeren Bereichs*, ungebunden von der Berücksichtigung der Tariffrage oder der Betriebskosten werkeigener Kraftfahrzeuge nach anderen Gesichtspunkten einen Standort wählen (vgl. Planning Dept., City of Albuquerque 1966, S. 5).

Zu den häufig in vorgeplanten Industriekomplexen anzutreffenden Betrieben gehören die Herstellung und Reparatur von optischen und feinmechanischen Geräten, Haushaltsgeräten, Autozubehör, Datenverarbeitungszentren und Entwicklungslabors sowie Warenprüfstellen von verschiedenen Großbetrieben. Fast immer aber handelt es sich um eine *Mischung von Industrie- und Dienstleistungsbetrieben*, wobei deren zahlenmäßiges Verhältnis zugunsten der letzteren ausfällt und im Extremfalle gar 2:3 beträgt. Es sind alles Betriebe, die keinerlei Belästigung mit Lärm, Abgasen oder Rauch für ihre Nachbarn und für die angrenzenden Wohngebiete verursachen, die in manchen Fällen kontaktabhängig sind und im Verbund miteinander stehen. Auch Bezirksverwaltungen großer Gesellschaften wie Erdöl- oder Maschinenbaufirmen gehören zu den Besitzern einzelner Grundstücke in den industrial parks.

Von der Größenordnung her gesehen herrschen *Klein- und Mittelbetriebe* vor. Um 1960 betrug in den industrial parks der USA die durchschnittliche Belegschaft der Industriebetriebe 50, die der Dienstleistungsbetriebe nur 22 Personen. So ist auch das von dem einzelnen Betrieb beanspruchte Areal klein. Im Durchschnitt liegt das Grundstück eines Betriebes bei 1,4 ha.

Es ist ja gerade ein besonderes Kennzeichen des industrial park, daß bei einer solchen Anlage den Klein- und Mittelbetrieben großbetriebliche Vorteile, man darf mit RITTER sagen, *Agglomerationsvorteile* im Sinne A. WEBERS, entstehen, indem die Erschließungsgesellschaft meist umfangreiche zentrale Dienste, die allen Betrieben des industrial park zugute kommen, leistet, und zwar zum Selbstkostenpreis. Zu solchen gemeinschaftlichen Einrichtungen, die dem Industriekomplex einen genossenschaftlichen Zug verleihen, gehören z.B. alle notwendigen

Bild 25. *Industrial Park No. 1, City of Industry, Los Angeles County, California.* (Luftaufnahme wiedergegeben mit freundlicher Genehmigung der Union Pacific Railroad Company, Public Relations Department, Los Angeles.) Dieser 150 ha große Industriekomplex wurde von der Las Vegas Land and Water Company, einer Tochtergesellschaft der Union Pacific, erschlossen. Er wird von der Union Pacific-Eisenbahn und dem Valley-Boulevard, der Durchgangsstraße zwischen Los Angeles und Pomona, bedient. In diesem Falle hält sich die Grundstücksaufteilung weitgehend an das vorhandene Straßennetz. Blick nach Westen.

Anschlüsse und Versorgungsleitungen, Lagerhäuser, Buchhaltungszentralen, Kantinen, Unfallstationen, Feuerwehr, in manchen Fällen auch eigene Elektrizitätswerke und Wasserwerke. Die Gesellschaft übernimmt auch die Vertretung der Gesamtheit der Betriebe des Industriekomplexes gegenüber Behörden, Eisenbahngesellschaften und sonstigen Stellen.

Die Gebäude sind im allgemeinen niedrig. Eine Ausnahme machen einzelne Verwaltungsbauten von Konzernen, die teilweise in den jüngsten Jahren die *Fühlungsvorteile der City nicht mehr so hoch einschätzen*, da durch die Mittel der Telekommunikation eine schnelle Kontaktaufnahme über kurze und weite Entfernungen jederzeit leicht möglich ist. Andrerseits ergeben sich Fühlungsvorteile auch am neuen Standort, nämlich im Bereich des industrial park selbst.

Die Entwicklung eines vorgeplanten Industriekomplexes liegt wie beim geplanten Einkaufszentrum in der Hand eines oder zuweilen mehrerer gemeinsam vorgehender Erschließungsträger. Dabei ist die öffentliche Hand wenig vertreten. Mehr als fünf Sechstel aller geplanten Industriekomplexe der USA wurden von *privaten Erschließungsgesellschaften* gegründet. Unter ihnen sind besonders die privaten *Eisenbahngesellschaften* hervorzuheben, die teilweise bis in die Gegenwart über ungenutzte Ländereien nahe ihren Gleiskörpern verfügen, die aus der Zeit der Landschenkungen stammen, und solchen, die im Zuge von Rationalisierungen und Schrumpfung des Betriebes angefallen sind. Mit diesen Ländereien kommen sie heute über die industrial parks ins Geschäft. Sie traten etwa ab 1920 in dieser Hinsicht in Aktion und waren 1960 Erschließungsträger von rund 30% der von Burns untersuchten Industriekomplexe[1]. Etwa 32% entfallen auf andere private Grundstückserschließungsgesellschaften, weitere 18% auf private örtliche Planungsgemeinschaften. Dann gibt es noch eine geringe Zahl von gemischten Erschließungsträgern, die knapp die Hälfte der übrigen Gründungen von Industriekomplexen betreffen, so daß Planungsgemeinschaften der öffentlichen Hand mit nur wenig mehr als 10% vertreten sind.

Die Entwicklung eines vorgeplanten Industriekomplexes zieht sich über eine Reihe von Jahren hin. Auch das ist ein Gesichtspunkt, der zum Verständnis dessen wichtig ist, was sich hinter dem Begriff des industrial park verbirgt. Oft sind es nicht mehr als ein paar locker stehende Gebäude, ein paar große Werbetafeln, die auf die Entstehung des Industriekomplexes hinweisen, während das Land dahinter noch Ackerfrüchte trägt oder brach liegt. 1960 waren im Durchschnitt aller vorgeplanten Industriekomplexe der USA *nur 20% der Fläche verkauft oder verpachtet* und bebaut. Jährlich werden im Durchschnitt in jedem Industriekomplex 5,5 ha der Nutzung zugeführt, was bei der oben angegebenen durchschnittlichen Grundstücksgröße pro Unternehmen vier Betriebe bedeutet. Es handelt sich also um einen recht langsamen Prozeß. Ein Komplex, der die für 1960 ermittelte Durchschnittsgröße aller vorgeplanten Industriekomplexe der USA von 129 ha hätte, würde bis zu seiner vollen Belegung fast 23 Jahre brauchen. Das Tempo dürfte sich seit 1960 jedoch beschleunigt haben, und man muß natürlich berücksichtigen, daß nur wenige große Komplexe über dem Durchschnittswert liegen, während es sehr viele kleine Komplexe gibt, die sich unter dem Durchschnitt halten und demnach bis zu ihrer vollen Belegung erheblich weniger Zeit benötigen.

Wie für die Einkaufszentren muß auch für die vorgeplanten Industriekomplexe festgestellt werden, daß *keine Tendenz zu immer größeren* Arealen besteht. Genau wie bei ersteren richtet sich die Größe nach der jeweils zur Verfügung stehenden Fläche, was wiederum mit der Lage innerhalb des Stadtgebietes in Verbindung zu sehen ist. Hier spielt genauso der Faktor eine Rolle, daß Raum in Citynähe meist nur im Rahmen sehr verschieden großer, meist aber in ihrer Ausdehnung bescheidener Sanierungsgebiete zur Verfügung steht, so daß der industriellen Nutzung hier enge Grenzen gesetzt sind. Weiter draußen in den Randgemeinden des Metropolitan Ring ist dagegen meist sehr viel mehr Land vorhanden, so daß sich dort auch die größten der im Entstehen begriffenen Komplexe finden.

Ziehen wir als Beispiel die Metropolitan Area von Chicago heran. Unter den 175 belegten oder in Entwicklung befindlichen industrial parks im Großraum Chicago kommen alle Größen zwischen 2,4 ha und 720 ha bzw. gar 814 ha vor, falls man die drei verwaltungsmäßig unterschiedenen Teile des Centex Industrial Park im Nordwesten der Metropolitan Area zusammen betrachtet. Einzelne Gesellschaften entwickeln dabei jeweils eine ganze Reihe von Industriekomplexen in den verschiedensten Teilen der Metropolitan Area gleichzeitig.

[1] Etwa zwei Drittel der Gesamtzahl.

In der heutigen Verbreitung der vorgeplanten Industriekomplexe ist eine *deutliche Konzentration auf die ganz großen Städte* festzustellen und damit auch eine Konzentration bestimmter Erschließungsträger auf jeweils bestimmte Größenordnungen von Städten. Chicago wurde schon als besonders gutes Beispiel für eine Vielzahl von industrial parks genannt. Die Metropolitan Area vereinigt auf sich allein etwa die Hälfte aller Industriekomplexe der Mittelweststaaten Illinois, Ohio, Indiana, Michigan und Wisconsin. Die Hälfte der texanischen Industriekomplexe konzentriert sich auf die Metropolitan Areas von Houston und Dallas-Ft. Worth. 30 der im Jahre 1960 in den Pazifikstaaten Kalifornien, Oregon und Washington bestehenden 43 vorgeplanten Industriekomplexe liegen in den Metropolitan Areas von Los Angeles und San Francisco-Oakland. Die Industriekomplexe der Neuenglandstaaten liegen fast alle im Raum von Boston.

In den größten Stadtregionen sind die privaten Grundstückserschließungsgesellschaften relativ am stärksten vertreten. Die größten Städte verfügen über die größten Märkte, und so gehen diese Gesellschaften, denen es auf möglichst schnellen Verkauf oder schnelle Verpachtung von Industriegrundstücken ankommt, hier das geringste Risiko ein.

In Städten unter 100000 Einwohner dagegen betätigen sie sich kaum. Andrerseits sind die privaten örtlichen Planungsgemeinschaften wie z. B. Industrie- und Handelskammern gerade in diesen kleineren Städten besonders aktiv und gehen in ihrem Anteil an der Erschließung mit wachsender Stadtgröße schnell zurück.

Die Eisenbahngesellschaften machen, wenn auch längst nicht so stark, den allgemeinen Trend der privaten Grundstückserschließungsgesellschaften mit, indem sie in den ganz großen Städten besonders rege sind.

Den öffentlichen Erschließungsträgern steht die Möglichkeit des Bodenerwerbs auch auf dem Wege der Enteignung im Rahmen von Sanierungsvorhaben in den zentralen Stadtteilen zur Verfügung, sofern er auf andere Weise gar nicht zustande kommen sollte. Indem von dieser Möglichkeit Gebrauch gemacht wird, gelingt es den Kernstädten zumindest teilweise, wie schon erwähnt, sich manche eine Abwanderungstendenz zeigende Industrieunternehmen zu erhalten. Im Einzelfalle wie bei der Möbelindustrie im Großraum Chicago war in jüngerer Zeit die zentripetale Tendenz sogar stärker als die zentrifugale, die Bilanz fiel zugunsten der zentralen Stadtteile aus.

Ob man freilich so weit gehen kann wie Burns, der im Zusammenhange mit der Gründung von industrial parks in den citynahen Stadtvierteln von einer *beginnenden Rezentralisierung der Industrie* in den Vereinigten Staaten von Amerika spricht, muß angesichts des weiterhin besonders starken vorörtlichen Industriewachstums gerade auch in den größten der neuen Industriekomplexe sehr in Zweifel gezogen werden. Insgesamt können die citynahen Industriekomplexe doch wohl nur eine bescheidene Rolle ähnlich der der high-rise apartments im Wohnungsbausektor spielen, die sich darin auswirkt, das *Tempo der Abwanderung zu drosseln und den Aushöhlungsprozeß der inneren Stadtviertel zu mindern.* Eine Umkehr des allgemeinen Trends ist damit nicht verbunden. Daß die Städte hier eine Chance sehen, ist verständlich, und daß sie sie wenigstens zum Teil ergreifen, geht aus der Tatsache hervor, daß 1962 von 676 seitens der US-Regierung unterstützten Sanierungsvorhaben 119 auf vorzugsweise industrielle Nutzung in der Zukunft gerichtet waren (Burns, S. 109).

Dominierend im Wachstum der Industriebeschäftigung wie auch in der Zahl und Größe der vorgeplanten Industriekomplexe bleibt weiterhin der Kranz der großstädtischen Rand- und Vorortgemeinden. Wichtig scheint dabei der Umstand zu sein, daß die *erstrangigen Wachstumsbranchen*, die entweder Betriebsvergrößerungen oder Standortverlagerungen und Neubauten von Filialbetrieben vornehmen, *Leichtindustrien* der verschiedensten Zweige der Metallverarbeitung, des Apparate- und Leichtmaschinenbaus sind. Sie sind großenteils gekennzeichnet durch geringe Abhängigkeit von Eisenbahnanschlüssen, basieren vielmehr in Rohstoffbeschaffung und Warenversand weitgehend auf dem Lastkraftwagen und können sich ohne Schwierigkeiten irgendwo innerhalb des Metropolitan Ring ansetzen, auch in solchen Bereichen, die schlecht von Eisenbahnen erschlossen sind (s. Abschnitt 4.3.2.2, S. 203). Andrerseits arbeiten sie häufig im Verbund, sind Zulieferer für andere Branchen, und suchen gegenseitig ihre Nachbarschaft im Interesse kurzer Transportwege auf. Die ökonomischen und ästhetischen Gesichtspunkte, die die Grundlagen der vorgeplanten Industriekomplexe sind, werden als zusätzliche Vorzüge gegenüber traditionellen Standorten gewertet.

Auch Faktoren wie die Nähe zu den Wohngebieten des gehobenen Betriebspersonals der neuen oder der Filialbetriebe sind dabei in Rechnung zu stellen. Ausschlaggebend dürfte aber der Charakter der Branche sein, der mit den vorgeplanten Industriekomplexen aufs engste verknüpft ist. Sie sind damit eine *spezifische Erscheinungsform der meisten modernen Wachstumsindustrien.*

4.3.2. Die modernen Verkehrsbauten und ihr Einfluß

Wenn man sich vor Augen führt, daß um 1960 in den Vereinigten Staaten rund 92% der personenkilometrischen Leistung aller Verkehrsträger und bereits 22% der tonnenkilometrischen Leistung im Gütertransport auf das *Kraftfahrzeug* entfielen, während die Eisenbahnen für die Personenbeförderung praktisch überhaupt keine Rolle mehr spielen und vom Güterverkehrsaufkommen auch nicht mehr als 46% auf sich vereinigen konnten, und wenn man weiterhin den in den USA und Kanada erreichten Motorisierungsgrad mit Schwerpunkt der Kraftfahrzeughaltung in den verhältnismäßig begrenzten Räumen der Stadtregionen in Rechnung stellt, wird die *Bedeutung der modernen Straßenbauten* verständlich. Was sie für die Lösung der Verkehrsprobleme, aber auch für die Anziehung von Industriebauten und anderen Siedlungselementen für eine Rolle spielen, wird in den beiden folgenden Kapiteln darzulegen sein.

Beachtenswert sind dabei in erster Linie die im Bereich der Stadt gelegenen Verbindungs- und Zubringerstrecken der Autobahnen sowie der in vielen Städten zu beobachtende Trend zu einer hierarchischen Rangordnung der Straßen nach spezifischen Zwecken.

Die ersten Straßen in Nordamerika, die deutschen Autobahnen in der Qualität vergleichbar sind, also Straßen mit getrennten Fahrbahnen und mit mehr als einer Fahrspur je Richtung, mit Kreuzungsfreiheit und mit beschränktem Zu- und Abgang mittels Rampen, welche bei vollständigem Ausbau für allseitigen Richtungswechsel zu einem Kleeblatt verbunden sind, gehen auf die zweite Hälfte der 20er Jahre zurück. 1926 wurde als toll road der Saw Mill River Parkway, 1927 der Hutchinson Parkway, beide in der Westchester County des Staates New York gelegen, eröffnet, 1938–1940 folgte der Merritt Parkway in Connecticut und 1940 die Eröffnung des ersten Teils des Pennsylvania Turnpike.

Wie jene ersten mit fester Decke ausgestatteten Fernstraßen der ausgehenden Kolonialzeit wurden diese Straßen "*turnpikes*" genannt nach dem "pole or gate, which turned on a pike and was placed across the road to enforce the payment of tolls" (LOCKLIN, S. 82). Demnach waren sie also *toll roads*, ihre Benutzung war gebührenpflichtig. In der Folgezeit hat sich jedoch die andere Bezeichnung so weitgehend durchgesetzt, daß man von toll roads gar nicht mehr sprach, bis ein kleiner Teil der heutigen Autobahnen, auf denen Gebühren erhoben werden, als tollway bezeichnet wurde wie z. B. die im Westen um Chicago herumführende, die drei Staaten Indiana, Illinois und Wisconsin verbindende Autobahn, die den Namen Tri-State Tollway trägt.

Bereits im Federal-Aid Highway Act of 1944 war die großzügige bundesstaatliche Bezuschussung des Ausbaus eines *National System of Interstate Highways* festgelegt worden, das der Verbindung der größten Städte des Landes untereinander dienen sollte (Fig. 72). Von den im Jahre 1948 bestehenden 51000 km dieses Netzes waren jedoch nicht mehr als 13% zweispurige Straßen, 87% waren normale Chausseen mit nur einer Fahrspur je Richtung. Lediglich 5% des Netzes hatten drei Spuren, 3% hatten vier oder mehr Spuren ohne getrennte Fahrbahnen für die verschiedenen Richtungen, 5% hatten vier oder mehr Spuren und getrennte Fahrbahnen. Nur diese letzten 5% waren in engerem Sinne als Autobahnen anzusprechen. Eine durchgehende Autobahnverbindung bestand 1957 zwischen New York und Chicago. Ihre einzelnen Abschnitte wurden entsprechend den dabei durchfahrenen Einzelstaaten als New York State Turnpike, New Jersey Turnpike, Pennsylvania Turnpike, Ohio Turnpike und Indiana Tollroad bezeichnet.

Der großmaßstäbliche Ausbau eines Autobahnnetzes aber begann erst mit dem Jahre 1956 auf Grund der Fassung des Federal-Aid Highway Act aus jenem Jahre. Nachdem die früheren Ansätze in den Anfängen steckengeblieben waren, weil vor allem nicht genügend finanzielle Mittel zur Verfügung gestellt worden waren, begann 1956 der Ausbau des *National System of Interstate and Defense Highways* unter 90%iger Beteiligung der Regierung an den Baukosten – die als state highways klassifizierten Chausseen waren nur zu 50% von der Regierung bezuschußt worden, und die Einzelstaaten erhielten je nach ihrer Selbstbeteiligung eine gleich hohe Summe von der Regierung für ihr jährliches

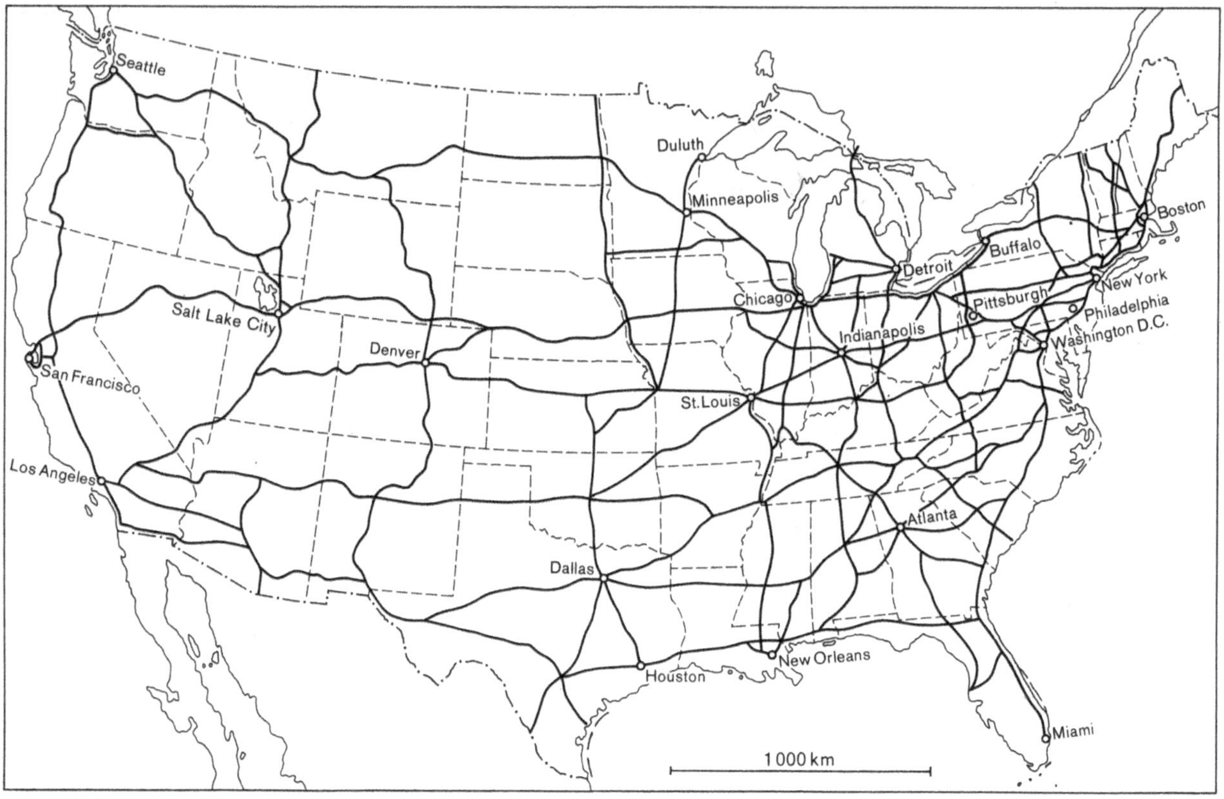

Fig. 72. *Das Netz der Interstate and Defense Highways in den USA.*
1957 wurde mit dem Bau des zu 90% von der Regierung finanzierten Autobahnnetzes begonnen, das auf eine Gesamtlänge von rund 66000 km geplant ist und 42 Hauptstädte der Einzelstaaten, 90% aller Städte über 50000 Einwohner sowie zahlreiche weitere Städte miteinander verbinden wird. Vorläufer gab es seit den 30er Jahren in Form einiger Turnpikes und Tollroads vor allem im Nordosten der USA. Bis 1964 waren 27000 km fertiggestellt und weitere 10000 km im Bau. In Kanada ist als Parallele zu diesem Netz der Trans Canada Highway entstanden.

Straßenbauprogramm – mit einer geplanten und 1964 zunächst nach den voraussichtlichen Erfordernissen im Jahre 1975 festgelegten Gesamtlänge von 41000 Meilen oder 66000 km.

Auf Grund dieses jüngsten Autobahnprogramms werden 42 Hauptstädte von Einzelstaaten und rund 90% der Städte mit mehr als 50000 Einwohnern sowie eine Vielzahl kleinerer Städte, die von den Trassen berührt werden, miteinander verbunden. Bis Ende 1964 waren von diesem Autobahnnetz 27000 km in Betrieb und weitere knapp 10000 km im Bau.

In Kanada wurde der die zehn Provinzen verbindende Trans-Canada Highway zwischen 1949 und 1965 gebaut, der einschließlich der rund 220 km im Bereiche von Nationalparks eine Gesamtlänge von 7755 km besitzt. Auch er berührt die Hauptstädte und die weiteren größeren Städte der Provinzen.

Bei den kontinentalen Ausmaßen der USA und Kanadas kommt heute neben dem Kraftfahrzeug vor allem dem *Luftverkehr* eine ständig wachsende Bedeutung zu. Dazu haben nicht zuletzt die sehr niedrigen Tarife beigetragen. Ein Flug zwischen New York und Chicago wird für $ 24.— angeboten. Damit liegt der Flugtarif nur geringfügig über dem Preis des Überlandbusses, der aber für diese Strecke annähernd 18 Stunden benötigt. Andrerseits liegt der Tarif für die Pullman-Klasse der Eisenbahn etwa beim anderthalbfachen Flugpreis. Wer also ohne viel Gepäck schnell und dennoch recht preiswert reisen will, wird für längere Strecken stets das Flugzeug bevorzugen.

So ist in den Vereinigten Staaten die von Fluggesellschaften beförderte Zahl der Reisenden zwischen 1946 und 1960 von 13 Millionen auf 60 Millionen angestiegen. Vom Flugverkehr wurden im letztgenannten Jahre rund 4,5% der personenkilometrischen Leistung erbracht, womit das Flugzeug an zweiter Stelle hinter dem Kraftwagen steht. Auch wenn man den Omnibusverkehr aus dem gesamten Kraftfahrzeugverkehr ausklammert, rangiert der Luftverkehr an zweiter Stelle vor dem Omnibus. Was alles mit der Orientierung von speziellen Industriebranchen und von Reisenden wie z. B. Teilnehmern an Konferenzen auf das Flugzeug an Begleiterscheinungen verbunden ist, wird im Abschnitt 4.3.2.3, S. 206, zu schildern sein.

Unsere besondere Aufmerksamkeit aber verdienen jene rund 10800 km des Autobahnnetzes, die innerhalb des Bereichs der Städte zu liegen kommen, und die als *Expressways oder Freeways* durch den Metropolitan Ring hindurch bis in das Zentrum der Kernstadt führen oder als Stadtautobahnringe, *Loops, Beltways oder Parkways*, den Durchgangsverkehr in geringerem oder weiterem Abstand vom Stadtzentrum um dieses herumleiten.

4.3.2.1. Stadtschnellstraßen und Stadtautobahnringe

Nachdem der Ausbau des Autobahnnetzes 1956 in Gang gesetzt worden war, wurde der nächste Schritt mit dem Federal-Aid Highway Act of 1962 getan. Dieses Gesetz brachte nun auch die *90%ige finanzielle Beteiligung der US-Regierung* an den Kosten der städtischen Verbindungsstrecken der Autobahnen, Stadtschnellstraßen und Stadtautobahnringen. Die Vergabe dieser öffentlichen Mittel wurde allerdings mit der Auflage für die Stadtregionen verknüpft, einen Generalverkehrsplan als Teil eines Gesamtentwicklungsplans zu erarbeiten und auf dem laufenden zu halten und einen ersten Planungsentwurf bis zum 1. Juli 1965 der Regierung vorzulegen. So entstanden in zahlreichen Großstädten Transportation Studies, deren Erarbeitung zum Teil den neu geschaffenen Planungskommissionen für die Stadtregionen anvertraut wurde.

In manchen Städten war allerdings *schon vorher* mit Planung und Bau dieser städtischen Schnellstraßen begonnen worden. Sie gehören auch durchaus *nicht alle zum Interstate Highway-Netz*, sondern etwa die Hälfte der zur Zeit fertigen und geplanten expressways entsteht außerhalb des Rahmens des Interstate and Defense Highway System. Es waren die jeweiligen einzelstaatlichen Verkehrsbehörden, die State Highway Commissions oder Departments, oder wie im Falle Chicagos besondere, für diesen Zweck ins Leben gerufene Organe wie die Chicago Area Transportation Study (CATS), die unter maßgeblicher Mitarbeit der zuständigen Highway Commissions das Netz der städtischen Schnellstraßen entwarfen und zu bauen begannen.

Es ist verständlich, daß im Hinblick auf die Zusammensetzung der genannten Gremien der Gesichtspunkt des Straßenbauingenieurs und, solange die erst 1962 festgelegte Subventionierung durch die Regierung noch nicht gesichert war, der des Finanzfachmanns im Vordergrund standen. Man ging also *vorwiegend unter bautechnischen und finanziellen Erwägungen* an die Ausführung des Straßennetzes. Sie bestimmten stark die Trassierung. Prognosen für die künftige Situation wurden kaum vorgenommen. Bestenfalls wurden die *zur Zeit der Planung bestehenden Verkehrsspannungen* berücksichtigt und aus ihnen der Bedarf an neuen Straßen abgeleitet.

Dieses Verhalten führte beispielsweise im Großraume Chicago dazu, daß die alten Verdichtungszonen der Bevölkerung entlang den radial vom Stadtkern ausgehenden Eisenbahnlinien in ihrer heutigen Bedeutung für das Pendlerwesen überbewertet und diese von den Eisenbahnen erschlossenen Korridore durch die Trassierung der fünf radialen expressways noch gekräftigt wurden (Fig. 73 und 74). Zwischenglieder fehlen dagegen. Besonders nachteilig wirkt sich der Umstand aus, daß diese *radialen Schnellstraßen untereinander nicht verbunden* sind. Neben dem weit außerhalb der Kernstadt in durchschnittlicher Entfernung von 24 km vom Stadtkern entfernt verlaufenden Tri-State Tollway existiert lediglich eine halbkreisförmige Verbindung der expressways drei Baublöcke westlich der City. Nach Schätzungen der CATS beträgt der Anteil des Verkehrs auf den expressways, der nicht die City zum Ziele oder Ausgangspunkt hat und als Durchgangsverkehr zu klassifizieren ist, jedoch die als Verbindungswege zwischen City und Vororten gedachten expressways benutzt und an sich unnötig belastet, mindestens 50%! Für andere Metropolitan Areas gehen Schätzungen dieses Anteils des Durchgangsverkehrs bis zu 75%.

Zu den Stoßzeiten des Berufsverkehrs sind die expressways heute schon vielfach überlastet, obwohl sie meist drei und mehr Fahrbahnen in jeder Richtung und zusätzlich in der Mitte noch Fahrbahnen ohne Zu- und Ausfahrtmöglichkeit auf 5 bis 8 km Entfernung für den Verkehr über relativ weite Strecken besitzen und dazu noch teilweise die Möglichkeit, daß je nach tageszeitlichem Bedarf verschieden viele Fahrbahnen in einer bestimmten, besonders belasteten Richtung freigegeben werden können.

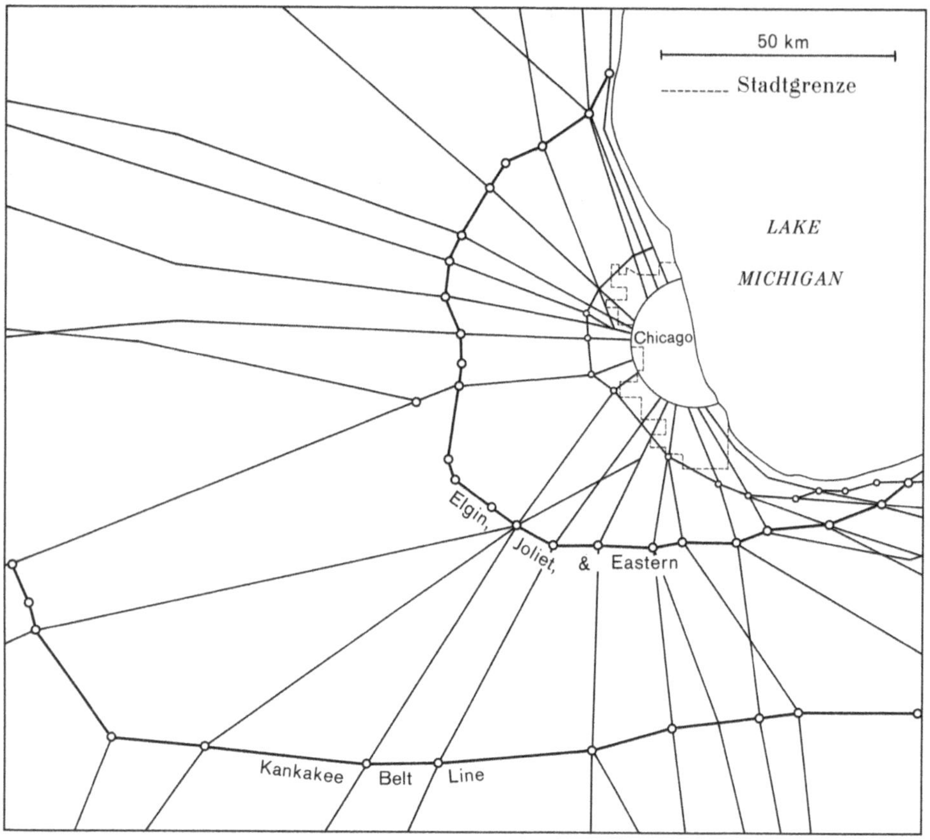

Fig. 73. *Das radial-konzentrische Eisenbahnnetz von Chicago* (nach GOLD).
Die Stadt im Herzen des US-amerikanischen Mittelwestens am südwestlichen Zipfel des Michigansees entwickelte sich schon während des 19. Jahrhunderts zum größten Eisenbahnknoten in den Vereinigten Staaten. Die radiale Anordnung der Eisenbahnlinien hat zum fingerförmigen Wachstum der Stadt beigetragen, auf das sich auch das junge Netz der Expressways orientiert hat.

Der Dan Ryan Expressway, der den Verkehr vom Stadtzentrum Chicago nach Süden und über den Skyway nach Indiana hin vermittelt, hat insgesamt 14 Fahrspuren und auf einen Teil der Strecke noch zusätzlich in jeder Richtung drei sogenannte "service roadways", so daß es in einigen Abschnitten bis zu 20 Fahrspuren gibt! Er hat hier eine Tiefe von zwei bis drei Baublöcken, was eine markante Zäsur zwischen der Cityrandbebauung und den angrenzenden Industrie- und Wohnvierteln der citynahen Gebiete mit sich bringt.

Diese expressways brauchten trotz der gegenwärtigen und noch zu erwartenden Höhe des Verkehrsvolumens meist nicht noch verbreitert und mit weiteren Spuren versehen zu werden, wenn dafür Sorge getragen würde, daß sie *bereits in größerer Entfernung von der City durch Ringautobahnen miteinander verbunden* würden. Das würde außerordentlich zu ihrer Entlastung beitragen.

Die heutige Planung hat sich mit diesen Gegebenheiten abzufinden. Die Planungskommissionen der Metropolitan Areas, die häufig mit der Verkehrsplanung für die Stadtregion betraut wurden, müssen auf dem schon begonnenen und bisher existierenden Straßennetz aufbauen. Eine ganz *neue Gesamtkonzeption für das Verkehrsnetz* der Stadtregion als Teil eines Entwicklungsplanes für die Region *ist also oft nicht mehr möglich* aus dem Grunde, weil Schnellstraßenplanung und -bau und Aufstellung eines regionalen Gesamtentwicklungsplanes zeitlich umgekehrt zueinander stehen, als es sinnvoll und wünschenswert gewesen wäre.

Für die heute mit der Verkehrsplanung befaßten Stellen kommt es also vielfach auf eine möglichst *gute Ergänzung* des bestehenden Schnellbahnnetzes hinaus. Daß sie auf der Grundlage einer Gesamtplanung beruhen muß und aus den zu erwartenden Verkehrsspannungen eines Zeitpunktes in der mittleren Zukunft – meist wird ein Stichjahr zwischen 1975 und 1985 angenommen – abgeleitet werden sollte, ist inzwischen zur Selbstverständlichkeit geworden. Mit den Methoden der Prognose und Datenverarbeitung wird versucht, die im Stichjahr zu erwartende Gesamtsituation in der Metropolitan Area in allen Einzelheiten zu erfassen, vor allem aber möglichst zuverlässige Daten über die künftige Anordnung kleinster Nutzflächeneinheiten innerhalb der Stadtregion sowie das mit jeder Nutzungsart in jeweils spezifischer Lagesituation und bei Berücksichtigung von Trends in der Wohnweise, der Kraftfahrzeughaltung usw. verbundene Verkehrsaufkommen zu erhalten.

In den heute bestehenden Verkehrsplänen vieler Metropolitan Areas kommt eine *Kombination von Radialen und mehreren in verschiedenem Abstand von der City geführten Ringen* als günstigste Lösung der gegenwärtigen und voraussehbaren Verkehrssituation zum Ausdruck. Dieser sogenannte "loop and radial type" ist daher am weitesten verbreitet. Der innerste Ring verläuft meist zwischen 1,5 km und 2,5 km vom Citykern. Ein weiterer Ring hat einen Radius zwischen 5 km und 10 km. In einigen Großstädten gibt es im ganzen drei Ringe, von denen der äußerste allerdings schon sehr weit draußen am Rande der Stadtregion verläuft. Als Beispiele für diesen Typ des Expressway-Netzes mögen Dallas, Texas, Washington, D. C., angeführt sein und Boston, Massachusetts (Fig. 75 und 76).

Seltener sind zwei andere Formen des Schnellstraßennetzes. Es handelt sich einmal um den sogenannten "*rectangular type*", der eine engere Anlehnung an das ursprüngliche Gitternetz der Straßen hat, und für den als Beispiele die Städte Detroit und Los Angeles stehen mögen (Fig. 77), zum andern um das *unregelmäßige*, stärker von der jeweiligen topographischen Situation her vorgegebene Netz, wie wir es z. B. in den Großräumen New York und San Francisco in Entwicklung begriffen finden.

Ein prominenter Befürworter von Stadtautobahnringen ist V. GRUEN, dessen Planungsbüro für etliche große amerikanische Städte tätig geworden ist und unter anderem den Generalplan zur Umgestaltung der Downtown von Ft. Worth in Texas ausgearbeitet hat. Zur Grundidee dieser Pläne gehören ein großes, dem Fußgänger vorbehaltenes Areal in der City und die *Abschirmung derselben vom Kraftwagenverkehr* durch drei Ringe, deren beabsichtigte Wirkung mit den mittelalterlich-neuzeitlichen Befestigungssystemen europäischer Städte verglichen wird (vgl. Abschnitt 4.2.1.3, S. 142). Nur die Fahrzeuge, die die City zum Ziel haben, sollen überhaupt noch bis zum innersten Ring, aber möglichst nicht über ihn hinaus gelangen. Man hatte im Europa des 19. Jahrhunderts längst die Gunst erkannt, die darin lag, um die Altstadt oder im Verlaufe jüngerer Befestigungssysteme auch noch um Teile der Vorstädte herum ringförmige Verbindungsstraßen anzulegen mit dem doppelten Vorteil, daß die im Zuge des

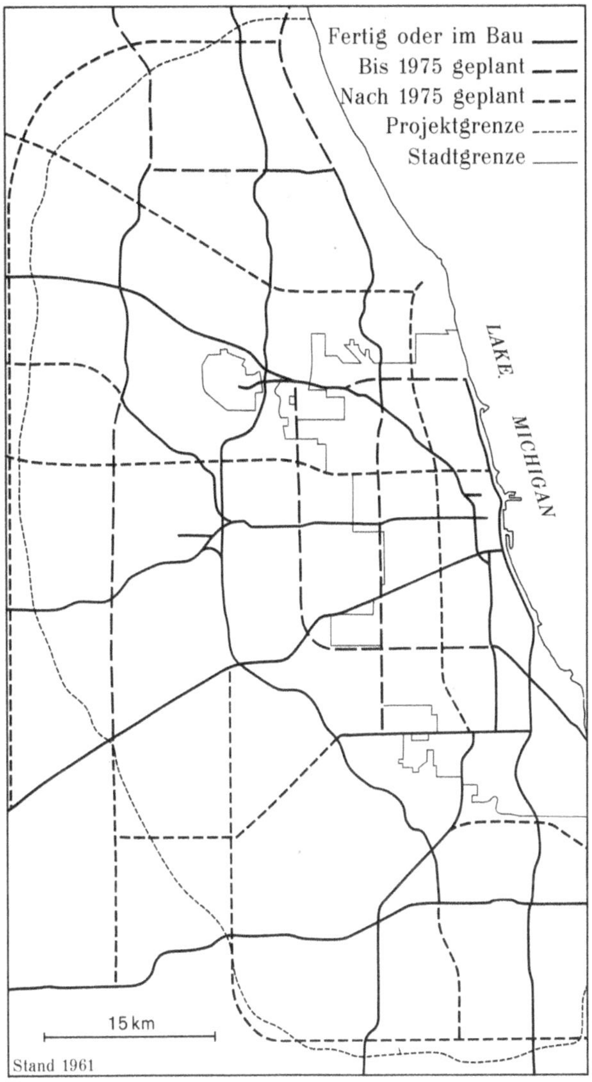

Fig. 74. *Das radiale Stadtautobahnnetz von Chicago* (nach Chicago Area Transportation Study).
Das Anlageprinzip ist radial mit der weit draußen am Rande der Metropolitan Area verlaufenden halbkreisförmigen Verbindung des Tri-State Tollroad. Der unabhängig von einer planerischen Gesamtkonzeption für die SMSA und vornehmlich von straßenbautechnischen und finanziellen Erwägungen ausgegangene Bau des Netzes läßt dessen dringende Ergänzungsbedürftigkeit durch konzentrische Verbindungsstrecken der Radialen in Citynähe deutlich werden. Das Fehlen solcher Verbindungen führte zu unnötiger Belastung der Expressways mit rund 50% Durchgangsverkehr, der zur Erreichung der gewünschten Fahrtrichtung bis an die Grenzen der City gelangt und viel früher aus dem innenstädtischen Bereich abgelenkt werden müßte.

Glacis errichteten großen Repräsentationsbauten untereinander, aber auch von den angrenzenden Teilen der Altstadt und der Vorstädte leicht erreichbar waren.

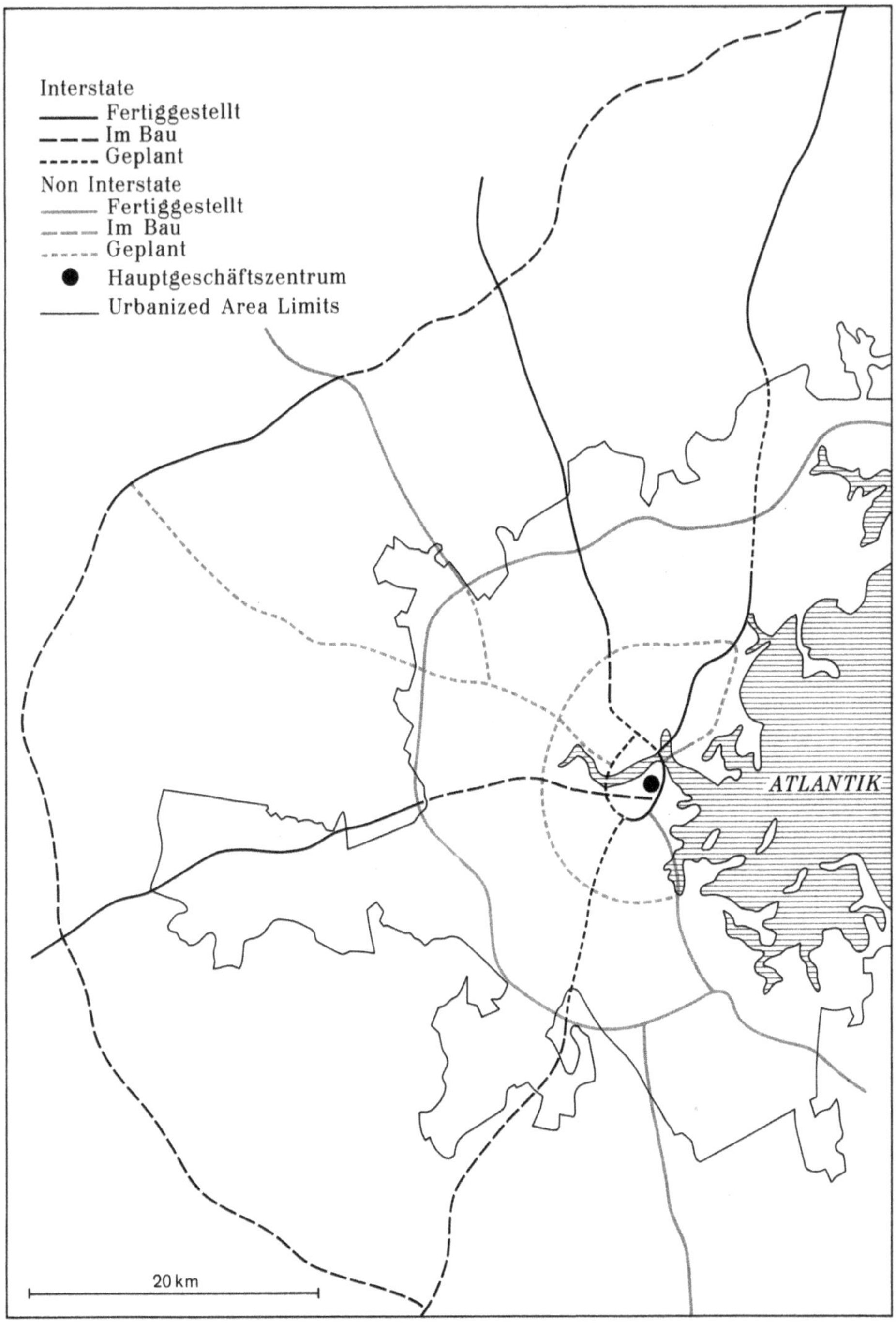

Fig. 75. *Das Stadtautobahnnetz von Boston* (nach Automotive Safety Foundation).
Ein Teil des Netzes gehört als innerstädtische Verbindungen dem Interstate and Defense Highway System an, der übrige besteht aus lokalen Stadtautobahnen. Das Anlageprinzip besteht in vier Ringen bzw. Halbkreisen in unterschiedlicher Entfernung vom Stadtkern und mehreren Radialen. Gerade im Falle Bostons hat der Ausbau einer Fernstraße zum äußersten Stadtautobahnring die Entstehung zahlreicher verkehrsorientierter Industriebetriebe und damit eine unerwartete und unerwünschte Überlastung desselben mit lokalem Verkehr zur Folge gehabt.

Es kommt aber ein weiteres Moment hinzu. Für den Verkehrsfachmann ist es eine Binsenweisheit, daß bei konstantem Verkehrsvolumen innerhalb eines gegebenen Raumes Ringe den *Flächenbedarf an Straßen im Innern* des von ihnen umschlossenen Geländes beträchtlich *reduzieren*. Das bedeutet, daß sich die Schaffung kraftfahrzeugfreier Zonen mit Reduzierung der dem Fahrzeugverkehr zur Verfügung stehenden Straßenfläche und der Bau eines inneren Schnellstraßenringes entgegenkommen. Tut man das eine, kann bzw. muß man sich das andere leisten. So hängt die im Abschnitt 4.2.1.3, S. 142ff., besprochene Umgestaltung der City eng mit der Art des künftigen Schnellstraßennetzes zusammen.

Die Nachteile, die mit den Autobahnringen in den Städten verbunden sind, werden vielleicht allgemein zu niedrig eingeschätzt. Als Gegner der üblich gewordenen Stadtautobahnringe hat sich DOXIADIS exponiert, der warnend gesagt hat, daß "by reconstructing these loops, we demolish precious parts of the city, we spent very large sums of public funds, and we cause the deterioration of many areas next to the loops. Finally, and this is our most significant act, we strangle the city by attracting all types of new functions around the loops, and thus we create a greater need for urban renewal projects within the whole of the city" (DOXIADIS, 1966, S. 117). Er tritt dafür ein, daß die Autobahnringe nach einer Seite hin geöffnet sein müßten, um den Bevölkerungs- und Verkehrsschwerpunkt allmählich nach dieser Richtung hin zu verlagern.

Diese Schnellstraßenringe werden im amerikanischen Schrifttum meist als loops, aber auch als beltways oder parkways bezeichnet. Nicht zu verwechseln ist die erstgenannte Bezeichnung mit dem populären Namen für Chicagos City. Der Loop von Chicago ist einfach der gewerblich genutzte Kern der Stadt, und zugleich die ihn „ring"förmig umgebende Hochbahn.

Der Ausdruck *parkway* ist dabei am schillerndsten. Er wird nämlich für Straßen recht unterschiedlicher Funktionen verwendet. Es gibt wenigstens drei Arten von Straßen, die diese Bezeichnung tragen und doch nur die beiden Kriterien gemeinsam haben, daß sie recht breit und mit Mittelstreifen zur Trennung der Fahrbahnen ausgestattet sind und daß sie einen gewundenen Verlauf haben. Ansonsten gibt es sehr verschiedene Abstufungen, angefangen bei dem einem umfangreichen und möglichst reibungslosen Verkehr dienenden "arterial parkway", der der Vorstellung vom Stadtautobahnring oder loop am nächsten kommt, über den "environmental parkway", der vorzugsweise durch parkartiges Gelände geführt wird und besonders dem Nachbarschaftsverkehr und dem Zusammenhalt der Stadtviertel bzw. der Randgemeinden mit der zentralen Stadt dient, bis hin zum "recreational parkway", der für die Bewältigung eines stärkeren Verkehrsvolumens kaum eine Bedeutung hat, sondern dessen Hauptaufgabe in der Erschließung von Gelände mit großem Baumbestand, Wiesen und Teichen zum Zwecke des Erholungs- und Fremdenverkehrs besteht. Selten werden sich diese Zweckbestimmungen auf einen einzigen Straßenzug vereinigen. Aber in den großen

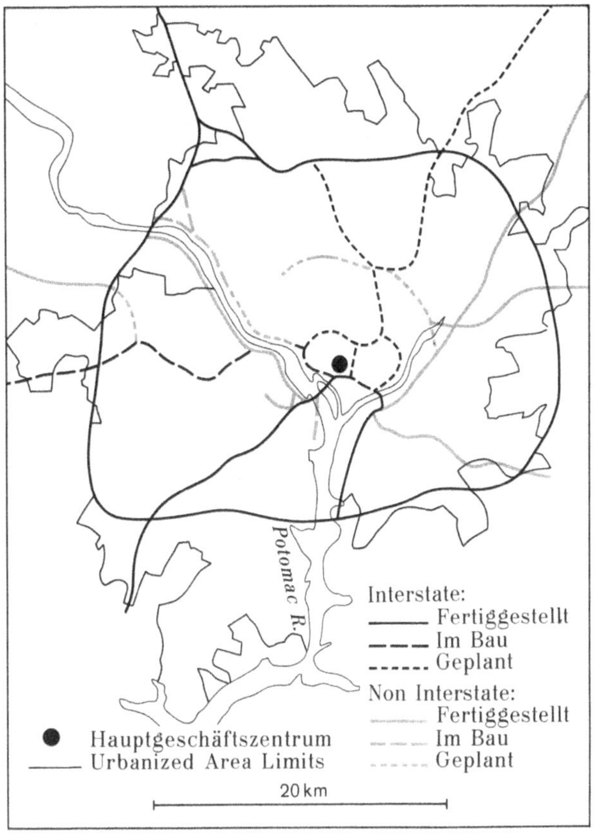

Fig. 76. *Das Stadtautobahnnetz von Washington, D. C.* (nach Automotive Safety Foundation).
Das Anlageprinzip besteht in zwei Ringen und mehreren Tangenten. Während Befürworter des Systems mehrerer konzentrischer Ringe wie z. B. V. GRUEN die Bremswirkung auf den cityorientierten Zielverkehr als günstig hervorheben, betonen Gegner desselben wie z. B. C. A. DOXIADIS, daß damit wertvolles Stadtgebiet zerschnitten und schnellem Verfall preisgegeben, vor allem aber eine zu weiteren Schwierigkeiten führende Verdichtung mit neuen Wirtschaftsfunktionen heraufbeschworen wird. Die Befürworter sind in der Überzahl, und in vielen Stadtregionen schreitet der Ausbau der Ringe zügig voran.

Städten an der atlantischen Küste werden die Stadtschnellstraßen häufig als Parkway bezeichnet.

Es wurde schon gesagt, daß eine Kombination von Ringen und Radialen zwar die häufigste Form, aber nicht die einzige des großstädtischen Schnellstraßennetzes ist. In der unterschiedlichen Ausprägung ist vielfach auch die Verknüpfung mit öffentlichen Verkehrsmitteln zu erkennen. Gute Beispiele für diese Verknüpfung finden wir in Chicago und in Los Angeles. In Chicago z. B. verläuft in der Mitte zwischen den beiden Fahrtrichtungen des Dwight D. Eisenhower Expressway die Schnellbahn zur Des Plaines Avenue, die ein Teil des elevated system, der Hochbahn, der Stadt ist.

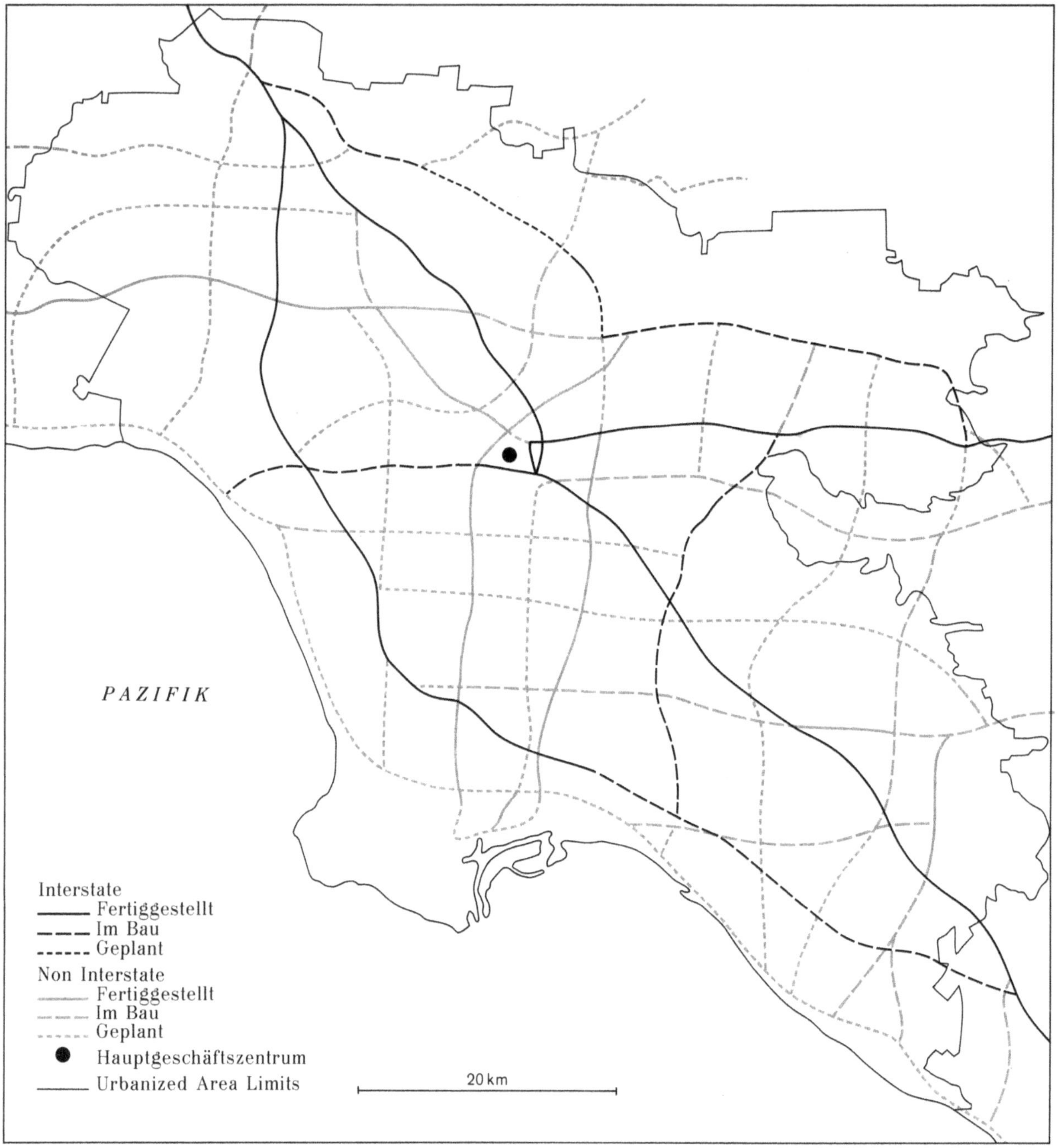

Fig. 77. *Das Stadtautobahnnetz von Los Angeles* (nach Automotive Safety Foundation).
Hier ist kein so klares Anlageprinzip zu erkennen wie bei Boston oder Washington, D.C. Vielmehr ergibt sich ein Netz aus einem modifizierten Gitter mit einzelnen Diagonalen. Augenfällig sind die mit der hier extremen Zersiedlung zusammenhängende gewaltige Ausdehnung der Metropolitan Area und die beachtliche Dichte des Stadtautobahnnetzes in einem vom Kraftwagen völlig beherrschten Großraum.

In Los Angeles hat man so weitgehend der Benutzung einzelner freeways wie des Hollywood Freeway durch Omnibuslinien Rechnung getragen, daß hier *gesonderte Spuren* für die Ausfahrt der Busse zu ihren Haltestellen angelegt wurden.

Sehr unterschiedlich ist die Art und Weise, in der die *Kreuzungsfreiheit* bei den Stadtautobahnen erreicht wird. Häufig sind die expressways in ein anderes Niveau verlegt worden. In vielen Fällen verlaufen sie auf einem *tieferen Niveau* gegenüber den anderen Straßen, die dann mit Brücken über sie hinweggeführt werden. Diese Lösung ist weit verbreitet in Chicago, Detroit, St. Louis. Streckenweise sind die expressways auch angehoben worden und verlaufen auf *höherem* Niveau, wie das großenteils in Boston, San Francisco und Toronto der Fall ist. Daneben gibt es das sogenannte *"rolling grade" Prinzip*, bei dem der expressway auf längere Strecken niveaugleich geführt wird, während die Querstraßen gekappt oder abgeleitet wurden. Wo er aber auf eine Hauptverkehrsstraße trifft, wird er entweder, wie in den texanischen Großstädten, über sie hinweggeführt oder, wie im Falle des Southfield Expressway in Detroit, an den Kreuzungen nach unten verlegt.

Damit sind wir aber schon bei den verändernden Wirkungen der Stadtautobahnen angelangt. Die expressways mit ihrer durch Rampen ermöglichten Kreuzungsfreiheit und ihren Kurven mit sehr großem Radius bilden ein *neues linienhaftes Element in einer bisher vom Gitternetz beherrschten Stadtlandschaft.* Das Gitternetz machte alle Straßen gleichrangig, es differenzierte nicht. Die Schaffung von Superblöcken stellt für den Citybereich bereits das teilweise Abgehen von dem alten Gitternetz dar (vgl. Abschnitt 4.2.1.2, S. 139). Aber auch im Stadtgebiet außerhalb der City erweist sich das undifferenzierte Gitternetz als nicht den Erfordernissen des modernen Verkehrs entsprechend.

Die Planung sieht für zahlreiche Städte ein *hierarchisches System von Straßen verschiedener Funktionen* vor, welches das Stadtautobahnnetz sinnvoll ergänzen soll. Den höchsten Rang haben dabei die *Zubringerstraßen*, die den direkten Anschluß an die Schnellstraßen vermitteln. Annähernd gleichbedeutend sind einzelne Straßenzüge, die meist entsprechend den Hauptrichtungen des Gitternetzes im Abstand von etlichen Baublöcken voneinander verlaufen. Sie werden "major arteries" oder "thoroughfares" genannt und sollen den *übrigen Durchgangsverkehr* bewältigen. Dann folgen in der Rangordnung *zu Einbahnstraßen erklärte Straßenpaare* die wie dem Verkehrsplan von Indianapolis zufolge in geringem Abstand um die City herumführen und zwei „Kreisverkehre" in beiden Richtungen bei leichtem Übergang von dem einen zum andern ermöglichen (vgl. Fig. 23). Als unterste Stufe folgt der große Rest der *unklassifizierten Straßen*, die lediglich dem Anliegerverkehr dienen sollen. Sie bedürfen für die geringen an sie gestellten Anforderungen keines Ausbaus, während die Kapazität der klassifizierten Straßen meist nicht für die ihnen zugedachten Aufgaben ausreicht und durch bauliche Veränderungen erhöht werden muß.

Es ist also nicht allein mit dem Ausbau des Schnellstraßennetzes getan, zumal da die Schnellstraßen ja auch *Auswirkungen für ihre Umgebung* mit sich gebracht haben, d.h. in erster Linie auf die über oder unter ihnen hinweg geführten sie querenden Hauptverkehrsstraßen und auf die parallel zu ihnen verlaufenden Straßen. Die Eröffnung einer Schnellstraße bewirkt Veränderungen in der Belastung der querenden und parallelen Straßen. Es pflegt zu einer *Verringerung des Volumens auf den Parallelstraßen* zu kommen, da ein Teil der Fahrzeuge, die diese früher benutzten, jetzt auf die Schnellstraße übergewechselt sind. Andrerseits pflegt es zu einer *Verstärkung des Volumens auf den quer zur Schnellstraße verlaufenden Straßen* mit Auffahrten zu dieser zu kommen, da mit der Benutzung der Schnellstraße automatisch eine erhöhte Belastung der ihr als Zubringer dienenden Straßen verbunden ist. Das macht unter Umständen Veränderungen in der Verkehrsregelung und Ausstattung mit Signalanlagen in den Straßen des so beeinflußten Bereichs nötig, auch im Hinblick auf die mit der allgemeinen Änderung stärkerer Verkehrsströme verbundene Verlagerung von kritischen Punkten verhältnismäßig großer Unfallhäufigkeit (Fig. 78).

Was die Verkehrssicherheit auf den expressways selbst betrifft, so haben Erhebungen aus verschiedenen Landesteilen ergeben, daß die Zahl der Unfälle mit tödlichem Ausgang auf expressways nur etwa ein Drittel bis ein Siebtel derjenigen auf Straßen ohne Autobahncharakter in vergleichbarer Situation liegt.

4.3.2.2. Bebauung im Gefolge der neuen Verkehrsadern

Nicht weniger als die Neu- und Umgestaltung des Verkehrsnetzes interessiert auch der Einfluß der modernen Verkehrsbauten auf das Flächennutzungsgefüge ihrer näheren Umgebung.

Zunächst einmal erhalten weite Teile des Metropolitan Ring mit den expressways eine *zeitsparende Verbindung zur City* und damit zu den Arbeitsstätten zahlreicher Bewohner der Randgemeinden. Mit der Eröffnung nur einer neuen Radiale umschließt die 30-Minuten-Isochrone mit einem Schlage neue große Wohngebiete in der Randzone der Metropolitan Area. Am Beispiele von Philadelphia hat die Southeastern Pennsylvania Regional Plan-

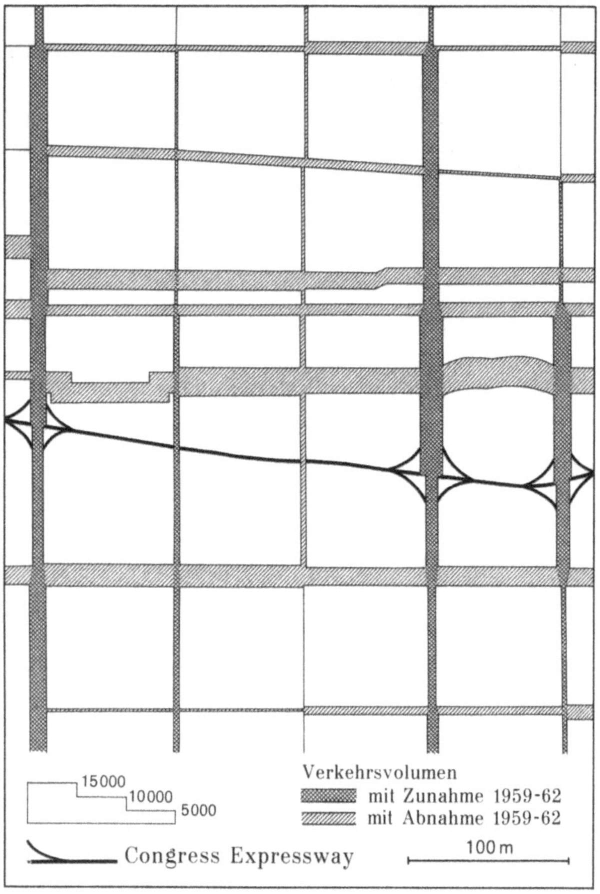

Fig. 78. *Veränderte Verkehrsbelastung der Straßen nahe einer neu eröffneten Stadtautobahn* (nach Chicago Area Transportation Study).
Das Kartogramm zeigt die merkbare Zunahme des Verkehrs auf den senkrecht zur Stadtautobahn verlaufenden Straßen mit Autobahnanschluß und die Abnahme auf den parallel zu ihr sowie senkrecht zu ihr verlaufenden Straßen ohne Anschluß. Die Auswirkungen hinsichtlich einer Umorientierung des Verkehrs schon innerhalb weniger Jahre sind beträchtlich.

ning Commission dargelegt, wie stark die Erschließung von Außenzone und Randgemeinden mit Fertigstellung der im Bau befindlichen bzw. aller für das Stadtautobahnnetz geplanten expressways ist (Fig. 79).

Sodann hat der Bau von expressways streckenweise eine *umfangreiche Bautätigkeit* nach sich gezogen, die allerdings in den verschiedenen Teilbereichen der Stadtregion sehr unterschiedlich ausfällt, je nach mehr zentraler oder peripherer Lage. So ist man beispielsweise in Citynähe, sofern die Möglichkeit dazu durch Führung der Stadtautobahn auf tieferem Niveau gegenüber der Umgebung gegeben ist, zu weitgehender Nutzung der air rights, d. h. zur Überbauung des expressway, gekommen. Ein eindrucksvolles Beispiel bildet dafür der Trans-Manhattan-Expressway in New York City, über dem sich vier 32geschossige Wohnhochhäuser und der Flachbau des Autobusbahnhofs der Port of New York Authority erheben. Im einschlägigen Schrifttum sind öfter Hinweise darauf zu finden, daß von dieser Möglichkeit bisher noch allzu wenig Gebrauch gemacht worden ist (Bild 26).

Die Expressways zerschneiden merkbarer als andere Straßen den Baukörper und mögen als trennendes Element eine unterschiedliche Entwicklung zu beiden Seiten nach sich ziehen. Es ist jedoch zu bedenken, daß sie oftmals schon vorgezeichneten Trennungslinien folgen, etwa den Tälchen der kleinen Küstenflüsse in Toronto, und somit nicht erst eine Trennung schaffen.

Über die bauliche Entwicklung im Großraum Boston im Gefolge des Ausbaus der Stadtautobahnen haben wir eine genauere Untersuchung von Owen. Das Schnellstraßensystem von Boston sah neben acht Radialen drei Ringe vor, einen inneren Loop, einen zweiten Ring etwa entlang der Stadtgrenze, der in einem Ausbau der Staatsstraße 128 zu einer vierspurigen Autobahn bestehen sollte, und den Interstate Highway 495 als äußersten Ring (vgl. Fig. 75). Ein großer Teil der fast 100 km langen Route 128 führte durch rein agrarisch genutztes Land, berührte allerdings eine Anzahl von Siedlungskernen im Bereiche der Metropolitan Area.

Noch während des Ausbaus der Route 128 zur Autobahn setzte eine *rapide städtische Überbauung* des angrenzenden Geländes ein, und vor Beendigung der Straßenbauarbeiten waren über vierzig Fabriken entlang der Strecke fertiggestellt oder im Bau. Sie wurden insbesondere von verschiedenen Branchen der Leichtindustrie besetzt. Der durch die Route 128 erschlossene Arbeitereinzugsbereich dieser Betriebe bezieht Orte wie Concord, Lexington, Newton, Waltham und Wellesley mit ein. Die Grundstückspreise entlang der Route stiegen binnen kurzer Zeit von Werten zwischen $ 50 und $ 100 pro acre Land auf $ 2000 bis $ 5000 an.

Dadurch erreichte auch das *Verkehrsvolumen* innerhalb weniger Jahre eine derartige Höhe, daß die Route 128 sehr bald überlastet war und bereits nach einem Jahrzehnt der Plan gefaßt wurde, sie nunmehr zur achtspurigen Autobahn auszubauen (Owen, S. 46).

Fig. 79. *Gebiete innerhalb der 30-Minuten-Isochrone im Großraum Philadelphia in verschiedenen Stadien des Stadtautobahnbaus* (nach Southeastern Pennsylvania Regional Planning Commission und Wissink).
Das Kartogramm veranschaulicht die Verbesserung der Erreichbarkeit, d. h. die Verkürzung der vom Pendler zur Anreise in die City benötigten Zeit mit der Eröffnung neuer Strecken des Expressway-Netzes bis zu dessen Vollendung nach bisherigen Plänen. Im selben Maße müßten aber die Parkraumkapazität der City und die Kapazität der Verbindungsglieder von den Expressway-Ausfahrten zu den Parkeinrichtungen wachsen.

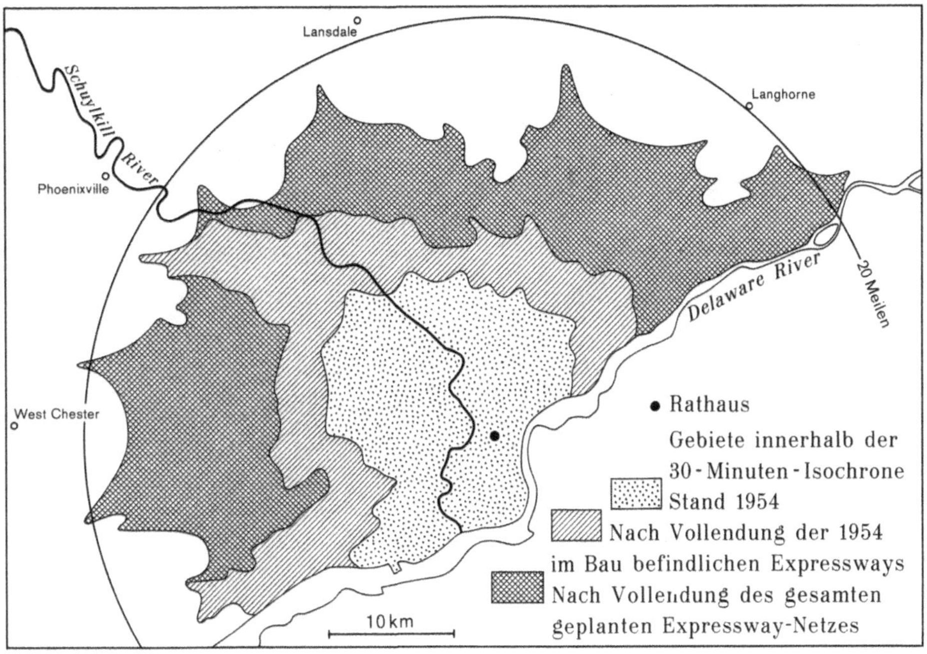

Mit der Schilderung dieser Entwicklung sind *die beiden Hauptprobleme* angedeutet, die sich als Begleiterscheinungen des Baues von expressways eingestellt haben: *baldige Überlastung der neuen Straßen und ungewollte Förderung des urban sprawl.*

Diese Entwicklung ist in zahlreichen Fällen anders verlaufen, als es von der Planung vorgesehen war. Die Planung strebte ja im Rahmen der gesamten Metropolitan Area mit dem Bau von Autobahnringen eine Verbesserung der Verkehrssituation an, und dafür sollte im Raum Boston die Route 128 eines von vielen Gliedern sein. Was dagegen geschah war eine stürmische Bautätigkeit im Umkreis der neuen Verkehrslinie und ihre baldige *Überlastung durch einen zu hohen Anteil an Anlieger- und Berufspendlerverkehr.* Während also zum Teil die der City zustrebenden Radialen wegen unzureichender Bindeglieder – siehe Großraum Chicago – und damit wegen unerwünscht hohen Anteils an Durchgangsverkehr für den eigentlichen Zweck, nämlich den Berufspendlerverkehr, nicht voll zur Geltung kommen konnten, wurde im Falle Boston umgekehrt der Autobahnring durch einen ebenfalls unerwünscht hohen Anteil an Lokalverkehr nicht voll für den Durchgangsverkehr einsatzfähig!

Oftmals ist die Bautätigkeit weitgehend unkontrolliert vor sich gegangen und hat damit die Auffahrten (ramps), die Autobahnkreuze (interchanges) sowie die zum expressway parallel verlaufenden Straßen (frontage roads) zu Problemgebieten des Verkehrs gemacht. ".... it seldom if ever happens that ramps are designed with thought to the possibility that a large traffic generator may be located in the neighborhood of the ramps" (ASPO, 1955, S. 13). Die Auffahrten stellen sich im Verlauf der auf die Schnellstraße hin orientierten Bebauung und Flächennutzungsveränderung häufig als nicht genügend leistungsfähig heraus. Die Leistungsfähigkeit der Auffahrten wird aber auch beeinträchtigt durch die Überlastung nahegelegener Straßenkreuzungen, über die der Verkehr zur Autobahnauffahrt geleitet wird.

Der andere Punkt ist die Ausweitung des städtisch überbauten Geländes. Fig. 80 zeigt am Beispiel Chicagos, wie hoch der Anteil des beiderseits von Dwight D. Eisenhower Expressway und Northwest Tollway gelegenen Geländes ist, das erst in jüngster Zeit, etwa gleichzeitig mit dem Autobahnbau oder erst nach Eröffnung der Autobahn für den Verkehr überbaut wurde. Dabei finden sich alle jene Elemente wieder, die wir als eine Art Standardausrüstung jung entwickelter städtischer Zonen innerhalb des Metropolitan Ring kennengelernt haben: Mietwohnhauskomplexe, Einkaufszentren, Industriekomplexe, Eigenheimsiedlungen, Wohnwagensiedlungen, vereinzelt auch Bürohochhäuser. Große Komplexe spezieller Nutzung wie das Gelände von Groß-Flughäfen oder die gewaltigen Tanklager von Öl-

Bild 26. *Blick vom Harlem River über den Trans-Manhattan Expressway zur George Washington-Brücke* (Luftbild wiedergegeben mit freundlicher Genehmigung von The Port of New York Authority). Bedeutungsvoll für die heutige Bebauung ist die Ausnutzung der sogenannten air rights über dem expressway durch vier 32geschossige Wohnhochhäuser und den Flachbau des Autobusbahnhofs der Port of New York Authority (Jahr der Aufnahme: 1965).

firmen schalten sich dazwischen ein (Fig. 81). Ganz am Rande der Metropolitan Area finden sich in wachsender Zahl Ödländereien, die die Übergangssituation von früher agrarischer zu später nichtagrarischer Nutzung anzeigen, und in krassem Gegensatz dazu die Reste intensiver landwirtschaftlicher Nutzung, auch in Form von Glashauskulturen. Im Raume Chicago setzt etwa bei der Straße 4800 West (Cicero Avenue) mit einigen neuen Häusern die junge Bautätigkeit ein. Von der Straße 7200 West (Harlem Avenue) ab wird sie derart umfangreich, daß sie selbst bei flüchtigem Hinsehen sofort auffällt,

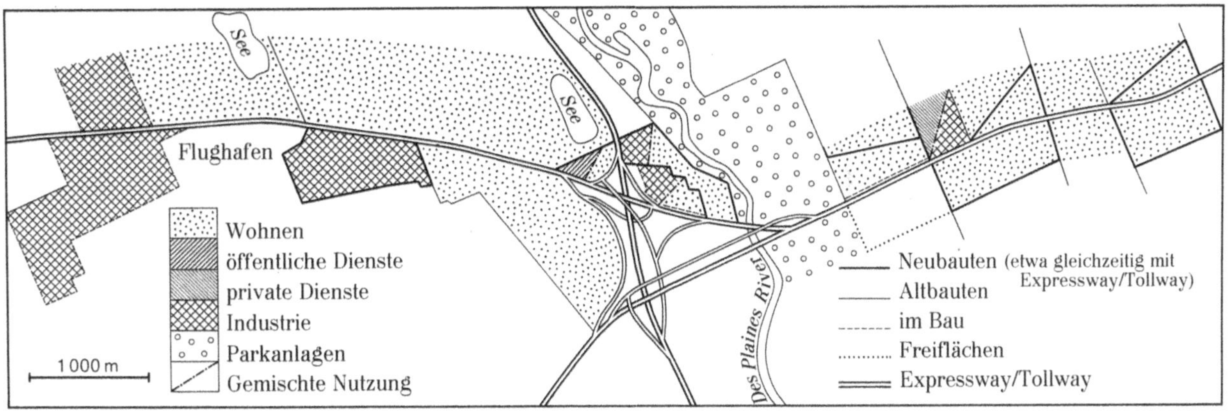

Fig. 80. *Jüngste bauliche Entwicklung beiderseits des D. D. Eisenhower Expressway und Tri-State Tollroad im Bereiche des O'Hare-Flughafens Chicago.* Stand: Sommer 1966 (Entwurf des Verfassers).
Das Beispiel verdeutlicht die Bautätigkeit entlang den modernen Verkehrsadern gleichzeitig mit oder im Gefolge vom Bau der Expressways. Sie nimmt merkbar ab mit dem Übergang zu den Fernautobahnen mit ihren viel weiteren Abständen zwischen zwei Ausfahrten.

ab Mannheim Road, d.h. an der östlichen Begrenzung des neuen Flughafens O'Hare Field wird sie völlig dominierend (vgl. Fig. 80).

Es ist dennoch nicht leicht, die wahre Bedeutung der Schnellstraßen für die Ansiedlung vor allem neuer Industriebetriebe in deren Nähe zu beurteilen. In Deutschland haben Befragungen neuer Betriebe in günstigster Verkehrslage zu Autobahn und Autobahnzubringern das doch einigermaßen erstaunliche Ergebnis erbracht, daß rund zwei Drittel der Betriebe diese Verkehrslage von sich aus überhaupt nicht als einen Faktor bei der Standortwahl erwähnten und auf spätere ausdrückliche Erkundigung nach diesem Faktor seitens des Interviewers erklärten, daß er keinen Einfluß auf die Entscheidung gehabt habe. An erster Stelle wurde der Gesichtspunkt genannt, daß hier einfach genügend Gelände vorhanden war, um den Flächenbedarf des Betriebes zu befriedigen. Es kam hauptsächlich darauf an, daß sich die Betriebe, die durchaus nicht alle aus den inneren Stadtbezirken hierher gekommen waren, räumlich vergrößern konnten, auch im Hinblick auf den Bedarf an Ladezonen und Parkplätzen. „Obwohl von den Kunden der befragten Betriebe der Schnellweg häufig benutzt wird, führte kein einziger Betrieb einen Geschäftsaufschwung auf den neuen Standort (seine verkehrsgünstige Lage) zurück."[1]

In Amerika könnte man in Anbetracht des hohen Motorisierungsgrades noch eher versucht sein, den neuen Verkehrsadern eine zu hohe Bedeutung beizumessen. Aber auch dort bestätigen sich solche Vermutungen nicht. Eine Untersuchung über den Chicagoer Industrievorort Franklin Park hat ergeben, daß im Zusammenhang mit der dortigen Konzentration von 130 neuen Betrieben in der Zeitspanne 1945–1958, womit diese Gemeinde noch vor Skokie mit 91 neuen Betrieben weit an der Spitze aller Gemeinden des Metropolitan Ring von Chicago steht, die *Nähe zum Tollway keine Bedeutung für die Standortwahl* hatte. Zum einen war der Tollway während der Erhebungszeit noch gar nicht in Betrieb, was freilich insofern geringe Beweiskraft hat, als in absehbarer Zeit mit seiner Eröffnung für den Verkehr gerechnet werden konnte. Zum andern aber erklärten die meisten Betriebe auf Befragung übereinstimmend im Hinblick auf eine etwaige spätere Ausnutzung dieser Lagegunst, daß eine Benutzung des Tollway wegen der Gebührenpflicht nicht erwogen würde. Nur in negativer Weise läßt sich die Bevorzugung des Geländes in Straßennähe ausdrücken insofern, als die meisten Betriebe kraftwagengebundene Kleinbetriebe sind, die weitgehend die Nähe von Eisenbahnanlagen meiden, da diese wegen vieler niveaugleicher Kreuzungen den Kraftwagenverkehr in der Umgebung beeinträchtigen (KUNSTMANN, S. 96–98).

Der Unterschied in der Bedeutung der Autobahnen für neue Industrieansiedlungen ist aber keineswegs nur in der Verschiedenheit bezüglich freier Benutzung oder Erhebung von Benutzungsgebühren

[1] SCHWARTZ, H.-C. Autobahnauffahrten und Industrieansiedlung. N. Arch. f. Nds. Bd. 14,1, 1965, S. 66–68.

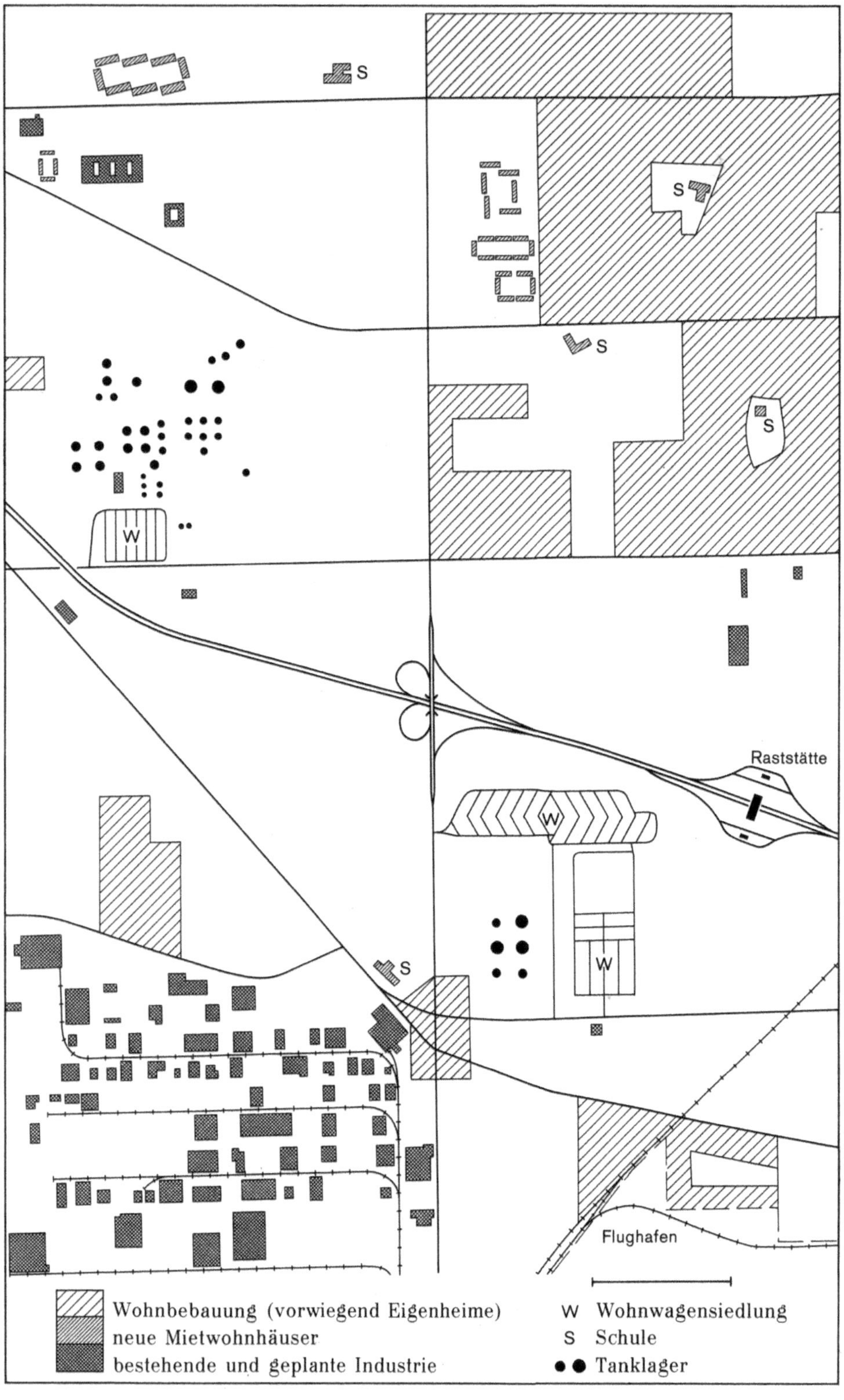

Fig. 81. *Die bauliche Entwicklung beiderseits einer neu eröffneten Stadtautobahn am Rande Chicagos* (Grundlage: Topographische Karte 1:24 000).
Wichtigste Elemente der Neubebauung sind Wohnviertel mit zentral gelegener Schule, vorgeplanter Industriekomplex, Öltanklager, Einkaufszentrum, über die Autobahn geführte Raststätte.

zu sehen, sondern er ist auch eine Funktion der *Entfernung zweier Auffahrtsrampen* voneinander. Im Bereich der heute überbauten Gebiete der Metropolitan Areas liegen diese Auffahrten sehr viel dichter beieinander und erschließen die Umgebung für die Schnellstraße sehr viel besser als in weiterer Entfernung vom Stadtkern. Für den Großraum Chicago läßt sich berechnen, daß im Verlauf des

Dwight D. Eisenhower Expressway, der die City mit den westlichen Vororten verbindet, 18 Auffahrten auf rund 22,5 Meilen kommen, d.h. es entfällt jeweils eine Auffahrt auf $1^1/_4$ Meile oder 2 Kilometer. Da diese Zahl ein Durchschnittswert ist, ergibt sich streckenweise eine noch dichtere Abfolge von Auffahrten. Dagegen finden sich im Verlauf des Tri-State Tollway, der als äußerster Ring um die Metropolitan Area herumführt und deren entfernteste Randgemeinden berührt, lediglich sieben Auffahrten auf eine Strecke von 45 Meilen. Hier kommt also nur eine Auffahrt auf jeweils 6,5 Meilen oder 10,5 Kilometer.

Begeben wir uns aus dem überbauten Bereich der Metropolitan Area heraus, so gelangen wir irgendwo an eine Stelle, an der die Dichte der Auffahrten sprunghaft von der einen auf die andere Größenordnung emporschnellt. Das gilt in ähnlicher Weise für alle Metropolitan Areas. Damit wird aber *schlagartig die Erreichbarkeit der Schnellstraße von ihrer unmittelbaren Umgebung herabgesetzt*. Es treten Bereiche auf, die direkt an das Autobahngelände angrenzen und dennoch Anfahrtswege zwischen 5 km und 8 km nötig haben. Einen solchen Standort wird man kaum noch als verkehrsorientiert oder verkehrsgünstig ansprechen dürfen.

Das gilt natürlich nicht nur für die Industrie, sondern beeinflußt auch die Entscheidung von Einzelhandelsunternehmen und anderen Funktionen, die sich in ihrer *Standortwahl gegenüber den herkömmlichen state highways eingeschränkt* sehen. Ziehen wir das Motel als Beispiel heran, so ist sicher sein günstigster Standort direkt an der zur Stadt führenden Straße auf der rechten Seite gewesen. Expressways bieten diese Möglichkeit nicht mehr. Damit wird die Standortgunst auf einzelne Punkte eingeengt. Zur Auswahl bleiben nur noch der *Nahbereich eines Kleeblattes* oder Grundstücke an einem parallel zur Schnellstraße verlaufenden *frontage road* mit guter Einsicht vom expressway aus. Viele Tankstellen und andere Unternehmen in der Nachbarschaft der Autobahnen werben mit dem Hinweis auf einen "easy return to freeway".

Viele Planer erblicken gerade *in diesem Umstand ein Mittel zur Steuerung des urban sprawl* und speziell der vorläufigen Bannung der „Gefahr" einer Herausbildung mehr oder weniger kontinuierlicher Städtebänder entlang den modernen Verkehrsadern (vgl. Abschnitt 2.2, S. 17). "... expressways are surely permissive—at least for some period to come—of greater interludes of open land between urban developments; in a way they even catalize this type of development" (WISSINK, 1962, S. 258).

Diese Überlegungen führen aber bereits zu dem Themenkreis der Gesamtentwicklung und Gesamtplanung für die Metropolitan Areas, deren wichtigste Aspekte im Abschnitt 4.4, S. 208ff., untersucht werden sollen.

4.3.2.3. Das Flugzeug im interurbanen Verkehr

Die beiden Staaten in Angloamerika stehen nicht nur im Hinblick auf den internationalen Luftverkehr, sondern auch in der Entwicklung ihres eigenen Binnenverkehrs weit an der Spitze aller Nationen. Zahlen- und flächenmäßig haben die Flughäfen in den USA und Kanada immer stärkere Ausmaße angenommen. Allein in den USA gibt es rund 7000 Flugplätze, von denen allerdings der weitaus größte Teil kleine private Flugplätze sind.

Die Dichte des kontinentalen Flugnetzes in Angloamerika mag aber daraus ersehen werden, daß z.B. im Laufe von zwei Jahren Flugverbindungen zwischen 320 Städten neu eingerichtet wurden, wobei es sich in den meisten Fällen um Städte handelte, die ein sehr geringes Verkehrsaufkommen haben und die Kosten der Einrichtungen nicht decken.

Auch beim Flugverkehr müssen wir wie beim Straßenverkehr die Subventionen der Bundesregierung berücksichtigen, die hier einen gewissen Anreiz geschaffen haben. Der *Federal Airport Act of 1946* ermöglichte eine 50%ige Bezuschussung für den Ausbau von Flughäfen über eine Periode von sieben Jahren, innerhalb derer insgesamt $ 500 Millionen zur Verfügung gestellt wurden.

So entstanden immer mehr und immer größere Flughäfen. Im Raum der Metropolitan Area von Chicago haben wir heute nicht weniger als 31 Flugplätze, davon 23 Privatflugplätze. Wegen ihrer wachsenden Abmessungen, aber auch wegen der Beeinträchtigung der Wohnbevölkerung durch den Luftverkehr, sind sie immer weiter *an den Rand der Stadtregionen gerückt*. Im Großraum Chicago vergrößerte sich der mittlere Abstand der Flughäfen von der City der Kernstadt zwischen 1927 und 1956 von 30,6 km auf 42,6 km (vgl. KIRCHHERR, 1959, S. 263).

Zentraler gelegene, den heutigen Ansprüchen oft nicht mehr genügende Flugplätze wurden aufgegeben. Das ehemalige Flughafengelände wird verkauft und in die Vorortbesiedlung einbezogen. Die *räumliche Beengtheit* älterer, inzwischen längst von der städtischen Überbauung umgebener Flughäfen kommt nicht allein in den zu geringen Abmessungen der Pisten für die Düsenflugzeuge und der Unmöglichkeit, diese Pisten zu verlängern, zum Ausdruck, sondern auch darin, daß zum Flughafen gehörende Einrichtungen auf dem vorhandenen Flughafengelände nicht mehr in ausreichendem Maße untergebracht werden konnten. So mußten häufig Parkplätze außerhalb des Flughafengeländes geschaffen werden, und auch zum Flughafenbetrieb gehörende Dienstleistungen und Handelsunternehmen sahen sich gezwungen, sich Räumlichkeiten außerhalb des Flughafengeländes zu beschaffen. Vielfach gehen diese Mißstände auf frühere unzureichende Bauleitplanung zurück, die im einst agrarisch genutzten Gebiet nicht die Voraussetzungen für diese ganz andersartige Flächennutzung geschaffen hatte. Erst später empfand man den Mangel und sah sich vor die Alternative gestellt, unter unzulänglichen Verhältnissen den Verkehr aufrecht zu erhalten oder weiter an den Rand der Metropolitan Area auszuweichen.

Letzteres ist häufig geschehen, und gerade der Ausbau neuer Großflughäfen hat nicht unwesentlich zu jüngeren umfangreichen Eingemeindungen geführt, wofür wiederum Chicago ein schönes Beispiel bietet. Der Midway Airport war aus den im vorigen Abschnitt genannten Gründen schon lange nicht mehr den modernen Anforderungen an einen Großflughafen gewachsen. So hatte schon vor längerer Zeit der Ausbau des O'Hare Field zu Chicagos Zentralflughafen begonnen. Das Flughafengelände lag aber außerhalb der Stadtgrenze. Es wurde erst Ende der 50er Jahre eingemeindet samt einem schmalen Streifen des Landes entlang Higgins Road, der verhindert, daß das O'Hare Field administrativ eine Exklave Chicagos innerhalb der Cook County wurde (Fig. 82).

Es gibt verständlicherweise große Unterschiede in der Bedeutung des Luftverkehrs für die einzelne Stadt. Vergleicht man die Einwohnerzahl von Stadtregionen mit ihrem Fluggastaufkommen, so wird man Abweichungen nach unten wie nach oben feststellen können. Besonders wenig Luftverkehrsaufkommen haben Städte in der Nachbarschaft dominierender Luftverkehrszentren wie New York City oder Chicago. Aber nicht nur diese Nachbarschaft allein drückt ihr Verkehrsaufkommen herab, sondern auch ihre oft einseitig industrielle Ausrichtung. Die tertiärwirtschaftlichen Berufsgruppen, die stärker zum Fluggastaufkommen beitragen und hier unterrepräsentiert sind, tragen mit zur überdurchschnittlichen Bedeutung der ganz großen Zentren bei. Ausgesprochene Zentren des Handels und anderer tertiärwirtschaftlicher Konzentrationen wie Denver oder Dallas haben einen besonders großen Luftverkehr. Bei Denver zumindest dürfte aber auch der Faktor seiner Lage hinzukommen. Denver ist die einzige Großstadt am Felsengebirgsrand zwischen Chicago und Salt Lake City und beherbergt die Verwaltungsspitzen zahlreicher wirtschaftlicher und auch wissenschaftlicher Unternehmen und Einrichtungen mit kontinentweiten Kontakten, die weitgehend auf dem Wege des Luftverkehrs bewerkstelligt werden. Besonders starken Luftverkehr weisen auch die Bundeshauptstadt Washington, D. C., und die Fremdenverkehrszentren Miami und Phoenix, Arizona, auf (vgl. TAAFFE, 1956; s. Fig. 83).

Für den Verkehr innerhalb einer einzelnen Stadtregion spielen die *Helikopterstart- und -landeplätze* eine bedeutende Rolle. Sie werden in Zukunft einen weiteren Ausbau erfahren. Helikopter sind bisher vornehmlich zum Transport von Post über größere Strecken zwecks schnellerer Verteilung und zur Verkehrsregelung aus der Luft von der Polizei eingesetzt worden. Jeden Morgen während der Berufsverkehrszeit geben die örtlichen Radiosender auf Grund der Meldungen von der aus Hubschraubern den Straßenverkehr beobachtenden Polizei die Situation vor allem auf den Expressways in kurzen Abständen bekannt.

Für den Großraum Los Angeles wurde der Plan gefaßt, diesen mit einem Netz von Helikopterflugplätzen, sogenannten *Metroports*, zu überziehen und für den Verkehr zwischen den an der Küste gelegenen Orten innerhalb der Metropolitan Area auch die Seeroute mit Hovercrafts zu erschließen, um das schon jetzt überlastete Netz der Freeways zu ergänzen und einen Teil des Landverkehrs von den bisherigen Verkehrsmitteln abzuziehen.

Hiermit im Zusammenhang stehen Fragen der *besonderen Orientierung von Einrichtungen auf den Luftverkehr*, für die die unmittelbare Umgebung des Flughafens zum spezifischen Standort geworden ist.

Da wäre zunächst das *Airport Motel* zu nennen, das sich auf eine bestimmte Kategorie von Gästen einstellt. Es pflegt nicht allzu groß zu sein und wird selbst in großen Städten kaum über hundert Zimmer haben. Andrerseits zeigt seine Ausstattung Besonderheiten, vor allem Räumlichkeiten, die für die Abhaltung von Konferenzen zur Verfügung stehen.

Fig. 82. *Die Eingemeindungen der Stadt Chicago während des 19. und 20. Jahrhunderts* (nach Local Community Fact Book, Chicago Metropolitan Area). Die Karte zeigt den ursprünglichen Ort (1833), sein Wachstum bis zur Verleihung der City Charter (1837), die Eingemeindungen bis 1870, bis zur Jahrhundertwende, bis 1930 und von 1950 bis 1960. Im Gegensatz zu vielen anderen Großstädten der USA hat das seit langem von selbständigen Gemeinden umgebene Chicago im 20. Jahrhundert nur noch bescheidene Gebietserweiterungen vorgenommen. Eine der wichtigsten am Ende der 50er Jahre betraf das Gelände des O'Hare International Airport, das eine Exklave in den benachbarten Counties ist und mit dem übrigen Stadtgebiet nur durch den schmalen, vom Higgins Road eingenommenen Streifen Land verbunden ist. Nachdem der kleinere und bereits allseitig von Häusern umbaute Midway Airport den neben New Yorks J.F. Kennedy International Airport größten Flugverkehr aller amerikanischen Städte nicht mehr bewältigen konnte, wurde der Plan zum Ausbau des O'Hare Field und Eingemeindung des Flughafensgeländes gefaßt.

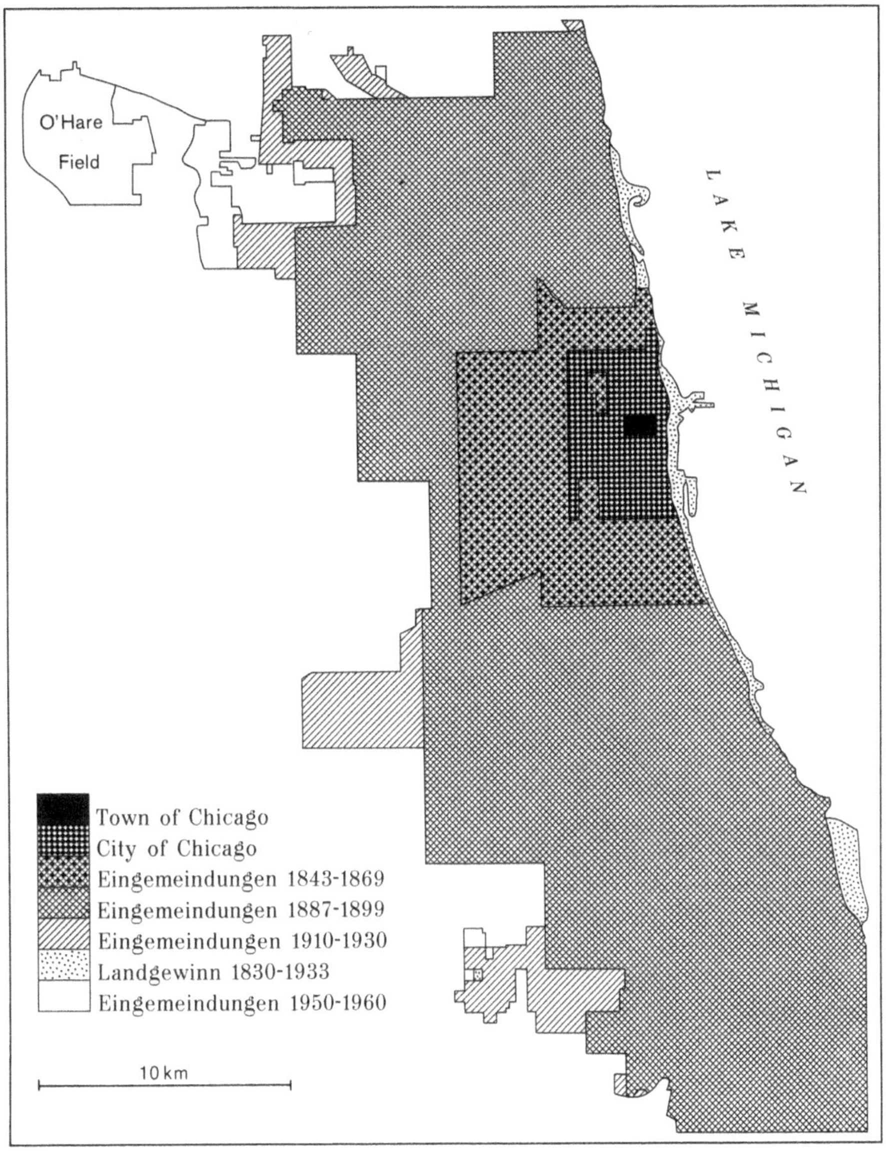

Es wurde schon erwähnt, daß es sich bei manchen Städten wie z.B. Denver um den Sitz von Verwaltungsspitzen nationaler Unternehmen und um Organisationen mit kontinentweiter Operationsbasis handelt. Schnell einberufene Konferenzen besuchen die Teilnehmer aus allen Teilen des großen Landes per Flugzeug, und sie brauchen nicht in die Stadt hineinzufahren, wenn die Konferenz gleich am Flugplatz in den bereitstehenden Räumen des Flughafen-Motels abgehalten wird.

Weiter haben sich in jüngerer Zeit ausgesprochen *luftfrachtorientierte Industriekomplexe* herausgebildet, Konzentrationen meist kleinerer Betriebe von Branchen, die zu den im Zusammenhang mit den vorgeplanten Industriekomplexen (vgl. Abschnitt 4.3.1.3, S. 187) erwähnten "footloose industries" gehören. Gewichtsmäßig fallen bei ihnen geringe Rohstofflieferungen an. Durch den hohen Veredelungsgrad steigert sich andrerseits der Wert der Rohstoffe derart, daß die Fertigprodukte die Frachtraten des Luftverkehrs vertragen. Als Beispiel kann wiederum Denver genannt werden, wo sich in direkter Nachbarschaft zum Stapleton International Airport ein größerer Industriedistrikt herausgebildet hat.

Schließlich ist das Flugzeug auch für das Pendlerwesen von Bedeutung geworden. So empfängt Los Angeles täglich viele *Flugpendler* von San Diego

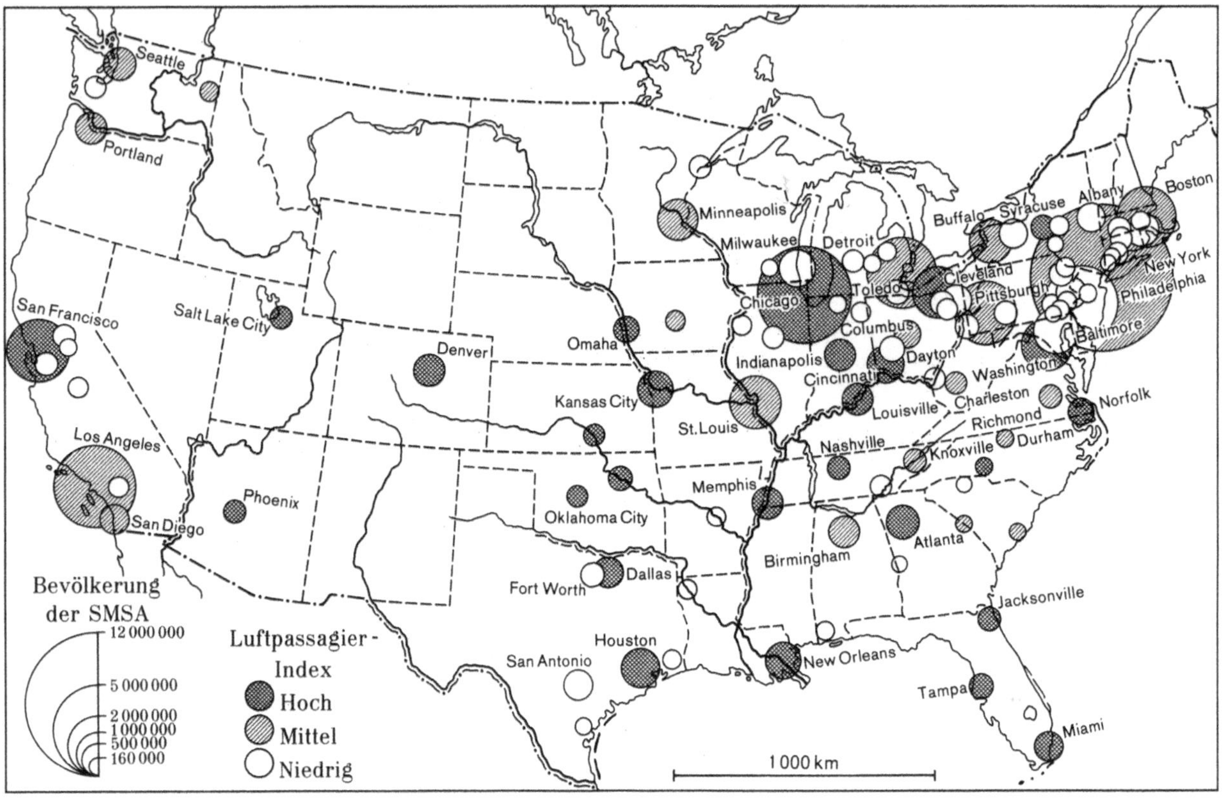

Fig. 83. *Der Luftpassagierindex für die 106 größten Metropolitan Areas der USA 1950* (wiedergegeben aus Geographical Review der American Geographical Society of New York 1956 und mit freundlicher Genehmigung von E. J. TAAFFE).
Der Index, der aus der auf die jeweilige Wohnbevölkerung der SMSA bezogenen Zahl von Fluggästen entwickelt wurde und im Durchschnitt 201/1 000 Einwohner ergab, liegt in den dominierenden Luftverkehrszentren wie Chicago recht hoch oder zumindest nahe dem Durchschnitt, während Großstädte im Nahbereich solcher Zentren wie Milwaukee im Falle Chicagos deutlich unter dem Durchschnitt bleiben. Die ganz großen Zentren üben also eine Sogwirkung aus.

bei einer Flugzeit von 22 Minuten und einem Preis für die Wochenkarte auf der „Electra" von nur $ 3.—[1]. Hier spielen nur noch die Entfernungen zwischen Flughafen und Wohnstätte in San Diego bzw. zwischen Flughafen und Arbeitsstätte in Los Angeles eine Rolle. Das Flugzeug ist somit dazu angetan, in der heutigen Zeit den Pendlereinzugsbereich mancher Städte außerordentlich auszuweiten.

4.4. Das Kraftfeld am Stadtrand

4.4.1. Allgemeine kommunalpolitische Maßnahmen

4.4.1.1. Bauleitpläne (zoning)

Die Aufstellung von Bauleitplänen (zoning) geht in Amerika auf den Anfang unseres Jahrhunderts zurück. 1916 stellte die Stadt New York den ersten umfassenden Bauleitplan in den USA auf. Schon vorher besaßen Boston und Los Angeles Baunutzungsvorschriften, die durch die Rechtsprechung als verfassungsmäßig erklärt wurden und damit mittels richterlicher Entscheidung durchgesetzt werden konnten.

Die *Planungshoheit* liegt in den USA *bei den Einzelstaaten*, die den Gemeinden die Aufstellung von Bauleitplänen zugestehen, sie jedoch nicht obligatorisch machen. Daher hat es noch bis in die jüngste Vergangenheit so große Städte wie Houston in Texas gegeben, die keinen Bauleitplan besaßen. Jedoch ist das eine Ausnahme. 1963 hatten 93% aller über 10000 Einwohner zählenden Orte in den Vereinigten Staaten, 1261 an der Zahl, eine Planungsbehörde. Die Einhaltung der Bauleitpläne dagegen wurde meist von den Bauabteilungen der kommunalen Verwaltung überwacht.

[1] Nach freundlicher Mitteilung von Dr. W. Tietze.

In der Geschichte der amerikanischen Bauleitplanung hat es Fehlentwicklungen gegeben, deren Auswirkungen bis heute spürbar sind. Vor allem sind dem National Industrial Zoning Committee zufolge die Bauleitpläne *eher von Verboten als von zulässigen Nutzungsarten* ausgegangen. So mußten zahlreiche Gemeinden immer wieder die Erfahrung machen, daß bei der Aufzählung verbotener Nutzungsarten in einem bestimmten Bereich, z. B. bei dem Versuch einer Beschränkung der industriellen Nutzung auf bestimmte Industriebranchen, einzelne unerwünschte Nutzungsarten vergessen worden, andere, durchaus nicht schädliche Nutzungsarten dagegen ausgeschlossen waren. So gesehen hat die Bauleitplanung *zum Teil die Entwicklung der Städte eher gehemmt als gefördert.*

Doch die Gemeinden haben aus ihren Fehlern gelernt und die Konsequenzen gezogen. Die heutigen Bauleitpläne gehen im allgemeinen von den *zulässigen Nutzungsarten* aus, die für einzelne Baublöcke innerhalb des alten Schachbrettgrundrisses oder für geplante Superblöcke der Neubebauung genau festgesetzt werden. Die jeweilige Nutzungsart wird in den Plänen mit einem großen Buchstaben bezeichnet, z. B. "B" für Dienstleistungsbetriebe (business), "C" für Handel (commercial), "M" für Industrie (manufacturing), "R" für Wohngebiete (residential). Eine Differenzierung wird mit zusätzlichen Ziffern erreicht. Sie gibt z. B. für die als Industriezonen ausgewiesenen Gebiete die Art der Industrie an, also etwa "M-1" Leichtindustrie, "M-2" Schwerindustrie, für die Wohngebiete über die erstrebte Wohnbevölkerungsdichte die Art der zulässigen Bauweise, also etwa in Milwaukee "R-1" mit zwei Familien pro acre oder 15 Einw./ha bis "R-9" mit 150 Familien pro acre.

Diese Klassifikation sieht für die einzelnen Städte jeweils etwas unterschiedlich aus. Das hängt unter anderem von der Größe bzw. Gesamteinwohnerzahl der betreffenden Stadt zusammen. Bei kleineren Städten kommt man für die Wohngebiete mit weniger Rubriken aus, während man in Großstädten mehr Rubriken benötigt. Auch werden die zoning ordinances im Laufe der Zeit etwas abgeändert oder ergänzt. Tabelle 16 führt die Rubriken der zoning ordinances für die Städte Peoria, Illinois, und Albuquerque, New Mexico, auf (nach Unterlagen der beiden Stadtverwaltungen).

Peoria (1960: 103162 Einwohner) kommt also mit 11 Rubriken für seine zoning ordinance aus, während Albuquerque (1960: 201189 Einwohner) 18 Rubriken in seinem Bauleitplan ausweist.

Tabelle 16. Rubriken der geltenden Bauleitpläne.

Peoria, Illinois		Albuquerque, New Mexico	
A-1	Agricultural District	A-1	Rural Zone
R-1	Low density resid. distr.	R-1	One-family dwelling zone
R-2	Medium density res. distr.	R-2	Apartment zone
R-3	High density resid. distr.	R-3	Apartment zone
—	—	R-4	Apartment zone
—	—	O-1	Office and institution zone
C-1	Commercial resident. distr.	C-1	Neighborhood commercial zone
C-2	Neighborhood commer. distr.	C-2	Community commercial zone
C-3	General commercial distr.	C-3	Heavy commercial zone
B-1	Central Business District	C-4	Central Business District Zone
W-1	Warehouse and wholesale district	—	—
I-1	Light industrial district	M-1	Light manufacturing zone
I-2	Heavy industrial district	M-2	Heavy manufacturing zone
—	—	SU-1	Special use zone
—	—	H-1	Historic old town zone
—	—	P-1	Parking zone
—	—	P-2	Parking zone
—	—	P-1R	Reserve parking zone
—	—	P-2R	Reserve parking zone

Als einen weiteren Fortschritt gegenüber älteren Bauleitplänen kann man den Umstand werten, daß meist nicht mehr detaillierte Vorschriften über zulässige Gebäudehöhen und Größen von Hof- und sonstigen Freiflächen gemacht werden, sondern man bedient sich wie in Europa der viel flexibleren *Geschoßflächenzahl*, mit der ja lediglich das Verhältnis von gesamter Geschoßfläche zum offenen Anteil des Grundstückes festgesetzt wird. Sie wird als ein Kriterium für die Erklärung der verschiedenen "R"-Rubriken in der Bauleitplanung verwendet. So ist z. B. die Geschoßflächenzahl in der Zone R-2 mit 0,5 angesetzt, in der Zone R-3 mit 1,0 und in der Zone R-4 mit 3,0. Während diese Zonen in der zoning ordinance von Albuquerque nur generell als "apartment zone" deklariert sind, werden sie im einzelnen durch die Geschoßflächenzahl unter anderem voneinander unterschieden.

Das Abgehen von genauen Vorschriften über Höhen und andere Abmessungen der Gebäude und das Ersetzen derselben durch die Geschoßflächenzahl hängt auch damit zusammen, daß bis in die

50er Jahre hinein die Bauleitpläne im wesentlichen auf bereits überbaute Stadtteile beschränkt waren. Es ging hauptsächlich darum, den bestimmten Charakter eines Stadtviertels vor unerwünschten Nutzungs- und Gebäudearten zu bewahren oder auch umgekehrt eine bewußte Veränderung in der Struktur eines älteren Viertels herbeizuführen. In jüngster Zeit werden Bauleitpläne mehr und mehr auch zur Durchsetzung planerischer Ziele in noch zu erschließenden Randgebieten benutzt, wo sie aber *im Hinblick auf Möglichkeiten der Errichtung von Einkaufszentren oder Industriekomplexen flexibel* gehalten werden sollen.

Wegen der wachsenden Bedeutung der Randgebiete für den gesamten Stadtregionskomplex zeigen viele Gemeinden heute ein gesteigertes Interesse an einer *Einflußnahme auf die Planung in ihrem Umland.* In bescheidenem Maße hatten es etliche einzelstaatliche Regierungen den Städten zugestanden, ihre Befugnisse auch auf einen Bereich von wenigen Meilen *außerhalb ihrer administrativen Grenze* auszudehnen (extraterritorial zoning). Nach einer Erhebung aus dem Jahre 1954 machten aber nur 9% aller Städte mit über 5000 Einwohnern von dieser Möglichkeit Gebrauch. Es ging ihnen dabei hauptsächlich um die Lösung von Problemen wie der städtischen Wasserversorgung und der Abwasserbeseitigung, um die Überwachung der städtischen Milch- und Fleischversorgung aus dem Umland, um die Durchführung der Polizeiaufsicht und Überwachung der Bauleitpläne. Das wichtigste Anliegen der Städte in dieser Hinsicht war jedoch die Unterbindung der Ansiedlung unerwünschter Branchen der Industrie. Sie wollten die Bewohner ihrer eigenen Randgebiete vor der Nachbarschaft Geruch und Lärm verursachender Betriebe bewahren, also z.B. die Ansiedlung von Schlachthöfen oder Seifenfabriken in dem Streifen außerhalb der Stadtgrenze verhindern.

Umgekehrt machten von den kleineren Städten zwischen 5000 und 25000 Einwohnern 50%, von den Großstädten über 100000 Einwohner 70% einen Teil ihrer Versorgungseinrichtungen den Gebieten jenseits der Stadtgrenzen zugänglich. Dabei ergaben sich öfter Schwierigkeiten. Es ist vorgekommen, daß in klimatisch ungünstigen Landesteilen Städte in Bedrängnis mit ihrer Wasserversorgung kamen, wenn trockene Perioden die Vorräte in den Reservoirs schwinden ließen. Auch Rechtsstreitigkeiten hat es gegeben. So haben Städte unterschiedliche Wasserpreise für ihre Einwohner und für außerhalb der Stadtgrenzen wohnende Abnehmer festgesetzt, was von letzteren als Diskriminierung angesehen wurde (vgl. SENGSTOCK, S. 22ff.).

Alle solche Unzulänglichkeiten haben dazu geführt, daß die Städte in jüngerer Zeit eher nach Einbeziehung von Umlandbereichen in ihre Gebietskörperschaft als nach dem Gebrauch des Rechtes exterritorialer Planung strebten.

4.4.1.2. Eingemeindung (annexation)

Die Politik der Eingemeindung (annexation) als kommunalpolitisches Instrument ist gerade in den 50er und 60er Jahren wieder sehr stark aufgelebt, nachdem es eine längere Periode der stabilen Grenzen gegeben hatte. Depressionen und Kriegsjahre mit geringer Bautätigkeit und großen anderen Problemen ließen wohl diese Frage in den Hintergrund treten. Heute sind die umfangreichen neuen Eingemeindungen sicherlich zum großen Teil als Reaktion der Städte auf die allgemeine Lethargie aller Beteiligten, Gemeinden, Counties wie auch einzelstaatliche Regierungen, gegenüber Reformvorschlägen zu werten.

Einige Zahlen mögen die umfangreiche Eingemeindungstätigkeit der Gemeinden in jüngster Zeit beleuchten. Von den 129 Städten der USA mit über 100000 Einwohnern nahmen im Jahrzehnt 1950–1960 nicht weniger als 100 verschieden große Eingemeindungen vor. Dabei haben 27 Städte ihre Fläche mehr als und drei weitere ihre Fläche nahezu verdoppelt! In den 60er Jahren ging die Eingemeindungspolitik mit unvermindertem Tempo weiter. So haben z.B. Peoria in Illinois und Tulsa in Oklahoma 1964 bzw. 1965 ihre Flächen jeweils etwa verdoppelt (Fig. 84). Kleine Eingemeindungen nahmen fast alle Städte vor. In den Jahren 1951–1957 gemeindeten 5499 Städte Gebiete von jeweils über 2/3 qkm Größe ein (ACIR Report A 5, S. 64).

Diese Eingemeindungen erfolgten meist mit dem Ziel, in Teilen des bisherigen Umlandes eine Aufhebung des bis dahin geltenden, von der zuständigen County-Verwaltung erlassenen Flächennutzungsplans herbeizuführen und für das vereinnahmte Gebiet Pläne nach eigenem Wunsch in Kraft zu setzen. Im Schrifttum kommt immer wieder zum Ausdruck, daß der Erlaß einer zoning ordinance zu den allerersten Maßnahmen der Gemeinden für die entsprechenden Gebiete zählt.

Der Umfang der Eingemeindungen richtet sich in den einzelnen Städten nach *zwei wesentlichen*

Fig. 84. *Eingemeindungen der Stadt Oklahoma City* (nach Oklahoma City Planning Department). Die gewaltigen Eingemeindungen zwischen 1945 und 1965 haben das Stadtgebiet etwa verzwölffacht. Im Gegensatz zu Chicago (vgl. Fig. 82) haben wir hier das andere Extrem vor uns, daß eine noch von viel Land ohne eigenen Gemeindestatus umgebene Stadt sich auch in jüngster Zeit stark ausdehnt, unter anderem in Reaktion auf Eingemeindungen seitens umliegender Orte, die damit der Kernstadt eines größeren Raumes zu bedrohlich nahe rücken. Ein Hauptziel der Eingemeindungen ist die Erlangung der Kontrolle über die baulich-funktionale Entwicklung im Umland und Durchsetzung einer Bauleitplanung nach eigenen Vorstellungen.

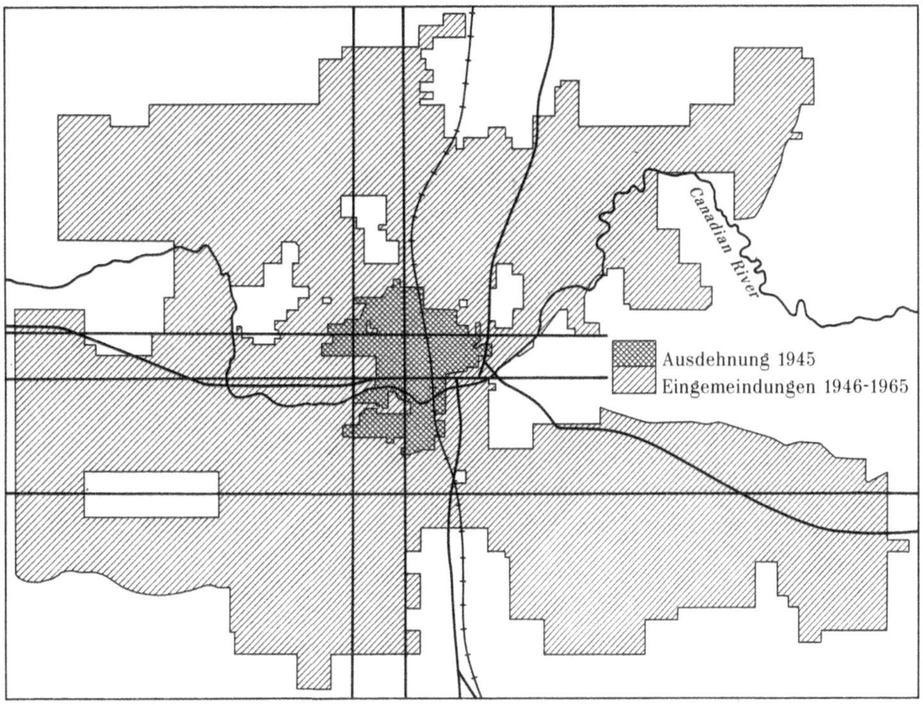

Voraussetzungen. Die Möglichkeiten der Eingemeindung sind entsprechend der erwähnten, bei den Einzelstaaten liegenden Planungshoheit von jenen festgelegt und variieren daher merkbar von Staat zu Staat. So gibt es *Ermächtigungsgesetze,* sogenannte planning enabling acts und zoning enabling acts, mittels derer jeder Einzelstaat die Grundlagen für die Eingemeindungspolitik seiner Gemeinden schafft. Diese fallen sehr verschieden aus. Sie sind in vielen Einzelstaaten recht großzügig abgefaßt und lassen den Gemeinden viel Spielraum, in anderen engen sie die diesbezüglichen Befugnisse der Gemeinden stärker ein.

Für die Mehrzahl der Staaten gilt jedoch, daß die Eingemeindung von Teilen ihres Umlandes den Gemeinden leicht gemacht wird, solange es sich um *gemeindefreies, unter County-Verwaltung stehendes Land* handelt. In diesem Falle sehen viele einzelstaatliche Ermächtigungsgesetze vor, daß die Stadt aus eigener Initiative heraus ohne ausdrückliche Einverständniserklärung der Bewohner des einzugemeindenden Gebietes, ja, in manchen Fällen sogar gegen deren ausdrückliche Willenserklärung, Umlandgebiete eingemeinden darf.

Damit ist bereits der zweite wichtige Punkt berührt, nämlich die *kommunale Organisationsform* der in Frage stehenden Umlandgebiete. Besonders groß sind die Eingemeindungen in den letzten beiden Jahrzehnten in jenen Staaten gewesen, die eine großzügige Ermächtigungsgesetzgebung verfolgen, zum andern bei solchen Städten, in deren Umland größere Gebiete nicht konsolidiert, sondern ohne eigenen Gemeindestatus waren. Während Randgemeinden innerhalb des Metropolitan Ring, die selbst Städte mit einer town charter oder city charter sind und Einwohnerzahlen von 100000 Menschen oder mehr erreicht haben, meist gegen die Eingemeindung in die Gebietskörperschaft der zentralen Kernstadt eingestellt sind, werden gemeindefreie Gebiete eher zur Arrondierung der Kernstadt oder selbständiger Städte im Metropolitan Ring ausersehen.

Gemeindefreie Gebiete sind aber gerade im Umland der größten Städte des Kontinents meist recht knapp. Denn hier gibt es kaum noch Flächen von nennenswerter Größe außerhalb von selbständigen Gemeinden. Diese Situation ist besonders im Bereich des verstädterten Nordostens und eines Teils des nördlichen Mittelwestens sowie in den Großstadtgebieten des pazifischen Küstensaums gegeben. In den übrigen *Inneren Ebenen* einschließlich des Golfküstensaums und in den *Gebirgsstaaten* dagegen sind die städtischen Siedlungen punkthafter, isolierter voneinander entstanden, und die Kernstadt ist bis heute zu einem großen Teil von gemeindefreiem Gebiet umgeben.

Das läßt sich an Hand der Städte demonstrieren, die ihre Fläche im Jahrzehnt 1950–1960 verdoppelten. Im atlantischen und Golfküstensaum waren es Mobile in Alabama, Tampa in Florida, Atlanta, Columbus und Savannah in Georgia, Charlotte und Greensboro in North Carolina, Amarillo, Beaumont, Dallas, El Paso, Houston, Lubbock, San Antonio und Wichita Falls in Texas und Newport News in Virginia; im übrigen Mittelwesten und Südwesten waren es Phoenix und Tucson in Arizona, Kansas City, Topeka und Wichita in Kansas, Columbus in Ohio, Oklahoma City in Oklahoma und Madison in Wisconsin. Ft. Wayne in Indiana verdoppelte seine Fläche fast. In Kalifornien trat eine Verdoppelung der Fläche bei den Städten Anaheim, Sacramento und San Jose ein, nahezu eine Verdoppelung bei San Diego und Santa Ana (ACIR Report A 5, S. 64).

Für den tatsächlichen Umfang der Eingemeindungen spielen aber noch andere Gesichtspunkte eine Rolle. Während die beiden genannten, nämlich günstige Ermächtigungsgesetzgebung der Einzelstaaten und Vorhandensein gemeindefreien Gebietes im Stadtumland, wichtige Voraussetzungen sind, aber nicht notwendigerweise den Anstoß zu Eingemeindungen geben, kann z. B. die Frage der *Steuern* ausschlaggebend für kommunalpolitische Entscheidungen in Richtung auf territoriale Ausdehnung werden. Wie bereits im Abschnitt 4.3.1.3, S. 186, erwähnt wurde, leben die Gemeinden zum großen Teil von der Grundsteuer (property tax), an deren Aufkommen sie im Wirtschaftsjahr 1964/65 zu 96,7 % beteiligt waren, während Lohn-, Einkommens- und Gewerbesteuer im allgemeinen unionsstaatlich, Umsatzsteuern einzelstaatlich sind. Ansonsten erheben die Gemeinden noch Kraftfahrzeug- und Hundesteuern sowie Abgaben für die Entwässerung und Müllabfuhr. Da also die Grundsteuer fast ausschließlich in die Gemeindekassen fließt, ist es verständlich, daß die Gemeinden sehr an den Möglichkeiten der Besteuerung von Grund und Boden interessiert sind.

Wenn sich nun unmittelbar vor den Grenzen einer Stadt ein Industriekomplex oder ein Wohnviertel gehobener Einkommensklassen mit großzügig angelegten Eigenheimen entwickelt, Nutzungsformen, die beide eine *hohe Grundsteuer erbringen* können, sofern man die Grundeigentümer entsprechend zur Deckung der kommunalen Kosten heranzieht, ist die Stadt verständlicherweise sehr an einer Einbeziehung dieser Gebiete in den Bereich ihrer Jurisdiktion interessiert. Andrerseits wird sie nicht tatenlos zusehen wollen, wie *Gebiete vor ihren Grenzen weitgehend planlos zersiedelt* werden und größere Flächen in verhältnismäßig *extensive Nutzung* genommen werden, die keine hohe Besteuerung von Grund und Boden erlaubt. Denn die steuerliche Einschätzung richtet sich nach der Art der Nutzung und dem Zustand der Gebäude und sonstigen Einrichtungen, die auf einem Grundstück installiert sind. Das ist auch ein wichtiger Grund dafür, daß vor allem in den citynahen Gebieten der Verslumung Vorschub vom Steuersystem her geleistet wird. Der Hauseigentümer wird nicht etwa veranlaßt, wegen eines bestimmten Steuersatzes rentabel zu wirtschaften oder aber sein Haus und Grundstück aufzugeben, sondern durch Herabwirtschaften der Bausubstanz wird sein Grundstück vom fiskalischen Gesichtspunkt nahezu wertlos und steuerlich entsprechend gering veranschlagt[1].

Neben dem steuerlichen Anreiz für die Gemeinde gibt es weitere Gründe für Eingemeindungen. Manche Ausweitung der städtischen Fläche erfolgt, zumindest in einem ansonsten unverständlichen Maße, als *Gegenreaktion auf Eingemeindungen seitens der Nachbargemeinden.* Als Beispiel für ein solches Vorgehen möge Tulsa dienen. Der kleine Ort Sand Springs (1960: 7754 Einwohner) im Nordwesten von Tulsa, wohl aus der Furcht heraus, Tulsa könne eines Tages zu dicht auf ihn zuwachsen, gemeindete im Jahre 1965 ein gewaltiges Areal ein, das seine Gemeindefläche um ein Mehrfaches anwachsen ließ. Daraufhin gemeindete Tulsa in jüngster Zeit ein umfangreiches Gebiet ein und verdoppelte nahezu seine Gemeindefläche in Richtung Südosten; dies ist heute die bevorzugte Wachstumsrichtung der Stadt, denn erstens findet sich hier ebenes Gelände, das auch neuerdings vor Überschwemmungen des Arkansas River geschützt wurde, und zweitens hat das Gebiet die günstigere Lage zu den neuen Interstate Highways.

Es gibt aber auch sehr eigentümliche Fälle von Eingemeindungen kleiner und kleinster Flächen. In Kalifornien ist es öfter vorgekommen, daß ein einzelner Landeigentümer außerhalb der Grenze einer benachbarten Stadt aus Unzufriedenheit mit

[1] Auswirkungen der Besteuerungspolitik sind auch die zum Steuertermin im April als leerstehend und „for lease" deklarierten Büro- und Geschäftshäuser und die Verzögerung der Fertigstellung von Neubauten über diesen Termin hinaus.

irgendwelchen Vorschriften der für sein Land zuständigen County den Antrag auf Eingemeindung in die benachbarte Stadt gestellt hat. Es ist dann ein schmaler, unbewohnter Streifen entlang der Zufahrtstraße mit dem Land des Antragstellers eingemeindet worden.

Ein weiterer Grund für Eingemeindungen war in den letzten Jahren mit dem Ausbau weiter vom Stadtkern entfernt gelegener Flughäfen verbunden, wie das in Abschnitt 4.3.2.3, S. 206, am Beispiele des O'Hare Field von Chicago gezeigt wurde.

So liegen die Verhältnisse in jedem Falle etwas anders. Außer den zuerst genannten notwendigen Voraussetzungen werden meist irgendwelche anderen Faktoren hinzutreten, die die Eingemeindungspolitik in Gang setzen.

Blicken wir nun einmal auf die europäischen Verhältnisse, so stellen wir fest, daß sehr viele Städte es seit langem aufgegeben haben, durch Eingemeindungen *mit der tatsächlichen räumlichen Ausdehnung des städtischen Baukörpers ein Wettrennen zu veranstalten* und de jure einen Zustand schaffen zu wollen, der de facto lange vorher existierte. Angesichts dieses Unterschiedes erhebt sich die Frage, ob denn das Schritthalten der Arrondierung mit der tatsächlichen Ausweitung des städtisch überbauten Gebietes *in den Städten Angloamerikas eine größere Chance* hat.

Diese Frage ist eigentlich schon beantwortet mit der Schilderung der unterschiedlichen Situation in den einzelnen Landesteilen. Die Städte des Nordens haben oft gar keine Möglichkeit, überhaupt an nennenswerte Eingemeindungen zu denken, weil sie eingekeilt liegen zwischen gleichfalls selbständigen Gemeinden. Wo aber genügend gemeindefreies Land jenseits der Stadtgrenzen existiert, ist noch heute ein erfolgreiches Ankämpfen der juristischen Gebietskörperschaft mit ihrem ständig sich ausdehnenden verstädterten Raum gegeben.

Eingemeindungen werden aber zum Teil auch durchgeführt als *Begleiterscheinung zu anderen*, zur Verbesserung der Verwaltungsstruktur der Stadtregionen gedachter *kommunalpolitischer Maßnahmen*. Diese Frage rührt an die Beziehungen zwischen Stadt und County und ist entfernt vergleichbar mit der Stellung kreisfreier Städte zu benachbarten Landkreisen in Deutschland. Die Beziehungen zwischen Stadt und County können vielfältiger Natur sein, von völliger Identität beider Gebietskörperschaften bis zu völliger Eigenständigkeit und Koexistenz. In vielen Fällen sind im Laufe der Geschichte zwecks Behebung von Mängeln Reorganisationsversuche unternommen worden. 1876 in St. Louis und 1902 in Denver kam es zu einer völligen Trennung von City und County und zu Übereinkünften zwischen den beiden Körperschaften über Trennung und wechselseitige Ergänzung in den verschiedenen Versorgungsfunktionen, womit oft auch gleichzeitig Gebietsveränderungen bzw. Eingemeindungen einhergingen. In einigen Fällen ist es aber auch zu der umgekehrten Entwicklung gekommen.

4.4.1.3. Konsolidierung (consolidation)

Die Konsolidierung (consolidation) erstrebt die verwaltungsmäßige Vereinigung einer Stadt und der dazugehörigen County. Wir hatten im Abschnitt 2.1, S. 11, auseinandergesetzt, daß zumindest eine ganze County, innerhalb deren Grenzen eine Stadt von über 50000 Einwohnern gelegen ist, die entsprechende Metropolitan Area bildet. Gegebenenfalls kommen noch weitere Counties hinzu. Immer aber sind es ganze Counties, so unzureichend wie diese Basis für die statistische Erfassung der Metropolitan Areas auch sein mag.

Während in den Oststaaten die Counties eine geringe Ausdehnung haben und die Städte meist längst über die County-Grenzen hinaus gewachsen sind, besitzen die Counties im Mittelwesten und Westen eine derart große Flächenausdehnung, daß sie meist auch heute noch nicht von dem Stadtkörper eingenommen werden, selbst wenn durch umfangreiche Eingemeindungen eine annähernde Übereinstimmung von wahrer geographischer Ausdehnung der Stadt und ihren Verwaltungsgrenzen erreicht wurde. Es verbleiben innerhalb der Countygrenzen weiterhin nichtstädtische Gebiete.

So kam es während der 50er Jahre zu einer Reihe von Reorganisierungsvorhaben, darunter zu sechs City-County-Vereinigungen wie z. B. in Albuquerque, New Mexico, und in Tulsa, Oklahoma.

Die Vorzüge des Verfahrens werden im allgemeinen die Nachteile überwiegen. In erster Linie geht es ja um die Versorgungseinrichtungen verschiedenster Art. Eine enge Verbindung von Gemeinde und County ist dazu sicherlich besser geeignet als getrennte Gebietskörperschaften. Die Eigenständigkeit der Gebietskörperschaften wurde und wird ja andrerseits häufig mit einem hohen Steueraufkommen erkauft, was sich in einer im

Grunde unnötigen Duplizität der Versorgungseinrichtungen niederschlägt. Auf lange Sicht darf man mit einem geringeren Steuersatz bei gleichbleibender Qualität der Versorgungsleistungen rechnen, wenn Stadt und County oder auch benachbarte Gemeinden sich zu einer Körperschaft zusammenschließen.

Ideal ist diese Lösung auch im Hinblick auf die Planung und damit die städtebauliche Fortentwicklung der betroffenen Gebiete. So stellt beispielsweise die Entwicklung in Tulsa einen besonders günstigen Fall dar. Mit der Konsolidierung von Stadt und County von Tulsa gingen die seit 1922 bestehende City Planning Commission und die seit 1949 für die County arbeitende County Planning Commission 1953 in der neu geschaffenen Tulsa Metropolitan Area Planning Commission auf. Stadtplanung und Stadtregionsplanung liegen in einer Hand, ein und dieselbe Planungsstelle kann die Maßnahmen für die Stadt selbst und für Randgemeinden im Metropolitan Ring koordinieren.

Daß es verhältnismäßig selten zur Konsolidierung kommt, mag an verschiedenen Umständen liegen. Auf jeden Fall stellt ein solcher Vorgang für die beteiligten Gebietskörperschaften einen *Kompromiß* dar, der für alle Seiten mit gewissen Nachteilen verbunden sein wird. Es wird hier wiederum auf die in den Einzelstaaten unterschiedlichen Statuten ankommen, ob die Konsequenzen, die sich für die einzelne Gebietskörperschaft aus der Konsolidierung ergeben, als leicht akzeptabel oder nicht erachtet werden können. Zum andern mag es in der unterschiedlichen sozialökonomischen und politischen Struktur von Stadt und County begründet liegen, in einem gewissen *Gegensatz von republikanisch orientierter County und demokratisch orientierter Stadt*, daß hier oftmals starke Widerstände gegenüber Fusionsbestrebungen überwunden werden müssen. So wird vielfach der noch mögliche andere Weg gewählt werden, der Weg zur eigenständigen Gemeinde.

4.4.1.4. Stadtwerdung (incorporation)

Gebietskörperliche Eigenständigkeit, Stadtwerdung (incorporation), wird häufig dann angestrebt, wenn Diskrepanzen zwischen den Wünschen der Bewohner gemeindefreier Gebiete und den von zuständiger Stelle, d.h. der County oder auch, wie in Neuengland, der Township, erlassenen und geltend gemachten Flächennutzungsplänen bestehen oder diese Gefahr im Zusammenhang mit der möglichen Eingemeindung des betreffenden Gebietes durch eine benachbarte Stadt droht.

Im einzelnen kann die Situation wiederum sehr unterschiedlich sein. Möglicherweise ist eine Grundstückserschließungsgesellschaft daran interessiert, daß ein Gebiet Planungshoheit erhält, in dem ein verhältnismäßig hoher Standard für die Flächennutzung von der zuständigen County her gesetzt ist. Sobald das betreffende Gebiet eine eigenständige Gebietskörperschaft bildet, kann diese einen anderen, der Erschließungsgesellschaft und ihren Interessen besser entgegenkommenden Flächennutzungsplan und Bauleitpläne mit geringerem Standard erlassen. Der Anlaß zur Stadtwerdung ist also eine *Senkung des Standards.*

In anderen Fällen liegen die Verhältnisse genau umgekehrt. Die Bewohner gemeindefreier Gebiete befürchten eine Senkung des Standards als Folge einer möglichen Eingemeindung seitens einer benachbarten Stadt, die eventuell an der Errichtung von Mietwohnhäusern oder von Industriebetrieben in einer bisher vornehmen Wohngegend mit Einzelhausbebauung interessiert ist. Es mag sich um große Grundstücke von mehr als einem Hektar handeln und um hohe Grundstückswerte, die sich natürlich auf die Höhe der der Gemeinde zufließenden Steuern und damit auf die Möglichkeiten zur Finanzierung besonders guter Versorgungsleistungen auswirken. Man will also *den hohen Standard erhalten.*

Allgemein gilt auch, daß ältere Gemeinden eine Fülle von Vorschriften haben, die bei Eingemeindungen natürlich auf das bisher gemeindefreie Gebiet übergehen, während sich die Bewohner desselben bisher verhältnismäßig wenig eingeengt gefühlt haben mögen. Eine Zeitlang zumindest mag es ihnen gelingen, diesen Zustand durch Erhebung des Gebietes zur selbständigen Gemeinde aufrechtzuerhalten. Man hat oftmals *niedrigere Steuern* als in der benachbarten Stadt, nimmt dafür aber auch mit *geringeren Versorgungsleistungen* vorlieb.

Wie auch immer der Fall im einzelnen gelagert sein mag, wird es sich doch immer um Unterschiede in Fragen der Flächennutzung, Besteuerung und des Umfangs der Versorgungsleistungen in dem für die Eingemeindung in Frage stehenden Gebiet und in der Stadt, die das Gebiet einzugemeinden trachtet, handeln. Es ist daher verständlich, daß häufig die gemeindefreien Gebiete Schritte unternehmen, um sich vor den zu erwartenden Veränderungen zu bewahren. Die einzige Möglichkeit aber, dieses trotz eigener Bauleitplanung auf die Dauer zu erreichen, ist die Stadtwerdung. Welche extremen Formen das annehmen kann, möge am Fall der sogenannten dairy cities im Südteil der Metropolitan Area von Los Angeles gezeigt werden.

Schon in den Jahren 1914–1924 war es im Bereiche des Großraums von Los Angeles zur Beantragung der Stadtrechte seitens gemeindefreier Gebiete gekommen. So hatten sich Monterey Park und West Covina konstituiert, um zu verhindern, daß die Nachbarorte Rieselfelder auf ihrer Flur anlegten. San Marino und Beverly Hills wollten ihren Großvillencharakter erhalten. Signal Hill war daran interessiert, sich die Erdölfunde auf seinem Gebiete zu sichern.

Die im Südteil der Metropolitan Area gelegenen Milchwirtschaftsgebiete waren zwar von der Bauleitplanung der zuständigen County als „A" ausgewiesen, also als Landwirtschaftsgebiete (agriculture). Während aber in dem Bereich, der als „A-2" klassifiziert war, neben landwirtschaftlicher Nutzung auch Einfamilienhäuser zulässig waren, d.h. die Möglichkeit bestand, daß hier in größerer Zahl Eigenheime entstehen könnten und deren Bewohner mit ihren von den ansässigen Farmern unterschiedlichen Interessen jene überstimmen könnten, waren zwar die Gebiete mit den Kennzeichnungen „A-3"–„A-5" für rein landwirtschaftliche Nutzung mit Mindestgrundstücksgrößen von 5 acres oder 2 ha vorgesehen. Aber mit einer Eingemeindung wäre die Gefahr sofortiger Abänderung dieser Bauleitpläne verbunden gewesen.

Eine überwältigende Mehrzahl der Farmer war in der ersten Hälfte der 50er Jahre daran interessiert, bei der Landwirtschaft zu bleiben und städtische Überbauung und Nutzung des betroffenen Gebietes zu verhindern, auch im Interesse der Besteuerung, da nach dem in Kalifornien seit 1957 gültigen Besteuerungsgesetz nur dann rein landwirtschaftliche Nutzung bei der Schätzung zu Grunde gelegt wird, wenn es als sicher gilt, daß in absehbarer Zeit keine Veränderung in der Bodennutzung erfolgen wird. Bei drohender Eingemeindung wäre das aber ganz und gar nicht der Fall gewesen.

So nahmen die Farmer der betroffenen Gebiete ihren Weg zum Gouverneur von Kalifornien und erreichten, daß ihnen städtische Kommunalverfassungen (city charters) gegeben wurden. Es entstanden die Städte Cypress, auch Dairy City genannt, Dairyland und Dairy Valley, auch als Artesia bezeichnet. Nach kalifornischem Recht waren in jedem Falle nur 500 Antragsteller erforderlich, die keinen Nachweis über die finanziellen Grundlagen für die Verwaltungsaufgaben einer Stadtgemeinde zu liefern brauchten. Die „städtische" Versorgung erfolgte weiterhin zum größten Teil von den bisher zuständigen Counties, zu denen die „Milchstädte" früher gehört hatten. Je nach der Zugehörigkeit zu verschiedenen Schul-, Wasserversorgungs- und anderen Versorgungsbezirken fielen Steuerlasten von sehr unterschiedlicher Höhe auf die Einwohner der neuen Stadtgemeinden (vgl. Fig. 1).

Ganz abgesehen davon, daß die administrative Zerrissenheit des Großraums Los Angeles durch die Erhebung der drei genannten Gebiete zu eigenständigen Stadtgemeinden nur noch verstärkt wurde, blieb die Stadtwerdung der Milchwirtschaftsgebiete nicht ohne bitteren Beigeschmack. Sehr bald nach vollzogener Tat stellte sich besonders in Cypress ein teilweiser Meinungswandel ein. Die Angebote von Grundstückserschließungsgesellschaften sahen so verlockend aus, daß ein Teil der noch kürzlich so entschlossenen Farmer doch schwankend wurde, und man fand Lücken, um die eigenen Bauleitpläne in einzelnen Fällen zu umgehen. Binnen eines Jahrzehnts wurde Cypress mehr und mehr zu einer Vorstadt der benachbarten Stadt Buena Park, vor deren Eingemeindungsabsichten es sich so standhaft zu bewahren getrachtet hatte.

Nicht alle Fälle von Stadtwerdung in jüngerer Zeit sind derart extrem gelagert wie in diesen Milchwirtschaftsgebieten. Aber es kann verallgemeinernd gesagt werden, daß eine solche Entwicklung vom planerischen Standpunkte als ungesund angesehen wird. Viele Stadtregionen sind schon jetzt *viel zu sehr politisch-administrativ zerrissen*, als daß eine vernünftige Stadtregionsplanung ohne Schwierigkeiten in Gang kommen könnte. Daher versuchen einige Einzelstaaten dem Überhandnehmen einer derartigen Kommunalpolitik einen Riegel vorzuschieben, wobei sie die uneingeschränkte Unterstützung der Regierung in Washington D.C. finden. So haben beispielsweise im Staate Illinois *Gemeinden das Einspruchsrecht*, wenn sich in geringerer Entfernung als einer Meile von ihren Grenzen eine Gemeinde neu konstituieren will. Die Bewohner solcher Gebiete dürfen gar keinen Antrag auf die Erlangung kommunaler Eigenständigkeit stellen, sofern das Gebiet nicht mindestens 7500 Einwohner zählt. Die Bewohner weiter entfernt gelegener Gebiete müssen dem Antrag eine Erklärung beifügen, daß in entsprechender Nähe keine Gemeinde mit Einspruchsrecht existiert. Die Bundesregierung unterstützt alle derartigen Bestrebungen, die Schaffung neuer eigenständiger Gemeinden im Bereich von Metropolitan Areas zu unterbinden, um *der Verhärtung administrativer Zersplitterung* im Hinblick auf leichtere Gesamtplanung *entgegenzuwirken.*

4.4.2. Maßnahmen zur Eindämmung des urban sprawl

Die im vorangegangenen Abschnitt aufgeführten kommunalpolitischen Mittel werden zum Teil dazu eingesetzt, das Wachstum der Stadtregionen an ihren Rändern in einigermaßen geregelte Bahnen zu lenken. Die Auswirkungen mögen nicht allzu groß und sichtbar sein. Viele Stadtverwaltungen und Planer haben eingesehen, daß dem urban sprawl nur mit Gesamtplanungen zu begegnen ist, die *alle Teile der Stadtregion* und darüber hinaus weitere Planungsräume von mehreren Counties und gegebenenfalls über Staatsgrenzen hinweg erfassen. Wir hatten gesehen, wie die Vorgänge in der City und in den citynahen Stadtvierteln nachteilige Auswirkungen auf die Entwicklung in der städtischen Außenzone und in den Randgemeinden des Metropolitan Ring hervorrufen. Es wurden die zahlreichen Versuche diskutiert, durch Umgestaltung der Downtown und Sanierungsprogramme vornehmlich in den citynahen Vierteln eine gesündere Kernstadt zu schaffen, sie wieder attraktiver zu machen und damit die zentrifugale Bewegung der Bevölkerung etwas abzuschwächen (vgl. Abschnitte 4.1 und 4.2, S. 127ff.). Wegen dieser Verflechtungen der einzelnen Teilbereiche der Stadtregion miteinander werden auf die Dauer nur Gesamtplanungen wirkungsvoll sein können (s. Abschnitt 4.4.4, S. 221). Gibt es nun aber auch ganz spezielle Eingriffe seitens der Planung, die allein auf solche Bereiche gerichtet sind, die gewissermaßen das Objekt des Ausuferns, des Zersiedlungsvorgangs sind?

Eine gewisse Steuerungsmöglichkeit ist über die *Bauleitplanung für Wohngebiete und die Festsetzung von Mindestdichten* für die Wohnbevölkerung der Randbereiche gegeben. Es ist also denkbar, daß größere Gebiete am Rande der Gemeinden derart eingestuft werden, daß eine bestimmte Mindestwohndichte erreicht wird. Das ist nach den verschiedenen Bauleitplänen frühestens von der Einstufung eines Gebietes in die Kategorie „R-2" oder „R-3" der Fall. Von einer gewissen festgesetzten Mindestwohndichte ab ist Einfamilienhaus- und selbst Doppelhausbebauung nicht mehr möglich. Eine entsprechende Planung kann also für bestimmte Bereiche mehrgeschossige Bauweise obligatorisch machen, d. h. den Miet- oder Eigentumwohnungsbau fördern und damit zu einer Konzentration der Bevölkerung beitragen.

Zum andern können aber diejenigen, die nicht in mehrgeschossigen Häusern wohnen wollen, *in der Wahl des Baugeländes beschränkt* werden. So haben einige städtische Planungsämter weit draußen am Rand gelegene Gebiete als „R-1" mit der Auflage für Grundstückskäufer ausgewiesen, daß die *Mindestgrundstücksgröße rund 2 Hektar* beträgt. Das entspricht der Größenordnung, wie sie für Gebiete, die als agrarisch eingestuft sind, üblich ist. Wer sich also in einem solchen Bereiche ansiedeln will, wird gezwungen, sich mindestens ein Grundstück von 20000 qm zu kaufen, was selbst für periphere Lagen im Stadtgebiet einigen finanziellen Einsatz bedeutet. Nicht jeder, der gern ein Eigenheim für seine Familie bauen möchte, ist auch in der Lage und willens, das Geld aufzubringen und dafür herzugeben, ein derart großes Grundstück zu erwerben, von dem nur ein bescheidener Bruchteil bebaut würde. Eine solche Einstufung potentiellen Baulandes ist daher ein wirkungsvolles Mittel, um den Interessentenkreis erheblich einzuschränken und die Überbauung der betreffenden Gebiete wenn nicht zu verhindern, so doch erheblich zu verzögern. Der Anreiz zum Grundstückserwerb ist auf alle Fälle durch die Auflage einer solchen Mindestgröße gering, ebenso auch die Aussicht, bei der zu erwartenden schleppenden Entwicklung eines solchen künftigen Wohngebietes in absehbarer Zeit in den Genuß von qualitativ akzeptablen Versorgungseinrichtungen zu gelangen.

In Duluth beispielsweise gibt es derartige periphere Gebiete, die deshalb versorgungsmäßig besonders weit abgelegen sind, weil eine zum Oberen See parallel, also etwa in der Richtung Südwest–Nordost verlaufende Gabbrokette sie topographisch von dem übrigen Stadtgebiet trennt, während die Nord–Süd und Ost–West verlaufenden section lines der Vermessung, soweit sie zugleich die administrative Grenze der Stadt Duluth bilden, über diese Kette hinweg verlaufen und jenseits derselben mehrere Zipfel von Land schaffen, die verwaltungsmäßig zur Stadt gehören. Die Stadt aber konzentriert sich in der Führung von Hauptrohren der Wasserversorgung und Entwässerung auf einzelne Bereiche jenseits der Kette, indem diese Leitungen entlang ein-

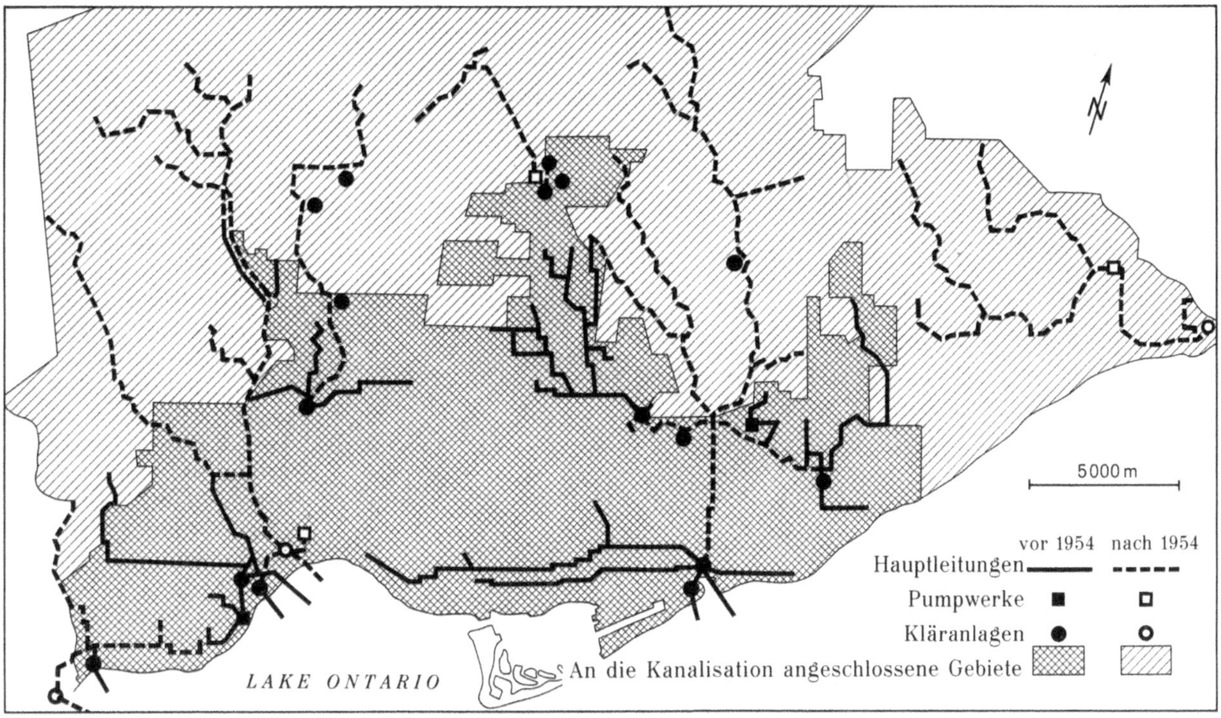

Fig. 85. *Verlauf der Hauptversorgungsleitungen in Toronto* (nach Metropolitan Toronto Planning Board).
Das Netz verrät die Anlehnung an die topographische Eigenheit des Raumes, die in mehreren fast senkrecht auf den Ontariosee zufließenden Küstenflüßchen besteht. Die kleinen Täler schaffen eine auch heute noch zum Teil deutliche Trennung des Baukörpers und wurden ebenfalls für die Trassen der Stadtautobahnen genutzt. Eine wichtige Folge für die heutige Ausdehnung der Stadtregion ist, daß damit ganz bestimmte Gebiete innerhalb der Randzone für den leichten Anschluß an das Netz prädestiniert sind und die Planung bestrebt ist, die Bebauung auf diese Gebiete zu lenken und nach Möglichkeit auf sie zu beschränken.

zelner Rinnen über die Kette hinweggeführt wurden, während andere Teile des Randsaumes der Stadt gar nicht von den städtischen Versorgungseinrichtungen erschlossen sind. Und das ist auch für die nähere Zukunft nicht beabsichtigt. Die Stadtplanung ist also aus begreiflichen Gründen daran interessiert, daß gerade in diesem vom Stadtkern relativ weit entfernt gelegenen Streifen sich *Schwerpunkte* bilden, die leicht und rentabel versorgt werden können, während die dazwischen gelegenen Bereiche möglichst nicht besiedelt werden sollen. Mit der genannten Ausweisung dieser Gebiete im Bauleitplan will die Stadt diesen Gedanken in die Tat umsetzen helfen.

Etwas Ähnlichkeit mit der Situation von Duluth hat auch die topographische Lage von Toronto. Der Großstadtbereich wird von mehreren, dem Ontariosee zustrebenden Bächen gequert, die bis heute sichtbare Zäsuren in der Bebauung bilden, in jüngster Zeit noch unterstrichen durch die Führung der Stadtautobahnen, und an die sich auch die Führung der Hauptrohre der Wasserversorgung und Entwässerung für die Randgebiete im Nordteil der Metropolitan Area angelehnt haben (Fig. 85).

Mit einer anderen Maßnahme kommt die bundesstaatliche Gesundheitsbehörde dem Bestreben der Städte nach einer gewissen Konzentration der Bebauung und nach Schwerpunktbildung im Randbereich entgegen. Es gibt in dem weiten Umland vieler amerikanischer Städte Siedlungen, die *entlang den Landstraßen* im Zuge der Parzellierung einstigen Farmlandes *oder auch durch Querparzellierung* quer zur Landstraße hinter dem Farmgebäude auf dem einstigen Grundstück des Farmers entstanden sind. Sie bilden oft langgestreckte Siedlungszeilen, die binnen kurzer Zeit weite Teile des Umlands überzogen haben, aber bisher unzureichend versorgt wurden (Fig. 86). In gemeindefreien Gebieten sahen sich die zuständigen County-Verwaltungen häufig außerstande, mit den ihnen zur Verfügung stehenden Mitteln solche Gebiete raschen Wachstums an ein Kanalisationsnetz anzuschließen (Fig. 87). Es wurden

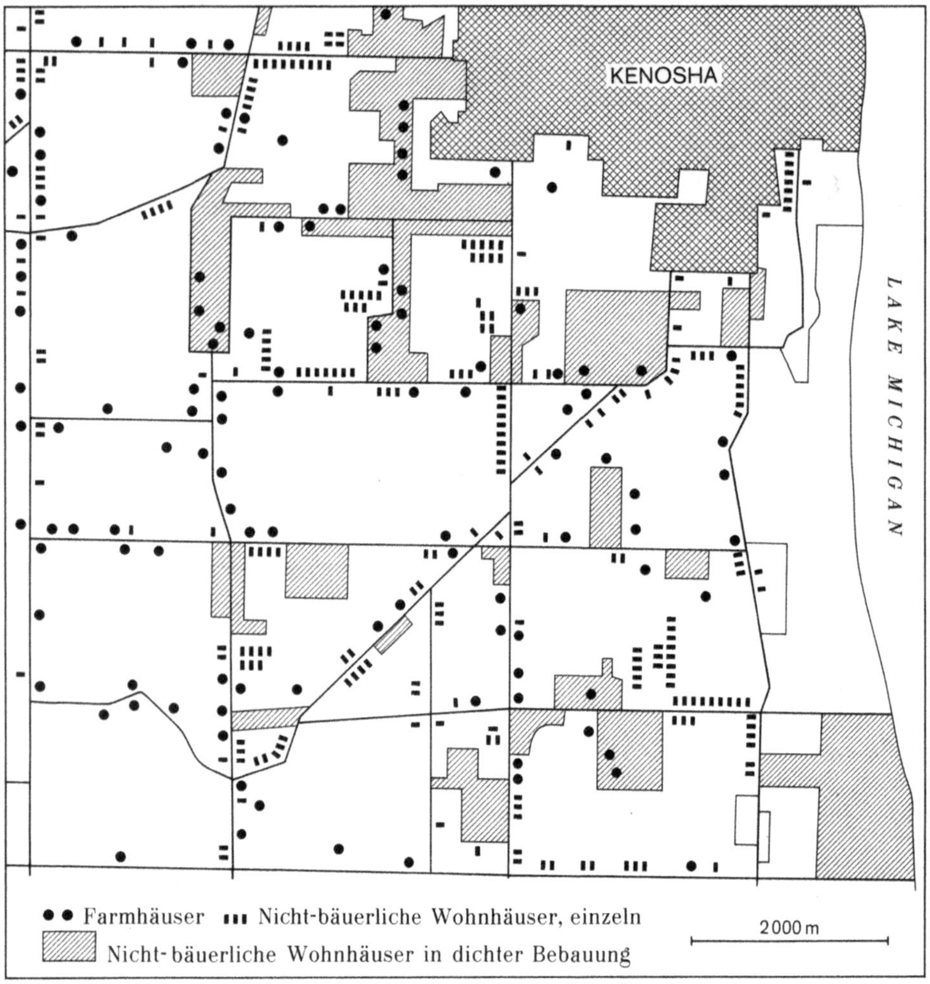

Fig. 86. *Parzellierung und städtische Überbauung einstigen Farmlandes im Umland von Kenosha, Wisconsin* (wiedergegeben aus Northwestern University Studies in Geography Nr. 9 und mit freundlicher Genehmigung von I. CUTLER).
Das Beispiel verdeutlicht die allmähliche Überlagerung bisher ländlicher Gebiete außerhalb der Stadtgrenze mit Wohngebäuden nichtagrarer Bevölkerung. Das Zensusbüro trägt dieser Entwicklung mit der Rubrik "rural nonfarm" Rechnung für jenen Bevölkerungsteil, der nicht in städtischen Gebieten im Sinne des Zensus lebt, aber dem Lebensstil nach städtisch ist. Der Kartenausschnitt ist zugleich ein Beispiel für das "leapfropping", das sprunghafte Stadtwachstum, das mit städtischer Überbauung einzelne Flächen erfaßt, andere aber überspringt aus Gründen der Beharrlichkeit noch verbleibender Farmer oder Bodenspekulation usw. Einige der als subdivision bezeichneten aufgesiedelten Flächen werden auch von Wohnwagensiedlungen eingenommen.

lediglich verhältnismäßig große Grundstücke vorgeschrieben, damit das Wohngebäude nicht von der Sinkgrube beeinträchtigt würde.

Nun hat die Gesundheitsbehörde der Vereinigten Staaten diese viel geübte Praxis als unzulässig erklärt und fordert zunächst für alle neu zu errichtenden Häuser den *Anschluß an ein kommunales Kanalisationsnetz*. Nachträglich sollen auch die schon existierenden Wohnhäuser ohne Kanalisation an diese angeschlossen werden. Gemeinden und Counties sehen sich damit gezwungen, das einzelne Grundstück mit einer einmaligen Abgabe zu belasten, deren Höhe sich nach der jeweiligen lokalen Situation richtet. Es kommt dabei unter anderem auf die Grundstücksgrößen selbst an, nach denen sich die Länge der zu installierenden Rohrleitungen richten wird. Die Kosten pro Grundstück für den Anschluß an die Kanalisation werden in der Größenordnung zwischen $ 3000 und $ 5000 liegen. Das ist, gemessen an dem Gesamtwert eines Einfamilienhauses, eine durchaus beachtliche Summe und bedeutet für einen großen Teil der amerikanischen Familien ein Jahreseinkommen. Sie wird nicht nur manchem schon im fertigen Hause wohnenden Eigenheimbesitzer unangenehm werden, sondern jeder potentielle Bauherr muß sie von vornherein einkalkulieren, wenn er an ein Eigenheim in einem peripheren Bereich denkt, der bisher nicht von der Kanalisation erschlossen ist. Auch mit dieser Maßnahme kann also die Richtung der künftigen Besiedlung in den Randbereichen der Metropolitan Areas etwas gesteuert werden.

Ein weiteres Mittel, die Bebauung von Gelände in Randbereichen in planerische Bahnen zu lenken, haben wir schon in der *Schaffung großer*, nach bestimmten Vorstellungen und entsprechenden Bauleitplänen wachsender *Komplexe wie Einkaufszentren und Industriedistrikte* kennengelernt (vgl. Abschnitte 4.3.1.2 und 4.3.1.3, S. 176ff.). Dabei kommt den größten der Einkaufszentren die Rolle der Mittelpunkts-

Fig. 87. *Gebiete der Metropolitan Area von Dayton, Ohio, mit bzw. ohne Anschluß an die Kanalisation* (wiedergegeben aus "The Metropolis" mit freundlicher Genehmigung von J. C. BOLLENS und Harper & Row Publishers, nach Metro Reporter, Metropolitan Community Studies, März 1959).
Beachtliche Gebiete dichterer städtischer Besiedlung ermangeln des Anschlusses an die Kanalisation, die heute von der Gesundheitsbehörde gefordert wird und die Grundstückskosten erheblich erhöht. Sie sind der Ausdruck eines rapiden, oft gänzlich ungeordneten Wachstums an den Rändern der Metropolitan Area.

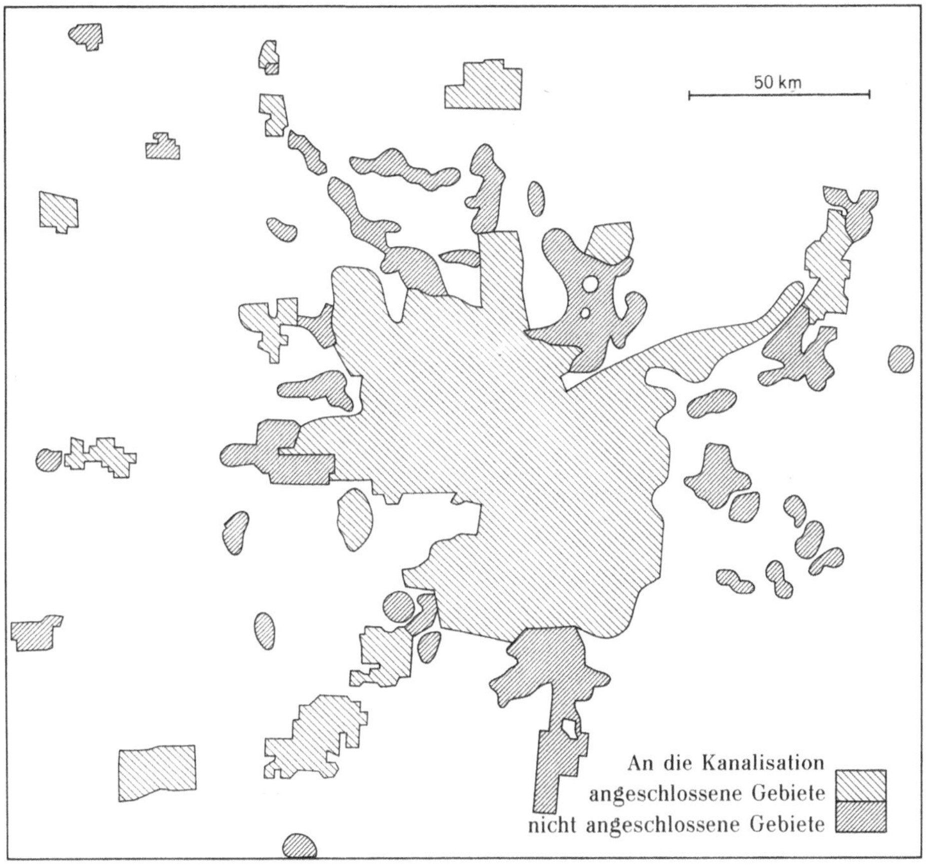

bildung zu. Sie tragen dafür Sorge, daß die riesigen Siedlungsflächen des Metropolitan Ring nicht eine einzige amorphe Masse, baulich wie demographisch, ergeben, sondern eine sinnvoll in Teilbereiche gegliederte Siedlungszone.

Wichtig ist dabei vor allem die Frage der *Zuordnung der Komplexe* zueinander. Durch die räumliche Anordnung von Komplexen unterschiedlicher Funktion wie Wohnbauten, Industriebauten, Handels- und Verwaltungsmittelpunkten entsteht ein Gefüge von relativ autarken Einheiten, was unter anderem dazu beiträgt, die Wege von der Wohnung zur Arbeitsstätte und zum Einkauf zu verkürzen. Natürlich wird es sich nur in beschränktem Maße erreichen lassen, daß die Bewohner solcher randlichen Neusiedlungen auch tatsächlich in ihrem unmittelbaren Bereich ihre Arbeitsstätte finden. Die Ausstattung der shopping centers hat aber doch häufig dazu geführt, daß den Hausfrauen die City der Kernstadt völlig fremd geworden ist. Die Kehrseite dieser Entwicklung ist, daß die City darunter leidet. Für den Randbereich, wenn man ihn für sich betrachtet, ist diese Entwicklung sicher begrüßenswert.

4.4.3. Neue Städte

Einen ähnlichen Weg wie die mit den shopping centers erstrebte Mittelpunktsbildung, wenn auch keinen neuen Weg, stellt die *Gründung neuer Städte* dar. Von früheren Versuchen, die zum Teil in europäischen Ländern bereits auf die Zeit vor EBENEZER HOWARD zurückgehen, dann in Amerika mit der Resettlement Administration während des New Deal der 30er Jahre wieder aufgenommen und dann im Großraum London mit dem Abercrombie-Plan durchgeführt wurden, haben wir schon berichtet (vgl. Abschnitt 3.6.1.2, S. 97). So kann unsere zeitgenössische Planung auf eine Reihe von Vorläufern blicken.

Zwei der wichtigsten Erfahrungen, die man aus den bisherigen Versuchen mit neuen Städten gewonnen hat, liegen in der Erkenntnis, daß solche neuen Städte *zu dicht an der Kernstadt* des benachbarten, sich mehr und mehr ausweitenden Ballungsraumes angelegt wurden und der Gefahr ausgesetzt sind, nun doch von der Großstadt geschluckt zu werden, und daß die praktizierte Siedlungspolitik nicht immer ausreichend war um zu verhindern, daß diese neuen Städte *der vorgefaßten Planung in bezug auf ihre Struktur und festgesetzte Maximalgröße entglitten.*

Dem Abercrombie-Plan zufolge wurde für die Lage der New Towns um London ein *mittlerer Abstand* zwischen 30 und 35 km, ein maximaler von 45 km vom Stadtkern Londons angesetzt. Vom heutigen Standpunkte aus, also $2^1/_2$ Jahrzehnte danach, erscheinen im Falle Londons 45 km als minimal, etwa 60 km als optimal, um der Satellitenstadt ihre Eigenständigkeit gegenüber der Metropole zu sichern. Es erscheint vom heutigen Standpunkt methodisch ungünstig, daß für die Anlage der neuen Städte die Entfernung in Kilometern statt Entfernung in Reisezeit mit dem maßgeblichen Verkehrsmittel zugrunde gelegt wurde.

Der andere Faktor ist die zur Geltung kommende *Eigendynamik* der Neugründung. Obwohl als Gartenstädte geplant, sollte den New Towns doch die Eigenständigkeit in funktionaler Hinsicht durch Heranziehung von Gewerbe- und Industriebetrieben gesichert werden. Sie sollten nicht Schlafstädte sein, sondern auch eine der Wohnbevölkerung entsprechende Zahl von Arbeitsstätten beherbergen. Während der Zuzug von Unternehmen zunächst sehr zögernd erfolgte und die Regierung mit staatlichen Gründungen während der durch den Koreakrieg geförderten Konjunktur nachhalf, bildete sich allmählich ein Verbund der verschiedensten Branchen heraus, die dann immer weitere Betriebe nach sich zogen, bis das Tempo zu unerwartet raschem Wachstum führte. Es stellte sich heraus, daß es nicht plötzlich bei Erreichung der festgelegten maximalen Einwohnerzahl zu bremsen war.

In Amerika sind heute etliche neue Städte im Entstehen begriffen. Als Beispiele mögen Clear Lake City in Texas, Columbia in Maryland, Reston in Virginia, Coral Springs bei Ft. Lauderdale in Florida, Irvine Ranch und Sunset in Kalifornien genannt sein. Am besten bekannt geworden ist die Anlage von *Reston.* Diese neue Stadt liegt rund 30 km westlich der Bundeshauptstadt Washington, D.C. Auf eine maximale Einwohnerzahl von 80000 geplant, die bis 1980 erreicht sein soll, zählte Reston, dessen Name mit "rest" gleich Ruhe zusammenhängt, 2000 Menschen (1966). Die Planung sieht sieben Nachbarschaften mit eigenen lokalen Zentren vor. Die gemischte Bebauung mit Hochhäusern, niedrigen Reihenhäusern und eingeschossigen Eigenheimen bringt im Durchschnitt doch eine solche Wohndichte zustande, daß 42% der Fläche der Gemeinde für Plätze, Grünanlagen und sonstige Freiflächen übrig bleiben. Die Häuser werden in einen stattlichen Baumbestand hineingebaut und ziehen sich teilweise um einen künstlichen See von der Größe von Hamburgs Binnenalster herum. Das sichtbare Anbringen bzw. Aufstellen von Fernsehantennen, Mülltonnen, Reklameschildern und Wäscheleinen ist verboten. Nichts soll den parkartigen Charakter dieser neuen Stadt stören.

In den Wohnvierteln gibt es keinen Kraftfahrzeugdurchgangsverkehr. Für den Fußgänger werden baumbestandene Wege abseits vom Fahrverkehr angelegt. Ästhetische und hygienische Gesichtspunkte beherrschen die Gestaltung der gesamten Anlage, dieselben Ziele werden in weiteren 20 im Bau befindlichen und rund 200 geplanten neuen Städten in den Vereinigten Staaten verfolgt.

Es bleibt abzuwarten, ob man aus früheren Erfahrungen so viel gelernt hat, daß hier Fehler vermieden werden. Einige Zweifel mögen über dieser Frage aufkommen. Zwar ist Washington, D.C., nicht London. In seiner urbanized area hat es heute eine Bevölkerung von rund 1,8 Millionen Menschen. Aber im Südwesten verläuft die Grenze der urbanized area etwa 22,5 km vom Stadtkern entfernt. Die Distanz zu Reston schmilzt damit auf 7,5 km zusammen.

Eine andere entscheidende Frage wäre die nach dem Sinn und Zweck der neuen Städte. Wie weit bedeutet ihre Gründung eine *Entlastung für die existierenden Städte?*

Unterstellen wir, daß nach gegenwärtigen planerischen Vorstellungen in der nächsten Zeit rund 230 neue Städte von der Größenordnung Restons entstehen werden. Sie würden eine Bevölkerung von 18,4 Millionen Menschen aufzunehmen vermögen. Unterstellen wir weiter, daß bis 1980 etwa die Hälfte dieser Städte existiert und ihre maximale Bevölkerungszahl erreicht hat, so wären 9,2 Millionen Menschen untergebracht. Bei mittlerem Bevölkerungswachstum nimmt das Zensusbüro einen Anstieg der Bevölkerung der USA auf 230,8 Millionen Menschen bis 1980 an. Das bedeutet ein Wachstum um rund 31 Millionen gegenüber dem Jahre 1967. Die neuen Städte könnten demnach etwa *ein knappes Drittel* der hinzukommenden Menschen auffangen. Mehr als zwei Drittel verbleiben den anderen Siedlungen, ungeachtet einer weiteren, wenn auch nicht mehr großen Verschiebung der Bevölkerung zugunsten der städtischen gegenüber den nicht-städtischen Siedlungsbereichen. Die Städte werden also – freilich mit Unterschieden je nach regionalem Wirtschaftswachstum – mit erheblicher weiterer Ausdehnung zu rechnen haben. Die Probleme werden bleiben. Eine wirksame Gesamtplanung für die Stadtregionen wird immer unabdingbarer.

Hinzu kommt die Frage des Erfolgs oder Mißerfolgs der neuen Städte. Im Falle Restons hat sich bereits gezeigt, daß Stadthäuser im Wald nicht gefragt sind. Der Mangel an Interessenten bringt finanzielle Probleme für diese Projekte mit sich und wird ihre Durchführung vielleicht zu einem vorzeitigen Halt bringen.

4.4.4. Entwicklung der Großraumplanung

Die moderne Stadtplanung ist in USA sechs Jahrzehnte alt. Die erste städtische Planungskommission in Hartford, Connecticut, geht auf das Jahr 1907 zurück. Es gab schon lange umfassende Bebauungspläne wie den berühmten Burnham-Plan für Chicago aus dem Jahre 1909, und es gab alsbald Flächennutzungspläne und seit 1916 Bauleitpläne, die auch von amerikanischen Gerichtshöfen als verfassungsmäßig erkannt wurden und damit zur Wirksamkeit gelangen konnten.

Aber es war ein weiter Weg von jenen Anfängen bis zu den umfassenden Arbeiten der heute tätigen Kommissionen für die Metropolitan Areas. Zwei Beispiele mögen das etwas beleuchten.

In Detroit sah die city charter von 1918 eine Planungskommission vor, die für die Stadt einen Generalbebauungsplan erstellen sollte. Aber man vergaß dabei, daß solche Arbeit Geld kostet. Es wurden keinerlei finanzielle Mittel für einen solchen Zweck bereitgestellt, so daß die Kommission lediglich auf dem Papier stand. Sie hatte kein Budget und praktisch keinen Mitarbeiterstab. Erst 1940 wurde für Detroit der erste Bauleitplan aufgestellt, 1948 der erste Flächennutzungsplan.

In Milwaukee bestehen seit längerer Zeit eine städtische Planungskommission und eine Housing Authority. Letztere wurde 1950 auch mit der Wahrnehmung von Stadterneuerungsprogrammen in Zusammenarbeit mit der Urban Renewal Administration betraut. 1958 schuf man dann für diesen Zweck eine Redevelopment Authority of the City of Milwaukee. Eine Vereinfachung und Koordinierung der Arbeiten aller drei Institutionen trat im Jahre 1961 mit der Zusammenlegung derselben zu dem Department of City Development ein. (Dept. of City Development: Milwaukee Community Renewal Program S. 11/12.)

Noch schlechter war es im allgemeinen mit einer über die einzelne Gebietskörperschaft hinausgehenden Planungstätigkeit bestellt. Sie ist weitgehend eine Erscheinung der 60er Jahre.

Seit 1954 hat es in einzelnen Großstadtregionen den *freiwilligen Zusammenschluß* gewählter Vertreter der Gebietskörperschaften der Region zu beratenden Gremien, sogenannten *Metropolitan Councils*, gegeben. Sie kümmern sich um die verschiedensten, die gesamte Stadtregion betreffenden Angelegenheiten, besitzen einen festen Mitarbeiterstab, haben jedoch lediglich *beratende* Funktion. Sie können also nur Empfehlungen ausarbeiten und weitergeben. Das erste Gremium dieser Art wurde 1954 in Detroit ins Leben gerufen und nennt sich "Supervisors Inter-County Committee". Wenig später begannen das Metropolitan Regional Council für New York, New Jersey und Connecticut, die Association of Bay Area Governments im Raum San Francisco–Oakland, das Metropolitan Washington Council of Governments im Bereiche der Bundeshauptstadt, das Mid-Willamette Valley Intergovernmental Cooperation Council im Raum Salem, Oregon, die Regional Conference of Elected Officials im Raum Philadelphia, die Puget Sound Governmental Conference im Bereich von Seattle und Tacoma, das Baltimore Metropolitan Area Council sowie vergleichbare Gremien in Ithaca, New York, und Des Moines, Iowa, zu arbeiten (ACIR Report A-11, S. 34/35).

Im Großraum San Francisco besteht seit 1961 ein Zusammenschluß von Gebietskörperschaften, die sogenannte Association of Bay Area Governments (ABAG), der bis 1965 acht der neun Counties und 76 der 90 zur Bay Area rechnenden Städte beigetreten waren. Es handelt sich dabei um eine Art Zweckverband zur Regelung der wichtigsten Angelegenheiten, die den gesamten Raum der Bucht von San Francisco und der um sie herum gelegenen Gemeinden betreffen. Allerdings gab es dabei Schwierigkeiten. Denn eines der brennendsten Probleme dieses Raumes ist die Zukunft der Bucht selbst, die Frage, wie weit sie erhalten bleiben oder wie weit aus ihr durch Auffüllung dringend benötigtes Baugelände geschaffen werden sollte. Zu diesem Zweck ist eine Sonderkommission zur Erhaltung und Entwicklung der Bucht geschaffen worden, die verständlicherweise mit der ABAG in Kompetenzstreitigkeiten geriet.

Die *über die einzelne Gemeinde hinauswirkende Planungskommission* ist meist eine sehr junge Erscheinung. Nehmen wir als Beispiel für die Entwicklung die Stadt Tulsa, Oklahoma. Diese Entwicklung ist durch die folgenden Daten gekennzeichnet: 1898 Gründung der Stadt, 1922 Einsetzung einer städtischen Planungskommission (City Planning Commission), 1949 Schaffung einer County Planning Commission für die Tulsa County, 1953 Ersetzung beider Kommissionen durch die neu geschaffene Tulsa Metropolitan Area Planning Commission (TMAPC).

Im Falle von Tulsa ist sogar das städtische Planungsamt in der neuen Planungskommission für die Metropolitan Area aufgegangen. Das ist ein selten günstiger Fall. Im allgemeinen arbeitet ja neben der Planungskommission für die Metropolitan Area das städtische Planungsamt weiter, und das nicht immer ohne Rivalität, wie sich bei näherem Hinsehen herausstellt.

In ganz wenigen Stadtregionen gab es Ansätze und Versuche übergemeindlichen Planens, die jedoch nur in verhältnismäßig kurzlebigen Institutionen resultierten. Die Kommissionen haben auch kein greifbares Ergebnis erbracht und sind irgendwann wieder aufgelöst worden. Erst zu einem späteren Zeitpunkt ist dann die heute tätige Planungskommission der Metropolitan Area zustandegekommen. Als Beispiele hierfür können Milwaukee und St. Louis dienen.

In Milwaukee gab es in den 40er Jahren ein County Regional Planning Department, das sich jedoch nur mit denjenigen Randgebieten um die Kernstadt ohne Gemeindestatus beschäftigte und 1946 einen entsprechenden, notgedrungen sehr lückenhaften Bericht lieferte. Da nämlich unmittelbar westlich der Stadt und ganz besonders nach Süden zu bedeutende städtische Siedlungen direkt an die Stadt Milwaukee angrenzen, mußte die auf die unbedeutenden Gebiete zwischen ihnen gerichtete Tätigkeit der Kommission zum Scheitern verurteilt sein. Dann gab es noch eine Art Bürgerkomitee unter Vorsitz eines Professors der University of Wisconsin in Milwaukee, die sogenannte Milwaukee Study Commission. Erst 1961 wurde in der westlichen Nachbarstadt Milwaukees, in Waukesha, die Southeastern Wisconsin Regional Planning Commission (SEWRPC) geschaffen und damit eine arbeitsfähige Institution, die für das gesamte Gebiet der sieben südöstlichsten Counties des Staates Wisconsin zuständig ist und seit 1963 mit einem zeitweise bis zu 250 Mitarbeitern zählenden Stab gearbeitet hat.

Ebenso gab es bereits 1949 in St. Louis eine Planungsstelle, die sogenannte Metropolitan Plan Association Inc., die ebenfalls ohne sichtbaren Erfolg tätig gewesen zu sein scheint. 1952 war dann von der Schaffung eines Missouri-Illinois Bi-State Metropolitan District die Rede (Pooley, S. 37). 1959 stand die Schaffung eines Greater St. Louis City-County District zur Debatte, der Stadt und County vereinigen sollte, und dessen Verwaltungsgremium für die wichtigsten übergemeindlichen Funktionen wie Verkehrsplanung, Wirtschaftsentfaltung, Flächennutzungsplanung zuständig sein sollte (ACIR Report A-11 S. 55). Das Vorhaben fand jedoch in der Öffentlichkeit nicht die notwendige Unterstützung und kam daher nicht zur Ausführung. Erst 1966 wurde dann die East–West Gateway Coordinating Council mit Sitz in East St. Louis geschaffen, eine jener neuen, aus gewählten Vertretern der betroffenen Gebietskörperschaften gebildeten Kommissionen, die neben der Eigenfinanzierung der Gemeinden auch die unter dem Regional Planning Act vergebenen Mittel in Anspruch nehmen können.

Für einzelne Aufgaben hat es seit langem schon sogenannte *Special Districts* gegeben, deren in USA um 1960 rund 15000 existierten. Ein Viertel von ihnen waren *Metropolitan Districts*, Wirkungsbereiche von meist geringerer Ausdehnung als der betreffenden Metropolitan Area, aber in ähnlicher Weise wachsend wie die Stadt durch ihre Eingemeindungen. Die größten Metropolitan Districts nach der Zahl der Beschäftigten vom Stande 1952 sind die Chicago Transit Authority (17472 Beschäftigte), die Metropolitan Transit Authority von Boston (7652 Beschäftigte), die Port of New York Authority (3745 Beschäftigte) und der Metropolitan Sanitary District of Greater Chicago (1882 Beschäftigte). Ihr Aufgabenbereich ist aus ihrer Bezeichnung ersichtlich: es handelt sich um das öffentliche Verkehrswesen und die Stadtentwässerung. Kaum 5% aller Special Districts hatten mehr als eine ganz bestimmte Funktion (Pock, S. 17).

In welcher Weise hat sich nun die Planung für die Metropolitan Areas entwickelt?

Einer Erhebung aus dem Jahre 1964 zufolge gab es 139 Planungskommissionen, die für 150 Metropolitan Areas tätig waren. Von ihnen waren 65 aus Vertretern der Gebietskörperschaften zusammengesetzt, 74 waren von anderer Zusammensetzung.

41 Kommissionen arbeiteten im engeren Sinne überregional (multijurisdictional), 48 waren für eine Stadt und die zentrale County der Metropolitan Area (city-county), 50 für die County zuständige Kommissionen. In 51 Fällen stimmte ihr Zuständigkeitsbereich mit der räumlichen Ausdehnung der betreffenden Standard Metropolitan Statistical Area überein. In 61 Fällen war der Zuständigkeitsbereich kleiner als die Metropolitan Area, was verständlich ist aus der Tatsache heraus, daß ja im Falle des örtlichen Übergreifens einer Großstadt auf eine County diese in ihrer Gesamtheit zur Metropolitan Area dazugerechnet wird, trotz hohen Anteils ländlicher Bereiche (vgl. Abschnitt 2.1, S. 11). In 26 Fällen jedoch war der Zuständigkeitsbereich der Kommission größer als die Metropolitan Area, und zwar in erster Linie in den Staaten der Atlantikküste. Auch das ist verständlich im Hinblick auf den Umstand, daß die Metropolitan Areas in den Oststaaten großenteils eng benachbart liegen, während die Counties in diesen Staaten eine nur geringe Ausdehnung besitzen.

Die mittlere Größe der Planungskommissionen für die Metropolitan Areas nach der Zahl ihrer ständigen Mitarbeiter liegt zwischen 9 und 12 Personen in 91 Fällen. In 17 Kommissionen gab es weniger als 9 Mitarbeiter, in 31 Fällen mehr als 12. Dazu kommt aber eine nicht unerhebliche, oft ein Mehrfaches der ständigen Mitarbeiter ausmachende Zahl von Gutachtern und sonstigen Mitarbeitern, die unter Kontrakt genommen werden und im Auftrag der Kommission ganz speziellen Problemen nachgehen.

Nach dem Zeitpunkt ihrer Gründung gliedern sich die heute arbeitenden Planungskommissionen der Metropolitan Areas wie folgt:

Tabelle 17. Gründungsjahre der Planungskommissionen der Metropolitan Areas in USA.

Gründungsjahr bzw. -periode	Zahl d. Kommissionen
1924–1937	10
1941–1950	23
1951–1956	27
1957	10
1958	8
1959	9
1960	7
1961	11
1962	10
1963	12
unbekannt	12
	139 (150 SMSA)

Unter den frühesten Kommissionen sind auch solche erfaßt, die keine ununterbrochene Tätigkeit bis heute nachweisen können, wie im Falle von St. Louis, das in dieser Statistik der HHFA unter dem Jahre 1949 geführt wird. Solche Angaben ergeben ein etwas verzerrtes Bild. In manchen Fällen dürfte die effektive Planungstätigkeit erst später beginnen, als es sich aus dieser Tabelle ergibt. Sie ist also mit entsprechendem Vorbehalt zu lesen.

Aber auch ohne die Berücksichtigung solcher Fälle wird deutlich, daß die Gründung von Planungskommissionen für die Metropolitan Areas seit dem Gesetz von 1957 einen gewaltigen Aufschwung genommen hat. Seitdem sind in jedem Jahre rund zehn Kommissionen hinzugekommen. Der durch das Gesetz geschaffene Anreiz oder, wenn man so will, der sanfte Druck der Regierung, ist dabei unverkennbar.

Besondere Schwierigkeiten bringen alle jene Fälle mit sich, in denen die Standard Metropolitan Statistical Area mit einer oder mehreren Kernstädten über eine oder gar zwei einzelstaatliche Grenzen hinweggeht. Von den 212 Metropolitan Areas der USA im Jahre 1960 sind davon 28 betroffen. Als Beispiele seien Duluth-Superior und Dubuque, Iowa, angeführt. Während der Doppelhafen beiderseits der Staatsgrenze von Minnesota und Wisconsin gelegen ist, liegt zwar das Stadtgebiet von Dubuque im Staate Iowa, aber die östlichen Randgemeinden im Metropolitan Ring liegen auf dem andern Ufer des Mississippi teils in Wisconsin und teils in Illinois. In der Metropolitan Area treffen hier drei Staaten aufeinander. Zwischen ihnen müßte es zu einer Übereinkunft über die planerische Tätigkeit in der Metropolitan Area kommen. Es wurde schon weiter oben erwähnt, daß Ermächtigungsgesetze für die Aufstellung von Leitplänen und dergleichen von den Einzelstaaten für die innerhalb ihrer Grenzen gelegenen Städte erlassen werden. Sie differieren also von Staat zu Staat. Die Lage Dubuques ist in dieser Beziehung denkbar ungünstig. So wird verständlich, daß selbst 1966 in Dubuque nur eine County Planning Commission existierte, deren Arbeitsgebiet sich auf die Dubuque County im Staate Iowa beschränkte. Die für den Raum Duluth-Superior zuständige Metropolitan Planning Commission hat ihre Tätigkeit immerhin im Jahre 1965 aufgenommen.

So finden wir die Kommissionen der Metropolitan Areas je nach der Gesamtsituation in den verschiedensten Stadien ihrer Entwicklung begriffen. Soweit sie, wie in Chicago die Northeastern Illinois Planning Commission oder in St. Paul-Minneapolis die Twin Cities Metropolitan Planning Commission, schon zu herangereiften Alternativplänen gelangt sind, die in öffentlichen Hearings den Gebietskörperschaften und der Einwohnerschaft der einzelnen Teile der Metropolitan Area unterbreitet worden sind, wird von ihnen Genaueres zu berichten sein.

Am weitesten voran, aber deshalb doch nicht aller Schwierigkeiten enthoben, sind die Planungsstellen der Metropolitan Areas von Toronto, Seattle und Miami. Auf eine Eingabe hin verfügte im Jahre 1953 die Provinzialregierung von Ontario den föderativen Zusammenschluß von 13 administrativen Einheiten zu der Einheitsgemeinde *Municipality of Metropolitan Toronto*, von der Bevölkerung kurz als "Metro" bezeichnet. Eine weitere Vereinfachung hat zum Beginn des Jahres 1967 die 13 in der Metro zusammengeschlossenen Einheiten auf 6 reduziert. In der neuen, 1965 fertiggestellten City Hall des Aalto-Schülers Revell residieren dicht benachbart der Bürgermeister der Stadt Toronto und der Vorsitzende der Kommission der Municipality of Metropolitan Toronto mit ihren jeweiligen Verwaltungen.

Zu weitgehender Zusammenarbeit kam es auch im *Großraum Miami* in Florida mit den Städten Coral Gables, Hialeah, Miami, Miami Beach und North Miami. Die Bezeichnung *Municipality of Metropolitan Seattle* für die Kooperation der Gemeinden in diesem Großraum seit 1958 ist dagegen irreführend insofern, als es sich eigentlich um einen sogenannten Special District handelt, eine Kommission, die in erster Linie die gemeinsame Wasserversorgung des Großraums im Auge hatte und sich weiterhin auch auf den Gebieten der Müllabfuhr, des Verkehrswesens und der öffentlichen Grünanlagen betätigte (vgl. ACIR Report A-11, S. 54 u. Bollens/Schmandt, S. 327).

Abgesehen von Toronto ist in ganz Kanada die Planungstätigkeit in den Großstadtregionen seit etwa 1950 in Gang gekommen, 1950 wurde die Edmonton Regional Planning Commission geschaffen, bis 1963 folgten sechs weitere Großstädte nach. Seit 1957 waren die Planungskommissionen der Regionen Edmonton und Calgary in die Lage versetzt, bindende Pläne für ihren jeweiligen Zuständigkeitsbereich zu entwerfen. 1963 wurde diese Befugnis allen regionalen Plannungskommissionen des Landes zugesprochen (Marlyn, S. 37).

Die Planungskommissionen sind je nach Gründungsdatum und Arbeitsbedingungen sehr verschieden weit mit ihren Arbeiten gediehen. Einige sind nach dem Stadium der Grundlagenforschung in das Stadium der aktiven Planung so weit vorgedrungen, daß sie mit mehreren *Alternativplänen* für ihren Großraum aufwarten können. Dabei sind die verschiedenen Pläne genau durchgerechnet worden, so daß die Kommissionen Angaben darüber machen können, *welche Flächenansprüche, Kosten und sonstigen Begleiterscheinungen* mit der Durchführung jedes einzelnen Planes verbunden sein würden.

Es wird also *nicht in einer Richtung gearbeitet* und etwa unter Zugrundelegung einer dominierenden Idee ein einziger Generalentwicklungsplan vorgelegt, sondern man faßt recht verschiedenartige Möglichkeiten ins Auge und wägt diese gegeneinander ab, gibt dann der Öffentlichkeit und den betroffenen Gebietskörperschaften die Gelegenheit, von den einzelnen Alternativplänen Kenntnis zu nehmen und selbst zu einem Urteil zu kommen. Die Vorzüge und Nachteile, die mit jedem einzelnen Plan verbunden sind, werden herausgestellt, und es wird versucht, unter Beteiligung der angesprochenen Kreise zu ermitteln, *welche Faktoren als besonders wichtig* und erstrebenswert erachtet werden bzw. welche Nachteile man für bestimmte Vorteile in Kauf zu nehmen bereit ist.

Fig. 88. *Die Planungsprinzipien für die künftige Gestaltung des Großraums Chicago* (nach Northeastern Illinois Planning Commission). Die für den Großraum Chicago verantwortliche Planungsstelle hat in ähnlicher Weise wie die Kommissionen in anderen Großräumen ähnliche Alternativpläne erarbeitet und ihre jeweiligen Vor- und Nachteile zur Diskussion gestellt. Der Finger oder Radial Corridors Plan mit radialen Wachstumsspitzen bringt bis 1985 eine Zunahme des überbauten Geländes von 20 % mit sich, der Multiple Centers oder Satellite Cities Greenbelt Plan mit einer Kernstadt und einigen weiteren Großstädten, von Grüngürteln gegeneinander getrennt, eine Zunahme um 42 %, der Multi-Towns Cluster Plan mit einer größeren Zahl unterschiedlich funktional ausgestatteter Klein- und Mittelstädte um die Kernstadt herum eine Zunahme von 73 %, der Spread City oder Dispersed Regional City Plan mit weiterhin hohem Einfamilienheimanteil und geringerer Gefahr von Verkehrsstauungen eine Zunahme von 164 %. Die tatsächliche Entwicklung wird auf einen Kompromiß zwischen zwei dieser Alternativen hinauslaufen.

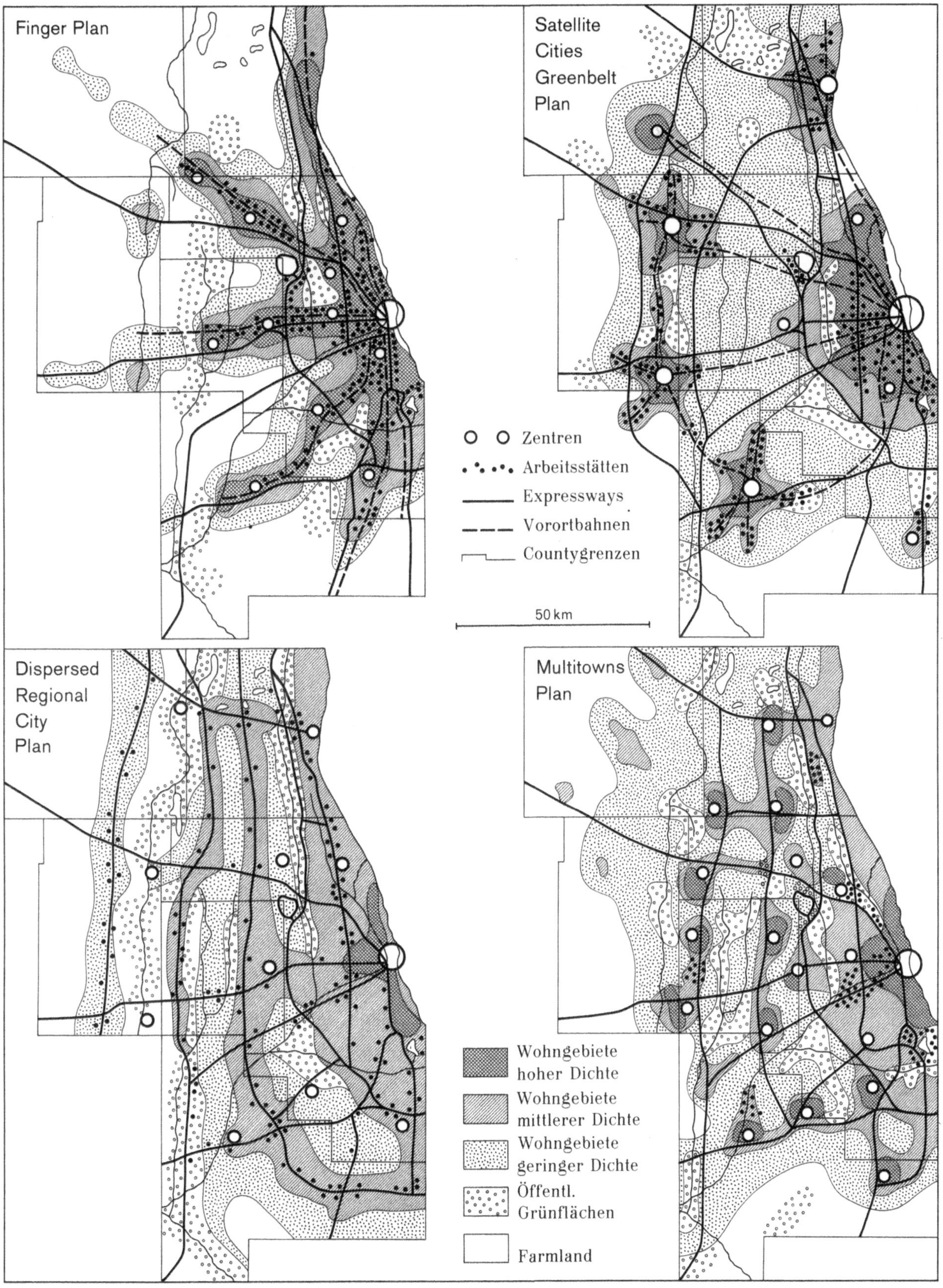
Finger Plan
Satellite Cities Greenbelt Plan
Dispersed Regional City Plan
Multitowns Plan
Zentren
Arbeitsstätten
Expressways
Vorortbahnen
Countygrenzen
50 km
Wohngebiete hoher Dichte
Wohngebiete mittlerer Dichte
Wohngebiete geringer Dichte
Öffentl. Grünflächen
Farmland

Wenn man die Alternativpläne, die für mehrere Metropolitan Areas bisher entwickelt wurden, betrachtet, so ergeben sich *weitgehende Übereinstimmungen.* Es gibt offensichtlich eine begrenzte Zahl von grundsätzlichen Lösungen, die mit einzelnen Abweichungen immer wieder präsentiert werden.

Zunächst wird ein sogenannter *Present Trends-Plan* vorgelegt, der streng genommen gar kein Plan ist, sondern der eigentlich nur die verschiedensten Tendenzen des Wachstums der Wohnbevölkerung, der Wohngebiete mit verschiedener Hausbauweise, der Handelsniederlassungen und Industriestandorte, der Verkehrsadern usw. der vergangenen Jahre in die Zukunft projiziert und veranschaulicht, wie die Stadtregion in einem bestimmten Stichjahr, etwa 1980 oder 1985, aussehen würde, wenn die gegenwärtige Entwicklung praktisch unbeeinflußt weitergeht. Das bedeutet im Grunde auch nichts anderes als eine Potenzierung des urban sprawl mit seinen Begleiterscheinungen, und der „Plan" stellt gar keine echte Alternative dar, sondern kann höchstens als Vergleichsbasis bei der Gegenüberstellung mit den weiteren Plänen dienen.

Etwas anders ist der sogenannte *Trend Improved Plan* einzuschätzen, wie er beispielsweise von der Southeastern Wisconsin Regional Planning Commission für den Großraum Milwaukee aufgestellt wurde. Er bedeutet einen *Kompromiß* zwischen einigen planerischen Ideen, deren Verwirklichung wohl mancherlei Vorteile mit sich bringen würde, und den bereits auf Grund der bisherigen Trends vorgenommenen Investitionen für Straßenbauten, Kanalisation und andere Anlagen, die man durch rigorose Eingriffe in die Entwicklung nicht einfach abschreiben kann, weil das einen nicht zu verantwortenden Verlust bedeutet und auch in der Öffentlichkeit und in den betroffenen Gemeinden auf unüberwindlichen Widerstand treffen würde.

Es sei daher hier schon vorweggenommen, daß die wahrscheinlichste Fortentwicklung in den Stadtregionen nicht in der Durchführung eines der Alternativpläne bestehen wird, sondern in der Kombination von wenigstens zwei Plänen, deren verschiedene Vorzüge und Nachteile sich bis zu einem gewissen Grade abschwächen und ausgleichen lassen.

Doch nun zu den eigentlichen Alternativplänen, die jeder für sich auf einer sehr individuellen Grundidee basieren (Fig. 88). Die eine Möglichkeit, die sich als Planungsgrundlage anbietet, ist die Weiterverfolgung des jahrzehntelangen, heute noch zum Teil in der Physiognomie und Struktur vieler Großstädte erkennbaren Trends der *vorstädtischen Entwicklung von Wachstumsspitzen* entlang alter, radial von der Kernstadt ausgehender Verkehrswege. An den wichtigsten Bahnlinien entstanden einst im Zusammenhang mit Industrialisierung und Pendlerwesen vor dem Kraftfahrzeugalter Verdichtungszonen, insbesondere aber größere Siedlungskerne um die Bahnstationen. Nach diesem Muster ist z. B. Chicago bis in die 40er Jahre hinein gewachsen, und zum Teil haben die modernen expressways diese Tendenz noch unterstrichen, indem sie parallel zu einzelnen Bahnlinien verlaufen und deren Bedeutung als Verkehrsachsen noch unterstreichen (vgl. Fig. 73 und 74). Diesem Prinzip der linearen Anordnung folgend wurde für mehrere Stadtregionen übereinstimmend ein Plan entworfen, der als *Radial Corridors Plan*, als *Star Pattern Plan* oder als *Finger Plan* bezeichnet wurde. Der Ausdruck Finger Plan wurde auf den Großraum Chicago angewendet, da hier wegen der Lage am Michigansee die Entwicklung nur nach Norden, Westen und Süden gehen kann.

Bandartige Verdichtungszonen, Betonung der Ausfallstraßen als Hauptverkehrsadern, starke Handelskonzentration in der Kernstadt und an strategischen Punkten entlang der Radialen, Herausbildung größerer Industriekomplexe in gleicher Lage, unter Umständen auch an Schnittpunkten mit konzentrisch um die Kernstadt geführten Umgehungsstraßen, große und tief in das überbaute Gebiet der Stadtregion zwischen den „Fingern" hineingreifende, daher bequem für die Wohnbevölkerung erreichbare Freiflächen sind die Hauptmerkmale des Radialplans. Wichtig ist dabei auch der Gesichtspunkt, daß die Betonung der Kernstadt und der Korridore eine recht dichte Bebauung auf verhältnismäßig kleiner Fläche innerhalb der gesamten Stadtregion mit sich bringt. Für den Großraum Chicago bedeutet das z.B. eine Zunahme der bebauten Fläche innerhalb der Stadtregion bis zum Jahre 1985 um nur 20%. Damit ist dieser Plan im Vergleich zu den noch zu nennenden Alternativen derjenige mit dem *geringsten Flächenkonsum.*

Am anderen Ende der Skala steht ein Plan, der dem bisherigen Trend der gewaltigen Ausbreitung von Eigenheimsiedlungen am nächsten kommt. Er wird als *Spread City Plan* oder auch *Dispersed Regional City Plan* bezeichnet. Dieser Plan sieht die Entstehung einer Vielzahl von punkthaften Verdichtungszonen in weiter Streuung über den gesamten Bereich der Stadtregion vor. Da aber auch eine weite Streuung der Funktionen mit solcher Entwicklung einhergeht, liegt ein starkes Gewicht auf der einzig dominierenden Kernstadt. Damit behält die Downtown der Kernstadt ihre Bedeutung als Handels- und Dienstleistungszentrum oder gewinnt gar noch an Bedeutung. Das Verkehrsnetz ist außerordentlich umfangreich. Die Radialen sind nicht von besonderer Bedeutung. Am ehesten liegt eine Betonung auf den peripheren Verteilerrouten. Vorzug und Nachteil zugleich sind mit dieser Entwicklung einhergehende geringe Verkehrsbelastung der einzelnen Teile des Netzes und andrerseits verhältnismäßig weite Wege zwischen Wohnstätten und Arbeitsstätten, Einkaufszentren, Verwaltungssitzen. Auch die Industrie ist weniger konzentriert als in den Korridoren, die sich nach dem Radial Corridors Plan entwickeln. Die vielen kleinen Siedlungsflecken erlauben eine sehr individuelle Wohnweise und leicht zu erreichende Integration verschiedener Haustypen. Damit ist der Plan aber auch derjenige unter den Alternativen, der den *größten Flächenkonsum* mit sich bringt. Die überbaute Fläche würde im Großraum Chicago bis 1985 um 164% anwachsen!

Zwischen diesen Extremen liegen zwei andere Möglichkeiten, oder vielleicht besser charakterisiert als zwei etwas unterschiedliche Varianten einer Möglichkeit. Da wäre zunächst der *Multiple Centers Plan*, auch als *Satellite Cities Greenbelt Plan* oder *Core-Satellite Regional Plan* bezeichnet. Er strebt neben der zentral in der Stadtregion gelegenen Kernstadt die Herausbildung mehrerer Großstädte von der Größenordnung zwischen 500000 und 1 Million Einwohnern innerhalb derselben im Abstande von etwa 50 km oder mehr vom Zentrum der Kernstadt an. Diese Großstädte sollen funktional voll ausgestattet sein und eigene, kräftig ausgeprägte Hauptgeschäftszentren in ihren Citybereichen haben, die mit der City der Kernstadt in Konkurrenz treten. Auch auf das Verkehrsnetz würde die Existenz mehrerer relativ dicht benachbarter Großstädte insofern Einfluß haben, als es zu einer deutlichen Betonung der Verbindungswege zwischen Kernstadt und Satellitenstädten sowie zwischen den Satellitenstädten untereinander käme. Jede der Satellitenstädte hätte gleich der Kernstadt die Tendenz zur Ausbildung eines eigenen radialen Verkehrsnetzes. Die Gesamtkonzeption hätte jedoch den großen Vorteil, daß starke Verkehrsspannungen zwischen recht eng begrenzten Räumen zustande kämen, eine günstige Grundlage für ein öffentliches Schnellbahn- und Schnellbussystem. Auch blieben dabei größere Grünflächen erhalten, trennende Gürtel zwischen den verschiedenen Städten, auch Streifen beiderseits der radialen Verbindungsstraßen. Der Raumanspruch für die Bebauung ist verhältnismäßig gering, wenn auch größer als beim Radial Corridors Plan. Im Großraum Chicago würde die überbaute Fläche bis 1985 um 42% zunehmen.

Eine ähnliche, aber doch etwas andersartige Lösung stellt der sogenannte *Multi-Towns Plan* dar, der ebenfalls die Entwicklung von städtischen Zentren innerhalb des Großraumes vorsieht, jedoch größer an Zahl und geringer an Größe. Der Bevölkerungszuwachs soll von der Kernstadt und von einer Reihe von Gemeinden mittlerer Größenordnung zwischen 10000 und 100000 Einwohnern aufgenommen werden. Die Bebauung wird im Gegensatz zum Multiple Centers Plan weniger dicht, die Funktionen sind weiter gestreut, die Gemeinden nicht in so hohem Grade selbständig im Hinblick auf ihre funktionale Ausstattung. So tritt die Kernstadt innerhalb der Stadtregion in ihrer zentralen Bedeutung stärker hervor, und die unterschiedlich ausgestatteten Städte dieser mittleren Größenordnung ergänzen sich teilweise gegenseitig. Die Arbeitsstätten sind weiter gestreut. Vielfältige Beziehungen zwischen zahlreichen Städten und der Kernstadt bedürfen eines engmaschigen Verkehrsnetzes. Die Hauptadern desselben verlaufen eher konzentrisch um die Kernstadt als radial auf sie zu. Auch für die im vorangegangenen Abschnitt erwähnten neuen Städte ist im Rahmen dieses Planes Platz, denn die vorgesehene Größenordnung der selbständigen Gemeinden innerhalb der Stadtregion entspricht durchaus den Vorstellungen über solche Neugründungen. Der Flächenbedarf ist größer als beim Multiple Centers Plan, liegt jedoch noch ganz erheblich unter dem des Spread City Plan. Im Großraume Chicago würden bis 1985 weitere 73% überbaut werden.

Eine letzte, allerdings in ihrer Anwendbarkeit wohl mehr auf spezielle Lageverhältnisse beschränkte Alternative wäre ein Plan, der die wichtigsten topographischen Leitlinien des Gebietes der Stadtregion zum Angelpunkt der Planung erhebt. Als Beispiel sei Denver mit seinem sogenannten *Mountain-Valley Regional Plan* genannt. Von der Über-

Tabelle 18. Merkmale von Alternativplänen für die Metropolitan Areas.

Merkmale	Radial Corridors Plan (oder Star Pattern oder Finger Plan)	Multiple Centers Plan (oder Satellite Cities Greenbelt Plan oder Core-Satellite Regional Plan)	Spread City Plan (oder Dispersed Regional City Plan)	Multi-Towns Plan
Städtische Form	Sternförmige Verdichtungszonen, die von dem Kern höchster Konzentration ausgehen	Tendenz zu Verdichtungskernen und hierarchischem Aufbau innerhalb der Gesamtregion; selbständige Satellitenstädte mit $^1/_2$ bis 1 Mill. Einwohner	Extensive Form, viele kleine punkthafte Verdichtungsgebiete	Großraum mit zahlreichen mittelgroßen Gemeinden zwischen 10000 und 100000 Einwohnern
Organisationsform	Bandartige Verdichtung der Funktionen entlang radialen Verkehrslinien m. besonderen Konzentrationspunkten an Bahnstationen und Autobahnauffahrten	Funktional voll ausgestattete, größtenteils eigenständige Siedlungen	Weite Streuung der Funktionen, starke Betonung der Kernstadt der Metropolitan Area	Gewisse Funktionsstreuung, teilweise Eigenversorgung, Ausstattung jeder Siedlung mit einem Einkaufszentrum, großräumliches Versorgungsnetz
Verkehrsnetz	Starke Betonung radialer Ausfallstraßen und Eisenbahnlinien, was ein Schnellbahnnetz zugleich erforderlich und möglich macht	Kombination eines auf die Kernstadt bezogenen Radialnetzes mit einzelnen lokalen Radialnetzen für jeden Verdichtungskern. Günstige Vorbedingung für zwischenstädtisches Schnellbus- und Schnellbahnsystem	Recht weitmaschig, wenige Radialen, Betonung der randlichen Verteilerrouten. Geringe Gefahr für Verkehrsstau, aber verhältnismäßig weite Wegstrecken zwischen Wohn- und Arbeitsstätten	Vielfältige Beziehungen erfordern relativ dichtes Netz, lineare Anordnung von Grünflächen und parkways mit beschränktem Zugang
Handel	Starke Betonung der City der Kernstadt und Ausbildung von "midway links" im Zuge der Radialen	Die City der Kernstadt steht unter harter Konkurrenz der Geschäftszentren der Satellitenstädte	Die City der Kernstadt behält ihre jetztige Bedeutung	Herausbildung größerer regionaler Einkaufszentren
Industrie	Herausbildung größerer Komplexe in "midway"-Lage und an den Kreuzungen der Radialstraßen mit Ringstraßen	Größere Industriekomplexe im Zusammenhang mit den die Großstädte verbindenden Schnellstraßen und Eisenbahnen	Industriestandorte sind weit gestreut über den Bereich der Metropolitan Area	Relativ weite Streuung der Arbeitsstätten. Die Kernstadt bleibt dominierend
Freiflächen	Entlang den Radialen, aber vor allem zwischen den einzelnen Korridoren	Längere Streifen entlang den Radialen und zur Trennung der Großstädte voneinander. Großer Umfang	Das Gitternetz der Verkehrswege bietet viele Möglichkeiten	Zwischen den Siedlungen bleiben größere Streifen von Park- und Grünflächen
Haus- und Wohnungsbau	Dichte Bebauung in den Korridoren, weiter abseits Einfamilienhäuser	Mietwohnhausbau in der Nähe von Subzentren und Freiflächen, in randlichen Gürteln Einfamilienhäuser	Die Integration verschiedener Haustypen ist leicht möglich	Weite Möglichkeiten zu individueller Gestaltung von Siedlungen, auch zur Gründung neuer Städte

zeugung ausgehend, daß einerseits der Fuß der Front Range des Felsengebirges und zum andern das Tal des Platte River sehr markante Leitlinien im Großraum Denver darstellen, lehnt sich die vorgesehene systematische Flächennutzung an diese Linien an. Eine Überschwemmung des Platte-Flusses im Jahre 1965 hat die Bevölkerung und die Planung von Denver ganz besonders auf das Flußtal hingewiesen und sie zu der Überzeugung kommen lassen, daß die sinnvolle Nutzung des Tales einschließlich der nötigen Vorkehrungen gegen Überschwemmungsgefahr bisher im argen gelegen hat, und daß hier der Verlauf des Flusses wie auch der Verlauf des Gebirgsfußes eine Chance bieten, von stärker modellhaften Vorstellungen abzusehen und zumindest als eine in diesem Falle vielversprechende Alternative die stärkere Anlehnung an diese topographischen Verhältnisse zur Diskussion zu stellen.

In Tabelle 18 wird versucht, stichwortartig die wichtigsten Merkmale der Stadtregionsentwicklung nach den hauptsächlichen Alternativplänen zusammenzufassen.

Nach Schätzungen der Northeastern Illinois Planning Commission würde sich die Bevölkerung der Stadtregion über die Stadt Chicago und die zur Metropolitan Area gehörenden Counties 1990 im Vergleich zur heutigen Situation (1964) anteilmäßig wie folgt verteilen (Northeast. Ill. Pl. Comm. 1967, S. 72):

Tabelle 19. Verteilung der Bevölkerung über den Großraum Chicago 1990 aufgrund unterschiedlicher Entwicklung der Stadtregion.

Gebiet	1964 in %	1990 Finger Pl. in %	Multi Towns Pl. in %	Satellite Pl. in %	Trends Pl. in %
Chicago	53,5	*39,2*	38,2	37,5	38,0
übr. Cook Co.	27,6	*30,0*	29,2	26,5	28,3
DuPage Co.	5,8	*10,5*	9,4	8,7	9,1
Lake Co.	5,1	5,8	7,4	7,4	7,7
Kane Co.	3,5	4,7	4,8	8,4	7,3
Will Co.	3,4	8,2	8,6	8,8	6,6
McHenry Co.	1,3	1,5	2,3	2,9	3,0

Diesen Vorausberechnungen zufolge würde der Finger Plan die stärkste Position des zentralen Teils der Stadtregion bedeuten, nämlich die jeweils höchsten Anteile der Stadtregionsbevölkerung in der Kernstadt und den ihr am nächsten benachbart gelegenen Bereichen der Cook County und der westlich anschließenden Du Page County. An zweiter Stelle in dieser Hinsicht rangiert der Multi-Towns Plan.

Soweit sich 1967 die Entwicklung im Großraum Chicago abzuzeichnen begann, stellen in der Öffentlichkeit und bei den betroffenen Gebietskörperschaften diese beiden Pläne die günstigsten Lösungen dar, und es ist einigermaßen wahrscheinlich, daß eine *Kombination von Finger Plan und Multi-Towns Plan* zur Grundlage der künftigen Raumgestaltung in der Stadtregion gemacht wird. Die verschiedenen Vorzüge der beiden Pläne werden somit kombiniert, die Nachteile etwas abgeschwächt.

Das würde auch der von GALLION und anderen Autoritäten auf dem Gebiet der Stadtplanung vertretenen Auffassung entsprechen, daß eine Kombination der Prinzipien der linearen und der konzentrischen Anordnung vieles für sich hat. Denn sie vereinigt "...the advantage of clear circulation and orderly expansion offered by the linear city combined with the integrated form of the small, concentric community" (GALLION (1961, S. 375)).

Bei dem heutigen Stand der Dinge kann gesagt werden, daß sich in etlichen Stadtregionen feststehende Vorstellungen über die anzustrebende Entwicklung herausgebildet haben, und daß diese Vorstellungen in Ideen wie einer Kombination von Radialplan und Multi-Towns Plan und einer entsprechenden Verkehrsplanung mit Radial- und Ringschnellstraßensystem bestehen. Wie weit diese Pläne in nächster Zeit Gestalt annehmen werden, bleibt abzuwarten. Daß aber noch in unserm Jahrhundert die Bereiche, in denen sich durchgehende Siedlungszonen in der Art der erwähnten Städtebänder (vgl. Abschnitt 2.2, S. 17f.) herausbilden, sich in bescheidenen Grenzen halten und auf kleinere Gebiete wie den Korridor Chicago–Milwaukee beschränkt bleiben werden, darf man wohl mit einiger Sicherheit annehmen.

4.5. Zusammenfassung

Privatinitiative und Planung haben in den 50er und 60er Jahren viele neue Wege beschritten, um der Mißstände Herr zu werden, die mit der Entwicklung seit etwa einem Jahrhundert in allen Teilbereichen der amerikanischen Städte Platz gegriffen haben.

Die Planung geht heute in vielen Fällen von der gesamten Stadtregion aus. Es wurden in den letzten Jahrzehnten zahlreiche Metropolitan Planning Commissions gegründet, die für den Bereich der Metropolitan Area zuständig sind und deren Tätigkeit unter bestimmten Voraussetzungen finanziell von der Bundesregierung unterstützt wird.

Die von den Planungsämtern der Städte und Metropolitan Areas ergriffenen Maßnahmen sind vor allem gegen Verfall und Ausweitung von Slums, gegen die Verkehrsmisere und gegen das Ausufern der städtischen Siedlungen in ihren weiten Randgebieten gerichtet.

Bestimmte Erfordernisse sind klar erkannt und zu Grundprinzipien der Planung erhoben worden. Zu ihnen gehören: stärkere Rücksichtnahme auf den Fußgänger in der Innenstadt, stärkere Anpassung an die Anforderungen des autofahrenden Arbeitnehmers und Kunden, Reduzierung des Durchgangsverkehrs in stark durch Lokalverkehr beanspruchten Stadtbereichen, Vermeidung von Behinderungen des Verkehrsflusses, Aufhebung der nivellierenden Wirkung des Gitternetzes der Straßen durch Abstufung und Gliederung des Straßennetzes in zweckgebundene Typen, funktionale und bauliche Anpassung an veränderte Bedingungen und Schaffung neuer Formen der gewerblichen Nutzungen für jeweils spezifische Standorte innerhalb des Stadtbereichs, Setzung von Akzenten durch Repräsentationsbauten in der Innenstadt und durch Schaffung multifunktionaler Zentren innerhalb des weiten Siedlungsraumes des Metropolitan Ring.

Überschaut man die verschiedenen Maßnahmen, die die amerikanischen Städte gegenwärtig verändern, so kann man sie vielleicht unter den folgenden Thesen zusammenfassen:

- Aufwertung der Downtown durch tiefgreifende Umgestaltung,
- lokale Verdichtung der Bebauung und Wohnbevölkerung,
- sinnvolle Planung in großen baulichen Komplexen im Bereich außerhalb der City.

Die innerhalb der Stadtregion einzigartige Qualität der City soll den Großstädten bewahrt bleiben durch vielfältige Versuche, die City am Leben zu erhalten bzw. sie erst wiederzubeleben. Dabei kommt es zu einer deutlichen Differenzierung in die Bereiche City-Kern, City-Mantel und City-Umrahmung bzw. Übergangszone.

Zur Erreichung größerer Kompaktheit der häufig durch verfallene Altbauten und Freiflächen baulich zerrissenen City und zur Erlangung stärkerer Attraktivität und Individualität derselben führt man die folgenden Maßnahmen durch:

1. Die City wird in ihrer endgültigen horizontalen Ausdehnung festgelegt und in zahlreichen Fällen gegenüber dem heutigen Stand durch Überführen bisher mit Cityfunktionen durchsetzter Baublöcke in Wohngebiete und Grünflächen in ihrer Größe beschränkt. Eine Entlastung durch Herausnahme nicht unbedingt „citygebundener" Funktionen fördert diese Tendenz. Indem das Augenmerk stärker auf den Fußgänger und weniger auf das Kraftfahrzeug gerichtet wird, wird die City gewissermaßen auf menschliche Maße reduziert und ihre Ausdehnung durch den zumutbaren Fußweg bestimmt.
2. Zugleich wird wenigstens teilweise das Gitternetz der Straßen aufgegeben, und es werden neue Super- oder Großblöcke aus der Zusammenlegung jeweils mehrerer bisheriger Baublöcke geschaffen und baulich wie auch funktional neu gestaltet.
3. Dabei wird ein Teil der entfallenden Straßenabschnitte des bisherigen Gitternetzes verbaut, ein Teil in Fußgängerzonen umgestaltet. Häufig entsteht ein zentrales Geschäftszentrum, das in räumlicher Ausdehnung und Art der Anlage, weniger im Hinblick auf das Warenangebot, gewisse Ähnlichkeiten mit einem vorstädtischen Einkaufszentrum besitzt und einen Fußgängerbereich bildet. Das Einbahnstraßensystem der City wird durch die Einbeziehung weiterer Straßen vervollständigt.
4. Im Rahmen einer Funktionsentflechtung wird die Konzentration jeweils einer bestimmten Funktion in einem bestimmten Abschnitt der City, häufig ihre Beschränkung auf einen einzigen neuen Superblock, angestrebt. Dabei wird berücksichtigt, daß der Einzelhandel in zentralster Lage innerhalb der City untergebracht wird, öffentliche und private Dienstleistungen und Verwaltungen etwas randlicher, Einrichtungen für den Fremdenverkehr wie Großgaragen, Omnibusbahnhöfe, Hotels, Kongreß- und Ausstellungshallen noch randlicher und in Verbindung mit den an die City heranführenden Schnellstraßen. Das Geschäftszentrum spielt zugleich die Rolle, die in den Citybereichen europäischer Städte die Passage übernimmt.

5. Neue Funktionen, bisher nicht als „citygebunden“ angesehen, werden mit Bewußtsein zur Wiederbelebung und individuelleren Gestaltung der City in deren randliche Blöcke gelegt, um Menschen auch außerhalb der Büro- und Geschäftszeiten in der City zu halten. Meist handelt es sich um kombinierte Einrichtungen wie Bühnensaal, Kongreß- und Sporthalle. Es gibt aber auch Beispiele dafür, daß ein großes Sportstadion nur für den einen Zweck sportlicher Veranstaltungen in der City entsteht.
6. Seit wenigen Jahren tritt das bis dahin nur für die Ausfallstraßen und die Bereiche am Rande oder außerhalb der Stadt charakteristische Motel direkt in der City auf und tritt dort in Konkurrenz zum herkömmlichen Hotel. Wie ein Sportstadion ist das Motel als stärker raumbeanspruchende Funktion (Autoabstellplätze!) auf die periphersten Blöcke der City verwiesen, wo es als kompakter, etwa zwei- bis viergeschossiger Bau im Gegensatz zum Motel der Außenbezirke ausgebildet ist.
7. Auch das Warenhaus tritt in anderer Form in der City auf. Wir begegnen ihm vereinzelt ebenfalls in peripherster Citylage in Form eines Flachbaus mit größerer Zahl von Autoabstellplätzen wie im vorstädtischen Einkaufszentrum.
8. In Städten, in denen durch Eisenbahn- und jüngere Autobahnbauten der bauliche Zusammenhang zwischen City und angrenzenden Stadtvierteln gestört wurde, sucht man nach Möglichkeiten einer neuen organischen Verbindung zwischen diesen Stadtteilen.
9. In der Rand- oder Übergangszone, die die City i. e. S. umgibt, tauchen in zahlreichen Großstädten seit Anfang der 60er Jahre bis zu 60geschossige Wohnhochhäuser auf, zum Teil in den untersten Geschossen mit Einzelhandels- und Dienstleistungseinrichtungen ausgestattet. Das downtown high-rise apartment ist für jene Bevölkerungsgruppe gedacht, die unverheiratet oder doch kinderlos, in der benachbarten City arbeitet, gut verdient und nahe der Arbeitsstätte und den Einrichtungen der City wohnen möchte.
10. Der Autoparkraumbedarf der City wird zum Teil ebenfalls in der Randzone durch Parkgaragen und mehr noch durch Parkplätze gedeckt, die zum Teil von den Stadtverwaltungen geschaffen wurden.

Bei den genannten Veränderungen ist zweierlei von besonderem Interesse. Erstens sind Ideen wie die des Motels und des Einkaufszentrums, die in den Außenbezirken und Vorortgemeinden zum Erfolg geführt haben, auf die City übertragen worden. Diese neuartigen Formen des Beherbergungsgewerbes und Einzelhandels, die den heutigen Gegebenheiten besonders adaequat zu sein scheinen, werden nun auch in der City erprobt. Zweitens zeugen die veränderten, dem spezifischen peripheren Citystandort angepaßten Erscheinungsformen des Motels und des Warenhauses von großer Flexibilität, die der City in ihrer heutigen Situation eine gewisse Überlebenschance zu geben versprechen.

Die Sanierungsprogramme in den citynahen Vierteln wie die Erschließung neuen Landes in den Randgebieten und Vorortgemeinden weisen übereinstimmend die Tendenz zur Planung und baulichen Gestaltung von großen Komplexen auf, was vor allem von den Kosten für ausreichende Versorgungseinrichtungen her bestimmt ist. Zugleich werden eine sinnvolle Bodennutzung und eine überschaubare Gliederung dieses weiten Siedlungsbereichs angestrebt. Die modernen Autobahnen und ihre innerstädtischen Verbindungsstrecken haben zu einer teilweisen Standortumorientierung geführt. Der gesamte Bereich außerhalb der City, soweit er eine junge Bebauung aufweist, ist durch die folgenden baulich-funktionalen Elemente gekennzeichnet:

1. Im einstigen Bereich des Ein- oder Zweifamilieneigenheims treten größere Mietwohnhauskomplexe auf in Anpassung an den veränderten, durch starkes Wachstum der Altersgruppen der 18- bis 25jährigen und der über 65jährigen verursachten hohen Bedarf an Mietwohnungen. An der Gesamtzahl der jährlich neu erstellten Wohneinheiten haben Mietwohnungen einen steigenden Anteil.
2. Das Einkaufszentrum hat gegenüber dem älteren, entlang den Chausseen entwickelten strip commercial, der von den Autobahnen zwangsläufig verbannt ist, als die den Gegebenheiten besser angepaßte Form des Einzelhandels sehr an Bedeutung gewonnen. Dabei hat es selbst eine formengenetische Entwicklung durchgemacht vom "strip-like" shopping center über einen Komplex, in dessen Mitte ein Parkplatz allseitig von Geschäften umgeben liegt, zum modernen, oft überdachten und klimatisierten "plaza-type" shopping

center mit einem als Fußgängerbereich vorgesehenen Geschäftskern, der seinerseits von Autoabstellplätzen umgeben ist. Häufig beherbergen die größeren Einkaufszentren auch eine Reihe von Dienstleistungsbetrieben, ja, von Kunst- und Unterhaltungsstätten und Verwaltungseinrichtungen, die sie zu Mittelpunkten der am Rande der Metropolitan Area entstandenen Wohnsiedlungen machen. Wegen der Mittelpunktsbildung sind diese Einkaufszentren das wichtigste gliedernde Element in diesem weiten städtischen Randbereich.

3. In vorgeplanten Industriekomplexen, sogenannten industrial parks, die meist von privaten Grundstückserschließungsgesellschaften gegründet und nach bestimmten Richtlinien angelegt und zentral verwaltet werden, setzen sich besonders Branchen der "footloose industries" an, Unternehmen der optischen, feinmechanischen und elektronischen Branchen, die geringer Rohstoffeinsätze bedürfen und andrerseits hochveredelte Produkte erzeugen. Es handelt sich aber auch um Reparaturwerkstätten, Forschungslabors, Montagebetriebe, Datenverarbeitungsanlagen und um eine Anzahl von Dienstleistungsbetrieben, was die Bezeichnung "industrial park" als etwas irreführend erscheinen läßt.

4. Die Stadtautobahnen, als expressways oder freeways oder, wenn sie Ringschnellstraßen sind, als loops oder beltways bezeichnet, haben nicht nur zu Umstrukturierungen im Verkehrswesen geführt, sondern häufig in ihrer Umgebung eine heftige Bautätigkeit ausgelöst, die zu teilweise unerwarteter Belastung dieser Straßen führte. Da ihr Bau zum Teil der Gründung der Metropolitan Area Planning Commissions zeitlich vorausging, standen straßenbautechnische und finanzielle Gesichtspunkte so im Vordergrund, daß die heutigen Verkehrsnetze mit manchen Mängeln behaftet sind. Während die Stadtautobahnen aber Auffahrten in dichter Abfolge aufweisen und die Bautätigkeit förderten, sind die Abstände zwischen zwei Auffahrten bei den Fernautobahnen selbst so groß, daß nur in der unmittelbaren Umgebung der Auffahrten neue Gebäudekomplexe entstanden. Zwischen ihnen bleiben vorerst noch längere Strecken unbebaut.

Diese Eigenschaft der Fernautobahnen ist unter anderem dazu angetan, ein allzu wildes Ausufern der Stadtregionen einzudämmen. Daneben gibt es zahlreiche kommunalpolitische Maßnahmen, die speziell zu diesem Zweck getroffen werden. Solche Maßnahmen werden in jüngster Zeit in zunehmendem Maße Bestandteil einer Gesamtplanung für die Metropolitan Area. In mehreren Großstadtregionen haben die betreffenden Planungskommissionen bereits Alternativpläne zur Diskussion gestellt, wobei offensichtlich einer Kombination von linearem und konzentrischem Prinzip der Vorrang gegeben wird.

Die rasche Verbreitung und bedeutende Stellung, die die shopping centers in angloamerikanischen Städten erlangt haben, sind sicher nicht zuletzt auf den Umstand zurückzuführen, daß im einst agrarischen Umland, in welches die Städte hinausgewachsen sind, im Gegensatz zu Europa keine dörflichen Siedlungen vorhanden waren. Während mit der Einbeziehung ehemaliger Dörfer in die sich ausdehnende Stadt in Europa im Randbereich Ansätze zu funktionalen Mittelpunkten gegeben waren, fehlten sie den Städten Amerikas. Die meist multifunktionalen shopping centers wurden der Ersatz für die hier fehlenden alten Siedlungskerne im Umland.

Die mit der Entwicklung der shopping centers zu Mittelpunkten verbundene Verselbständigung der Siedlungen im Randbereich der Städte hat bis zu einem gewissen Grade zu einer Desintegration der Stadtteile geführt, wie sie unter anderen genetischen Voraussetzungen typisch für die Städte in weiten Teilen Afrikas und Asiens ist. Wenn man unterstellt, daß Europas Städte aus einer andersgearteten Situation heraus diese jüngste Entwicklung der angloamerikanischen Städte nicht mitmachen oder doch über schwache Ansätze in dieser Richtung – vereinzelt gibt es auch am Rande europäischer Städte Einkaufszentren – nicht hinauskommen dürften, würde das ein Divergieren von europäischen und amerikanischen Städten in unserer heutigen Zeit bedeuten.

5. Ursprünge, Entwicklungsfaktoren und funktionale Differenzierung der Städte Angloamerikas

Sowohl Unterschiede der naturgeographischen Ausstattung als auch unterschiedliche Inwertsetzung des Naturraums durch den Menschen schufen in den einzelnen Teilräumen des Kontinents Angloamerika recht verschiedenartige Voraussetzungen für die Entstehung, Entwicklung und Ausprägung von Städten. Leitlinien der frühesten Besiedlung und günstige wirtschaftliche Eignung, auf der andern Seite mangelnde Grundlagen für eine dichtere städtische Bevölkerung lassen sich bis heute gut an Zahl und Art der Städte in den verschiedenen Landesteilen ablesen.

Eine Schilderung der angloamerikanischen Städte wäre unvollständig ohne eine Herausstellung dieser *räumlichen Differenzierung*. Sie bildet zugleich eine notwendige Korrektur an den bisherigen Verallgemeinerungen, die im Sinne einer Verdeutlichung des kultur-genetischen Stadttyps lagen und bei der zwangsläufig Aspekte der Physiognomie und der Struktur dieser Städte stark im Vordergrund standen.

Mit der jetzt vorzunehmenden Betrachtung der *Genese der Städte in den einzelnen Landesteilen* tritt nun auch als Ergänzung der *funktionale Gesichtspunkt* mehr hervor. Indem wir nach den Ursachen der Entstehung und Entwicklung der Städte fragen, also nach den Kräften, die sie aufkommen ließen und die sie bisher am Leben erhalten haben, kommen wir zwangsläufig auf Besonderheiten ihrer funktionalen Ausstattung zu sprechen.

Wir werden dabei feststellen, daß es in bestimmten Landesteilen auf Grund jeweils spezifischer Situationen Gründungen ganzer *Reihen von Städten* gegeben hat, sei es, daß wir die Fall-Linien-Städte an der geologischen Grenze Küstenebene–Piedmont betrachten, sei es, daß wir die Städte an der National oder Cumberland Road, die Städte am kalifornischen Camino Real oder Mission Trail, die Eisenbahngründungen im Mittelwesten, die Städte im Colorado Piedmont, die Mormonensiedlungen am Fuße des Wasatchgebirges oder die Reihen der Küstenstädte und der Plains-Randstädte in Texas im Auge haben.

Sind Angloamerikas Städte in erster Linie bevorzugte Industriestandorte und somit industrielle Agglomerationen, oder sind sie eher vom tertiärwirtschaftlichen Sektor, also von Handel, Verwaltung, Finanzwesen, von Bildungs- und Gesundheitswesen geprägt? Wie waren die Voraussetzungen für die Entwicklung städtischer Siedlungen im spanischen, französischen und englischen Kolonialgebiet im Osten, im Landesinnern und im Westen? Welche Teilräume des Kontinents waren in früheren Epochen und sind heute die wirtschaftlich kräftigen bzw. die schwachen Gebiete, und wie wirkten und wirken sich deren sozialökonomische Verhältnisse auf Art und Größe ihrer Städte aus? Welche Ereignisse riefen in einzelnen Landesteilen Wachstumswellen hervor und wirkten sich damit auch besonders städteprägend aus?

Das sind die Fragen, die jetzt noch zur Beantwortung anstehen. Wir wollen diese Beantwortung so vornehmen, daß wir uns möglichst eng an die *chronologische Abfolge der Besiedlung* des Kontinents halten. Als früheste Städtegründer unter den europäischen Kolonisatoren traten die Spanier im Südwesten der heutigen Vereinigten Staaten auf. Diese Region wird daher als erste vorgestellt, ihre stadtgeographische *Entwicklung allerdings gleich bis zur Gegenwart hin verfolgt*. In derselben Weise wird dann mit den weiteren Teilräumen verfahren.

An zweiter Stelle stehen die Franzosen, die nach mißglückten Versuchen weiter südlich an der Atlantikküste schließlich von der Mündung des St. Lorenz-Stromes her in das Land vordrangen und unter Umgehung der inzwischen schon britisch kolonisierten atlantischen Abdachung das gesamte Tal des Mississippi für Frankreich in Besitz nahmen. Dann sind die einst britischen Kolonien an der Reihe, und zwar zunächst die neuenglischen und mittelatlantischen, in denen sich die Engländer gegenüber gleichzeitigen Siedlungsversuchen von Holländern und Schweden behaupteten. Wegen seiner ganz anders verlaufenen Entwicklung wird danach das Gebiet des Ante-bellum-Südens der USA gesondert behandelt. Schließlich folgen in zwei Kapiteln die weiten Gebiete des Landesinnern und des Nordwestens, die erst nach Erlangung der Eigenstaatlichkeit der USA bzw. nach Schaffung des Dominion of Canada in größerem Ausmaß besiedelt wurden.

Bei dieser Betrachtung sollen auch die *Eigenheiten der kanadischen Städte* zum Ausdruck kommen, die zwar viele Gemeinsamkeiten mit der Mehrzahl der US-amerikanischen Städte haben und mit Recht dem angloamerikanischen kultur-genetischen Stadttyp zugeordnet worden sind. Sie weisen aber doch manche besonderen Züge auf, die durch die andersartige Bevölkerung und Geschichte des kanadischen Staatsraumes bedingt sind.

5.1. Der Südwesten der USA, Kalifornien und die Felsengebirgsstaaten

5.1.1. Erste spanische Siedlungen im Pueblogebiet

Die ältesten städtischen Siedlungen Nordamerikas nördlich des Rio Grande del Norte gehen auf die spanischen Entdecker und Eroberer zurück, die sich nach den Reisen des Columbus im mittelamerikanischen Raum festgesetzt hatten und von diesem als Neuspanien bezeichneten Gebiet Vorstöße nach Süden und Norden unternahmen, um ihren Einflußbereich zu vergrößern und zu sichern. Daß der Süden eine stärkere Anziehungskraft besaß und für die Ausbreitung der Spanier auf der westlichen Hemisphäre wichtiger war, ist in erster Linie auf die Edelmetalle in Mittel- und Südamerika zurückzuführen. Im Norden dagegen wurden die Spanier im Verlauf mehrerer Expeditionen, auf denen sie wohl bis in das Gebiet des heutigen Staates Kansas gelangten, immer wieder enttäuscht. Das eine Hauptinteresse für ihre Unternehmungen und für eine dauerhafte Siedlungstätigkeit war damit alsbald geschwunden.

Außer im Südwesten faßten die Spanier auf dem Nordkontinent nur noch auf der südöstlichen Halbinsel Fuß. Sie landeten dort am Ostersonntag 1513 und nannten das Land zum Gedenken an diesen Tag "Pascua Florida". An der atlantischen Küste der Halbinsel entstand 1565 das Fort St. Augustine, heute Kern der *ältesten Stadt* auf nordamerikanischem Boden. Am Golfküstensaum einschließlich des Mississippideltas, das sie in der Folgezeit kennenlernten, zeigten sie sich desinteressiert, was sich später als schwerwiegender Fehler erweisen sollte. Die Franzosen, die den Mississippi abwärts von Kanada her kamen, hatten leichtes Spiel, einen Keil zwischen die beiden Teilgebiete spanischer Kolonisationstätigkeit zu treiben.

An Edelmetallen war aus dem Norden wenig zu holen. Es blieb das andere Hauptinteresse der Spanier, der *Drang zum Missionieren*, der durch den Umstand gefördert wurde, daß sich im Südwesten eine zahlenmäßig recht starke und auf gehobener Kulturstufe stehende indianische Bevölkerung fand. Die Indianer, von denen hier viele Stämme in geschlossenen Siedlungen, den pueblos, lebten und die neben Sammeln und Jagen auch Ackerbau, zum Teil sogar ausschließlich, ja, auf der Basis periodischer Überschwemmung der Flußauen des Colorado und Rio Grande und ihrer Nebenflüsse eine einfache Bewässerungswirtschaft betrieben, gaben den Spaniern für ihre Missionstätigkeit eine günstige Grundlage. Häufig siedelten sie in unmittelbarer Nachbarschaft eines Indianerpueblos und zogen neben der hierarchischen Stammesorganisation der Indianer eine ganz ähnliche Verwaltungspyramide aus ihren eigenen Reihen auf.

Wir finden daher *Siedlungen mit mehreren Ortskernen* vor. Als Beispiel sei *Taos*, New Mexico, (2163)[1] genannt, das sich zusammensetzt aus dem indianischen Pueblo de Taos, der nach dem Ortsheiligen auch Pueblo de San Gerónimo genannt wird, dem Ortsteil Don Fernando de Taos und der Künstlerkolonie Ranchos de Taos. Um das Jahr 1760 lebten in Taos neben rund 500 Indianern 160 Spanier, in San Ildefonso weiter südlich neben 484 Indianern 30 Spanier, in Isleta neben 304 Indianern 620 Spanier.

Besonders bedeutsam für das gesamte von den Spaniern kontrollierte Gebiet der Puebloindianer wurde die als Verwaltungssitz, Missionsstation und Handelsposten um 1609 im Verlaufe einer Expedition unter Juan de Oñate von Pedro de Peralta gegründete Siedlung, die zunächst wie üblich einen sehr langen Namen erhielt, Villa Real de la Santa Fé de San Francisco. Er wurde später zu *Santa Fe* (34676) verkürzt. Auch diese spanische Gründung entstand neben einem ehemaligen Indianerdorf, das allerdings damals möglicherweise schon von den Indianern aufgelassen worden war. Durch einen Indianeraufstand im Jahre 1680 mußte Santa Fe vorübergehend von den Spaniern aufgegeben werden.

Santa Fe, das etwa gleichzeitig mit Quebec am St.-Lorenz-Strom und Jamestown an der Küste des heutigen Staates Virginia gegründet wurde, ist die *älteste Stadt in Nordamerika mit Hauptstadtfunktion*. Heute ist sie die Hauptstadt des US-Staates New Mexico. Die Stadt gelangte in der amerikanischen Zeit zu Bedeutung als Endpunkt des von Independence bzw. Kansas City, Missouri, über *Raton*, New

[1] Alle in diesem und in den folgenden Kapiteln hinter den Ortsnamen erscheinenden Einwohnerzahlen beziehen sich für die US-amerikanischen Städte auf das Jahr 1960, für die kanadischen auf das Jahr 1961, falls nicht anders vermerkt.

Bild 27. *Häuserzeile in Santa Fe, New Mexico.* Die Neubauten sind den Adobe-Flachdach-Häusern der Pueblo-Indianer mit ihrer typischen Dachkonstruktion von vorstehenden Balken, auf denen mit Lehm verkleidetes Flechtwerk ruht, nachgebildet. Obwohl sich das Baumaterial änderte, hat sich dieser Stil in der Innenstadt und in einigen Vororten bis heute erhalten (B. HOFMEISTER).

Bild 28. *Die Mission San Buenaventura.* Sie ist eine der 25 von spanischen Franziskanermönchen am Camino Real oder Mission Trail in Kalifornien nach 1769 gegründeten Missionen. Sie ist gut erhalten und dient heute noch Gottesdiensten. Die Missionsgebäude sind Zeugen des im amerikanischen Südwesten weit verbreiteten kolonialspanischen Stils (W. TIETZE).

Mexico (8146) führenden *Santa Fe Trail,* der seit 1849 von der stage coach bedient wurde und in dessen Fortsetzung der Old Spanish Trail bis Los Angeles an die Küste Kaliforniens führte. Der Santa Fe Trail verlor als Überlandroute erst mit dem Bau der ihm weitgehend parallel laufenden Atchison, Topeka & Santa Fe-Eisenbahn um 1880 seine Bedeutung. Die Haupttrasse dieser Bahn führt allerdings weit südlich an der Stadt vorbei, und Santa Fe wird nur von einer bei *Lamy* (103) abzweigenden Nebenbahnstrecke berührt.

Die *quadratische, baumbestandene Plaza* gibt dem alten Stadtkern von Santa Fe bis heute den Charakter einer mexikanischen Provinzhauptstadt. Die engen Straßen sind von *Adobe-Flachdach-Häusern* begleitet, die, den indianischen Pueblobauten nachgeahmt, selbst jetzt noch, wenn auch unter Verwendung anderen Baumaterials, im traditionellen Stil erbaut werden. Aber sie sind nicht auf die Altstadt beschränkt, sondern finden sich auch in den Vororten (Bild 27 und 28).

Santa Fe wurde längst von dem rund 100 Kilometer südlicher gelegenen, 1706 gegründeten und nach dem Vizekönig von Neuspanien benannten *Albuquerque* (201 189) überflügelt. Nicht zuletzt ihrer günstigeren Lage wegen konnte diese Stadt die University of New Mexico, eine höhere Schule für Indianer, eine Anzahl von Wachstumsindustrien und militärisch wichtigen Einrichtungen an sich ziehen. Zu letzteren gehören drei Luftwaffenbasen, das Special Weapons Center der Luftwaffe der USA, die Defense Atomic Support Agency und eine Operationsbasis der amerikanischen Atomenergiekommission.

Die Planung von Albuquerque rechnet mit einer weiteren sehr kräftigen Bevölkerungsentwicklung von Stadt und Metropolitan Area. Die voraussichtliche Zunahme in der Metropolitan Area von 1962 bis 1985 wird annähernd eine halbe Million Menschen ausmachen. Schon im Jahrzehnt 1950 bis 1960 hatte die Bevölkerungszunahme 80% betragen, womit Albuquerque neben einigen anderen, ebenfalls recht isoliert gelegenen Großstädten im Südwesten wie *Phoenix,* Arizona (439 170), der Hauptstadt jenes Staates, und *Tucson,* Arizona (212 892) zu den *gegenwärtig am raschesten wachsenden Städten der USA* zählt.

5.1.2. Die Missionsketten in Texas und Kalifornien

Die weitere Kolonisationstätigkeit der Spanier im Südwesten ist in erster Linie als *Reaktion auf das englische und französische Vorgehen* in den jeweiligen nordamerikanischen Interessengebieten zu verstehen. Diese Reaktion äußerte sich in der zu bestimmten Zeitpunkten dicht aufeinander folgenden Anlage befestigter Plätze, der presidios, zur Absicherung der

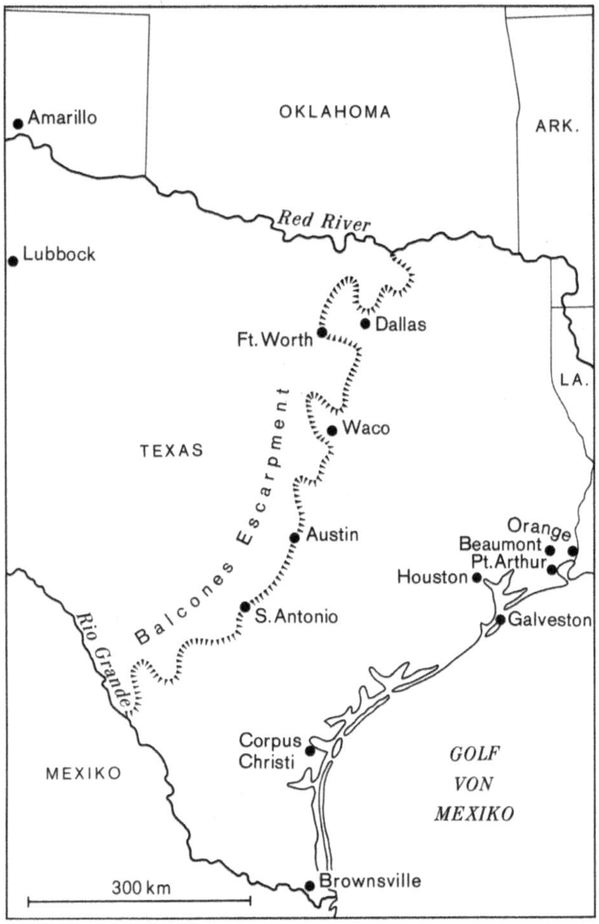

Fig. 89. *Städtereihen in Texas* (Entwurf des Verfassers).
In Texas läßt sich eine gewisse Anordnung der Städte in Reihen erkennen entlang der Golfküste, dem Balcones Escarpment als der topographischen Grenze zwischen Küstenebene und südlichen Plains, und dem Rande des zu den High Plains gehörenden Llano Estacado.

eigenen Grenzräume sowie mehrerer Missionsketten in den Gebieten von San Antonio, Texas, El Paso, Texas, und entlang der pazifischen Küste Kaliforniens.

Im Raum San Antonio entstanden zehn Missionen und vier presidios, im Raum El Paso sechs Missionen, vier dörfliche Siedlungen oder „villas" und der presidio El Paso auf dem Südufer des Rio Grande nahe der heutigen mexikanischen Grenzstadt Ciudad Juarez.

In den 1720er Jahren, nach nur halbhundertjährigem Bestehen, wurden die Missionsstationen um San Antonio wieder verlassen mit der einzigen Ausnahme von *San Antonio* (587718) selbst. Der Alamo des 1718 gegründeten San Antonio gewährte dem Gebiet den nötigen Schutz, der San-Antonio-Fluß gab genügend Wasser für den häuslichen Bedarf der Bevölkerung und die Feldbewässerung. San Antonio wurde bei seiner günstigen Lage am Westrande der Golfküstenebene und am Fuß des die südlichen Great Plains, das Edwards Plateau, begrenzenden Balcones Escarpment zur ersten großen Stadt im texanischen Raum, zum wichtigsten Wirtschafts- und Verwaltungsmittelpunkt in der spanischen und mexikanischen Zeit bis etwa 1835 und ist heute die drittgrößte Stadt im Staate Texas nach Houston und Dallas.

Die *großräumliche Lage* am Rand der Küstenebene und Fuß des Balcones Escarpment teilt San Antonio mit der Hauptstadt von Texas, *Austin* (186545), mit *Waco* (150091) und mit *Fort Worth* (356268) (Fig. 89). Während das 1839 gegründete Austin als Verwaltungssitz und Universitätsstadt groß wurde, steht die Entwicklung der anderen genannten Städte sowie des von Fort Worth nur 40 km entfernten *Dallas* (679684) mit der wirtschaftlichen Entfaltung der Schwarzen Prairie von Texas im Zusammenhang. Diese Städte sind vor allem Marktzentren in diesem Landwirtschaftsgebiet, das noch gegenwärtig nach dem Schrumpfen des einst geschlossenen Baumwollgürtels ein Restgebiet recht intensiven Baumwollbaus geblieben ist. Dallas und Fort Worth zusammen bilden eine Agglomeration von rund 1,7 Millionen Menschen, die größte zwischen der Golfküste und der Pazifikküste.

Das heutige *El Paso* (276687) wurde erst 1827 gegenüber dem älteren, aus der spanischen Kolonialepoche stammenden presidio gegründet und bildet neben Matamoros-Brownsville (*Brownsville:* 48040) an der Golfküste und *Laredo* (60678) den wichtigsten Grenzübergang nach Mexiko. Es ist ein bedeutender Verkehrsknotenpunkt. Das lateinamerikanische Bevölkerungselement ist hier so stark, daß rund die Hälfte der Einwohner der Stadt Spanisch als Muttersprache hat. Der Handel in allen diesen Städten macht sich die Grenzsituation zunutze, indem sich zahlreiche kleine Läden und Stände aufgetan haben, die den aus den mexikanischen Schwesterstädten kommenden, wenig zahlungskräftigen Käufern billigste Massenartikel anbieten.

Am augenfälligsten von den spanischen Gründungen ist die lange *Kette von 25 Missionen in Abständen etwa einer Tagesreise auf Esels Rücken am Camino Real oder Mission Trail* entlang der Küste Kaliforniens von San Diego im Süden bis über San Francisco im Norden hinaus. In der Anlage dieser Missionen um die Wende des 18. zum 19. Jahrhundert drücken sich besonders zwei Gegebenheiten aus (Fig. 90).

Erstens bieten die kalifornischen Missionsgründungen ein gutes Beispiel für die oben getroffene Feststellung, daß in der späteren Aktivität der Spanier eine Reaktion auf politische Schritte der im nordamerikanischen Raum rivalisierenden Engländer und Franzosen zu erblicken ist. Es war weniger die eigene Initiative der Spanier als eine *Durchführung von Gegenmaßnahmen*, die zu dieser umfangreichen Aktivität in Kalifornien führte. Das Fußfassen der Spanier an der Stelle der heutigen Stadt San Diego im Jahre 1763 fällt zusammen mit der zunächst vorübergehenden Übergabe Floridas an die von Norden her vorgerückten Engländer. Von diesen wurde auch die Absicht einer Kolonisationstätigkeit an der pazifischen Küste Nordamerikas kund, der die Spanier mit ihrer Expedition zuvorkommen wollten (vgl. BROWN, 1948, S. 83).

Die zweite Gegebenheit, die vor allem den späten Zeitpunkt dieser spanischen Aktivität in Kalifornien erklärt, anderthalb Jahrhunderte nachdem die Spanier sich am Rio Grande festgesetzt hatten, lag in den Schwierigkeiten, die sich für die zuerst von Acapulco, später von San Blas aus operierende kleine Flotte im Pazifik ergaben. Meutereien in den eigenen Reihen und Feindseligkeiten der im Küstensaum lebenden Indianerstämme waren dabei noch gering zu veranschlagen. Besonders schwer fiel den kleinen Schiffen das *Aufkreuzen gegen den Nordostpassat.* Die spanischen Boote brauchten häufig über 50 Tage für die Reise von Acapulco nach San Diego. Das bewog die Spanier sogar dazu, später für die kalifornischen Siedlungen bestimmte Waren von San Blas aus mit dem Schiff nur bis Laredo an der Ostküste der zu Mexiko gehörenden Halbinsel Baja California zu verfrachten und sie von dort aus auf dem Landweg weiter nach Norden zu bringen (vgl. BARROWS, 1962, S. 15).

Die Missionen in Alta California, dem Gebiet des heutigen US-Staates Kalifornien, hatten von vornherein mit dieser schwierigen Versorgungssituation zu rechnen. Die Küstenindianer waren Sammler, Jäger und Fischer, die den Spaniern keinerlei landwirtschaftliche Produkte liefern konnten. So bauten sich die Missionen in ihrer Umgebung selbst eine Landwirtschaft auf, legten Rebkulturen und Olivenhaine, Weizen- und Gerstenfelder, bewässerte Gemüse- und Obstgärten an und hielten Rindvieh und Schafe auf extensiv genutztem Weideland. Die Tiere

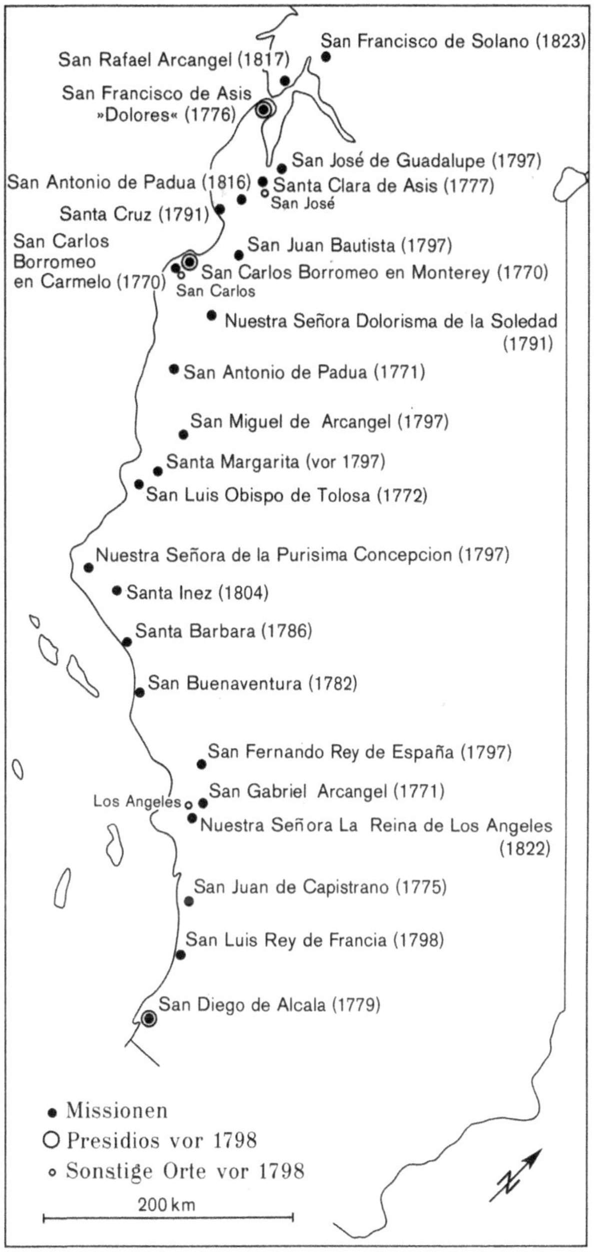

Fig. 90. *Die Franziskanergründungen am kalifornischen Mission Trail* (Entwurf des Verfassers nach verschiedenen Quellen). Unter der Bedrohung ihrer Einflußsphäre seitens der vorrückenden Engländer entschlossen sich die Spanier nach 1763 zu größerer Aktivität in Alta California und legten eine ganze Kette von Missionen, Militärposten (presidios) und Ortschaften (pueblos) an. Franziskanermönche errichteten zwischen 1769 und 1823 am sogenannten Camino Real oder Mission Trail zwischen San Diego im Süden und Santa Rosa nördlich von San Francisco 25 Missionsstationen, um die sich Städte von teilweise Großstadtgröße entwickelten. Die Missionsgebäude befinden sich in sehr unterschiedlichem Zustand. Sie stellen ein für den Südwesten der USA bemerkenswertes Baudenkmal aus kolonialspanischer Zeit dar.

wurden häufig über weite Strecken getrieben und in entfernt gelegenen Städten geschlachtet, wo man auch die Häute verkaufte.

Von den 25 Missionen, die die Franziskaner, besonders die beiden tatkräftigen Patres Junípero Serra und Fermín Francisco de Lasuén zwischen 1769 und 1823 gründeten, seien nur als die bekanntesten erwähnt: die Mission San Diego de Alcala, Kern der heutigen Stadt *San Diego* (573224), die Hilfsmission Nuestra Señora la Reina de los Angeles, in deren Nähe später die Stadt *Los Angeles* (2479015) entstand, San Gabriel Arcangel (*San Gabriel:* 22561), San Fernando Rey de España (*San Fernando:* 16093), *Santa Barbara* (58768), San Luis Obispo de Toloso (*San Luis Obispo:* 20437), San Carlos Borromeo en Monterey (*Monterey:* 22618), *Santa Cruz* (25596), Santa Clara de Asis (*Santa Clara:* 58880), San José de Guadalupe (*San Jose:* 204196), San Francisco de Asis-"Dolores" (*San Francisco:* 740316), die Hilfsmission San Rafael Arcangel (*San Rafael:* 20460) und San Francisco de Solano, Kern der Stadt *Santa Rosa* (31027).

Für die Anlage dieser Missionen bevorzugten die Spanier Küstenvorhöfe, Schwemmfächer, Talauen und strategische Paßlagen in den Bergketten der kalifornischen Küstengebirge und eine geringe Entfernung zum Meer. Nur wenige Missionen waren mehr als 10 km landeinwärts gelegen.

Die Missionsgebäude, Baudenkmäler aus kolonialspanischer Zeit, befinden sich in sehr unterschiedlichem Zustand. Während einige, wie z.B. Santa Barbara, bis auf den heutigen Tag den Franziskanermönchen zu ihren täglichen Gottesdiensten dienen und gut erhalten sind, sind andere längst verfallen und verlassen. Zum Teil wurden die späteren Städte unabhängig von den Missionen, jedoch in deren Nähe, gegründet, wie z.B. Los Angeles im Jahre 1781, ein Ort, der selbst keinerlei religiöse oder militärische Aufgaben besaß.

Trotz großer Sorgfalt bei der Wahl des Siedlungsplatzes und im Aufbau der Wirtschaft zur Versorgung der Menschen, die bei den Missionen lebten, blieben die kalifornischen Missionsstationen *klein.* Man muß sich vor Augen führen, daß sie wegen der erwähnten Schwierigkeiten keinen nennenswerten Zuzug erhielten und daß nur ein geringer Prozentsatz der halbnomadisierenden Indianer bei den Stationen lebte. Die meisten Indianer gingen weiterhin ihren Lebensgewohnheiten des Sammelns und Jagens nach. Alle Missionen zusammen zählten um 1810 nur 15500 Indianer, so daß auf die einzelne Mission – damals waren es 18 an der Zahl – knapp tausend Köpfe entfielen. In späteren Jahren, als Mexiko die Unabhängigkeit von Spanien erlangt hatte, ging die Bedeutung der Missionen eher noch zurück.

Eine bleibende Wirkung hat aber die Missionskette am Camino Real hinsichtlich der Bevölkerungsverteilung innerhalb Kaliforniens gehabt. Eine noch projektierte Missionsreihe im Großen Kalifornischen Längstal kam wegen der Wirren des Unabhängigkeitskampfes und des baldigen Verlustes dieses Gebietes an die Vereinigten Staaten nicht mehr zustande. Durch die Missionen im Küstensaum wurde bereits damals der *Schwerpunkt der Bevölkerung Kaliforniens in einem schmalen Streifen im Südwestteil* dieses Staates vorgezeichnet und damit zugleich die zur Gegenwart hin immer stärker ins Gewicht fallende *Diskrepanz zwischen Bevölkerungskonzentration und zur Verfügung stehender Wassermenge* in dem semiariden Raum (vgl. Gentilcore, 1961, S. 49 und Gregor, 1963, S. 100/101). Schon in jenen Tagen litten einige Missionen in ihrer sommertrockenen Umgebung unter *Wassermangel* und sahen sich Beschränkungen in der Feldbewässerung gegenüber. Sie mußten Dürren überstehen und Ernteausfälle in Kauf nehmen. Überschwemmungen waren gleichfalls nicht selten und veranlaßten die Patres, sechs Missionen, einige sogar mehrmals, zu verlegen.

Heute bereitet die Wasserversorgung der großen Städte Südkaliforniens und der ständig zunehmenden Industrien den Planungsstellen großes Kopfzerbrechen. Auf dieses besondere Problem der kalifornischen Städte wird noch näher einzugehen sein (s. Abschnitt 5.1.8, S. 249).

Indem wir uns nun von der Küste fort in das Binnenland begeben, stoßen wir auf den völlig anderen Ursprung einer Siedlung. Knapp 90 km östlich Los Angeles liegt am Fuß der San-Bernardino-Berge die Stadt *San Bernardino* (91922). Sie war von den Angehörigen der Church of Jesus Christ of Latter-day Saints angelegt worden und von ihnen in den Jahren 1851 bis 1857 bewohnt. Sie diente ihnen als *Rastplatz* an der Route von Los Angeles ins Becken des Großen Salzsees, denn nicht alle Glaubensgenossen oder Konvertiten, die ins Mormonenland wollten, unternahmen den damals noch außerordentlich beschwerlichen Zug durch die Plains und über das Felsengebirge. Es kamen auch zahlreiche Einwanderer per Schiff nach Kalifornien und wählten von dort aus den erheblich kürzeren Weg nach Salt Lake City. Anfänglich erstrebte sich die Kirche einen großen

Mormonenstaat Deseret, der im Südwesten die pazifische Küste zwischen San Diego und Los Angeles berührte, und erst nach und nach reduzierten sie unter dem Druck der Ereignisse ihre Gebietsansprüche mehrfach, bis 1896 Utah innerhalb seiner heutigen Grenzen als Staat in die Union aufgenommen wurde.

5.1.3. Die Mormonen und ihr Plan der "City of Zion"

Von ständigen Verfolgungen in ihren Siedlungen in den Mittelweststaaten Missouri und Illinois bedroht, entschlossen sich die Mormonen unter ihrem Führer BRIGHAM YOUNG 1846/47 zu dem großen Zuge über das Felsengebirge ins damals noch mexikanische Gebiet am Großen Salzsee. Sie hatten diesen Zug gründlich vorbereitet und ließen große Umsicht walten, was man aus vielen ihrer ersten Maßnahmen bei Siedlungsgründungen wie Schaffung der wirtschaftlichen Existenzgrundlagen ersehen kann. Eines jedoch muß ihrer Aufmerksamkeit entgangen sein. Bei der Überquerung des Wasatchgebirges hatten sie die Route durch den Weber Canyon gewählt, der auf das Ostufer des Großen Salzsees zuführt, auf eine Stelle, an der heute *Ogden* (70197) liegt. Dieser günstigen Lage verdankt Ogden seine frühe Bedeutung als *Eisenbahnknotenpunkt* im Verlauf der ersten Transkontinentalbahn von Chicago und Omaha her nach San Francisco. Die von Osten her gebaute Union Pacific-Eisenbahn und die von Kalifornien her gleichzeitig gebaute Central Pacific-Eisenbahn vereinigten sich etwas nordwestlich Ogdens bei Promontory. In der Nachkriegszeit entwickelte sich im Zug der Dezentralisierung der fleischverarbeitenden Industrie Ogden zum *zentralen Viehmarkt der ganzen Intermountain Region*, zu der die Staaten Utah, Nevada, Idaho und Teile der angrenzenden Staaten rechnen.

Damals aber gab es eine Schwierigkeit. Der enge Weber Canyon erwies sich für die breiten Planwagen der Siedler als unpassierbar. Dieser Umstand erzwang einen Bogen. Die Mormonen erreichten das Becken des Salzsees über den weiter südlich gelegenen Emigration Pass, an dessen Ausgang BRIGHAM YOUNG seinen berühmten Ausspruch "This is the place" getan haben soll. Hier, 58 km weiter südlich als ursprünglich vorgesehen, entstand in der Fußhügelzone die Hauptstadt des Mormonenlandes, die *Salt Lake City* (189454) genannt wurde und die man auf älteren deutschen Karten auch als Neu Jerusalem bezeichnet findet.

Bild 29 *Eigenheime in Logan, Utah.* In den Mormonensiedlungen in dem schmalen Eignungsraum der Fußhügelzone des Wasatchgebirges spielt Wasser eine bedeutende Rolle. Es wird aus den Flußtälern, die aus dem benachbarten Gebirge heraustreten, in Kanäle geleitet und unter anderem für die Berieselung von Gartenanlagen und die Bewässerung von Straßenbäumen benutzt (B. HOFMEISTER).

Salt Lake City wurde von Anbeginn der Inbesitznahme des Salzsee-Beckens zum *Ausgangspunkt für alle Erkundungsreisen und die gesamte Siedlungstätigkeit* der Mormonen in der oasenhaften Fußhügelzone selbst wie auch nach Osten hin ins Gebirgsland und nach Westen hin in den Wüstenbereich. Sehr bald entstand in der ziemlich genau Nord–Süd verlaufenden *Fußhügelzone des Wasatchgebirges* eine Reihe von Siedlungen über eine Entfernung von über 300 km hinweg in Abständen von etwa 25 bis 30 km. Neben Salt Lake City müssen vor allem das schon erwähnte Ogden und das noch weiter nördlich gelegene *Logan* (18731), Sitz der Utah State University of Agriculture, und das südlich der Hauptstadt gelegene *Provo* (36047) mit der mormonischen Brigham Young-Universität sowie das noch weiter südwestlich gelegene *Fillmore* (1602) genannt werden, das der gesetzgebenden Versammlung des Utah-Territoriums bis 1856 als Sitz diente und damit Utahs erste Hauptstadt war. Bereits 1850 wurde der Plan gefaßt und sehr bald danach auch ausgeführt, diese und weitere Orte in der Fußhügelzone mit einer stage coach zu verbinden, obwohl das Gebiet nicht vor 1872 vor den Indianern gesichert war (Bild 29).

Zur Erschließung des Südwestens von Utah entsandte der Kirchenführer besondere „*Missionen*" mit speziellen Aufgaben. Die sogenannte Iron Mission, der der Eisenverhüttung kundige Glaubensbrüder angehörten, wurde in die Iron County ge-

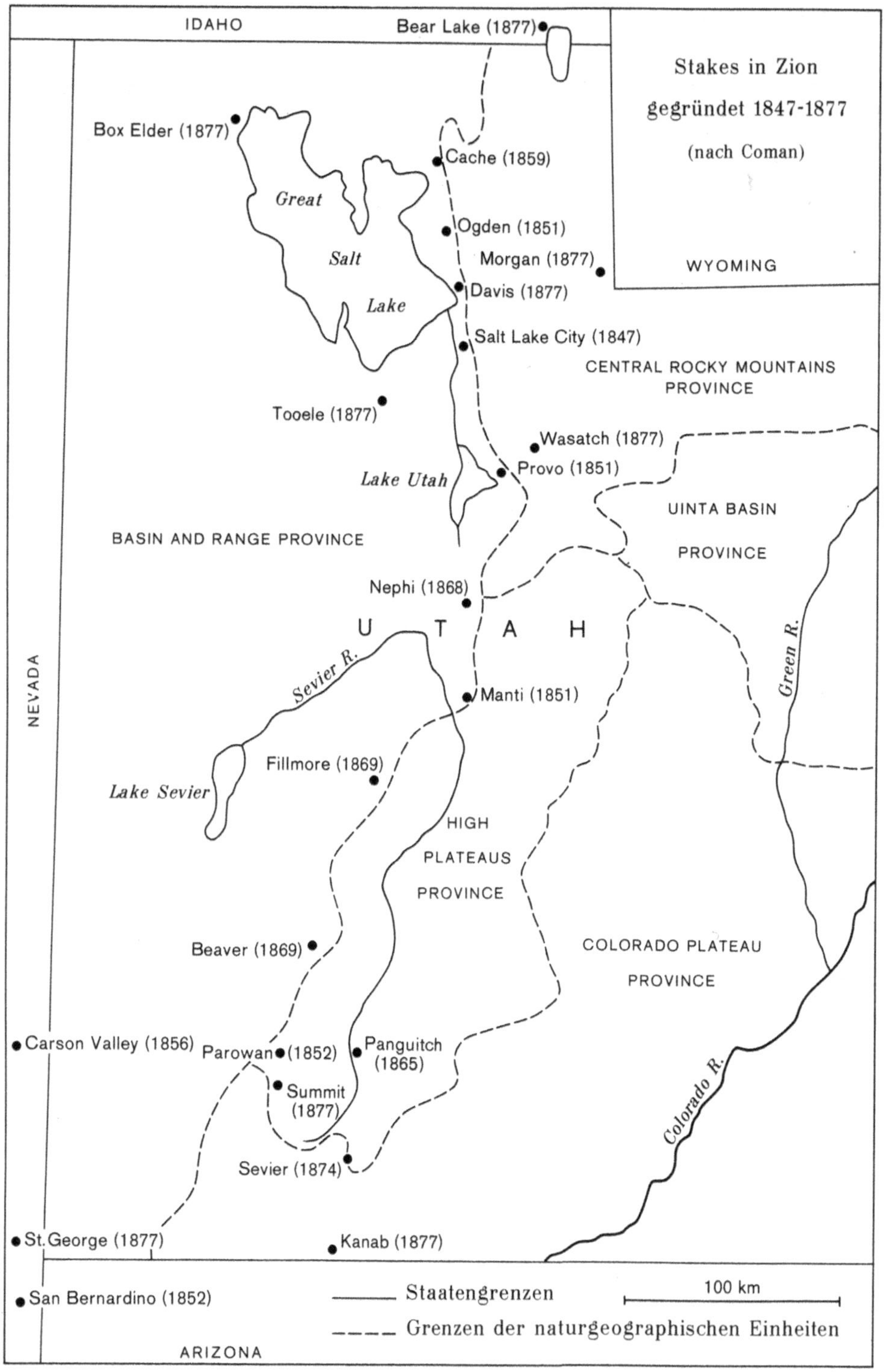

Fig. 91. *Die Gründung von Sprengeln der Mormonenkirche auf dem Gebiet des jetzigen Staates Utah* (nach COMAN).
Ausgangspunkt für die gesamte Siedlungstätigkeit in dem 1847 bei der Ankunft der Mormonen noch mexikanischen Hoheitsgebiet wurde Salt Lake City. Von hier aus wurden zunächst in Abständen von Tagereisen der Postkutsche Ortsgründungen entlang dem Fuße des Wasatchgebirges in dem schmalen Eignungsraum der Fußhügelzone zwischen Gebirge im Osten und Wüstenhochland im Westen vorgenommen. Zwei Jahrzehnte später drang die Besiedlung westwärts in die episodisch überschwemmten Täler der Basin and Range Province und ebenfalls ostwärts in die Täler des Coloradoplateaus vor.

schickt, wo sie das erste westlich des Mississippi verhüttete Roheisen hervorbrachte, und aus Texas stammende Siedler mit entsprechenden Kenntnissen wurden mit der Aufgabe des Baumwollbaus betraut und als Cotton Mission in den Süden Utahs entsandt. Die Iron Mission gründete den Ort *Parowan* (1486). Von dort aus wurden in der Siedlungsperiode 1864 bis 1878 die Täler der Flüsse Kanab, Johnson, Sevier, Paria und Escalante und 1880–1890 das San-Juan-Tal besiedelt. Zwischen 1873 und 1877 liegt auch die Erschließung des östlich der Hauptstadt gelegenen *Uinta Basin* (Fig. 91).

Bis etwa 1890 waren die günstigsten Landstriche im Bereich des Staates Utah von den Mormonen in Besitz genommen. Spätere Unternehmungen hatten mit immer ungünstigeren Umständen zu rechnen. Meist handelte es sich dann nur noch um *punkthafte*, auf bestimmten Mineralfunden basierende Siedlungen, die zum Teil auch wieder aufgegeben worden sind.

Von besonderem Interesse an den Siedlungsgründungen der Mormonen ist die Ortsform. Obwohl sie sich in erster Linie als Landwirte betätigten, siedelten sie im Becken des Großen Salzsees in *geschlossenen Ortschaften* im Gegensatz zur sonst fast überall in USA vorherrschenden Einzelhofsiedlung. Die Siedlungen wurden schachbrettartig ausgelegt, mit rund 4 ha großen Wohnblöcken von 200 m Seitenlänge und Straßen von 40 m Breite, was für die damalige Zeit beachtlich ist und dem heutigen Autoverkehr sehr zugute kommt. Die in der Neigung des Hanges verlaufenden Straßen erhielten vielfach kleine Bewässerungsgräben, mit deren Hilfe es vor der Zeit der Sprinkler-Anlagen möglich war, in den Straßen Bäume und Rasen zu haben. Die Blöcke waren aufgeteilt in acht Grundstücke, deren jedes Platz für ein Wohngebäude sowie für Scheunen, Stallungen und sonstige Wirtschaftsgebäude bot. Das *Farmland lag außerhalb* des überbauten Ortsbereiches und wurde in kleine Parzellen unterteilt. Höfe und Farmland lagen also voneinander getrennt. Was hat wohl die Mormonen zu dieser Siedlungsweise bewogen?

Es sind die verschiedensten Argumente beigebracht worden, um diesen Umstand zu erklären. Aber die meisten lassen sich unschwer widerlegen. Man führt z.B. die Bedrohung seitens der Indianer an und das daraus resultierende Schutzbedürfnis der Siedler. In der Tat hatten die Mormonen noch bis in die 1870er Jahre unter Indianerattacken zu leiden. Aber es ging ihnen nicht allein so. Die Gefahr eines Überfalls drohte den Siedlern überall in dem sich über den Kontinent nach Westen vorschiebenden Bereich der frontier. Dennoch siedelten sie im allgemeinen in Einzelhöfen.

Als weiterer Grund wird die neuenglische Tradition des Wohnens in towns genannt. Da die Glaubensrichtung der Latter-day Saints im Staate New York knapp zwei Jahrzehnte vor dem Zug in Salzseetal entstanden war und die Mormonen ständigen Zuzug aus dem Nordosten erhielten, ist dieser Gedanke nicht ganz von der Hand zu weisen. Aber ganz überzeugt diese Erklärung nicht, wenn man dagegen hält, daß die sogenannte Western Reserve, ein Teil Ohios und vor dessen Eigenstaatlichkeit von Connecticut beanspruchtes Gebiet, vorwiegend von Leuten aus Connecticut besiedelt worden ist, und zwar in Einzelhofsiedlungsweise.

Näher kommt dem Sachverhalt sicher der Gedanke, daß die von Anfang an Verfolgungen ausgesetzte Gruppe mit starken religiösen und gesellschaftlichen Bindungen und großem Interesse an den zahlreichen Veranstaltungen der Kirche an der guten Erreichbarkeit des Gotteshauses für alle Glaubensanhänger interessiert war. NELSON geht in seiner Untersuchung über die Mormonensiedlungen noch einen Schritt weiter und legt dar, daß die Mormonen alle ihre Siedlungen nach einem noch vom Begründer und ersten Präsidenten der Kirche, JOSEPH SMITH, mitverfaßten Stadtplan, dem *Plan der "City of Zion"*, angelegt haben (L. NELSON, 1952).

Das Schachbrett unterscheidet die mormonische Siedlung nicht von dem in Amerika dominierenden Grundriß. Eher fällt schon die für jene Zeit enorme Breite der Staßen auf. Was sich aber vor allem hinter dem City of Zion-Plan verbirgt ist der Wunsch der Anhänger dieses Glaubens, in jeder ihrer Siedlungen dem Heiland eine für dessen als sicher angenommene baldige erneute Ankunft auf dieser Erde gedachte Heimstätte zu bereiten. Drei Schriften der Mormonen, die ihnen gleichbedeutend mit der Bibel sind, lassen sie als das auserwählte Volk dieser Welt erscheinen, und zahlreiche Berg-, Fluß- und Ortsnamen in Utah weisen auf die mit Palästina empfundenen Gemeinsamkeiten hin, die nicht zuletzt durch die Landesnatur des Beckens des Großen Salzsees, des „Toten Meeres Amerikas", unterstrichen werden.

Als besonderes Element in Grund- und Aufriß der Mormonensiedlungen finden wir deshalb die heiligen Stätten „der" Kirche. In Salt Lake City blieben zwei Blöcke der erwähnten Größenordnung westlich der Main Street und nördlich von South Temple Street ausgespart zur Aufnahme des in vierzigjähriger Arbeit errichteten Tempels, des ovalen Tabernakels mit seiner großartigen Akustik und weltberühmten Orgel, des Kirchenversammlungshauses und Informationsgebäudes. Das Verwaltungsgebäude der Kirche und andere mit ihr im Zusammenhang stehende Gebäude schließen an dieses Gelände an. Dazu gehören auch das Hotel „Utah" und der ZCMI, Salt Lake Citys größtes Warenhaus, die sich beide im Besitze der Kirche befinden.

5.1.4. Bergbausiedlungen und Eisenbahnknotenpunkte

Die Mormonen waren in doppelter Hinsicht vom Schicksal benachteiligt. Hatten sie gehofft, den Verfolgungen, denen sie in den Vereinigten Staaten ausgesetzt waren, dadurch zu entgehen, daß sie auf mexikanischem Territorium siedelten, mußten sie schon ein Jahr nach ihrer Ankunft im Becken des Salzsees, 1848, die Einverleibung ihres Siedlungsgebietes in den Staatsverband der USA auf Grund des von Mexiko verlorenen Krieges hinnehmen.

In demselben Jahre traf sie ein weiterer Schlag. Auf dem Gebiet der späteren kalifornischen Hauptstadt *Sacramento* (191667), der damaligen Kolonie Nueva Helvetia des in Kandern geborenen und in der Schweiz aufgewachsenen JOHANN AUGUST SUTTER, wurde Gold gefunden. SUTTER versuchte vergebens, den Fund geheim zu halten. Bereits 1849 setzte der Goldrausch ein und richtete nicht nur SUTTER selbst zugrunde. Die Kunde von dem kalifornischen Gold verbreitete sich schnell im Osten, und selbst Anhänger der Mormonenkirche wurden vom Goldrausch erfaßt. Schlimmer aber war, daß sich jetzt ein Strom von "Gentiles", von Ungläubigen im Sinne der Latter-day Saints, über Kalifornien ergoß und Utah zum Durchzugsgebiet machte.

Damit begann aber auch die Zuwanderung dieser Fremden ins Mormonenland selbst, vor allem in dessen nördlichen Teil. Konnten die Siedlungen im entlegeneren Südteil, in "Utah's Dixie", ihren Bevölkerungscharakter weitgehend wahren, so daß die heutigen Bewohner dieser Orte vielfach noch die direkten Nachkommen der hier eingewanderten Pioniere sind, durchmischte sich die Bevölkerung in den Siedlungen der Nordhälfte des Staates so, daß es zur Zeit in Salt Lake City etwa 50% Anhänger der Kirche und 50% Anhänger anderer Glaubensrichtungen gibt.

Die ersten Goldfunde stammten aus Seifen, worauf z. B. der Name des Ortes *Placerville* (4439) hinweist. Indem man ihrem Ursprunge nachging, fand man am Westhange der Sierra Nevada die *Mother Lode* auf, die zum Entstehen zahlreicher Bergbausiedlungen Anlaß gab. Von der Rauhheit des Lebens in diesen Bergbausiedlungen zeugen Namen wie Whisky Bar, Brandy Gulch, Poker Flat, Sevenup Ravine, Piety Hall, Petticoat Slide.

Gold- und Silberfunde in der *Comestock Lode* ließen in Nevada Bergbauorte wie Gold Hill, Silver City und *Virginia City* (515) entstehen. Letzteres zählte in den 1870er Jahren bis zu 30000 Menschen! Heute sind diese Bergbauorte mit ihren Spielbanken, Saloons und Unterhaltungsstätten zur Bedeutungslosigkeit herabgesunken. Bei Aufgabe des Bergbaus fielen zahlreiche Orte wüst. Als ghost towns legen sie Zeugnis ab von dem einstigen Boom.

Für ihre Spielhöllen wie andrerseits für die Güte ihrer Bergbaufakultät sind die beiden größten Städte Nevadas bis heute berühmt. Die Mackay School of Mines der Universität von Nevada wurde 1874 in *Reno* (51470) gegründet. Sie gehört zu den bedeutendsten in den Vereinigten Staaten neben den Bergbaufakultäten der Universitäten von Utah, Colorado und Montana. Hotels und Spielkasinos reihen sich zu beiden Seiten des berühmten "Strip" in *Las Vegas* (64405) auf. Hauptstadt des Territoriums und 1864 des Staates Nevada wurde dagegen das kleine, nicht weit von Reno gelegene *Carson City* (5163).

Wie Gold und Silber finden sich einzelne gewaltige *Kupferminen* punkthaft über den gesamten Raum der Gebirgsstaaten verstreut. Sie wurden meist bis in die jüngste Zeit im Tagebau ausgebeutet. Im Zusammenhange mit Kupfer müssen vor allem die Bergbauorte *Bingham Canyon*, Utah (1516) wenige Kilometer südwestlich Salt Lake City; Globe, Arizona (6217) etwa 120 km östlich Phoenix; Ruth, Nevada (800) im Osten des Staates nahe *Ely* (4018) und *Butte*, Montana (27877) etwa 90 km süd–südwestlich von Montanas Hauptstadt *Helena* (20227) genannt werden.

Eine beachtliche Anzahl von Bergbauorten, vor allem im Zusammenhang mit Kupfer- und Kohlebergbau, wurde als company town, als *Werksort*, von einer großen Firma angelegt. Beispiele für solche Firmengründungen sind das in den 1920er Jahren von der Climax Molybdenum Company in Colorado gegründete *Climax* (1609), das von der Ray Consolidated Copper Company in Arizona gegründete *Ray* (1468) oder das von der Spring Canyon Coal Company in Utah gegründete *Spring Canyon* (458). Allein von der Kennecott Corporation wurden Copperton und Garfield in Utah, *Hayden* (1760) in Arizona, *Hurley* (1851) und *Santa Rita* (1772) in New Mexico, *McGill* (2195) und Ruth in Nevada gegründet. Zu den company towns gehören aber auch etliche Holzfällerorte im Nordteil des Staates Kalifornien.

Aus der *Isolation* heraus sahen sich die betreffenden Firmen veranlaßt, nicht nur das Werk selbst zu bauen, sondern die Wohnhäuser für ihre Belegschaftsmitglieder und die Versorgungseinrichtungen zu schaffen sowie vielfach ein Krankenhaus, Klubhaus und Bücherei, Hotel, Bar, Spielhalle, Tankstelle und den umstrittenen "company store". In der Organisation der Werksorte gibt es allerdings die verschiedensten Abstufungen von der alles besitzenden und verwaltenden Firma bis zu weitgehender Eigenständigkeit der Betriebsangehörigen und der Gemeinde. Z. B. befinden sich in *Ajo*, Arizona (7049) noch etwa 50% des Bodens, auf dem Betriebsangehörige ihre Wohnungen haben, im Eigentum der Firma, die den Ort aufbaute. In *Bisbee*, Arizona (9915) herrschen privates Hauseigentum, städtische Selbstverwaltung und unabhängiger Einzelhandel vor. Dort leben die Belegschaftsmitglieder in Häusern, die ihnen selbst gehören, auf von der Firma gepachtetem Boden. Die Einzelhandelsgeschäfte, die Stadtverwaltung und die Versorgungsbetriebe operieren völlig unabhängig von der Firma.

Die in vielen Fällen, jedoch durchaus nicht immer, mit diesen Werksorten verbundenen Begleiterscheinungen sind eine *gewisse Abhängigkeit des Einzelnen vom Werk sowie völkisch-rassische Segregation.* Für viele mittellose Menschen bedeutete die Zugehörigkeit zur Belegschaft eines solchen Werkes Verdienst und zugleich Kredit im Laden der Firma, aber auch Abhängigkeit von dieser. Zum Teil war bei den Belegschaftsmitgliedern der Wunsch vorhanden, zum Teil wurde die Situation von der Werksleitung selbst herbeigeführt, daß die Leute in einem bestimmten Ortsteil nach ihrer jeweiligen Zugehörigkeit zu einer bestimmten völkischen oder rassischen Gruppe wohnten. In Ray und Hayden, Arizona, z. B. wurden den Lateinamerikanern unter den Belegschaftsmitgliedern bestimmte Gebiete zugewiesen, innerhalb deren sie sich Häuser bauen konnten. In Ajo hat sich der älteste Teil der Siedlung in nächster Nachbarschaft zum Bergwerk zu einem Indianerviertel der Papagos verwandelt, die in größerer Zahl für die Firma arbeiteten (vgl. ALLEN).

Viele der einstigen Werksorte sind im Laufe der Zeit verschwunden, sei es, daß Bergwerk und Siedlung nach Erschöpfung der Bodenschätze aufgelassen wurden, sei es, daß unter veränderten Umständen es die Firma nicht mehr länger als notwendig erachtet, den Ort in eigener Regie zu halten.

Mit dem Bau der Eisenbahnen kamen auch im Südwesten *reine Verkehrssiedlungen* auf. Der Bau der Southern Pacific-Eisenbahn zwischen Los Angeles und San Francisco ermöglichte den Transport landwirtschaftlicher Produkte Südkaliforniens über Salt Lake City nach Osten, der Bau der Atchison, Topeka & Santa Fe-Eisenbahn brachte Südkalifornien einen Bevölkerungsaufschwung und den günstigen Absatz nach Nordosten.

An einer verkehrsgeographisch bevorzugten Stelle, der Konvergenz mehrerer trails ins Mojave River-Tal, entstand *Barstow* (11644) als bedeutender Rangierbahnhof und Depot des Lokomotivenbestandes der Atchison, Topeka & Santa Fe. Hier werden die Güterzüge nach Süd- bzw. Nord-Kalifornien und umgekehrt die von San Bernardino bzw. von Bakersfield kommenden Züge neu zusammengestellt.

Bei Berücksichtigung der kürzesten Trasse und zugleich der geringsten Steigung sowie vom Standpunkt der Wasserversorgung aus, die durch Flußläufe und Grundwasser vom Nordwesthang der San Bernardino-Berge mit bis zu zehnfachem Jahresniederschlag im Vergleich zur näheren Umgebung von Barstow selbst sichergestellt war, entstand hier 1886 dieser Bahnknotenpunkt. Die Atchison, Topeka & Santa Fe baute zugleich von Needles im Osten an der Grenze Kalifornien–Nevada und von San Bernardino im Westen her. Dazu traf 13 km östlich des Ortes die Union Pacific-Eisenbahn von Salt Lake City auf diese Strecke.

Später erwies sich der Ort auch für den Autoverkehr als günstig gelegen. Mehrere Überlandstraßen treffen hier aufeinander an einem Platze, der zeitlich gerade „zwischen den Mahlzeiten" und volumenmäßig „einen Benzintank voll" von Los Angeles im Westen bzw. Las Vegas im Nordosten entfernt ist (vgl. GARRISON). Schließlich fand auch das Militär die Lage günstig und legte ganz in der Nähe des Ortes das U.S. Marine Corps Supply and Repair Depot an, das mit seinem Personal eine weitere wirtschaftliche Basis für Barstow abgibt.

Mit Barstow vergleichbare Lagen haben im Südwesten auch El Paso und Tucson, ohne daß deren wirtschaftliche Basis aber in so starkem Maße einseitig auf die Verkehrsfunktion ausgerichtet wäre. Tucson liegt in einer großen, halbmondförmigen Bucht zwischen den Tucson-Bergen im Westen, den Santa Catalina-Bergen, Tanque Verde-Bergen und Rincon-Bergen im Osten und weiteren Bergketten im Süden. Die Southern Pacific Railroad kommt von Südosten und mit einer anderen Linie von Süden durch das Santa Cruz-Tal in das Becken von Tucson, um nach Nordwesten weiterzuführen.

5.1.5. Die Konzentration bestimmter Industriezweige

Seit der Jahrhundertwende begannen einzelne Industriezweige, sich mehr und mehr nach Südkalifornien zu orientieren, und zwar solche Branchen, denen im Rahmen der Gesamtentwicklung der Wirtschaft ein besonders starkes Wachstum beschieden war.

Zu den Branchen, die sich schon früh hier ansetzten und seither ständig gewachsen sind, gehören die *Flugzeug- und die Filmindustrie*. Den Flugzeugbau finden wir seit 1906 im Raum San Diego, die Filmproduktion seit 1913 im Raum Los Angeles, wo sich Hollywood und Burbank zu den Filmmetropolen der Welt entwickelten.

Sicher ist die Annahme nicht ganz abwegig, daß die Orientierung dieser beiden Branchen wenigstens teilweise auf das *Klima* dieses Gebietes zurückzuführen ist. Für Probeflüge wie für Außenaufnahmen kann schlechtes Wetter hohe Verluste an Geld und Zeit bedeuten. Wenn man in einem so großen Wirtschaftsraum, wie die Vereinigten Staaten es sind, die Möglichkeit hat, zwischen Gebieten sehr verschiedener Klimatypen die Wahl zu treffen, wird man wohl von ihr Gebrauch machen.

Andere Branchen scheinen eher mit der zunehmenden Bevölkerung Kaliforniens, dem Ziel kräftiger Binnenwanderungsströme in unserem Jahrhundert und dem entsprechend großen und immer noch schnell wachsenden Absatzmarkt zusammenzuhängen. Das gilt in erster Linie für die *Automobil- und die Gummiindustrie*. Die Gummiindustrie hatte sich bereits 1920 in Kalifornien angesetzt und ist seitdem derart gewachsen, daß ihre Produktion nur noch von Akron, Ohio, mit dem Stammsitz der Firestone- und Goodyear-Werke übertroffen wird. Der Automobilbau entwickelte hier ein sekundäres Zentrum, das hinter dem Raum Detroit als Versorger eines relativ *entfernten, aber großen lokalen Absatzmarktes* fungiert.

Auch die Schwerindustrie, *Stahlerzeugung und Erdölaufbereitung*, hat sich in Kalifornien zu einem bedeutenden Wirtschaftsfaktor entwickelt. Die Stahlerzeugung in den Vereinigten Staaten ist eindeutig auf den Manufacturing Belt im Norden konzentriert. Aber westlich des Mississippi ist Kalifornien der größte Stahlerzeuger. Die Ausrüstung mit Bohrgerät für die Erdölgesellschaften und Raffinerien sind auf der Basis der Ölfunde der 20er Jahre im Raum Los Angeles und später im Raum *Bakersfield* (56848) im Südteil des Großen Kalifornischen Längstals entstanden.

Die drei großen kalifornischen Städte Los Angeles, San Francisco und San Diego sind zu großen Industriestandorten geworden. 1950 zählten sie rund 845000 bzw. 406000 bzw. 80000 Industriearbeiter. Dabei ist San Diego diejenige der drei Städte, die am wenigsten industriellen Charakter aufweist. Sie ist vor allem Militärbasis, Pensionärsstadt und stellt eine große Zahl von Auspendlern für die Industrien von Los Angeles.

In jüngster Zeit haben einige Großstädte Kaliforniens und der Südweststaaten New Mexico und Arizona noch stärker anziehend auf einige Industrien gewirkt, vor allem auf solche, die mit der Landesverteidigung, der Herstellung und Erprobung atomarer Waffen im Zusammenhang stehen. In den letzten Jahren konzentrierten sich zwischen 20% und 25% der US-amerikanischen Verteidigungsaufträge auf Kalifornien. Dadurch sind auch Städte wie Albuquerque, Phoenix und Tucson in den letzten zwei bis drei Jahrzehnten so rapide gewachsen. Hier, wie auch im Raume Dallas–Fort Worth, Texas, spielt seit dem Zweiten Weltkriege der Flugzeugbau eine große Rolle. Neben den Flugwetterbedingungen waren hier das Vorhandensein eines *ausreichenden Arbeitsmarktes*, die *Energieversorgung* aus dem unmittelbaren Hinterland auf Grund der Erdöl- und Erdgasvorkommen sowie steuerliche Vergünstigungen und *feste Kontrakte mit der Regierung* dem Aufbau dieser Industrie im ganzen Südwesten förderlich.

Seit der Entdeckung des Spindletop Dome im Jahre 1901 entwickelte sich Texas zum größten Erdölerzeuger innerhalb der Vereinigten Staaten. Die Lagerstätten ziehen sich im Golfküstensaum und im Schelf des Golfes von Mexiko noch weit nach Louisiana hinein. Seit etwa 1930 wurde hier eine umfangreiche *petrochemische Industrie* aufgebaut, zu deren Konzentrationspunkten die texanischen Städte *Corpus Christi* (167690), *Houston* (938219), *Beaumont* (119175), *Galveston* (67175), *Port Arthur* (66676) und *Orange* (25605) gehören.

5.1.6. Pensionärs- und Touristensiedlungen

Ein junger und sehr kräftig sich entwickelnder Wirtschaftszweig im Südwesten ist die Versorgung jener Siedlungen, die im Zusammenhang mit dem Hineinströmen von älteren Leuten, die hier ihren

Lebensabend verbringen wollen, und von Touristen in den klimatisch begünstigten und mit Naturschönheiten reich ausgestatteten Raum stehen.

R. F. LOGAN (1956) führt für diesen Trend sechs Gründe an. Erstens haben viele Amerikaner in den letzten Jahrzehnten die Wüste „entdeckt", d. h. sie haben begonnen, die Schönheit, das Klima und die Ruhe der wüstenhaften Gebiete des Südwestens zu schätzen. Zweitens erlaubt heute der technische Fortschritt, auch in jener Umgebung ein angenehm gestaltetes Leben zu führen, wenn auch die Klimaanlagen die oben erwähnte Ruhe erheblich beeinträchtigen. Drittens besteht bei vielen Großstadtbewohnern der Wunsch, den Städten zu entfliehen. Das um so mehr, je übler sich die Konzentrationen von Menschen und Industrien auszuwirken beginnen. So nennt er viertens die zunehmende Belästigung durch den smog in den Großstädten. Fünftens ist die Tätigkeit der Grundstückserschließungsgesellschaften zu nennen, die mit steigender Nachfrage mehr und mehr Projekte durchführen und Gelände für die Bebauung vorbereiten. Sechstens kommt die Bereitstellung billiger Staatsländereien seitens der Regierung hinzu.

Bis in die Gegenwart hinein sind dem Staat gerade in den Südweststaaten mit ihren bisher relativ geringen Nutzungsmöglichkeiten weite Ländereien verblieben. Während noch in den Plains-Staaten größere Flächen im Rahmen der Heimstättengesetzgebung und der Landschenkungen an Eisenbahngesellschaften oder für andere Zwecke in Privathand übergegangen waren, sind die Anteile an Staatsland in den Weststaaten sehr hoch geblieben.

In den letzten drei Jahrzehnten hat nun die Regierung gerade hier aus dem Bestand der Public Domain kleine Parzellen zum Bau von Eigenheimen vergeben. Die 5 acres großen Grundstücke, die auf Grund des 1938 erlassenen *Small Tract Act* zu günstigen Bedingungen zunächst verpachtet, dann zum Erwerb vergeben wurden, hat der Volksmund *jackrabbit homes* (jack rabbit = Hase), die aus solchen Grundstücken erwachsenen Siedlungen *jackrabbit communities* genannt. In Kalifornien, wo diese Art der Landvergabe besonders weit verbreitet ist, wurden innerhalb eines Jahrzehnts über 20000 Grundstücke im Rahmen dieses Gesetzes veräußert.

Nicht immer führte die Landvergabeaktion zu dem von der Regierung erwarteten Ergebnis. Um dem Gesetz Genüge zu tun, wurden häufig nur primitivste Gebäude auf den Grundstücken errichtet. Die Käufer sahen in dem Landerwerb vielfach eine Chance, billig zu Grundstücken zu kommen, die später mit Gewinn abgestoßen werden könnten. Um dieser Spekulation Einhalt zu gebieten, wurden seit 1962 Grundstücke fast nur noch in Auktionen meistbietend versteigert oder auf Grund der Erfahrungswerte, die sich bei den Versteigerungen ergaben, verkauft. Für den direkten Grundstücksverkauf staatlicher Ländereien zum Bau von Eigenheimen wurde 1964 der *Public Sale Act* erlassen. Er kennt keine Beschränkung in der Grundstücksgröße. Während die im Small Tract Act festgesetzte Maximalgröße von 5 acres ganz speziell den Eigenheimbau im Auge hatte, werden unter dem Public Sale Act Ländereien verschiedenster Größe angeboten. Es handelt sich meist um solche Grundstücke der Public Domain, die zwischen Privatland gelegen sind und weder zu Weidebezirken noch zu irgendeiner anderen Kategorie zweckbestimmten Staatslandes hinzugeschlagen werden können. Die Vergabe erfolgt seit einigen Jahren auch nur unter Absprache mit den örtlichen Planungsbehörden und ist mit entsprechenden Auflagen zur Nutzung verbunden.

Oft sind über ein Zwischenstadium, in dem Leute für einige Zeit zur Erholung und um die Naturschönheiten des Landes kennenzulernen in den Südwesten kamen, Dauersiedlungen entstanden, in denen sich vorwiegend ältere Leute, aber auch Angehörige freier Berufe, vor allem Künstler, zusammenfanden, schließlich auch Menschen, die in den neu aufkommenden zivilen und militärischen Betrieben eine Beschäftigung fanden. Es bildeten sich neue Städte, *sun cities*, Pensionärssiedlungen wie Youngtown bei Phoenix in Arizona.

Diese Menschen bildeten ihren eigenen Baustil aus, den Verhältnissen und Möglichkeiten des Südwestens besonders angepaßt. "They sensed or analysed what an informal way of life, growing out of ranch life, would demand of a house". Die Klimagunst erlaubte ihnen, sehr *naturverbunden, mit viel Glas und großen Terrassen zu bauen und die Vegetation in die Bauten einzubeziehen.* "They arranged a relatively free flow of interior space. They loved the aggressive vegetation and their external woodwork embraced the vines and the gums. It is these things more than the romantic and pictorial quality of their roofs, the carving of their screens or rafter ends, the mysterious darkness of their redwood interiors, the occasional flashes of Japanese detail, that make them of some importance" (BURCHARD/BUSH-BROWN, 1963, S. 292/293).

Aber nicht alle, die sich für ihren Lebensabend oder aus beruflichen Gründen in den sich mehr und mehr mit Menschen füllenden Südwesten zurückzogen, bauten sich ein solches durch besondere Merkmale auffallendes Eigenheim. Mit diesen Zuwanderern fand auch der *Wohnwagen* in großem Umfange Eingang in die Südweststaaten. Ja, ein besonders großer Anteil der heute in den Vereinigten Staaten bestehenden Wohnwagensiedlungen findet sich in Kalifornien, und auch in den Nachbarstaaten Arizona und New Mexico ist ihre Zahl kräftig im Steigen begriffen. Gerade sie machen einen bedeutenden Anteil der "retirement centers" aus, und wenn allgemein statistisch erwiesen ist, daß, je stärker das Bevölkerungswachstum, um so höher der Anteil von Wohnwagen an der Gesamtzahl der Eigenheime, gilt das vor allem für den Südwesten der USA.

Auch ihre weitere Umgebung haben diese neu aufgenommenen Pensionärs- und Fremdenverkehrsorte beeinflußt. So ist etwa die Hälfte aller vornehmlich Viehhaltung betreibenden Landwirtschaftsbetriebe Arizonas zu Dude ranches geworden. Sie halten Pferde, die den Reisenden zu Ritten in die Umgebung zur Verfügung stehen.

5.1.7. Die größten Städte der Region

Zu den Halbmillionen- und Millionenstädten gehören Los Angeles, San Francisco, San Diego, Houston, Dallas und San Antonio. Zu den drei größten, Los Angeles und San Francisco in Kalifornien und Houston in Texas, seien hier noch einige Einzelheiten gebracht.

San Francisco, im Zusammenhang mit dem Goldrausch im zentralen Teil Kaliforniens schon etwas früher zur Blüte gelangt, überschritt die 100000-Einwohner-Grenze bereits vor 1870, Los Angeles im Südteil des Staates erst ein Jahrzehnt später. Beide hatten Anteil an dem raschen industriellen Städtewachstum der Jahre 1860 bis 1910, in denen die Einwohnerzahl der Vereinigten Staaten um 193% wuchs, die der Großstädte über 100000 Einwohner aber um 669%. Los Angeles begann damals schon mit der Konzentration der erwähnten Industrien San Francisco zu überrunden und stieg ständig vom 17. Platz in der Rangliste der US-amerikanischen Städte 1910 auf den 10. Platz 1920, auf den 5. Platz 1930 und auf den 3. Platz 1960. Mit 2,48 Millionen Einwohnern rangiert Los Angeles gleich hinter New York City (7,78 Millionen) und Chicago (3,55 Millionen). Legt man die Gesamtzahl der Menschen in den jeweiligen Metropolitan Areas zu Grunde, folgt Los Angeles sogar auf dem 2. Platze hinter New York.

Der alte Siedlungskern von *Los Angeles* mit der Plaza aus der spanischen Epoche wurde vollkommen überbaut. Hier konzentrieren sich die zahlreichen, zu dem großen Civic Center gehörenden Bauten (vgl. Fig. 54). Die von den Santa Monica-Bergen und den Verduga-Bergen eingerahmte Stadt war in ihrer Ausdehnung nach Osten, Norden und Nordwesten behindert und hatte mit der Überschwemmungsgefahr im Tal des Los Angeles River zu rechnen. Sie dehnte sich zunächst nach Südwesten aus, wo an das Civic Center das Hauptgeschäftszentrum und nach Süden das Großhandelsviertel anschließen. Die Talung nahm die Gleisanlagen der Eisenbahnen und die sich im Anschluß an die Bahnen konzentrierenden Industrien auf. Auf der Ostseite der Industriezone entstanden relativ dicht bebaute Arbeiterwohnviertel mit Konzentrationen völkisch-rassischer Minoritäten, besonders von Lateinamerikanern und Asiaten, aber auch von Ost- und Südeuropäern, während sich in der sogenannten Unterstadt südlich des Großhandelsviertels die Negerbevölkerung konzentrierte, z.B. in Watts. Die 335000 Neger machen 13,5% der heutigen Stadtbevölkerung aus.

Wie bereits im Abschnitt 5.1.2, S. 238, erwähnt, entstand in Südkalifornien frühzeitig eine Diskrepanz zwischen Bevölkerungsschwerpunkt und Wasservorrat. Zur Bedarfsdeckung reichten die örtlichen Quellen, vor allem der Los Angeles River, bald nicht mehr aus. Nachdem für eine verbesserte Wasserversorgung zwei 480 bzw. 540 km lange Aquädukte zum Colorado-Fluß und Mono-See-Becken 1913 bzw. 1941 gebaut worden waren, bildeten sich ausgedehnte junge Wohnsiedlungen heraus. Sehr kräftig wuchsen auch viele der selbstständigen Gemeinden im Metropolitan Ring wie Beverly Hills, San Fernando, Santa Monica, Burbank, Glendale, Pasadena, Alhambra, Vernon, Huntington Park, Gardena, Long Beach, Anaheim, Santa Ana und andere. Diese Vororte sind sehr unterschiedlich in ihrer funktionalen Ausstattung. Vernon z.B. ist fast eine reine Industriestadt, in der seit langem planerische und steuerpolitische Maßnahmen anziehend auf industrielle Unternehmen wirkten. An den administrativen Grenzen Vernons ändert sich die Stadtstruktur auffallend.

Der Umstand, daß sich das größte Wachstum der Stadtregion erst im Automobilzeitalter vollzog, führte dazu, daß Los Angeles die nordamerikanische Großstadt mit der größten Fläche wurde. Die urbanized area nimmt ein Areal von 2261 qkm ein. Der Prozentsatz der Einfamilienhäuser an der Gesamtzahl der Wohneinheiten macht 63,8% aus, also fast zwei Drittel. In einzelnen Vorortgemeinden ist er noch höher. Wie kaum in einer zweiten Stadt der Neuen Welt sind die Einwohner im Großraum Los Angeles auf das private Kraftfahrzeug angewiesen. 1960 war der Motorisierungsgrad von 1:2,7 erreicht. Massenverkehrsmittel spielen im Gegensatz zu den anderen größten Städten des Kontinents wie New York City oder Chicago eine völlig untergeordnete Rolle. Es gibt kein elektrisches Schnellbahnnetz in Los Angeles, dafür aber ein umfangreiches Schnellstraßennetz. Die Verhältnisse sind in dieser Großstadtregion ins Extrem gesteigert. Ihr ist der innere Zusammenhalt am stärksten verlorengegangen. Das unterstreicht auch die Herausbildung von über 50 shopping centers in dem Vorortring und die beträchtliche Schrumpfung des Umsatzes der Geschäfte der City. Kaum eine andere Stadt wurde so weitgehend in ihrem Kern ausgehöhlt.

San Francisco gehört mit Oakland, Berkeley und einer Reihe weiterer Orte zu dem größeren Städtekomplex um die Bucht von San Francisco. Die Bucht wird von einer 1936 fertiggestellten Brücke, der San Francisco-Oakland-Bay Bridge, überspannt, die Bindeglied eines noch immer umstrittenen großen Untergrundbahnkreises im Bereiche der Bay area ist. Sie überspannt 3600 m schiffbare Wasserbreite und hat ohne Auffahrtsrampen eine Gesamtlänge von 7 km. Die Einfahrt zur Bucht, das Goldene Tor, wird von der Golden Gate Bridge überspannt. Sie wurde 1937 eröffnet, hat eine Spannweite von 1800 m und erhebt sich 67 m über das mittlere Hochwasser. Die beiden Stahltürme, die diese Hängebrücke tragen, erheben sich 227 m über den Wasserspiegel, die Kabel enthalten über 27000 Drähte mit einem Durchmesser von 91 cm. Die mit dem Goldenen Tor und der Bucht gegebene Hafengunst hängt zusammen mit dem San Andreas Fault, einer über mehrere hundert Kilometer zu verfolgenden küstenparallelen Verwerfung. Entlang dieser Verwerfung kam es im Jahre 1906 zu Schollenbewegungen. Der größte Teil der damaligen Stadt fiel dem Beben und nachfolgenden Feuer zum Opfer.

Keimzelle der Stadt war die 1776 gegründete Mission San Francisco de Asis-"Dolores". 1836 entstand der Handelsposten Yerba Buena. Diesen Namen trug auch die Halbinsel, auf der San Francisco gelegen ist. Er ging später auf die Insel in der Bucht über, die als natürlicher Mittelpfeiler für die San-Francisco-Oakland-Bay Bridge dient.

Die Halbinsel selbst ist sehr hügelig. Aber das Straßennetz, das die Amerikaner nach Übernahme des Gebietes von den Mexikanern im Jahre 1846 auslegten, nahm darauf keinerlei Rücksicht. Schnurgerade und sich unter Rechten Winkeln schneidend verlaufen die Straßen über die Hügel hinweg, so daß der Verkehr erhebliche Steigungen überwinden muß. Die berühmte cable car der Stadt tut das mit Hilfe von Drahtseilen. An den Endpunkten wird sie mittels Drehscheiben in die Gegenrichtung gebracht.

Besondere Anziehungspunkte im Stadtgebiet von San Francisco sind das ausgedehnte Chinesenviertel, Chinatown genannt, das nach dem Erdbeben von 1906 neu errichtete Rathaus der Stadt, der als Fisherman's Wharf bekannte Fischereihafen der Stadt, der Golden Gate Park mit seinen nach asiatischem Vorbild gestalteten Brückchen und Pavillons, und das den Ozean überblickende Cliff House auf der Höhe eines Kliffs an der Westseite der Halbinsel, das jetzt abgerissen wird.

San Francisco ist ein bedeutendes Kulturzentrum im pazifischen Küstenraum der USA. Wahrscheinlich ist es der im Vergleich zu Los Angeles früheren Entwicklung und einer noch eher etwas der europäischen Kulturtradition verbundenen Bevölkerung zu verdanken, daß die Stadt ein den Künsten aufgeschlossenes Publikum hervorbrachte und Künstler auf sich zog. San Francisco ist Endpunkt zahlreicher Tourneen berühmter Schauspieltruppen, Orchester und Solisten, die ihren Weg von der Atlantikküste über Denver und Salt Lake City hierher nehmen. Los Angeles dagegen bietet leichtere Unterhaltung in seinen Filmzentren und seinem riesigen Vergnügungspark Disneyland in Anaheim. Für kulturelle Veranstaltungen höheren Niveaus wurde erst 1967 das Music Center eröffnet, während in Hollywood die Freilichtbühne der Hollywood Bowl zur Verfügung stand.

Beide Städte sind bedeutende Handels- und Verkehrszentren. Während der Flugverkehr von Los Angeles den San Franciscos übertrifft, ist der Hafen San Franciscos seinem Umschlag nach der größte der USA an der Pazifikküste. Fast zwei Drittel des Gesamtumschlags betreffen die Küstenschiffahrt.

Das ist ein kennzeichnendes Merkmal der Verkehrsstruktur beider Hafenstädte. Die Bevölkerungs- und Industriekonzentrationen an den Küsten des Atlantik und Pazifik bringen es mit sich, daß ein nennenswerter Anteil des gegenseitigen Warenaustausches per Schiff via Panamakanal vor sich geht. Auch vor Eröffnung des Kanals 1914 hatten beide Küsten einen regen Austausch.

Houston ist der größte Seehafen von Texas. Obwohl 80 km landeinwärts gelegen, ist die Stadt für Ozeandampfer über den 1873 begonnenen und 1914 weiter vertieften Houston Ship Channel unter Ausnutzung des Buffalo Bayou erreichbar. An diesem Seekanal bildete sich eine große Industriegasse aus mit Ölraffinerien und Werken der petrochemischen Industrie, Gummiproduktion, Werken, die Bohrgerät für die Ölfirmen herstellen, Werken der Schwerindustrie und des Schiffsbaus. Der Hafen von Houston ist in erster Linie Baumwoll- und Ölexporthafen. 1964 stand er dem Umschlag nach mit 53,7 Millionen t hinter New York und New Orleans an dritter Stelle der USA-Häfen.

Der erste Siedlungskern im Raum Houston war ein Ort namens Harrisburg, der später von Houston eingemeindet wurde. Houston selbst wurde 1836 gegründet, im Jahr des Sieges der texanischen Armee über die Mexikaner in der Schlacht bei San Jacinto, und benannt nach dem Anführer der Texaner, Sam Houston. Für einige Jahre war der Ort Hauptstadt von Texas, bis diese Funktion auf Austin überging.

Zu den strukturellen Merkmalen der Stadt gehört der Ausbau eines bedeutenden Civic Center im Sam Houston Park. Im Süden der Stadt ist das Texas Medical Center gelegen. Zu den jungen Errungenschaften der Stadt gehört der Astrodome, eine für Sportveranstaltungen geschaffene, zwischen 45000 und 66000 Zuschauer fassende, überdachte und klimatisierte Halle.

5.1.8. Besondere Merkmale und Probleme der Städte dieser Region

Wenn wir nach den Eigenheiten der Städte des Südwestens fragen, kommen wir auf drei Merkmale und ihre Begleiterscheinungen, die für sie kennzeichnend zu sein scheinen: das besonders geringe Alter, von den ältesten spanischen Gründungen abgesehen, das besonders kräftige Wachstum in den letzten drei Jahrzehnten, und das Problem der Wasserversorgung in einem semiariden bis ariden Raum mit beschränktem Wasservorrat.

Wenn im Kapitel 3 ganz allgemein von den nordamerikanischen Städten als von Städten geringen Alters die Rede war, so gilt das in besonderem Maße für den Südwesten. Zumindest blieben sie, wie erwähnt, lange Zeit klein und unbedeutend. Das große Städtewachstum beginnt erst nach Übernahme des ganzen Südwestens durch die Amerikaner nach dem für Mexiko verlorenen Krieg von 1848, aber auch nicht gleich, sondern, von dem Stimulans der Goldgräberei abgesehen, erst mit den bedeutenderen Industrien seit etwa der Jahrhundertwende. So sind die großen Städte im wesentlichen Produkte der letzten hundert Jahre.

Das bedeutet aber, daß die *Bausubstanz* dieser Städte noch einigermaßen gut erhalten ist und daß kein so hoher Bedarf für Stadtsanierungsmaßnahmen vorliegt wie in den älteren Städten des Ostens und Mittelwestens. Das bedeutet aber auch, daß sich die jüngeren Tendenzen der *umfangreichen privaten Kraftfahrzeughaltung und des Eigenheimbaus* hier besonders stark auswirken konnten. Diese Städte sind noch lockerer bebaut als die Städte in Amerika es im allgemeinen sind, die Entfernungen sind noch weiter, der Individualverkehr ist noch umfangreicher, die Straßenbauten sind noch dringlicher, die zentripetalen Kräfte wirken noch zerstörender als in den Städten anderer Landesteile.

Die Planungsstellen sehen sich vor gewaltige Aufgaben gestellt. Die wirtschaftliche Entwicklung in der relativ kurzen Geschichte der Weststaaten ist vielfach *boomartig* verlaufen, und so sprunghaft und explosionsartig verlief häufig auch das Wachstum der städtischen Siedlungen in diesem Raum. Es ist hier keine Seltenheit, daß Städte ihre Bevölkerungszahl binnen weniger Jahre mehr als verdoppelten. Notmaßnahmen mußten ergriffen werden. Vieles blieb provisorisch und trägt den Charakter des Unfertigen. In den letzten Jahrzehnten ist der Bevölkerungsanstieg vieler Städte im Zusammenhang mit einzelnen Wachstumsindustrien sehr rasch erfolgt. So erlebte z.B. Phoenix, die Hauptstadt Arizonas, einen Bevölkerungsanstieg von 65414 Einwohnern 1940 auf 439170 Einwohner 1960, also auf das Sechsfache innerhalb zweier Jahrzehnte. 1965 hat die Stadt die Halbmillionengrenze überschritten. Tucson, Arizona, hatte im Jahrzehnt 1950–1960 ein Bevölkerungswachstum von 88,1%, Albuquerque, New Mexico, ein solches von 80%. Die Metropolitan Area von Salt Lake City wuchs um 46,5%, die von San Diego um 85,5% in diesem einen Jahrzehnt.

Daß dieses rapide Städtewachstum in einer Zeit steigenden Flächenbedarfs pro Kopf der Bevölkerung die Landschaft tiefgreifend verändert und häufig nachteilige Auswirkungen mit sich bringt ist verständlich. Der wachsende *Flächenbedarf* verschlingt immer mehr Boden für städtische Nutzungsarten, und die *Industrien verunreinigen Luft und Gewässer* in empfindlicher Weise. Zu dieser Verunreinigung der Luft trägt sicher auch der starke Verkehr bei. Die Entwicklung von smog hat gerade in den letzten Jahren zu umfangreichen Untersuchungen und zu Anstrengungen seitens der Planungsstellen geführt. Der smog dürfte eine nicht ganz unwesentliche Rolle spielen bei der Binnenwanderung innerhalb des Südwestens heraus aus den Metropolitan Areas in die wüstenhaften, noch kaum oder erst ganz dünn besiedelte Gebiete.

Am schwersten aber dürfte die Frage der *Wasserbeschaffung* wiegen. Bei der Betrachtung von Los Angeles wurde schon darauf hingewiesen, daß seit langem die lokalen Wasserreserven nicht mehr zur Versorgung der Bevölkerung und der Industrien des Großraums ausreichen. Kaum ein Viertel des verbrauchten Wassers wird dem Los Angeles River und dem Grundwasser entnommen. Drei Viertel müssen über die erwähnten Aquädukte über eine weite Entfernung herangebracht werden. Im Raum Tucson wird das Wasser des Untergrundes in einem Maße beansprucht, daß man an eine rigorose Beschränkung des Bewässerungsfeldbaus denkt.

Umfangreiche Projekte sind in Durchführung begriffen, um einerseits das vorhandene Wasser so gut wie möglich zu nutzen, z. B. durch dünne Ölfilme die Oberfläche von Gewässern vor der Verdunstung zu schützen, und andrerseits neue Wasserquellen zu erschließen. Dabei spielt die Gewinnung von entsalztem Meerwasser eine große Rolle. Seit Jahren wird die *Entsalzung von Meerwasser* in Kalifornien experimentell durchgeführt, und am Jahresende 1969 arbeiteten in Kalifornien und Texas je 4, in Arizona und New Mexico je 1 Werk für städtische Wasserversorgung aus Salzwasser. Auf einer künstlichen Insel vor der südkalifornischen Küste wird 1973 eine Großanlage zur Meerwasserentsalzung in Verbindung mit einem Atomkraftwerk in Betrieb genommen werden. Der 1964 veröffentlichte *Pacific Southwest Water Plan* sieht eine bedeutende Umstellung im Wasserhaushalt des gesamten Westens zugunsten der trockeneren südlichen Landesteile vor, und noch umfassender ist der kontinentweite NAWAPA-Plan (North American Water and Power Alliance). Aus dem Columbia-Gebiet sollen größere Wassermengen nach Kalifornien transportiert werden. Zur Zeit gelangen jährlich bereits rund 398,5 Millionen cbm Wasser aus dem Großen Kalifornischen Längstal in den Raum San Francisco. Das sind zusammen 1 607,6 Millionen cbm Wasser, die den heutigen zusätzlichen Wasserbedarf des verstädterten Küstenstreifens Kaliforniens ausmachen.

5.2. Der frankokanadische Kernraum und das Ontarioseeufer

5.2.1. Erste Durchdringung und Siedlungsgründungen

In den Jahren 1534/35 war JAQUES CARTIER in den Unterlauf des St. Lorenz-Stromes hineingefahren und hatte den französischen Anspruch auf jenen Raum begründet. Nach vergeblichen Siedlungsversuchen an der Küste des heutigen US-Staates North Carolina konzentrierten sich die weiteren Bemühungen der Franzosen um ein Fußfassen in der Neuen Welt auf den Nordosten des Kontinents.

SAMUEL DE CHAMPLAIN suchte sieben Jahrzehnte später den St. Lorenz-Strom auf und gründete am Nordufer des Flusses auf dem Cap aux Diamants, dem Diamantenfelsen, den Ort *Quebec* (171979). 1642 entstand ebenfalls neben einer indianischen Siedlung an dem unteren Ende einer gefällsreichen Strecke des Flusses, der die Franzosen die Bezeichnung Lachine-Fälle beilegten – sie nach dem Lande China zu nennen deutet darauf hin, daß man sich damals immer noch nicht über den Kontinent im klaren war –, und wo sich der Lorenz-Strom in mehrere Arme verzweigt und mehrere Inseln umfließt, deren größte einen Hügel trägt, einen weiteren Ort. Dem Hügel wurde der Name Mont Réal, königlicher Berg, gegeben, und so nannte man auch den Ort, der sich auf dem Südufer und bald auch zu Füßen dieses Berges entwickelte: *Montreal* (1191062).

Aus diesen frühen Gründungen gingen zwei der bedeutendsten Städte Kanadas hervor. Montreal wurde zur größten Stadt des Landes und spielt als wichtigster Konzentrationspunkt der Zweige des tertiärwirtschaftlichen Sektors für Kanada dieselbe Rolle wie New York City für die Vereinigten Staaten.

Zugleich sind die beiden Städte das Rückgrat des *frankokanadischen Siedlungsstreifens entlang dem St. Lorenz-Strom.* In der Stadt Quebec sind heute rund 94%, in Montreal 67% der Einwohner französischer Abstammung. Das französische Bevölkerungselement ist hier durch den wenn auch relativ geringen Zuzug französischer und auch belgischer Einwanderer immer wieder *aufgefrischt* worden. Die Einwanderung aus diesen europäischen Staaten konzentriert sich stark auf den frankokanadischen Kernraum. Freilich ist sie gering im Vergleich zur Gesamteinwanderung. 1965 z. B. bestritt Frankreich von der Gesamtzahl der Einwanderer von 146758 Menschen nur 5225 und stand erst an der siebenten Stelle der Herkunftsländer.

SAMUEL DE CHAMPLAIN drang noch bis zur Georgian Bay am Huron-See nach Westen vor und bereitete den weiteren Vorstoß der Franzosen ins Landesinnere vor. In der Epoche des Kardinals Richelieu wirkten die Jesuiten missionierend unter den Huronen. JEAN NICOLET, der sich ihnen anschloß, gelangte 1664 in die Green Bay am Michigansee. Von diesem See aus erkundeten die Franzosen mehrere Routen. Am häufigsten folgten sie der Route über den in die Green Bay mündenden Fox-Fluß, dessen schnellenreichen Unterlauf die Patres "Rapides des Peres" nannten, eine Bezeichnung, die sich auf den späteren Ort *De Pere* (10045) übertrug, und über eine kurze Portage in den Wisconsin-Fluß, einen Nebenfluß des Mississippi. Eine andere, viel benutzte Route folgte dem Chicago-Fluß und dem Illinois, also dem Verlaufe des heutigen Illinois Waterway. JOLIET und MARQUETTE waren maßgebend an den Erkundungen dieser Routen beteiligt. Sie hinterließen ihre Namen zwei Städten, der einen im US-Staate Michigan (*Marquette:* 19824), und einer andern im Staate Illinois (*Joliet:* 66780). 1682 fuhr dann LA SALLE den Mississippi bis zum Ansatz seines Deltas abwärts und nahm einen großen Teil des Mississippi-Einzugsgebietes von Kanada bis zur Golfküste als „Louisiana“ für Frankreich in Besitz. New Orleans wurde gegründet, und vom Süden her zogen in der Folgezeit französische Siedler und Bergleute den Strom wieder aufwärts und gründeten Städte wie St. Louis oder Dubuque, deren Namen deutlich ihre französischen Gründer verraten. Damit hatten die Franzosen in weitem Bogen die englischen Kolonien an der Atlantikküste umgangen.

Im kanadischen Raume selbst erweiterte sich ihr Siedlungsbereich dagegen kaum. Ihre Pelzhandelsinteressen brachten sie zwar noch bis in die Gegend des heutigen Winnipeg, wo LA VERENDRYE im Jahre 1738 das Fort Rouge zum Schutze der Pelzhändler anlegte. Der Kern der Stadt Winnipeg aber geht auf eine um über sieben Jahrzehnte jüngere schottische Kolonie zurück. *Toronto* (672407), heute neben Montreal die wichtigste Metropole Kanadas, wurde erst 1793, die spätere kanadische Hauptstadt *Ottawa* (268206) um 1800 *von Engländern gegründet*, nachdem die Gebiete Akadien, Neufundland und Labrador 1713 vorübergehend und im Vertrage zu Paris 1763 endgültig an England gefallen waren. 1759 hatte die berühmte Schlacht um die befestigte Stadt Quebec stattgefunden, in der der britische General WOLFE den Tod gefunden, aber für England den Sieg errungen hatte.

Bis heute haben sich merkbare Gegensätze zwischen Quebec und Montreal auf der einen und Toronto auf der andern Seite erhalten. Die beiden ersteren haben sich bis zur Gegenwart ihre französische Tradition bewahrt. Die sogenannte Quebec-Akte von 1774 hatte den französischen Bewohnern des östlichen Kanada die entscheidenden Privilegien französischer Rechtsprechung, der französischen Sprache und freien Konfessionsausübung zugebilligt. So sind heute noch in Kanada Englisch und Französisch gleichberechtigte Amtssprachen. 1791 wurde die Eigenart des französischen Kolonisationsgebietes weiter unterstrichen durch die administrative Aufgliederung des britischen Nordamerika nördlich der bereits zu Eigenstaatlichkeit gelangten USA in die beiden Provinzen Nieder- und Oberkanada. *Niederkanada* (Lower Canada), das Gebiet der Talung des St. Lorenz-Stroms und des nördlich angrenzenden, nahezu unbesiedelten Raumes und weitgehend identisch mit der späteren kanadischen Provinz Quebec, bekam damit sein eigenes Statut wie andrerseits auch Oberkanada, das Gebiet der späteren Provinz Ontario. Zu jener Zeit zählte Niederkanada bereits 160000 Einwohner gegenüber nur 20000 im vorwiegend britischen Oberkanada. Heute leben in der Provinz Quebec 5,26 Millionen Menschen, in der Provinz Ontario aber 6,23 Millionen.

5.2.2. Die Entwicklung der Region zu Kanadas Wirtschaftsschwerpunkt

Die beiden Provinzen Ontario und Quebec beherbergen heute also rund $11^1/_2$ Millionen der 20 Millionen Menschen zählenden Gesamtbevölkerung Kanadas. Sie bilden den Bevölkerungs- und Wirtschaftsschwerpunkt des Staatswesens, oder besser, ihre südlichsten Teile in der Nähe von St. Lorenz-Strom und Ontario- und Eriesee.

Der Weg bis dahin war lang, die Entwicklung hinkte beträchtlich, man kann sagen um ein ganzes Jahrhundert, hinter derjenigen des US-amerikanischen Manufacturing Belt südlich der Großen Seen hinterher. Franzosen wie Engländer waren im kanadischen Raum zunächst vorwiegend am *Pelzhandel* interessiert. Das Territorium der berühmten Hudson's Bay Company reichte um die Mitte des vorigen Jahrhunderts bis an die Südwestgrenze der Prairieprovinz Alberta heran, und die Company beherrschte den gesamten Raum zwischen der Kontinentalwasserscheide und der Küste Labradors. Nur ein schmaler Streifen entlang dem St.-Lorenz-Strom, dem Unterlauf seiner Nebenflüsse und den Seeufern von Ontario- und Eriesee überzog sich mit der Hufenflur der Seigneurien, die teilweise noch heute in der Landschaft erkennbar ist.

Die Epoche, die man im kanadischen Raum nach der hauptsächlichen wirtschaftlichen Betätigung als Pelzhandelsepoche bezeichnen kann, reichte bis etwa 1820. Sie wurde abgelöst von der *Epoche des Holzfällens*, die man bis 1870 ansetzen kann, und die ihrerseits vom Eisenbahnzeitalter abgelöst wurde. Die Industrialisierung größeren Ausmaßes setzte selbst im kanadischen Kernraum erst um die Jahrhundertwende ein. Das ist auch der Zeitpunkt, zu dem erstmals eine Einwanderung aus Europa in nennenswertem Umfang zu verzeichnen ist. Es begann sich der Raum Quebec–Montreal–Toronto–Hamilton mit seinen Ausläufern stärkerer städtischer Besiedlung nach Niagara Falls und nach London–Windsor mit Industrien aufzufüllen.

Die *eisenschaffende Industrie* konzentrierte sich vornehmlich im Raum *Hamilton* (273991) und um *Sault Sainte Marie* (43088), wo 1797/98 die erste Schleuse zur Umgehung der St. Mary's Schnellen gebaut wurde. Nach mehrfach erweitertem Schleusenbau bewältigt der Kanal heute innerhalb der Navigationsperiode von etwa acht Monaten ein größeres Verkehrsvolumen als Suez- und Panamakanal im Laufe des ganzen Jahres zusammen. Mit der US-amerikanischen Stadt gleichen Namens im Staate Michigan (*Sault Ste. Marie*, Michigan: 18722) steht die Stadt durch mehrere Brücken in Verbindung. Die beiden Gebiete Hamilton und Sault Ste. Marie bringen rund 80% der kanadischen Erzeugung an Roheisen und Stahl hervor.

Die Erdölfunde der vergangenen Jahrzehnte in den Prairieprovinzen haben deren wirtschaftliche Struktur erheblich verändert, sich aber auch auf den kanadischen Kernraum ausgewirkt. Mittels Ölleitungen wird das Öl über 2000 km nach *Sarnia*, Ontario (50976) am St. Clair-Fluß gepumpt, wo die Imperial Oil Company und andere Erdölgesellschaften große Raffinerien aufgebaut haben. An diese haben sich Werke der petrochemischen Industrien angeschlossen. Sarnia ist zu einem bedeutenden Produzenten von Gummi geworden.

Eine deutliche Konzentration auf wenige Städte der Provinz Ontario weist die kanadische *Automobilproduktion* auf. Wir finden sie in *Brampton* (18467), Hamilton, *Oakville* (10366), *Oshawa* (62415) und *Windsor* (114367). Dieser Tatbestand erklärt sich aus der Nähe zur US-amerikanischen Autoindustrie im Raum Detroit. Ausgangspunkt der kanadischen Produktion von Automobilen war das der Stadt Detroit benachbarte Windsor, das sich dieser unmittelbaren Nachbarschaft wegen als besonders günstig für die Errichtung von *Zweigwerken* amerikanischer Firmen anbot. Mit der Niederlassung von Ford in Oakville ist die Automobilbranche nun schon dicht an Toronto herangerückt. In dieser Neuorientierung kann man eine stärkere Hinwendung der Branche zum Verbrauchermarkt erblicken.

Die *Holz-, Zellulose- und Papierindustrie*, die Verarbeitung von *Nichteisenmetallen*, die *Fleischverarbeitung* und einige weitere Branchen wie die Tabakverarbeitung, Lederwarenherstellung, Schiffsbau und -reparatur ergaben die vielseitigen Grundlagen für die Industriewirtschaft der größeren Städte der Provinz Quebec wie Quebec selbst, Montreal, *Sorel* (17147). In Montreal kommen als bedeutendere Branchen noch die Damenoberbekleidung, die Herstellung synthetischer Fasern, die pharmazeutische Industrie, der Waggon- und Flugzeugbau und ein umfangreiches Baugewerbe hinzu. Der Maschinenbau ist vor allem im Raum Toronto konzentriert.

Aber nicht nur die Industriewirtschaft, sondern auch der *Handel* hat seinen Schwerpunkt eindeutig in den Provinzen Ontario und Quebec. Dem Volumen nach vereinigen die beiden Provinzen rund zwei Drittel des gesamten Großhandels Kanadas auf sich. Das hat vor allem zwei Gründe. Einmal ist auch hier die Lage zum Absatzmarkt spürbar. Der Großhandel lehnt sich an den Raum größter Bevölkerungsballung innerhalb des gesamten Staatsgebietes an. Zum andern hatte der Handel am St. Lorenz-Strom den frühesten Start. In den Orten, die an seinen Ufern und am Ontario- und Eriesee gegründet wurden, entwickelte sich am frühesten der Einzelhandel, und aus Erweiterungen früherer Einzelhandelsunternehmen sind in späterer Zeit häufig Großhandelsfirmen hervorgegangen. Verständlicherweise liegen aber in diesen Städten auch weiterhin die meisten Einzelhandelsunternehmen.

Während es nach dem Zensus von 1961 in den Maritimen Provinzen an Städten mit über 2000 Beschäftigten im Einzelhandel nur vier gab, nämlich *St. John's* (63633), die Hauptstadt Neufundlands, *Halifax* (92511), die Hauptstadt Neuschottlands, *St. John* (55153), die Hauptstadt von Neubraunschweig, und *Moncton* (43840), einen Eisenbahnknotenpunkt in der Provinz Neubraunschweig, in den Prairieprovinzen und British Columbia zusammen weitere sechs Städte, gehört dieser Gruppe in den beiden Provinzen Quebec und Ontario ein volles Dutzend Städte an: Quebec, Montreal, *Sherbrooke* (66554), Ottawa, *Belleville* (30655), *Peterborough* (47185), Toronto, Hamilton, *London* (169569), Windsor, *Port Arthur* (45276) und *Fort William* (45214). Auch *Catham* (29826) im westlichen Ontario hat neben seinen Industrien als Handelszentrum Bedeutung, während *Kingston* (53526) neben seinen Industrien vor allem öffentliche Dienste auf sich vereinigt.

Bei der Entwicklung der südlichen Teile von Ontario und Quebec zu einer Industrieregion ist das Verhalten des frankokanadischen zum anglokanadischen Bevölkerungselement sehr interessant. Es darf aus Beschäftigtenstruktur und Art der Binnenwanderungen geschlossen werden, daß das frankokanadische Element bis in die Gegenwart hinein stärker ländlich verhaftet geblieben ist. Untersuchungen haben gezeigt, daß französischstämmige Kanadier in landwirtschaftlich orientierte Gebiete nachgewandert sind, die von britischstämmigen Siedlern verlassen worden waren. Wo *Agrar- und Forstwirtschaft die ökonomische Basis* einer Siedlung bilden, wird häufig ein *dominierendes französischstämmiges Bevölkerungselement* anzutreffen sein. Wo sie sich zum Handel und zur Industrie hin verschiebt, wird das britische Element überwiegen. Die Anteile beider Gruppen wechseln oft sehr von einem Ort zum nächsten und lassen sich mit der Beschäftigtenstruktur in den angedeuteten Zusammenhang bringen.

Das mit dem Baby-Bonus geförderte kräftige natürliche Wachstum hält auch die *Abwanderung der französischstämmigen Bevölkerung* aus ihrem traditionellen Siedlungsraum weiterhin in Gang. Diese Erscheinung wird als "migration by the cradle" glossiert. Durch die allmähliche Infiltration bisher vorwiegend britisch besiedelter Gebiete mit diesen Menschen aus dem frankokanadischen Kerngebiet erhalten seit einiger Zeit mehr und mehr counties eine französischsprechende Mehrheit. Vor allem erhalten die *Städte Ontarios ständigen Zuzug aus den ländlichen Gebieten der Provinz Quebec.* Unter den obwaltenden Umständen sehen sich dabei die frankokanadischen Binnenwanderer veranlaßt, sich der englischen Sprache zu bedienen. Sie müssen zweisprachig sein, wenn sie in diesen Städten beruflich etwas erreichen wollen. Das hat aber zur Folge, daß sie *nicht in dem Maße* wie fremdvölkische und -sprachige Gruppen in den US-amerikanischen Städten *als Minoritäten empfunden* werden. Sie gliedern sich verhältnismäßig schnell in die Bevölkerung dieser Städte ein. Es besteht kein stärkerer Hang zur Segregation. Etwas anderes ist es, wenn Frankokanadier sich zur Auswanderung in die Städte Neuenglands entschließen. Hier treffen sie meist auf eine gewisse Ablehnung, ihre andersartige Tradition wirkt sich trennend aus. In den Städten des eigenen Landes ist das weniger der Fall. Zwar läßt sich nachweisen, daß das französische Element in den ärmeren Vierteln der Großstädte zahlreicher ist als in den gehobeneren Wohnvierteln. Aber man kann nicht sagen, daß die Frankokanadier ganz allgemein und ausschließlich die untere Bevölkerungsschicht in diesen Städten stellten (vgl. McArthur/Gerland).

Seit der Jahrhundertwende hat auch die Einwanderung in beträchtlichem Maße zum Wachstum der kanadischen Städte beigetragen. Dabei kommt der Provinz Ontario der Löwenanteil zu. Im Jahrzehnt 1951–1961 verdankten die Provinzen Ontario 40%, Manitoba 32%, British Columbia 30%, Alberta 24% und Quebec 17% ihres Bevölkerungszuwachses der *Einwanderung.* Bei der Prairieprovinz Manitoba hängt der relativ hohe Prozentsatz mit einer beträchtlichen Abwanderung der in Kanada Gebürtigen zusammen. Die Einwanderung hat sich besonders stark auf die sieben größten Städte des Landes konzentriert: Toronto, Montreal, Vancouver, Hamilton–St. Catharins, Quebec, Winnipeg und Edmonton. Die Einwanderung war am Wachstum der Bevölkerung dieser sieben Städte von rund 5 Millionen 1951 auf 7 Millionen Menschen 1961 mit 37% beteiligt. Anders ausgedrückt, lebten zwei Drittel der im Jahrzehnt 1951–1961 nach Kanada Eingewanderten am Ende des Dezenniums in diesen sieben Stadtregionen. Bei den kleineren Städten war nur etwa ein Fünftel des Zuwachses auf Einwanderung, dagegen vier Fünftel auf natürliches Bevölkerungswachstum und Wanderungsgewinn aus der Binnenwanderung zurückzuführen.

5.2.3. Die Großstädte

Quebec erfreute sich von Anbeginn der französischen Besiedlung des Lorenz-Strom-Ufers seiner Vorrangstellung als *Sitz der Kolonialverwaltung*. Auf längere Sicht freilich konnte die Stadt mit dieser Funktion nicht den Lagevorteil Montreals an dem durch die Lachine-Fälle gegebenen Navigationsende der Lorenzstrom-Schiffahrt wettmachen. Sie wurde bald von der Handelsstadt Montreal überflügelt.

In Quebec hat sich wohl wie in keiner andern kanadischen Stadt bis in die Gegenwart hinein der Charakter einer französischen Siedlung erhalten. Viele alte Bauten, Wohnhäuser und öffentliche Gebäude wie z. B. die Kathedrale – Quebec ist Sitz eines römisch-katholischen Erzbischofs –, tragen das Ihrige zu diesem Eindruck bei. Gewundene, häufig enge Straßen und eingestreute Plätze verleihen der Altstadt westeuropäisches Aussehen.

Seit jeher besteht der Gegensatz zwischen der Unterstadt am Strom, wo sich die Hafenanlagen und im Zusammenhang mit dem Wasser und den Eisenbahnen größere Lagerhaus- und Industrieanlagen entwickelten, eindrucksvoll überragt von dem Turm von Le Chateau Frontenac, dem berühmtesten Hotel der Stadt, und der Oberstadt, die in erster Linie Wohn- und Geschäftsstadt ist. Die gewaltige Zitadelle aus britischer Zeit am stromaufwärts gelegenen Stadtende ist zum Teil erhalten und in eine ausgedehnte Grünanlage einbezogen worden. Eindrucksvoll ist von hier aus der Blick hinunter auf den Strom an jener Stelle, an der 1759 die Engländer unter General WOLFE unter Umgehung der Stadt das Steilufer erstürmten. Quebec ist aber auch kulturelles Zentrum des französischen Sprachraums in Kanada und beherbergt die Laval-Universität.

Im Laufe der letzten Jahrzehnte ist Quebec mit einer Reihe von Vororten zusammengewachsen, so mit Charlesbourg, Giffard, Ste. Foy, Sillery. Auf dem Gegenufer des Stromes, durch Fähren mit der Kernstadt verbunden, liegt *Lévis* (15112). Diese Stadt hat in ähnlicher Weise wie Quebec eine mit Verkehrseinrichtungen und Industrie ausgestattete Unterstadt und eine Oberstadt ausgebildet und besitzt große Docks für Schiffsreparaturen. Quebec selbst zählt heute 171979 Einwohner, die Metropolitan Area 357568 Einwohner.

233 km südwestlich liegt *Montreal*, entstanden unmittelbar unterhalb der Lachine-Fälle auf vier größeren und mehreren kleinen Inseln. Der St. Lorenz-Strom bildet hier seenartige Erweiterungen und zwei Nebenarme aus. Die Hauptinsel trägt den Namen Isle de Montréal und nimmt den größten Teil der Kernstadt auf, die in den letzten Jahrzehnten mit früheren Nachbarstädten, auch auf den Gegenufern, zusammengewachsen ist (Fig. 92).

Im Jahre 1641 gelangte eine Gruppe von etwa 40 Siedlern auf die Insel St. Hélène im Lorenzstrom und errichtete hier ihre Behausungen. Die Siedlung griff bald auf das Gegenufer, also auf die Hauptinsel Montréal, über. Hier entwickelte sich eine zum Flußufer parallele Straße mit der Place de Marché, die die Flußbiegung mitmachte, dahinter in geringem Abstande eine gerade verlaufende Straße, die Notre Dame-Straße, die sich zu der Place d'Armes erweiterte, an der Kirche, Seminar und Kloster der Jesuiten entstanden. Die heutige Downtown ist gegenüber dieser Altstadt um ein beträchtliches Stück nach Südwesten verschoben.

Übrigens muß man in Montreal mit den Himmelsrichtungen vorsichtig sein, da die Siedler einst, wohl aus Unkenntnis des Umstandes, daß der Lorenzstrom hier auf eine kurze Strecke aus der allgemeinen Ost–West-Richtung in die Süd–Nord-Richtung umschwenkt, die Stadtteile alle falsch benannten, so daß West-Montreal eigentlich Süd-Montreal, das „Südufer" eigentlich das Ostufer sein müßten usw.

Der *Archipel-Charakter* Montreals hat seit jeher zu Schwierigkeiten im innerstädtischen Verkehr geführt, die noch durch den Mont Réal, den Berg auf der Hauptinsel mitten im Stadtgebiet verstärkt wurden. Hinzu kam als topographische Barriere ein streckenweise uferparalleles Bluff, das in der Anfangszeit die Breitenausdehnung der Stadt bestimmte. Der Mont Réal hat auch die vertikale Stufung der Bevölkerung und ihre soziale Schichtung unterstrichen (vgl. LANGLOIS) und trennt die beiden bedeutenden Universitäten, die der Downtown benachbarte englischsprachige McGill University und die am andern Hange gelegene französischsprachige Université de Montréal.

Damit ist wiederum die Frage der beiden Sprachengruppen aufgeworfen. Die Frankokanadier sind hier nicht so dominierend wie in Quebec, stellen aber doch rund zwei Drittel der Einwohnerschaft. Während sie viele Verwaltungspositionen und Schlüsselstellungen im Wirtschaftsleben der Provinz Quebec innehaben, stellen die Anglokanadier großenteils die wichtigen Wirtschaftsmanager im überregionalen Handel und in der Industrie. In bezug auf die Wohnviertel hat sich seit langem eine auf

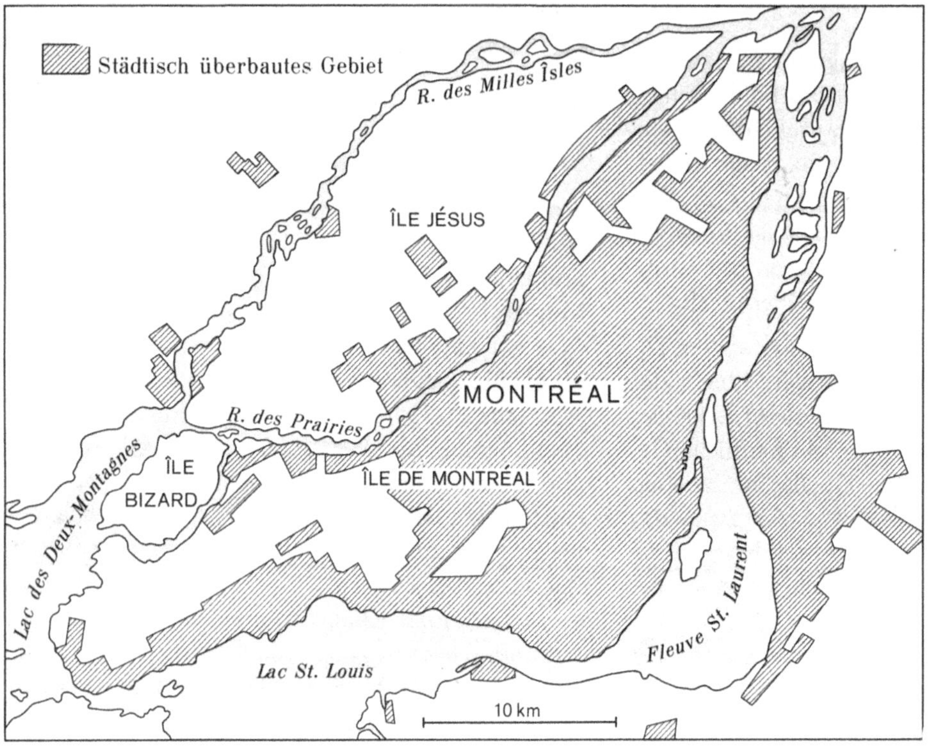

Fig. 92. *Die Archipel-Lage von Montreal.*
Die Stadt entstand an der Stelle einer Indianersiedlung am Ende der Lachine-Fälle auf mehreren Inseln im sich dort mehrfach gabelnden St.-Lorenz-Strom. Als langjähriger Endpunkt der Ozeanschiffahrt konnte sie die Hauptstadt des französischen Siedlungsgebietes, Quebec, bald überrunden und sich zur größten Stadt Kanadas entwickeln.

die Dauer stabile Trennung ergeben; die Anglokanadier wohnen mehr im Westteil der Stadt, die Frankokanadier mehr im Ostteil östlich vom St. Lawrence Boulevard.

Ein weiteres Charakteristikum Montreals ist seine Bausubstanz. Bis ungefähr 1900 war die Stadt in der Hauptsache Handels- und Finanzzentrum, was sich in einer breiten Schicht von gehobenem Bürgertum und dem nahezu völligen Fehlen einer Industriearbeiterschaft ausdrückte. Diese Situation änderte sich nach der Jahrhundertwende. Die Stadt entwickelte sich jetzt rasch zu einem bedeutenden Industriezentrum und zog große Zahlen von Arbeitern an sich. Diese konnten meist in den ersten Jahren, manchmal auch für längere Zeit nicht an den Bau eines Eigenheims denken und hielten nach Mietwohnungen Ausschau. Das belebte den Mietwohnungsmarkt und veranlaßte zahlreiche Bauherren zu Investitionen, und in den drei Jahrzehnten 1900–1930 füllten sich weite Teile der heutigen Stadt mit dreigeschossigen Reihenhäusern mit ihren so charakteristischen Außentreppen. So wurde Montreal zu einer *Stadt der Mietwohnungen* und damit zu einer einzigen bedeutenden Ausnahme auf dem Kontinent Nordamerika (Bild 30).

Bild 30. *Miethäuser in Montreal.* Typisch für viele Wohnhäuser, die zur Zeit der relativ späten Industrialisierung des alten französisch-britischen Siedlungsgebietes am St.-Lorenz-Strom am Anfang unseres Jahrhunderts entstanden, sind die zum ersten Obergeschoß führenden Außentreppen (B. HOFMEISTER).

Bild 31. *Habitat 67* ist der Name dieses aus vorgefertigten, ineinandergeschachtelten kubischen Einheiten für die Weltausstellung 1967 in Montreal geschaffenen Wohnkomplexes des Architekten M. Safdie (Luftbild wiedergegeben mit freundlicher Genehmigung der Canadian Military Mission, Berlin).

Gegenwärtig sind noch rund 70% der 500000 Wohneinheiten Groß-Montreals Mietwohnungen, und der Mietwohnungsanteil an den Neubauten der letzten Jahre hält sich ebenfalls bei dieser Größenordnung. In dieser Hinsicht sind auch kaum Unterschiede zwischen der frankokanadischen und der anglokanadischen Bevölkerungsgruppe festzustellen.

In der Downtown wurden in den letzten Jahren zahlreiche Veränderungen vorgenommen. Erwähnenswert ist vor allem die völlige Neugestaltung der Place Ville Marie, zwei Baublöcke östlich des Dominion Square mit einer Fußgängerzone und im Souterrain geschützt gelegener Shopping Plaza und modernen Bürohochhäusern. Mehrere große Hotelneubauten und eine Untergrundbahn wurden im Hinblick auf die im Jahre des 100. Jubiläums der Dominion-Gründung 1967 in der Stadt abgehaltene *Weltausstellung* geschaffen. Die Ausstellung selbst war auf die künstlich erweiterte Insel St. Hélène und eine weitere künstliche Insel sowie auf einen kleinen Abschnitt des nördlichen Stromufers des St. Lorenz gelegt worden. Dazu wurden Brücken- und Stadtautobahnbauten großen Umfanges durchgeführt. Vom architektonischen Gesichtspunkt her wichtig ist der Wohnblock "Habitat 67" des israelisch-kanadischen Architekten Moshe Safdie (Bild 31).

Seit dem Zweiten Weltkrieg ist die Stadt stark gewachsen, einmal durch die forcierte Industrieansiedlung der letzten Kriegsjahre, dann durch verstärkte Abwanderung der Landbevölkerung und durch die erneut gestiegene Einwanderung. Zunächst ging die Ausdehnung mehr konzentrisch und randlich in Anlehnung an die bis dahin überbaute Fläche vor sich. Es wurden wiederum wie zu Beginn des Jahrhunderts viele dreigeschossige Bauten errichtet, allerdings auf größeren Grundstücken mit geringerer Wohnbevölkerungsdichte. Später wurde mit der Entwicklung von etwa 15 neuen Gemeinden in Brückenkopf- und Ausfallstraßenlage ein mehr radiales Wachstum eingeleitet, das seit Mitte der 50er Jahre den Charakter der Zersiedlung annahm.

Die Zahl der vom Dominion Bureau of Statistics zur Metropolitan Area gezählten Gemeinden nahm im Jahrzehnt 1951–1961 von 46 auf 83 zu. Viele dieser Kleinstgemeinden sind auf Grund von Bodenspekulationen entstanden und in ihrer heutigen Größe kaum lebensfähig. Man erwartet für die Zukunft einen Ausleseprozeß, der nach dem Wunsch der Planer durch überlegte Kreditvergabe der Central Mortgage and Housing Corporation befördert werden könnte.

Mit 1191062 Einwohnern im Stadtgebiet bzw. 2,2 Millionen in der Metropolitan Area ist Montreal Kanadas größte Stadt. Sie ist das größte Verkehrszentrum des Landes und gleicht in ihrer Bedeutung für den ganzen tertiären Wirtschaftssektor New York City in USA.

Nordwestlich von Montreal, an der Einmündung des Rideau in den Ottawa-Fluß, einen Nebenfluß des Lorenzstromes, liegt die Hauptstadt des Dominion, *Ottawa*. Auf einem Bluff über dem Ottawa-Fluß erheben sich die Regierungsbauten und der Justizpalast sowie das Parlamentsgebäude mit dem Londons Big Ben nachgeahmten Glockenturm gegenüber der Holzindustriestadt *Hull* (56929), die auf dem Gegenufer bereits auf Boden der Provinz Quebec liegt. Ottawa gehört noch zu Ontario. Der Ort entstand erst um 1800 an der Stelle eines indianischen Handelsplatzes, wurde 1854 zur Stadt erhoben und 1867 von Königin Victoria zur Hauptstadt des Dominion bestimmt.

Administrative, wissenschaftliche und kulturelle Funktionen stehen stark im Vordergrund und bestimmen auch die Berufs- und Sozialstruktur der Bevölkerung. Die Nationalbibliothek, die Öffentlichen Archive Kanadas, die Königlich Kanadische Münze, das Nationalmuseum, das Kriegsmuseum und weitere Institutionen sind in dieser Stadt konzentriert. Wie in Washington, D.C. ist auch das Hotelgewerbe stark entwickelt. Die Industriebetriebe der Stadt zählen dagegen zusammen noch nicht 10000 Beschäftigte.

Der National Capital-Plan sieht die Schaffung eines breiten Grüngürtels im Süden, zum Teil in Anlehnung an den Verlauf von Rideau-Kanal und Rideau-Fluß und an bereits vorhandene größere Parkanlagen vor. Im Bereich dieses Gürtels werden einzelne öffentliche Funktionen mit hohem Flächenbedarf untergebracht werden (vgl. Fig. 41).

Wir wenden uns nun "Ontario's Horseshoe" (Griffin et al. 1963, S. 219), auch "Conurbation Canada" oder von Putnam "Mississauga"-Conurbation genannt, zu. Es handelt sich dabei um jenen Städtekomplex, der sich bandartig um den Westteil des Ontariosees herumzieht und u. a. die direkt am Seeufer gelegenen Städte Oshawa, Toronto, Oakville, Burlington, Hamilton, St. Catharins und die etwas binnenwärts gelegenen Städte Galt, Guelph, Kitchener und Waterloo umfaßt. Durch die ständige Ausdehnung dieses Komplexes wird der schmale

Obstbaugürtel entlang dem Seeufer immer mehr eingeschränkt.

Toronto beginnt der größten Stadt Kanadas, Montreal, den Rang streitig zu machen. An dem 1953 erfolgten förderativen Zusammenschluß zur Municipality of Metropolitan Toronto (vgl. Abschnitt 4.4.4, S. 224) waren Toronto selbst und 12 Nachbargemeinden beteiligt: Mimico, New Toronto, Long Branch, Etobicoke, Swansea, York, Forest Hill, Weston, North York, Leaside, East York und Scarborough. Toronto selbst zählt 657452 Einwohner, gefolgt von North York mit 267795, Scarborough mit 215641, Etobicoke mit 155358 und York mit 128521 Einwohnern. Die Township of York liegt nordwestlich von Toronto und ist nicht zu verwechseln mit dem ältesten Siedlungskern gleichen Namens der Stadt Toronto.

1793 entstand am Nordufer der Toronto-Bucht eine erste weiße Siedlung, die man York nannte. Heute gehört dieses Gebiet der Altstadt zu den vorrangigen Sanierungsgebieten Torontos. Es hat durch den Verfall seiner Bausubstanz genauso wie durch den Verlust früherer gewerblicher Funktionen verloren. Ähnlich wie in Montreal ist auch hier das Hauptgeschäftszentrum gewandert. Die heutige City von Toronto liegt südwestlich vom alten York.

Diese City befindet sich in tiefgreifender Umgestaltung. Der in Nord–Süd-Richtung vom Seeufer aus verlaufenden Hauptgeschäftsstraße, der Yonge Street, folgt der längste Zweig der 1954 fertiggestellten Untergrundbahn bis zu dem großen Zentralbahnhof der städtischen Verkehrsbetriebe weit im Norden an der Eglinton Avenue. Erweiterungsstrecken sind seit einigen Jahren im Bau. Parallel zur Yonge Street verläuft mehrere Blöcke weiter westlich die University Avenue, an der zahlreiche öffentliche Gebäude aufgereiht liegen, und die zusätzlich durch Denkmäler, Bänke und Blumenrabatten einen monumentalen Charakter erhalten hat. Im Norden führt die University Avenue zu den Gebäuden der Provinzialregierung von Ontario. Diese Straßen schneiden unter Rechten Winkeln King Street und Queen Street. An letzterer liegen das zweite und das neue, dritte Rathaus der Stadt, welches nach dem Entwurf des finnischen Architekten Revell in den 60er Jahren entstand. Im Süden trennen Bahnanlagen mit Union Station und Hauptpostamt die City vom Ufergelände. Durch die Führung des mehrbahnigen Gardiner Expressway in erhöhter Ebene wurde eine zusätzliche Barriere geschaffen. Sie soll durch Neubebauung des Geländes südlich des Rathauses durchbrochen, der Zugang und Blick zum Hafen für den Fußgänger wiederhergestellt werden (vgl. Fig. 57).

Auf der Abplattung des Laurentischen Schildes verlaufen mehrere kleine Flußtälchen in fast Rechtem Winkel zum Seeufer, vor allem der Don River und der Humber. Sie bilden seit jeher natürliche Trennungslinien für die Bebauung und förderten die Herausbildung begrenzter Wohnquartiere, die bis heute noch als geschlossene Gebilde erscheinen, zumal da diese Trennung unterstrichen wurde durch die Führung der Expressways entlang diesen Rinnen. Direkt um die City legen sich zunächst verhältnismäßig dicht bebaute Wohnviertel, in denen sich besonders infolge der erhöhten Nachkriegseinwanderung völkische Minoritäten, in erster Linie Japaner, Italiener, Ukrainer, aber auch Deutsche und Frankokanadier zu konzentrieren begonnen haben. Der italienische Obstmarkt, italienische Cafés und Filmtheater, das ukrainische Kulturhaus und Geschäfte mit japanisch ausgezeichneten Waren lassen diese Wohnquartiere schnell erkennen. Die Italiener machen etwa 12%, die Osteuropäer und Russen 9% der Bevölkerung der Stadt aus. 52% sind britischer Abstammung.

Weiter draußen sind große neue Wohnsiedlungen im Entstehen begriffen, z. B. im Norden das Don Mills-Gebiet mit dem Don Mills Shopping Centre und Don Mills Industrial Park. Die Stadt zählt rund 3000 Industriebetriebe mit 120000 Arbeitskräften. Mit über einer halben Million Einwanderern in den beiden letzten Jahrzehnten ist Toronto neuerdings die Großstadt Angloamerikas mit der höchsten Einwanderung.

Hamilton, zweiter Kern der polyzentrischen Stadtregion am Westende des Ontariosees und wegen seiner Eisen- und Stahlindustrie das "Pittsburgh Kanadas" genannt, wurde 1813 zwischen einer durch eine Nehrung vom See fast abgeschnittenen Bucht und der Niagara-Abdachung angelegt, entwickelte sich jedoch zu einer bedeutenden Stadt erst nach Anschluß an das Netz der Canadian National und Canadian Pacific. Die Stadt zählt 273991 Einwohner, die Metropolitan Area 395189 Einwohner.

Von den Mittelstädten der Region sollten besonders *Galt* (27830), *Guelph* (39898), *Kitchener* (74485) und *Waterloo* (21366) genannt werden. Sie sind als Industriestädte wie Kulturzentren gleichermaßen bedeutend. Guelph, dessen Betriebe Nahrungsmittel, Genußmittel und elektrische Maschinen hervorbringen, ist Sitz des Ontario Agricultural

College und Ontario Veterinary College und beherbergt mehrere große Krankenanstalten. Kitchener, von Mennoniten gegründet, die der German Company in Pennsylvania angehört hatten und den Ort Berlin nannten, besitzt vielseitige Industrien. Vor allem sind seine Textil-, Lederwaren-, Gummi-, Möbel- und Fleischverarbeitungsfabriken zu nennen. Die zum guten Teil deutschstämmige Bevölkerung hat sehr zur Pflege der Künste beigetragen und großen Anteil an der Existenz eines Symphonieorchesters und einer Schauspielbühne. Das ebenfalls von Mennoniten gegründete Waterloo, benannt nach der historisch berühmten belgischen Stadt, beherbergt besonders Betriebe der Maschinenbau-, Metallverarbeitungs- und Möbelbranche. Die Waterloo County befindet sich im Stadium rascher Verstädterung. Während 1951 79% ihrer Bevölkerung vom Zensus als städtisch eingestuft worden waren, waren es 1961 bereits 84%.

5.2.4. Besondere Merkmale und Probleme der Städte dieser Region

Die Bevölkerung Kanadas hat sich sehr auf einen durch Klima-, Verkehrs- und industrielle Standortgunst und durch die Nähe zur bedeutendsten Industriezone der USA bevorzugten, verhältnismäßig *eng begrenzten Eignungsraum konzentriert*. Das Land zwischen Quebec und Windsor bzw. Niagara Falls wurde zum städtereichsten Gebiet innerhalb des großen Kanada.

Auch in jüngster Zeit wirken sich wirtschaftliche Faktoren weiterhin begünstigend auf dieses Gebiet aus, so daß seine Siedlungen ständig an Bevölkerung gewinnen. Zu den jüngsten Ereignissen, die in diesem Zusammenhang besonderer Beachtung bedürfen, gehören der Ausbau des *St. Lorenz-Seeweges* und der Bau von Eisenbahnen in den in Erschließung begriffenen Norden der Provinz Quebec. So wurde nach Aufnahme des Abbaus der Eisenerze im Herzen der Halbinsel Labrador Ende der 40er Jahre der Hafen *Sept Isles* (14196) am Lorenzstrom Endpunkt der Quebec North Shore and Labrador Railway.

Ein weiteres Merkmal der Städte des östlichen Kanada ist, daß ursprüngliche Lagevorteile zur Gegenwart hin sich in Schwierigkeiten in bezug auf den Verkehr verwandelt haben. Besonders augenfällig ist das bei Montreal, das auf mehreren Inseln und hügeligem Gelände entstand, und wo im Zusammenhang mit der Ausdehnung in der Nachkriegszeit aufwendige Verkehrsbauten nötig wurden.

Das kräftige Wachstum der Städte der Provinzen Quebec und Ontario ist mit beträchtlicher Phasenverschiebung gegenüber dem Wachstum in den östlichen Vereinigten Staaten erfolgt. Kanada hatte keine so frühe Industrialisierung in der Epoche der Dampfmaschine. Lange Zeit waren seine städtischen Siedlungen administrative, kulturelle und kommerzielle Zentren, und die Wirtschaftsepochen des Pelzhandels und Holzfällens dehnten sich bis etwa zur letzten Jahrhundertwende aus. Die eigentliche Industrialisierung begann erst um 1900, dann aber so rasch, daß es zu umfangreichem spekulativem Mietwohnungsbau kam, wofür Montreal ein besonders markantes Beispiel ist. Das brachte auch eine größere Bevölkerungsdichte in diesen Städten mit sich und eine lohnendere Grundlage für ein rentables öffentliches Verkehrsnetz. Das hat wohl auch den erst in den 50er Jahren in Toronto und in den 60er Jahren in Montreal begonnenen Untergrundbahnbau vorteilhaft beeinflußt.

Das gegenwärtige kräftige Bevölkerungswachstum in dem verstädterten Streifen entlang dem Lorenzstrom und Ontarioseeufer von Quebec bis Niagara Falls vollzieht sich vielfach ungeordnet. Bodenspekulation und ungenügende Erschließung der Wohngebiete mit den Versorgungseinrichtungen sind die unliebsamen Begleiterscheinungen dieser raschen Entwicklung, in die die Planung erst langsam kräftiger einzugreifen beginnt.

Die seit der Jahrhundertwende bedeutende Einwanderung nach Kanada hat in den Städten zur Herausbildung geschlossener Wohnquartiere geführt. Vor allem sind hier Ukrainer und Polen, Italiener und Japaner zu nennen. Dagegen kennen die kanadischen Städte kein Negerproblem. Die Zahl der Neger ist hier außerordentlich gering. Die frankokanadische Bevölkerung wird auch in den Städten britischstämmiger Majorität kaum als Minorität im Sinne einer erwünschten Segregation empfunden. Das ist wichtig im Zusammenhang mit den Fragen der Stadterneuerung, bei der in den USA das Minoritätenproblem eine bedeutende Rolle spielt.

5.3. Der neuenglisch-mittelatlantische Siedlungsraum

5.3.1. Grundlagen der englischen Siedlungen nördlich der Mason-Dixon-Linie

Die Mason-Dixon-Linie, benannt nach den beiden Vermessungsingenieuren, die einst die Grenze zwischen den Staaten Pennsylvania und Maryland festlegten, trennt die nördlichen von jenen südlichen englischen Kolonien, die 1861 fast geschlossen die Union verließen und eine eigene Konföderation der Vereinigten Staaten bildeten. Wir haben es also mit dem Gebiete nördlich des Potomac, an welchem die Bundeshauptstadt Washington, D.C. gelegen ist, und des Ohio zu tun. Zu ihm gehören die sechs Neuenglandstaaten Maine, Vermont, New Hampshire, Massachusetts, Connecticut und Rhode Island und die sogenannten mittleren oder mittelatlantischen Kolonien New York, New Jersey, Pennsylvania, Delaware und Maryland.

Wenn auch Kapitän John Smith schon vor 1610 mit der Anlage der Siedlung Jamestown an der Küste des späteren Virginia einen Siedlungsversuch unternommen hatte, lag der Schwerpunkt der britischen Siedlungstätigkeit in Nordamerika weiter nördlich. Am Anfang stand die Landung der Pilgerväter mit ihrer "Mayflower" und die Gründung von *Plymouth* (6488) im Südteile der Bucht von Boston im Jahre 1620. Dieses Ereignisses erinnert man sich in Amerika zugleich mit dem Erntedank zum Thanksgiving Day am vierten Donnerstag im November.

Bereits ein Jahr nach der Landung setzten sich Siedler an der Stelle der heutigen Stadt Boston an. Auch im weiteren Umkreise entstanden alsbald Siedlungen. Die Puritaner waren untereinander zerstritten. Das Sektierertum förderte die Absonderung einzelner Gruppen und ihr isoliertes Siedeln über einen größeren Raum hinweg. Der sehr kleine Staat Rhode Island z. B. verdankt diesem Vorgange seine Entstehung. Aber es waren auch andere Glaubensrichtungen von Anfang an im britischen Siedlungsgebiet vertreten. Die beiden einzigen Eigentümerkolonien, Maryland und Pennsylvania, von der britischen Krone Lord Baltimore und William Penn übereignet, waren Ansatzpunkte der Besiedlung durch Katholiken und Quäker. Glaubensverfolgungen in den Ländern der Alten Welt speisten die Kolonien mit immer neuen Zuwanderern.

In den ersten Jahrzehnten ihrer Kolonisationstätigkeit an der atlantischen Küste Nordamerikas hatten die Engländer im mittelatlantischen Raum Rivalen. Die *Holländer* setzten sich auf der Südspitze Manhattans fest und gründeten die befestigte Siedlung Neu-Amsterdam um 1610. Um dieselbe Zeit faßten die *Schweden* an Delawarebucht und -fluß Fuß und legten 1638 das Fort Christina im Bereiche der heutigen Stadt Wilmington, Delaware, an. Aber Holländer und Schweden erhielten nicht genügend Zuzug aus den Mutterländern und mußten bereits 1664 ihre kleinen Einflußgebiete an die Engländer abtreten, die den Ort Neu-Amsterdam sofort zu Ehren des Herzogs von York in New York umbenannten.

Die wirtschaftlichen Grundlagen waren in dem ganzen Raum sehr vielfältig, zumindest für die Entwicklung im 17. und 18. Jahrhundert. Man konnte Landwirtschaft betreiben, wie man sie aus Europa gewohnt war. Besonders die mittelatlantischen Kolonien erwarben sich durch umfangreichen *Getreidebau* die Bezeichnung "bread colonies". Die Neuenglandstaaten schienen besser für *Viehhaltung* geeignet, für Futterbau und Grünlandwirtschaft. Neuenglands Heckenlandschaft erinnert sehr an den atlantischen Küstensaum Europas. Einige Bevölkerungsgruppen, vor allem die im 19. Jahrhundert in großer Zahl in diesen Raum einwandernden Iren, stammten aus einem viehwirtschaftlichen Agrargebiet. Mit dem Städtewachstum im Bereich südlich von Boston wuchs auch der Absatzmarkt für Frischmilch und Milchprodukte ständig. Der Waldreichtum Neuenglands war eine weitere Quelle wirtschaftlichen Wohlstandes und bot vor allem die Grundlage für den *Schiffsbau*, der außerordentlich florierte, da die Kolonisten als britische Untertanen das Privileg genossen, mit diesen Schiffen den Warentransport zwischen Amerika und dem Mutterland durchzuführen und die billig gebauten Schiffe für gutes Geld in England zu verkaufen. Zur Schifffahrt kam die *Fischerei*. Bis heute ist die Küste der Nordoststaaten der für die Fischerei der USA wichtigste Küstenabschnitt. Die *Wasserkräfte* der Flüsse von Neuenglands Bergketten boten eine Energiequelle für die ersten kleinen Industrien. Wasser und Holz zusammen begünstigten die Standortwahl. Schon im 18. Jahrhundert entwickelten sich kleine Betriebe, die Waffen, Uhren, Leder- und Glaswaren herstellten. Die erste mechanische Spinnerei stand 1793 in *Pawtucket*, Rhode Island (81001). Bevorzugte Standorte wurden der Raum um *Boston*, Massachusetts (697197), die Täler des Connecticut und Merrimack und die Narragansett-Bucht. Vor allem die *Textilindustrie* entwickelte sich zu der führenden Industrie Neuenglands.

So entstanden Städte wie *Bangor* (38912), noch heute bedeutender Fischereihafen und Zentrum der Papierindustrie, *Lewiston* (40804) und *Portland* (72566) in Maine, *Burlington* (35531), das in erster

Linie Handelszentrum ist, in Vermont, *Berlin* (17821), *Manchester* (88282), *Nashua* (39096), *Keene* (17562), *Laconia* (15288), *Claremont* (13563), *Dover* (19131), *Rochester* (15927) in New Hampshire und *Concord* (28991) am Merrimack, die Hauptstadt jenes Staates.

Die Verwendung von Holz als Baumaterial beim Hausbau und damit das Blockhaus und seine Weiterbildungen waren in Neuengland von Anbeginn der europäischen Besiedlung verbreitet. In dem noch vor der allgemeinen Anwendung des amerikanischen quadratischen Vermessungssystems kolonisierten Raum entstanden geschlossene Ortschaften mit einem zentralen Platz, dem Common oder Village green, umgeben von einer unregelmäßigen Blockflur innerhalb der 36 Quadratmeilen großen, townships genannten Vermessungseinheiten.

Das nördliche Neuengland geriet im Laufe des 19. und 20. Jahrhunderts wirtschaftlich anderen Landesteilen gegenüber ins Hintertreffen. Seine Lage wurde im Verhältnis zu dem sich kräftig nach Westen ausdehnenden Staatswesen immer peripherer. Es fehlten die Rohstoffe zum Aufbau einer Schwerindustrie, der Hüttenindustrie wie auch der petrochemischen Industrie. Die traditionellen Industriezweige aber begannen zu schrumpfen. Zuerst verlor Neuengland seine Stellung als erster Holzlieferant der Nation an den Mittelwesten und später an den Pazifischen Nordwesten. Im 20. Jahrhundert begann dann auch die arbeitsintensive Textilindustrie dem Lohngefälle in den südlichen Appalachenraum zu folgen. Damit bahnte sich eine tiefgreifende wirtschaftliche Umstrukturierung dieses Gebietes an.

Das südliche Neuengland, das den Teil von Massachusetts etwa südlich einer Linie Boston–Worcester–Holyoke und die Staaten Rhode Island und Connecticut umfaßt, hat zwar einzelne Züge mit dem eben geschilderten Nordteil Neuenglands gemein, wie z. B. das Fehlen von Rohstoffen für eine Schwerindustrie, die Aushöhlung der Städte durch den Abzug traditioneller Industriebranchen und einen Bevölkerungsrückgang der Kernstädte der Metropolitan Areas. Der *Grad der Verstädterung* ist hier aber aus ähnlichen wie den für die mittelatlantischen Kolonien anzuführenden Gründen so groß, daß das südliche Neuengland diesem Gebiete zuzurechnen ist.

Auf etwa 1000 km Nord–Süd-Erstreckung bildete sich hier zwischen Boston und Washington, D.C. eine gewaltige Städteagglomeration heraus, die frühzeitig Ansätze in einer großen Zahl rasch wachsender Städte hatte. Welche Faktoren wirkten sich fördernd auf diese Entwicklung aus?

Einmal waren es die *Bodenschätze*, die zwar Neuengland fehlten, aber vor allem in dem Ostteile von Pennsylvania zu dem frühen Aufbau einer Eisen- und Stahlindustrie und später einer petrochemischen Industrie führten. Die Appalachen im Hinterlande von Philadelphia bergen das bisher am stärksten ausgebeutete Anthrazit- und Kohlevorkommen in den Vereinigten Staaten. Während in den Inneren Ebenen und dem Felsengebirgsraum noch erhebliche, wenig genutzte Vorräte lagern, ist das Appalachengebiet mit etwa 75% an der Förderung von Anthrazit und Kohle in den letzten Jahrzehnten beteiligt gewesen. Die Vorkommen ließen im Raum Bethlehem–Allentown die Bethlehem-Stahlwerke und im Raum Pittsburgh–Youngstown das größte Stahlzentrum der USA entstehen, das auch noch heute trotz verstärkter Konkurrenz seitens jüngerer Industriegebiete im Mittelwesten in der Liste der Stahlerzeuger der USA an erster Stelle steht.

Auch Erze wurden früher im Pittsburgher Gebiet gefördert. Sie sind jedoch schon lange erschöpft. Die Erze werden aus der Mesabi Range und den anderen erzführenden Bergketten am Oberen See in großen Erztransportern über die Großen Seen gebracht und in Cleveland, Ohio, und anderen Häfen gelöscht und den kurzen Weg über Land nach Pittsburgh gebracht. Auch die Labradorerze und z. B. die Venezuelaerze können seit Ausbau des Seeweges in die Häfen der Großen Seen gebracht werden. Vor allem aber haben Labrador- und Venezuelaerze in jüngster Zeit die atlantischen Küstenstandorte begünstigt. In Pennsylvania wurde auch das erste Erdöl in den Vereinigten Staaten erbohrt. Später wurde die Versorgung der auf Erdöl aufgebauten Industrien zum Teil auf die Ölleitungen aus den Midcontinent- und Golfküsten-Feldern umgestellt. Die vielfältigen Industrien und die große Konzentration derselben zu Revieren trugen dem Nordosten und dem anschließenden Gebiet des nördlichen Mittelwestens die Bezeichnung *American Manufacturing Belt* ein.

Einer der entscheidenden Faktoren für das Wachstum von Bevölkerung und Wirtschaft im Nordosten war seine *Verkehrsgunst*. Die *Küstenkonfiguration* war der Anlage von Häfen förderlich. Der Buchten- und Ästuarreichtum einer sinkenden Küste bot eine große Zahl leicht zu benutzender Eingangspforten in den Kontinent, wie Connecticut und Hudson, Delaware-Bucht, Chesapeake-Bucht mit Susquehanna, Potomac und James River. Hinzu kommt, daß der Kontinent sein Gesicht Europa zuwendet mit einer weit nach Westen verschobenen Kontinentalwasserscheide und einer breiten atlantischen Abdachung. Das eingerumpfte Appalachengebirge bereitete der Durchdringung nur anfangs Schwierigkeiten. Durch die auf den Hudson zulaufende Mohawksenke war der Anschluß an das Gebiet der Großen Seen gegeben. Inseln und Halbinseln in großer Zahl schufen die Voraussetzung für gewaltige geschützte Hafenwasserräume, wie sie z. B. durch Lower und Upper Bay, die sie verbindenden Narrows, Hudson, East River und Manhattan River im Raum New York gegeben waren. Die weite Bucht von Boston mit ihren Schäreninseln eignet sich ebenfalls als idealer Hafenplatz. Im Laufe ihrer Geschichte ist die Stadt Boston durch ständige Auffüllungen und Landgewinnung weit in die Bucht hinausgewachsen (vgl. Fig. 95).

Ein dritter Faktor, der eng mit der Verkehrsgunst zusammenhängt, ist die *Einwanderung*. Der weitaus größte Teil jener rund 42 Millionen Einwanderer, die vornehmlich aus Europa kamen und zwischen 1820 und 1960 in den USA eine neue Heimat suchten, kam über die Häfen dieses Küstenabschnitts und wurde großenteils gleich von der atlantischen Küstenregion absorbiert. Ist das Städtewachstum allgemein stärker auf Zuwanderung als auf natürliches Wachstum zurückzuführen, so gilt das in besonderem Maße für die Städte des Nordostens. Daher sind die südlichen Neuengland- und mittelatlantischen Staaten diejenigen, die innerhalb der USA stets die höchsten Anteile an sogenannten "foreign born"-Personen gehabt haben. Sie erhielten ständigen Nachschub aus Europa, später auch Zuwanderung aus lateinamerikanischen und asiatischen Ländern. In den puritanischen Nordosten kamen im 19. Jahrhundert, besonders nach den Hungersnöten um die Mitte des Jahrhunderts, Iren in großer Zahl. Aber auch Frankokanadier suchten bei den Industrien in Neuenglands Städten Beschäftigung. Der Staat New York steht mit seinem Anteil an "foreignborn"-Personen von 16,8% 1960 immer noch an erster Stelle in den USA. Das hat für den Nordosten immer wieder neue Arbeitskräfte, aber auch anhaltende Bindungen zu Europa und immer neue Kräfte für die Pflege von Künsten und Wissenschaften bedeutet.

Damit sind wir bei einem weiteren entscheidenden Faktor angelangt. Was die *Entfaltung der Künste* in Nordamerika betrifft, nimmt der Nordosten seit jeher eine Sonderstellung ein. Seine Städte haben für amerikanische Verhältnisse eine alte und hohe Kulturtradition. Schon zur Kolonialzeit hatte sich die Quäkerstadt Philadelphia, Ort der 1776 erfolgten Unabhängigkeitserklärung, zu einem geistigen Zentrum entwickelt, das unter anderem die berühmte American Philosophical Society beherbergte und in der das Philadelphia Philharmonic Orchestra beheimatet ist. Die "Met", New Yorks Metropolitan Opera, und die Carnegie Hall sind zu Begriffen in der Welt geworden. In Boston wurde 1815 eine Haendel-und-Haydn-Gesellschaft gegründet, 1842 die New Yorker Philharmonie und 1881 das Bostoner Symphonieorchester.

Eine Reihe von Städten des Nordostens wurde zu den *berühmtesten Bildungszentren* des Landes. Hier entstanden die namhaftesten privaten Universitäten Amerikas. Schon 16 Jahre nach der Landung der Pilgerväter wurde 1636 die Harvard University in *Cambridge*, Massachusetts (107716) gegründet. Unweit davon entstand in *Worcester*, Massachusetts (186587) die Clark University. Hier müssen auch genannt werden die Columbia University in New York City, die Cornell University in *Ithaca*, New York (28799), die Princeton University in *Princeton*, New Jersey (11890), die Rutgers University in *New Brunswick*, New Jersey (40139), die Johns Hopkins University in *Baltimore*, Maryland (939024) und die Yale University in *New Haven*, Connecticut (152048). Nur wenige Staatsuniversitäten und einzelne private Universitäten in anderen Landesteilen kommen ihnen gleich.

Diese Bildungsstätten schufen aber ihrerseits die Voraussetzung für die umfassende *Grundlagenforschung*, die hier von namhaften Gelehrten durchgeführt wurde und stimulierend auf zahlreiche sehr spezialisierte Branchen der Industrie einwirkten, die in den Staaten des Nordostens in überdurchschnittlichem Maße konzentriert sind. So wurde New York City zum überragenden Zentrum der Herstellung elektronischer Rechenanlagen, in Baltimore werden Raketen gebaut, in *Groton*, Connecticut (29937) atomgetriebene Unterseeboote, in *East Hartford*, Connecticut (43977) Motoren für Düsenflugzeuge. In diesem Raum ist auch ein großer Teil der Ausbildungsstätten für die Streitkräfte konzentriert, z. B. die Militärakademie in *West Point*, New York (5700) und die Marineakademie in

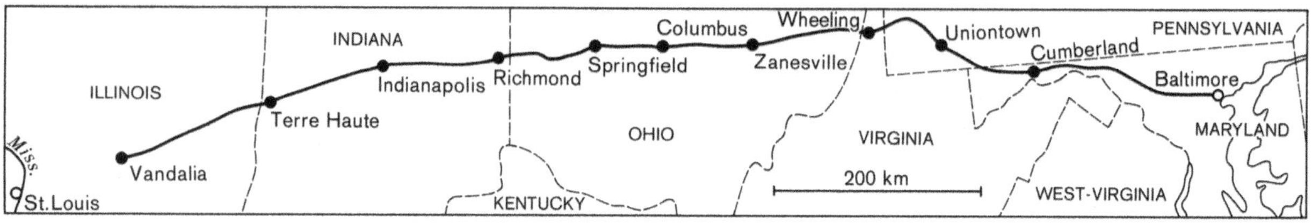

Fig. 93. *Die Städte an der Cumberland Road* (Entwurf des Verfassers).
Zwischen 1806 und 1836 wurde diese Straße neben der etwas weiter südlich verlaufenden Wilderness Road zur wichtigsten Transappalachenroute von Cumberland am Potomac bis Wheeling, West Virginia, ausgebaut und 1850 bis Vandalia, Illinois, verlängert. Die Cumberland Road vermittelte den Verkehr von Baltimore und Washington, D.C., nach Westen, berührte unter anderem die Hauptstädte von Ohio und Indiana, Columbus und Indianapolis, und sollte bis St. Louis führen, das sie aber nie erreicht hat. Das Eisenbahnzeitalter ging über die Vollendung der Überlandstraße hinweg. Dennoch bleibt ihr der Ruhm der ersten großen Allwetterstraße in den USA, die die Reise mit dem Planwagen von Baltimore nach Wheeling von zuvor 8 auf 3 Tage verkürzte. Die weiteren Routen durch das Gebirge, die ebenfalls unter Benutzung von Teilstrecken der Appalachenlängstäler und der Gaps zwischen den einzelnen Bergketten ausgebaut wurden, hatten viel geringere Bedeutung für die Besiedlung des transappalachischen Raumes.

Annapolis, Maryland (23385). Viele bedeutende Unternehmen mit den höchsten Jahresumsätzen haben hier ihren Stammsitz, wie die Standard Oil Company of New Jersey und die Westinghouse Electric Corporation in Baltimore, die Radio Corporation of America in New York City, die General Electric Company in *Schenectady*, New York (81682), die Eastman Kodak Company in *Rochester*, New York (318611), die E.I. Du Pont de Nemours Company in *Wilmington*, Delaware (95827), die Borg-Warner Corporation in *York*, Pennsylvania (54504) und viele andere. Es ist eine ungeheure Massierung der Wirtschaftskraft, des produzierenden wie des tertiärwirtschaftlichen Sektors, in dem der Anteil der Beschäftigten die entsprechenden Anteile in allen andern Landesteilen übertrifft. Das drückt sich auch in dem überdurchschnittlich hohen *Anteil der höchsten Einkommensstufen* und im Kaufkraftniveau der ganzen Region aus.

5.3.2. Die Erschließung des Appalachenraumes

Die Appalachen bildeten noch bis zur Mitte des 19. Jahrhunderts ein Hindernis für die Westwärtsbewegung der Bevölkerung. Die Besiedlung ging zunächst nur die Flußtäler aufwärts und hielt sich für längere Zeit in den Vorbergen der Appalachen.

Sehr verschiedene *religiöse Gruppen* beteiligten sich an der Besiedlung des östlichen Pennsylvania, das nach dem Willen seines Eigentümers William Penn eine Heimstatt für Menschen mit religiöser Toleranz sein sollte, wo ein jeder nach seiner Façon selig werden konnte. Der Quäker Penn selbst gründete die Stadt der Bruderliebe, *Philadelphia* (2002512), gab ihr einen Grundriß mit Gitternetz und benannte die Nord–Süd laufenden Straßen mit Ziffern, die Ost–West laufenden nach Bäumen.

In der Folgezeit entstanden mehr Quäkersiedlungen in Pennsylvania, z. B. *Quakertown* (6305). Weiter nördlich siedelten die Moravians aus Böhmen-Mähren und gründeten 1741 ihr *Bethlehem* (75408) im Lehigh-Tal. Der Ort entwickelte sich später mit dem benachbarten *Allentown* (108347) zu einem der größten Stahlzentren neben Pittsburgh. Weiter südlich siedelten die vorwiegend aus der Pfalz stammenden "Pennsylvania Dutch", Mennoniten, in der Lancaster County und legten *lineare Ortschaften* an wie jene, aus der sich die Stadt *Lancaster* (61055) entwickelte.

Für die weitere Erschließung des Binnenlandes spielte der Bau der *Cumberland Road* oder National Pike eine große Rolle. Innerhalb von drei Jahrzehnten, 1806 bis 1836, wurde diese Straße von *Cumberland* (33415) im westlichen Maryland aus über *Brownsville*, Pennsylvania (6055) zunächst bis *Wheeling*, West Virginia (53400) am Ohio gebaut und dann quer durch die Staaten Ohio und Indiana über Columbus, Ohio und Indianapolis, Indiana bis Vandalia in Illinois verlängert (Fig. 93). Das war aber erst um 1850 der Fall. Das eigentliche Ziel der National Road, St. Louis am Mississippi, wurde niemals erreicht. Über das Vorhaben war die Zeit hinweggegangen. Das Zeitalter des Eisenbahnbaus trieb die Entwicklung in eine andere Richtung.

Die National Road war für Baltimore von besonderer Bedeutung. Sie war aber auch geeignet, Waren von und nach Philadelphia einigermaßen vorteilhaft zu leiten. Die Straße erlaubte für die Planwagen jener Zeit eine Geschwindigkeit, durch die sich die Reisedauer von Baltimore nach Wheeling von früher acht auf drei Tage reduzierte. Dennoch vermochte sie nicht, den schon damals sich auswirkenden Lagevorteil New Yorks zu überspielen.

Neben dieser wohl wichtigsten, auch als Potomac-Route bezeichneten Cumberland Road spielten noch vier weitere Routen für die Durchquerung der Appalachen eine Rolle. Die nördlichste war die sogenannte Forbes Road, die Süd-Pennsylvania-Route von Harrisburg aus über Carlisle im Great Valley der Appalachen und Shippensburg–Bedford nach Loyalhanna, eine zweite die Juniata Road, ebenfalls von Harrisburg ausgehend nach Altoona. Südlich der Cumberland Road gab es ebenfalls noch zwei Routen. Die bekanntere ist die sogenannte Wilderness Road über die Cumberland Gap in den Cumberland Mountains. Sie nahm ihren Ausgang beim Fort Chiswell im Shenandoah-Tal und führte über Winchester südwestlich, nahm ähnlich den anderen Routen noch Nebenzweige auf, vor allem den einen von Richmond her, und führte dann nach Horrodsburg. Die südlichste Route ging aus von dem Ausläufer des Shenandoah-Tales und benutzte die Tennesseezuflüsse, weshalb sie Valley of East Tennessee-Route genannt werden kann.

New York City genoß die *Lagegunst am Ausgang des Hudsontales*, das über die Mohawkfurche mit den Großen Seen in Verbindung stand, wodurch die südlichen Appalachen einigermaßen leicht umgangen werden konnten. Zwar kamen andere Faktoren hinzu. New York profitierte am stärksten von den englischen Waren, die nach dem Krieg zwischen USA und England in den Jahren 1815 und 1816 in großer Menge billig auf den amerikanischen Markt geworfen wurden (vgl. GLAAB/BROWN 1967, S. 37). Auch war New Yorks Hafen dazu ausersehen, auf der amerikanischen Seite die ersten Liniendienste über den Atlantik auf sich zu ziehen. Endgültig festigte sich die Vorrangstellung New Yorks vor seinen Rivalen Philadelphia und Baltimore durch die Eröffnung des *Eriekanals* 1825, der der Mohawklinie folgte und eine direkte Schiffsverbindung vom Eriesee bei Buffalo mit Verbindung über den Oswegokanal auch zum Ontariosee und mit weiteren Verbindungskanälen zum Hudson bei *Albany* (129726), der Hauptstadt des Staates New York, herstellte. Dieser Vorläufer des späteren New York State Barge Canal brachte dem Hafen von New York einen gewaltigen Aufschwung und trug nicht unwesentlich zu dem nun besonders raschen Wachstum der Stadt bei. New York hatte bereits um 1812 die 100000-Einwohner-Grenze überschritten, gefolgt von Philadelphia um 1823 und von Baltimore um 1840. Die Bevölkerungszunahme New Yorks betrug in den Jahrzehnten 1790–1820 im Durchschnitt je 30000 Menschen und steigerte sich dann auf 110000 im Jahrzehnt 1830–1840, auf 200000 im Jahrzehnt 1840–1850 und auf 300000 im Jahrzehnt 1850–1860.

Philadelphia und Baltimore waren ins Hintertreffen geraten, versuchten aber, durch den *Eisenbahnbau* gegenüber New York aufzuholen. So wurden in den 1830er Jahren die *Pennsylvania Public Works* durchgeführt. Die Hauptader des Systems, die aus Kanälen und Bahnen kombinierte Strecke Philadelphia–Pittsburgh mit einer Länge von 640 km sollte dem Eriekanal Konkurrenz bieten. Durch das hügelige Gelände zwischen Philadelphia und *Columbia*, Pennsylvania (12075) wurde eine Bahn gebaut, von dort ging die Fracht weiter auf dem Ostteile des Pennsylvania Canal bis *Hollidaysburg* (6475); von dort bis *Johnstown* (53949) wurde der Allegheny Portage Railroad gebaut, bestehend aus fünf ebenen Streckenabschnitten und fünf Schiefen Ebenen, und von dort führte der Westabschnitt des Pennsylvania Canal zum Allegheny-Fluß und entlang dessen Unterlauf bis zu seinem Zusammentreffen mit dem Monongahela bei Pittsburgh. Nach Fertigstellung dieser Arbeiten ergab sich wohl ein wirtschaftlicher Aufschwung für die ganze Südhälfte des Staates Pennsylvania, aber die Route konnte nicht gegen den Eriekanal ankommen.

Bald darauf wurde der Bau der *Pennsylvania Railroad* betrieben. 1849 konnte das Teilstück bis *Harrisburg* (79697), Pennsylvanias Hauptstadt, 1852 die Strecke bis Pittsburgh eröffnet werden. Später wurde die Bahn bis Chicago verlängert. Am Beginn des 20. Jahrhunderts suchte man dann den Anschluß an New York City, und die Eisenbahngesellschaft untertunnelte Hudson und East River und baute auf Manhattan die große Pennsylvania Station.

Baltimore antwortete auf die Eröffnung des Eriekanals mit dem Plan der *Baltimore and Ohio Railroad*, die nach Wheeling am Ohio und an der Cumberland Road führen sollte. 1830 wurde eine kurze Teilstrecke eröffnet, aber erst 1852 wurde Wheeling und 1857 St. Louis erreicht. 1835 war der Anschluß an die Hauptstadt Washington, D. C. hergestellt worden. Später beteiligte sich die Baltimore and Ohio über eine Tochtergesellschaft, die Baltimore, Pittsburgh & Chicago Railroad, an der Erreichung Chicagos, was 1874 geschah, nachdem vier andere Gesellschaften, von denen je zwei in der Pennsylvania Railroad und der New York Central aufgegangen waren, bereits bis Chicago vorgedrungen waren.

Indessen blieb New York nicht untätig, obwohl der Stadt ihr durch den Eriekanal gegebener Vorsprung erhalten blieb. Bereits 1826 wurde der Plan gefaßt, durch die Mohawksenke auch eine Eisenbahn zu legen. Eine erste Bahn, die Mohawk & Hudson Railroad, wurde bereits 1831 zwischen Albany und Schenectady in Betrieb genommen. 1853 ging aus einem Zusammenschluß von zehn zwischen Albany und Buffalo operierenden Linien die *New York Central Railroad Company* hervor, die durch Aufkauf weiterer Gesellschaften sich im Osten nach New York City und im Westen nach Chicago ausdehnte. In der Frachtbeförderung wurden ihr anfänglich im Hinblick auf den Eriekanal Beschränkungen auferlegt.

Durch diese Tätigkeit zahlreicher privater Eisenbahngesellschaften erhielt der Nordosten nicht nur ein dichtes Bahnnetz, sondern es kam zum Bau weitgehend parallel verlaufender Strecken, die sich wie die Pennsylvania Railroad und die New York Central heftige Konkurrenz boten. Dieser Kampf der großen Bahngesellschaften endete erst im Jahre 1966 vorläufig mit der Fusion der beiden letztgenannten Bahnen und der damit auch gegebenen Möglichkeit größerer Stillegungen unrentabler Strecken.

Während New York City 1910 bereits 4,8 Millionen Einwohner zählte, hatte Philadelphia erst 1,6 Millionen und Baltimore 0,6 Millionen. Selbst nach Norden konnte New York sein Hinterland weit in Richtung auf Boston ausdehnen. Im Hinblick auf zahlreiche Versorgungsfunktionen verläuft die Grenze beider Hinterländer etwa bei zwei Dritteln auf dem Wege von New York nach Boston. Nur bei wenigen Funktionen reicht der Einfluß Bostons weiter in Richtung auf New York zu.

Boston gehört wie die drei rivalisierenden Hafenstädte der mittelatlantischen Region zu den früh aufstrebenden Handelsstädten, die auch größere Einwandererzahlen aufnahmen und ein frühes schnelles Wachstum erlebten. Die Stadt überschritt, rechnet man Cambridge dazu, um 1840 die 100000-Einwohner-Grenze. Während in der Folgezeit schon im Mittelwesten die ersten Großstädte, Cincinnati, Chicago, St. Louis, aufstrebten, erreichten weitere Städte des Nordostens wie *Washington*, D. C. (763957) durch seine Verwaltung und *Newark*, New Jersey (405220), *Camden*, New Jersey (117159), *Paterson*, New Jersey (143663), Wilmington, Delaware, *Pittsburgh*, Pennsylvania (604332) und *Buffalo*, New York (532759), die Einwohnerzahl von 100000 erst um 1870, New Haven, Connecticut, *Providence* (207498), die Hauptstadt Rhode Islands, und Worcester um 1880, die anderen Industriegroßstädte aber erst zu Anfang des 20. Jahrhunderts.

5.3.3. Megalopolis

Um 1880 waren New York, New Jersey, Massachusetts, Connecticut und Rhode Island die einzigen Staaten in den USA mit mehr städtischer als ländlicher Bevölkerung. Die Bevölkerungsverdichtung erreichte dann in unserm Jahrhundert ein solches Maß, daß die Großstadtregionen zusammenzuwachsen begannen und GOTTMANN den Nordosten mit der Bezeichnung Megalopolis belegte.

Die Megalopolis im Sinne GOTTMANNS reicht von der Hillsborough County im Südteil von New Hampshire bis zur Fairfax County im Nordteil Virginias (Fig. 94). Sie bedeckt eine verhältnismäßig schmale Zone entlang der Atlantikküste bei einer Nord–Süd-Erstreckung von annähernd 1000 km. Dieser Bereich umfaßt nicht mehr als 2% der Fläche der festländischen USA ohne Alaska, und innerhalb desselben nimmt die städtisch überbaute Fläche auch nur etwa die Hälfte ein. Aber auf diesem Raum sind rund 20% der Gesamtbevölkerung der USA konzentriert bei einer durchschnittlichen Bevölkerungsdichte von 240 Einwohnern pro Quadratkilometer, d.h. der zehnfachen Dichte des Durchschnitts für die Union. Die höchste Dichte erreichte Rhode Island mit 312 Einw./qkm, gefolgt von New Jersey mit 310 Einw./qkm, Massachusetts mit 252 Einw./qkm und Connecticut mit 199 Einw./qkm. Schon im Staate New York wird wegen dessen großem dünnbesiedeltem NW-Teil nur noch eine Dichte von 135 Einw./qkm erreicht. Die Bevölkerungsdichten in einigen deutschen Bundesländern, in den Niederlanden und in den volkreichsten chinesischen Provinzen gehen durchaus über diese Werte hinaus. Aber innerhalb Nordamerikas und im Verhältnis zu den übrigen Teilen dieses Kontinents finden wir hier die maximalen Werte vor. Die Massierung der Wirtschaftskraft erhellt aus der Feststellung, daß dieser Raum rund 27% des Industrieproduktionswertes der USA und 25% des Einzelhandelsumsatzes hervorbringt.

Im Norden gehören zur Megalopolis die Metropolitan Areas von Manchester (178161) mit den Städten Manchester und Nashua, von Springfield–Holyoke (532582), Worcester (583228), Boston–

Fig. 94. *Die Ausdehnung der Megalopolis im Sinne* J. GOTTMANNS.
Die „Riesenstadt“ reicht vom südlichen New Hampshire bis zum nördlichen Virginia und umfaßt unter anderem die Metropolitan Areas von Boston, New York, Jersey City, Trenton, Philadelphia, Baltimore und Washington, D. C. Die Bevölkerungsdichte in diesem Raume erreicht ungefähr den zehnfachen Wert des Durchschnitts der festländischen USA (ohne Alaska), in ihm werden etwa 25% der industriellen Wertschöpfung und 25% aller Einzelhandelsumsätze der USA erzielt. Die Megalopolis in dieser Begrenzung ist rund 53 000 Quadratmeilen (139 300 qkm) groß und beherbergt rund 40 Millionen Menschen.

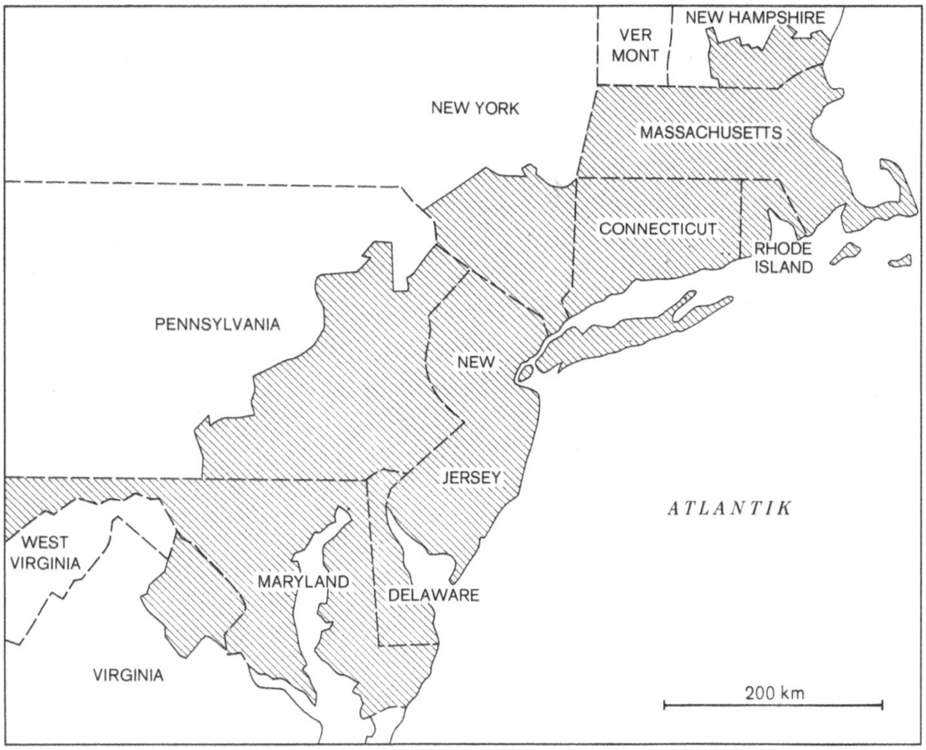

Lawrence–Lowell (3109138), Brockton (248449), Fall River–New Bedford (398488), Pittsfield (142135), in Rhode Island die Metropolitan Area von Providence (718543) und die Mittelstadt *Newport* (47049), in Connecticut die Metropolitan Areas von Bridgeport–Stamford–Norwalk (653589), New Haven–Waterbury (660315) und Hartford–New Britain–Bristol (689555), wobei Hartford als das heute größte Versicherungszentrum in den USA besonders zu erwähnen ist, und die Mittelstädte *Torrington* (30045), *Middletown* (33250), *New London* (34182) und *Norwich* (38506).

Das Herzstück der Megalopolis bildet die Städteagglomeration des küstennahen Teils des Staates New York und des Staates New Jersey. Die vom Zensus als *Standard Consolidated Area New York–Northeastern New Jersey* bezeichnete Region mit New York City und Randgemeinden, mit den Metropolitan Areas von Jersey City, Newark und Paterson–Clifton–Passaic zählte 1960 14650818 Einwohner, von denen 10694633 auf die Metropolitan Area New York entfielen.

Der eine Ausläufer der Megalopolis reicht in die Hudson-Mohawk-Senke hinein, in der sich an den Flüssen und den ihnen parallel laufenden Eisenbahnen und Autostraßen etliche Siedlungen gebildet haben, die zu Großstädten und Kernen von Stadtregionen herangewachsen sind. Zu ihnen gehören die Metropolitan Areas von Albany–Schenectady–Troy (568407), Utica–Rome (330771), Syracuse (423028), Rochester (586387) und Buffalo (1306957).

Nach Süden schließen sich an die Agglomeration um New York City die Metropolitan Areas von Trenton (266392), Atlantic City (160880), dem größten Seebad der USA mit über tausend Hotels, Philadelphia (4342897), Wilmington (366157), Baltimore (1638086) und Washington, D. C. (1303574) an.

Am Rande der Kernzone liegen im Ostteile des Staates Pennsylvania die Metropolitan Areas von Scranton (234531), Wilkes-Barre–Hazleton (346972), Allentown–Bethlehem–Easton (428948), Reading (275414), Lancaster (278359), York (238336) und Harrisburg (345071). Die übrigen Stadtregionen verteilen sich mehr über den größeren Westteil des Staates und bilden weitgehend parallel zum nördlich gelegenen Mohawk-Streifen einen Ausläufer des Kernraums: Altoona (137270), Johnstown (280733) und Pittsburgh (2405435).

Wie der Aufzählung zu entnehmen ist, haben sich in diesem Raum zahlreiche *polyzentrische Stadtregionen* herausgebildet, die vor allem in Pennsylvania mit einzelnen *Industrierevieren* gleichzusetzen sind, entstanden auf der Basis von Anthrazit oder Kohle oder einer Kombination mehrerer Bodenschätze.

Gerade diese Städte weisen eine schon geraume Zeit anhaltende Tendenz des Bevölkerungsrückgangs auf, der zumindest die Kernstädte erfaßt hat. Auch Kleinstädte in der Nachbarschaft der Stadtregionen verlieren Bevölkerung. Die Gründe sind unterschiedlicher Natur.

5.3.4. Die jüngeren Wandlungen der Wirtschaftsbasis

Der Rückgang in der Kohleförderung vor 1961 und die stärkere Orientierung der Wirtschaft und der Haushalte auf Öl und Erdgas haben die ausgesprochen *einseitig funktional ausgerichteten Städte in der Anthrazitregion Pennsylvanias* besonders getroffen. Die Metropolitan Areas von Scranton und Wilkes-Barre hatten im Jahrzehnt 1950–1960 einen Bevölkerungsrückgang von rund 10% zu verzeichnen, und zwar nicht nur in den Kernstädten, sondern auch im Bereiche des Metropolitan Ring. Johnstown, das neben der Stahlerzeugung vor allem vom Kohlebergbau lebte und dessen Beschäftigte zu einem Viertel in demselben tätig waren, erfuhr einen Rückgang, um 14,7% in der Kernstadt, die gesamte Metropolitan Area um 3,6% im Jahrzehnt 1950–1960.

Altoonas wirtschaftliche Basis war sehr einseitig auf die *Eisenbahnausbesserungswerke* der Pennsylvania Railroad-Gesellschaft ausgerichtet, in denen auch der Maschinenpark für die zusätzliche Zugkraft durch die gebirgigen Teile Pennsylvanias unterhalten wurde. Seit die Umstellung auf Diesellokomotiven erfolgte, wird eine erheblich geringere Belegschaft in diesen Werken benötigt. Die Kernstadt erfuhr einen Rückgang um 10,1 %, die Metropolitan Area einen solchen um 1,6% im Jahrzehnt 1950–1960. Dieser rückläufige Trend ist zwar nach außen hin abgeschwächt, erfaßt aber weite Teile der Stadtregion.

In den Neuenglandstaaten ist, wie angedeutet, die *Textilindustrie* in Abwanderung nach Süden begriffen. Von einem Bevölkerungsrückgang sind hier im wesentlichen die *Kernstädte* betroffen, während die Entwicklung vieler Vorortgemeinden die Metropolitan Areas als ganze wachsen läßt. Im Jahrzehnt 1950–1960 erfuhr Boston einen Rückgang seiner Bevölkerung um 13,1%, Lawrence einen solchen um 12% und Lowell einen um 5,3%. Während alle drei Kernstädte also an Bevölkerung verloren, wuchs die Metropolitan Area Boston–Lawrence–Lowell um 8,1%. Dasselbe gilt für Hartford, New Haven, Bridgeport, Portland und zahlreiche weitere Stadtregionen Neuenglands.

Einzelne Gebiete stehen günstiger da wie z. B. der Ostteil Connecticuts zwischen Connecticut-Tal und Narragansett-Bucht. Hier gibt es keine dominierende Metropolitan Area, sondern etliche Industrieklein- und -mittelstädte wie Groton, Middletown, New London, Norwich. Ein großer Teil der in nicht-agrarischen Berufen tätigen Bevölkerung lebt hier außerhalb der Grenzen der Städte, so daß in dem Raum der vier Counties Middlesex, New London, Tolland und Windham, in denen die genannten Städte liegen, nicht weniger als 42,5% der Bevölkerung zur Gruppe der "rural-nonfarm"-Personen gehören. Zwar war auch hier die Textilbranche als wirtschaftliche Grundlage bedeutend, aber es kommen etliche *andere Industriezweige* hinzu wie Papierfabrikation, Elektroindustrie, Maschinenbau und ausgesprochene *Wachstumsindustrien*, die die rückläufige Entwicklung in der Textilbranche aufzufangen und mehr als auszugleichen vermochten. In Groton z. B., wo atomgetriebene U-Boote hergestellt werden, ist auch die U. S. Coast Guard Academy als unionsstaatliche Behörde ein bedeutender Arbeitgeber.

Allgemein setzte in Neuengland eine stärkere Orientierung auf *Veredlungsindustrien* mit geringem Rohstoffeinsatz und auf *tertiärwirtschaftliche Betätigungen* wie das Versicherungswesen ein. Man ging aber auch an die bessere Nutzung der Küsten und Berge als *Touristen- und Erholungsgebiete* und belebte das Fremdenverkehrsgewerbe. So bildete sich im Kap-Cod-Gebiet eine Reihe von Seebädern wie Falmouth, Hyannis, Provincetown und Sandwich heraus. Damit erhielt auch manche ältere Stadt bessere Überlebenschancen unter den veränderten Umständen.

Von den allgemeinen wirtschaftlichen Grundlagen abgesehen wirken sich auf die Bevölkerungsbewegung der Städte auch Faktoren wie die *Entfernung zur nächsten Metropolitan Area* oder zu modernen Verkehrsadern, vor allem den Interstate Highways, hemmend oder fördernd aus. In den meisten Neuengland- und mittelatlantischen Staaten und dazu in wenigen Staaten außerhalb dieses Raumes leben insgesamt rund 10% der US-Bevökerung in schrumpfenden Kleinstädten von meist unter 10000 Einwohnern. NORTHAM spricht von einer *Umstrukturierung im hierarchischen System der zentralen Orte*, die vor allem darin besteht, daß die kleinen Orte der untersten Stufe verschwinden, während die Orte der nächst höheren Stufe unter Verlust einiger ihrer bisherigen Funktionen zu überleben vermögen. In den gesamten Vereinigten Staaten waren von dem Rückgang in den beiden Jahrzehnten 1940–1960 rund 6000 Städte, unter ihnen nur 300 mit je über 7000 Einwohnern, betroffen.

5.3.5. Die Halbmillionen- und Millionenstädte

Zu den größten Städten des Nordostens gehören Boston, New York City, Philadelphia, Baltimore, Washington, D. C., Pittsburgh und Buffalo.

Boston wurde zehn Jahre nach Landung der Pilgerväter etwas weiter südlich von der Massachusetts Bay Company gegründet und 1632 Verwaltungssitz für die Regierung der britischen Kronkolonie Massachusetts. In Cambridge auf dem gegenüberliegenden Ufer des Charles River, über den neun Brücken die beiden Städte verbinden, wurde 1636 die Harvard University als erste Universität in Nordamerika gegründet.

Zwischen dem ertrunkenen Unterlauf des Charles River und der Massachusetts-Bucht entstand der alte Stadtkern mit dem Common. Bostons älteste Kirche und das town house stehen auf dieser Halbinsel nahe der Kreuzung der vom Hafen senkrecht auf die Cornhill genannte Längsachse derselben verlaufenden King Street. Die engen Gassen und die hauptsächlich verwendeten Baumaterialien, roter Ziegel und brauner Sandstein, gaben der Altstadt ein europäisches Gepräge, das erst nach und nach durch Wolkenkratzerbauten und vor allem durch die hier sehr rigoros durchgeführte Verkehrsplanung, die mehrbahnige Stadtautobahnen in gehobener Ebene durch sie hindurchlegte, geschwunden ist. Zwischen Altstadt und Bucht schieben sich Hafenviertel und Hauptbahnhof. Auf der Nase der Halbinsel entwickelten sich der Nordhafen, der Nordbahnhof und mit ihm ein größeres Industrieviertel, das sich in die nördlichen Vorstädte Somerville, Medford und Malden hinaus erstreckt. Im Nordwesten und Südwesten dagegen entwickelten sich große Wohnvororte, deren äußerste bereits weit auf die Stadtregion von Worcester zu gewachsen sind.

In der Kolonialzeit war Boston der bedeutendste amerikanische Hafen für den Nordatlantikverkehr. Diese Stellung verlor die Stadt längst an New York, aber die Bedeutung als größter Fischereihafen an der Nordostküste ist ihr geblieben. Getreide aus den Plains und Kanada wird hier umgeschlagen. Die Importe bestehen großenteils in den Neuengland

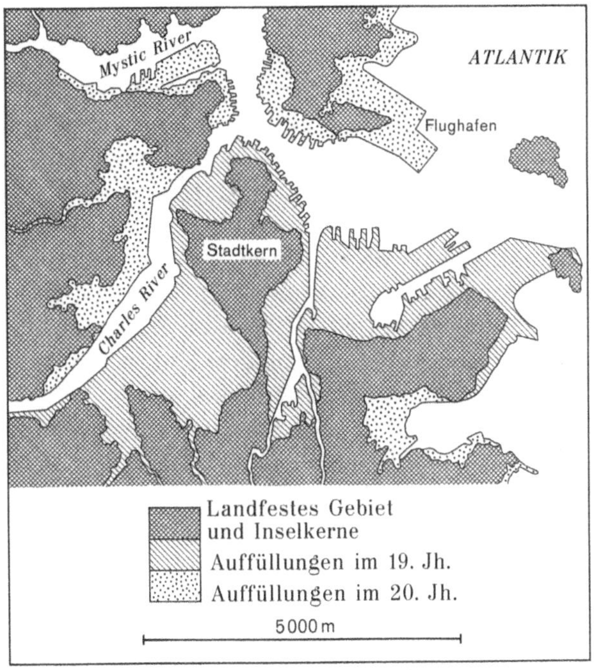

Fig. 95. *Das Flächenwachstum Bostons durch Auffüllungen der Bucht im 19. und 20. Jahrhundert* (wiedergegeben aus "American Skyline" mit freundlicher Genehmigung von Houghton Mifflin Company und The New American Library, Inc.).

Die ursprünglich etwa 313 ha große Stadt hat durch Auffüllungen der Bucht seit 1803 etwa die fünffache Flächenausdehnung erlangt. Unter anderem entstand auch 1923 der Bostoner Flughafen auf Aufschüttungsgelände.

mangelnden Rohstoffen wie Erzen und Öl. Logan International Airport in East Boston, zum Teil auf aufgeschüttetem Gelände in der Bucht angelegt (Fig. 95), ist einer der verkehrsreichsten Flughäfen des Kontinents mit allein täglich 90 Flügen nach und von New York City. Boston besitzt eine breite industrielle Basis, aber auch eine hohe Bedeutung als Finanzzentrum, ist zugleich auch die Hauptstadt von Massachusetts und ein bedeutendes Bildungszentrum. Vor allem muß hier das Massachusetts Institute of Technology (MIT) genannt werden.

Für die amerikanische Geschichte ist Boston wichtig als Schauplatz der sogenannten Tea Party von 1775, die den Anstoß zum Unabhängigkeitskriege der Kolonien gegen England gab, und die Schlacht am Bunker Hill war eine der ersten kriegerischen Auseinandersetzungen zwischen Royalisten, die großenteils die Stadt und den weiteren Bereich der nördlichen Kolonien verließen und ins kanadische Gebiet umsiedelten, und den Anhängern der Idee der Eigenstaatlichkeit.

New York City hatte schon zur Zeit des Unabhängigkeitskrieges Boston den Rang als größte Stadt in Nordamerika abgelaufen und vergrößerte vor allem nach Eröffnung des Eriekanals seinen Vorsprung gegenüber den anderen Küstenstädten ständig. Um 1610 faßten die Holländer auf Manhattan Fuß und gründeten den Pelzhandelsposten Neu-Amsterdam. Die Siedlung wurde mit einem Wall umgeben, auf dessen einstige Existenz die Wall Street hinweist. Der Südzipfel bis City Hall fällt auch mit seinem unregelmäßigen Straßennetz aus dem übrigen Manhattan mit seinem Schachbrettgrundriß heraus.

New York erfreut sich besonderer Hafengunst. Die Felseninsel Manhattan schiebt sich als 21 km lange und durchschnittlich nur 3 km breite Zunge zwischen Hudson und den sich zum East River verengenden Long Island-Sund in die sogenannte Upper Bay hinein. In dieser finden wir, Manhattan südwestlich vorgelagert, Liberty Island mit der berühmten Freiheitsstatue. *Manhattan* (1698281) ist einer der fünf durch die 1898 erfolgte Verwaltungsneugliederung des Stadtgebietes entstandenen Boroughs. Nördlich schließt sich, vom Manhattan River getrennt, die Borough und County *Bronx* (1424815) an. Zwischen Upper Bay und der weiter südlich gelegenen Lower Bay bilden die Narrows einen Durchlaß zwischen Staten Island, das zugleich die Borough und County *Richmond* (221991) ist, im Südwesten und der Insel Long Island mit den Boroughs *Brooklyn* (2627319) und *Queens* (1809578). Die genannten Wasserstraßen gliedern den Stadtkomplex stark und bilden selbst zusammen ein riesiges Hafenareal, was New York eine Hafenwasserfront von rund 1200 km verschafft.

Der Umschlag des Hafens beträgt rund 38% des Gesamtumschlags aller US-Häfen und wird bei dem großen Anteil des Stückgutverkehrs vorwiegend mit Leichtern und car floats vorgenommen. New Yorks Einzugsgebiet für Stückgüter reicht bis zur kanadischen Grenze und im Westen bis Denver. Der Gesamtumschlag der New York–New Jersey Harbors, für deren Verwaltung die Port of New York Authority zuständig ist, betrug 1964 135,3 Millionen t. Ungeheuer groß ist aber auch der Luftverkehr New Yorks. Neben kleineren Flugplätzen und Militärflugfeldern besitzt die Stadtregion vier große Flughäfen für die zivile Luftfahrt, den John F. Kennedy International Airport (früher Idlewild), La Guardia Airport, Newark Airport und Teterboro Airport. Dazu kommen Hubschrauberplätze für den Verkehr innerhalb der Stadtregion.

Die Insel- und Halbinsellage der verschiedenen Stadtteile hat immer wieder zum Bau von Tunnels und Brücken Anlaß gegeben. Die George-Washington-Brücke sowie Lincoln- und Holland-Tunnel verbinden Manhattan mit Hoboken und Jersey City auf der Westseite des Hudson, Brooklyn-Brücke, Manhattan-Brücke, Williamsburg-Brücke, Queensboro-Brücke, Brooklyn-Battery-Tunnel und Queens-Midtown-Tunnel verbinden Manhattan mit Brooklyn und Queens auf Long Island, drei weitere Brücken verbinden Bronx mit Queens. Seit 1965 überspannt die nach dem 1524 an den Hudson gelangten Entdeckungsreisenden GIOVANNI VERRAZANO benannte Brücke die Narrows. Daneben existieren mehrere Untergrund- und Fernbahntunnel (Bild 32).

Manhattan ist das Herz New Yorks. An der Grenze zwischen dem Südzipfel mit unregelmäßigem Grundriß zum Schachbrettgrundriß entwickelte sich das Civic Center. Im Südosten liegt der Tomkins Square, einst Wohnsitz der Deutschen in New York, die sich später in Yorkville im Nordosten konzentrierten. Westlich schließt sich Greenwich Village mit den Gebäuden der New York University an. Von der 10. Straße ab läuft der Broadway als Diagonale durch Manhattan. Er verbreitert sich an der 43. Straße zum Times Square. In seiner Nähe erhebt sich an der 33. Straße das Empire State Building. Nordwestlich schließt sich der Garment District an, Zentrum der Damenoberbekleidungsindustrie, etwas nördlicher liegt der Theater-District mit jenen Bühnen, die in Amerika über Erfolg oder Durchfall eines Theaterstücks entscheiden. Nordöstlich folgt das Rockefeller Center mit dem Gebäude der Radio Corporation of America. Von der 59. Straße ab teilt der große Central Park, am Beginn der amerikanischen Parkbewegung in den 1850er Jahren von Amerikas berühmtem Gartenarchitekten FREDERIC LAW OLMSTED geschaffen, mit seinen vielen Teichen den Baukörper. Auf der Hudson-Seite finden wir das Lincoln Center mit dem neuen Haus der Metropolitan Opera, das American Museum of Natural History und die Columbia University. In Höhe des Theaterdistrikts liegt am East River das Gebäude der Vereinten Nationen. Ganz im Norden, zum Harlem River hin und nach Bronx hinein schließt sich Harlem an, der Welt größte Negerstadt.

Neben der gewaltigen Bürohauskonzentration, die Manhattan zum größten tertiärwirtschaftlichen Zentrum in Amerika macht, sind hier als Schlüsselindustrien die Damenoberbekleidung, das graphische Gewerbe und die Herstellung elektronischer Geräte

Bild 32. *Die George Washington-Brücke in Manhattan* (Luftbild wiedergegeben mit freundlicher Genehmigung von The Port of New York Authority). Die Insel Manhattan ist von mehrspurigen Schnellstraßen völlig umsäumt, von denen aus mittels eindrucksvoller Verkehrsbauten Anschlüsse zu den nach benachbarten Stadtteilen führenden Brücken bestehen (Aufnahmejahr: 1962).

vertreten. Alle drei Branchen kennzeichnet seit einiger Zeit die Abwanderung bestimmter Sektoren. In der Bekleidungsbranche verbleibt vornehmlich die Fertigung von Modellkleidern, im graphischen Gewerbe die Verlagstätigkeit. Die Stadt kennzeichnet ein überdurchschnittlicher Anteil an Beschäftigten im Tertiärsektor und an Angehörigen der höheren Einkommensstufen. Im Rahmen der Stadterneuerung ist in jüngerer Zeit das Stuyvesant-Viertel entstanden, und als städtebaulich bemerkenswert sind auch die Gebäude über dem Trans-Manhattan-Expressway zu nennen.

Philadelphia, nach New York, Chicago und Los Angeles die viertgrößte Stadt der USA und am Zusammenfluß von Delaware und Schuylkill gelegen, wurde 1681 von dem Quäker WILLIAM PENN als Hauptort der Eigentümerkolonie Pennsylvania gegründet. Philadelphia ist neben New York, New Orleans, Houston und Baltimore der bedeutendste Hafen der USA mit einem Umschlag von 42,7 Millionen t im Jahre 1964.

Der Kern der Stadt ist auf einer von den genannten Flüssen gebildeten Halbinsel mit kurzer Ost–West-Achse und längerer Nord–Süd-Achse gelegen. Einst wurde die Eisenbahn direkt ins Herz der Stadt geführt, wo gegenüber dem Rathaus ein Kopfbahnhof stand. Dieser machte später dem Penn Center mit einer Gruppe öffentlicher Gebäude, Plätzen und dem Denkmal des Stadtgründers Platz. Östlich davon steht die Independence Hall, Schauplatz der amerikanischen Unabhängigkeitserklärung. In der benachbarten Carpenter's Hall trat der erste Kontinentalkongreß zusammen. Neben diesen Gebäuden beherbergt die Stadt die von BENJAMIN FRANKLIN gegründete American Philosophical Society, das Peal's Museum of Natural History, die Pennsylvania Academy of Fine Arts und das Pennsylvania-Symphonieorchester. Östlich und südlich an den Stadtkern angelehnt liegen Hafen-, Lagerhaus- und Industrieviertel. An der Mündung des Schuylkill entstanden große Docks der US-Marine. Am Delaware findet sich eine Reihe von Werften, die zu den größten in den Vereinigten Staaten gehören.

Baltimore am Ästuar des Patapsco River, eines Ausläufers der sich im Innern stark verzweigenden Chesapeake-Bucht, ist die sechstgrößte Stadt der USA. Sie hat sich auf mehreren Halbinseln entwikkelt, die in die Bucht hineinragen. Der Hafen bildete sich zunächst weit binnenwärts, wurde aber in späterer Zeit mit der streifenförmigen Besiedlung entlang dem Südwestufer des Patapsco auf die Bucht zu erweitert. Von dem alten Hafen aus wuchsen die Wohnsiedlungen an den Hängen hinauf, die hier nördlich und westlich als letzte Ausläufer der Appalachenvorberge nahe an die Bucht herantreten.

Der Hafen Baltimores ist genauso bedeutend wie der Philadelphias. Sein Umschlag betrug 1964 43,7 Millionen t. Neben der Handelsfunktion hat sich die Stadt zum Standort vielfältiger Industrien entwickelt, von denen der Schiffsbau hervorgehoben werden sollte. Das Wachstum trat verhältnismäßig spät ein. In der Kolonialzeit war Baltimore weit hinter den anderen Hafenstädten an der Atlantikküste zurückgeblieben. Der Aufschwung begann im 19. Jahrhundert mit dem Bau des Chesapeake and Ohio Canal, der Cumberland Road und der Baltimore and Ohio Railroad. Die Verheerungen des Sezessionskrieges konnte die Stadt schnell überwinden. Von der ältesten Bausubstanz ist wenig erhalten, da ein Großbrand im Jahre 1904 die Stadt weitgehend zerstörte (Bild 33).

Etwas weiter südlich liegt am Unterlauf des ebenfalls in die Chesapeake-Bucht mündenden Potomac die Bundeshauptstadt *Washington, D. C.* Um Rivalitäten der zu Unabhängigkeit gelangten Gründerstaaten der Union aus dem Wege zu gehen, wurde für die Hauptstadt ein eigenes Territorium geschaffen, für das die benachbarten Staaten Maryland und Virginia Gebietsabtretungen leisteten. Der Bundesdistrikt erhielt nach dem Entdecker Columbus die Bezeichnung *District of Columbia* (D. C.), die Stadt den Namen des im Unabhängigkeitskriege erfolgreichen Armeeführers und ersten Präsidenten der USA. Die Wahl des Platzes für die Hauptstadt war von der Idee geleitet, daß sie entfernungs- wie bevölkerungsmäßig möglichst zentral in dem Streifen der 13 an der Atlantikküste sich aufreihenden Staaten gelegen sein und Zugang zum Meer haben sollte. Im Jahre 1800 übernahm Washington die Hauptstadtfunktion. Der Bundesdistrikt bildete zuerst ein Quadrat von 10 Meilen Seitenlänge. Die im Südwestteil gelegenen Orte Alexandria und Arlington erlitten aber bald Bevölkerungsverluste zugunsten Washingtons und stimmten 1846 für den Wiederanschluß an Virginia. Damit wurde der Distrikt an dieser Seite beschnitten und erhielt mit dem Verlaufe des Potomac-Flusses seine Begrenzung.

Washington nimmt physiognomisch wie funktional unter Amerikas Städten eine Sonderstellung ein. Der Stadt liegt ein Plan des Franzosen L'ENFANT zugrunde, mit einer Kombination von Schachbrett und Diagonalen. Jeweils im Schnittpunkt mehrerer

Bild 33. *Ostseite von Baltimore, Maryland* (Luftaufnahme wiedergegeben mit freundlicher Genehmigung des Agricultural Stabilization and Conservation Service). Am Südrand liegen die Hafenanlagen am North West Branch des Patapsco River, in dessen Nähe sich der Patterson Park aus der gleichförmigen Wohnbebauung des im Schachbrettmuster erschlossenen älteren Bereichs heraushebt. An diese inneren Stadtviertel schließt sich ein Industrie- und Verkehrsgelände an. Jenseits desselben, vor allem nach Nordosten hin, erstrecken sich jüngere Wohnsiedlungen, in denen man von dem Schachbrettmuster abgegangen ist.

Diagonalen, welche die Namen von Unionsstaaten tragen, liegen das Kapitol und das Weiße Haus. Der Grundriß ähnelt dem einer europäischen Residenz aus der Zeit des Absolutismus. Innerhalb des sogenannten Triangle zwischen dem Park südlich des Weißen Hauses, der Ost–West verlaufenden Mall und der Pennsylvania Avenue sind über ein Dutzend Ministerien untergebracht und weitere öffentliche Institutionen (vgl. Fig. 12). Es sind fast alles Gebäude im klassizistischen Stil, die hier eine einmalige Häufung ergeben. Durch ihr tempelartiges Aussehen fallen vor allem auf das National Capitol Building, das Treasury Building, die Memorial Continental Hall, das American Red Cross Building, das National Archives Building, das National Museum-Natural History Building, die National Gallery of Art, Corcoran Gallery of Art, der Scottish Rite Temple, das Lincoln Memorial, das Supreme Court Building und das Thomas Jefferson Memorial, in geringerem Maße die Library of Congress und das Weiße Haus. Einzelne Bundesbehörden und öffentliche Einrichtungen liegen auch außerhalb des District of Columbia, wie z. B. das Verteidigungsministerium (Pentagon) und der Nationalfriedhof.

Funktional wird die überragende Verwaltungsfunktion erkennbar in der überaus hohen Beschäftigung im tertiärwirtschaftlichen Sektor. Allein die Öffentliche Verwaltung zählt 30,7% der Beschäftigten der Stadt, während die Industriebeschäftigten lediglich 7,3% ausmachen. Mit der Hauptstadtfunktion hängt auch das hoch entwickelte Hotelgewerbe zusammen. Regierung, Hotelgewerbe und Einzelhandel beschäftigen in hohem Maße weibliche Arbeitskräfte.

Das Hauptgeschäftszentrum lehnt sich unmittelbar nördlich an das Regierungsviertel an. Um es legt sich ein älterer Wohngürtel, an den sich, von Talzügen wie dem Anacostiatal oder dem Rock Creek Tal voneinander getrennt, einzelne Sektoren junger Wohnviertel anschließen. An vielen Stellen schalten sich größere in öffentlichem Eigentum befindliche Flächen ein. Das mit dem Bedarf der Verwaltung verbundene Druckereigewerbe stellt über die Hälfte der Industriebeschäftigten. Daneben beherbergt Washington nur noch wenige Branchen der Leichtindustrie außer einer Marinegeschützfabrik am unteren Anacostia.

Das Wachstum der Stadt vollzog sich wellenartig. Erstmals wurde während des Sezessionskrieges 1861–1865 der Behördenapparat stark erweitert. Ein daraufhin durchgeführtes umfangreiches Modernisierungsprogramm verschuldete die Stadt sehr. Die Schulden übernahm der Kongreß, damit zugleich aber auch ab 1874 über eine spezielle Kommission die Stadtverwaltung. Daher war es der Bevölkerung des Bundesdistrikts bis 1966 nicht möglich, an Kongreß- und Präsidentenwahlen teilzunehmen. Die Übernahme von Wirtschaftsfunktionen während des Ersten Weltkrieges und die Schaffung zahlreicher neuer Behörden während des New Deal der 30er Jahre sowie der Zweite Weltkrieg brachten weitere Vergrößerungen der Verwaltung und der Stadt mit sich. Trotz der Meereslage ist Washington nicht zu einem bedeutenderen Handelszentrum geworden, und auch die Industrie hat nur eine geringe Bedeutung erlangt. Vorortgemeinden im Metropolitan Ring sind in jüngerer Zeit sehr kräftig gewachsen, vorwiegend jedoch durch immer neue Wohnviertel.

Washington, D.C. ist die einzige Großstadt in den USA mit einer nicht-weißen Bevölkerungsmehrheit (1960: 54,8%). Daß hier mehr als die Hälfte der Einwohner Neger sind, dürfte einmal der Nachbarschaft der Stadt zu den Südstaaten, vor allem aber dem Umstand zuzuschreiben sein, daß die vielen mit der unionsstaatlichen Regierung und Verwaltung zusammenhängenden Dienststellen den bedeutendsten Arbeitgeber in der Stadt darstellen, einen Arbeitgeber, der sich dem Kampfe gegen die Diskriminierung verpflichtet fühlt und sehr viele Nicht-Weiße beschäftigt.

Pittsburgh und Buffalo bilden die westlichsten Ausläufer der Megalopolis. Ersteres ist ausgesprochene Industriestadt, letzteres Handelsstadt.

Pittsburgh geht auf ein an der Vereinigung von Allegheny und Monongahela zum Ohio-Fluß gelegenes französisches und ein 1759 errichtetes englisches, nach William Pitt benanntes Fort zurück. Zunächst Militär- und Handelsposten, entwickelte sich der Ort sehr bald auf Grund der in seiner Umgebung geförderten verkokbaren Kohlen zu Amerikas größtem Stahlzentrum. Trotz wachsender Konkurrenz seitens jüngerer Industriereviere steht Pittsburgh immer noch an erster Stelle der Stahlproduzenten der Union. Die Hälfte der Industriebeschäftigten der Stadt ist in der eisenschaffenden Industrie tätig.

Neben der Stahlerzeugung, die auf der appalachischen Kohle und nach Erschöpfung der Erze der Umgebung auf den über die Großen Seen günstig herangebrachten Erzen basiert, sind vor allem die chemische Industrie, zunächst auch auf Grund der

Funde in der Umgebung, sodann die Textilindustrie, Glasherstellung, Nahrungs- und Genußmittelindustrie zu nennen. Auf der Energiegewinnung aus Kohle hatte sich hier auch frühzeitig die Aluminiumindustrie angesetzt, die jedoch längst günstigere energieorientierte Standorte in anderen Landesteilen gefunden hat.

Der Kern der Stadt ist das am Zusammenfluß der beiden Ohio-Quellflüsse gelegene Golden Triangle mit der anschließenden Downtown. Das Golden Triangle wurde in jüngerer Zeit völlig umgestaltet durch eine große Grünanlage, eine neue Hochhausbebauung und großzügige Verkehrsanlagen. Schnellstraßen und Parks nehmen heute die Stelle des alten Forts ein. Die City erhielt ebenfalls zahlreiche Neubauten. Seitlich in den beiden Talungen der Quellflüsse zieht sich die Schwerindustrie entlang mit den Eisenbahnanschlüssen und Flußhäfen. Diese Gebiete, in denen die Industrie mit minderwertigen Arbeiterwohnquartieren eng verzahnt ist, sind häufig zu Slums herabgesunken und sollen einer umfassenden Sanierung unterzogen werden. Die besseren Wohnviertel dagegen klettern jenseits der Flüsse an den Hängen terrassenförmig empor.

Buffalo am Nordostende des Eriesees und am oberen Niagara-Fluß in der Nähe der berühmten Niagarafälle ist in erster Linie Handelsplatz mit einem Hafenumschlag von 15,9 Millionen t im Jahre 1964. Hier endet die bedeutende Verkehrsader der Mohawksenke und des New York State Barge Canal. Die durch dessen Vorläufer, den Eriekanal, genutzte Verkehrsgunst wirkte sich in einem Wachstum der Stadt von 2412 Einwohnern 1825, dem Jahre der Eröffnung des Kanals, auf über 10000 Einwohner 1832 aus.

1758, fast gleichzeitig mit der Errichtung des Forts Pitt in Pittsburgh, kam unter Absprache zwischen Irokesen und Briten die erste weiße Ansiedlung an der Stelle des heutigen Buffalo zustande. Die Stadt fiel jedoch kriegerischen Auseinandersetzungen zum Opfer und erlitt auch im Kriege 1813/14 zwischen Engländern und Amerikanern erhebliche Verwüstungen. Der Aufschwung erfolgte erst mit den erwähnten Handelslinien des 19. Jahrhunderts. Buffalo wurde zur ersten Mühlenstadt, in der große Mengen Getreide aus den Inneren Ebenen gelöscht und verarbeitet werden. Auch kanadisches Getreide gelangt nach Buffalo. Als Mühlenstadt ist Buffalo bedeutender als die Doppelstadt St. Paul-Minneapolis am Mississippi, da es sich für die Mühlenindustrie als vorteilhafter erwies, das Getreide mittels Saugvorrichtungen zu verladen und zu verschiffen und erst in der Nähe eines großen Absatzmarktes, wie ihn die Megalopolis darstellt, zu verarbeiten und die in unterschiedlichem Maße benötigten Mehlsorten herzustellen.

5.3.6. Besondere Merkmale und Probleme der Städte dieser Region

Der Nordosten der USA hat eine für amerikanische Begriffe *alte* Städtetradition. Das wirkt sich in den geschilderten (vgl. Abschnitten 3.1 bis 3.6, S. 23ff.) Grund- und Aufrißelementen, aber auch im Zustand der Bausubstanz aus. Viel von der ursprünglichen Bausubstanz ist im Laufe der Zeit ersetzt worden, viel aber noch erneuerungsbedürftig. Im allgemeinen besteht die Notwendigkeit zu *umfassenden Stadterneuerungsprogrammen* unter finanzieller Beteiligung der Urban Renewal Administration. Die Eingriffe zur Modernisierung von Gebäuden und Verkehrswegen werden gerade in den noch etwas europäisch anmutenden Städten wie Boston als besonders kraß empfunden, da sie häufig mit rigorosen Veränderungen des Straßennetzes und des Aufrisses der Gebäude einhergehen.

Ein anderes Merkmal dieser Städte ist ihre starke *Differenzierung hinsichtlich ihrer heutigen Wachstumschancen.* Zahlreiche Stadtregionen haben seit wenigstens zwei Jahrzehnten einen Bevölkerungsrückgang ihrer Kernstädte zu verzeichnen. Hier im Nordosten aber gibt es sogar solche Stadtregionen, die nicht nur in ihrem Kern, sondern auch im Bereich der Vorortgemeinden an Bevölkerung verlieren, was durch die besondere ökonomische Situation bedingt ist, z. B. durch die vorübergehend rückläufige Entwicklung des Kohlenbergbaus, durch Abwanderung der Textilindustrie, durch einseitige funktionale Ausrichtung auf Wirtschaftszweige, die aus verschiedenen Gründen stagnieren oder im Niedergang begriffen sind, und wo keine anderen Funktionen diese Bewegung aufzufangen in der Lage sind. Sie reflektieren die Gesamtsituation einzelner amerikanischer Notstandsgebiete, für die seit 1961 die Area Redevelopment Administration bzw. deren Nachfolgeprogramme mit technischen und finanziellen Hilfen eine sozialökonomische Umstrukturierung herbeizuführen versucht hatten. Doch haben diese Bemühungen durchaus nicht immer zum Erfolg geführt. Im ganzen ergibt sich, daß das Städtewachstum im Nordosten das langsamste im Vergleich mit allen andern Landesteilen der USA ist.

Die Konzentration städtischer Siedlungen innerhalb eines relativ eng begrenzten Raumes bringt bei der schon Jahrzehnte währenden Tendenz starken randlichen Wachstums einen *hohen Flächenbedarf* mit sich. Im Gebiet der Megalopolis ist zwar noch etwa die Hälfte der Fläche nicht städtisch überbaut. Aber die andere Hälfte weist doch deutlich die Spuren des Bevölkerungsdrucks auf, der darin zum Ausdruck kommt, daß die Bodenpreise stark in die Höhe getrieben werden und daß die Besteuerung des Bodens im Hinblick auf den städtischen Flächenbedarf den Farmer zu rationellstem Wirtschaften mit höchster Spezialisierung in der Produktionsrichtung und optimaler Betriebsgröße unter Verzicht auf kostspielige familienfremde Arbeitskraft oder am Ende zur völligen Aufgabe der landwirtschaftlichen Betätigung zwingt. Es ist auch nicht verwunderlich, wenn man gerade in diesem Raum an die Entlastung der ausufernden Städte durch die Gründung neuer Städte denkt.

Als ein hervorstechendes Merkmal der Städte des Nordostens muß auch ihr ständig *zunehmender Anteil an Negerbevölkerung* genannt werden, was allerdings auch für die Großstädte des Mittelwestens und der pazifischen Küste gilt. Ein ständiger Strom der Binnenwanderung ergießt sich aus dem Alten Süden in diese Großstädte, deren "Black Belts" im Bereich der innerstädtischen Wohnviertel in rascher Ausdehnung begriffen sind. Den Extremfall bildet die Hauptstadt Washington, D.C. Schon vor vielen Jahren ließ sich absehen, daß sich das Rassenproblem und die Auseinandersetzung um die Bürgerrechte mehr und mehr vom Süden, in dem die farbige Bevölkerung über weite ländliche Gebiete und zahlreiche Klein- und Mittelstädte verteilt lebt und sich zudem aus traditionellen Bindungen heraus noch stärker an die von der weißen Bevölkerung gesetzten Schranken hält, auf die Großstädte des Nordens verlagern würden. Diese Städte bilden heute mit ihren Hunderttausenden von Negern auf engem Raume und in einer baulichen und sozialen Umgebung, die stärker zu Friktionen führt und zu Auseinandersetzungen Anlaß gibt, die Schwerpunkte der Rassenunruhen in Nordamerika.

5.4. Der Alte Süden der USA

5.4.1. Voraussetzungen für Städtegründungen und funktionale Stadttypen

Die naturgeographischen und sozialökonomischen Grundlagen waren in weiten Teilen der südlich anschließenden britischen Kolonien so sehr verschieden von denen des Nordostens, daß auch die Voraussetzungen für Entstehung und Wachstum städtischer Siedlungen völlig andere waren.

Ein feucht-subtropisches Klima, in Florida sogar in die Randtropen übergehend, die Schwüle der zahlreichen Gewittertage im Jahr, das flache Marschenland der sich nach Süden stark verbreiternden Küstenebene am Atlantik und Golf von Mexiko mit dem riesigen Delta des Mississippi, nicht zuletzt das ungesunde Trinkwasser riefen in der frühen Zeit der Besiedlung Krankheiten wie Ruhr, Malaria, Typhus und Gelbfieber hervor und forderten unter den Bewohnern zahlreiche Opfer.

Wenn Indigo und Tabak, im Golfküstensaum auch Reis und Zuckerrohr zunächst die hauptsächlichen Anbauprodukte in der Landwirtschaft der südlichen Kolonien waren, setzte sich doch bald, von den der Küste Georgias und South Carolinas vorgelagerten Sea Islands sich auf dem Festlande rasch ausbreitend, die Baumwolle als die alles beherrschende Monokultur, als der "King Cotton", durch. Sie wurde auf großen Betriebsflächen angebaut. Zur Bewältigung des hohen Arbeitsaufwandes in dem für die weiße Bevölkerung ungünstigen Klima wurden schon seit 1619 Neger als Sklaven aus Afrika importiert. So bildete sich der Süden zu einem großen geschlossenen Gebiet vorherrschender *Plantagenwirtschaft* auf der Grundlage von *Baumwoll-Monokultur* und *Sklavenhaltung* aus.

Zum Verständnis der Entwicklung städtischer Siedlungen im Süden sind die folgenden Tatbestände wesentlich. Erstens war die Plantagenaristokratie die beherrschende Bevölkerungsschicht. Ihre prunkvoll ausgestatteten Landsitze finden sich über das gesamte Gebiet verstreut.

Zweitens stand der weißen Bevölkerung eine beachtliche Zahl von Negern gegenüber, die weitgehend auf diesen landwirtschaftlichen Großbetrieben als Arbeitskräfte gehalten wurden. Am Vorabend des Sezessionskrieges besaßen rund 384000 Pflanzer 3,95 Millionen Negersklaven. Die weiße Bevölkerung der Südstaaten belief sich auf 8,1 Millionen. Das bedeutet, daß die Neger rund ein Drittel der Gesamtbevölkerung ausmachten.

Drittens brachte der Flächenbedarf der Plantagen eine schnelle Ausdehnung des Nutzflächenareals mit sich. Freies Land war knapp. Einer der wichtigsten Anreize für die Einwanderer aus Europa entfiel somit im Süden. Man darf sagen, daß die großen *Einwanderungswellen des 19. Jahrhunderts am Süden vorbeigingen.* Der Süden erlebte keinen nennenswerten Bevölkerungszuzug durch die Einwanderung. Der Anteil der im Ausland Geborenen an der Gesamtbevölkerung der Südstaaten ist der geringste von allen Landesteilen und ist es immer schon gewesen. Der Prozentsatz der "foreign-born white"-Bevölkerung liegt heute in den Staaten Alabama, Arkansas, Georgia, Kentucky, Mississippi, North Carolina, South Carolina und Tennessee unter 0,5%. Wenn wir uns vor Augen führen, daß das Städtewachstum vor allem auf Wanderungsgewinn und nur zum geringen Teil auf natürlichem Bevölkerungswachstum beruht, kann man diesen Faktor des fehlenden Einwandererstromes nicht hoch genug für das Städtewesen im Süden veranschlagen.

Viertens bot die gesamte Wirtschaftslage nur *wenige Ansatzpunkte zu nicht-agrarischer*, sich in Städten konzentrierender *Beschäftigung*. Der Süden war von Anbeginn agrarwirtschaftliches Überschußgebiet, auf den Export bestimmter Produkte ausgerichtet, eher auf die Gewinnung, kaum auf die Aufbereitung agrar- und forstwirtschaftlicher Rohstoffe eingestellt. Nur sehr zögernd entwickelten sich die holzbe- und verarbeitende Branche, die Herstellung von Konserven, die Verarbeitung von Textilfasern, und selbst heute ist die Industrie der Südstaaten, abgesehen von der petrochemischen Industrie auf der Basis der Funde von Erdöl und Erdgas im Golfküstensaume, auf die Herstellung geringwertiger Massenartikel bei niedrigem Lohnniveau abgestellt.

Als fünfter Faktor kommt hinzu, daß auch der Handel zunächst keine größeren Möglichkeiten für die Städte bot. Soweit die Plantagen im Bereich der Küstenebene Zugang zu schiffbaren Flüssen hatten, pflegten sie den *Direkthandel* mit ihren überseeischen Kunden ohne die Zwischenschaltung von Handels- und Transportunternehmen. Auch von dieser Seite her gab es wenig Chancen für die Herausbildung städtischer Siedlungen.

So entwickelte sich in den Südstaaten ein *weitmaschiges Netz kleiner* Marktflecken, und nur punkthaft entstanden städtische Siedlungen in *bestimmter großräumlicher Lage und mit spezifischen*, aus der jeweiligen Situation sich ergebenden *Funktionen.*

Da waren zunächst die *Militärstützpunkte und Verwaltungssitze*, die anfänglich im Küstenbereich gelegen waren und damit automatisch eine gewisse Bedeutung als Handelsplätze, aber auch als Marinestützpunkte, gewinnen konnten. Zu dieser Kategorie von Städten gehören unter anderem *Charleston*, South Carolina (65925), *Mobile*, Alabama (202779), *New Orleans*, Louisiana (627525) und *Savannah*, Georgia (149245).

Von militärischer Bedeutung sind heute auch *Norfolk*, Virginia (304869), *New Bern*, North Carolina (15717), *Biloxi*, Mississippi (44053), sowie *Pensacola* (56752) und *Key West* (33956) in Florida.

In verkehrsgünstiger Lage entstanden einige Handelsplätze. Zu ihnen gehören die *Binnenschiffahrtshäfen am Mississippi* wie *Baton Rouge* (152419), Louisianas Hauptstadt, *Memphis*, Tennessee (497527), *Natchez* (23791) und *Vicksburg* (29143) in Mississippi.

Unter diese Kategorie fallen auch jene Orte, die in einer besonderen Situation an den Küstenflüssen entstanden, welche an der geologischen Grenze Piedmont-Küstenebene sich in die Sedimente der letzteren kräftiger einschneiden, hier Schnellen und Fälle ausbilden und den Endpunkt der Schiffahrt bedeuteten. Mit dem gebrochenen Verkehr bildeten sich hier Siedlungen aus, die später auch andere Funktionen an sich ziehen und zu beachtlichem Bevölkerungswachstum gelangen konnten. Es ist sicher kein Zufall, daß bei der im ganzen geringen Städtezahl mehrere dieser *Fall-Linien-Orte* zur Hauptstadt des jeweiligen Staates, in dem sie gelegen sind, wurden, während im Norden und Mittelwesten die Rivalität zwischen mehreren Bewerbern häufig zu der Entscheidung führte, für die Hauptstadt eine Neugründung vorzunehmen. Zu den Fall-Line-Städten gehören *Richmond* (219958), das nach der Kolonialzeit die Hauptstadtfunktion in Virginia von *Williamsburg* (6832) übernahm, *Petersburg*, Virginia (36750), *Raleigh* (93931), North Carolinas Hauptstadt, *Columbia* (97433), die Hauptstadt von South Carolina; *Augusta*, Georgia (70626) am Savannah-Fluß, *Macon*, Georgia (69764), *Columbus*, Georgia (116779) am Chattahoochee und *Montgomery* (134393), die Hauptstadt von Alabama.

Wo warme oder mineralhaltige Quellen an die Erdoberfläche drangen, entstanden an einigen Stellen *Kur- und Erholungsorte* für die Plantagenaristokratie. Auf diesen Ursprung gehen Gründungen wie

Ashville, North Carolina (60192), *Hot Springs*, Arkansas (28 337) und *Warm Springs*, Virginia (500) zurück.

Selten im Gegensatz zu der Entwicklung im Nordosten sind ausgesprochene *Bildungszentren* wie *Charlottesville*, Virginia (29427), *Chapel Hill* (12573) und *Durham* (78302) in North Carolina und *Athens*, Georgia (31355). Ebenso selten sind *reine Industriestädte* wie *Birmingham*, Alabama (340887) oder *Chattanooga*, Tennessee (130009). Birmingham hat trotz günstigster Voraussetzungen am Südwestrande der Appalachen, wo alle drei Rohstoffe für die Stahlerzeugung, Erze, Kohle und Kalk, in unmittelbarer Nachbarschaft gewonnen werden, unter der peripheren Lage zum Absatzmarkt im Norden und der lange in Kraft gewesenen Preisfestsetzung zugunsten Pittsburghs gelitten und nur eine bescheidene Rolle als Stahlerzeuger innerhalb der Vereinigten Staaten spielen können.

Im Laufe des 19. Jahrhunderts hat der *Eisenbahnbau* die Position mancher der genannten Städte noch verbessert und anderen Orten erst das zu einem guten Start nötige Stimulans gegeben. Zu den Städten, die sehr von einer Umorientierung der Verkehrslinien des Südens im Gefolge des Eisenbahnbaus profitierten, gehören *Atlanta* (487455), eines der bedeutendsten wenn nicht überhaupt das bedeutendste kulturelle und gesellschaftliche Zentrum des Antebellum-Südens und Hauptstadt des Staates Georgia, *Charlotte*, North Carolina (201564), Chattanooga und *Knoxville*, Tennessee (111827), in unserm Jahrhundert hervorgetreten als Zentrum des Tennessee-Tal-Projektes und Sitz der Tennessee Valley Authority, schließlich Montgomery, Alabama, der Ort, an dem die Bildung der Konföderation der Südstaaten unter Jefferson Davis vollzogen wurde, und *Roanoke*, Virginia (97110).

Die erwähnten dominierenden Funktionen der Städte des Südens stehen großenteils mit ihrer großräumlichen Lage im Zusammenhang. Wenn man die Gesamtheit der Städte des Südens ins Auge faßt, so ordnen sich von den 50 größten unter ihnen mehr als 40 in *vier Reihen* an, die sich mit Leitlinien des Großreliefs identifizieren lassen (Fig. 96).

Als äußerste Reihe erscheint ein *Kranz von Hafenstädten an Atlantik- und Golfküste:* Norfolk, *Portsmouth* (114773) und *Newport News* (113662) an dem breiten Ästuar des James River, *Hampton* (89258) gegenüber Newport News, das noch rascher wuchs als Newport News mit seiner aufblühenden eisenschaffenden Industrie, dann New Bern und *Wilmington* (44013) in North Carolina, Charleston in South Carolina, Savannah und *Brunswick* (21703) in Georgia, *Jacksonville* (201030) und Pensacola in Florida, dann Mobile, New Orleans und *Lake Charles* (63392) in Louisiana und Beaumont-Port Arthur und Houston-Galveston an der texanischen Golfküste.

Die zweite Reihe, mit zunehmendem Abstande von der Küste, je weiter wir nach Südwesten kommen, wird von den oben erwähnten *Fall-Line-Städten* gebildet, zu denen wir noch *Meridian* (49374) und *Jackson* (144422), die Hauptstadt des Staates Mississippi, hinzurechnen können.

Zu einer dritten Reihe fügen sich etliche größere Städte, die in *einigem Abstand vor der Blue Ridge* der Appalachen gelegen sind. Zu ihnen gehören *Danville* (46577) in Virginia, dann in North Carolina die Städte *Greenboro* (119574), *High Point* (62063), *Winston-Salem* (111135), *Salisbury* (21297), Charlotte und *Gastonia* (37276), in South Carolina *Spartanburg* (44352), *Greenville* (66188) und *Anderson* (41316) sowie Athens und Atlanta in Georgia.

Schließlich bilden die größeren Städte im Verlaufe des Südteils des *Großen Längstals der Appalachen*, des Great Valley, das hauptsächlich vom Tennessee und seinen Nebenflüssen benutzt wird, eine vierte Reihe noch weiter binnenwärts. Ihr gehören die Städte *Bessemer* (33054), Birmingham, *Gadsden* (58088), alle in Alabama gelegen, *Rome* (32226) in Georgia, Chattanooga und Knoxville in Tennessee und *Waynsboro* (15694) in Virginia an.

Allgemein läßt sich das Städtewesen im Süden mit der Feststellung charakterisieren, daß die Städte hier bis in die Gegenwart hinein *klein und gering an Zahl* geblieben sind. Allein New Orleans hatte um 1840 die 100000-Einwohner-Grenze überschritten. Dieses Wachstum hatte die Stadt ihrer Stellung als erster Handelsplatz am Unterlauf des Mississippi zu verdanken. Die *Bedeutung der Dampfschiffahrt* in den 20er und 30er Jahren des vergangenen Jahrhunderts für den Aufschwung dieser und anderer Flußhafenstädte kann nicht hoch genug veranschlagt werden. Städte, die des direkten Zuganges zu den Wasserstraßen in dieser Epoche ermangelten, gerieten gegenüber den Flußstädten ins Hintertreffen. Ein markantes Beispiel ist *Lexington*, Kentucky (62810), das trotz seiner Lage mitten in einem der reichsten Landwirtschaftsgebiete der Union nicht mit Cincinnati oder Louisville mithalten konnte. *Louisville*, Kentucky (390639) überschritt erst drei Jahrzehnte nach

Fig. 96. *Die Städtereihen im Alten Süden der USA* (Entwurf des Verfassers). Die relativ geringe Zahl bedeutenderer Städte in diesem Landesteil ordnet sich entlang von vier Leitlinien an. Diese sind von Osten nach Westen die Atlantikküste, die Fall-Linie als geologische Grenze zwischen Küstenebene und Piedmont mit gefällsreichen Strecken der Küstenflüsse, der Fuß der Blue Ridge der Appalachen und das Tal des Tennessee mit seinen Nebenflüssen.

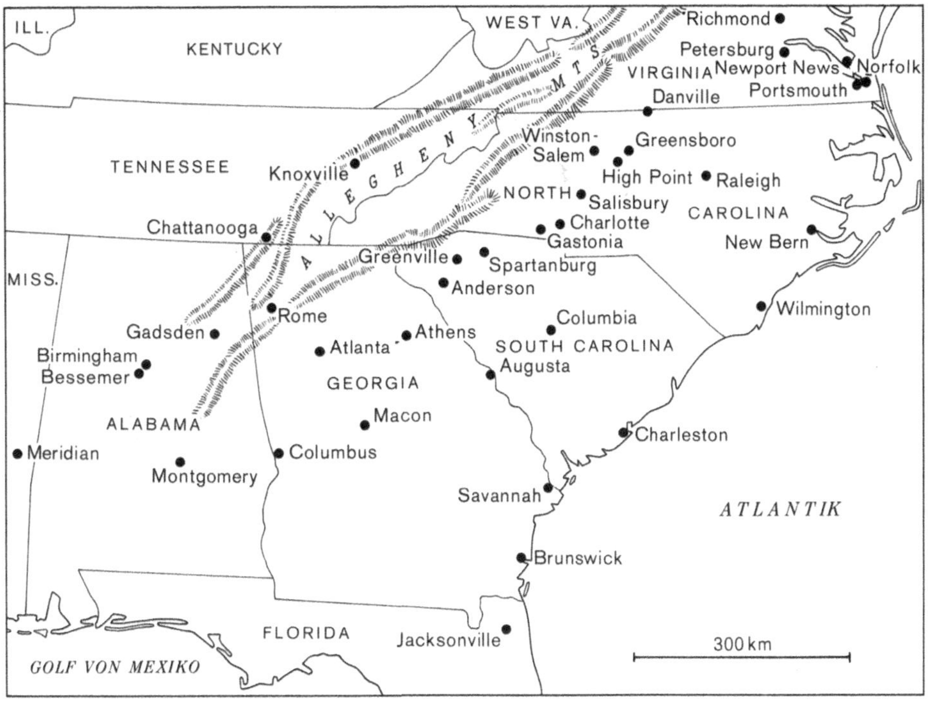

New Orleans, also um 1870, die 100000-Einwohner-Grenze. Dazu muß man berücksichtigen, daß Louisville, das unmittelbar an der Grenze zu Indiana gelegen und mit seinem Umland auf der Nordseite eng verflochten ist, kaum eine echte Stadt des Südens genannt werden kann. Als zweite eindeutig dem Süden zuzurechnende Stadt erreichte Memphis erst um die Jahrhundertwende die Einwohnerzahl von 100000.

5.4.2. Die Bedeutung Virginias für den Städtebau der Kolonialzeit

Während also der Süden verhältnismäßig wenige Städte und nur ganz wenige Großstädte hervorbrachte, entwickelte er doch andrerseits so manche Eigenart im Bauwesen und wurde zur Geburtsstätte physiognomischer Merkmale, die sich von hier aus weit über den angloamerikanischen Siedlungsraum ausbreiteten und den Städten des Kontinents wesentliche Züge ihres Erscheinungsbildes gaben. Dabei spielte Virginia eine hervorragende Rolle.

Besonders auffallend ist das herrschaftliche Farmhaus, mansion, das auch in den Städten nachgeahmt und aus Ziegeln gebaut wurde. Seine Kennzeichen sind die *symmetrische Anlage von Haupttrakt, Seitenflügeln und oft mehreren Anbauten*, die für sich etwas abseits stehen oder durch Gänge und weitere Gebäudeteile mit dem Haupttrakt verbunden sind, und die für das zahlreiche Dienstpersonal benötigt wurden, die *Pergola*, die *weite zentrale Halle* mit hoher Decke, *umlaufenden offenen Galerien* und den schön gearbeiteten Treppen zum Obergeschoß sowie den zahlreichen Türen zu den allseitig abgehenden Räumen im Erdgeschoß. Zu den Eigenheiten dieses Hauses gehören auch die *weite Entfernung zwischen Küche und Wohnräumen*, was durch das Personal ermöglicht wurde, sowie die Ausrichtung von Hauptbau und Anbauten auf die Seebrise und die Zwischenschaltung von sogenannten "dogtrot porches" oder "breezeways" zwischen Küche und übrige Gebäudeteile zur besseren Durchlüftung.

Es hat sich als Eigenheit der Berufs- und Sozialstruktur des Südens bis heute erhalten, daß die Hausangestellten einen beachtenswerten Anteil der Stadtbevölkerung ausmachen. Nach Industrie und Einzelhandel stellen die persönlichen Dienste die dritte Beschäftigungsgruppe in den Städten. In einem Viertel aller Städte des Südens ist jeder siebente Beschäftigte Hausgehilfe. Dabei gibt es einen deutlichen Zusammenhang mit der sozialökonomischen Gesamtstruktur von Städten und Umlandbereichen. Die Hausangestellten bilden eine relativ kleine Gruppe in Industriestädten, eine stärkere in Handels- und anderen Städten, und ihr Anteil an der Gesamtzahl der Beschäftigten liegt überall im Süden über dem nationalen Durchschnitt mit Ausnahme des wirt-

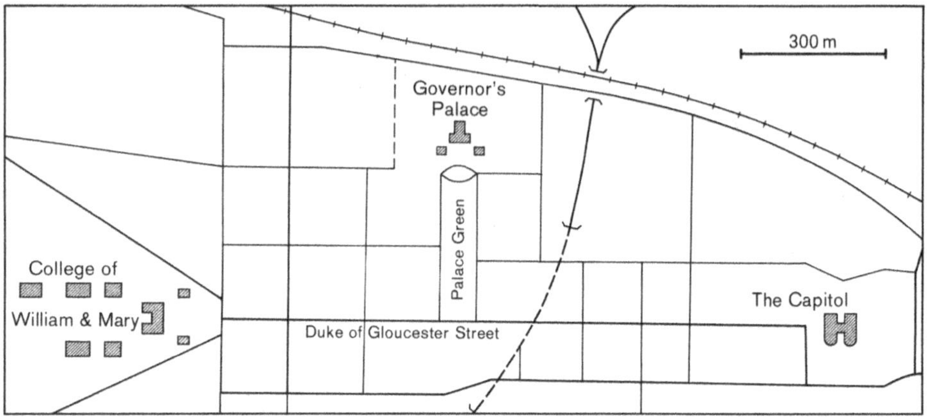

Fig. 97. *Planskizze von Williamsburg, Virginia* (nach dem Stadtplan des City Engineer).
Diese 80 Jahre als Hauptstadt der Kolonie Virginia dienende Siedlung zeigt einen geometrischen Grundriß mit der Duke of Gloucester Street als Ost-West-Achse, an deren einem Ende das 1693 eröffnete College of William and Mary (nach der Harvard University die zweitälteste höhere Bildungsstätte der USA), an deren anderem das 1705 vollendete Kapitol stehen, und eine senkrecht nach Norden von ihr abzweigende breite Allee, den Palace Green mit dem Gouverneurspalast am nördlichen Ende. Das historische Williamsburg der Kolonialepoche von 1 Meile Länge und knapp ½ Meile Breite ist durch Restaurationen weitgehend im alten Stil erhalten.

schaftlich weiter entwickelten Nashville-Beckens in Tennessee mit *Nashville* (170874) als Mittelpunkt und, verständlicherweise, Florida (s. Abschnitt 5.4.4, S. 279).

Virginia hat bereits zur Kolonialzeit und dann noch verstärkt nach Erlangung der Eigenstaatlichkeit durch die Initiative und umfassende Bildung von Männern wie Präsident THOMAS JEFFERSON viel zur Herausbildung und Verbreitung baulicher Formen beigetragen. Sein Anteil an der Weiterentwicklung des Blockhauses und der Gestaltung von öffentlichen Gebäuden nach klassischem Vorbild ist besonders hoch gewesen. Die Universitäts- und Regierungsgebäude von Williamsburg und Richmond wurden zu Vorbildern für die ganze Nation. THOMAS JEFFERSON selbst betätigte sich als Architekt bei den Entwürfen zu der Universität in Charlottesville und zu dem Kapitol in Richmond. Von hier nahm die große Welle der klassizistischen Bauten in den Vereinigten Staaten ihren Ausgang.

Die reichen Pflanzer Virginias zogen die in ihrer Zeit bekanntesten Baumeister, auch solche aus Europa, für die Gestaltung ihrer prachtvollen Häuser heran. Zwar konnten sich Städte wie Philadelphia mit seinem State House, dem Philadelphia Hospital und seiner Freimaurerloge oder Newport, Maine, wo ein Architekt namens HARRISON in den 30er und 40er Jahren des 18. Jahrhunderts den Stil des italienischen Renaissance-Architekten PALLADIO auf mehrere Bauten anwendete, durchaus den Städten Virginias an die Seite stellen. Dennoch waren es die letzteren, die vielfältige Nachahmung erfuhren (vgl. GREEN 1965, S. 43). Stadtverwaltungen setzten ihren Stolz in öffentliche Gebäude nach klassischem Vorbild, und reiche Kaufleute liebten es, ihr finanzielles Prestige durch solche Bauten auszudrücken.

In Virginia erfreuen sich auch das Historische und der Gedanke der Denkmalspflege besonderer Wertschätzung. In Williamsburg ist die Stadtverwaltung bis in unsere Tage erfolgreich bemüht, den historischen Charakter der Stadt zu bewahren. Sie zählt heute über 400 Häuser, die noch im Kolonialstil erhalten sind sowie restaurierte oder gar originalgetreu wieder aufgebaute. Mit Recht darf Williamsburg das Rothenburg Amerikas genannt werden (Fig. 97).

5.4.3. Die Randzonen des Südens

Die Ränder des Südens haben nie in dem Maße wie das Kerngebiet des "Deep South" die Entwicklung zum ganz einseitigen Baumwollbau mitgemacht. Mit der Erzeugung anderer landwirtschaftlicher Produkte, mit bergbaulicher Tätigkeit und mit etwas früherer Industrialisierung nahmen sie eine gesündere Wirtschaftsentwicklung als der Tiefe Süden i.e.S. Zu diesen etwas bevorzugten Randgebieten gehören der sogenannte *Piedmont Crescent*, d.h. das Vorland der Appalachen im Bereiche der Staaten North und South Carolina, Georgia und Alabama mit seiner Bergwirtschaft, die sowohl Kohle als auch Erze und Kalk liefert, die *Blue Grass-Region* Kentuckys, das *Shenandoah-Tal* und der *Piedmont Virginias* mit Viehhaltung, Getreidebau, Obst- und Tabakbau sowie den entsprechenden, früh entwickelten Aufbereitungsbetrieben, die *Black Prairie und der Golf-*

küstensaum von Louisiana–Texas mit der auf seinen Erdöl- und Erdgasfunden basierenden industriellen Entwicklung im 20. Jahrhundert.

Zu den bergbaulichen Grundlagen im Norden gehören vor allem die Kohleflöze im östlichen Kentucky und in West Virginia, jenem Staat, der einstmals Bestandteil des größeren Virginia war, die Sezession aber nicht mitmachte, sondern sich zu Beginn des Sezessionskrieges von Virginia lossagte und während des Krieges in die Union aufgenommen wurde. Er ist damit nicht so sehr ein Staat des Südens wie die anderen, von denen hier die Rede ist. *Parkersburg* (44797) konnte mit der Errichtung zahlreicher neuer Industriebetriebe den Rückgang im Bergbau mehr als wettmachen und erlebte ein erhebliches Bevölkerungswachstum, während einseitiger auf Bergbau orientierte Städte wie *Bluefield* (19266), *Clarksburg* (28112), *Fairmont* (27477) und *Morgantown* (22487) innerhalb eines Jahrzehnts meist über 10% ihrer Einwohner verloren. Erdöl hat vor allem der jetzt größten und zugleich Hauptstadt West Virginias, *Charleston* (85796) zu ihrem späten Wachstum verholfen. Von Wheeling als dem Endpunkt der National Road war bereits die Rede (vgl. Abschnitt 5.3.2). Eine Abnahme ihrer Bevölkerung mußte die Stadt *Huntington* (83627) hinnehmen, deren Metropolitan Area bis nach Kentucky und Ohio hineinreicht.

Die Blue-Grass-Region von Kentucky ist von Natur ein mit Baumgruppen durchsetztes offenes Grasland von savannenartigem Charakter und bot günstige Voraussetzungen für intensiven Ackerbau wie für Grünlandwirtschaft. Pferde-, Rinder- und Schafzucht und der Anbau von Klee, Alfalfa, Mais und Futtergetreide sind in diesem Landwirtschaftsgebiet bedeutend. Sein Mittelpunkt ist Lexington, etwa gleich weit entfernt gelegen von den beiden Konkurrenten am Grenzfluß Ohio, nämlich Cincinnati im Norden und Louisville im Westen.

Der Nordwesten der Randzone hat seinen neuerlichen wirtschaftlichen Aufschwung der Durchführung der strombautechnischen Arbeiten am Tennessee während der Jahre des New Deal zu danken. Schiffbarkeit und Hochwasserkontrolle des Tennessee und seiner Nebenflüsse, Intensivierung der Landwirtschaft und Aufforstung, Stromerzeugung und Ansetzung neuer Industrien waren die Aufgaben der *Tennessee Valley Authority*. Im Verantwortungsbereich der Behörde entstanden mehr als 30 Staudämme und Stauseen, die den Tourismus mit Wasser- und Angelsport förderten. Der Frachtverkehr auf dem Tennessee nahm sprunghaft zu.

Dieser Eingriff in die gesamte Wirtschaft des Gebietes wirkte sich auch auf die Städte fördernd aus. Vor allem die Wachstumsindustrie der Atom- und Raketenforschung hielt im Tennesseegebiet Einzug und veränderte die wirtschaftliche Grundlage und soziale Struktur der Bevölkerung in einigen Counties vollkommen. Knoxville, Sitz der Staatsuniversität in Tennessee, wurde auch Verwaltungssitz der Behörde und erfuhr eine entsprechende Ausrichtung der Berufsstruktur seiner Einwohnerschaft. 40 km von der Stadt entfernt entstand während des Zweiten Weltkrieges ein Atomforschungszentrum mit einer Belegschaft von rund 16000 Menschen. Damit war das rasche Wachstum von *Oak Ridge* (27169) verbunden, dessen Bevölkerungsbewegung aber inzwischen wieder rückläufig geworden ist. *Huntsville* (72365) im Nordwestteil Alabamas hatte eine recht breite industrielle Basis, erfuhr aber im Jahrzehnt 1950–1960 durch die Aufnahme des Redstone Arsenal für Raketenforschung ein Wachstum seiner Bevölkerung um 340%.

Louisiana und Texas und in geringerem Maß auch Arkansas haben seit etwa 1930 auf Grund der Erdöl- und Erdgasfunde einen schnellen wirtschaftlichen Aufschwung erlebt, in dessen Verlauf sich in den Golfküstenstädten verschiedenste Zweige der chemischen Industrie niederließen. Auch die Aluminiumindustrie wählte in den 50er Jahren bevorzugt ihren Standort in diesem Bereich auf der Basis der aus Erdgas relativ billig gewonnenen Energie. Zu Zentren der chemischen Industrie wurden vor allem *Tuscaloosa* (63370), Mobile, *Dothan* (31440) und *Prichard* (47371) in Alabama, *Gulfport* (30204) und Biloxi, welches früher ein bedeutendes Seebad im Süden war und als Marinestützpunkt wichtig ist, in Mississippi, sodann in Louisiana New Orleans, *New Iberia* (29062) und *Lake Charles* (63392), das über den Lake Charles Deep Water Channel Zugang für Ozeanschiffe bietet und seine Bevölkerung in den Jahrzehnten 1940–1960 verdreifachte. Im östlichen Golfküstenabschnitt von Texas schließen sich die Städte Houston, *Baytown* (28159), *Texas City* (32065), Galveston, Port Natchez, Beaumont, Port Arthur und Orange als Standorte petrochemischer Industrien an.

5.4.4. Die Sonderstellung Floridas

Der südöstlichste Staat der Union, gebildet aus einer Halbinsel und der "Panhandle", einem nur etwa 80 km breiten Streifen am Golf, gehört seiner ganzen kulturlandschaftlichen Entwicklung nach nicht zum Alten Süden, sondern zeigt in Geschichte und wirtschaftlicher Entfaltung manche Ähnlichkeit mit Kalifornien, seinem Gegenstück im Südwesten.

Die ältesten Kulturlandschaftselemente stammen hier wie dort aus der spanischen Kolonialepoche. Ein halbes Jahrhundert nach der Landung PONCE DE LEONS auf dem Gebiet Floridas entstand im Jahre 1565 als Kern der ältesten von Europäern nördlich des Rio Grande angelegten Stadt das Fort *St. Augustine* (14734). Bis ins 18. Jahrhundert hielten die Spanier hier ihre Position gegen die sich von Norden her ausdehnenden britischen Kolonisatoren an der Atlantikküste und gegen die Franzosen im Mississippigebiet. An der Westgrenze des späteren US-Staates Florida entstand im Schutze einer Insel namens Santa Rosa 1559 eine Ansiedlung, die zunächst nur von kurzer Dauer war. 1698 legten die Spanier dort das Fort San Carlos an, mit dem die Siedlungskontinuität von Pensacola begann. 1763 geriet das Gebiet vorübergehend unter britische Kontrolle, und Pensacola wurde Hauptstadt der britischen Kolonie West Florida. Endgültig verloren es die Spanier erst 1818 an die US-Amerikaner. St. Augustine hat sich bis heute sein kolonialspanisches Aussehen mit seinen aus dem weichen, sehr porösen Coquina-Muschelkalk gebauten Häusern mit den über die Straße ragenden Balkonen und den Patios, mit seinen alten Befestigungsanlagen, seinen Parks und Orangenhainen erhalten.

Die Parallelität zu Kalifornien ergibt sich heute vor allem aus der *modern aufgebauten Landwirtschaft* und der Rolle Floridas als bevorzugtem *Fremdenverkehrsgebiet*. Zu den Zitrusfruchtkulturen, die vor gelegentlichen Kaltlufteinbrüchen aus dem Norden geschützt werden müssen, kommen modernste Viehzuchtbetriebe. Die Klimagunst, von den hin und wieder über Florida hinwegziehenden Hurricanes abgesehen, und relative Abgeschiedenheit haben die Wahl des Kap Kennedy, des früheren Kap Canaveral – der Ort *Cape Canaveral* zählte 1960 rund 4000 Menschen – zur Raketentestbasis gefördert.

Die Besiedlung Floridas ist in weiten Teilen vor allem des Innern der Halbinsel dünn und punkthaft geblieben und umging unwirtliche Gebiete wie die Umgebung des Okeechobee-Sees und die Everglades. Sie erfaßte dagegen kräftig einzelne Küstenabschnitte, die sich ihrer Lagunen- und Nehrungsbildungen wegen besonders zur Anlage von *Seebädern* eignen. Auf einer solchen Nehrung ziehen sich z. B. die zahlreichen Hotels des wohl bekanntesten Badeortes Floridas, *Miami Beach* (63145), dahin, während die Stadt *Miami* (291688) selbst weiter binnenwärts auf dem Festland liegt. An der atlantischen Seite finden sich weiterhin am Unterlauf des St. Johns-Flusses Jacksonville, die Badeorte *Daytona Beach* (37395), *West Palm Beach* (56208), *Palm Beach* (6055) und *Fort Lauderdale* (83648).

Einen eigenartigen Ausläufer der Halbinsel bildet die geschwungene Kette der Koralleninseln der Keys, deren Abschluß die Stadt Key West bildet, heute mit dem Festland durch den Overseas Highway verbunden. Diese Stadt ist von den modern aufgebauten städtischen Siedlungen Floridas sehr verschieden und macht mit viel älteren, von Witterungsunbilden gekennzeichneten, von den alten Schiffsbauern einst aus Zedern-, Zypressen- und Mahagoniholz gefertigten Häusern auf felsigem Boden eher den Eindruck einer neuenglischen Küstenstadt. Verständlicherweise fällt Key West die Rolle eines vorgeschobenen Postens der Landesverteidigung zu, die in solchen Augenblicken wie der Kubakrise von 1962 besonders deutlich wird.

Die Eignung längerer Küstenabschnitte als Erholungsgebiete hat in jüngerer Zeit auch zur Gründung etlicher kleiner Siedlungen wie *Ormond Beach* (8658) etwas nördlich Daytona Beach geführt, das als Kuraufenthalt für tuberkulosegefährdete Belegschaftsmitglieder eines großen Betriebes in Connecticut ausersehen wurde.

Auf der Golfseite liegen an der Tampabucht die Städte *Tampa* (274970) und *St. Petersburg* (181298), ersteres Standort der Zigarrenindustrie und bedeutender Handelshafen, letzteres ein Pensionärsort ähnlich jenen "sun cities" des Südwestens, mit einem Anteil der über 60jährigen an der Gesamtbevölkerung von fast 30%. St. Petersburg beherbergt das sogenannte Aquatarium mit springenden Delphinen und anderen Attraktionen. In Tampa ist eine starke spanischsprechende Minorität vorhanden, die vor allem die Arbeiterschaft der Industriebetriebe stellt.

Das Innere der Halbinsel und der „Pfannenstiel" im Nordwesten sind städtearm. Im ganzen Innern ist als einzige größere Stadt *Orlando* (88135) als Mittelpunkt eines reichen Landwirtschaftsgebietes mit vorherrschendem Agrumenbau zu nennen, im Bereich des „Pfannenstiels" neben dem schon erwähnten Pensacola die Hauptstadt Floridas, *Tallahassee* (48174) mit der Regierung und Staatsuniversität.

5.4.5. Die Halbmillionenstadt New Orleans

New Orleans, zunächst von den Franzosen als St. Orléans bezeichnet, bildete sich aus einer kleinen Handelskolonie, die im Jahre 1718 am Mississippi entstand, nachdem acht Jahre früher Mobile am Golf gegründet worden war. Weiter unterhalb war kaum noch die Möglichkeit gegeben, eine Siedlung in dem Bereich der sich verzweigenden Mississippi-Mündungsarme und in dem tief gelegenen und oft überschwemmten Auenland anzulegen. New Orleans kam, obwohl nahezu 180 km oberhalb der Einmündung des Hauptarmes in den Golf, nur wenige Meter über das Meeresniveau zu liegen, während die meisten Flußhafenstädte des Mississippi am oder auf dem Bluff liegen. Die niedrigsten Partien der Stadt litten daher anfänglich sehr unter Überschwemmungen, die Beschaffung von gutem Trinkwasser machte die Anlage von Zisternen notwendig. "In summer the dust was as thick as was the mud at other seasons" (Barrows, 1962, S. 160).

Die Altstadt bildete sich in einer halbkreisförmigen Flußschlinge auf dem Ostufer zwischen Mississippi und Pontchartrain-See. Diese Altstadt, der berühmte "Vieux Carré" oder French Quarter, bestand nach dem ersten Plan von 1721 aus elf Baublöcken entlang dem Ufer und sechs Blöcken in der Tiefe von je 100 m Seitenlänge, geteilt von engen Gassen. Die Häuser besitzen umlaufende eisenvergitterte Balkone und bunte, spanisch-maurische Ornamente, viele sind in spanischer Art um einen gepflegten Innenhof oder patio herum gebaut. Alle diese Elemente sind Zeugen einer 40jährigen spanischen Herrschaft. „Die bezeichnendsten Züge der älteren Häuser sind die wohl von den Spaniern entlehnten Adobemauern..., die kalkgetünchten Stuckfassaden, die Zugläden, die Gitter und kleinscheibigen Fenster, die Arkaden, die von schlanken Tragsäulen, auf denen schmiedeeiserne Balkone mit ihrem unamerikanischen Filigranwerk ruhen, gebildet werden und die Trödlern ihren Schutz geben, dann die Ziegeldächer und endlich die Torwege. Diese führen zu den Innenhöfen mit ihren halbverborgenen Gärten, die zahlreiche, prächtigblühende Orangen, Granatäpfel, Feigen, Pflaumen usw. aufweisen" (Rossnagel, 1928, S. 42/43; Bild 34). Nicht selten sind in dieser alten französischen Stadt Mansardenhäuser, die noch heute im ehemals französisch beeinflußten Gebiet Angloamerikas nachgeahmt werden.

Als besondere Bauwerke stechen hervor der Cabildo (Domkapitel) am Jackson Square, wo der Louisiana Purchase vollzogen wurde, der 1803 durch Präsident Jefferson getätigte Kauf des gesamten als Louisiana bezeichneten Territoriums bis hinauf nach Kanada, die St. Louis-Kathedrale und der französische Obstmarkt.

Bild 34. *Haus im Vieux Carré (French Quarter) von New Orleans.* Schmiedeeiserne umlaufende Balkone mit Filigranwerk über Arkaden auf schlanken Säulen, spanisch-maurische Ornamente, vergitterte kleinscheibige Fenster, Zugläden, kalkgetünchte Stuckfassaden und zu schönen Innenhöfen führende Torwege sind seine wesentlichen Kennzeichen (B. Hofmeister).

Die Stadt war im 18. Jahrhundert befestigt. Teilweise lassen sich die Befestigungsanlagen noch an Hand der Namen und des Verlaufs von Straßen rekonstruieren. Seit 1722 war New Orleans Hauptstadt und Sitz der Verwaltung der französischen Kolonie.

Nach dem Louisiana Purchase bauten die Amerikaner etwas weiter flußaufwärts ein eigenes Viertel. Die Bevölkerung mischte sich jedoch stark und wanderte innerhalb der Stadt, so daß heute viele europastämmige Amerikaner im Vieux Carré wohnen, in der einstigen Amerikanersiedlung aber zahlreiche Kreolen. Die Bevölkerungsmischung war der Einwanderung förderlich, so daß die Stadt New Orleans als die einzige bedeutende Ausnahme von der Regel, daß die Einwanderung des 19. Jahrhunderts am Süden vorbeigegangen ist, gelten kann.

Im Jahre 1810 fuhr das erste Dampfschiff auf dem Mississippi. Die Schiffahrt wurde zum hauptsächlichen Faktor des Wachstums der Stadt. Damals zählte sie erst rund 25000 Einwohner. Aber bereits 1820 überrundete sie Charleston und war seither die größte Stadt im Süden, bis 1950 Houston, Texas, seinerseits New Orleans überrundete. 1830 zählte sie bereits 46000 Einwohner und wuchs dann in schnellerem Tempo als selbst New York City oder irgendeine andere Stadt auf dem Kontinent auf 102000 Einwohner im Jahre 1840. In den Inneren Ebenen stand sie ihrer Größe nach weit an der Spitze aller Städte, in weitem Abstand gefolgt von Cincinnati mit 46000, Pittsburgh mit 21000 und St. Louis mit 16000 Einwohnern. Von großer Bedeutung für den Aufschwung von New Orleans war, daß es die Schiffahrt zwischen Übersee und den Ausgangspunkten der amerikanischen Überlandrouten in den Westen wie Santa Fe Trail und Oregon Trail an Missouri und Mississippi vermittelte. Es war z.B. in der zweiten Hälfte des vorigen Jahrhunderts eine Gepflogenheit von Einwanderern ins Mormonenland, über New Orleans und den Mississippi aufwärts und dann auf dem Landweg bis ins Becken des Großen Salzsees zu reisen.

Die Rolle als einer der bedeutendsten Umschlagsplätze Nordamerikas konnte sich New Orleans bis in die Gegenwart bewahren. Sein Hafen wird von über 80 Schiffahrtsgesellschaften bedient. Sein Umschlag betrug 1964 rund 75,8 Millionen t und hält sich in manchen Jahren an zweiter Stelle der US-amerikanischen Häfen hinter New York. Dabei spielen Erdöl und Erdölderivate eine hervorragende Rolle. Die umfangreichen strombautechnischen Arbeiten zur völligen Kontrolle des Wasserstandes im Mississippi und der Ausbau des Illinois Waterway als Verbindungsweg zwischen Golf und Großen Seen sowie des Küstenwasserweges parallel zur Golfküste haben der Mississippischiffahrt und damit auch dem Hafen New Orleans in jüngerer Zeit zu neuem Aufschwung verholfen.

Ein paar Blöcke von der Ead's Plaza entfernt, auf die die berühmte City-Straße der Stadt, die Canal Street, läuft, liegt der International Trade Market, ein modernes Großhandelszentrum für den gesamten Mississippi-Raum. Die Hauptstadtfunktion dagegen hatte New Orleans nur bis 1852 und dann noch einmal von 1865 bis 1880 inne und trat sie dann an Baton Rouge ab.

Die Metropolitan Area von New Orleans zählte 1960 868480 Einwohner und hatte im Jahrzehnt 1950–1960 einen Zuwachs von fast 30%, die Kernstadt einen solchen von 10% zu verzeichnen.

5.4.6. Besondere Merkmale und Probleme der Städte dieser Region

Ungunstfaktoren der naturgeographischen Ausstattung und sozialökonomische Schwäche sind bis in die Gegenwart hinein für den Süden und seine Städte kennzeichnend gewesen. Wegen mangelnder Entwicklungsmöglichkeiten ist der Süden lange Zeit, auch noch nach dem Sezessionskrieg und der Sklavenbefreiung, wirtschaftlich rückständig gewesen, ja, gerade mit verstärkter wirtschaftlicher Aktivität des siegreichen Nordens nach jenem Krieg geriet der Süden zusehends in Abhängigkeit, indem Filialbetriebe von Unternehmen in den Nordstaaten hier tätig wurden und die Gewinne aus dem Gebiet hinausflossen. Der Süden blieb Abwanderungsgebiet mit negativer Wanderungsbilanz. 1950 lebten von den im Bereich der Südstaaten geborenen 49,9 Millionen Menschen 7,4 Millionen außerhalb des Südens, dagegen waren nur 3,4 Millionen von außerhalb zugezogen. Der Süden hatte also 4 Millionen Menschen mehr abgegeben als empfangen.

Die Landflucht setzte später ein und lief langsamer an als im Norden und nimmt erst zur Gegenwart hin mehr und mehr zu. Vom Lande kommen besonders weibliche Arbeitskräfte, die in den Städten blue collar-Arbeitsplätze besetzen. Die Zuwanderer von außerhalb des Südens hingegen sind vorwiegend junge Leute mit hohem Bildungsstand und besetzen die white collar-Arbeitsplätze.

Vielfach behalten die im Zuge der Landflucht in die Städte wandernden Südstaatler noch längere Zeit ihren ländlichen Habitus bei, ein Umstand, der dazu angetan ist, diesen Städten manche städtischen Züge vorzuenthalten. Das wirkt sich beispielsweise in einer gewissen Geringschätzung künstlerischer Darbietungen und einer guten Küche im Gaststättengewerbe aus. "The larger Southern cities grow, the less do they become cities in the cultural sense" (Jensen, 1951, S. 162).

Seit den 30er Jahren hat der Süden wirtschaftlich aufgeholt. Besonders die Randgebiete hatten einen früheren Start zu vielseitiger Landwirtschaft und Entwicklung von Industrien im Vergleich mit dem Tiefen Süden. Die Wirtschaftsdepression der 30er Jahre wurde im Süden nicht so arg empfunden wie in anderen Landesteilen, da seine Industrien auf die Erzeugung von Massenkonsumgütern ausgerichtet waren. Die Regierungsaufträge für die mit der Produktion von Kriegsmaterial zusammenhängenden Industrien waren zwar im Süden geringer als in den anderen Landesteilen, brachte aber den Vorteil, daß der Süden nach 1945 mit geringeren Demobilisierungsproblemen fertigzuwerden brauchte und die industriellen Erweiterungen in der Nachkriegszeit schneller durchzuführen vermochte.

In den beiden Nachkriegsjahrzehnten holten zumindest Teile des Südens kräftig auf mit der Heranziehung von Wachstumsindustrien, wobei vor allem die Chemie genannt werden muß, und mit dem raschen Anwachsen der Beschäftigung im Tertiärsektor. Absolut wie relativ gesehen liegt dieses Wachstum über dem Durchschnitt der USA. Das hängt mit der in der Nachkriegszeit erfolgten Dezentralisierungspolitik in Sparten wie Großhandel-, Geld- und Versicherungswesen zusammen, von der der Süden profitieren konnte, zweitens mit dem beschleunigten Verstädterungsprozeß, der den raschen Ausbau von Verwaltungen, Versorgungseinrichtungen und des Verkehrswesens notwendig macht, drittens mit Zielen der Landesverteidigung, die den Süden mit der Stationierung von Spezialeinheiten, Luftwaffenbasen, Depots und den dafür benötigten zivilen Zulieferern bevorzugt behandelt. So erfreuen sich viele Städte des Südens, selbst die Kernstädte der Metropolitan Areas, eines ansehnlichen Wachstums, und der Süden folgt in dieser Beziehung gleich hinter dem Südwesten und dem Fernen Westen, den Regionen mit dem zur Zeit raschesten Städtewachstum, nach.

5.5. Die Inneren Ebenen der USA

5.5.1. Die Besiedlung des Alten Nordwestens

Zur Zeit der Unabhängigkeitserklärung betrachtete man das Gebiet nördlich des Ohio bis zu den Großen Seen als Nordwesten. Es war die erste Öffentliche Landreserve oder Public Domain, hervorgegangen aus den Abtretungen der Gebietsansprüche der Gründerstaaten westlich ihrer Grenzen an die neu entstandene Union. Zur Verwaltung dieses Territoriums, aus dem in späteren Jahren die Staaten Ohio, Indiana, Illinois, Iowa, Wisconsin, Michigan, Minnesota und Missouri hervorgingen, wurde 1787 die *Northwest Ordinance* erlassen, und das Gebiet war auch das erste in USA, das entsprechend der 1785 erlassenen *Land Ordinance* in quadratmeilengroßen sections vermessen wurde. Heute nennt man es allgemein den Mittelwesten, zu dem sich aber auch Teile der Bevölkerung der angrenzenden Staaten North und South Dakota, Nebraska, Kansas und sogar Colorado zugehörig empfinden.

Garland hat darauf hingewiesen, daß Nordamerika neben Europa der *einzige Erdteil ist, dessen zentralster Teil dicht besiedelt ist.* Im allgemeinen nimmt sonst die Bevölkerungsdichte mit wachsender Meeresentfernung rapide ab, und das weite Innere ist nahezu menschenleer. Nicht so in Nordamerika. Hier entwickelte sich, 1 200 km von der Atlantikküste, 1 300 km von der Golfküste und 3 000 km von der Pazifikküste entfernt Chicago zur zweitgrößten Stadt des Kontinents, und im näheren und weiteren Umkreis von Chicago fügen sich zahlreiche Groß- und Mittelstädte zu einer der größten Bevölkerungsagglomerationen Nordamerikas.

Die Gründe für diese Besonderheit dürften vor allem die weite Verbreitung *ebenen und recht fruchtbaren Landes* – der Begriff „Innere Ebenen“ (Interior Lowlands) weist auf diesen Charakter der Landesnatur hin – und die *gute Verkehrserschließung* und damit die leichte Erreichbarkeit durch die Mohawksenke und die tief in die Landmasse hineingreifenden Großen Seen und der ebenfalls ohne übermäßige Schwierigkeiten zu bewältigende Eisenbahn- und Straßenverkehr in diesem Bereich sein.

Als die Amerikaner in den transappalachischen Raum vordrangen, fanden sie bereits ein *weitmaschiges Netz französischer Forts und Pelzhandelsstationen* vor, die nach dem Ausscheiden Frankreichs aus dem Wettkampf um Interessengebiete auf nordamerikanischem Boden zum Teil von Engländern besetzt gehalten und kontrolliert wurden. Die erste amerikanische Binnenwanderungswelle ergoß sich *von Südosten her in das Tal des Ohio*, wohin in den ersten Jahrzehnten des 19. Jahrhunderts die Cumberland Road gebaut wurde (vgl. Abschnitt 5.3.2, S. 262). Daß damals die Hudson-Mohawk-Senke als Weg in den Westen noch nicht zu voller Bedeutung gelangte und erst in den 1820er Jahren mit dem Bau des Eriekanals zum entscheidenden Verkehrsweg in der Westwärtsbewegung wurde, mag darin zu sehen sein, daß sich Pittsburgh am Zusammenfluß der Quellflüsse des Ohio früh zu einem überragenden Wirtschafts- und Handelszentrum entwickelte, und daß zum andern in der damaligen Zeit die Route nordwärts den Hudson entlang noch als erheblicher Umweg veranschlagt werden mußte.

Pittsburgh beherrschte den Handel zwischen dem Osten und dem Mississippi mit New Orleans, baute aber zugleich eine bedeutende Glas- und Eisenindustrie auf und wurde zum Verarbeitungszentrum der landwirtschaftlichen Produkte seiner weiteren Umgebung. *Wheeling* vermittelte den Handel zwischen

Ohio und Cumberland Road. *Marietta* (16847) wurde 1788 von Siedlern aus Massachusetts gegründet, fast alles aus dem Unabhängigkeitskrieg zurückgekehrten Soldaten, die die Ohio Company of Massachusetts bildeten und diesen Ort an der Einmündung des Muskingan in den Ohio anlegten.

Zum Mittelpunkt des Ohiotales wurde *Cincinnati* (502550), hervorgegangen aus einem Fort Washington, das zum Schutz eines benachbarten Siedlungsplatzes namens North Bend angelegt worden war. Seine Lage am Gleithang einer Flußschlinge und gegenüber der Einmündung des aus der Blue Grass-Region Kentuckys kommenden Licking River war seiner Entwicklung zum bedeutenden Binnenhafen förderlich. Vor allem wurde die Stadt zum Abnehmer und Belieferer der florierenden Landwirtschaft des südlichen Hinterlandes. Diese starke Abhängigkeit vom Süden machte Cincinnati zu einer "Southern city on Northern soil" (BARROWS, 1962, S. 160). Fleischverarbeitung, Mühlenindustrie, Brauereigewerbe, Herstellung landwirtschaftlicher Geräte und billiger Textilien brachten die Stadt zu schneller Blüte. Innerhalb einer Wintersaison wurde in Cincinnati eine halbe Million Schweine geschlachtet, was der Stadt die Bezeichnung "Porkopolis" eintrug. Chicago hatte damals, in den 40er Jahren des vorigen Jahrhunderts, bei weitem noch nicht eine solche Bedeutung erlangt. Die wirtschaftliche Blüte der Stadt fand in prachtvollen Bauten ihren Ausdruck, was seinerseits zu der Bezeichnung Cincinnatis als "Queen City" Anlaß gab.

Cincinnati hatte 1830 nur 25000 Einwohner im Vergleich zu den 46000 von New Orleans, holte dann aber kräftig auf und stand 1850 mit New Orleans gleich: beide Städte zählten rund 115000 Einwohner. Die beiden andern bedeutenden Städte der Inneren Ebenen konnten mit diesem Wachstum nicht mithalten. Das 1764 gegründete St. Louis überschritt, genauso wie Chicago erst um 1860 die 100000-Einwohner-Grenze. Dabei genoß *St. Louis* (750026) eine vorteilhafte Lage in der um 1850 zu Ende gehenden Periode des vorherrschenden Kanal- und Straßenverkehrs. Es war an der Mississippischiffahrt beteiligt, und außerdem führte die Cumberland Road auf die Stadt zu, wenn auch die ausgebaute Strecke nur bis Vandalia, Illinois, reichte und nicht direkt bis St. Louis führte. St. Louis wurde zum Etappenort, zum "Gateway" der Westwärtsbewegung.

Das Eisenbahnzeitalter brachte dann sofort *Chicago* (3550404) einen Vorsprung. Hier, am Südende des Michigansees, konvergierten zahlreiche Eisenbahnlinien aus dem Osten und strahlten ebenso in großer Zahl nach Westen aus. Chicago wurde zum größten Eisenbahnknotenpunkt in den Vereinigten Staaten. In St. Louis bedeutete der Mississippi dagegen eine fühlbare Barriere für die von Osten (1856) wie von Westen kommenden Eisenbahnen. Als erste Brücke über den Mississippi im Raum St. Louis wurde 1876 die Eads Bridge gebaut, und sie blieb für zwei Jahrzehnte die einzige.

Die noch heute bedeutenden Flußstädte entwickelten sich alle etwas früher als die Seehafenstädte an den Großen Seen. Die ersten Ansätze, meist Forts zum Schutze der Pelzhändler, liegen für *Cleveland* (876050), *Toledo* (318003) und *Milwaukee* (741324) in den Jahren 1794 bis 1796, für Chicago im Jahre 1803. Nur *Detroit* (1670144), von den Franzosen 1701 als Fort Pontchartrain du Détroit gegründet, ist älter. Der Ort erhielt aber lange Zeit weder von den Franzosen noch später von den Engländern nennenswerten Zuzug und entwickelte sich erst richtig in der amerikanischen Periode. Damit sind wir wiederum bei der Frage der genetischen Stadttypen angelangt.

Als älteste Siedlungen weißer Kolonisten im Alten Nordwesten haben wir das *Erbe der französischen Einflußnahme*. Neben Orten, die durch ihren Namen ihren französischen Ursprung verraten, wie Detroit, Sault Sainte Marie, St. Louis, *Dubuque* (56606) in Iowa am Mississippi oder *Vincennes* (18046) in Indiana fallen unter diese Kategorie auch einige jener ältesten Siedlungen, denen die Franzosen in Umschreibung der Bezeichnungen Eingeborener für bestimmte topographische Erscheinungen indianische Namen beigelegt hatten, wie z.B. *Cahokia* (15829) oder *Kaskaskia* (durch Überflutung des Mississippi zerstört), in Illinois. Um die Mitte des 19. Jahrhunderts zählte von ihnen allen nur Detroit rund 21000 Einwohner und war damit die einzige bedeutende Stadt neben St. Louis.

Zweitens gaben die *Territorialverwaltungen und die Land Offices*, denen die Vermessung und Vergabe des Bodens an die nach Westen drängenden Siedler oblag, den betreffenden Orten eine stärkere Position als den übrigen Siedlungen. So begann ein merkbares Wachstum des erwähnten Kaskaskia erst ab 1809 mit Übernahme der Verwaltungsfunktion für das Territorium Illinois. Später litt der Ort dafür unter der Verlegung des Regierungssitzes nach

Springfield (83271) und des County-Sitzes nach *Chester* (4460). Ebenso erging es *Tecumseh* (7045) in Michigan, als 1838 der County-Sitz nach *Adrian* (20347) verlegt wurde.

Land Offices wurden innerhalb des Staates Ohio in *Canton* (113631), *Chillicothe* (24957), Cincinnati, Marietta, *Steubenville* (32495) und Zanesville (39077) eingerichtet, innerhalb Indianas in *Crawfordsville* (14231), *Fort Wayne* (161776), *Indianapolis* (476258), *Jeffersonville* (19522), welches nach dem Präsidenten THOMAS JEFFERSON benannt worden war und anfänglich dem Ideal der alternierenden Bebauung der Blöcke anhing, so daß die Stadt zahlreiche Grünflächen besaß, und in Vincennes. Im Territorium Illinois waren es *Edwardsville* (9996), Kaskaskia und *Shawneetown* (1280), im Territorium Michigan Detroit, *Flint* (196940), *Ionia* (6754), *Kalamazoo* (82089), *Monroe* (22968) und *White Pigeon* (1399).

Dabei waren auch Spekulationen von Grundstücksgesellschaften im Spiel, wie im Fall von *Columbus*, Ohio (471316), das als Sitz der Regierung auserwählt wurde, nachdem diese vorher in Chillicothe und in Zanesville ansässig gewesen war. In Indiana waren Vincennes und *Corydon* (2701) Hauptstadt des Territoriums gewesen, bevor es 1821 Indianapolis wurde, und in Illinois übernahm diese Funktion Springfield von *Vandalia* (5537), welches sie seinerseits von Kaskaskia übernommen hatte.

Drittens ist die *Marktfunktion* für ein weites agrarisches, dünn, aber recht gleichmäßig besiedeltes Hinterland zu betrachten. Im Alten Nordwesten wurde das Vermessungssystem in quadratische sections von einer Meile Seitenlänge am frühesten und rigorosesten durchgeführt. Die Heimstättengesetzgebung mit der Vergabe zunächst einer Viertelsection an den Siedler machte den Alten Nordwesten zu einem Gebiet landwirtschaftlicher Familienbetriebe, die sich sehr regelmäßig an den von den section lines vorgegebenen Wegen aufreihten. Die Kreuzungspunkte von section lines boten Ansätze zu lokalen Verdichtungen der Farmhäuser zu kleinen Weilern, aus denen sich zuweilen kleine Landstädte herausbildeten. Jeweils 36 sections wurden zu der nächst höheren Einheit einer township zusammengefaßt, in deren Mitte meist eine section ausgespart blieb zur Aufnahme von Schule und sonstigen Gemeinschaftseinrichtungen. Auch hiermit waren Ansatzpunkte zu größeren Siedlungen gegeben. Eine Anzahl townships wurde dann zu einer County, der Untereinheit des Einzelstaates, zusammengefaßt und eine Örtlichkeit zur Aufnahme des County-Verwaltungssitzes mit dem county courthouse ausgewählt.

Zunächst setzten sich an solchen Punkten örtlicher Verdichtung ein oder zwei kleine Läden an, eine Mühle, eine Schmiede und ein paar andere Unternehmen. Marktorte, die auf solche Weise entstanden, sind z.B. in Ohio *Lancaster* (29916), das um 1840 halb so groß wie Cleveland war, *Circleville* (11059), *Mansfield* (47325), *Marion* (37079), *Urbana* (10461) sowie *Mt. Vernon* (13284).

Viertens war die *Lage innerhalb des Fluß- und Kanalnetzes* wichtig, bis mit Beginn des Eisenbahnzeitalters, etwa ab 1850, die Binnenschiffahrt an Bedeutung verlor. Am Mississippi gelangten in den Jahrzehnten zwischen 1820 und 1850 Hafenstädte wie *Keokuk* (16316) und *Davenport* (88981) zur Blüte. Die Mississippischiffahrt ging stromaufwärts bis zu den St. Anthony-Fällen bei der Doppelstadt ("twin cities") *St. Paul-Minneapolis* (313411; 482872). An der Einmündung des Ohio in den Mississippi scheiterte der erste Versuch einer Siedlungsgründung, bis dort kurz vor 1840 *Cairo* (9348) entstand. Die bedeutendsten Umschlagplätze am Ohio waren Louisville, Cincinnati und Pittsburgh. Die Schiffahrt benutzte aber auch die Nebenflüsse, so den Wabash bis *Terre Haute* (72500), den Muskingan bis Zanesville, den Illinois bis *Peoria* (103162) und später bis *Ottawa* (19408).

Die Flußhäfen am Ober- und Mittellauf des Mississippi haben eine typische Bluff-Lage und haben, wie z.B. Dubuque, Iowa, eine Unterstadt und eine Oberstadt ausgebildet.

Erst recht galt der Lagevorteil am Wasser für die Siedlungen an den Großen Seen wie Detroit, Cleveland, Toledo, Chicago. Die drei letzteren profitierten zusätzlich noch von dem Bau des staatlichen Kanalnetzes. Cleveland zählte 1830 kaum tausend Einwohner im Gegensatz zu den 25000 Einwohnern Cincinnatis. Aber bis 1840 stieg seine Bevölkerung auf 6000 Menschen an, was im Zusammenhang mit der Fertigstellung des Ohio-Kanals von *Portsmouth* (33637) nach Cleveland steht. Toledo wurde Endpunkt des Wabash and Erie Canal, der von den Staaten Ohio und Indiana gebaut wurde und von dem ebenfalls Städte wie Fort Wayne und *Lafayette* (42330) profitieren konnten.

Fünftens ist zu beachten, daß das Gedeihen einer Siedlung in der Pionierzeit stark davon abhing, ob es den *Schutz eines Forts* genoß. Selbst dann war noch nicht die Garantie gegeben, daß die erste weiße

Ansiedlung überdauern würde, und es kam des öftern bei den Auseinandersetzungen mit aufständischen Indianerstämmen sowie zwischen Engländern und Franzosen und den von ihnen eingespannten Indianern zur Auslöschung von Siedlungen. Dieses Schicksal erlitten auch Militärposten. Aber die Sicherheit und Überlebenschance waren doch größer. So treffen im Fall von Cincinnati die Funktionen als land office town und als Binnenhafen am Ohio und Licking River mit dem Schutz durch das nahe gelegene Fort Washington zusammen.

Sechstens seien *Bodenschätze und Wasserkräfte* genannt, die Bergbau und erste Industrien förderten und nicht unwesentlich zu dem Wachstum mancher Mittelstadt schon während der ersten Hälfte des 19. Jahrhunderts beitrugen. Dazu gehören unter anderem die Salzvorkommen in der Nähe von Zanesville, Ohio, und Shawneetown, Illinois, sowie die Tone als Grundlage der keramischen Industrie bei Zanesville und *East Liverpool*, Ohio (22306). Bedeutender aber waren Kohle- und Erzabbau. Frühzeitig begann der Kohlebergbau im Mahoning-Tal und schuf die Grundlage für das Wachstum von *Youngstown*, Ohio (166689). Im Grenzgebiet zwischen Illinois und Wisconsin begann früh der Abbau von Blei. Die sich wie Dachse in die Erde grabenden Bergleute verhalfen Wisconsin zu seinem Spitznamen als Badger State. Aus diesem Bleiabbau ging allerdings nur auf dem Gebiete von Illinois ein etwas größerer Ort, *Galena* (4410), hervor. Die Bergbauorte in der Mesabi Range von Minnesota wie *Virginia* (14034), *Chisholm* (7144), *Hibbing* (17731) reflektierten in ihrer Bevölkerungsbewegung den zeitweiligen Niedergang des Abbaus der weitgehend erschöpften hochwertigen Eisenerze und die Wiederbelebung der ganzen Region durch die neuen Takonitwerke, die in einem komplizierteren Verfahren die sehr viel geringerwertigen Takoniterze (26% Fe-Gehalt gegenüber rund 56%) aufbereiten und anreichern.

Siebentens sind Orte zu nennen, die eine Bedeutung als *Bildungszentren* errangen, vor allem *Oberlin*, Ohio (8198) mit dem namhaften Oberlin College, Oxford (7828) und *Kent* (17836) im selben Staat. In Städten wie Cincinnati kam die Qualität ihrer Bildungsstätten zu den anderen Wachstumsfaktoren hinzu. Auch *Ann Arbor*, Michigan (67340) gewann frühzeitig einen guten Ruf mit seinem College und später seiner Universität.

Achtens sind die Züge der *Anhänger von Utopien und bestimmten Glaubensrichtungen* durch den Kontinent zu erwähnen, die sich vorübergehend im Mittelwesten festsetzten und einzelnen Orten ihr Gepräge gaben, das sich in Überresten bis heute erhalten hat. Mormonen, die 1830 im Staate New York als religiöse Gruppe entstanden waren, setzten sich zunächst in *Independence*, Missouri (62328) fest, wo sie 1831–1833 lebten. Nach ihrer Vertreibung von dort konzentrierten sie sich in Kirtland, Ohio, und von 1839 bis 1846 in *Nauvoo*, Illinois (1039), ehe sie den Zug ins Becken des Großen Salzsees antraten. Vorübergehend hatte Nauvoo doppelt so viele Einwohner wie zur selben Zeit Chicago, und die Versorgung dieser Bevölkerung mit Nahrungsmitteln war nicht ohne Probleme. Die kommunistische Gemeinschaft der Ikarier aus Frankreich hatte sich zunächst in Texas festgesetzt, ging dann nach dem von den Mormonen verlassenen Nauvoo, zersplitterte sich aber in Streitigkeiten um ihren diktatorischen Führer. Ein Teil wanderte nach Kalifornien ab. Besonders bekannt wegen der Verbreitung ihrer Ideen auf dem Bildungssektor, z.B. Schulgeldfreiheit und Schaffung öffentlicher Büchereien, wurde die utopische Siedlung *New Harmony*, Indiana, (1121), die 1815 gegründet und zehn Jahre später an Robert Owen verkauft wurde.

5.5.2. Die Besiedlung der Great Plains

Die 30er Jahre des vorigen Jahrhunderts brachten eine kurze Stagnation der Westwärtsbewegung. Die Besiedlung trat aus den Waldgebieten des humiden Ostens hinaus in die Graslandschaften der Prärien und Plains. Neuartige Techniken wie das Windrad zur Grundwasserhebung und der Stacheldraht zur Einhegung des Ackerlandes gegen durchziehende Viehherden waren Voraussetzung für das weitere Vorrücken der Siedlungsgrenze in den semiariden Teil der Inneren Ebenen.

Um 1860 verlief die *frontier*, vom Zensusbüro amtlich als Trennungslinie zwischen besiedeltem Land und Gebieten mit geringerer Bevölkerungsdichte als 2 Menschen pro Quadratmeile (0,8/qkm) definiert, mitten durch Minnesota, den Nordwestsektor von Iowa, das östliche Drittel Nebraskas und die Osthälfte des Kansas-Territoriums. Entlang dem Missouri hatte sich schon eine Reihe von Siedlungen gebildet: *Jefferson City*, Missouri (28228), die jetzige Hauptstadt des Staates; *Kansas City* (K. C., Missouri: 475539; K.C., Kansas: 121901); *St. Joseph*, Iowa (79673) und *Omaha*, Nebraska (301598) gegenüber *Council Bluffs*, Iowa (55641). Die Eisenbahnen

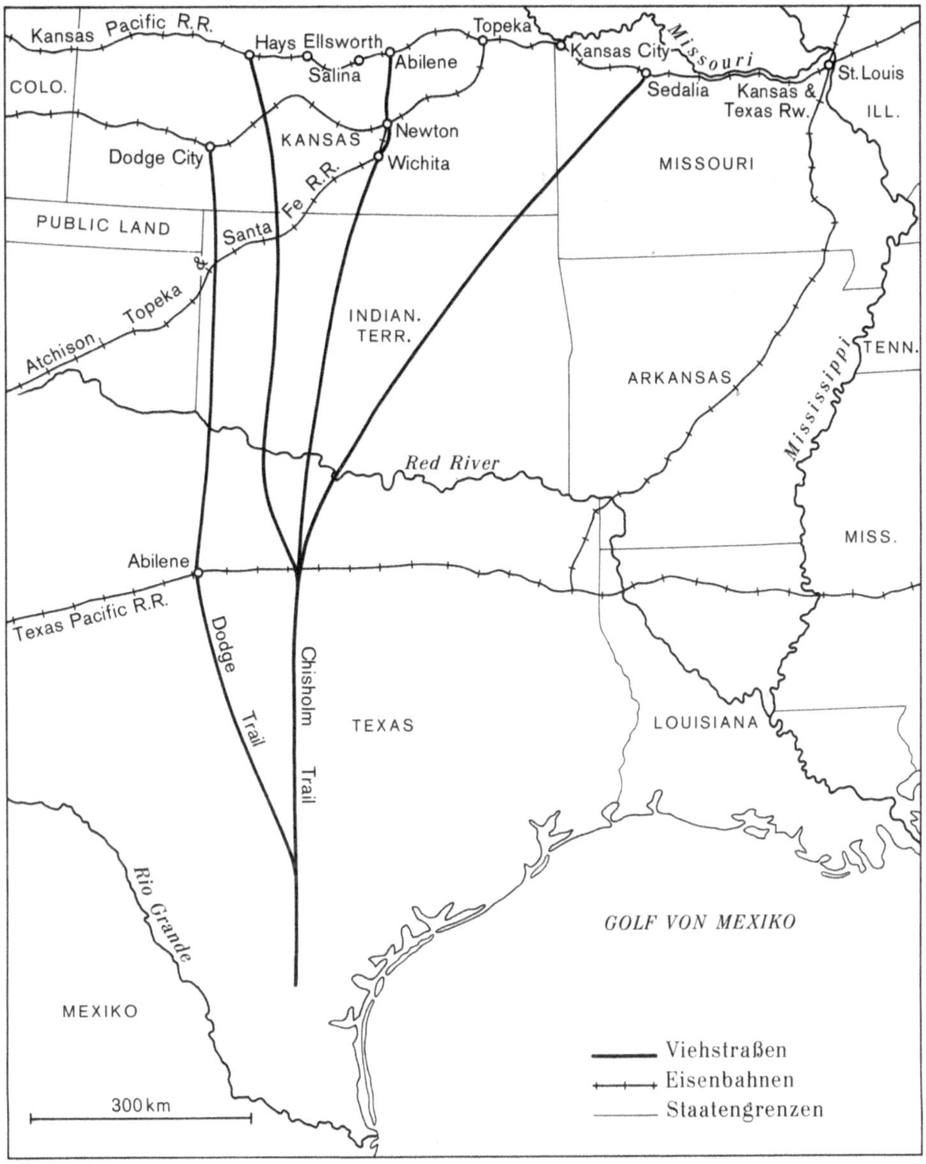

Fig. 98. *Die Hauptrouten der um 1870 zu den Eisenbahnendpunkten getriebenen texanischen Rinderherden* (Entwurf des Verfassers). Die im vorigen Jahrhundert durch die Inneren Ebenen vorangetriebenen Eisenbahnstrecken hatten eine eminente Bedeutung für die wirtschaftliche Nutzungsmöglichkeit weiter marktferner Gebiete, aber auch für die steigende und häufig bald wieder fallende Bedeutung einzelner Verladestationen. Harte Auseinandersetzungen wurden um die Trassierung geführt, und von ihrem Ausgang hing das spätere Schicksal mancher Siedlung in jenem Landesteil ab.

waren bei Dubuque, Davenport, *Burlington* (32430), *Quincy* (43793), *Hannibal* (20028) und St. Louis über den Mississippi geführt worden und drangen in die westliche Prärie und die Plains ein. Bei St. Joseph war bereits der Missouri erreicht.

In der Folgezeit gab es ein *Rennen um die Endpunkte* der immer weiter vorgetriebenen Bahnen (Fig. 98). Für den trockenen Westen begannen die Eisenbahnen dieselbe Rolle zu spielen wie für den humiden Osten die Flußregulierungen und Kanalbauten. Mit dem Zugang zu einer Bahnstation war die Erreichbarkeit des großen und noch immer wachsenden Absatzmarktes im Osten und nördlichen Mittelwesten mit seinem Zentrum Chicago gewährleistet. Mit seiner Rolle als Eisenbahnknotenpunkt hing die Entwicklung der Stadt als größter Viehmarkt der USA zusammen. Chicago wurde zur Stadt der Schlachthöfe und ist das bis zur Dezentralisierung der Fleischverarbeitungsindustrie nach dem Zweiten Weltkrieg geblieben. Mit der Erreichbarkeit von Chicago und nachgeordneten Verarbeitungszentren wie Peoria erfuhr das in den Plains gehaltene Vieh eine außerordentliche Wertsteigerung. Daher scheuten texanische Rinderzüchter selbst lange Fußmärsche zu den Bahnstationen in Kansas und Missouri nicht. Flurschäden und Einschleppung von Krankheiten waren die unliebsamen Begleiterscheinungen, deren sich die örtlichen Landwirte in

Selbsthilfeaktionen zu erwehren versuchten. In getreidebauenden Gebieten entstanden Silos und in den viehhaltenden Verladerampen an den Bahnstationen. Als Mittelpunkte größerer Einzugsgebiete statteten sie sich mit Hotels, Restaurants, Saloons, Spielkasinos, Banken, Geschäften und anderen Einrichtungen aus.

So wurden im Laufe der 1860er Jahre mit voranschreitendem Bau der Kansas Pacific-Eisenbahn nacheinander *Abilene* (6746), dann *Salina* (43202), *Ellsworth* (2361) und *Hays* (11947) zu wichtigen Verladestationen für die Rinder, die auf dem Chisholm Trail südlich von San Antonio und Austin in Texas herangetrieben wurden. Etliche Jahre später übernahm diese Rolle das nach dem gleichnamigen Ort in Kansas benannte *Abilene*, Texas (90368). Anfang der 70er Jahre spielte dieselbe Rolle *Dodge City*, Kansas, (13520) an der Rock Island Line und der Atchison, Topeka & Santa Fe; es war eine Siedlung, die 1872 bei dem schon 14 Jahre früher zum Schutze des Santa Fe Trail angelegten Fort Dodge entstand.

Die sehr verschiedenen Einwohnerzahlen deuten darauf hin, daß das Schicksal der einzelnen damals an den Bahnen angelegten Orte sehr unterschiedlich gewesen ist. Während sich in der Folgezeit einige zu Großstadtgröße entwickelten, blieben andere kleine unbedeutende Landstädtchen. Damals waren sie alle in gleicher Weise daran interessiert, daß die Eisenbahnen durch sie und nicht an ihnen vorbei verlaufen sollten. Es kostete die Stadtväter und die Einwohner von Kansas City große Überzeugungskraft und einige finanzielle Mittel zur Bereitstellung von Land und Gewährung von Vergünstigungen, damit die ursprünglich über *Leavenworth* (22052) projektierte Kansas Pacific-Eisenbahn anders geleitet wurde. Ebenso hatte *Wichita* (254698) einen harten Kampf um die Trasse der Atchison, Topeka & Santa Fe-Eisenbahn zu bestehen (vgl. GLAAB/BROWN, 1967, S. 115ff.). Die Stadt Santa Fe selbst wurde nicht von der Hauptlinie dieser Gesellschaft, sondern nur von einer 12 Meilen langen Stichbahn bedient.

Auch die Eisenbahngesellschaften selbst betrieben umfangreiche Siedlungspolitik. Sie waren ja an der Besiedlung und wirtschaftlichen Inwertsetzung jener Gebiete, durch die sie die Trassen führten, interessiert, da der Bedarf zum Transport von Waren und Personen erst einmal geweckt werden mußte. Den Gesellschaften kam der Umstand zu Hilfe, daß sie gewissermaßen als Anreiz und Subvention zugleich von der Bundesregierung in Washington, D. C. und in manchen Fällen auch von den Einzelstaaten, in denen sie den Bahnbau durchführten, umfangreiche Landschenkungen erhielten, so daß sie auch auf eigenem Grund und Boden Siedlungsgründungen vornehmen konnten. Zum Zwecke der Werbung von Siedlern in den Staaten des Ostens gründeten sie eigens Tochtergesellschaften, die in vielen Städten Agenturen unterhielten und mit Zeitungsannoncen und Broschüren für die neu erschlossenen Gebiete warben. In manchen Staaten, z.B. in Illinois, war ihnen auf Grund ihrer Charter die Anlage von Siedlungen untersagt. Auch zu diesem Zwecke gründeten sie Tochtergesellschaften.

In der Wahl der Namen für die neuen Bahnstationen waren die Gesellschaften nicht immer sehr einfallsreich. So entstanden westlich von *Lincoln* (128521), der Hauptstadt Nebraskas, in der Abfolge des ABC die sogenannten "alphabetical stations": Crete, Dorchester, Exeter, Fairmount, Grafton, Harvard, Inland, Juniata, Kenesaw, Lowell, Newark.

Um finanzielle Hilfen und Ländereien zu erhalten, setzten die Bahnen schon bestehende Gemeinden unter Druck und scheuten sich auch nicht, sofern keine Übereinkunft erzielt werden konnte, die Trasse in einiger Entfernung an einem bestehenden Ort vorbeizuführen und als Konkurrenz in dessen Nähe eine neue Siedlungsgründung vorzunehmen. Besonders bekannt ist diese Gepflogenheit von der Illinois Central Railroad, an der es 1850 erst 10 Städte gab, 1860 bereits 47 und 1870 81 Städte, die zum großen Teil auf eigene Gründungen der Bahngesellschaft zurückgehen. Gewissermaßen als Konkurrenten für die Orte *Central City* (1422), *Bourbonnais* (3336), *Urbana* (27294) und *Peru* (10460) legte die Illinois Central in deren unmittelbarer Nähe die Siedlungen *Centralia* (13904), *Kankakee* (27666), *Champaign* (49583) und *La Salle* (11897) an (vgl. GLAAB/BROWN, 1967, S. 113). Bis auf den letztgenannten Fall kann man deutlich erkennen, um wieviel besser die mit Bahnanschluß versehenen Neugründungen gegenüber den jeweils älteren Städten in der Nachbarschaft gewachsen sind. Ihre Position als Konkurrenzgründungen läßt sich bei einem Teil der neuen Städte auch aus ihren Namen ablesen. Dem bestehenden Central City wurde Centralia entgegengestellt, dem bestehenden Urbana, dessen Name an „Stadt" erinnert, der Ort Champaign, dessen Name seinerseits die Assoziation mit „Land" hervorruft. Diese Eisenbahnstädte wurden alle nach

Fig. 99. *Die zeitliche Relation der Städtegründungen im Raum zwischen Mississippi und Großem Salzsee* (Entwurf des Verfassers). Rund ein Jahrhundert liegt zwischen der Entstehung von St. Louis und Denver. Aber schon 1½ Jahrhunderte bevor Franzosen aus dem Mississippimündungsgebiet nordwärts wanderten und St. Louis gründeten, legten die aus ihrem zentralamerikanischen Kernraum kommenden Spanier Santa Fe am Oberlauf des Rio Grande an. 1847 waren die Mormonen aus dem Mittelwesten durch nahezu menschenleeres Land übers Felsengebirge hinweg in das Becken des Großen Salzsees gezogen, während im Süden das Neue Indianerterritorium umgangen wurde, bis es 1889 der weißen Besiedlung eröffnet und zum Staate Oklahoma wurde.

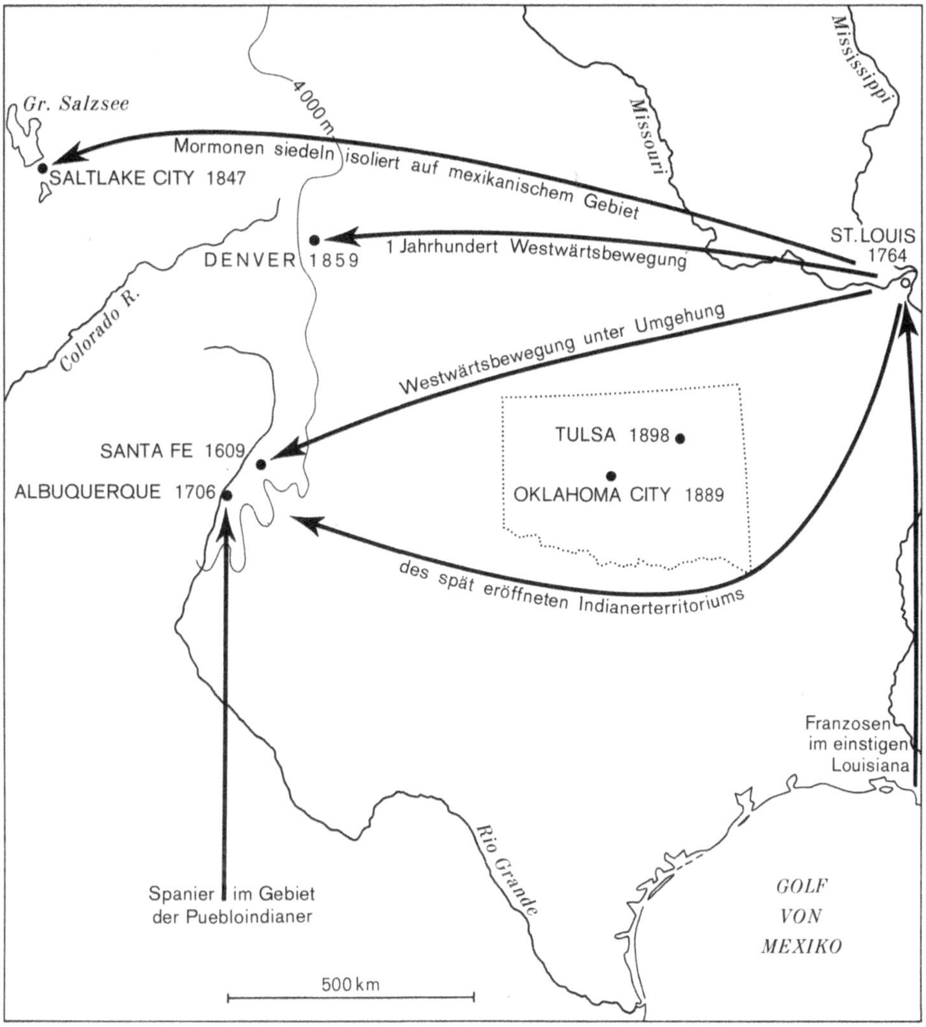

demselben Plan angelegt und glichen einander sehr. In allen Städten lag der Bahnhof jeweils zwischen Chestnut und Oak Street und S First und N First Street.

Rund ein Jahrhundert liegt zwischen der Gründung von St. Louis am Mississippi 1764 und der von *Denver*, Colorado, (493887) am Fuße der Front Range des Felsengebirges 1859 (Fig. 99). Ein kurzer Goldrausch im Bereich des Pike's Peak gegen Ende der 1850er Jahre hatte mit einer Enttäuschung geendet, führte aber zu ersten Versuchen, im Gebirgsvorland Landwirtschaft zu betreiben und damit zu einer dünnen agrarischen Besiedlung des sogenannten *Colorado Piedmont*. Auch ging aus dem Goldrausch der noch heute bedeutende Bergbauort *Leadville* (4008) in der Sawatch Range hervor.

Denver war in seiner isolierten Lage kaum lebensfähig, brauchte aber nur ein Jahrzehnt auf seinen Eisenbahnanschluß zu warten. Er kam mit dem Bau der ersten Transkontinentalbahn von Omaha, Nebraska, über *Cheyenne* (43505), Wyomings Hauptstadt, und Salt Lake City nach San Francisco zustande, indem bereits in demselben Jahre, in dem jene vollendet wurde, 1869, die 170 km lange Verbindung Denver–Cheyenne gebaut wurde. Ein Jahr später kam die direkte Verbindung nach Osten durch die Kansas Pacific-Eisenbahn zustande.

Der Colorado Piedmont entwickelte sich bald zu einem ziemlich geschlossenen Siedlungsstreifen von *Greeley* (26314) im Norden über Denver, *Colorado Springs* (70194) bis *Pueblo* (91181) (Fig. 100). Zu intensiver Landwirtschaft mit Bewässerung kamen bald verschiedenste Industrien, die das Wachstum der Siedlungen entlang der Front Range förderten.

Bis zur Jahrhundertwende füllten sich die Inneren Ebenen mit einem wenn auch weitmaschigen Netz

Fig. 100. *Die früheren Ortsgründungen im Bereiche des Colorado Piedmont* (wiedergegeben aus "Historical Geography of the United States" von R. H. Brown mit freundlicher Genehmigung von Harcourt, Brace & World, Inc.).
Die Skizze zeigt die ältesten genossenschaftlichen und Werkssiedlungen am Fuß der Front Range in Colorado, die sich hier linienhaft auf der Basis von Bewässerungswirtschaft und Bergbau bildeten, in neuerer Zeit aber vielfach durch Wachstumsindustrien, Militäreinrichtungen und die Gunst der kontinentalen Verkehrslage zu Städten von bedeutender Größe herangewachsen sind.

von Siedlungen, und die Prairien des Maisgürtels verdoppelten ihre Bevölkerung. Je weiter westlich ein Gebiet lag, um so mehr herrschte noch der agrarische Anteil der Bevölkerung vor. In den östlichen Staaten des Maisgürtels gab es um die Jahrhundertwende bereits *beachtliche Anteile städtischer Bevölkerung*. Sie stiegen in den vier Jahrzehnten 1860–1900 in Indiana von 14,3% auf 54,3%, in Illinois von 17,1% auf 48,1%, in Nebraska von 17,2% auf 36,3%, in Ohio von 8,6% auf 34,3% und in Missouri von 8,9% auf 25,6%.

Nach der Jahrhundertwende nahm diese Tendenz verstärkt zu. Das Ende der Neulandgewinnung in den Inneren Ebenen und die Mechanisierung der Landwirtschaft brachten eine kräftige Landflucht mit sich, und der industrielle Schwerpunkt der Vereinigten Staaten verlagerte sich vom Nordosten immer weiter in den nördlichen Mittelwesten hinein.

Nur ein Gebiet wurde zunächst von der Besiedlung umgangen, das Indianerterritorium, aus dem später der Staat Oklahoma entstand. 1889 wurde es der weißen Besiedlung eröffnet, und in kürzester Zeit wuchsen Siedlungen wie *Oklahoma City* (324253) und *Tulsa* (261685), die bald einen kräftigen Impuls von den Erdölfunden im Midcontinent Field erfuhren.

5.5.3. Der Manufacturing Belt und seine Industriereviere

Im 20. Jahrhundert hat sich der Manufacturing Belt, dessen östliches Kerngebiet die Megalopolis bildet (vgl. Abschnitt 5.3.3., S. 264), immer weiter nach Westen vorgeschoben. Die "urban frontier" ist der einstigen frontier der Siedlungspioniere ständig in den Raum der Inneren Ebenen nachgefolgt.

Wenn wir, wie 1927 Sten de Geer für die Erfassung des Manufacturing Belt den Schwellenwert von 150 km für die Distanz zweier Industriestädte zu Grunde legen, können wir den Industriegürtel heute etwa in folgender Weise begrenzen (Fig. 101): Auf der Michigan-Halbinsel schließt er *Saginaw* (98265), die Möbelstadt *Grand Rapids* (177313) und den Hafen *Muskegon* (46485) mit ein. In Wisconsin gehören ihm die Hafen- und Industriestädte *Milwaukee* (741324), *Kenosha* (67899), *Racine* (89144) mit dem Stammsitz der Johnson Wax Company, *Sheboygan* (45747), *Manitowoc* (32275) und *Green Bay* (62888) an der Bucht des Michigansees gleichen Namens an, ferner die Industriestädte um den Winnebagosee und im unteren Fox River-Tal wie *Appleton* (48411), *Oshkosh* (45110) und *Fond du Lac* (32719), sowie weiter südlich im Rock River-Tal *Madison* (126706), Wisconsins Hauptstadt, *Beloit* (32846) und *Rockford* (126706). Bei Davenport bzw. *Rock Island* (51863) und *Moline* (42705) sowie weiter südlich bei Keokuk und St. Louis reicht der Manufacturing Belt auf das rechte Mississippiufer hinüber, im Süden wird er etwa vom Ohio mit *Evansville* (141543), Louisville und Cincinnati begrenzt. Diese Städte am Ohio erzeugen ein wirtschaftlich-soziales Gefälle nach Süden hin und ziehen viele Arbeitskräfte aus Kentucky an, die als Tages- oder Wochenendpendler dorthin zu ihren Arbeitsstätten kommen.

Innerhalb des westlichen Manufacturing Belt haben sich mehrere bedeutende Industriereviere herausgebildet.

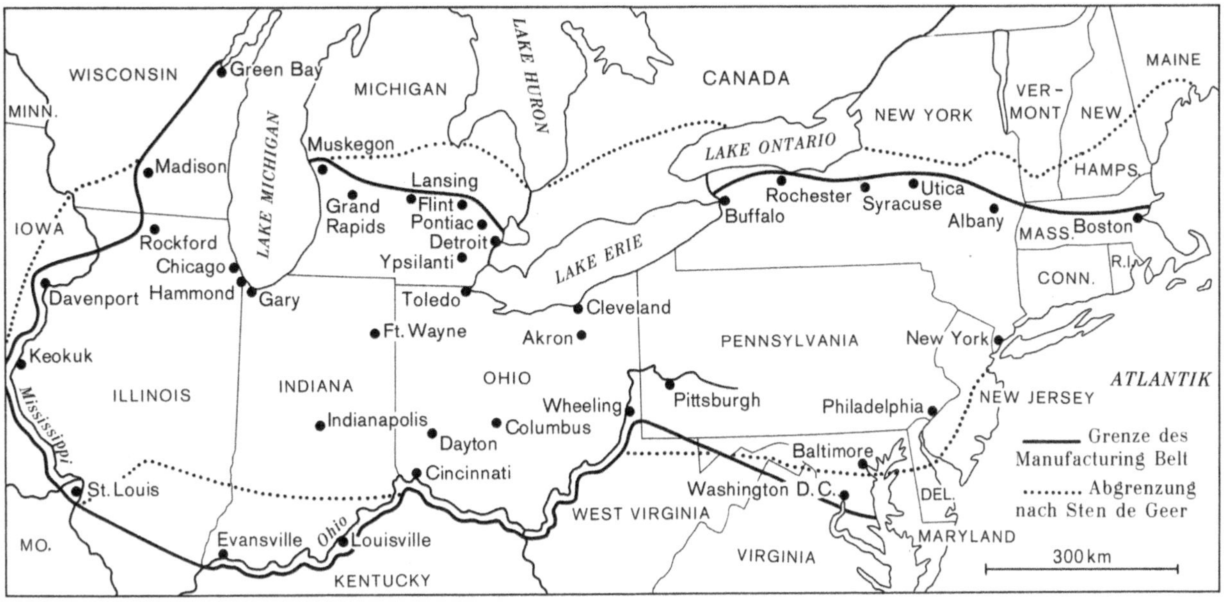

Fig. 101. *Der Manufacturing Belt der USA mit seinen wirtschaftlichen Schwerpunkten* (Entwurf des Verfassers).
Der Nordosten der USA von der Atlantikküste bis etwa zu einer Linie Milwaukee–Chicago–St. Louis hat sich zur größten Industrie- und Städtekonzentration des Landes entwickelt. Der schwedische Geograph STEN DE GEER legte diesem Raum in seiner grundlegenden Untersuchung von 1927 die heute allgemein gebräuchliche Bezeichnung Manufacturing Belt bei. Er schloß in diesen auch das industriereiche Gebiet von Süd-Ontario ein, wie die von ihm gezeichnete Begrenzungslinie zeigt.

Ein Industriezentrum finden wir um die Städte Cleveland und *Akron* (290351) in Ohio. Während Akron für seine Gummiproduktion und als Stammsitz der beiden großen Reifenfirmen Firestone und Goodyear bekannt ist, ist Cleveland nach Chicago der zweitgrößte Hafen an den Großen Seen. Diese Position verdankt die Stadt ihrer günstigen Lage zwischen dem Eisenerzrevier von Minnesota/Wisconsin/Michigan mit Anlieferung per Schiff und dem Kohlengebiet von Ohio/Pennsylvania. Sie machte Cleveland zu einem bedeutenden Stahlerzeuger.

In Michigan haben viele Städte dieselbe Abfolge wirtschaftlicher Entwicklungsstufen vom Handelsposten über einen Holzfällerort und Holzindustrieort zum Standort vielfältiger Industrien durchlaufen. Das gilt auch für die Mittelstädte im Großraume von Detroit, in dem sich Amerikas Automobilindustrie konzentriert hat. Detroit selbst ist Sitz der Ford-Werke, der Chrysler Corporation und der General Motors Company, dreier Giganten im Fahrzeugbau. In *Flint* (196940) hat die Buick Motor Company ihren Stammsitz, in *Pontiac* (82233) werden Personen- und Lastkraftwagen gebaut, und ebenso sind *Ypsilanti* (20957) und Michigans Hauptstadt *Lansing* (107807) in industrieller Hinsicht auf den Automobilbau ausgerichtet.

In jüngerer Zeit ist der Raum Detroit auch als Stahlerzeuger hervorgetreten. Wenn dabei ebenfalls die Verkehrsgunst mit Anlieferung der Erze über die Großen Seen eine Rolle spielen mag, so dürfte doch in der Hinwendung der Stahlindustrie auf Detroit in erster Linie die wachsende Absatzmarktorientierung zu erblicken sein. Denn die hier konzentrierte Automobilbranche ist ein erstrangiger Abnehmer der Erzeugnisse der Walzwerke. Cleveland und Detroit waren bereits 1954 mit mehr als 10 % an der US-amerikanischen Stahlerzeugung beteiligt.

Zum zweitgrößten Stahlrevier nach Pittsburgh aber hat sich im Laufe dieses Jahrhunderts die *Calumet Region* am Südende des Michigansees entwickelt. Sie begann groß zu werden, als sich im benachbarten Chicago hinsichtlich größeren Industriegeländes Raummangel einstellte. 1869 hatte GEORGE H. HAMMOND im Bereich des Ortes, der kurz zuvor Bahnstation an der Michigan Southern Railroad geworden war und heute seinen Namen trägt (*Hammond*: 111698), eine Fleischfabrik aufgebaut. Aber die eigentliche industrielle Entwicklung dieses Raumes setzte erst ein, als 1889 die Standard Oil Company in *Whiting* (8137) eine Raffinerie und 1901 die Inland Steel Company in *East Chicago* (57669), 1906 die United States Steel Corporation in *Gary*

(178 320) ihre Werke aufbauten. Die Calumet Region bringt heute rund ein Viertel der US-amerikanischen Stahlerzeugung hervor.

Chicago als Mittelpunkt des Mittelwestens hatte sich schon frühzeitig auf die reiche Landwirtschaft seiner Umgebung eingestellt, und zwar in beiden Richtungen. Im Hinblick auf die Versorgung der ländlichen Gebiete mit Maschinen und anderem Gerät produzierte Chicagos Industrie vor allem Mähdrescher. Hier hat die Firma International Harvester ihren Stammsitz. Andererseits nahm Chicago die Erzeugnisse einer weiten Umgebung, vor allem Vieh, auf. Die Union Stockyards mit den Großbetrieben von Armour und Swift machten Chicago zum größten Fleischverarbeitungszentrum der USA bis zur Dezentralisierung der Branche nach dem Zweiten Weltkrieg. In jüngster Zeit wuchsen in dem weiten Ring von Vorortgemeinden ausgesprochene Industriegemeinden wie *Franklin Park* (18 322), *Arlington Hights* (27 878), *Des Plaines* (34 886), *Morton Grove* (20 533), *Niles* (20 393) oder *Skokie* (59 364). Zu den Industriestädten der Metropolitan Area gehören aber auch noch weit draußen gelegene Satellitenstädte wie *Aurora* (63 715) und *Joliet* (66 780). Milwaukee am Nordende einer weitgehend geschlossenen Siedlungszone, die im Südosten über die Calumet Region bis nach Indiana und Michigan hineinreicht, ist als Stadt der Brauereien bekannt. Es waren Deutsche oder Österreicher und Schweizer, die sie gründeten, und Firmennamen wie Schlitz, Pabst oder Blaatz legen davon Zeugnis ab.

Im zentralen Ohio liegen die beiden großen Städte *Columbus* (471 316), zugleich Hauptstadt des Staates, und *Dayton* (262 332). Beide besitzen eine verhältnismäßig breite industrielle Grundlage. In Dayton sollten aber der Flugzeugbau, der sich aus der Tradition der Gebrüder WRIGHT, die hier ihr Versuchsfeld hatten, herleitet, und die National Cash Register-Werke genannt werden. Daneben gibt es in Ohio noch eine Reihe von Mittelstädten mit verschiedensten Industriezweigen: Canton, *Elyria* (43 782), *Hamilton* (72 354), *Lima* (51 037), *Lorain* (68 932), Mansfield, Marion, *Middletown* (42 115), *Newark* (41 790), Portsmouth, *Sandusky* (31 989), Springfield, *Steubenville* (32 495), benannt nach dem deutschen General FRIEDRICH WILHELM VON STEUBEN und Generalstabschef unter GEORGE WASHINGTON, ferner Youngstown und Zanesville.

In Wisconsins Industriestädten an Winnebagosee und Fox River herrschen Holz- und Papierindustrie, Werkzeugmaschinenbau und Textilindustrie vor. Sie alle hängen in irgendeiner Weise mit der Holzfällerepoche im Bereich der nördlichen Große-Seen-Staaten in der zweiten Hälfte des vorigen Jahrhunderts zusammen. Während die Holzverarbeitung längst ohne zureichende nahe Rohstoffbasis weiterarbeitet und als arbeitsständig zu bezeichnen ist, nahmen die Werkzeugmaschinenfabriken ihren Anfang mit der Ausrüstung der Sägewerke mit Bandsägen, die Textilbetriebe mit der Herstellung von Wollkleidung für die Holzfäller und Sägereiarbeiter auf der Basis der dort gezogenen Schafe. Die genannten Branchen sind kennzeichnend für die industrielle Struktur von Städten wie Oshkosh, Appleton, Fond du Lac. Die Papier- und Zelluloseherstellung ist besonders stark in Green Bay und in einigen Kleinstädten des zentralen Wisconsin am Wisconsin River entwickelt.

Der Staat Illinois mit seiner großen Nord–Süd-Erstreckung ist nach den nördlichen Appalachen wichtigstes Fördergebiet für Kohle und bringt auch Erdöl und Erdgas hervor. Abgesehen von dem Großraum Chicago und den Großstädten Rockford und Peoria, welches neben Chicago eine Stadt der Schlachthöfe war und heute zahlreiche Industrien, unter anderem die Caterpillar-Traktorenwerke, beherbergt, haben sich in Illinois etliche Mittelstädte herausgebildet: *Bloomington* (36 271) als Zentrum eines Gebietes mit Hybridenmaiszüchtung, *Carbondale* (14 670) mit der Southern Illinois University, die Doppelstadt Champaign-Urbana (vgl. Abschnitt 5.5.2., S. 288), wobei Urbanas Bedeutung als Universitätsstadt mit der University of Illinois hervorzuheben ist, *Danville* (41 856), *Decatur* (78 004), Kankakee, Quincy und die Hauptstadt Springfield. Mit East St. Louis am Mississippi treten wir schon in den Großraum von St. Louis ein.

Die Stadt St. Louis wird in ihrer gesamten Ost–West-Erstreckung von einer an die Eisenbahn angelehnten Industriezone durchschnitten, aber einen besonderen Schwerpunkt bildet innerhalb des Großraums die noch auf dem Boden des Staates Illinois auf dem linken Mississippi-Ufer gelegene Stadt *East St. Louis* (81 712). Sie ist eine reine Industrie- und Arbeiterwohnstadt und beherbergt hauptsächlich Werke der eisenschaffenden Industrie. St. Louis auf dem gegenüberliegenden Mississippiufer ist mehr Handels- und Verkehrszentrum und nach New York und Chicago einer der bedeutendsten Eisenbahnknoten in USA.

5.5.4. Wirtschaftszentren außerhalb des Manufacturing Belt

Im übrigen Bereich der Inneren Ebenen gibt es in verhältnismäßig weitem Abstand voneinander einige mehr isolierte Industrie- und Handelszentren. Zu ihnen gehört am Südwestende des Oberen Sees die Doppelstadt *Duluth-Superior* (106884; 33563), erstere auf dem Boden Minnesotas, letztere auf dem Wisconsins gelegen. Beide sind verbunden mit einer großen, den Mündungstrichter des Louis River überspannenden Brücke, und ihre Hafenanlagen, die geschützt hinter einer 14 km langen, Minnesota Point genannten Nehrung liegen, gehen ineinander über. Beide sind in erster Linie Ausfuhrhäfen der Eisenerze aus den Bergketten des Hinterlandes, vor allem der Mesabi Range, die zwar weitgehend erschöpft sind, aber immer mehr durch die noch reichlich vorhandenen, mit mühsameren Aufbereitungsverfahren zu gewinnenden, geringerwertigen Takonite ersetzt werden. In den riesigen Silos des Doppelhafens lagert das Getreide der Plains bis zum Abtransport nach Buffalo, wo sich die besser absatzorientierte Mühlenindustrie mehr und mehr konzentriert hat.

Wirtschaftlicher Schwerpunkt des sogenannten Upper Midwest ist die Doppelstadt *St. Paul-Minneapolis* am Oberlauf des Mississippi. Die St. Anthony-Fälle bedeuteten bis zur kürzlich erfolgten Eröffnung der St. Anthony-Schleuse das Ende der Mississippischiffahrt. Die Doppelstadt ist vor allem Abnehmer der agrarischen Erzeugnisse des weiten Hinterlandes. Während Minneapolis eine Stadt der Mühlenbetriebe war und diese Rolle auch heute noch, wenn auch gegenüber Buffalo in abnehmendem Maße, spielt, gehört St. Paul zu den Städten, die wie *Sioux City*, Iowa (89159) und *Cedar Rapids*, Iowa (92035) von der mit der Dezentralisierung in der Nachkriegszeit verbundenen Westwärtsverlagerung der Fleischverarbeitungsbranche profitierten. Diese orientierte sich stärker auf die Viehwirtschaftsgebiete, um längere Transporte von Lebendvieh zu umgehen. In Minnesota ist als Mittelstadt noch *Rochester* (40663) zu nennen, die Stadt des weltberühmten Mayo Hospital.

Zu den isolierten Fleischverarbeitungszentren in den Plains gehören außer den erwähnten Städten in Minnesota und Iowa auch Omaha, Nebraska, St. Joseph und Kansas City. *Omaha*, das 1867 die Hauptstadtfunktion an Lincoln abtrat, ist freilich in erster Linie Verkehrsknoten und beherbergt die Verwaltung und Eisenbahnausbesserungswerke der Union Pacific-Eisenbahngesellschaft, des wichtigsten Bindegliedes der ersten nordamerikanischen Transkontinentalbahn, die noch heute die verkehrsintensivste Ost–West-Bahnverbindung durch den Kontinent ist. Daneben ist Omaha ein wichtiges Finanzzentrum. Die beiden letztgenannten Funktionen verschaffen der Stadt einen verhältnismäßig hohen Anteil an Beschäftigten im tertiärwirtschaftlichen Sektor.

Die beiden benachbarten Städte mit dem Namen *Kansas City* an den Ufern von Kansas River und Missouri, das eine auf dem Boden Missouris, das andere auf dem von Kansas gelegen, sind ebenfalls eng mit ihrer landwirtschaftlichen Umgebung verflochten und bilden eines der großen Fleischverarbeitungszentren in den Plainsstaaten. Dasselbe gilt auch für *Des Moines*, Iowa, (208982), das neben seiner Bedeutung als Industriestadt ein wichtiges Versicherungszentrum ist (Bild 35).

Wichita, Kansas, an der Santa-Fe-Eisenbahn mit Eisenbahnausbesserungswerken dieser Bahngesellschaft ist in jüngerer Zeit besonders schnell gewachsen im Zusammenhang mit dem Bau von Kleinflugzeugen. Schon während des Krieges haben Werke aus den Städten an der pazifischen Küste einen Teil ihrer Produktion hierher ins Landesinnere verlagert. Daneben spielen auch Mühlenbetriebe und Schlachthöfe für die wirtschaftliche Grundlage der Stadt eine Rolle, in der jährlich die Kansas National Livestock Show abgehalten wird.

Oklahoma City und in noch höherem Maße *Tulsa* wurden als Mittelpunkte des Midcontinent Field zu Erdölstädten. In Oklahoma City stehen die Pumpen direkt um das Kapitol herum. In Tulsa drängen sich die Verwaltungshochhäuser der bedeutendsten Erdölfirmen des Landes.

In Kansas liegt an der Gabelung der alten Wege nach Santa Fe und Oregon die Hauptstadt *Topeka* (119484), die ihr Wachstum besonders der Atchison, Topeka and Santa Fe-Bahngesellschaft verdankt und große Eisenbahnausbesserungswerke beherbergt. Die Staatsuniversität von Kansas liegt dagegen in *Lawrence* (32858).

In den beiden Dakotas gibt es nur ganz wenige größere Städte, die meist auch mit der Landwirtschaft verbundene Branchen wie Mühlenbetriebe, Schlachthöfe, Konservenfabriken und Landmaschinenbau entwickelten. *Bismarck* (27670) am Missouri, seit 1883 Hauptstadt North Dakotas, war eine Zeitlang während der 1870er Jahre Endpunkt der

Bild 35. *Downtown von Kansas City, Missouri.* Typisches Beispiel im amerikanischen Städtebau für die Entwicklung altbebauter Grundstücke mit Abbruch und zeitweiliger Verwendung als Parkplatz bis zum Wiederaufbau mit hohen Stahlskelettbauten, deren Untergeschosse als Parkgaragen direkt an das Stadtautobahnnetz angeschlossen sind. Im vorliegenden Fall ist das Stadtautobahnnetz als Ring um die downtown bereits nahezu vollendet. Er wird auf lange Zeit eine sehr markante formale wie funktionale Trennung zwischen C. B. D. (Central Business District) und den Wohnsiedlungen darstellen (W. TIETZE).

Northern Pacific-Eisenbahn. Sie trug zunächst den Namen des Chefingenieurs derselben, wurde aber 1873 nach dem deutschen Reichskanzler umbenannt. Bismarck gehört zu den wenigen Hauptstädten in USA, die ein modernes Kapitol mit einem vielgeschossigen Turm besitzen. *Fargo* (46662) als die größte Stadt dieses Staates ist Verkehrsknotenpunkt an der Northern Pacific und am Red River of the North. *Grand Forks* (34451) beherbergt die Staatsuniversität. *Pierre* (10088), die Hauptstadt South Dakotas, ist nur auf die Regierungsfunktion ausgerichtet und daher sehr klein geblieben, während als Wirtschaftszentren in diesem Staate *Rapid City* (42399) und *Sioux Falls* (65466) heranwuchsen.

Der Maisgürtel ist erheblich stärker von der Industriewirtschaft erfaßt und durchdrungen worden, während es in den Plains bei mehr isolierten Standorten geblieben ist. In beiden Gebieten hat jedoch ein wachsender Anteil nicht-agrarisch orientierter Bevölkerung die einst recht gleichmäßig über einen weiten Raum verteilte ländliche Bevölkerungsschicht überlagert, ein Vorgang, der in einer "superimposed urban and surburban structure" in diesem Landesteile resultierte (THOMPSON, 1963, S. 110).

5.5.5. Die Halbmillionen- und Millionenstädte

Chicago wurde als größter Eisenbahnknotenpunkt der USA, als Hafenstadt, Getreidebörse und Sitz mehrerer Universitäten zum wirtschaftlichen und geistigen Zentrum des Mittelwestens. Von der Errichtung des Fort Dearborn 1803 wuchs die Stadt über die Zerstörungen des Krieges 1812/13 und das Großfeuer von 1871 bis zur Halbmillionengrenze um 1880 heran und hat seit jener Zeit den 2. Platz hinter New York City gehalten.

Der Grundriß Chicagos wies von Anbeginn eine Besonderheit auf, indem jede achte Straße breiter als die übrigen war. Bald variierten ihn auch mehrere Diagonalen. „Dieses System, das eine Ausdehnung des Planes bei Wachstum ohne weiteres zuließ, ließ auch den Chicago-Fluß durch die Maschen des Schachbretts, gerade, schief, oder diagonal, ohne Schwierigkeiten fließen" (EGLI, 1967, S. 329).

Das als Loop bezeichnete Hauptgeschäftszentrum, durch den Grant Park und die in tieferem Niveau geführten Gleise der Illinois Central vom Michiganseeufer getrennt, bildet etwa eine Quadratmeile zwischen Michigan Avenue im Osten und Chicago-Fluß im Westen, Wacker Drive im Norden und Congress Street, der Einmündung des Eisenhower Expressway, im Süden. Die Hochbahn beschreibt innerhalb des Loop ein Rechteck. Am Ende der Bankenstraße, La Salle Street, erhebt sich auf dem Board of Trade-Gebäude die Ceres-Statue als Wahrzeichen des Getreidemarktes. Am Nordufer des Chicago-Flusses stehen der im neogotischen Stil errichtete Chicago Tribune Tower und das eigenwillige Wrigley Building der bekannten Kaugummifirma. Unmittelbar daneben wurden zu Beginn der 60er Jahre die beiden runden Wohntürme der Marina City im Rahmen eines Sanierungsvorhabens errichtet. Sie lösten mit ihren 61 Geschossen das an der Nordwestecke des Grant Park stehende Prudential Building ab, das für ein Jahrzehnt das höchste Haus in der Stadt gewesen war. Einen Block neben der Marina City steht der Merchandise Mart, in dem zahlreiche Großhandelsfirmen Dauermusterausstellungen unterhalten.

Von der Weltausstellung 1893, deren Gebäude weiter südlich am Michiganseeufer stehen und teilweise zu Museen umgewandelt wurden, sowie von dem von Daniel H. Burnham 1909 entworfenen Plan zur Ausgestaltung der Stadt mit Plätzen, Diagonalen und öffentlichen Gebäuden gingen starke städtebauliche Impulse aus. Während das von Burnham konzipierte Civic Center erst mit dem Bau eines neuen Rathauses zwischen Randolph St. und Washington St. in den letzten Jahren Gestalt anzunehmen begonnen hat, waren die Entwicklung des Seeufers, die Erweiterung der Michigan Avenue, der Bau des Wacker Drive und die Schaffung der Cook County Forest Preserve eine teilweise Verwirklichung des Burnham-Plans.

Dieser Plan brachte aber auch Nachteile vom Standpunkt des Verkehrs mit sich. In seiner Folge wurden über 30 km Seeufer dem Chicago Park District unterstellt, und weitere Uferpartien gingen für das Ausstellungsgelände, militärische Einrichtungen, einen Flughafen sowie für Wasser- und Entwässerungswerke verloren. Der Hafen dagegen wurde verwiesen auf den 9 km landeinwärts gelegenen, engen und gewundenen Calumet River, der mit Hilfe von Lotsenbooten befahren werden muß und dessen Zugbrücken im Stadtbereich den Kraftverkehr außerordentlich behindern. Dennoch ist die Bedeutung des Hafens von Chicago mit dem Ausbau des Illinois Waterway gestiegen, allerdings ist sein Wachstum nach Eröffnung des St.-Lorenz-Seeweges hinter den Erwartungen zurückgeblieben. 1962 hatte er einen Umschlag von 18,2 Millionen t zu verzeichnen. In jüngster Zeit wurde der schon 4 Jahrzehnte alte Plan zum besseren Ausbau eines Illiana Interstate Harbor für die Calumet Region direkt am Michigansee aufgegriffen (vgl. Mayer 1964).

Während sich auf der Nordseite des Loop noch zentrale Funktionen und bessere Wohnviertel anschließen, geht im Zusammenhang mit Eisenbahnen und Chicago-Fluß im Westen die Industrie unmittelbar an den Loop heran und bildet dort ausgedehnte Viertel mit Slumcharakter, die in jüngster Zeit teilweise saniert wurden. Im Westen, noch stärker aber auf der Südseite dehnte sich der Black Belt gewaltig aus. 1960 waren 23,6% der Stadtbevölkerung Farbige. Im Vorortring dehnen sich hinter der Industriezone, die noch Gemeinden wie *Cicero* (69130) und *Bellwood* (20729) stark prägt, die Wohnvororte weit aus. Die nordwestlichen Industrievororte Arlington Hights, Franklin Park, Skokie usw. wachsen besonders rasch. Im Süden stößt Chicago an die Industriestädte der Calumet Region an.

Die Stadt Chicago zählte 1960 3550404 Einwohner, die Standard Consolidated Area Chicago-Northwestern Indiana 6794461 Einwohner.

Nach Norden bilden *Evanston* (79283), Sitz der Northwestern University, die aus Raumnot ein etwa 30 ha großes Gelände im Michigansee auffüllen läßt, *Waukegan* (55719) und die schon erwähnten Städte Kenosha und Racine Glieder einer nahezu ununterbrochenen Siedlungskette bis Milwaukee, die man als *Chicago-Milwaukee Corridor* bezeichnet hat. *Milwaukee* liegt an einer Bucht, in die ein Fluß gleichen Namens und zwei weitere, Menomonee und Konnickinnic, einmünden. Man hat die Stadt wegen der umfangreichen Einwanderung Deutscher das „German Athens of America" genannt. Trotz der Wolkenkratzer in der City machen manche Innenstadtstraßen mit ihren Zugbrücken so etwas den Eindruck einer deutschen Stadt. Nach dem Nachlassen des deutschen Zustroms kamen besonders viele Polen in die Stadt, die sich im Nordwesten und Südwesten in zwei Vierteln konzentrierten. Im Norden wird das Seeufer steiler. Hier bildeten sich um die in modernem Ausbau begriffene University of Wisconsin die Wohnviertel der Wohlhabenden aus, von deren Anwesen man einen herrlichen Blick auf den Michigansee genießt. Milwaukee ist die größte Stadt Wisconsins und die elftgrößte der USA. Die Metropolitan Area zählt 1194290 Einwohner.

Detroit am gleichnamigen Fluß, der die Verbindung zwischen St.-Clair-See und Eriesee herstellt, und gegenüber Windsor, Ontario, gelegen, wurde bereits 1701 als Pelzhandelsposten von den Franzosen gegründet. Ein bedeutenderes Wachstum setzte erst im 19. Jahrhundert, vor allem mit der Eröffnung des Eriekanals ein.

Die Stadt bietet ein gutes Beispiel für einen Grundriß mit hervortretenden Radialen. Das Hauptgeschäftszentrum, das wie in Chicago Loop genannt wird, hat in seinem Herzen einen großen Park, von dem Radialstraßen in verschiedene Richtungen führen. Loop und Park werden von der Woodward Avenue durchschnitten. Der Grundriß der Innenstadt erwuchs aus der Überlagerung des ursprünglichen Radialstraßennetzes, das 1807 von B. A. WOODWARD mit sechseckigen Plätzen und rhombischen Wohnquartieren konzipiert worden war, mit einem jüngeren Schachbrettmuster. Wo die Woodward Avenue auf den Detroit River trifft, entstand nach 1950 ein großes Civic Center. Auf einer Insel im Detroit River liegt der Belle Isle-Park. Die Ambassador-Brücke überspannt den Fluß und vermittelt neben zwei Tunnels und drei Eisenbahnfähren den Verkehr mit der kanadischen Provinz Ontario.

Die Bedeutung der hier konzentrierten Automobilindustrie schlägt sich im Umschlag des Hafens nieder. Der Export überwiegt stark den Import und besteht großenteils aus Kraftwagen und Stahlwaren. Detroit ist die fünftgrößte Stadt der USA mit 1 670144 Einwohnern und einer Bevölkerung von 3 762 360 Menschen in der Metropolitan Area. 28,9 % der Einwohner der Stadt sind Farbige.

Cleveland, das an achter Stelle der US-amerikanischen Großstädte steht, ist am Austritt des Cuyahoga River in den Eriesee gelegen und ein besonders gutes Beispiel für einen Radialplan, der später wie bei Detroit von einem Schachbrett überdeckt wurde.

Ostnordöstlich der Flußmündung und nahe dem Seeufer liegt die Downtown mit einem zahlreiche große Gebäude und ein Sportstadion umfassenden Civic Center. Am Seeufer entstand auch der große Lakefront Airport. Ähnlich Chicagos Lake Shore Drive wurde entlang dem Ufer der Cleveland Memorial Shoreway angelegt. An der Südwestecke der Downtown liegt der Public Square mit dem nahen Terminal Tower, dem Turm des in den 30er Jahren dort gebauten Bahnhofsgeländes mit einer Gruppe von Hochhäusern, die Hotels und Geschäfte, aber auch Büros zahlreicher Wirtschaftsunternehmen beherbergen. Die Euclid Avenue, die von der Südostecke des Public Square ausgeht, ist die Hauptgeschäftsstraße der City mit zahlreichen Warenhäusern, Banken und Unterhaltungsstätten. Der Innerbelt Freeway führt im Südosten um die Stadt herum und vereinigt sich in der Nähe des Flughafens mit dem Shoreway.

Weit im Osten verläuft ein langer Grünstreifen, dessen einzelne Teile verschiedene Namen tragen. Ein Teil wird als Rockefeller Park bezeichnet zur Erinnerung an die Anfänge der Standard Oil Company, die einst unter Rockefeller hier begann. Jenseits des Grünstreifens liegen große Institutionen wie Hospitäler, Colleges und Museen. So finden wir hier die renommierte Western Reserve University und das Western Reserve Historical Museum, deren Namen auf die sogenannte Western Reserve hinweisen, ein Gebiet, das ursprünglich von Connecticut beansprucht, dann aber zu dem neben anderen aus dem Nordwestterritorium gebildeten Staate Ohio geschlagen und in der ersten Zeit vornehmlich von Siedlern aus Connecticut besiedelt wurde. Wegen seiner baumreichen, parkartigen Wohnvororte in den Tälern des Cuyahoga und anderer Flüßchen wurde Cleveland die "Forest City" genannt.

Der Hafen Clevelands verzeichnete 1962 einen Umschlag von 15,1 Millionen t, vornehmlich Importe von Erzen, Schrott und Erdöl. Hier sind rund 80% der Erz- und Kohlenflotte der Großen Seen stationiert. 1960 zählte die Stadt 876050 Einwohner, die Metropolitan Area 1 796 595 Einwohner.

Cincinnati steigt terrassenartig in einer Flußschleife auf dem Nordufer des Ohio an, auf welchen das Gitternetz der Citystraßen ausgerichtet ist. Die flußparallelen Straßen machen außerhalb der Downtown die Krümmung des Flußlaufs mit. Beherrscht wird die City von dem 49geschossigen Carew Tower. Im Norden läßt sie sich etwa begrenzen durch den Central Parkway, der auf dem einstigen Bett eines den Ohio und Eriesee verbindenden Kanals gebaut wurde. Das Gebiet nördlich des Parkway trägt die Bezeichnung "Over-the-Rhine" und war lange Zeit bevorzugtes Wohngebiet deutscher Einwanderer. In einiger Entfernung vom Hauptgeschäftszentrum liegt im Nordwesten der 1933 erbaute Zentralbahnhof, der Union Terminal. An sanften Hängen ziehen sich die Wohnvororte empor, durchsetzt und umrahmt von einem Netz zahlreicher Grünanlagen.

Bis Chicago sich als stärker erwies, war Cincinnati das bedeutendste Fleischverarbeitungszentrum der USA. Auch heute ist diese Branche noch eine seiner wirtschaftlichen Grundlagen. Wichtiger aber sind heute Werkzeugmaschinenbau, Seifenfabrikation und andere Branchen. 1960 zählte die Stadt 502 550 Einwohner, die Metropolitan Area 1 071 624 Einwohner.

Zwischen Cincinnati, Ohio und Louisville, Kentucky, zwischen Detroit, Michigan und Chicago, Illinois hin- und hergerissen, ermangelte die Bevölkerung in dem Gebiet des jetzigen Staates Indiana in der ersten Siedlungsperiode eines eigenen Mittelpunktes. Die gesetzgebende Versammlung entschloß sich 1821 dazu, „auf der grünen Wiese" und an dem nicht schiffbaren West Fork White River, der zum Wabash entwässert, sowie ohne bergbauliche oder sonstige wirtschaftliche Grundlagen, im Herzen Indianas eine Hauptstadt zu gründen. "Thus the rise of a domestic industrial focus in the exact center of the state – far away from any natural break in transportation, be it noted – received a great deal of unexpected support" (KERSHNER, 1949, S. 337). Zwar wuchs die Stadt, die den Namen *Indianapolis* erhielt, zunächst zögernd, erhielt aber durch den Eisenbahnanschluß 1847 erheblichen Aufschwung und wurde besonders während der 60er Jahre für die Versorgung der Truppen im Sezessionskrieg und durch das Aufkommen einer umfangreichen Fleischverarbeitungsindustrie zu einer bedeutenden Stadt. Weiteren Impetus gab die Ausbeute der Erdgasvorkommen im zentralen Indiana in den 90er Jahren.

Die etwa quadratmeilengroße Downtown besitzt in ihrem Mittelpunkt einen kreisrunden Platz mit dem Obelisken des Soldiers and Sailors Monument. Auf die vier den Platz im Abstand eines halben Baublocks umgebenden Straßen laufen vier Diagonalen, die die Namen der Staaten Indiana, Massachusetts, Kentucky und Virginia tragen. An der auf den Platz von Norden treffenden Meridian Street ziehen sich über mehrere Blöcke die Anlagen und Denkmäler der World War Memorial Plaza hin. Daran schließen die Gebäude an, die die Hauptverwaltung der American Legion aufnehmen. Die gesamte Anlage erinnert etwas an die Gestaltung der Hauptstadt Washington, D. C. Vermutungen zufolge wird der Plan von Indianapolis einem Manne namens RELSTON, Gehilfen von Washingtons Stadtplaner L'ENFANT, zugeschrieben (EGLI, 1967, S. 281). Nordöstlich der Downtown erheben sich in wenigen Blöcken Entfernung die neuen Wohnhochhäuser des Riley Center.

Vor dem Sezessionskrieg war die Stadt stark nach Süden orientiert und zählte zu ihren Einwohnern viele aus Kentucky stammende Menschen. Nach dem Kriege kamen die Zuwanderer hauptsächlich aus Neuengland und den mittelatlantischen Staaten, und die "Kentuckians" wurden über die Schulter hinweg angesehen. Unter den Fremdbürtigen spielten die Deutschen und die sich auf der Südseite nahe den Bahnanlagen konzentrierenden Iren eine besondere Rolle.

Innerhalb der Stadtgrenzen liegt das Versuchsfeld der Civic Aeronautics Authority (CAA). Berühmt sind die seit 1911 durchgeführten Autorennen von Indianapolis. Die Stadt hat vielseitige Industrien entwickelt, unter denen besonders die Herstellung von Auto- und Flugzeugmotoren, Autoteilen und -zubehör zu nennen sind. 1960 zählte Indianapolis 476 258 Einwohner, die Metropolitan Area 697 567 Einwohner.

St. Paul und Minneapolis werden gewöhnlich als "Twin Cities" bezeichnet. St. Paul, die kleinere von beiden, ging aus einem 1819 unterhalb der St.-Anthony-Fälle errichteten Fort, das mehrmals umbenannt und zuletzt mit dem Namen Snelling belegt wurde, hervor. GALTIER baute hier 1841 eine dem Paulus geweihte Kapelle. Die Stadt des Heiligen Paulus baut sich stockwerkartig auf Terrassen und Hochufer des Mississippi auf. Ganz unten dehnt sich das Eisenbahngelände aus, etwas weiter oben das Industriegelände, und auf dem Hochufer liegen die Wohnviertel. Auf einer Anhöhe erhebt sich das Kapitol der Regierung von Minnesota.

Die Zwillingsstadt Minneapolis ging etwas weiter oberhalb aus einem andern Fort, St. Anthony, an der Einmündung des Minnesota-Flusses in den Mississippi hervor. Eine noch nördlicher entstandene Siedlung vereinigte sich 1872 mit St. Anthony. Die City von Minneapolis liegt auf dem rechten Ufer des hier von Nordwest nach Südost fließenden Mississippi. Sie unterliegt zur Zeit einem Sanierungsprozeß, der langsam von Nordosten, vom Flußufer her, vordringt. Nordwestlich schließt sich unmittelbar an die City ein ausgedehntes Bahn- und Industriegelände an. Auf der Südostseite liegen auf beiden Flußufern die Gebäude der University of Minnesota.

Minneapolis ist mehr noch als St. Paul Mühlenstadt und besitzt noch heute große Mühlenbetriebe, ist jedoch in dieser Hinsicht von Buffalo überrundet worden. Die Herstellung von Molkereiprodukten und die Verarbeitung von Leinsaat und Sojabohnen sind ebenfalls bedeutend.

Die mehrere Kilometer lange University Avenue ist die Hauptverbindungsachse zwischen den Zwillingsstädten. Etwa auf halbem Wege zwischen ihnen hat sich ein jüngerer Siedlungskern herausgebildet, das Midway Center, mit Verwaltungsgebäuden, Einkaufzentrum, großem Krankenhaus und nördlich anschließender, das noch offene Gelände langsam auffüllender Industriezone. Diese Nahtstelle erfreut sich der besonderen Aufmerksamkeit der Planungskommision für die Metropolitan Area.

Seiner Einwohnerzahl nach steht *St. Louis* (750026) weiter südlich am Mississippi an 10. Stelle der US-amerikanischen Großstädte. 1764 wurde es von den aus Süden den Mississippi aufwärts kommenden Franzosen als Pelzhandelsposten gegründet und kam 1770 unter spanische Verwaltung. Aus jener Zeit resultierte die Befestigungsanlage, von der heute nichts mehr zu erkennen ist, und der Ort fungierte als Verwaltungssitz des spanischen Upper Louisiana. In amerikanischer Zeit war die Stadt zunächst Regierungssitz des District of Louisiana und für kurze Zeit Hauptstadt des Territoriums und Staates Missouri, bis sie diese Funktion an Jefferson City abtrat.

St. Louis liegt 32 km südlich des Zusammenflusses von Mississippi und Missouri und unterhält nach Süden das ganze Jahr über und nach Norden während acht Monaten des Jahres Linienschiffsverbindungen der Federal Barge Lines und der Mississippi Valley Barge Line Company. Nach Chicago wurde es zum größten Eisenbahnknoten im Landesinnern. Anfang des 19. Jahrhunderts war St. Louis Ausgangspunkt für zahlreiche Expeditionen und Reisegesellschaften in den Westen. An diese Funktion als "gateway" soll das neue Wahrzeichen der Stadt, der 192 m hohe Gateway Arch des Architekten SAARINEN im Jefferson Memorial Expansion Park am Mississippiufer erinnern. Bis 1845 war St. Louis reine Handelsstadt und Sitz mehrerer bedeutender Handelsgesellschaften wie der American Fur Company, der Missouri Company und der Rocky Mountain Company gewesen. Danach begann der Aufbau einer vielseitigen Industrie. 1856 wurde die Eisenbahn zwischen Peoria und St. Louis gebaut, die einen Niedergang der Schiffahrt auf dem Illinois und Mississippi mit sich brachte. Mit dem Ausbau des Illinois Waterway ist sie jedoch wieder kräftig aufgelebt. Bis 1876 mußte aber St. Louis auf eine Eisenbahnbrücke warten, so daß es in den ersten Jahrzehnten des Eisenbahnzeitalters benachteiligt war.

Die City von St. Louis liegt der Industriestadt East St. Louis gegenüber auf dem rechten Flußufer. Die ersten vier Baublöcke wurden abgerissen und haben dem erwähnten Jefferson Memorial Expansion Park mit dem Gateway Arch Platz gemacht. Ein großes Sportstadion und eine auf 18 Baublöcke geplante Fußgängerzone parallel zur Market Street sowie mehrere citynahe Apartmenthochhausgruppen und ein umfangreiches Sanierungsprogramm westlich der City mit Anlage neuer Wohnsiedlungen, eines Industriekomplexes und eines Einkaufszentrums gehören zu den durchgreifenden städtebaulichen Veränderungen der jüngsten Zeit. Die südlich an der City vorbeiführende Eisenbahn wird von einem Industriestreifen begleitet, der sich durch die Stadt in ihrer gesamten Ost–West-Erstreckung hindurchzieht. Im Westen liegt der große Forest Park mit dem Jefferson Memorial, das unter anderem Dokumente über den Louisiana Purchase beherbergt. Deutsche und irische Einwanderer stellten im vorigen Jahrhundert einen erheblichen Anteil der Bevölkerung der Stadt.

Denver, an der Einmündung des Cherry Creek in den South Platte und Colorados Hauptstadt seit 1868, ist die einzige Großstadt am Ostfuß der Rocky Mountains und eine Station auf dem Weg von St. Louis nach Salt Lake City und der pazifischen Küste. Während die Denver, Rio Grande & Western-Eisenbahngesellschaft hauptsächlich mit Schmalspurstrecken die Verbindung zu Orten im gebirgigen westlichen Hinterland und nach Utah vermittelt, wurde 1869 im Gebirgsrandbereich durch die Denver Pacific Railroad die Verbindung zur ersten Transkontinentalbahn nach Cheyenne, Wyoming, geschaffen.

Heute ist Denver vor allem ein *Luftverkehrszentrum*. Im Herzen des Kontinents gelegen, ist es Mittelpunkt eines weitgespannten Netzes kontinentweiter Verbindungen, und wegen der günstigen Erreichbarkeit von allen Landesteilen aus wird Denver von vielen amtlichen Stellen und privatwirtschaftlichen Unternehmen bevorzugt als Tagungsort gewählt. Dem modern ausgebauten Stapleton International Airport benachbart hat sich ein Industriebezirk von Branchen herausgebildet, die im Abtransport ihrer geringgewichtigen, aber hochwertigen Erzeugnisse auf das Flugzeug angewiesen sind.

Die City Denvers lehnt sich an den Cherry Creek an. Von Osten nach Westen läuft die viele Kilometer lange Colfax Avenue durch den im Osten mit Denver zusammengewachsenen Vorort *Aurora* (48548) und dann durch die ganze Stadt hindurch, vorbei an Colorados Kapitol und anderen Regierungsbauten. An ihr scharen sich Motels, drive-in-Restaurants und Läden. Am Südostende der City liegen zwischen

Colfax und 14. Avenue Kapitol, die Münze, Verwaltungsgebäude der Union, des Staates Colorado und der County sowie die Stadtbibliothek und Museen. Von Nordwesten nach Südosten wird die Stadt vom Valley Highway durchzogen, der zum Teil im Platte-Tal verläuft und als innerstädtische Verbindung für den Interstate Highway 25 von Cheyenne nach Pueblo dient. Im Bereich der Stadt liegen mehrere große und gut gepflegte Parks, von denen vor allem der City Park mit dem Denver Natural History Museum zu nennen ist. In den die City umgebenden Wohnvierteln konzentrieren sich Menschen mit spanischen Nachnamen. Ganz im Süden liegt der Campus der University of Denver, während die Staatsuniversität im benachbarten, mit der Stadt durch einen gebührenpflichtigen expressway verbundenen *Boulder* (37718) beheimatet ist. Im äußersten Südosten ist ein großer geplanter Industriekomplex in Entwicklung begriffen, das sogenannte Denver Technological Center.

5.5.6. Besondere Merkmale und Probleme der Städte dieser Region

Die Städte der Inneren Ebenen stehen ihrem *Alter* nach zwischen jenen im Raume östlich der Appalachen und jenen ganz jungen westlich des Felsengebirges, wenn wir einmal davon absehen, daß auch innerhalb dieser großen Region die Zeitspanne von einem Jahrhundert für Städtegründungen anzusetzen ist. Sofern Privatinitiative und Stadtverwaltungen nicht schon auf eine Erneuerung der Bausubstanz hingearbeitet haben, gehören viele Städte der Inneren Ebenen zu den am übelsten aussehenden und am meisten sanierungsbedürftigen des Kontinents. Die innenstädtischen Viertel von Minneapolis oder Dubuque legen von dieser Situation beredtes Zeugnis ab.

Auch in bezug auf ihr *gegenwärtiges Wachstum* nehmen die Städte der Inneren Ebenen eine Mittelstellung zwischen den an Bevölkerung verlierenden Städten des Nordostens und den stark wachsenden des Südwestens und übrigen Westens ein. Die Mehrzahl der Städte in Indiana, Illinois, Iowa, Michigan, Minnesota, Missouri, Ohio und Wisconsin zeigt ein zögerndes Wachstum, das etwas unter dem nationalen Durchschnitt liegt. Von Osten her scheint sich der Trend der Aushöhlung der Kernstädte in diesen Raum hinein fortzusetzen, was sich aus Beispielen wie Chicago ablesen läßt, das im Jahrzehnt 1950 bis 1960 eine Abnahme seiner Bevölkerung um etwa 2% hinnehmen mußte, während die Vorortgemeinden des Metropolitan Ring um rund 20% zunahmen. Auch zahlreiche Kleinstädte in den meisten der genannten Staaten sowie in South Dakota, Nebraska und Oklahoma unterliegen seit einiger Zeit einem Schrumpfungsprozeß wie die kleinen Städte in den meisten der Neuengland- und mittelatlantischen Staaten auch.

Behörden wie Wissenschaftler sind in Erhebungen und Untersuchungen zu der Erkenntnis gelangt, daß die *wirtschaftliche Grundlage in Teilen des Mittelwestens verbesserungsbedürftig* ist. Mit Analysen der Bevölkerungs- und Wirtschaftsstruktur sind z.B. die Upper Midwest Economic Study in Minneapolis und die Mississippi Valley Investigations in Carbondale beschäftigt gewesen. Diese Arbeitsgruppen haben unter wesentlicher Beteiligung von Hochschulgeographen Grundlagenstudien betrieben und Empfehlungen ausgearbeitet, die der Strukturverbesserung dienen sollen. So wurde beispielsweise der Plan gefaßt, im Raum Illinois/Missouri den Mississippi oberhalb von *Cape Girardeau* (24947) bis über St. Louis im Norden hinaus aufzustauen und hier einen See, den man Thebes-See genannt hat, zu schaffen, von dem man erwartet, daß er sich auf die beiden Anliegerstaaten ökonomisch stimulierend auswirken würde. Damit hofft man auch die Stagnation oder gar den leichten Bevölkerungsrückgang der Städte dieses Gebietes aufzufangen.

5.6. Der Pazifische Nordwesten der USA und der Westen Kanadas

5.6.1. Siedlungsanfänge bis zum Beginn des Eisenbahnzeitalters

Nachdem die von Präsident JEFFERSON zur Erkundung der weiten Gebiete westlich des Mississippi eingesetzte erste Regierungsexpedition unter LEWIS und CLARK 1803–1805 bis zur Mündung des Columbia-Flusses gelangt war, kam der aus Walldorf bei Heidelberg stammende und nach New York ausgewanderte Pelzhändler und Grundstücksmakler JOHANN JAKOB ASTOR in jene damals noch völlig entlegene Gegend. Auf der Südseite des Columbia-Ästuars, auf dem Gebiet des späteren Staates Oregon, entstand 1811 der Ort *Astoria* (11239). Die Pacific Fur Company, ein Zweig von Astor's American Fur Company, verlegte ihre Aktivität jedoch bald nach Fort Vancouver.

Eine Zeitlang hatten in diesem Gebiet Interessen der von Süden her kommenden Spanier und der von Norden kommenden Russen bestanden. Nachdem sie ausgeschaltet worden waren, bestand im Pazifischen Nordwesten nur noch die Rivalität zwischen zwei Parteien, den Amerikanern und den aus dem kanadischen Raum hierher gelangten Engländern. Hier begegneten sich die Interessen der American Fur Company und der Hudson's Bay Company.

Es war ein Mann der Hudson's Bay Company, der an einer Schleife des Columbia-Unterlaufs dicht bei der Einmündung des Willamette 1825 das Fort Vancouver (*Vancouver*, Washington: 32464) errichtete und in dessen Nähe eine Mühle und ein Sägewerk aufbaute. Ein beträchtliches Stück flußaufwärts, ebenfalls an einer Schleife des Columbia und nahe der Einmündung des Snake River in denselben, wurde 1857 Fort Walla Walla (*Walla Walla*: 24536) errichtet. Weiter nördlich lag nahe der Einmündung des Okanogan in den Columbia das Fort Okanogan (*Okanogan*: 2001), nordöstlich von diesem an der Einmündung des Colville in den Columbia Fort Colville (*Colville*: 3806). Im Gebiet des späteren Staates Idaho errichtete die Hudson's Bay Company Fort Boise, um das herum die heutige Hauptstadt Idahos entstand (*Boise*: 34481) und das dem amerikanischen Fort Hall weiter östlich heftige Konkurrenz bot. Ansonsten war und blieb das Innere der heutigen Staaten Washington und Oregon menschenarm, und neben Walla Walla wurde die einzige bedeutende Stadt *Spokane* (181608).

Die genannten Forts dienten dem Schutze jener wenigen Weißen, die sich in dem weiten Raum des Nordwestens aufhielten und deren hauptsächliches Interesse im *Pelzhandel* bestand. Den wenigen Militär- und Handelsposten folgte zunächst keine nennenswerte Besiedlung nach. Im heutigen Kanada waren die Gebiete westlich der Hudson Bay durch Reisen von Hearne, Mackenzie, welcher 1793 die Küste des Pazifischen Ozeans erreicht hatte, und Thompson bekannt geworden. Im Raum der heutigen Stadt *Winnipeg* (265429) errichtete La Verendrye 1738 das Fort Rouge. Aber noch fast acht Jahrzehnte vergingen, ehe in dessen Nachbarschaft um 1812 eine Kolonie schottischer Siedler entstand, und erst nach dem Zusammenschluß von Hudson's Bay Company und der französische Interessen vertretenden North West Company im Jahre 1821 kam die Gründung des Forts Garry nahe dem Zusammenfluß von Red River und Assiniboine zustande. Ende der 1860er Jahre war aus diesen Ansätzen ein kleiner Handelsplatz von wenig mehr als 200 Menschen geworden, und das eigentliche Wachstum Winnipegs setzte erst nach erfolgtem Bahnanschluß 1878 ein.

Auch *Edmonton* (281027), Hauptstadt der kanadischen Provinz Alberta, geht auf die Gründung eines Forts gleichen Namens durch die Hudson's Bay Company im Jahre 1795 zurück. In starker Isolierung entstand 1791 an der Stelle des heutigen größten Pazifikhafens Kanadas um einige Mühlen und Sägewerke der Ort *Vancouver* (384522). 1811 war von der Northwest Company *Kamloops* (10076) weiter binnenwärts in British Columbia gegründet worden, während seine Hauptstadt *Victoria* (54941) 1843 ebenfalls von der Hudson's Bay Company als Handelsposten gegründet worden war.

Die weiteren, heute bedeutenden Städte der kanadischen Prairieprovinzen entstanden erst ein Jahrhundert später. *Calgary* (249641) in Alberta wurde 1875 von der North West Mounted Police angelegt, *Regina* (112141), die Hauptstadt von Saskatchewan, war als Verwaltungssitz für die North West Territories etwa in der Mitte zwischen Winnipeg und Calgary vorgesehen und entstand 1882 im Zusammenhang mit dem Eisenbahnbau, und *Saskatoon* (95526) wurde ein Jahr darauf gegründet.

Seit der Mitte der 1840er Jahre kamen viele Siedler aus dem US-amerikanischen Osten in das Oregon-Land. Die meisten von ihnen benutzten den sogenannten *Oregon Trail*, eine Route, die von Independence, Missouri aus für eine kurze Strecke dem Santa Fe Trail identisch war, dann aber nach Nordwesten zum Platte-Fluß über Fort Laramie, Wyoming – welches nicht zu verwechseln ist mit der im selben Staate etwas weiter südwestlich gelegenen Stadt *Laramie* (17520) – an den Sweetwater River und über das Felsengebirge nach Fort Bridger führte. Von hier aus zweigte der Mormon Trail ab, während man auf dem Oregon Trail dem Snake River folgend nach Fort Boise gelangte. Von dort ging es dann über Fort Walla Walla zum Tal des Willamette, dem Ziel eines großen Teiles der Auswanderer.

Der Columbia und seine Nebenflüsse, vor allem der eben genannte Willamette, wurden zu ausgesprochenen *Siedlungsgassen*, an die sich die Bevölkerung im Pazifischen Nordwesten der USA bis in die Gegenwart hinein gehalten hat. Gegenwärtig wohnen rund vier Fünftel der Bewohner des Nordwestens in diesen Siedlungsgassen und ihren Städten.

In dem Jahrzehnt 1840–1850 benutzten etwa 15000 Menschen den Oregon Trail. Von ihnen siedelten etwa 90% im Tal des Willamette.

An der Einmündung des Willamette-Flusses in den Columbia entwickelte sich *Portland* (372676), das schon frühzeitig durch den Kalifornienhandel wuchs und heute die größte Stadt im Staate Oregon ist. Die breite, fruchtbare Talaue des Unterlaufs des Willamette hat trotz Überschwemmungsgefahr und Dürregefährdung schon um Mitte des vorigen Jahrhunderts die Entwicklung einer verhältnismäßig dichten agrarischen Bevölkerung zwischen Portland und *Eugene* (50977) gefördert. Durch Dammbauten und Bewässerungskanäle sind beide Instabilitätsfaktoren für einen Teil des Ackerlandes bedeutungslos geworden. Obst- und Gemüse-, Kartoffel- und Hopfenbau gehören zu den bedeutendsten Erwerbszweigen der Landwirtschaft des Willamette-Tales. Die Verarbeitung der landwirtschaftlichen Produkte spielt neben der Holz- und Papierindustrie als wirtschaftliche Grundlage der Städte eine bedeutende Rolle, so für die im Willamette-Tale gelegene Hauptstadt Oregons, *Salem* (49142). Die Oregon State University ist in dem südlicher gelegenen *Corvallis* (20669) untergebracht, während Portland die University of Oregon beherbergt. Eine der ältesten Städte des gesamten Nordwestens ist *Oregon City* (7996) an einer Schleife des Flusses, wo Fälle zunächst das Ende der Schiffbarkeit bedeuteten und andrerseits zwei Inseln den Übergang erleichterten. Ihre wirtschaftliche Grundlage war ein Sägewerk. Um 1850 die bedeutendste Stadt im Nordwesten, wurde Oregon City jedoch bald von Portland überflügelt. Wie Astoria verlor auch Oregon City seine Stellung dadurch, daß Portland zum Haupthafen der zunehmenden Dampfschiffahrt wurde.

Ein Teil der Auswanderer kam nicht aus dem Landesinnern, sondern benutzte die Seeroute von Kalifornien her über die Mündung des Columbia. Aber bei diesen Menschen handelte es sich kaum um zukünftige Farmer, sondern um Holzfäller und Bergleute, die nach dem kalifornischen Goldrausch hierher kamen, um hier ebenfalls nach Gold zu suchen, oder die sich von dem Handel mit Kaliforniens so plötzlich angewachsener Bevölkerung Profit versprachen.

Am Puget Sund entstand 1844 das erste Sägewerk bei *Tumwater* (3885). 1851 entstand die Puget Mill Company. Einer ihrer drei Inhaber, Kapitän Talbot, segelte zwei Jahre später in die von dichten Wäldern umgebene Juan de Fuca-Straße hinein und errichtete etwa 8 km von dem Eingang zum Hood-Kanal eine Sägemühle, um die sich die Siedlung Teekalet, später *Port Gamble* (400) genannt, bildete. Schon 1858 rechtfertigte der Aufschwung der Holzindustrie eine zweite Sägemühle. Die aus dem Staate Maine an der Ostküste stammenden Gründer gaben dem Ort mit seinen einheitlich gebauten, schmucken weißen Häuschen und der der Kongregationskirche von East Machias, Maine, nachgebauten Kirche das Aussehen einer neuenglischen Kleinstadt (vgl. Allen, 1966, S. 18/19). Port Gamble befindet sich noch heute im Eigentum der Firma Pope & Talbot, Inc., die bestrebt ist, dem Ort seinen neuenglischen Charakter auch weiterhin zu erhalten.

Damit sind wir bei einem zweiten Siedlungstyp des Nordwestens angelangt, den *firmeneigenen Werksorten*, die in den Staaten Washington, Oregon und Idaho in erster Linie im Zusammenhang mit der Holzbe- und -verarbeitung, in Montana mit dem Kupferbergbau entstanden. Viele von ihnen sind jedoch jüngeren Datums und wurden im Zuge der fortschreitenden Erschließung der Wälder dieser Region von Holzfirmen Ende des vorigen und in den ersten drei Jahrzehnten dieses Jahrhunderts gegründet. Im Gebiet des Puget Sund hatten aber die Städte allgemein ihren Ursprung in der Holzgewinnung und -aufbereitung, ohne in jedem Fall Werksorte zu sein.

1850 errichtete ein Siedler die erste Blockhütte am Ufer der Elliot Bay an der Stelle des heutigen *Seattle* (557087). Zwei Jahre darauf entstand dort ein Sägewerk, das dem Ort zu seinem frühen Aufschwung verhalf. Das Wachstum Seattles muß allerdings im Rahmen der gesamten Siedlungstätigkeit des Nordwestens gesehen werden. Mit 3500 Einwohnern um 1880 war der Ort ausgesprochen groß. Die ersten Siedler hatten ihm den anspruchsvollen Namen New York gegeben. Später wurde er nach dem Häuptling eines den Weißen wohlgesinnten Indianerstammes benannt. Der Stammesname Dwamish ging auf einen in der Nähe in die Elliot Bay mündenden Fluß über.

Tacoma (147979) wurde 1853 angelegt, wuchs aber erst nach Errichtung eines Sägewerks im Jahre 1868. Der Ort hieß ursprünglich Puyallup. Dieser Name ging auf den ebenfalls in die Elliot Bay mündenden Fluß bei Tacoma über.

Aus jener Zeit rührt auch die erste Ansiedlung bei *Port Townsend* (5074) im äußersten Nordwesten des Puget Sundes her. Der Ort hatte gegenüber

Bild 36. *Ladenstraße in Jackson, Wyoming.* Solche Zeilen von Holzhäusern mit Arkaden waren für die Siedlungen des Westens in früherer Zeit typisch. Heute gibt es sie nur noch in wenigen Städten, die, wie Jackson als Ausgangspunkt für den Yellowstone-Nationalpark, bedeutende Touristenorte sind und sich diesen Charakter mit Vorbedacht erhalten haben (B. HOFMEISTER).

Seattle und Tacoma die Berge der Olympic-Halbinsel zum Hinterland. In dieser ungünstigeren Situation konnte er den beiden andern Städten nie ein ernsthafter Rivale werden.

Inzwischen war im Nordwesten in politischer Hinsicht die Entscheidung gefallen. Die Vereinigten Staaten und Großbritannien hatten sich in einem 1846 geschlossenen Vertrage auf den 49. Parallelkreis als Staatsgrenze geeinigt, und daraufhin wurde auf US-amerikanischem Gebiet das Oregon-Territorium organisiert.

Für die weitere Besiedlung des Pazifischen Nordwestens der USA und der kanadischen Prairieprovinzen sowie British Columbias wurden vor allem die *Transkontinentalbahnen* wichtig. Auf dem Gebiet der Vereinigten Staaten waren es vier. 1883 wurde die Northern Pacific-Eisenbahn fertiggestellt, 1884 die Union Pacific, 1893 die Great Northern und 1909 die Chicago, Milwaukee, St. Paul & Pacific. In Kanada wurde, vor allem unter dem politischen Druck der Provinz British Columbia, die ihren Anschluß an das 1867 gebildete Dominion vom baldigen Bahnanschluß an des übrige Staatsgebiet abhängig gemacht hatte und mit Sezession drohte, der Bau der Canadian Pacific betrieben. Sie wurde 1886 als erste Transkontinentalbahn auf kanadischem Gebiet fertiggestellt. Etwa gleichzeitig entstand der Vorläufer der späteren Canadian National Railway. Diese Eisenbahnen brachten seit dem Ende der 80er Jahre wachsende Einwandererströme in den Fernen Westen, jährlich mehr Menschen als zuvor in einem ganzen Jahrzehnt gekommen waren. Und diese Menschen hatten in der Hauptsache bereits die Städte zum Ziel und nicht mehr die landwirtschaftlichen Gebiete.

5.6.2. Die Entwicklung seit dem Eisenbahnbau

Als Ende der 1860er Jahre die Union Pacific-Eisenbahn nach Utah hinein vorgetrieben wurde, war das Gebiet von Wyoming noch fast menschenleer. Entlang der Bahn aber bildete sich nach und nach eine Reihe kleiner Siedlungen, von denen einige zu städtischer Größe und Differenziertheit heranwuchsen. Vor allem müssen die Hauptstadt Wyomings, Cheyenne, Laramie, *Rawlins* (8968) und die Kohlenbergbauorte *Hanna* (625) und *Rock Springs* (10371) genannt werden. Von Rock Springs aus besteht eine Omnibusverbindung mit *Jackson* (1437), dem südlichen Ausgangspunkt für Touren in den Yellowstone-Nationalpark (Bild 36).

Zweitens gaben die Eisenbahnen günstig gelegenen Orten wie *Spokane* (181608), Portland und Seattle erhöhte Bedeutung und förderten sehr deren Wachstum am Ende des Jahrhunderts. Um 1910 hatten diese drei Städte die 100000-Einwohner-Grenze überschritten. Seattle, das um 1880 erst 3500 Menschen gezählt hatte, besaß 1910 bereits 237000 Einwohner und war die größte Stadt im Nordwesten geworden. Nicht nur wurde Seattle der Stadt Tacoma von den genannten Eisenbahngesellschaften als Endpunkt ihrer Strecken vorgezogen, sondern seiner Hafengunst wegen war Seattle den ozeangängigen Schiffen zugänglich und wurde zum *Ausgangspunkt für die Schiffsverbindungen mit Alaska.* Diese Position wirkte sich insbesondere seit dem Goldrausch von Klondike 1898 aus und sollte nicht unterschätzt werden, war doch bis zum kriegsbedingten Bau des Alaska Highway 1942 Alaska überhaupt nicht auf dem Landweg, sondern allein per Schiff oder Flugzeug von dem übrigen Staatsgebiet der USA aus erreichbar. Neben seiner Bedeutung für den Alaska-Verkehr erwies sich Seattle aber auch als begünstigt im Fernosthandel, z.B. im amerikanischen Seidenimport aus Japan, da es etwas näher zu Asiens Küste gelegen ist als die kalifornischen Häfen.

Drittens stärkten die Eisenbahnen die bereits in der ersten Siedlungsperiode vorgezeichneten Leitlinien, nämlich das Tal des Columbia, das Tal des durch den zentralen Teil des Staates Washington von Norden her in den Columbia fließenden Yakima, das Tal des Willamette und den Puget Sund. Während an diesem die großen Orte der Holzindustrie mit wachsender Bedeutung des Nordwestens als Holzlieferant innerhalb der USA sich kräftig entwickelten, wurde *Olympia* (18273) am südlichsten Ende des Sundes eine reine Verwaltungsstadt mit der Hauptstadtfunktion für Washington, ebenso wie *Helena* (20227) in Montana als Hauptstadt jenes Staates Verwaltungsstadt und Finanzzentrum wurde.

Der trockene Ostteil des Staates Washington, als "Inner Empire" bekannt, die gebirgigen Partien Montanas und das trockene Harney Basin Idahos blieben bis in die Gegenwart dünn besiedelt. Nur wenige Orte wuchsen zu beachtlicher Größe heran, so *Billings* (52851) und *Bozeman* (13361) in Montana und der Eisenbahnknoten *Pocatello* (39194) in Idaho.

Die Städte des Nordwestens sind nicht in dem Maße wie die kalifornischen Küstenstädte zu Industrieballungen gewachsen. Für ihre industrielle Entwicklung haben einzelne Branchen eine besondere Bedeutung gehabt: die Lebensmittelindustrie, die Holzverarbeitung, die Aluminiumherstellung, der Schiffsbau und in jüngerer Zeit die Gewinnung von Atomenergie.

Die *Lebensmittelbranche* hat als Rohstoffe nicht nur die erwähnten Produkte der Landwirtschaft der fruchtbaren Täler in Washington und Oregon und das Schlachtvieh der großen Weideländereien. Es kommt hier auch der *Fischfang* hinzu, der schon für die früher im Nordwesten lebenden Indianerstämme eine wichtige Nahrungsgrundlage gewesen ist. Vor allem ist es der Lachsfang, der der Fischkonservenindustrie zu Bedeutung verhilft. Erzeugnisse der Fischindustrie gehören zu den wichtigsten Umschlagsgütern des Hafens Seattle.

Um die Jahrhundertwende begannen Washington und dann Oregon die Staaten an den Großen Seen als Holzlieferanten zu überflügeln. Immer größere Gebiete des Nordwestens wurden forstwirtschaftlich erschlossen. Der Nordwesten ist der einzige Landesteil innerhalb der Vereinigten Staaten, in dem zuweilen mehr als 10000 Menschen in einem ausgesprochenen *Holzverarbeitungszentrum* leben. Zu ihnen gehören das 1922 von der Long-Bell Lumber Company kurz vor dem Ansatz des Columbia-Ästuars gegründete *Longview* (23349), die Stadt *Aberdeen* (18741) in Washington und die Stadt *Bend* (11936) in Oregon. Eine Reihe kleinerer Werksorte existiert bis heute auf der Basis der Holzverarbeitung, so das 1906 von der Potlatch Forests Inc. in Idaho angelegte *Potlatch* (800), das 1912 von der Wauna Lumber Company in Oregon gegründete *Wauna* (125), das von der Valsetz Lumber Company gegründete *Valsetz* (675) und das 1938 von der Gilchrist Timber Company gegründete *Gilchrist*, beide in Oregon. Viele solcher Holzfäller- und -verarbeitungsorte waren nicht von Dauer. Zumindest wurden sie mit sich verändernder Rohstofflage verlegt und bestanden oft lange Zeit aus leicht beweglichen Wohnstätten, ja, sogar in manchen Fällen aus Hausbooten, die die Flüsse entlang geflößt werden konnten. Die Erschöpfung der Holzvorräte im näheren Umkreis führte zu Auflassungen, die abnehmende Isolierung und geringere Notwendigkeit zur Autarkie veranlaßte in anderen Fällen die Werksleitung, nicht nur die Häuser, sondern den Grund und Boden zu veräußern. Manche dieser Orte weisen beachtliche Minoritäten von Skandinaviern, auch von Italienern, auf.

In diesem Zusammenhang muß nochmals auf die Konzentration von Städten um den Puget Sund hingewiesen werden. Während in andern Teilen des Nordwestens die städtische Entwicklung punkthaft blieb, kam es hier zu flächenhafterer Besiedlung. Neben den Großstädten Seattle und Tacoma gibt es noch eine Anzahl von Mittelstädten wie *Bremerton* (28922), Olympia, *Everett* (40304) und *Bellingham* (34688). Der eigentliche Sund, der an der Gabelung von Juan de Fuca-Straße und Georgia-Straße beginnt und sich in eine Anzahl von Buchten verzweigt, nimmt eine Fläche von etwa 5200 qkm ein und erschließt dem direkten Seeverkehr einen beachtlichen Raum. An zahlreichen Stellen hatten sich Sägewerke gebildet, die wiederum ihre eigenen Docks bauten, und der Schiffsverkehr stellte sich allmählich darauf ein, zur Aufnahme einer vollen Ladung mehrere Hafenplätze am Sund anzulaufen. Das förderte das Wachstum derselben zu mittelstädtischer Größe. Der Export ist sehr viel mehr aufgegliedert als der stark auf den einen Hafen Seattle konzentrierte Import des Puget Sund-Gebietes.

Die energieempfindliche *Aluminiumindustrie* setzte sich im Nordwesten an, als in den 40er Jahren die Kraftwerke am ausgebauten Columbia-Strom zu produzieren begannen. Zugleich stieg in den Kriegsjahren die Nachfrage nach Aluminium sprunghaft. In diese Phase der Hochkonjunktur fiel der Beginn der Auswirkungen des Standortvorteils im wasserreichen Nordwesten. In den Jahren 1940–1942 entstanden die Aluminiumhütten der ALCOA (Aluminum Company of America) im amerikanischen Vancouver, der Reynolds Company in Longview und *Troutdale* (522), der Kaiser Company in Tacoma und Spokane. Drei weitere Werke kamen in den 50er Jahren hinzu, als die meisten neuen Betriebe auf der Erdgasbasis im Golfküstenraum oder im Manufacturing Belt angesiedelt wurden. Es waren die Hütten der ALCOA in Wenatchee (16726), der Harvey Company in *The Dalles*, Oregon (10493) und des Werkes in *Mead* (498). Die Anaconda Company errichtete ein Werk in *Columbia Falls* (2132) in Montana. Mit einer Kapazität von 755000 t ist der Nordwesten nach dem Lorenzstrom- und dem Golfküstenbereich der drittgrößte Standortbereich der nordamerikanischen Aluminiumproduktion (vgl. Waller, 1967, S. 58/59).

Auch die kanadische Aluminiumerzeugung tat den großen Sprung auf die andere Seite des Kontinents. War sie bis in die 50er Jahre stark auf die Provinz Quebec beschränkt, entschloß sich die ALCAN (Aluminum Company of Canada), in der Nähe der Pazifikküste, rund 110 km landeinwärts am Ende des Douglas Channel bei *Kitimat* (8000) zur Errichtung eines neuen Werkes. Es wurde auf 500000 t Kapazität geplant, bisher aus marktpolitischen Erwägungen jedoch erst auf etwa 200000 t gebracht.

In den Kriegsjahren stieg auch die Nachfrage nach *Schiffstonnage*, vor allem nach Frachtern, die Nachschub auf den fernöstlichen und den europäischen Kriegsschauplatz bringen sollten, gewaltig. Der Schiffsbau erlebte eine Periode der Hochkonjunktur, von der einige Hafenstädte an der pazifischen Küste sehr profitierten. Seattle und andere Städte des Nordwestens hatten auf ihren Werften Hochbetrieb. Viele Arbeitskräfte aus anderen Teilen des Landes strömten in diese Städte, die damit auch ihr *Negerproblem* erhielten. Allerdings waren das nicht die ersten Rassenkonflikte im Nordwesten, hatte doch Seattle schon Ende des vorigen Jahrhunderts antichinesische Unruhen erlebt. Die "navy cities" verloren ihre Bedeutung als Standorte von Werften nach Beendigung des Zweiten Weltkrieges, und in den beiden folgenden Jahrzehnten änderte sich merkbar die *Berufsstruktur* ihrer Bevölkerung, die heute weniger von ungelernten Arbeitern als von Fachkräften bestimmt ist. Statt der Schiffe produziert der Nordwesten in gesteigertem Maße Flugzeuge. Der *Flugzeugbau* gehört heute zu seinen bedeutendsten Industriezweigen. Die Seattle-Renton-Werke der Boeing Airplane Company, die hier nach dem persönlichen Wunsch ihres Gründers entstanden, haben inzwischen eine Belegschaft von annähernd 40000 erreicht, darunter eine große Anzahl von Ingenieuren und anderen Fachkräften, die es den Boeing-Werken heute kaum erlauben würden, eine größere Standortverlagerung vorzunehmen.

Ein junger Industriezweig ist die *Atomenergiegewinnung*. Die US-Atomenergiekommission errichtete in Hanford am Columbia nahe der Einmündung des Yakima ihre Plutoniumwerke. Die Belegschaft dieser Werke wurde von den bereits bestehenden kleinen Orten *Pasco* (14522) und *Kennewick* (14244) und von dem neuen, im Rahmen eines Regierungsprogramms neu geschaffenen Wohnort *Richland* (23548) aufgenommen. Ein ähnliches rasches Wachstum wie diese Orte erlebten *Blackfoot* (7378) und *Arco* (1562) am Snake River in Idaho im Zusammenhange mit der Installation einer Reaktorstation.

In den kanadischen Prairieprovinzen, in denen sich die wenigen größeren Städte und Versorgungszentren an den beiden Bahnlinien linienhaft anordneten (Fig. 102), hat sich im Laufe der vergangenen vier Jahrzehnte eine tiefgreifende wirtschaftliche Umstrukturierung und regional eine starke Durchsetzung des noch Anfang des Jahrhunderts weitgehend landwirtschaftlich orientierten Gebietes mit Industrien vollzogen. In den 20er Jahren begann die *Erdöl- und Erdgasgewinnung* im Turner Valley der Provinz Alberta. Calgary wurde Sitz zahlreicher Erdölgesellschaften. Eine bedeutende Erdölförderung setzte jedoch erst Ende der 30er Jahre ein. Immer größere Gebiete innerhalb der Prairieprovinzen wurden erdölhöffig, Eisenerze wurden gefunden, die Landwirtschaft wurde durch Mechanisierung und Integrierung des recht einseitig auf Weizenbau gerichteten Ackerbaus mit vermehrter Viehhaltung umgewandelt. Alle diese wirtschaftlichen Veränderungen des Hinterlandes wirkten sich auf die wenigen großen städtischen Zentren belebend aus und trugen zu dem beachtlichen Wachstum vor allem von Edmonton, Calgary, Regina und Saskatoon bei.

Edmonton gewann an wirtschaftlicher und strategischer Bedeutung während des Zweiten Weltkrieges, als militärische Dienststellen und wirtschaftliche Unternehmen im Zusammenhang mit dem Bau der Ölleitung zwischen Norman Wells westlich des

Fig. 102. *Die Lage der Städte im Mittleren Westen Kanadas* (Entwurf von K. LENZ, Stand 1966). Schwerpunkt der Besiedlung der Prairieprovinzen ist deren Südteil, in dem sich die wenigen Großstädte und die zahlreicheren kleinen Landstädtchen entlang den Bahnlinien der Canadian National und Canadian Pacific anordnen.

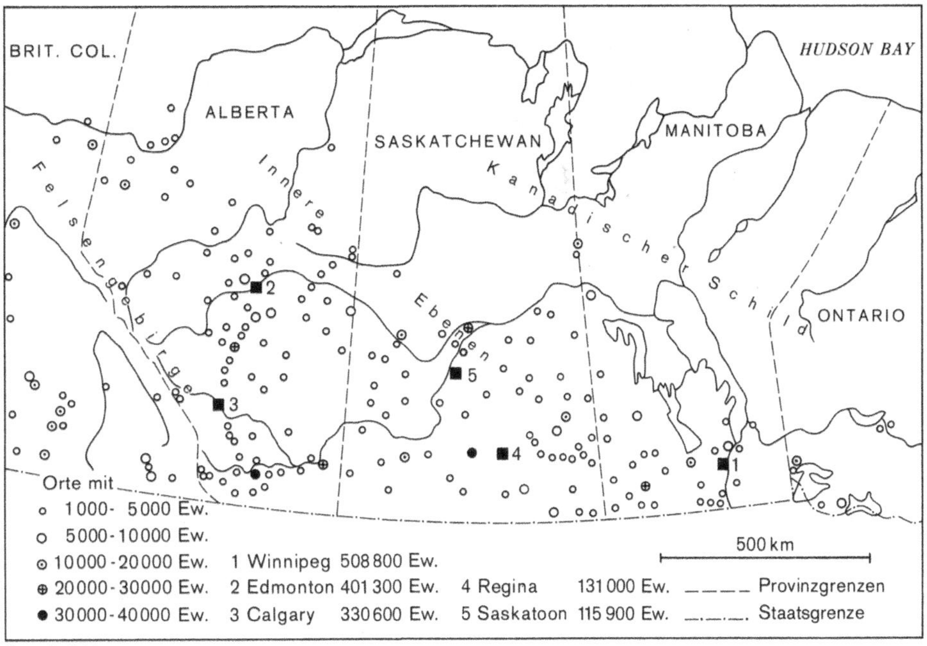

Stand 1966

Großen Bärensees und *White Horse* (5031) in die Stadt kamen. Ölraffinerien wurden gebaut, und mit zunehmender Viehwirtschaft im Hinterland wurde Edmonton auch zu einem Zentrum der Fleischverarbeitung. Weitere Bedeutung ist der Stadt zugekommen im Zusammenhang mit der Erschließung von Bodenschätzen in Kanadas Norden und ihren Verbindungen nach Orten wie Aklavik am Mackenzie-Unterlauf, Coppermine an der Mündung des gleichnamigen Flusses, *Uranium City* (1665) am Athabaskasee, *Yellowknife* (3245) am Großen Sklavensee oder nach *Fairbanks*, Alaska (13311) (vgl. LENZ, 1963, S. 312).

Mit den jüngeren Erdölfunden der 40er Jahre wurde vor allem Calgary zu einer Stadt der Erdölgesellschaften, gewissermaßen das kanadische Tulsa. Die Mühlen-, Molkerei- und Fleischverarbeitungsbetriebe dominieren zwar noch auf dem industriellen Sektor dieser Stadt, aber das Öl nimmt einen wachsenden Anteil an der Industriewirtschaft Calgarys ein. In der Versorgung des Südteils der Provinz Alberta findet Calgary allerdings Konkurrenten in den Mittelstädten *Lethbridge* (35454) und *Medicine Hat* (24484). In den beiden Jahrzehnten 1941–1961 haben sowohl Edmonton als auch Calgary ihre Einwohnerzahlen verdreifacht.

In der Provinz Saskatchewan verdoppelten in derselben Zeit die beiden Großstädte Regina und Saskatoon ihre Wohnbevölkerung. Die Provinz als Ganzes verlor in den Jahren vor 1950 sogar an Bevölkerung und verzeichnete erst dann wieder mit dem Auffinden von Erdöl und Erdgas, Kupfer- und Zinkerz einen Anstieg. In beiden Städten hielten Erdölraffinerien und metallverarbeitende Betriebe Einzug und gaben ihnen neben der Verarbeitung der landwirtschaftlichen Produkte ihres Hinterlandes eine erweiterte wirtschaftliche Basis.

Winnipeg hatte in den letzten Jahrzehnten nur ein bescheidenes Bevölkerungswachstum im Vergleich mit den bisher genannten kanadischen Städten zu verzeichnen. Das Wachstum ging auch kaum in der Kernstadt, sondern hauptsächlich in den zur Region Groß-Winnipeg gehörenden Randgemeinden vor sich. Hier sind auch die wesentlichen Industrien des Großraums konzentriert, wie z.B. die Fleischverarbeitung in St. Boniface am Red River gegenüber der Kernstadt. Die Industrien des Raumes Winnipeg sind äußerst vielfältig und umfassen verschiedenste Betriebe der Lebensmittelbranche ebenso wie die eisenschaffende Industrie, den Maschinenbau, Ölraffinerien und chemische Industrien, Holzverarbeitung, Textilfabriken und das Druckereigewerbe. Abgesehen von seiner führenden Stellung innerhalb des kanadischen Mittelwestens wirkt sich auf Winnipeg auch die Nachbarschaft zum Absatzmarkt des Westteils der Provinz Ontario begünstigend aus. Die Eröffnung des Panamakanals 1914 dagegen hatte damals zur Folge gehabt, daß die Cabotage für Vancouver wie auch für das amerikanische Seattle an Bedeutung gewann, während von den Handelszentren des Binnenlandes wie vor allem Winnipeg ein Teil ihres Handelsverkehrs abgezogen und auf jene Küstenstädte abgelenkt wurde.

Nach dem Stand von 1960 entfallen auf den Raum Groß-Winnipeg 66,5% der Industriebetriebe bzw. 85,8% der Industriebeschäftigten der gesamten Provinz Manitoba. In den beiden anderen Prairieprovinzen ist die Konzentration der Industriewirtschaft auf einen Schwerpunkt nicht derart groß. In Alberta entfallen auf Groß-Edmonton und Groß-Calgary zusammen 48,4% der Industriebetriebe bzw. 74,5% der Industriebeschäftigten der Provinz, in Saskatchewan auf Regina und Saskatoon zusammen 30,9% der Industriebetriebe bzw. 55,9% der Industriebeschäftigten (vgl. LENZ, 1963, S. 319).

Eine Sonderstellung innerhalb der Westhälfte Kanadas nimmt die Provinz British Columbia an der pazifischen Küste ein. Der *Wald-, Fisch- und Mineralreichtum* dieser Provinz wie auch der Umstand der *weiten Entfernung* zu den wirtschaftlich bestentwickelten östlichen Provinzen am St. Lorenz-Strom, die der Errichtung von *Filialbetrieben* zahlreicher dort ansässiger Wirtschaftsunternehmen förderlich war, ließen British Columbia in bezug auf seine wirtschaftliche Entwicklung auf den dritten Platz innerhalb des Dominion hinter Ontario und Quebec kommen. Diese Situation weist eine gewisse Parallele zu den Vereinigten Staaten auf, wo nach verschiedensten sozialökonomischen Merkmalen die Staaten des Nordostens weit vorn rangieren und, durch die Weiten des Landesinnern von ihnen getrennt, Kalifornien eine ebenbürtige Stellung erringen konnte.

Die für die Entwicklung der Städte British Columbias wichtigen Industriezweige sind die Verarbeitung von Holz, von Fischen zu Konserven, wobei dem Lachs eine besondere Bedeutung zukommt, und von Nichteisenmetallen. Die Holz-, Zellstoff- und Papierindustrien finden wir vor allem im Raum von Vancouver, in *Nanaimo* (14135), *Ocean Falls* (3056), *Port Alberni* (11560), *Port Alice* (1065) und *Powell River* (5700) konzentriert. Die Lachskonservenfabriken liegen am Fraser-Ästuar und im Gebiet von *Prince Rupert* (11987). Vom Ausbau der Wasserkräfte und dem Ansetzen der energieempfindlichen Aluminiumindustrie bei Kitimat war schon die Rede. Daneben spielt die Bearbeitung von Zink- und Bleierzen im Raum von *Trail* (11580) eine Rolle. Vancouver entwickelte sich nach Montreal und Toronto zur drittgrößten Stadt des Dominion, während seine Bevölkerung in dem Jahrzehnt 1951–1961 nur verhältnismäßig wenig wuchs, von rund 345000 auf 385000 Einwohner.

5.6.3. Die Großstädte

In dem hier besprochenen Raum liegen vier Halbmillionenstädte: Winnipeg und Vancouver, Seattle und Portland. Die beiden erstgenannten, kanadischen Städte gehen noch auf die älteste nachindianische Wirtschaftsepoche, die Epoche des Pelzhandels, zurück, während die beiden US-amerikanischen Städte erst um die Mitte des vorigen Jahrhunderts mit dem wachsenden Zustrom von Menschen in das Oregon-Territorium entstanden.

Winnipeg hat seinen Ursprung in dem 1738 von Franzosen errichteten Fort Rouge, blieb aber bis zum Ende der 1860er Jahre ein kleiner Handelsplatz von nur 200 Einwohnern und wuchs erst nach 1878, als für den Ort das Eisenbahnzeitalter begann. Im Laufe eines knappen Jahrhunderts hat sich die Stadt nach Montreal, Toronto und Vancouver zur viertgrößten des Dominion of Canada entwickelt, mit 265429 Einwohnern in der Kernstadt und 490400 Menschen im Bereiche der Metropolitan Area.

Das Hochhausviertel der Downtown nimmt die Funktion der Stadt als Handels-, Verwaltungs- und Kulturzentrum wahr. Die Getreidebörse an der Lombard Street kündet von der Stellung Winnipegs als zentraler Marktplatz der weizenbauenden Prairieprovinzen und könnte mit der Getreidebörse Chicagos verglichen werden. Neben der Stadtverwaltung beherbergt die Stadt auch die Regierung der Provinz Manitoba. Das Legislative Building an der Broadway Avenue ist in griechischem Stil erbaut und damit eines der ganz wenigen klassizistischen Bauten auf kanadischem Boden im Gegensatz zu den Vereinigten Staaten, die davon ein Übermaß besitzen. Die Stadt ist weiterhin Standort des Army's Prairie Command und Sitz der Direktionen der beiden großen Eisenbahngesellschaften Canadian National und Canadian Pacific für den Bereich der westlichen Provinzen. Sie ist eine Stadt der Kongresse, auch in dieser Beziehung dem amerikanischen Chicago vergleichbar, und in kultureller Hinsicht nimmt Winnipeg unter Kanadas Städten eine hervorragende Stellung ein mit einem bekannten Symphonieorchester und einem Ballettensemble. Der

Campus der University of Manitoba liegt zehn Kilometer südlich des Stadtzentrums zwischen Red River und Highway 75.

Die Wohngebiete fallen durch ihre zahlreichen schönen Kirchenbauten auf. Das stärkste Wachstum hat im Nordwesten zwischen Red River und dem von Westen her in ihn einmündenden Assiniboine stattgefunden. Es verlief weitgehend ringförmig unter Einbeziehung der Vororte wie Fort Garry, St. Boniface, St. James, St. Vital. Besonders auf der Nordseite ist eine Zone ausgebildet, in der sich Großhandelsunternehmen und Leichtindustrien konzentrieren. Jenseits dieses Gürtels wird das Einfamilieneigenheim beherrschend. Die Wohnbevölkerung der Stadt ist zu 43% britischer, 20% osteuropäischer und 12% deutscher Abstammung, das restliche Viertel setzt sich aus Menschen verschiedenster Herkunft zusammen.

Vancouver, das auf eine Ansiedlung des Jahres 1791 zurückgeht, ist auf einer Landzunge zwischen English Bay und Burrard Inlet entstanden. Zum Stadtgebiet gehören zwei Inseln, die von der Auffächerung des Fraser in seinem Mündungsgebiet herrühren. Auf der Landzunge entwickelte sich die Downtown mit gitterförmigem Grundriß, aber auf das Ufer des Inlet ausgerichteten Straßen. Nördlich wird sie begrenzt von dem 400 ha großen Stanley Park, an dessen Nordseite die Landzunge mit dem Festland durch die Lion's Gate Bridge verbunden ist. Dahinter steigt das Gelände sehr bald an bis auf etwa 1800 m.

Vancouver besitzt ein beachtliches Chinesenviertel. Seine Chinatown ist die zweitgrößte nach der von San Francisco. Den südwestlichen Abschluß der Stadt bildet der Campus der University of British Columbia. Ganz im Osten liegt der Exhibition Park. Vancouver hat, worin es ebenfalls San Francisco vergleichbar ist, eine für nordamerikanische Verhältnisse starke kulturelle Tradition. Jährlich wird hier im Juli das Vancouver International Festival of Arts veranstaltet.

Das erste kräftige Wachstum der Stadt hing mit dem Bau der Canadian Pacific Railroad zusammen. Zwischen 1900 und 1910 stieg die Bevölkerungszahl von 12000 auf über 100000 an. 1961 zählte Vancouver 384522 Einwohner, der Großraum der Metropolitan Area rund 810000 Menschen. Groß-Vancouver ist damit in die Nähe der Millionengrenze gerückt. Über 30% der Erwerbstätigen der Stadt sind im Handel beschäftigt. Dieser hohe Anteil ist Ausdruck der Stellung Vancouvers als größter kanadischer Pazifikhafen, als Kanadas „Tor zum Pazifik". Die recht junge Entwicklung Vancouvers zu großstädtischen Ausmaßen hat dazu geführt, daß Vancouver „amerikanischer" als alle anderen kanadischen Großstädte wirkt.

Seattle entwickelte sich auf mehreren Hügeln zwischen Puget Sund und Lake Washington. Die erste Ansiedlung von Weißen erfolgte am Alki Point im Nordwesten einer Halbinsel zwischen Puget Sund und Elliot Bay. Die Stadt liegt eingerahmt von den Olympics und Kaskaden, überragt vom gletscherbedeckten Mount Rainier und vom Mount Baker.

Die Elliot Bay wurde zum Hafen ausgebaut. Hier wurden die küstenparallelen Straßen der heutigen Downtown angelegt. Außerhalb derselben biegt das Straßennetz bald in die Haupthimmelsrichtungen um. Das Schachbrettmuster ist durchsetzt von ein paar markanten Diagonalstraßen. Ein Großfeuer zerstörte 1889 den größten Teil der damaligen Stadt. Heute konzentrieren sich in der Downtown die Hochhäuser. Von der Plattform des Smith Tower an der 2nd Avenue im 35. Geschoß hat man einen großartigen Blick über die Stadt, die Wasserflächen und die Gebirgsumrahmung.

Östlich an die Altstadt schließt sich der Campus der Seattle University an. Weiter im Nordosten liegt der 233 ha große Campus der University of Washington, die mit rund 19000 Studenten die größte Hochschule in der hier besprochenen Region ist. Südlich der Downtown liegt die Union Station. Etwa 1,5 km nordwestlich dehnt sich nahe der Elliot Bay das 30 ha große Seattle Center aus, das Gelände der Alaska-Yukon-Pacific Exposition des Jahres 1909. Eine zweite Weltausstellung beherbergte die Stadt im Jahre 1962. Die Gebäude des Seattle Center dienen Dauerausstellungen. Pike Place Market an der Pike Street ist ein Tagesmarkt und Basar. Zwischen der 4. und 8. Straße hat sich ein Viertel herausgebildet, das vorwiegend von Japanern und Chinesen bewohnt ist.

Innerhalb der Stadtgrenzen Seattles liegen rund 300 km ausgebaute Kaianlagen. Die riesigen Docks können mehr als hundert ozeangängige Schiffe aufnehmen. Der Hafen spielt für die Cabotage, insbesondere für den Schiffsverkehr mit Alaska, eine hervorragende Rolle. Unter den umgeschlagenen Gütern nehmen Holz, Weizen und Obst einen hohen Anteil ein. Auf der Ostseite der Stadt wurde der Lake Washington in jüngerer Zeit von zwei langen Pontonbrücken überquert. Die Lake Washington Floating Bridge ist etwas über eine Meile lang, die Evergreen Point Floating Bridge hat eine Gesamtlänge von 2290 m. Ein Schiffskanal, der 13 km lange Lake Washington Ship Canal, verläuft durch das ganze Stadtgebiet und verbindet den Puget Sund über die Salmon Bay und Lake Union mit dem Lake Washington, während die Höhendifferenz durch die riesigen Chittenden-Schleusen überwunden wird. 1962 betrug der Umschlag des Hafens Seattle im Außenhandel rund 1,7 Millionen t, im Küstenverkehr aber 3,5 Millionen t. Der Flugverkehr wird über den Seattle-Tacoma International Airport abgewickelt.

Schon im ersten Jahrzehnt unseres Jahrhunderts war es mit dem raschen Bevölkerungswachstum des Raumes Seattle zu umfangreichen Eingemeindungen von Vororten wie Balland, Columbia City, Georgetown und West Seattle gekommen. Die Stadt zählt heute 557087, die Metropolitan Area 1107213 Einwohner.

Portland entstand 1844 nahe dem Zusammenfluß von Willamette und Columbia. Die Altstadt liegt in einer Schleife des Willamette am Westufer auf einem Gleithang. Im Stadtbereich verbinden sieben Brücken die beiden Flußufer. Die ausgedehnten Hafenanlagen liegen zum Teil auf Swan Island, einer Insel zwischen den Armen des sich hier in seinem Unterlauf verzweigenden Flusses im Südteil der Stadt. Die Wohnviertel klettern an den Talhängen empor. Die Stadt liegt zu Füßen des Mount Hood im Osten und des schon auf dem Gebiet des Staates Washington gelegenen Mount Adams im Nordosten.

1873 zerstörte ein Großfeuer die Stadt, die dann aber schnell nach dem Anschluß an die Eisenbahn 1883 und wie Seattle im ersten Jahrzehnt des 20. Jahrhunderts wuchs. Ihre Bedeutung liegt auf wirtschaftlichem wie auch auf kulturellem Gebiet. Die Stadt ist ein bedeutender Fleisch-, Woll- und Holzmarkt. Ihre Stellung als der führende Viehmarkt des Nordwestens kommt darin zum Ausdruck, daß hier alljährlich im Oktober die Pacific International Livestock Exposition abgehalten wird. Zu den regelmäßig wiederkehrenden Ereignissen gehört auch das Rose Festival im Juni, das der Stadt die Bezeichnung "Rose City" eingetragen hat. Sie beherbergt zwei Universitäten, die University of Oregon und die University of Portland, sowie vier Colleges, von denen eines nach den Leitern der ersten großen Regierungsexpedition, Lewis und Clark, benannt wurde. Die Expedition war im Jahre 1806 hier an den Willamette-Fluß gelangt, wo später die Stadt entstand. Ihren Namen soll sie nur einem Zufall verdanken. Ursprünglich standen Boston und Portland, beides Namen aus dem neuenglischen Raum, zur Wahl. Die Stadt beherbergt auch ein Symphonieorchester und eine Schauspielbühne.

Die Stadt Portland zählt 372676 Einwohner, die Metropolitan Area 821897 Einwohner.

5.6.4. Besondere Merkmale und Probleme der Städte dieser Region

Die Städte des Nordwestens der USA und der Westhälfte Kanadas sind besonders jung, auch wenn ihre Ursprünge in Militärposten zu suchen sind, die bereits vor zwei bis zweieinhalb Jahrhunderten angelegt wurden. Das eigentliche Wachstum setzte erst sehr spät ein, Mitte bis Ende des vorigen Jahrhunderts. Der *Beginn unseres Jahrhunderts* brachte eine markante Wachstumswelle mit sich. Ein großer Teil der Bausubstanz ist also noch nicht als überaltert zu bezeichnen. Hinzu kommen Erneuerungen, die durch *Großbrände* erzwungen wurden. Gerade im Nordwesten ist Holz besonders viel als Baumaterial verwendet worden, und die meisten Bauten außerhalb der Downtown bestehen noch heute in der Hauptsache aus Holz. Die Regenerierung ist in diesen Städten kein so gravierendes Problem wie in anderen Landesteilen.

Von den hier behandelten Prairieprovinzen Kanadas abgesehen ist die periphere Lage der Region zum übrigen Staatsgebiet ein wesentlicher Faktor. Die junge Besiedlung ist ja eine der Begleiterscheinungen dieses Umstandes. Der Nordwesten weist bis heute eine gewisse *Isolation* auf, die allerdings vor dem Bau der Transkontinentalbahnen und dem Zeitalter des Flugzeuges krasser empfunden werden mußte als in der Gegenwart. Dennoch spielt auch heute die große Entfernung zu den Bevölkerungsballungen auf der Ostseite des Kontinents eine nicht zu vernachlässigende Rolle für den Gütertransport, der, wie erwähnt, zu einem beachtlichen Teil als Cabotage vor sich geht, zum andern, wenn er mit Bahn oder LKW vorgenommen wird, mit unverhältnismäßig hohen Frachtkosten belastet ist, wie z. B. der Transport des Massengutes Holz, das von Washington und Oregon bis in das Herz des Mittelwestens durch mehr als den halben Kontinent gebracht wird. Hier helfen Tarifvergünstigungen.

Im Personenverkehr macht sich diese weite Entfernung heute nicht mehr so nachteilig bemerkbar. Sie ist durch die modernen schnellen Verkehrsmittel geschrumpft. Die ständig wachsende Attraktivität des Nordwestens als Fremdenverkehrsgebiet hängt weitgehend mit dem umfangreichen privaten Kraftfahrzeugbesitz zusammen. Selbst Alaska ist mit seinen vielen Möglichkeiten des Jagens, Fischens und der Erholung zu einem immer mehr besuchten Ferienparadies geworden, und der unter strategischen Gesichtspunkten angelegte und in seiner Unterhaltung äußerst aufwendige Alaska Highway ist zu einer bedeutenden Ferienroute geworden.

Die periphere Lage hat, wie gezeigt wurde, aber auch Vorteile für die Region mit sich gebracht. Zahlreiche Firmen in den Oststaaten der USA und den kanadischen Ostprovinzen fanden es angesichts des sich ausweitenden Marktes im Nordwesten angebracht, an der pazifischen Küste Zweigwerke und Filialen zu errichten, was dem Nordwesten zu wirtschaftlichem Aufschwung und Bevölkerungszuzug verhalf.

Ein weiterer Gesichtspunkt zur Erfassung der Situation des Nordwestens ist die verhältnismäßig starke *Abhängigkeit* vieler seiner Städte *von wenigen Wirtschaftszweigen.* Auch in ihrem gegenwärtigen Wachstum werden diese Städte noch entscheidend von der Erschließung neuer Energiequellen und bestimmter Rohstoffe beeinflußt. Nur wenige große Städte wie Seattle oder Winnipeg haben eine recht breite ökonomische Basis, die meisten sind einseitig auf einzelne Branchen hin orientiert. Damit ist eine erhöhte *Konjunkturabhängigkeit* verbunden, und kurzfristige Wandlungen in der Beschäftigtenstruktur gehören zum Wesen dieser Städte, wie am Beispiele der während des Zweiten Weltkrieges stark beschäftigten und hinterher teilweise wieder aufgelassenen Werften Seattles und anderer Küstenstädte erläutert wurde. Die einseitige wirtschaftliche Ausrichtung brachte auch das Entstehen einer bedeutenden Zahl von Werksorten mit sich, die von einer einzigen Firma, besonders häufig einem Unternehmen der Holzverarbeitungsbranche, gegründet und oft noch heute von ihr verwaltet werden.

5.7. Zusammenfassung

Die im Kapitel 5 vorgenommene regionale Differenzierung der Städte Nordamerikas versuchte vor allem herauszustellen

1. die durch den Gang der Besiedlung des Kontinents hervorgerufenen Unterschiede im relativen Alter seiner Städte,
2. die in der regional verschiedenartigen Ausprägung natur- und kulturgeographischer Faktoren zu suchende unterschiedliche Besiedlung und Verteilung der Städte in den einzelnen Landesteilen,
3. die verschiedenen Wirtschaftssektoren in ihrer jeweiligen Bedeutung als Wachstumsfaktoren für die Städte in den einzelnen Landesteilen und zu verschiedenen Zeiten,
4. die Gunst- und Ungunstfaktoren, die die Entwicklung der ökonomischen Basis der Städte gefördert oder gehemmt haben,
5. die Bedeutung der Zugehörigkeit zu zwei Staatswesen für die bauliche und funktionale Gestaltung der Städte des Kontinents,
6. die Epochen der architektonisch-planerischen Entwicklung der Städte Angloamerikas.

Das Wesentliche zu jedem dieser Punkte sei hier zusammengefaßt.

1. Der Gang der Besiedlung, von der frühen Kolonisationstätigkeit der Spanier im Südwesten der heutigen USA abgesehen, war von Osten nach Westen gerichtet. Je weiter westwärts wir gehen, um so jünger und schematischer werden die Städte. Nicht generell zutreffend ist, daß, je jünger die Städte, desto besser ihre Bausubstanz sei. Während im Osten schon durchgreifende Sanierungsprogramme die Städte verändert haben und einen krassen Gegensatz zwischen dem von alter Bausubstanz und ursprünglichem Straßennetz Erhaltenem und den rigoros hineingesetzten Neubauten und modernen Verkehrsadern schufen, hinkt die Stadterneuerung in den Städten der Inneren Ebenen nach. Hier ist die Erstbebauung schon älter als im Westen, aber noch längst nicht in dem Maße wie im Osten ersetzt worden, so daß viele Städte gerade im Landesinnern überaltert wirken. Weite Teile der Städte im Westen sind erst im Automobilzeitalter entstanden. Sie haben besonders hohe Anteile von Eigenheimen und sind weitläufiger gebaut als im Osten und im Innern.

2. Die Besiedlung hielt sich vielfach an einige von der Natur vorgezeichnete Leitlinien wie z.B. die Fall-Linie zwischen Küstenebene und Piedmont der Appalachen oder auch an die Eisenbahnlinien. Dadurch kam es zur Herausbildung ganzer Reihen von Städten in jeweils spezifischer großräumlicher Situation. Diese Tatsache läßt die Folgerung zu, daß in den betreffenden Gebieten nicht die Voraussetzungen für die regelmäßige Anordnung der Städte im Sinne einer Hierarchie der zentralen Orte mit etwa

gleichartigen regelmäßigen Einzugs- und Versorgungsbereichen gegeben waren.

Eher hatte diese Voraussetzungen die schematische Landvermessung auf Grund der Land Ordinance von 1785 und bald darauf auch in Kanada in den Inneren Ebenen und im Westen geschaffen. Aus den quadratischen sections von jeweils einer Meile Seitenlänge ergab sich ein klares geometrisches Muster, dem sich die Anlage der Farmen wie der Verlauf von Wegen und Straßen unterordneten. Vor allem trug die Aussparung zentraler sections innerhalb größerer Einheiten für die Aufnahme von Schulen und anderen zentralen Einrichtungen sowie die Gründung von County-Sitzen in Abständen einer bestimmten Größenordnung in einem weiten Raum, über den eine dünne agrarische Bevölkerung recht gleichmäßig verteilt wohnte, sehr zur Regelmäßigkeit in der Anordnung der städtischen Siedlungen bei.

Etwas verallgemeinernd gesagt finden wir in den Oststaaten, z. B. in Georgia und Lousiana, und in einigen Staaten des Westens wie Kalifornien und New Mexico bei breiter Streuung eine *unregelmäßige* Verteilung der Städte vor, erklärlich aus der Unregelmäßigkeit des Wegenetzes in dem vor der amerikanischen Vermessungspraxis besiedelten Osten und in topographischen Sperrlandschaften. Im Mittelwesten, z. B. in Iowa und Minnesota, ist die Anordnung der Städte recht *regelmäßig* als Folge der schematischen Landvermessung. Im Westen, z. B. in Utah und Washington, stellte sich eine an begrenzte Eignungsräume gebundene *akkumulierte* Verteilung der Städte ein (vgl. King, 1962).

3. Die Ursprünge der Städte Angloamerikas liegen fast immer in Handels- und Militärposten und den Sitzen der Verwaltung von Kolonien und Counties. Über die entscheidenden Wachstumsfaktoren gibt es divergierende Auffassungen. Während Gley hervorhob, daß bis zur Jahrhundertwende nahezu alle amerikanischen Großstädte vom Handel und Verkehr bestimmt waren, stellte Pred in einer neueren Arbeit heraus, daß die Zeitspanne 1860–1910 eine Periode schnellen industriellen Wachstums in den USA gewesen ist, in der die Gesamtbevölkerung einen Anstieg um 193,2% erfuhr, die über 100000 Einwohner zählenden Städte aber einen solchen von 669,3%.

Man wird von drei Wachstumsperioden der nordamerikanischen Städte sprechen können. In der ersten, etwa bis zum Ende des Sezessionskrieges reichenden Periode waren *Handel sowie Binnenschiffs- und Straßenverkehr* ausschlaggebend. Abzulesen ist das z. B. an der Entwicklung der Atlantik- und Golfküstenhäfen, der Städte in der Mohawksenke oder an der Fall-Linie. Auch der Unterschied in der Städteentwicklung der nördlichen gegenüber den südlichen Kolonien liegt wesentlich darin begründet. *Eisenbahnanschluß und Schwerindustrie* gaben in einer zweiten Periode vielen alten Handelssiedlungen zusätzliche Impulse, und es wuchsen Städte wie Gary in der Calumet Region zu beachtlicher Größe heran. Seit den 30er Jahren haben der Aufbau einer umfangreichen petrochemischen Industrie und die Umorientierungen der energieempfindlichen Aluminiumindustrie zu raschem Städtewachstum in neuen Standortbereichen beigetragen. Seit den 40er Jahren zeichnet sich eine weitere Periode ab, gekennzeichnet durch die entscheidende Rolle von *Tertiärsektor und sogenannten Wachstumsindustrien.* Handel und Finanzwesen, Raketen- und Flugzeugbau und ähnliche Branchen sind die ausschlaggebenden Wachstumsfaktoren.

In dieser Hinsicht sind in jüngerer Zeit der Südwesten, der Ferne Westen und, in etwas geringerem Maße, der Alte Süden die bevorzugten Landesteile innerhalb der USA. In den Plains- und Gebirgsstaaten bis hinauf nach Idaho und Montana liegt das Wachstum der Städte nur geringfügig über, im Nordosten und Mittelwesten im allgemeinen unter dem nationalen Durchschnitt aller US-Städte. Viele Städte des Westens sind bedeutendere Handelsplätze als die des Nordens und Mittelwestens. Das Municipal Yearbook von 1963 gibt die funktionale Typisierung der über 10000 Einwohner zählenden Städte in den verschiedenen Landesteilen (Tabelle 20).

4. Die reiche natürliche Ausstattung des Nordostens und seine frühe Erschließung führten zu einem frühen industriellen Start, Mängel in der Ausstattung und großräumliche Strukturwandlungen ließen ihn aber in jüngerer Zeit gegenüber anderen Landesteilen ins Hintertreffen geraten. Die heutigen Wachstumschancen sind für die einzelne Stadt sehr individuell und von der Struktur eines engen Raumes abhängig. Viele Städte mußten einen Rückgang ihrer Einwohnerzahlen hinnehmen. Dieser rückläufige Trend breitete sich auch im Mittelwesten aus, wo besonders zahlreiche kleinere Städte an Bevölkerung verloren.

Der Süden hatte im Gegensatz zum Norden einen schwierigen Start, seine Städte sind bis in die Gegenwart hinein an Zahl und Bevölkerung verhältnismäßig klein geblieben, holen aber seit dem

Tabelle 20. Die US-amerikanischen Mittel- und Großstädte nach Funktionen.

Funktionstyp[1]	Anzahl der Städte			
	Nord-osten	Mitte	Süden	Westen
Industriestadt m. wenig Handel	234	178	69	33
Industriestadt m. mehr Handel	26	46	22	2
Multifunkt. St. m. rel. viel Ind.	53	68	64	27
Multifunkt. St. m. rel. viel Handel	72	104	127	70
Einzelhandelszentrum	59	86	115	102
Sonstige	15	29	39	39
Städte insgesamt	459	511	436	273

[1] Industrie mit wenig Handel: über 50% Beschäftigte in der Industrie, unter 30% im Handel. Industrie mit mehr Handel: über 50% Beschäftigte in der Industrie und über 30% im Handel. Multifunktional mit relativ viel Industrie: Industrie überwiegt Handel, aber zählt unter 50% der Beschäftigten. Multifunktional mit relativ viel Handel: Handel überwiegt Industrie, aber in der Industrie über 20% Beschäftigte. Einzelhandelszentrum: Industriebeschäftigte unter 20%.

Zweiten Weltkriege durch kräftige Entwicklung von Wachstumsindustrien und Tertiärsektor sehr auf. Ihrem Wesen nach sind sie weniger städtisch, da viele Zuwanderer aus den ländlichen Gebieten ihren Habitus beibehalten. Das größere Rassenproblem haben heute die Großstädte des Nordens, von denen einige auf engem Raume um eine Million Neger beherbergen und ständig neuen Zuzug aus dem Süden erhalten.

In weiten Teilen des Westens sind die Siedlungen auf eng begrenzte Eignungsräume konzentriert und punkthaft über weite Flächen verstreut. Die plötzliche Entdeckung von Bodenschätzen und die mit dem technischen Fortschritt wechselnde Inwertsetzung bestimmter Naturelemente haben der Wirtschaft und den Siedlungen in diesem Gebiet häufig boomartigen Charakter gegeben. Ein aus der Isolation heraus entstandenes und weitverbreitetes Element sind die Werksorte. Die periphere Lage des Nordwestens machte die Cabotage wichtig für den Binnenhandel, belastet Gütertransporte über Land mit erheblichen Frachtkosten, führte andrerseits zur Gründung von Filialbetrieben der in den Oststaaten ansässigen Firmen. Im Südwesten bildet der Wassermangel und ständig sich erhöhende Wasserbedarf ein vieldiskutiertes und zu umfangreichen wasserwirtschaftlichen Plänen Anlaß gebendes Problem.

5. Wären die Spanier im Südwesten, die Franzosen im einstigen Louisiana, die Engländer im atlantischen Küstengebiet verblieben und wäre es nicht zu einer geeinten amerikanischen Nation gekommen, wären wohl manche von diesen Völkern nach Nordamerika übertragenen Kulturelemente auch auf dem Gebiete des Städtebaus deutlicher erhalten. Insofern kommt auch der Staatsgrenze USA–Kanada besondere Bedeutung zu. Kanadas Städte haben ihre Industrialisierung mit einer Phasenverschiebung gegenüber dem südlichen Nachbarn erlebt. Sie kennen daher nicht in dem in USA üblichen Maße die standardisierten Arbeiterwohnhäuser aus der frühen Industrialisierungsepoche der Dampfmaschine. Andrerseits erlebte besonders Montreal in den ersten drei Jahrzehnten des 20. Jahrhunderts einen umfangreichen spekulativen Mietwohnungsbau im Zusammenhang mit dem damals einsetzenden Zustrom von Arbeitskräften.

Die Staatsgrenze wirkte auch als Barriere gegen die Nordwärtsbewegung der Negerbevölkerung, die Kanada nicht erreichte. Während Grenzstädte wie Detroit viele Hunderttausend Neger zu ihren Einwohnern zählen, kennen Kanadas Städte das Minoritätenproblem nur in abgeschwächter Form. Die Frankokanadier sind in dem Sinne keine Minorität und, soweit sie in den anglokanadischen Siedlungsraum hineinsickern, meist zweisprachig und gut integriert. Nur die zum Teil beachtlichen Bevölkerungsgruppen der Osteuropäer und Asiaten leben in leicht erkennbaren Wohnquartieren beieinander. Die Geringfügigkeit des Minoritätenproblems wirkt sich heute günstig auf die Sanierungsvorhaben in den citynahen Wohngebieten aus.

6. Vom Standpunkt der Architektur und Planung lassen sich für die Städte der Vereinigten Staaten etwa sieben Epochen unterscheiden, deren wichtigste Merkmale in Anlehnung an Tunnard und Reed in Tabelle 21 zusammengefaßt sind.

Tabelle 21. Epochen städtischer Entwicklung in den Vereinigten Staaten.

Merkmal	1607–1776 Romantische Ära	1776–1825 Epoche der Jungen Republik	1825–1850 Zeitalter von Dampf und Eisen	1850–1880 Zeitalter von Dampf und Eisen	1880–1910 Epoche der sich erweiternden Stadt	1910–1933 Epoche der schönen Stadt	1933–Gegenwart Epoche der regionalen Stadt
Gebäudetypen	Blockhaus, Sparbauweise mit Verschalung, Dreigeschossiges Ziegelhaus, Plantagenhaus,	Reihenhäuser, Hölzerne Fabrikgebäude, Öffentliche Gebäude (Regierungsbauten, Universitäten usw.),	Öffentliche Gebäude (Banken, Hotels, Zollgebäude, Lagerhäuser), Landhäuser, Mansion Houses im Süden,	Mietwohnhäuser (Holz, Ziegel), Backsteinbauten, Gußeisenfronten, Ansätze zur Citybildung, Warenhäuser,	Frühe Wolkenkratzer, Stahlskelettbauten, Apartment-Häuser (French flats), Öffentliche Gebäude (Stadtbibliotheken, Wiss. u. Kunstmuseen) Gemeinsch. Bahnhöfe (Union Stations),	Turmbauten, Garten-Apartments, Zweckbauten (Cafeteria, drugstores, Filmtheater, Tankstellen, Garagen, E-Werke, Medizinische Zentren)	Vorgefertigte Häuser, Wohnwagensiedlungen, Motels, Regionale Einkaufszentren, Vorgeplante Industriekomplexe, Sozialer Wohnungsbau, Turmwohnbauten am Cityrand,
Baustil	Nachklang des Mittelalters, Amerikanischer kolonialer Barockstil,	Fortführung des amerikanischen Barockstils, Amerik. Romantischer Stil,	Wiederaufleben der Romantik (Griechischer, Gotischer, Toskanischer Stil),	Wiederaufleben des Pittoresken, Kirchliche Gotik,	1. Phase der amerikanischen Renaissance (Hunt, Burnham), Pittoresker Sezessionismus (Sullivan, Wright)	2. Phase der amerikanischen Renaissance, Gotischer Wolkenkratzerstil, Wiederbelebung der kolonialen, klass. u. lateinam. St.	Funktionalismus,
Planung und Gestaltung	Schachbrett-Textur, Lineare Stadt der Pennsylv. "Dutch", Befestigungspläne, Öffentliche Grünanlagen und Plätze,	Monumentaler Radialplan (Washington, Buffalo, Detroit, Indianapolis), Von Wohnbauten umgebene Plätze (Residential Squares),		Vororte mit gewundenen Straßen,	Erste Civic Centers, Monumentalbauten,	Flächennutzungs- u. Bauleitpläne, Gartenstädte und Vorortsiedlungen,	Metropolitan Area Planning, Schnellstraßenplanung, Stadterneuerung, Superblöcke in der City,
Städtische Formen (m. Beispielen)	Seehafenstädte, Marktorte, Einzelne befestigte Städte, Rastorte (stagecoach towns) Fall-Linien-Städte, Religiöse Siedlungsgründungen (Bethlehem), Hauptstädte der Kolonien (Annapolis), Gerichtsorte im Süden (Yorktown, Va.)	Marktstädte, Kleine Industriestädte (Pawtucket), Kurorte (Saratoga, N. Y., Virginia Springs), Bundeshauptstadt, Einzelstaatliche Hauptstädte (Montpelier),	Industriestädte, Frühe Bergbaustädte, Holzverarbeitungsstädte (Bangor), Fluß- und Kanalhäfen, Städte der metallverarbeitenden Ind.), Siedlungsgründungen von Sektierern (New Harmony),	Eisenbahnstädte, Kohlebergbauorte, Erdölfundorte, Bergbaustädte im Westen, Fremdenverkehrs- und Erholungsorte (Atlantic City),	Schlafstädte an Bahnstationen, Eisenbahnknoten- und Handelsstädte, Stahlzentren (Gary), Textilindustriestädte im Süden (Kannapolis),	Automobilstädte, Städte der petrochem. Industrie, Wohnvorstädte auf Gr. von Spekulation (Coral Gables), Im Kriege geschaffene Wohnorte (Fairlawn, N.J.),	Stadtregionen, Viertel des sozialen Wohnungsbaus u. Sanierungsgeb. Große Wohntrabanten, Neue Städte in Grüngürtellage, Atomenergiestädte (Oak Ridge),

6. Rückblick und Ausblick

Europäische Amerikareisende haben immer wieder darauf hingewiesen, wie sehr jener Nordkontinent der Neuen Welt ein Land der Paradoxa ist. Eines der augenfälligsten erkennen wir in seinem Städtewesen. Noch bis weit in unser Jahrhundert hinein ließ die auf dem Lockeschen Gedanken der Eigentumsbildung beruhende und von THOMAS JEFFERSON verfochtene Heimstättenpolitik die Amerikaner als eine ihrem Wesen nach im Ländlichen verankerte Nation und die Stadt als etwas „Unamerikanisches" erscheinen. Dennoch waren längst die Weichen dafür gestellt, daß sie zu einer Nation von Städtern werden sollten. Für die Plattformen der Parteien in ihren Wahlkämpfen sind die Probleme der Städte und die Belange der Stadtbevölkerung zu entscheidenden Argumenten geworden, und Präsidentschaftskandidaten lehnen Subventionen für die Landwirtschaft ab mit der Begründung, daß ja die überwältigende Mehrzahl der Bevölkerung städtisch ist und diese auch den Löwenanteil am Nationaleinkommen erwirtschaftet.

Gewisse Wesenszüge der amerikanischen Gesellschaft bestimmen das Erscheinungsbild dieser Städte. Ihre Zahl und Größe ist, gemessen an der Kürze der Zeit, in der die Durchdringung des weiten Raumes zwischen Appalachen und pazifischer Küste erfolgte, allein schon eine bemerkenswerte zivilisatorische Leistung. Wenn der Europäer voreilig versucht ist, die Amerikaner ob ihres Mangels an Kunstverständnis und Kunststätten zu verurteilen, sollte er sich die Anstrengungen dieser Landnahme kontinentalen Ausmaßes vor Augen führen.

Wenn wir uns von den statistisch als Städte unzureichend definierten Gebieten lösen, in denen wir heute annähernd 70% der Bevölkerung der USA wie auch Kanadas vorfinden, und uns danach fragen, wieviele Menschen in Nordamerika ihrem Lebensstil nach als städtisch anzusprechen sind, steigt der Prozentsatz in USA auf rund 92% einer Bevölkerung von heute mehr als 200 Millionen Menschen.

Mit dieser Entwicklung ging die der Wirtschaft einher. Nicht nur ist ein erstaunlich geringer Prozentsatz aller Erwerbspersonen in der Urproduktion beschäftigt angesichts der gewaltigen, zu Überproduktion und Absatzschwierigkeiten führenden Leistung der amerikanischen Agrarwirtschaft und der Vorrangstellung beider Länder in der Erzeugung einer Reihe von wichtigen mineralischen Wirtschaftsgütern. Auch die durch frühe Einführung von Fließbandarbeit und Automation stark rationalisierte Industriewirtschaft tritt gegenüber der ungeheuren Entfaltung der Folgeleistungen relativ mehr und mehr in den Hintergrund. Sie konzentrieren sich in den „älteren" städtischen Siedlungen und in den jungen Shopping Centers, die mit ihren vielfältigen Funktionen zu Versorgungszentren und Mittelpunkten weiter Wohngebiete geworden sind. Angesichts dieser Wirtschaftsstruktur und des hier erreichten Zivilisationsgrades und Lebensstandards eines großen Anteils der Gesamtbevölkerung müssen wir eher von einer Dienstleistungsgesellschaft als von einer Industriegesellschaft sprechen.

Grundsätzlich pflegen sich die ehemaligen Kolonialräume von den Altkulturländern in der Ausprägung ihrer Städte zu unterscheiden, obwohl sie im wesentlichen von Menschen europäischer Herkunft erschlossen wurden. Die „auf der grünen Wiese", gelegentlich auch auf einer älteren Kulturschicht einheimischer Bewohner erstandenen Siedlungen wurden vielfach binnen kurzer Zeit nach vorgefaßten Plänen angelegt und trugen von Anbeginn die Merkmale des bewußt Geformten, Schematischen gegenüber dem langsam Gewachsenen, und des immer wieder Kopierten. Sie sind daher mit dem Nachteil der allzu geringen Individualität behaftet. Ihnen fehlt die größere historische Tiefe, die den Städten Europas, des Orients und Südasiens eigen ist, und damit die aus langen Jahrhunderten und aus vielfältigen Kräften resultierende Gestaltenfülle.

Die eigene Traditionslosigkeit bewirkte in der aus dem Unabhängigkeitskrieg siegreich hervorgegangenen neuen Nation der Vereinigten Staaten von Amerika einen Rückgriff auf die Antike.

Die Columbus-Weltausstellung 1893 in Chicago legte die USA für noch fast ein weiteres halbes Jahrhundert auf Entlehnung und Nachahmung in der Architektur fest, denn alle Ausstellungsbauten hatten bedeutende Vorbilder und suggerierten der Nation diese Nachahmungswürdigkeit.

Die Einwanderer brachten aus ihrer Heimat die ihnen geläufigen Bauweisen mit, und soweit sie sich für die neue Umgebung als praktisch erwiesen, wurden sie übernommen und weiterentwickelt.

Sozialgeographisch bilden die Einwanderer ein interessantes Element der amerikanischen Stadtbevölkerung. Mit Ausnahme der reichlich halben Million Indianer und Eskimos sind in dem Amerika nördlich des Rio Grande ursprünglich alle Menschen Zuwanderer aus Übersee. Aber diese Zuwanderung ist nicht abgerissen, sondern erweiterte sich seit Beginn des 19. Jahrhunderts zu einem gewaltigen Strom, der bis heute allein über 40 Millionen Menschen nach USA brachte und ständig die Bevölkerung, und seit Mitte des vorigen Jahrhunderts vorwiegend die der Städte, ergänzte. Sie vollzog sich in verschiedenen Wellen, die sich in der Entstehung und Wandlung fremdvölkischer Wohnviertel ablesen lassen. Abgesehen von baulichen Elementen, die auf diese Gruppen zurückgehen, machen vor allem die sozialen Verhältnisse diese Viertel zu Stadtteilen von eigenem Charakter.

Das gettoartige Zusammenleben von rassisch-ethnischen Gruppen in bestimmten Bereichen der Stadt ist ein an asiatisch-afrikanische Verhältnisse erinnernder Wesenszug, der modifizierend auf das von Europa her bekannte, im wesentlichen vom Funktionalen her bedingte Gefüge der sozialökonomischen Stadtviertel wirkt.

Die Städte Kanadas kennen dieses Problem nur in abgeschwächter Form, denn Neger sind nicht in nennenswerter Zahl nordwärts über die Barriere der kanadisch-amerikanischen Grenze vorgedrungen. Die Puertorikaner genießen wohl in USA, nicht aber in Kanada die Vorzüge von Inländern und haben sich auf die USA, vor allem New York City, konzentriert. Die Einwanderung großen Stils nach Kanada hat erst Anfang dieses Jahrhunderts eingesetzt und ist im ganzen weit hinter der nach USA zurückgeblieben.

Ende des 19. Jahrhunderts erbrachte Amerika auf dem Gebiet des Städtebaus seine erste große Eigenleistung. Unter bestmöglicher Verwendung der jüngsten technischen Errungenschaften, insbesondere Stahlskelettbauweise und Aufzug, und bei einem ganz stark auf Nützlichkeit und Rentabilität gerichteten Wirtschaftsgeist entstand der Wolkenkratzer, der sich schnell das Herz der großen Städte eroberte und im Laufe der Zeit immer neue Formen und immer größere Dimensionen annahm. Damit bildete sich auch die typisch amerikanische Skyline heraus mit strengen Linien und dem markanten Gegensatz von Hochhauszentrum und niedrig bebautem übrigem Stadtgebiet.

Daß sich der Wolkenkratzer innerhalb weniger Jahrzehnte so völlig im Kern der amerikanischen Großstadt durchzusetzen vermochte, beruht auf einer anderen Eigenheit der amerikanischen Gesellschaft, nämlich dem Streben nach immer Besserem und Modernerem. So verbreitete sich bald die Einsicht, daß ein Büro- oder Dienstleistungsbetrieb großen Umfangs besser bei vertikaler statt bei stark horizontaler Ausdehnung arbeitet, da so für den größten Teil der betriebsinternen Wege der Fahrstuhl zur Verfügung steht. Ältere Häuser verloren damit schnell an Wert und wurden vielfach rigoros abgerissen. Sie machten Hochbauten Platz oder hinterließen Lücken, die meist als Parkplätze ausgenutzt werden. Inzwischen ist mindestens schon die dritte Wolkenkratzergeneration im Aufbau begriffen, und nicht nur die alten bis zu vier Geschosse zählenden Häuser ohne Aufzug, sondern selbst die frühen Hochhäuser aus der Zeit zwischen 1885 und 1916 und die etwas jüngeren mit den zurückweichenden Fronten oder die schmalen eigentlichen Turmbauten auf breiterem Unterbau sind schon teilweise den noch jüngeren, glasverkleideten, gerade hochgezogenen, nach dem Prinzip der Aufhängung von Flügeln an einen zentralen Kern mit Fahrstuhlschächten und sonstigen Versorgungseinrichtungen errichteten Hochbauten gewichen. Als sehr neue Erscheinung ist seit Anfang der 60er Jahre das vorwiegend in zentraler Lage am Rand der City stehende Wohnhochhaus aufgetaucht, mit seiner großen Zahl kleiner Komfortwohnungen und einer Reihe von Einzelhandelsgeschäften und Dienstleistungsbetrieben in den untersten Geschossen.

Die Notwendigkeit immer wieder radikal neuer baulich-funktionaler Institutionen wurde weitgehend von der enormen Zunahme des privaten Kraftfahrzeugbestandes nach dem Zweiten Weltkriege und der damit sehr erhöhten Beweglichkeit der Bevölkerung heraufbeschworen. Amerikaner wie Kanadier sind Nationen von Kraftfahrern geworden. Auf jeden 2. bis 3. US-Bürger entfällt heute ein PKW. Die damit einhergehende Unrentabilität der öffentlichen Verkehrsmittel, von wenigen Großstädten abgesehen, zwingt ihn andrerseits zu dessen intensivem Gebrauch. Schon besitzen Millionen von Familien einen Zweit- und Drittwagen. Längere Distanzen werden vorwiegend mit dem Flugzeug zurückgelegt. Die USA und der kanadische Süden sind von einem dichten Liniennetz überzogen. Die Eisenbahn dagegen ist mit Ausnahme des Vorortschnellverkehrs einzelner Stadtregionen für den Personentransport bedeutungslos geworden.

Die Privatwirtschaft hat sich rasch und mit immer neuen Ideen auf ihre autofahrende Kundschaft eingestellt. In Amerika wurden innerhalb von vier Jahrzehnten die Ideen des Motels, des commercial strip, des shopping center und des mobile home vieltausendfach verwirklicht.

Das in den Außenbezirken erfolgreiche Motel wurde in abgewandelter Form als Downtown Motel in die randlichen Cityblöcke verpflanzt. Das draußen ebenfalls erfolgreiche shopping center sollte zur Wiederbelebung der City beitragen und bildet in zahlreichen Entwicklungsplänen den Kern der künftigen City.

Auf Grund der umfangreichen baulich-funktionalen Veränderungen und sehr differenzierten Standortverhältnisse im Citybereich empfiehlt sich heute eine Dreiteilung desselben in einen Geschäfts- und Verwaltungskern; einen City-Mantel der randlichen Blöcke, für den die neuen Downtown-Motels sowie neue Geschäftshäuser in Form von Flachbauten mit zahlreichen Autoabstellplätzen und schließlich mehrgeschossige Parkgaragen charakteristisch sind und neuerdings auch Sportstadien allein oder in Verbindung mit Räumlichkeiten für kulturelle Veranstaltungen; und die City-Umrahmung oder Übergangszone, die nicht mehr zur City i. e. S. dazugehört, und die ergänzende Funktionen aufnimmt, in jüngerer Zeit vielfach moderne Wohnhochhäuser und in der eigentlichen City fehlende Autoabstellflächen.

Wenn auch die Privatwirtschaft begrüßenswerte Anstrengungen zur Verbesserung der Verhältnisse in der Innenstadt unternimmt, gehen andererseits viele Mißstände, die sich schon im 18. und 19. Jahrhundert anbahnten, auf die zu starke Beachtung individueller Ziele zurück. Dazu gehören in erster Linie die entsetzliche Uniformität und rigorose Raumausnutzung dieser Städte. Das schon von Engländern und Spaniern in den am frühesten besiedelten Säumen des Kontinents angewendete Schachbrettmuster wurde zum allgemeinen Stadtgrundriß, für den das quadratische Landvermessungssystem auf Grund der Land Ordinance von 1785 die Basis abgab. An ältere Stadtkerne im atlantischen Küstensaum gliedern sich aus späterer Zeit stammende große Neubauviertel mit Gitternetz an, und die Städte zwischen Appalachen und Pazifik wurden von vornherein mit dem Gitternetz ausgestattet.

In einigen Städten versuchte man eine Modifizierung mit zusätzlichen Diagonalen, aber erst in vereinzelten Werksiedlungen der zweiten Hälfte des vorigen Jahrhunderts und in einigen Gartenstädten der 20er und 30er Jahre löste man sich weitgehend vom Schachbrett. Dessen Nachteile hat man erst in jüngerer Zeit mit dem unerhörten Anschwellen des Individualverkehrs so richtig erkannt. Neben Einführung oder Erweiterung eines schon bestehenden Einbahnstraßensystems haben viele Planungsämter für die inneren Stadtbezirke eine gewisse Abkehr vom Gitternetz und Zusammenlegung jeweils mehrerer herkömmlicher Baublöcke zu größeren, neu zu gestaltenden Superblöcken im Auge.

Eine üble Auswirkung hatten auch übertriebenes Gewinnstreben und Bodenspekulation auf das Stadtbild. In Städten, in denen ursprünglich noch eine hinreichende Zahl von Baublöcken von der Bebauung ausgespart und der Anlage von Grünflächen vorbehalten blieb, fielen diese alsbald der Überbauung zum Opfer. Die Chance, eine gut durchgrünte und belüftete Innenstadt zu haben, schwand schon recht früh.

Sehr augenfällig ist auch die oft rigorose Verbauung des Ufergeländes bei den zahlreichen Fluß- und Seeuferstädten und die mangelnde Ufergestaltung. Das geht unter anderem auf die im vorigen Jahrhundert noch verbreitete Auffassung zurück, angesichts der damals geringen Ausdehnung der Städte und leichten Erreichbarkeit des offenen Landes außerhalb des städtisch überbauten Bereichs auf die Anlage von Uferpromenaden verzichten zu können. Das Gelände wurde für die Gleisanlagen der Eisenbahnen genutzt, die damit dicht an den Stadtkörper gelegt werden konnten, und an die sich bald zahlreiche Industrien anschlossen. In jüngster Zeit wurden in etlichen Fällen in diesen Bereich die auf höherer Ebene geführten mehrbahnigen Stadtautobahnen hineingelegt, die das Stadtzentrum vollends vom Ufergelände trennten. Die weitreichenden Pläne zur Behebung dieses Mißstandes bedürfen großer finanzieller Anstrengungen.

Zugleich bedeuteten solche Verkehrsbauten auch eine Abschnürung der City von ihrer Umgebung und zwangen sie zu einseitiger Ausdehnung in eine oder zwei bestimmte Richtungen. Zu solcher Einengung trugen allgemein die recht zentral gelegenen Industrieanlagen bei.

Hierdurch mitbedingt vollzog sich die Ausdehnung der City selektiv in den von amerikanischen Autoren genannten Sektor aktiver Assimilation hinein. In erster Linie wurden bessere Wohnviertel von Cityfunktionen durchsetzt und größere Einfamilienhäuser in gewerblich genutzte Räume umgewandelt. Andrerseits begannen moderne Wohnhochhäuser die Stelle ehemaliger, vielfach herabgewirtschafteter Gewerbeflächen einzunehmen und damit zu der heute allgemein angestrebten räumlichen Beschränkung und größeren Kompaktheit der City beizutragen.

Sehr zum Niedergang der Kernstädte und speziell ihrer Citybereiche hat die fatale Verkehrssituation beigetragen. Die extreme Konzentration von Büro- und Geschäftshochhäusern in der City und die ihr korrelate unübersehbare Ausdehnung von Wohnflächen in wachsender Entfernung von der City, ermöglicht durch den gewaltigen privaten Kraftfahrzeugbestand, haben zu großen Verkehrsspannungen geführt, die vor allem die Zufahrtsstraßen zur City, heute selbst schon die erst kürzlich fertiggestellten vielspurigen Schnellstraßen über Kapazität belasten und täglich Stauungen zu den Stoßverkehrszeiten hervorrufen, aber auch die Kapazität der innenstädtischen Parkmöglichkeiten überschreiten. Zu den vielen Versuchen in jüngster Zeit, hier eine Lösung herbeizuführen, gehören die Einführung verbotener Zonen für Personenkraftwagen, ein Netz in dichter Abfolge und zu niedrigem Tarif verkehrender Kleinbusse im Bereich einer zentralen Omnibuszone, Planung und Bau von Großgaragen in direktem Zusammenhang mit der Trassierung der Stadtautobahnen am Rande der City, die Schaffung von Fußgängerzonen und PKW-freien Einkaufsbereichen sowie die Förderung des park-and-ride-Systems durch den Ausbau großer Autoparkmöglichkeiten an Endpunkten oder Umsteigebahnhöfen der öffentlichen Schnellverkehrsmittel und deren moderne Gestaltung.

Mit verschiedenen Maßnahmen wie Funktionsentflechtung und -erweiterung wird darüber hinaus versucht, die City wieder attraktiv zu gestalten. Aber noch hat sich kaum ein sichtbarer Erfolg eingestellt. Das Hauptaktionsfeld der Sanierung ist allerdings wie in Europas Städten der Ring der citynahen Wohnviertel, die durch überdurchschnittliche Anteile von verfallenden Häusern an der Bausubstanz, von Mietwohnungen am Gesamtbestand der Wohneinheiten und durch überdurchschnittliche Raumbelegung gekennzeichnet sind und oftmals in ihrer Ausdehnung mit der Verbreitung geschlossener Wohngebiete der sozial schlecht gestellten rassisch-völkischen Minoritäten übereinstimmen. Hier werden im Rahmen größerer Projekte die herabgewirtschafteten und baufälligen Häuser niedergelegt und durch Neubauten bei meist etwas gegenüber dem Schachbrett veränderter Straßenführung und Zwischenschaltung genügender Freiflächen nach dem flexiblen Prinzip der Geschoßflächenzahl ersetzt.

Indessen frißt sich die Verslumung nach außen weiter voran. Immer mehr Baublöcke werden von der gehobeneren weißen Bevölkerungsschicht verlassen, der die Minoritäten, heute vor allem Neger und Puertorikaner, nachfolgen. Damit verändern sich nicht nur diese Wohngebiete selbst, sondern gleichzeitig die City und die Randgebiete des Großstadtraumes. Die City wird im Laufe des Abwanderungsprozesses für die zahlungskräftigeren Kunden schlechter erreichbar. Viele Unternehmen ziehen daraus die Konsequenz. Sie versuchen, den in der City eintretenden geschäftlichen Verlust auszugleichen und folgen ihren Kunden in den Vorortring, wo sie in den neu entstandenen Einkaufszentren Filialbetriebe eröffnen, sofern sie nicht den Citystandort ganz aufgeben. Die Aushöhlung der City beruht also nicht nur auf den eigenen Verkehrsschwierigkeiten, sondern auf Einwirkung von außen. Ähnliches gilt für das gewaltige Wachstum der Gemeinden im Metropolitan Ring, die nicht allein den Großteil der Zuwanderung von Bevölkerung aus ländlichen Bereichen oder anderen Städten auffangen, sondern zugleich die aus der Kernstadt abwandernde Bevölkerung. Diese zentrifugale Bewegung ist der wichtigste Motor für das Ausufern der Städte.

Auch die jungen Wohnorte haben ihre Probleme. Nicht nur sind die sprunghafte, selektiv einzelne Grundstücke erfassende, andere Flächen umgehende Überbauung und die unglaubliche Monotonie der vielen tausend sich so sehr ähnelnden Eigenheime bedrückend. Auch die weite Entfernung zur City wirkt sich nachteilig aus. Die Vorortzone ist ein besonderes Kapitel der großstädtischen Verkehrsmisere. Die geringe Bevölkerungsdichte in weit auseinandergezogenen Wohngebieten macht die rentable Gestaltung eines öffentlichen Verkehrsnetzes illusorisch, zumal da andererseits wegen mangelnder Erschließung durch ein solches Netz die Einwohner doch weitgehend auf ihren privaten Kraftwagen angewiesen sind und zur Verstopfung der in die City führenden Zufahrtsstraßen beitragen. Um aus diesem circulus vitiosus herauszukommen, haben Verkehrsexperten als Lösung die Kombination von modernem, weitmaschigem Schnellbahnsystem und relativ dichtem Zubringernetz von häufig verkehrenden kleinen Einheiten, Kleinbussen oder Großtaxis, vorgeschlagen. Es bleibt abzuwarten, ob sich Ausbau und Unterhaltung eines solchen Netzes bewähren werden.

Damit ist unsere Betrachtung bei einem entscheidenden Punkte angelangt. In irgendeiner Weise sind alle Teilräume der angloamerikanischen Großstädte von zerstörenden Kräften heimgesucht, und die vor sich gehenden Prozesse sind so innig miteinander verwoben, daß sich keiner der Teilbereiche isoliert betrachten läßt. Diese Erkenntnis ist schon weitverbreitet und hat bei den für die Städte Verantwortlichen in vielen Fällen dazu geführt, nach umgreifenden Mitteln für eine Verbesserung der Gesamtsituation zu suchen. Dabei spielt heute die staatliche Initiative eine bedeutende Rolle. Die ersten wirklich fühlbaren Eingriffe des Staates in den gesamten Wirtschaftsmechanismus erfolgten in USA nach der Weltwirtschaftskrise während des New Deal. Von einigen Maßnahmen war auch das Siedlungswesen betroffen, und es entstanden damals unter anderem einige Gartenstädte. Seit etwa 1950 bahnt sich eine entscheidende Einflußnahme des Staates auf die kommunalen Geschicke an. Schritte zu einer durchgreifenden Änderung der Verhältnisse waren bisher der Housing Act von 1949 mit der Schaffung der Urban Renewal Administration, der Regional Planning Act von 1957, der die Möglichkeit weitgehender Bezuschussung von Planungskommissionen für die gesamte Stadtregion schuf, der Housing Act von 1959 mit der Ermöglichung eines umfassenden Community Renewal Program, der Housing Act von 1961 mit der Bereitstellung von Mitteln zur Erhaltung erhaltenswerter Bausubstanz, der Federal-Aid Highway Act von 1962 mit 90%iger bundesstaatlicher Beteiligung an den Kosten der Stadtautobahnen, der Urban Mass Transportation Act von 1964 mit beträchtlicher finanzieller Beteiligung der Regierung an wichtigen neuen Gliedern des öffentlichen Verkehrsnetzes in den Stadtregionen und der Demonstration Cities and Metropolitan Development Act von 1966 mit der bundesstaatlichen Finanzierung großflächiger Vorhaben zur Verbesserung der Bevölkerungsstruktur und Durchführung umfassender Bauprogramme zur Umgestaltung ganzer Stadtviertel. Dabei ist wichtig, daß die Regierung die Vergabe der öffentlichen Mittel von bestimmten Voraussetzungen abhängig macht. Für den Bau der Stadtautobahnen und den Ausbau des öffentlichen Verkehrsnetzes werden staatliche Mittel nur unter der Bedingung vergeben, daß die betreffende Stadtregion eine Gesamtplanung und einen Generalverkehrsplan aufstellt. Die Planungskommissionen werden nur bezuschußt, wenn sie sich aus gewählten Vertretern aller beteiligten Gebietskörperschaften zusammensetzen. Unter dem Druck solcher Auflagen haben sich viele Großstädte zu entsprechender Zusammenarbeit mit den Nachbargemeinden in Planungskommissionen und zur Aufstellung eines Verkehrsplanes (Transportation Study) entschlossen.

Auch hinsichtlich der Steuerstruktur sind die überkommenen administrativen Einheiten längst überholt. Die starke Teilung und häufige Überlappung der Zuständigkeiten innerhalb der heutigen städtischen Großräume ist ein bedauerlicher Zustand. Die Erhebungsbasis für die Grundsteuer, Umsatzsteuer und Einkommens- sowie Körperschaftssteuern entspricht der alten Dreiteilung Gemeinde–Einzelstaat–Union. Sie wird der Situation der heutigen Metropolitan Areas in keiner Weise gerecht und ist grundlegend reformbedürftig.

Angesichts der Größe des angloamerikanischen Kulturkreises gibt es kein allgemein anwendbares Rezept für die Gesundung der Städte nach den Schädigungen, die sie durch die Entwicklung bis in die 60er Jahre hinein erfahren haben. Einerseits gibt es Altersunterschiede entsprechend dem Gange der Besiedlung über den Kontinent von Osten nach Westen. In dieser Hinsicht sind die Städte der Mitte besonders ungünstig dran. Sie haben noch nicht in dem Maße Ersatzbauten für überalterte Bausubstanz aufzuweisen wie die Städte des Ostens, sind aber andrerseits nicht so jung wie die Städte des Westens. Daneben spielen auch andere Gesichtspunkte eine Rolle. Dazu gehört, daß viele Bewohner Neuenglands ihren Häusern eine sorgfältige Pflege zukommen lassen und daß sich hier auch ein gewisser Familiensinn günstig auswirkt, der auf die Pflege eines „Stammhauses“, des Wohnsitzes der Vorfahren einer heute über den Kontinent verstreuten und weitverzweigten Nachkommenschaft, gerichtet ist.

Von solchen Unterschieden abgesehen ist auch das heutige und frühere Wachstum der Städte regional verschiedenartig. Aus seiner ganzen wirtschaftlich-sozialen Entwicklung heraus bot z. B. der Nordosten der USA ganz andere Voraussetzungen für das Wachstum städtischer Siedlungen als der von einer Plantagenaristokratie beherrschte Alte Süden. Diese historischen Verschiedenheiten haben sich derart ausgewirkt, daß sie noch heute im Bild der Kulturlandschaft spürbar sind. Zu verschiedenen Epochen haben dann verschiedene Wachstumstendenzen die Städte regional unterschiedlich beeinflußt. Während ursprünglich Handel, Verkehr und Militärwesen entscheidend für Entstehung und Entwicklung städtischer Siedlungen waren, übernahmen deren Rolle in der zweiten Hälfte des vorigen Jahrhunderts die Schwerindustrie und der Eisenbahnbau. Sie begünstigten in hervorragendem Maße die wirtschaftliche und städtische Entwicklung in jenem Bereich zwischen Atlantikküste und Oberlauf des Mississippi, dem American Manufacturing Belt. Schon damals begann aber das früher entwickelte nördliche Neuengland diesem Manufacturing Belt gegenüber ins Hintertreffen zu geraten, da es einmal aus Mangel an entsprechenden Rohstoffen den Aufbau einer Schwerindustrie nicht mitmachen konnte, zum andern mit der ständigen Westwärtsbewegung in zunehmend periphere Lage zum gesamten Staatsgebiet geriet. In Kanada erfolgte die Industrialisierung mit einer Phasenverschiebung von etwa vier Jahrzehnten gegenüber der in den Vereinigten Staaten, was sich auch städtebaulich auswirkte insofern, als es in den ersten Jahrzehnten unseres Jahrhunderts in Montreal und benachbarten Städten des südlichen Quebec und Ontario zu umfangreichem Mietwohnhausbau für die sich nun in jenem Raume konzentrierende neue Industriearbeiterschaft kam.

Die Epoche des Aufbaus einer Schwerindustrie, die mit der Entstehung der großen petrochemischen Industrien in den Golfküstenstaaten, im Manufacturing Belt und an der Pazifikküste ihren Abschluß fand – der Eisenbahnbau hatte in USA schon 1916 mit der maximalen Ausdehnung des Streckennetzes seinen Höhepunkt erreicht –, wurde gefolgt von einer neuen Epoche, in der der tertiärwirtschaftliche Sektor und die sogenannten Wachstumsindustrien wie Fahrzeug- und Flugzeugbau, Raketenbau, Elektronik zu den entscheidenden Faktoren des Städtewachstums geworden sind. Diese begünstigen in der Gegenwart vor allem die Städte im Südwesten, im Fernen Westen und im Süden, während die Wachstumschancen für die Städte des Mittelwestens und Nordens sehr unterschiedlich geworden sind. Hier gibt es nur einzelne Ausnahmen von allgemeiner Stagnation oder gar Rückgang in Wirtschafts- und Bevölkerungsentwicklung. Bevorzugte Gebiete innerhalb Kanadas sind weiterhin der Süden der Provinzen Quebec und Ontario, der Küstensaum British Columbias und neuerdings mit junger industrieller Entfaltung auch Teile der südlichen Prairieprovinzen.

Neben dem allgemeinen kräftigen Bevölkerungswachstum ist für die Zukunft zu berücksichtigen, daß der Anteil der ihrem Lebensstil nach städtischen Bevölkerung immer noch etwas zunimmt. Die suburbanen Zonen, in städtereichen Gebieten die interurbanen, werden mehr und mehr aufgesiedelt. Je nach der Bezugsfläche erkennen wir eine steigende Konzentration bzw. Dispersion der amerikanischen Bevölkerung. Bezogen auf die Flächeneinheit des Einzelstaats ist sie in Konzentration begriffen, bezogen auf die Flächeneinheit der County in Dispersion. Beide sind jedoch nur Aspekte ein und desselben Binnenwanderungsvorgangs.

Schon bestehen im Raum der Megalopolis an der atlantischen Küste und im Raum des Chicago–Milwaukee Corridor nahezu ununterbrochene Städtebänder, die in Amerika als strip cities oder semicontinuous cities bezeichnet wurden. Ansätze zu solchen mehrere hundert Kilometer langen streifenförmigen Siedlungszonen gibt es in etlichen Teilen des nordamerikanischen Kontinents. Die Vorstellung von den Städtebändern blieb aber bei der Entwicklung der Autobahnnetze, der National Interstate und Defense Highways unberücksichtigt. Diese führten mit ihrem beschränkten Zugang einschneidende Veränderungen der Standortwahl für Sekundär- und Tertiärwirtschaft herbei. Die Zugänge zu den Autobahnen wurden zu bevorzugten Konzentrationspunkten. Die Zwischenzonen dagegen werden, zumindest vorerst, nur bedingt zum Standort gewählt.

Die Entwicklungstendenzen in der ersten Jahrhunderthälfte haben das angloamerikanische Städtewesen mit mehreren schweren Hypotheken belastet. Die eine ist die Rassenfrage. Vorerst scheint der Prozeß unaufhaltsam, daß es in etlichen Großstadtregionen zu immer stärkerer *Polarisierung* von schwarzem Innenring und weißem Vorortring kommt. Ob eine Integration der beiden Bevölkerungsteile gelingt, ist eine Frage des Bildungsniveaus auf beiden Seiten.

Eine zweite Hypothek ist das Ausufern vieler Städte, der Prozeß, der sich unter den Schlagworten „Interurbia" oder „Exurbia" vollzieht, und der einen rapide steigenden *Flächenbedarf* der städtischen Bevölkerung mit sich bringt. Dem unbeschränkten Flächenwachstum konnte bisher nicht wirksam Einhalt geboten werden, denn es ist eine reine Frage der Bodenspekulation und mithin vorerst noch tabu.

Daraus ergibt sich ein weiterer wunder Punkt: die *mangelnde Koordinierung* von Stadterneuerungsplänen, der „project approach", bei dem zu viele verschiedene Bauherren und Instanzen zu viele Einzelprojekte durchführen, die nicht gesamtplanerisch genügend aufeinander abgestimmt sind. Bundesbehörden und Planungsämter sind, vorerst noch mit zu geringem Erfolg, bemüht, hier eine bessere Zusammenarbeit herbeizuführen.

Der weiterhin *wachsende Wohnraumbedarf*, vor allem an preisgünstigen Wohnungen für die niedrigen Einkommensschichten, kann nur ungenügend gedeckt werden. Die Ziele des Wohnungsbaugesetzes von 1968 scheinen zu hoch gesteckt, als daß sie realisierbar wären. Auf längere Sicht werden gerade die sozial schwächeren Schichten noch auf zuträgliche Wohnverhältnisse verzichten müssen. Allein in New York City warteten zur Jahresmitte 1969 131 000 Familien auf subventionierte Wohnungen. In dieser Stadt wächst die Zahl der eine Wohnung benötigenden Neuhaushalte um jährlich 15 000, während in jedem Jahr eine Minderung des Wohnungsbestandes um 10 000 Einheiten eintritt und daneben die Notwendigkeit der Sanierung oder Ersetzung von 520 000 Wohneinheiten besteht. Mietlimit ist ein unzureichendes Mittel, denn damit stützen die Hauseigentümer auch solche bessergestellten Familien, die durchaus in der Lage wären, eine kostendeckende Miete aufzubringen. Eine Annäherung an die Lösung des Problems glaubt man in der Förderung gemischtwirtschaftlicher Unternehmensformen gefunden zu haben. Dabei spielen Teilbefreiung von der Grundsteuer, Fördermaßnahmen beim Erwerb von Bauland, Zinssubventionen für Hypotheken sowie speziell in New York die neuerdings gegebene Möglichkeit für die kommunalen Behörden, Bauland und schlüsselfertige Häuser von privaten Erschließern ankaufen zu können, eine wesentliche Rolle. Alle diese Maßnahmen lenken öffentliche Gelder in die Taschen der Makler.

Architekten und Städtebauer in Angloamerika sind bemüht, mit immer neuen *Experimenten* zur Lösung des Wohnraum- und Städteproblems in ihren Ländern beizutragen. Solche Experimente stellen z. B. das Skyerise-Wohnwagenhochhaus-Projekt oder der Wohnblock „Habitat 67" in Montreal dar. Bei diesem haben sich allerdings die darin verwendeten vorgefertigten Baukomplexe als noch viel zu teuer für eine Massenproduktion herausgestellt. Man ist dabei, neue Verfahren zu ersinnen und in Serienproduktion zu nehmen, wobei die Vorfabrizierung eine immer größere Rolle spielt. Eine direkte Beziehung dieser Anstrengung zur Lösung des städtebaulichen Dilemmas bestehen indessen nicht. Im Herbst 1970 nahmen Pläne für verschiedene Großstädte Form an, sich auf die Zweihundertjahrfeier der Unabhängigkeitserklärung der USA im Jahre 1976 vorzubereiten. Dazu gehören die Fertigstellung eines 500-Millionen-Dollar-Sanierungsprogramms für die Hauptstadt Washington, D. C., eine Weltausstellung in Philadelphia und eine 50 Gebäude umfassende Ausstellung im nicht weit entfernten Valley Forge, Pennsylvania, die die Entwicklungsgeschichte der amerikanischen Industriezweige nachzeichnen soll, ein Programm im Zusammenhang mit dem Unabhängigkeitskrieg in Boston, Fertigstellung eines Trade and Cultural Center in Miami, Einrichtungen zur Verbreitung der Kenntnisse über die Raumfahrt in Houston, Texas, eine Welternährungsausstellung in Des Moines, Iowa, die Olympischen Winterfestspiele in Denver, Colorado, Einrichtungen für eine Ausstellung über Umweltsschutz in Spokane, Washington, sowie Einrichtungen für die Zweihundertjahrfeier der Stadt San Francisco. Diese Pläne wurden von der Kommission für die Zweihundertjahrfeier beim amerikanischen Präsidenten gutgeheißen, so daß die betreffenden Städte mit entsprechender finanzieller Unterstützung des Bundes rechnen können. Es wurde bewußt darauf verzichtet, die Zweihundertjahrfeier auf eine einzige Örtlichkeit zu beschränken. Die Programme werden aber auch über die genannten Städte hinaus für den Städte- und Verkehrsbau in weiten Teilen des Landes stimulierend wirken.

Die reine Flächenausdehnung der Siedlungen und die Größe des Verkehrsvolumens an einigen Stellen Amerikas haben zu den erwähnten Problemen geführt, die sich in diesem Maße in der außeramerikanischen Welt wohl noch nirgendwo so aufgestaut haben. Die Erfassung des Wesens und der Problematik der Städte sowie des Erfolges oder Mißerfolges der zur Beseitigung der großen Mißstände unternommenen Lösungsversuche kann bei der Bewältigung der Schwierigkeiten in anderen Staaten behilflich sein.

Schrifttum

In das Verzeichnis wurden nur im Text zitierte Titel sowie einige ausgewählte, besonders wichtig erscheinende Arbeiten aufgenommen, z. B. einzelne der in großer Zahl vorliegenden Städtemonographien.

Die Anordnung wurde nach zweiziffrigen Kapiteln vorgenommen. Soweit ein Titel mehrfach innerhalb eines Hauptkapitels auftritt, wurde er unter diesem (einziffrig) aufgeführt.

Zum Auffinden weiterer Literatur über das Städtewesen Nordamerikas sind die zu Beginn genannten Bibliographien nützlich.

Bibliographien

BERRY, B. J. L., HANKINS, T. D.: Bibliographic Guide to the Economic Regions of the United States. Univ. of Chicago Dept. of Geogr. Res. Pap. 87, Chicago 1963.

HUDSON, B. J.: The City in America. A Bibliographical Essay. The Amer. Rev. 2/1962, S. 142–160.

KEYES, S.: Urban and Regional Studies at U.S. Universities. Baltimore 1964.

Professional Geographer, The. Heft 6 (November) jedes Jahrgangs enthält eine Liste der geographischen Dissertationen und Masters'Theses, die an US-amerikanischen Universitäten angefertigt werden.

RUBIO, A.: Bibliografía de Geografía de America. Col. Geografía Urbana. Pan Amer. Union Publ. 220. Rio de Janeiro 1961.

U. S. Department of Housing and Urban Development (Hrsg.): Selected Readings on Urban Affairs. Washington, D. C., 1967.

U. S. Library of Congress (Hrsg.): A Guide to the Study of the United States of America. Washington, D. C., 1960.

1. Einleitung

DIETRICH, B.: Nordamerikanische Stadtlandschaften. In: PASSARGE, S. (Hrsg.): Stadtlandschaften der Erde. Breslau 1930, S. 144–154.

1.1. Bedeutung des kultur-genetischen oder Regionaltyps in der Stadtgeographie

BOBEK, H.: Die Hauptstufen der Gesellschafts- und Wirtschaftsentfaltung in geographischer Sicht. Die Erde 1959, S. 255–298.

HOLZNER, L.: World Regions in Urban Geography. Ann. Assoc. Amer. Geogr. 1967, S. 704–712.

—, DOMMISSE, E. J., MUELLER, J. E.: Toward a Theory of Cultural-genetic City Classification. Ann. Assoc. Amer. Geogr. 1967, S. 367–381.

NIEMEIER, G.: Über Prinzipien einer Vergleichenden Städtegeographie der Erde. Tagber. u. wiss. Abh. dt. Geogrtg. Hamburg 1955. Wiesbaden 1957, S. 385–390.

SCHÖLLER, P.: Städte als Mobilitätszentren westdeutscher Landschaften. Tagber. u. wiss. Abh. dt. Geogrtg. Berlin 1959. Wiesbaden 1960, S. 158–166.

SCHWARZ, G.: Das Problem der regionalen Stadttypen an europäischen Beispielen. Tagber. u. wiss. Abh. dt. Geogrtg. 1951. Remagen 1952, S. 133–140.

1.2. Das vorhandene Material zum Thema Städtewesen im angloamerikanischen Kulturerdteil

AHNERT, F.: Washington, D. C., Entwicklung und Gegenwartsbild der amerikanischen Hauptstadt. Erdkunde 1958, S. 1–26.

ALEXANDERSSON, G.: The Industrial Structure of American Cities. Lincoln 1956.

AUROUSSEAU, M.: The Geographic Study of Population Groups. Geogr. Rev. 1923, S. 266–282.

BARTHOLOMEW, H.: Land Use in American Cities. Cambridge 1955.

BARTZ, F.: Strukturwandlungen und Standortverlagerungen in der Industriewirtschaft der Vereinigten Staaten. In: Geogr. Tachenb. 1953, S. 399–420.

—: San Francisco-Oakland Metropolitan Area. Strukturwandlungen eines US-amerikanischen Großstadtkomplexes. Bonner Geogr. Abh. 13. Bonn 1954.

BEAUJEU-GARNIER, J., CHABOT, G.: Traité de Géographie Urbaine. Paris 1963.

BLUME, H.: Valparaiso, eine Kleinstadt am Rande Chicagos. In: Hermann-Lautensach-Festschrift, Stuttg. Geogr. Stud. 69. Stuttgart 1957, S. 345–357.

BOESCH, H.: Schachbrett-Texturen nordamerikanischer Siedlungen. In: Hermann-Lautensach-Festschrift, Stuttg. Geogr. Stud. 69. Stuttgart 1957, S. 337–344.

BOGUE, D. J.: The Structure of the Metropolitan Community. Ann. Arbor 1949.

—: Urbanism in the United States. World Urbanism. The Amer. Journ. of Sociol. 1955, S. 471–486.

—: The Population of the United States. Glencoe 1959.

—, BEALE, C. L.: Economic Areas of the United States. Glencoe 1961.

BOLLENS, J. C., SCHMANDT, H. J.: The Metropolis. Its People, Politics, and Economic Life. New York 1965.

BORCHERT, J. R.: The Urbanization of the Upper Midwest, 1930–1960. Upper Midwest Res. and Developm. Council. Urban Report 2. St. Paul, Minneapolis 1963.

—, ADAMS, R. B.: Trade Centers and Trade Areas of the Upper Midwest. Upper Midwest Res. and Developm. Council. Urban Report 3. St. Paul, Minneapolis 1963.

BOYCE, R. R.: The Central Business District Core-Frame Concept and some of its Implications. Yearbook, Assoc. Pacif. Coast Geogr. 1963, S. 28–33.

BRILL, D.: Baton Rouge, La. Aufstieg, Funktion und Gestalt einer jungen Großstadt des neuen Industriegebietes am unteren Mississippi. Schr. Geogr. Inst. Univ. Kiel, Bd. XXI, H. 2. Kiel 1963.

BRODEUR, D. D.: Evolution of the New England Town Common 1930–1966. The Profess. Geogr. 1967, S. 313–318.

BURCHARD, J., BUSH-BROWN, A.: The Architecture of America. A Social and Cultural History. Boston/Toronto 1961.

BURGHARDT, A. F.: The Location of River Towns in the Central Lowland of the United States. Ann. Assoc. Amer. Geogr. 1959, S. 305–323.

CREDNER, W.: Vom Stil der US-amerikanischen Kulturlandschaften. Geogr. Ztschr. 1941, H. 11/12, S. 1–15.

DECKERT, E.: Nordamerika. Leipzig 1904.
DEMANGEON, A.: Duluth: Les mines de fer et l'essor de la ville. In: Memorial Volume of the Transcont. Excurs. of 1912. New York 1915, S. 185–199.
DICKINSON, R. E.: The Metropolitan Regions of the United States. Geogr. Rev. 1934, S. 278–291.
—: City and Region. A Geographical Interpretation. London 1964.
DIETRICH, B.: New Orleans und das Mississippi-Delta. Mitt. Geogr. Ges. Hamburg 1930, S. 63–95.
DOBRINER, W. M.: Class in Suburbia. Englewood Cliffs 1963.
DUNCAN, O. D.: Metropolis and Region. Baltimore 1960.
EGLI, E.: Geschichte des Städtebaues. Bd. 3 Die Neue Zeit. Erlenbach-Zürich/Stuttgart 1967.
FITCH, J. M.: Vier Jahrhunderte Bauen in USA. Bauwelt Fundamente 23. Berlin/Frankfurt/Wien 1968.
GEDDES, P.: Cities in Evolution. London 1915.
DE GEER, St.: The American Manufacturing Belt. Geografiska Annaler 1927.
GERLING, W.: Das amerikanische Hochhaus. Seine Entwicklung und Bedeutung. Würzburg 1949.
GLAAB, C. N., BROWN, A. T.: A History of Urban America. New York/London 1967.
GLEY, W.: Die Großstädte Nordamerikas und die Ursachen ihrer Entwicklung. Frankf. Geogr. H. I, 2, Frankfurt 1927.
GOTTMANN, J.: Megalopolis. The Urbanized Northeastern Seaboard of the United States. New York 1961.
—: Why the Skyscraper? Geogr. Rev. 1966, S. 190–212.
GREEN, C. McL.: American Cities in the Growth of the Nation. London 1957.
GRIFFIN, D. W., PRESTON, R. E.: A Restatement of the "Transition Zone" Concept. Ann. Assoc. Amer. Geogr. 1966, S. 339–350.
HADDEN, J. K., BORGATTA, E. F.: American Cities. Their Social Characteristics. Chicago 1965.
HAMLIN, T. F.: The American Spirit in Architecture. New Haven 1926.
HANNEMANN, M.: Die Seehäfen von Texas, ihre geographischen Grundlagen, ihre Entwicklung und Bedeutung. Gotha 1928.
HARRIS, C. D.: A Functional Classification of Cities in the United States. Geogr. Rev. 1943, S. 86–99.
—, ULLMAN, E. L.: The Nature of Cities. In: MAYER, H. M., KOHN, C. F. (Hrsg.): Readings in Urban Geography. Chicago 1959, S. 277–286.
HAUSER, P. M.: Population Perspectives. New Brunswick 1961.
HEGEMANN, W.: Amerikanische Architektur und Stadtbaukunst. Berlin 1925.
HEISING, H.: Missionierung und Diözesanbildung in Kalifornien. Westfäl. Geogr. Stud. Münster 1958.
HERBETTE, F.: The Harbors of the Pacific Northwest of the United States. In: Memorial Volume of the Transcont. Excurs. of 1912. New York 1915, S. 275–286.
HILBERSEIMER, L.: The Nature of Cities. Chicago 1955.
HORWOOD, E. M., BOYCE, R. R.: Studies of the CBD and Urban Freeway Development. Highway Economic Studies. Seattle 1959.
HOYT, H.: The Structure and Growth of Residential Neighborhoods in American Cities. Washington, D.C., 1939.
—: The Structure and Growth of American Cities Contrasted with the Structure of European and Asiatic Cities. Urban Land, Sept. 1959.
—: Recent Distortions of the Classical Models of Urban Structure. Land Economics 1964, S. 199–212.
JEFFERSON, M.: Distribution of the World's City Folks. Geogr. Rev. 1931, S. 446–465.
—: The Great Cities of the United States. Geogr. Rev. 1941, S. 479–487.
KING, L. J. A.: A Quantitative Expression of the Pattern of Urban Settlements in Selected Areas of the United States. Tijdschr. Econ. Soc. Geogr. 1962, S. 1–7.
KNISPEL, A.: Die Bedeutung der Eisenbahnen für den Hafen von New York. Diss. Berlin 1959.
LENZ, K.: Die Großstädte im Mittleren Westen Kanadas. Geogr. Ztschr. 1963, S. 301–323.
—: Die Prärieprovinzen Kanadas. Der Wandel der Kulturlandschaft von der Kolonisation bis zur Gegenwart unter dem Einfluß der Industrie. Marburger Geographische Schriften H. 21. Marburg 1966.
LIEBERSON, St.: Ethnic Patterns in American Cities. New York 1963.
MACKENSEN, R.: Planungsprobleme der nordamerikanischen Verstädterung. Arch. f. Kommunalwiss. 1963, S. 79–100.
MAYER, H. M.: Urban Geography. In: JAMES, P. E., JONES, C. E. (Hrsg.): American Geography. Inventory and Prospect. Syracuse 1954.
—, KOHN, C. F. (Hrsg.): Readings in Urban Geography. Chicago 1959.
—, PHILBRICK, A. K.: Industrial Cities Excursion Guidebook. 17th Internat. Geogr. Congress. Washington, D. C., 1952.
—: Spatial Change Inside the American City. In: COHEN, S. B. (Hrsg.): Problems and Trends in American Geography. New York/London 1967, S. 47–63.
MCKENZIE, R. D.: The Metropolitan Community. New York 1933.
MEYERSON, M. et al.: Face of the Metropolis. New York/Toronto 1963.
MIDDLETON, R. K.: Measuring Intra-urban Residential Quality. A Method for Determining Residential Morphology. The Profess. Geogr. 1966, S. 352–357.
MUMFORD, L.: Vom Blockhaus zum Wolkenkratzer. Berlin 1925.
—: The Culture of Cities. New York 1938.
—: City Developments. New York 1945.
—: The City in History. New York 1961. Deutsch: Die Stadt. Geschichte und Ausblick. Köln/Berlin 1963.
MURPHY, R. E.: The American City. An Urban Geography. New York/St. Louis/San Francisco/Toronto/London/Sydney 1966.
—, VANCE, Jr., J. E.: Delimiting the C. B. D. Econ. Geogr. 1954, S. 189–222.
NELSON, H. J.: A Service Classification of American Cities. Econ. Geogr. 1955, S. 189–210.
—: Walled Cities of the United States. Ann. Assoc. Amer. Geogr. 1961, S. 1–22.
New York Metropolitan Region Study. A Study Undertaken by the Graduate School of Public Administration, Harvard University, for Regional Plan Association, Inc. 10 Bde. Cambridge 1959–1961.
OBERHUMMER, E.: Amerikanische und europäische Städte. In: Memorial Volume of the Transcont. Excurs. of 1912. New York 1915, S. 163ff.
OWEN, W.: The Metropolitan Transportation Problem. Washington, D.C., 1956.
PARK, R. E., BURGESS, E. W., MCKENZIE, R. D.: The City. Chicago 1925.

PASSONNEAU, R. J., WURMAN, R. S.: Urban Atlas. 20 American Cities. Cambridge 1967.
PENCK, A.: Der Hafen von New York. Sammlg. Meereskde. 37. Berlin 1910.
PFEIFER, G.: Stadtgeographische Skizze von San Francisco. Mitt. Geogr. Ges. München 1936, S. 63–116.
PRICE, E. T.: The Central Courthouse Square in the American County Seat. Geogr. Rev. 1968, S. 29–60.
RATZEL, F.: Städte und Culturbilder aus Nordamerika. 2 Teile. Leipzig 1876.
REPS, J. W.: The Making of Urban America. A History of City Planning in the United States. Princeton 1965.
ROSENBERG, H.: Oklahoma – die Entwicklung vom Indianerreservat zur modernen Kulturlandschaft. Diss. Mainz 1955.
ROSSNAGEL, P.: Die Stadtbevölkerung der Vereinigten Staaten von Amerika nach Herkunft und Verteilung. Schr. dt. Auslandsinst. Reihe A Bd. XXV. Stuttgart 1930.
RÜHL, A.: San Francisco. Sammlg. Meereskde. 82. Berlin 1913.
SCHMIEDER, O. (Hrsg.): Lebensraumfragen europäischer Völker, Bd. III, 1. Leipzig 1943.
SCHOTT, C.: Landnahme und Kolonisation in Canada am Beispiel Südontarios. Schriften d. Geogr. Inst. d. Univ. Kiel Bd. VI. Kiel 1936.
SCHROEDER, K. et al.: Stadterneuerung in den USA. 1. Teil. Planung. 2. Teil. Durchführung. Raumforsch. u. Raumordn. 1966, S. 209–218 u. 241–258.
SEEGER, H. L.: Die pazifische Küstenstadt Seattle. In: DRYGALSKI, E. v. (Hrsg.): Amerikanische Landschaft. Berlin 1936, S. 461 bis 532.
STANISLAWSKI, D.: The Origin and Spread of the Grid Pattern Town. Geogr. Rev. 1946, S. 105–120.
STRZYGOWSKI, W.: Lincoln, Nebraska. Die Entwicklung einer amerikanischen Stadt. Mitt. Österr. Geogr. Ges. 1963, S. 166 bis 179.
TOWER, W. S.: The Geography of American Cities. Bull. Amer. Geogr. Soc. 1905, S. 577–588.
TUNNARD, C., REED, H. H.: American Skyline. The Growth and Form of Our Cities and Towns. Boston 1955.
—: The Modern American City. Princeton/Toronto/Melbourne/London 1968.
ULLMAN, E. L., DACEY, M. F., BRODSKY, H.: The Economic Base of American Cities. Center for Urban and Regional Research, Univ. of Washington, Monograph 1. Seattle u. London 1969.
U.S. Department of Commerce, Bureau of the Census (Hrsg.): U.S. Census of Population and Housing 1960. Census Tracts. Washington, D.C., 1961.
WAGNER, A.: Los Angeles. Werden, Leben und Gestalt der Zweimillionenstadt in Südkalifornien. Schr. Geogr. Inst. Univ. Kiel, Bd. III. Kiel 1935.
WEIGT, E.: Verstädterung. Stadt- und Landbevölkerung in den USA. Pet. Geogr. Mitt. 1954, S. 218–222.
WILHELMY, H.: Die Goldrauschstädte der "Mother Lode" in Kalifornien. In: LAUER, W. (Hrsg.): Beiträge zur Geographie der Neuen Welt. Schriften d. Geogr. Inst. d. Univ. Kiel, Bd. XX. Kiel 1961, S. 55–71.
WIRTH, L.: Urbanism as a Way of Life. Amer. Journ. Sociol. 1938.
WISSINK, G. A.: American Cities in Perspective. Utrecht 1962.

2.1. City, Town, Village und die Konzepte "Urbanized Area" und "Standard Metropolitan Statistical Area"

ALLEN, J. B.: The Company Town in the American West. Norman 1966.
BOUSTEDT, O.: Abgrenzung von Agglomerationen im Ausland. Raumforsch. u. Raumordn. 1956, S. 150–159.
BURTON, I.: A Restatement of the Dispersed City Hypothesis. Ann. Assoc. Amer. Geogr. 1963, S. 285–289.
CROUCH, W. W., GOLDSMITH, J., GIORDANO, R. N.: Agricultural Cities. Paradoxes in Politics of a Metropolis. Los Angeles 1964.
DICKINSON, R. E.: City and Region. A Geographical Interpretation. London 1964.
GOTTMANN, J.: Megalopolis. The Urbanized Northeastern Seaboard of the United States. New York 1961.
KLOVE, R. C.: The Definition of Standard Metropolitan Areas. Econ, Geogr. 1952. S. 95–104.
KÜHN, A.: Stadt – Stadtrand – Umland im amerikanischen Schrifttum. Raumforsch. u. Raumordn. 1955, S. 124–125.
MURPHY, R. E.: The American City. An Urban Geography. New York/St. Louis/San Francisco/Toronto/London/Sydney 1966.
New York Metropolitan Region Study. A Study Undertaken by the Graduate School of Public Administration, Harvard University, for Regional Plan Association, Inc. 10 Bde. Cambridge 1959–1961.
PHILBRICK, A. K.: Analysis of the Geographical Patterns of Gross Land Use and Changes in Numbers of Structures in Relation to Major Highways in the Lower Half of the Lower Peninsula of Michigan. East Lansing 1961.
—: Michigan's Dispersed City Realm. Karte (20th Internat. Geogr. Congress London 1964, Ausstellung).
PROUDFOOT, M. J.: Chicago's Fragmented Political Structure. Geogr. Rev. 1957, S. 106–117.
STAFFORD Jr., H. A.: The Dispersed City. The Profess. Geogr. 4/1962, S. 8–10.
VERNON, R.: s. New York Metropolitan Region Study.

2.2. Von Suburbia zu Interurbia: Megalopolis und Strip City

BERRY, B. J. L. et al.: Commercial Structure and Commercial Blight. Retail Patterns and Processes in the City of Chicago. Univ. of Chicago Dept. of Geogr. Res. Pap. 85. Chicago 1963.
DOBRINER, W. M.: Class in Suburbia. Englewood Cliffs 1963.
Editors of Fortune, The. (Hrsg.): The Exploding Metropolis. Garden City 1958.
GOTTMANN, J.: Megalopolis. The Urbanised Northeastern Seabord of the United States. New York 1961.
HARVEY, R. O., CLARK, W. A. V.: The Nature and Economics of Urban Sprawl. Land Economics 1965, S. 1–9.
HAUSER, P. M.: Population Perspectives. New Brunswick 1961.
HAWLEY, A. H.: The Changing Shape of Metropolitan America. Deconcentration Since 1920. Glencoe 1956.
KIANG, Y.-C.: The Change of Population in American Metropolitan Areas, 1950–1960. The Profess. Geogr. 3/1963, S. 24–29.

Manners, G.: Urban Expansion in the United States. Urban Studies, Mai 1965, S. 51–66.

Pickard, J. P.: Metropolitanization of the United States. Urban Land Inst. Res. Monogr. 2. Washington, D.C., 1959.

—: Urban Regions of the United States. Urban Land, April 1962, S. 3–10.

—: U.S. Urban Regions. Growth and Migration Patterns. Urban Land, Mai 1966, S. 3–9.

Smith, E.: Städte wandeln amerikanische Landschaften. Ztschr. f. Wirtschaftsgeogr. 1962, S. 200–207.

2.3. Der Entwicklungsstand der Wirtschaftssektoren und des Städtewesens

Boyce, R. R.: Changing Patterns of Urban Land Consumption. The Profess. Geogr. 2/1963, S. 19–24.

Friedmann, J. R. P.: Locational Aspects of Economic Development. Land Economics 1956, S. 213–227.

Kollmorgen, W. M., Jenks, G. F.: Suitcase Farming in Sully County, South Dakota. Ann. Assoc. Amer. Geogr. 1958, S. 27–40.

Mackensen, R.: Planungsprobleme der nordamerikanischen Verstädterung. Arch. f. Kommunalwiss. 1963, S. 79–100.

3. Wesensmerkmale der angloamerikanischen Stadt

Gerling, W.: Das amerikanische Hochhaus. Seine Entwicklung und Bedeutung. Würzburg 1949.

Holzner, L., Dommisse, E. J., Müller, J. E.: Toward a Theory of Cultural-genetic City Classification. Ann. Assoc. Amer. Geogr. 1967, S. 367–381.

Owen, W.: The Metropolitan Transportation Problem. Garden City 1966.

Rossnagel, P.: Die Stadtbevölkerung der Vereinigten Staaten von Amerika nach Herkunft und Verteilung. Schr. dt. Auslandsinst. Reihe A Bd. XXV. Stuttgart 1930.

Schroeder, K. et al.: Stadterneuerung in den USA. 1. Teil. Planung. 2. Teil. Durchführung. Raumforsch. u. Raumordn. 1966, S. 209–218 u. 241–258.

Tunnard, C., Reed, H. H.: American Skyline. The Growth and Form of Our Cities and Towns. Boston 1955.

3.1. Das geringe Alter

Bernatzky, A.: Von der mittelalterlichen Stadtbefestigung zu den Wallgrünflächen von heute. Berlin/Hannover/Sarstedt 1960.

Brodeur, D. D.: Evolution of the New England Town Common 1930–1966. The Profess. Geogr. 1967, S. 313–318.

Hall, E. T.: The Hidden Dimension. New York 1966.

Jefferson, M.: The Civilizing Rails. Econ. Geogr. 1928, 217–231.

Niemeier, G.: Über Prinzipien einer vergleichenden Städtegeographie der Erde. Tagber. u. wiss. Abh. dt. Geogrtg. Hamburg 1955. Wiesbaden 1957, S. 385–390.

Nelson, H. J.: Walled Cities of the United States. Ann. Assoc. Amer. Geogr. 1961, S. 1–22.

Price, E. T.: The Central Courthouse Square in the American County Seat. Geogr. Rev. 1968, S. 29–60.

Schwarz, G.: Allgemeine Siedlungsgeographie. Berlin 1959.

Wiek, K. D.: Kurfürstendamm und Champs-Élysées. Geographischer Vergleich zweier Weltstraßen-Gebiete. Abh. 1. Geogr. Inst. Fr. Univ. Berlin Bd. 11. Berlin 1967.

Zelinsky, W.: Classical Town Names in the United States. The Historical Geography of an American Idea. Geogr. Rev. 1967, S. 463–495.

3.2. Die Verbreitung geometrischer Grundrisse

Boesch, H.: Schachbrett-Texturen nordamerikanischer Siedlungen. In: Hermann-Lautensach-Festschrift. Stuttg. Geogr. Stud. 69. Stuttgart 1957, S. 337–344.

Garner, B. J.: The Theory of Tertiary Activity and the Internal Structure of Retail Nucleations. Northwestern Univ. Stud. in Geogr. 12. Evanston 1966.

Mahnke, H.-P.: Die Hauptstädte und die führenden Städte der USA. Stuttgarter Geogr. Studien Bd. 78. Stuttgart 1970.

Reps, J. W.: The Making of Urban America. A History of City Planning in the United States. Princeton 1965.

Stanislawski, D.: The Origin and Spread of the Grid Pattern Town. Geogr. Rev. 1946, S. 105–1[illegible]

3.3. Die Bedeutung der Holzbauweise

Kniffin, F., Glassie, H.: Building in Wood in the Eastern United States. A Time-Space Perspective. Geogr. Rev. 1966, S. 40–66.

Shurtleff, H. R.: The Log Cabin Myth. A Study of the Early Dwellings of the English Colonists in North America. Cambridge 1939.

Wacker, P. O.: The Log House in New Jersey. Manuskript (15. S. nach dem Vortrag auf den Toronto Meetings der Assoc. Amer. Geogr. 1966).

3.4. Die City (Downtown)

Barton-Aschman Associates: A Parking Program for Chicago's Central Area. Chicago 1965.

Boyce, R. R.: Myth Versus Reality in Urban Planning. Land Economics 1963, S. 241–251.

Fourastié, J.: Die große Hoffnung des zwanzigsten Jahrhunderts. Köln 1954.

Franklin, W.: An Analysis of the Elgin Central Business District. Lawrence 1964.

Goodwin, W.: The Management Center in the United States. Geogr. Rev. 1965, S. 1–16.

Gottmann, J.: Why the Skycraper? Geogr. Rev. 1966, S. 190–212.

Hall, M. (Hrsg.): Made in New York. New York Metropolitan Region Study. Cambridge 1959.

Hunziker, W. R.: Die bauliche Entwicklung unserer Stadtzentren aus amerikanischer und kanadischer Perspektive. Plan 1962, S. 93–99.

MEYERSON, M. et al.: Face of the Metropolis. New York/Toronto 1963.
NELSON, H. J.: Megalopolis and New York Metropolitan Region. New Studies of the Urbanized Northeastern Seabord. Ann. Assoc. Amer. Geogr. 1962, S. 307–317.
SIMMONS, J. W.: Toronto's Changing Retail Complex. A Study in Growth and Blight. Univ. of Chicago Dept. of Geogr. Res. Pap. 104. Chicago 1966.
SMITH, JR., E. G.: Downtown Change in Three Middle-sized Cities. Univ. of Illinois Bull. Series 90. Urbana 1964.
STERNLIEB, G.: The Future of Retailing in the Downtown Core. Journ. Amer. Inst. Planners 1963, S. 102–112.
WEBER, D.: Die Bürohausstadt in Amerika: Midland, Texas. Mitt. Österr. Geogr. Ges. 1961, S. 48–56.
WILLIFORD, W. B.: Peachtree Street, Atlanta 1964(?).

3.5. Die citynahen Wohn- und Gewerbeviertel (Central Belt)

BELL, W., WILLIS, E. M.: The Segregation of Negroes in American Cities. Soc. and Econ. Studies 1957, S. 59–75.
BORCHERT, J. R., STEWART, E. E., HASBROUCK, S. S.: Urban Renewal. Needs and Opportunities in the Upper Midwest. Upper Midwest Economic Study. Urban Report 5. Minneapolis 1963.
BOYCE, R. R.: The Central Business District Core-Frame Concept and Some of Its Implications. Yearbook, Assoc. Pacif. Coast Geogr. 1963, S. 28–33.
CAREY, G. W.: The Regional Interpretation of Manhattan Population and Housing Patterns Through Factor Analysis. Geogr. Rev. 1966, S. 551–569.
City of Oklahoma City, Planning Department (Hrsg.): Community Development Program. Oklahoma City 1965.
CLARK, W. A. V.: The Dynamics of Rental Housing Areas in U.S. Central Cities, 1940–1960. Diss. Urbana 1964.
DAVIS, J. T.: Middle Class Housing in the Central City. Econ. Geogr. 1965, S. 238–251.
Editors of Fortune, The (Hrsg.): The Exploding Metropolis. Garden City 1958.
FALK, K. L.: Wohnungswirtschaftliche und finanzielle Gesichtspunkte der Stadterneuerung in den USA. Inst. f. Städtebau d. Dt. Akad. f. Städtebau u. Landespl. Berlin. Manuskript 9 S. Berlin 1964.
GLAZER, N., HOYNIHAN, D. P.: Beyond the Melting Pot. Cambridge 1964.
GRIFFIN, D. W., PRESTON, R. E.: A Restatement of the "Transition Zone" Concept. Ann. Assoc. Amer. Geogr. 1966, S. 339–350.
HARTMAN, G. W. HOOK, J. C.: Substandard Urban Housing in United States. A Quantitative Analysis. Econ. Geogr. 1956, S. 95–114.
JENKINS, T. H., SMART, W. L.: Selection, Delimitation and Planning of Residential Rehabilitation Areas. In: MCFARLAND, M. C., VIVRETT, W. K. (Hrsg.): Residential Rehabilitation. Minneapolis 1966, S. 61–89.
KASPERSON, R. E.: Toward a Geography of Urban Politics. Chicago, a Case Study. Econ. Geogr. 1965, S. 95–107.
KITAGAWA, E. M., TAEUBER, K. E. (Hrsg.): Local Community Fact Book. Chicago Metropolitan Area 1960. Chicago Comm. Inventory, Univ. of Chicago. Chicago 1963.
KORSOK, A. J.: Residential Structure of East St. Louis, Illinois. Diss. Urbana 1960.
KRUTCH, J. W.: More Lives Than One. New York 1962.
MORRILL, R. L.: The Negro Ghetto – Problems and Alternatives. Geogr. Rev. 1965, S. 339–361.
PRESTON, R. E.: The Zone in Transition. A Study of Urban Land Use Patterns. Geogr. Rev. 1966, S. 236–260.
—: A Detailed Comparison of Land Use in Three Transition Zones. Ann. Assoc. Amer. Geogr. 1968, S. 461–484.
SCHULTZ, G.: Evolution of the Areal Patterns of German and Polish Settlement in Milwaukee. Erdkunde 1956, S. 136–141.
SHARP, H., SCHNORE, L. F.: The Changing Color Composition of Metropolitan Areas. Land Economics 1962, S. 169–185.
WARD, D.: The Emergence of Central Immigrant Ghettoes in American Cities: 1840–1920. Ann. Assoc. Geogr. 1968, 343–359.

3.6. Die Außenzone und Randgemeinden des Metropolitan Ring

BARTHOLOMEW, H.: Land Use in American Cities. Cambridge 1955.
BERRY, B. J. L., SIMMONS, J. W., TENNANT, R. J.: Urban Population Densities. Structure and Change. Geogr. Rev. 1963, S. 389–405.
BEITLER, R. K.: MHMA Promotes Better Parks. Trailer Topics Magazine.
BLUMENFELD, H.: Residential Densities. Planning 1957, S. 119 bis 122.
BORCHERT, J. R. et al.: The Why and How of Community Planning. Comparative Studies of Problems and Actions in Fourteen Upper Midwest Cities. Upper Midwest Economic Study. Urban Report 4. Minneapolis 1963.
Center for Housing and Environmental Studies, Cornell University (Hrsg.): The New Building Block. A Report on the Factory-Produced Dwelling Module. Research Report No. 8 Ithaca 1968.
Chicago Area Transportation Study (Hrsg.): Final Report 3 Bde. Chicago 1959–1962.
City Planning Department, City of Duluth (Hrsg.): Duluth Comprehensive City Plan. Land Use and Zoning. Duluth 1965.
DAHIR, J.: Greendale Comes of Age. The Story of Wisconsin's Best Known Planned Community as it Enters its Twenty-first Year. New York 1958.
DESKINS, D. R., YUILL, R. S.: A New Functional Urban Boundary? The Profess. Geogr. 1967, S. 330–335.
DOBRINER, W. M.: Class in Suburbia. Englewood Cliffs 1963.
Editors of Fortune, The (Hrsg.): America in the Sixties. The Economy and the Society. New York/Evanston 1960.
FAGIN, H.: Sprawl and Planning. In: GOTTMANN, J., HARPER, R. A. (Hrsg.): Metropolis on the Move. Geographers look at Urban Sprawl. New York/London/Sydney 1967, S. 153–173.
FRENCH, R. M., HADDEN, J. K.: An Analysis of the Distribution and Characteristics of Mobile Homes in America. Land Economics 1965, S. 131–139.
GANS, H. J.: Die Levittowner. Soziographie einer „Schlafstadt". Bauwelt Fundamente 26. Gütersloh/Berlin 1969.
GORER, G.: Die Amerikaner. Eine völkerpsychologische Studie. Rowohlts Deutsche Enzyklopädie. Hamburg 1956.
GREGOR, H. F.: Spatial Disharmonies in California Population Growth. Geogr. Rev. 1963, S. 100–122.

HOOVER, E. M.: Motor Metropolis. Some Observations on Urban Transportation in America. Journ. of Industr. Econ. 1965, S. 177–192.
HOWARD, E.: Garden Cities of Tomorrow. London 1902.
JACOBS, J.: Tod und Leben großer amerikanischer Städte. Bauwelt Fundamente 4. Berlin 1963.
KATZ, R. D.: Design of the Housing Site. A Critique of American Practice. Urbana 1966.
KOLB, A.: Siedlungsplanung in den Vereinigten Staaten. Ztschr. f. Erdkde. 1937, S. 527–534.
LEDERMANN, R. C.: The City as a Place to Live. In: GOTTMANN, J., HARPER, R. A. (Hrsg.): Metropolis on the Move. Geographers look at Urban Sprawl. New York/London/Sydney 1967, S. 84–92.
LIELL, J.: Levittown. A Study in Community Planning and Development. Diss. New Haven 1952.
LOVELACE, E.: Urban Land Use – 1949. Journ. Amer. Inst. Planners 2/1949, S. 26–32.
NIEDERCORN, J. H., HEARLE, E. F. R.: Recent Land-Use Trends in Forty-eight Large American Cities. Memorandum RM 3664, Rand Corp. Santa Monica 1963.
RANES, H.: The ABC's of Zoning. Planning 1963, S. 57–61.
RATCLIFF, R. V.: Urban Land Economics. New York 1949.
ROSE, H. M.: The All-Negro Town. Its Evolution and Function. Geogr. Rev. 1965, S. 362–381.
STEIN, C. S.: Toward New Towns For America. Cambridge 3. Aufl. 1966.
STRAUSS, A. L. (Hrsg.): The American City. A Sourcebook of Urban Imagery. Chicago 1967.
TUNNARD, C.: America's Super-Cities. Harper's Magaz. Aug. 1958, S. 59–65.
—, PUSHKAREV, B.: Man-Made America. Chaos or Control? New Haven 1963.
Twin Cities Metropolitan Planning Commision (Hrsg): Goals for Development of the Twin Cities Metropolitan Area. The Joint Program, Report 3. St. Paul 1965.
U.S. Department of Housing and Urban Development (Hrsg.): Housing Surveys Parts 1 and 2. Occupants of New Housing Units. Mobile Homes and the Housing Supply. Washington, D.C. 1968.
WEHRWEIN, G. S.: The Rural Urban Fringe. Econ. Geogr. 1942, S. 217–228.
WISSINK, G. A.: American Cities in Perspective. Utrecht 1962.

3.7. Besonderheiten der funktionalen Ausstattung

BERRY, B. J. L.: Ribbon Development in the Urban Business Pattern. Ann. Assoc. Amer. Geogr. 1959, S. 145–155.
BONN, M. J.: Die Kultur der Vereinigten Staaten von Amerika. Berlin 1930.
GROTEWOLD, A., GROTEWOLD, L.: Commercial Development of Highways in Urbanized Regions: A Case Study. Land Economics 1958, S. 236–244.
KELLER, R. J. et al.: Education and Economic Growth. The Next Steps. Upper Midwest Res. and Developm. Council and Univ. of Minnesota. Minneapolis 1965.
NEWCOMB, R. M., BEST, T. D.: Sydcaliforniens drive-in forretninger. Kulturgeografi 91, S. 146–150.
PRED, A. R.: The Intrametropolitan Location of American Manufacturing Ann. Assoc. Amer. Geogr. 1964, S. 165–180.
ROBERTS, J. M. et al.: The Small Highway Business on U.S. 30 in Nebraska. Econ. Geogr. 1956, S. 139–152.
Twin Cities Metropolitan Planning Commision (Hrsg.): Metropolitan Land Study. Metropolitan Planning Report 4. St. Paul 1960.
ZELINSKY, W.: An Approach to the Religious Geography of the United States. Patterns of Church Membership in 1952. Ann. Assoc. Amer. Geogr. 1961, S. 139–193.

4. Gegenwärtige Strukturwandlungen

Advisory Commision on Intergovernmental Relations (Hrsg): Gouvernmental Structure, Organization and Planning in Metropolitan Areas. Report A-5. Washington, D. C., 1961.
—: Alternative Approaches to Governmental Reorganization in Metropolitan Areas. Report A-11. Washington, D. C., 1962.
Department of Planning, City of Albuquerque (Hrsg): Guides for Industrial Location. Albuquerque 2. Aufl. 1966.
GRUEN, V.: The Heart of Our Cities. The Urban Crisis, Diagnosis and Cure. New York 1964.

4.1. Heutige Situation und die Anzeichen der Wende

Editors of Fortune, The (Hrsg.): The Exploding Metropolis. Garden City 1958.
GORDON, M.: Sick Cities. Psychology and Pathology of American Urban Life. 1963.
HIGBEE, E.: The Squeeze. Cities without Space. New York 1960.
JACOBS, J.: Tod und Leben großer amerikanischer Städte. Bauwelt Fundamente 4. Berlin 1963.
VERNON, R.: The Myth and Reality of Our Urban Problems. Cambridge 1962.
WILLBERN, Y.: The Withering Away of the City. 1964.

4.2. Versuche einer Aufwertung von Downtown

Barton-Aschman-Associates (Hrsg.): Parking Facts Regarding Chicago's Central Area. Chicago 1965.
BORCHERT, J. R. et al.: The Why and How of Community Planning. Comparative Studies of Problems and Actions in Fourteen Upper Midwest Cities. Upper Midwest Economic Study. Urban Report 4. Minneapolis 1963.
CARVER, H.: Cities in the Suburbs. Toronto 1962.
Chicago Central Area Committee (Hrsg.): Planning Principles for the Chicago Central Area. Chicago 1966.
City Plan Commission, City of Saint Louis (Hrsg.): Plan for Downtown St. Louis. St. Louis 1962.
City Planning Commission/City Traffic Department, City of Peoria (Hrsg.): Central Business District Study. Hektogr. Peoria 1965.
CLEEF, E. v.: The Problem of Preserving Central Business District Values. Land Economics 1961, S. 264–271.

Department of Planning, City of Albuquerque (Hrsg.): Street Improvements and Their Effects Upon Core Rejuvenation and Tax Revenues. Albuquerque 1966.
Dolan Company (Hrsg.:) The Plaza Square Apartments. St. Louis o. J.
Downtown Denver Master Plan Committee (Hrsg.): Development Guide for Downtown Denver. Prepared for the City and County of Denver. Denver 1963.
Griffin, D. W., Preston, R. E.: A Restatement of the "Transition Zone" Concept. Ann. Assoc. Amer. Geogr. 1966, S. 339 bis 350.
Gruen, V. Associates, Smith, L. Company (Hrsg.): Dubuque Development Program. Prepared for the City of Dubuque, Iowa and the Dubuque Chamber of Commerce. 1965.
Heinrich, W.: Wirtschaftspolitik. 2. Bd. 2. Halbbd. Wien 1954.
Hoffman, M.: The Outlook for Downtown Housing. Journ. Amer. Inst. Planners 1961, S. 43–55.
Hoffmann, R.: Stadterneuerung und Verkehr. In: Aspekte der Stadterneuerung. Schr. Dt. Verb. Wohnungsw. Städteb. Raumpl. H. 73. Köln 1967, S. 45–68.
Hofmeister, B.: Die City der nordamerikanischen Großstadt (Downtown) im Wandel. Geogr. Rundschau 1967, S. 457–465.
Jacobs, J.: Downtown is for People. In: Editors of Fortune, The (Hrsg.): The Exploding Metropolis. Garden City 1958, S. 140–168.
Johnson-Marshall, P. E. A.: Rebuilding Cities. Chicago 1966.
Kerr, D., Spelt, J.: The Changing Face of Toronto. A Study in Urban Geography. Memoir 11 Geogr. Branch, Mines and Techn. Surveys. Ottawa 1965.
Marina City, From. Hrsg. vom Management, Marina City. Vol. 2, no. 2. Chicago 1965.
McFarland, M. C., Vivrett, W. K. (Hrsg.): Residential Rehabilitation. Minneapolis 1966.
Moltke, W. v.: Entwicklung und Planung von Philadelphia. In: Zentralinst. f. Städteb. Techn. Univ. Berlin (Hrsg.): Städtebau im Ausland 12. Berlin 1966, S. 5–20.
Mowbray, J.: Apartments in Central Areas. Urban Land Januar 1962.
Mumford, L.: Die Stadt. Geschichte und Ausblick. Köln/Berlin 1963.
Murphy, R. E., Vance, Jr., J. E.: Delimiting the C. B. D. Econ. Geogr. 1954, S. 189–222.
Rapkin, C., Grigsby, W. G.: Residential Renewal in the Urban Core. Philadelphia 1960.
Royal Architectural Institute of Canada (Hrsg.): Place Ville Marie. In: Royal Archit. Inst. Canada Journ., Februar 1963.
Simmons, J. W.: Toronto's Changing Retail Complex. A Study in Growth and Blight. Univ. of Chicago Dept. of Geogr. Res. Pap. 104. Chicago 1966.
Smith, Jr., E. G.: Downtown Change in Three Middle-sized Cities. Univ. of Illinois Bull. Series 90. Urbana 1964.
Smith, W. and Associates (Hrsg.): Parking Demands and Needs, Central Business District, Tulsa, Oklahoma. Tulsa 1964.
Steiner, O. H.: Downtown USA. Some Aspects of Accelerating Changes Sweeping Our Nation. Bobbs Ferry 1964.
Taylor, A.: Revitalizing Downtown Rochester. Planning 1965, S. 258–263.
Whyte, Jr., W. H.: Are Cities Un-American? In: Editors of Fortune, The (Hrsg.): The Exploding Metropolis. Garden City 1958, S. 1–31.
Wood, D. F.: Renewing Urban Waterfronts. Land Economics 1965, S. 141–149.

4.3. Stadterneuerung und Grundstückserschließung im übrigen Stadtgebiet

American Society of Planning Officials (Hrsg.): The Urbanizing Influence of the Expressway and the Need for Planning and Zoning. Chicago 1955.
Anderson, M.: The Federal Bulldozer. A Critical Analysis of Urban Renewal, 1949–1962. Cambridge 1964.
Borchert, J. R., Stewart, E. E., Hasbrouck, S. S.: Urban Renewal. Needs and Opportunities in the Upper Midwest. Upper Midwest Economic Study. Urban Report 5. Minneapolis 1963.
Burns, L. S.: Vorgeplante Industriekomplexe in den Vereinigten Staaten. Standortbestimmung und Erschließung von Industriegelände Bd. 2. Luxemburg 1966.
Chicago Association of Commerce and Industry (Hrsg.): Metropolitan Chicago Industrial Districts. Sixth Annual Survey. Chicago o. J.
Chicago Tribune (Hrsg.): Plaza-type Shopping Centers in Metropolitan Chicago, Chicago 1961.
City of Chicago, Community Renewal Program (Hrsg.): Housing and Urban Renewal. Progress Report December 31, 1964. Chicago o. J.
City and County of Denver (Hrsg.): Denver 1985. A Comprehensive Plan for Community Excellence. Denver 1967.
Cuzzort, R. P.: Suburbanization of Service Industries within Standard Metropolitan Areas. Oxford 1955.
Davis, J. L.: The Impact of the Elevated System Upon the Growth of the Northern Sector of Chicago. Diss. Evanston 1964.
Dix, H.: Wirtschaft und Stadterneuerung. In: Aspekte der Stadterneuerung. Schr. Dt. Verb. Wohnungsw. Städteb. Raumpl. H. 73, Köln 1967, S. 17–33.
Doxiadis, C. A.: Urban Renewal and the Future of the American City. Prepared for the National Association of Housing and Redevelopment Officials. Chicago 1966.
Editors of Fortune, The (Hrsg.): America in the Sixties. The Economy and the Society. New York/Evanston 1960.
Gasser, T. P.: Das shopping center in Amerika – Einkaufszentren in Europa. Diss. St. Gallen. Bern 1960.
Gruen, V., Smith, L.: Shopping Towns USA. The Planning of Shopping Centers. New York 1960.
Hoselitz, B. F.: Die großen Stadtlandschaften des 20. Jahrhunderts. Manuskript, RIAS-Funkuniversität 27. 4. 1966. Berlin 1966.
Hoyt, H.: The Status of Shopping Centers in the United States. Urban Land, Oktober 1960.
Jonassen, C. T.: The Shopping Center Versus Downtown. Columbus 1955.
Kirchherr, E. C.: Airport Land Use in the Chicago Metropolitan Area. Diss. Evanston 1959.
Kunstmann, J. W.: The Industrialization of Franklin Park, Illinois. Diss. Evanston 1964.
Lillibridge, R. M.: Shopping Centers in Urban Redevelopment. Land Economics 1948, S. 137–160.
Locklin, D. P.: Economics of Transportation. Homewood 4. Aufl. 1954.
Neutze, M. The Suburban Apartment Boom. Baltimore 1969.
Northeastern Illinois Planning Commission (Hrsg.): Commercial Structure. Metropolitan Planning Guideline Phase One: Background Documents. Chicago 1965.

OWEN, W.: The Metropolitan Transportation Problem. Garden City 1966.
RITTER, U. P.: Wirtschaftspolitische und raumordnerische Bedeutung der Industrial Parks in den USA. In: Industrialisierung ländlicher Räume. Raum u. gewerbl. Wirtschaft 1. Forsch. u. Sitzber. Akad. Raumf. u. Landespl. XVII. Hannover 1961, S. 125–148.
SCHWONKE, M.: Soziologische Überlegungen zur Stadterneuerung. In: Aspekte der Stadterneuerung. Schr. Dt. Verb. Wohnungsw. Städteb. Raumpl. H. 73. Köln 1967, S. 69–79.
St. Louis City Plan Commission (Hrsg.): Central West End. St. Louis 1964.
STOLPER, W.: Strukturwandlungen der amerikanischen Wirtschaft seit dem Kriege. Verwalt. u. Wirtschaftsakad. Essen H. 1. Essen 1956.
TAAFFE, E. J.: Air Transportation and United States Urban Distribution. Geogr. Rev. 1956, S. 219–238.
Tulsa Metropolitan Area Planning Commision (Hrsg.): Research Supplement 1. Projection of Trip Generation Factors. Continuing Transportation Study. Tulsa 1966.
Twin Cities Metropolitan Planning Commission (Hrsg.): Metropolitan Land Study. Metropolitan Planning Report 4. St. Paul 1960.
WINDSOR, JR., W. C.: Planning and Developing an Industrial District. Urban Land, März 1961.
WISSINK, G. A.: American Cities in Perspective. Utrecht 1962.
WOODBURY, C. (Hrsg.): Urban Redevelopment. Problems and Practices. Chicago, 3. Aufl. 1959.

4.4. Das Kraftfeld am Stadtrand

ADRIAN, C. R.: Governing Urban America. New York 1961.
BABCOCK, R. F.: The Zoning Game. Municipal Practices and Policies. Madison 1966.
BECKMANN, N.: Our Federal System and Urban Development. Journ. Amer. Inst. Planners 1963, S. 152–167.
BOLLENS, J. C.: Controls and Services in Unincorporated Urban Fringes. In: Municipal Yearbook 1954, S. 54–55.
—, SCHMANDT, H. J.: The Metropolis. Its People, Politics, and Economic Life. New York 1965.
CHAPIN, JR., F. S.: Urban Land Use Planning. Urbana 2. Aufl. 1965.
CHINITZ, B. (Hrsg.): City and Suburb. The Economics of Metropolitan Growth. Englewood Cliffs 1964.
CONNERY, R., LEACH, R. H.: The Federal Government and Metropolitan Areas. Cambridge 1960.
Department of City Development, City of Milwaukee (Hrsg.): Milwaukee's Community Renewal Program. Summary Analysis. Milwaukee 1964.
GALLION, A. B., EISNER, S.: The Urban Pattern. City Planning and Design. Princeton/Toronto/London/New York 1961.
HAWLEY, A. H.: The Incorporation Trend in Metropolitan Areas, 1900–1950. Journ. Amer. Inst. Planners 1959, S. 41–45.
LOSSAU, C. S.: Annexation of Unincorporated Territory. A Study of Certain Effects of Politico-territorial Change within Suburban Cook County, Illinois. Diss. Evanston 1962.
MARLYN, F.: An Approach to Planning in a City-centered Region. Planning 1965, S. 34–42.
Northeastern Illinois Planning Commission (Hrsg.): Order in Diversity. Chicago 1967.
POCK, M. A.: Independent Special Districts. A Solution to the Metropolitan Area Problems. Michigan Legal Public. Ann Arbor 1962.
POOLEY, B. J.: Planning and Zoning in the United States. Michigan Legal Public. Ann Arbor 1961.
PROUDFOOT, M. J.: Public Regulation of Urban Development in the USA. Geogr. Rev. 1934, S. 415–419.
SCHNORE, L. F.: Municipal Annexations and the Growth of American Suburbs, 1950–1960. Amer. Journ. Sociol. 1962, S. 406–417.
SCOTT, S.: Planung und Verwaltung in der Region San Franzisko. Arch f. Kommunalwiss. 1965, S. 282–295.
SENGSTOCK, F. S.: Annexation. A Solution to the Metropolitan Area Problem. Michigan Legal Public. Ann Arbor 1960.
—: Extraterritorial Powers in the Metropolitan Area. Michigan Legal Public. Ann Arbor 1962.
SENIOR, D. (Hrsg.): The Regional City. An Anglo-American Discussion of Metropolitan Planning. Chicago 1965.
Twin Cities Metropolitan Planning Commission (Hrsg.): 4000000 by 2000! Preliminary Proposals for Guiding Change. The Joint Program Report 2. Minneapolis 1964.
U. S. Housing and Home Finance Agenty (Hrsg.): 1964 National Survey of Metropolitan Planning, Washington, D.C., 1965.
WHEELER, R. H.: Annexation Law and Annexation Success. Land Economics 1965, S. 354–360.
WINGO, JR., L. (Hrsg.): Cities and Space. The Future Use of Urban Land. Baltimore 1963.
YEATES, M. H.: The Effect of Zoning on Land Values in American Cities. A Case Study. In: WHITTOW, J. B., WOOD, P. D. (Hrsg.): Essays in Geography for Austin Miller. Reading 1965, S. 317–333.

5. Ursprünge, Entwicklungsfaktoren und funktionale Differenzierung der Städte Angloamerikas

ALLEN, J. B.: The Company Town in the American West. Norman 1966.
BARROWS, H. H.: Lectures on the Historical Geography of the United States as Given in 1933. Univ. of Chicago Dept. of Geogr. Res. Pap. 77. Chicago 1962.
BOESCH, H.: USA. Die Erschließung eines Kontinents. Bern 1956.
BROWN, R. H.: Historical Geography of the United States. New York 1948.
BURCHARD, J., BUSH-BROWN, A.: The Architecture of America. A Social and Cultural History. Boston/Toronto 1961.
CAMU, P., WEEKS, E. P., SAMETZ, Z. W.: Economic Geography of Canada. Toronto/London/New York 1965.
CARTER, R. E.: A Comparative Analysis od United States Ports and Their Traffic Characteristics. Econ. Geogr. 1962, S. 162 bis 175.
EGLI, E.: Geschichte des Städtebaues. Bd. 3, Die Neue Zeit. Erlenbach-Zürich/Stuttgart 1967.
FRIEDMANN, J., ALONSO, W. (Hrsg.): Regional Development and Planning. A Reader. Boston 1964.

GLAAB, C. N., BROWN, A. T.: A History of Urban America. New York/London 1967.
GREEN, C. MCL.: American Cities in the Growth of the Nation. London 1957.
—: The Rise of Urban America. New York 1965.
GRIFFIN, P. F., YOUNG, R. N., CHATHAM, R. L.: Anglo-America. A Regional Geography of the United States and Canada. London 1963.
JENSEN, M. (Hrsg.): Regionalism in America. Madison 1951.
LAMPARD, E. E.: The History of Cities in the Economically Advanced Areas. Econ. Developm. and Cult. Change 1954/55, S. 81–136.
MADDEN, C. H.: Some Spacial Aspects of Urban Growth in the United States. Econ. Developm. and Cult. Change 1955/56, S. 371–387.
MAXWELL, J. W.: The Functional Structure of Canadian Cities. Geogr. Bull. (Ottawa) 1965, S. 79–104.
MCKELVEY, B.: The Urbanization of America 1860–1915. New Brunswick 1963.
NELSON, H. J.: Some Characteristics of the Population of Cities in Similar Service Classifications. Econ. Geogr. 1957, S. 95 bis 108.
NORTHAM, R. M.: Declining Urban Centers in the United States, 1940–1960. Ann. Assoc. Amer. Geogr. 1963, S. 50–59.
PERLOFF, H. S., DUNN, JR., E. S., LAMPARD, E. E., MUTH, R. F.: Regions, Resources, and Economic Growth. Baltimore 2. Aufl. 1961.
REPS, J. W.: The Making of Urban America. A History of City Planning in the United States. Princeton 1965.
SCHMIEDER, O.: Die Neue Welt. Teil II Nordamerika. München 1963
SCHOTT, C.: Kanada. Entwicklung der Bevölkerung und Wirtschaft auf Grund des Zensus von 1961. Geogr. Taschenb. 1964/65, S. 152–170.
STARKEY, O. P.: The Anglo-American Realm. New York 1968.
STEWART, G. R.: Names On the Land. A Historical Account of Placenaming in the United States. Cambridge 1958.
WATSON, J. W.: Canada and Its Regions. Scott. Geogr. Maga/ 1962, S. 137–149.

5.1. Der Südwesten der USA, Kalifornien und die Felsengebirgsstaaten

BAILEY, W. C.: A Typology of Arizona Communities. Econ. Geogr. 1950, S. 94–104.
BEST, T. D.: The Role of Atchison, Topeka & Santa Fe Railway System in the Economic Development of Southwestern United States, 1859–1952. Diss. Evanston 1958.
CROUCH, W. W., DINERMAN, B.: Southern California Metropolis. A Study in Development of Government for a Metropolitan Area. Los Angeles 1963.
GARRISON, J.: Barstow, California. A Transportation Focus in a Desert Environment. Econ Geogr. 1953, S. 159–167.
GENTILCORE, R. L.: Missions and Mission Lands of Alta California. Ann. Assoc. Amer. Geogr. 1961, S. 46–72.
GREGOR, H. F.: Urban Pressures on California Land. Land Economics 1957, S. 311–325.
—: Spatial Disharmonies in California Population Growth. Geogr. Rev. 1963, S. 100–122.
HARRIS, C. D.: Salt Lake City – A Regional Capital. Chicago 1940.
HEISING, H.: Missionierung und Diözesanbildung in Kalifornien. Westf. Geogr. Stud. Münster 1958.
HOFMEISTER, B.: Bevölkerungsgeographische Probleme Utahs mit besonderer Berücksichtigung der Frage der rassischen Minoritäten. Geogr. Helv. 1961, S. 100–115.
LAUTENSACH, H.: Das Mormonenland als Beispiel eines sozialgeographischen Raumes. Bonner Geogr. Abh. 11. Bonn 1953.
LOGAN, R. F.: Suburbia in the Sun – The Desert Boom in the Southwest. Ann. Assoc. Amer. Geogr. 1956, S. 259.
MEINIG, D. W.: The Mormon Culture Region. Strategies and Patterns in the Geography of the American West, 1847–1964. Ann. Assoc. Amer. Geogr. 1965, S. 191–220.
NELSON, L.: The Mormon Village. A Pattern and Technique of Land Settlement. Salt Lake City 1962.
NEWCOMB, R.: Spanish-Colonial Architecture in the United States. New York 1937.
PANZER, W.: Landschaft und Bergbau am Ostrand der kalifornischen Sierra Nevada. In: Länderkundliche Forschung. Festschr. f. Norbert Krebs. Stuttgart 1936, S. 209–221.
PARKER, M. T.: Tucson. City of Sunshine. Econ. Geogr. 1948, S. 79–113.
PARSONS, J. J.: California Manufacturing. Geogr. Rev. 1949, S. 229–241.
POWELL, L. P.: American Historic Towns. Historic Towns of the Western States. New York/London 1901.
PRESTON, R. E.: Urban Developments in Southern California Between 1940 and 1965. Tijdschr. v. Econ. en Social. Geogr. 1967.
ROSENBERG, H.: Oklahoma – die Entwicklung vom Indianerreservat zur modernen Kulturlandschaft. Diss. Mainz 1955.
SCHNEIDER, K. R.: Urbanization in the California Desert. Signs of Ultimate Dispersion. Journ. Amer. Inst. Planners 1962.
SELLERS, C. L.: Early Mormon Community Planning. Journ. Amer. Inst. Planners 1962.
STEINER, R.: Reserved Lands and the Supply of Space for the Southern California Metropolis. Geogr. Rev. 1966, S. 344–362.
THOMAS, JR., W. L. (Hrsg.): Man, Time, and Space in Southern California. A Symposium. Ann. Assoc. Amer. Geogr. 1959 Suppl. no. 3, part 2.
U.S. Department of the Interior, Bureau of Reclamation (Hrsg.): Pacific Southwest Water Plan. Washington, D.C., 1964.
VANCE, JR., J. E.: Geography and Urban Evolution in the San Francisco Bay Area. Inst. Gouvernm. Stud. Univ. Calif. Berkeley 1964.
WADE, R. C.: The Urban Frontier. The Rise of Western Cities 1790–1830. Cambridge 1959.
WILHELMY, H.: Die Goldrauschstädte der "Mother Lode" in Kalifornien. In: LAUER, W. (Hrsg.): Beiträge zur Geographie der Neuen Welt. Schr. Geogr. Inst. Univ. Kiel Bd. XX. Kiel 1961, S. 55–71.
WILSON, A. W.: Urbanization of the Arid Lands. The Profess. Geogr. 6/1960, S. 4–7.

5.2. Der frankokanadische Kernraum und das Ontarioseeufer

BLANCHARD, R.: Le Canada Francais. Paris 1960.
GREBER, J.: Ottawa. Un example d'aménagement donné par une capitale étrangère. Vie urbaine 1958, S. 223–237.

JENKINS, K.: Montreal. Island City of the St. Lawrence. Garden City 1966.
KERR, D., SPELT, J.: Some Aspects of Industrial Location in Southern Ontario. The Canad. Geogr. 15, 1960, S. 12–25.
—: The Changing Face of Toronto. A Study in Urban Geography. Memoir 11 Geogr. Branch, Mines and Techn. Surveys. Ottawa 1965.
LANGLOIS, C.: Problems of Urban Growth in Greater Montreal. The Canad. Geogr. 3, 1961, S. 1–11.
MCARTHUR, N., GERLAND, M. E.: The Spread and Migration of French Canadians. Tijdschr. Econ. Soc. Geogr. 1961, S. 141 bis 147.
PEARSON, N.: Conurbation Canada. The Canad. Geogr. 4, 1961, S. 10–17.
PUTNAM, D. F.: Mississauga. Community Planning Rev. 4/1954. S. 93–96.
RASHLEIGH, E. T.: Observation on Canadian Cities. In: IRVING, R. M. (Hrsg.): Readings in Canadian Geography. Toronto 1968.
Revue de Géographie de Montréal. Numéro Spécial sur Montréal. Bd. XXI, 1967, No. 1 und 2.
SCHOTT, C.: Landnahme und Kolonisation in Canada am Beispiel Südontarios. Schriften d. Geogr. Inst. d. Univ. Kiel, Bd. VI, Kiel 1936.
SPELT, J.: The Urban Development in South Central Ontario. Utrecht 1955.
TUCKERMANN, W.: Der französische Siedlungsraum in Nordamerika. Verh. 22. Dt. Geogrtg. Karlsruhe. Breslau 1928, S. 99–112.

5.3. Der neuenglisch-mittelatlantische Siedlungsraum

AHNERT, F.: Washington, D.C., Entwicklung und Gegenwartsbild der amerikanischen Hauptstadt. Erdkunde 1958, S. 1–26.
ECKARDT, W. v.: The Challenge of Megalopolis. A Graphic Presentation of the Urbanized Northeastern Seaboard of the United States. A Twentieth Century Fund Report. 1964.
ESTALL, R. C.: New England. A Study in Industrial Adjustment. London 1966.
FRIIS, H. R.: A Series of Population Maps of the Colonies and the United States, 1625–1790. Geogr. Rev. 1940, S. 463–470.
GEER, S. DE: The American Manufacturing Belt. Geogr. Annaler 1927, S. 233–359.
GOTTMANN, J.: Megalopolis. The Urbanized Northeastern Seaboard of the United States. New York 1961.
GREEN, C. MCL.: Washington, Capital City, 1879–1950. Princeton 1963.
—: Washington. Village and Capital, 1800–1878. Princeton 196.
HOOVER, E. M., VERNON, R.: Anatomy of a Metropolis. The Changing Distribution of People and Jobs within the New York Metropolitan Region. Cambridge 1959.
KNISPEL, A.: Die Bedeutung der Eisenbahnen für den Hafen von New York. Diss. Berlin 1959.
LEMON, J. T.: County Towns, The Mercantile System and the Development of Colonial Pennsylvania. Ann. Assoc. Amer. Geogr. 1967, S. 181.
LOWRY, I. S.: Portrait of a Region. Economic Study of the Pittsburgh Region Conducted by the Pittsburgh Regional Planning Association. Pittsburgh 1962.
MEYERSON, M., BANFIELD, E. C.: Boston. The Job Ahead. Joint Center for Urban Studies. Cambridge 1966.
MURPHY, R. E.: Johnstown and York. A Comparative Study of Two Industrial Cities. Ann. Assoc. Amer. Geogr. 1935, S. 175–196.
—: Town Structure and Urban Concepts in New England. The Profess. Geogr. 2/1964, S. 1–6.
New York Metropolitan Region Study. A Study Undertaken by the Graduate School of Public Administration, Harvard University, for Regional Plan Association, Inc. 10 Bde. Cambridge 1959–1961.
RICKERT, J. E.: House Facades of the Northeastern United States. A Tool of Geographic Analysis. Ann. Assoc. Amer. Geogr. 1967, S. 211–238.
SCHWENDER, J.: New York. Geogr. Rundschau 1/1950, S. 16–22.
TOUGH, R., MACDOMALD, G. D.: The New York Metropolitan Region. Social Forces and the Flight to Suburbia. Land Economics 1961, S. 327–336.
TUNNARD, C.: The Atlantic Urban Region. New Haven 1956.
VERNON, R.: Metropolis 1985. New York Metropolitan Region Study 9. Cambridge 1960.
WARNER, JR., J. B.: Streetcar Suburbs. The Process of Growth in Boston, 1870–1900. Joint Center for Urban Studies. Cambridge 1962.

5.4. Der Alte Süden der USA

BLUME, H.: Die gegenwärtige Industrialisierung Lousianas. Tagber. u. wiss. Abh. Dt. Geogrtg. Würzburg 1957. Wiesbaden 1958, S. 306–312.
BRILL, D.: Baton Rouge, La. Aufstieg, Funktion und Gestalt einer jungen Großstadt des neuen Industriegebietes am unteren Mississippi. Schr. Geogr. Inst. Univ. Kiel Bd. XXI H. 2. Kiel 1963.
DIETRICH, B.: New Orleans und das Mississippi-Delta. Mitt. Geogr. Ges. Hamburg 1930, S. 63–95.
FOREMAN, H. C.: The Architecture of the Old South, Medieval Style, 1585–1850. Cambridge 1948.
HART, J. F.: Functions and Occupational Structures of Cities of the American South. Ann. Assoc. Amer. Geogr. 1955, S. 269–286.
MATHER, E. C., HART, J. F.: Industry in the Deep South and the Border States. Tijdschr. Econ. Soc. Geogr. 1954, S. 108–112.
PARKINS, A. E.: The Antebellum South. A Geographer's Interpretation. Ann. Assoc. Amer. Geogr. 1931, S. 1–33.
PARSONS, J. J.: Recent Industrial Development in the Gulf South. Geogr. Rev. 1950, S. 67–83.
PFEIFER, G.: Historische Grundlagen der kulturgeographischen Individualität des Südostens der Vereinigten Staaten. Pet. Geogr. Mitt. 1954, S. 301–312.
RODY, M. J.: Urban Growth and Development in the Southeast, 1930–1950. Journ. Amer. Inst. Planners 1954, S. 183–188.
ROSSNAGEL, P.: Die Stadtbevölkerung der Vereinigten Staaten von Amerika nach Herkunft und Verteilung. Schr. dt. Auslandsinst. Reihe A Bd. XXV. Stuttgart 1930.
VANCE, R. B., DEMERATH, N. J. (Hrsg.): The Urban South. Chapel Hill 1955.

5.5. Die Inneren Ebenen der USA

BAKER, W. B.: The Areal Growth of Omaha, Nebraska, with Emphasis on the West Side Area. Diss. Lincoln 1958.

BERGEN, J. V.: Geographic Variations in Population Characteristics of Small Towns in the Middle West. Diss. Bloomington 1964.

BLOME, D. A.: An Analysis of the Changing Spatial Relationships of Iowa Towns, 1900–1960. Diss. Iowa City 1963.

BORCHERT, J. R.: The Twin Cities Urbanized Area. Past, Present, and Future. Geogr. Rev. 1961, S. 47–70.

COSTAS, P., NAGASHIMA, C.: Developments Towards Ecumenopolis – The Great Lakes Megalopolis. Ekistics 22, 1966, S. 14–31.

CUTLER, I.: The Chicago-Milwaukee Corridor. Northwest. Univ. Stud. in Geogr. 9. Evanston 1965.

Department of City Planning/Department of Urban Renewal/ Department of Buildings/Chicago Housing Authority (Hrsg.): An Atlas of Chicago's People, Jobs and Houses. Chicago 1963.

EVANS, E. E.: Culture and Land Use in the Old West of North America. In: Heidelberger Studien zur Kulturgeographie. Festgabe zum 65. Geburtstag von Gottfried Pfeifer. Wiesbaden 1966, S. 72–80.

FLETCHER, M. I.: Rochester, Minnesota. A Professional Town. Econ. Geogr. 1947, S. 143–151.

FREEMAN, O. W.: Major Cities of Indiana. Econ. Geogr. 1945, S. 117–125.

FRIESE, H. W.: Die Binnenschiffahrtskanäle der USA. Diss. Berlin 1953.

GARLAND, J. H.: The North American Midwest. Regional Geographies of the United States. New York 1955.

HARTSHORNE, R.: The Twin City District. A Unique Form of Urban Landscape. Geogr. Rev. 1932, S. 431–442.

HOFMEISTER, B.: Wisconsin – eine kulturgeographische Skizze. In: Jahrb. f. Amerikastud. 1959, S. 249–283.

HUDGINS, B.: Evolution of Metropolitan Detroit. Econ. Geogr. 1945, 206–220.

HUNKER, H. L.: Industrial Evolution of Columbus, Ohio. Columbus 1958.

KERSHNER, F. D.: From Country Town to Industrial City. The Urban Pattern of Indianapolis. Indiana Magaz. of Hist. 1949, S. 327–338.

LOEFFLER, M. J.: The Population Syndromes on the Colorado Piedmont. Ann. Assoc. Amer. Geogr. 1965, S. 26–66.

LOHMANN, K. B.: Cities and Towns in Illinois. Urbana 1951.

MAYER, H. M.: The American Manufacturing Zone. In: MAYER, H. M., PHILBRICK, A. K. (Hrsg.) Industrial Cities Excursion Guidebook. 17th Intern. Geogr. Congress Washington, D. C., 1952, S. 7–18.

—: Politics and Land Use. The Indiana Shoreline of Lake Michigan. Ann. Assoc. Amer. Geogr. 1964, S. 508–523.

MOORE, P. A.: The Calumet Region. Indiana's Last Frontier. Indiana Hist. Coll. Bd. XXXIX. Indianapolis 1959.

MOWITZ, R. J., WRIGHT, D. S.: Profile of a Metropolis. A Case Book. Detroit 1962.

NEWCOMB, R.: Architecture of the Old Northwest Territory. Chicago 1950.

Northeastern Illinois Planning Commision (Hrsg.): A Social Geography of Metropolitan Chicago. Chicago 1960.

PATTERSON, J. E.: The Industrial Potential of the Champaign-Urbana Area. Diss. Urbana 1958.

REYNOLDS, R. B.: Central Places of the Flint Metropolitan Community. Their Classification and Areas of Dominance in 1900 and 1960. Diss. Ann. Arbor 1963.

SCHMUDE, T. H., HARPER, R. A., THOMAS, F. H.: Economic Revitalization in the Confluence Region. Occas. Pap. in Geogr. 2. Dept. Geogr. and Miss. Valley Investig., Southern Illinois Univ. Carbondale 1965.

SOLOMON, E., BILBIJA, Z. G.: Metropolitan Chicago. An Economic Analysis. Glencoe 1960.

STILL, B.: Patterns od Mid-Nineteenth Century Urbanization in the Middle West. Miss. Valley Hist. Rev. 1941/1942, S. 187.

STRZYGOWSKI, W.: Lincoln, Nebraska. Die Entwicklung einer amerikanischen Stadt. Mitt. Österr. Geogr. Ges. 1963, S. 166.

THOMAS, L. F.: Decline of St. Louis as Midwest Metropolis. Econ. Geogr. 1949, S. 118–127.

THOMPSON, I. B.: The Genesis of the Population Structure of the Corn Belt. Tijdschr. Econ. Soc. Geogr. 1963, S. 106–110.

VUICICH, G.: An Analysis of the Spacing of Small Towns in Iowa. Diss. Iowa City 1960.

WEBB, J. W.: The Urban Geography of the Minnesota Iron Ranges. Diss. Minneapolis 1958.

—: Basic Concepts in the Analysis of Small Urban Centers of Minnesota. Ann. Assoc. Amer. Geogr. 1959, S. 55–72.

WEISENBURGER, W. P.: Urbanism in the Middle West. Town and Village in the Pioneer Period. Indiana Hist. Magaz. 1945, S. 19.

5.6. Der Pazifische Nordwesten der USA und der Westen Kanadas

LENZ, K.: Die Großstädte im Mittleren Westen Kanadas. Geogr. Ztschr. 1963, S. 301–323.

MCKEAN, G. L.: Tacoma, Lumber Metropolis. Econ. Geogr. 1941, S. 311–320.

MORRIS, G. P.: Development of Astoria, 1811–1850. Oreg. Hist. Quartely 1937, S. 413–424.

MYATT, W. G.: The Willamette Valley. Diss. Worcester 1958.

ROBINSON, J. L.: Population Trends and Distribution in British Columbia. The Canad. Geogr. 4, 1954, S. 27–32.

SEEGER, H. L.: Die pazifische Küstenstadt Seattle. In: DRYGALSKI, E. v. (Hrsg.): Amerikanische Landschaft. Berlin 1936, S. 461.

WALLER, P.: Die Standortverlagerungen der nordamerikanischen Aluminium-Hüttenindustrie. Geogr. Rundschau 1967, S. 56

5.7. Zusammenfassung

CARVER, H.: Community Renewal Programing. The Canadian Experience. Planning 1965, S. 200–206.

GLEY, W.: Die Großstädte Nordamerikas und die Ursachen ihrer Entwicklung. Frankf. Geogr. H. Frankfurt 1927.

KING, L. J. A.: A Quantitative Expression of the Pattern of Urban Settlements in Selected Areas of the United States. Tijdschr. Econ. Soc. Geogr. 1962, S. 1–7.

Municipal Yearbook, The. 1963. Chicago 1963.

PRED, A.: Industrialization, Initial Advantage, and American Metropolitan Growth. Geogr. Rev. 1965, S. 158–185.

TUNNARD, C., REED, H. H.: American Skyline. The Growth and Form of Our Cities and Towns. Boston 1955.

YOUNG, J. H.: Comparative Economic Development. Canada and the United States. Amer. Econ. Rev. 1955, S. 80–93.

Verzeichnis der Figuren

Verzeichnis der Bilder

Sachregister

Ortsregister

Personenregister

GPSR Compliance

The European Union's (EU) General Product Safety Regulation (GPSR) is a set of rules that requires consumer products to be safe and our obligations to ensure this.

If you have any concerns about our products, you can contact us on ProductSafety@springernature.com

In case Publisher is established outside the EU, the EU authorized representative is:

Springer Nature Customer Service Center GmbH
Europaplatz 3
69115 Heidelberg, Germany

Batch number: 10578403

Printed by Printforce, the Netherlands